下册

化验员读本
仪器分析

于世林 杜振霞 编著

第5版
The Fifth Edition

U0194820

 化学工业出版社
·北京·

《化验员读本》分为上下两册，上册"化学分析"，下册"仪器分析"。

本册（下册"仪器分析"）共十一章，主要介绍用于无机物分析的电化学分析法、原子发射光谱法、原子吸收和原子荧光光谱法、可见光吸收光谱法，以及用于有机物分析的紫外吸收光谱法、红外吸收光谱法、气相色谱法、高效液相色谱法、核磁共振波谱法和质谱法。这些方法可用于样品的成分分析和结构分析，是化验员必须掌握的仪器分析方法。每一种方法都详细介绍了方法原理、仪器构成、测定条件的选择、定性和定量分析方法、实验技术及测定实例等。

本次修订仍遵循《化验员读本》各版的编写原则与编写风格，结合近年化验室仪器装备更新、化验员知识素质提高的现状，在内容选材上保持与时俱进，注重科学性、先进性、实用性和标准化。本版新增原子发射光谱法、核磁共振波谱法和质谱法三章，删去了物理常数测定方法一章，其它各章均根据技术现状有不同程度的更新，同时增加了测定实例和习题数量。

本书主要作为化验员的培训教材与自修读本，也可作为相关院校工业分析与检验专业的教材，同时可供有关部门分析检验人员在工作中参考和使用。

图书在版编目（CIP）数据

化验员读本．下册，仪器分析/于世林，杜振霞编著．—5版．—北京：化学工业出版社，2017.7（2024.1重印）
ISBN 978-7-122-29661-0

Ⅰ．①化…　Ⅱ．①于…②杜…　Ⅲ．①化验员-基本知识②仪器分析-基本知识　Ⅳ．①TQ016

中国版本图书馆 CIP 数据核字（2017）第 100729 号

责任编辑：傅聪智　任惠敏　　　文字编辑：陈　雨　孙凤英
责任校对：吴　静　　　　　　　装帧设计：刘丽华

出版发行：化学工业出版社（北京市东城区青年湖南街 13 号　邮政编码 100011）
印　　装：三河市延风印装有限公司
850mm×1168mm　1/32　印张 21　字数 660 千字
2024 年 1 月北京第 5 版第 8 次印刷

购书咨询：010-64518888
售后服务：010-64518899
网　　址：http://www.cip.com.cn
凡购买本书，如有缺损质量问题，本社销售中心负责调换。

定　　价：49.00 元

前　言

　　本书从 2004 年第四版面世以来，承蒙广大读者对本书的厚爱和关注，使其总发行量已超过 100 万册，它为从事分析、检测的化验员提供了掌握分析化学、仪器分析基本理论和专业实验技能的有用工具，也增强了化验员在实践工作中的质量管理和质量保证的信念，本书为不断提高我国在分析、测试领域的专业水平做出了微薄的贡献。

　　鉴于当代分析、检测技术的快速发展，尤其在仪器分析领域新方法、新技术的不断涌现，促使作者对本书（下册）仪器分析部分重新进行了修订。

　　在本次修订中，仪器分析部分增加了第三章原子发射光谱法、第十章核磁共振波谱法、第十一章质谱法。重写了第一章仪器分析方法概述。在第四章原子吸收光谱法中，增强了原子荧光光谱法。在第九章高效液相色谱法中，增加了超高效液相色谱简介。重新撰写、充实了第五章可见光吸收光谱法、第六章紫外吸收光谱法、第八章气相色谱法和第九章高效液相色谱法。由于篇幅所限本次修订删除了高效液相色谱法中的离子（交换）色谱法和体积排阻色谱法，以及物理常数测定方法。

　　本书十一章内容，阐述了当代使用仪器分析方法进行成分分析和有机结构分析的最基本、最核心的内容，各章阐述了每种分析方法的基本原理、分析仪器的组成、定性和定量分析方法、关键的实验技术和实验方法及测定实例。每章后附有学习要求和复习题。

　　面对分析测试技术发生的巨大变化，作者希望进入仪器分析领域的新一代化验员不仅要学习仪器分析方法的基本原理，还要掌握仪器分析的实验技能，使自己具有坚实的专业知识基础，利于今后的提高和深造，并且当面对日益复杂的分析、检测工作时，能够从容面对挑战，有效地完成实际的分析任务。

　　本次修订仍遵循各版的编写原则，在第四版的前言中已作详述，此处不再重复。

　　本书第十章、第十一章由杜振霞撰写；其余各章由于世林撰写。

本书汇总后，由责任编辑审理出版，责任编辑对文稿的文字处理做了大量组织工作，也对文稿内容提出中肯的修改意见，在此表示衷心的感谢。

　　由于作者水平所限，对不足之处欢迎广大读者提出宝贵意见。

于世林　杜振霞

2017 年 3 月于北京化工大学

第一版前言

分析化学是一门实践性很强的基础技术学科，它和国民经济各个部门都有密切的联系，因此化验分析工作常被称为是生产中的眼睛，科研中的尖兵。

随着我国社会主义建设事业的蓬勃发展，化验分析战线上增加了一大批新生力量。他们不仅需要在各自的岗位上掌握实际的操作技能，而且随着科研和生产水平的不断提高，也迫切需要从基础理论和现代化分析技术上迅速地得到提高，以适应四个现代化建设的需要。本书正是为了适应这一需要而编写的。

本书既考虑初参加化验工作人员所需要的基本知识和基本技能，也考虑已参加化验工作人员所需要的基本理论和现代分析技术的要求。通过本书的学习，可使化验工作人员既掌握化验分析的操作技能，又掌握一定的基本原理，既懂化学分析法的要点，又懂一般化验室中常用仪器分析的操作过程。通过实践和学习，可达到触类旁通的目的，举一反三的效果，为进一步深入学习打下初步基础。本书分上下两册出版。

上册从最基本最常用的玻璃仪器的规格和使用方法写起，继而介绍常用的台秤和分析天平，然后介绍实验室所用纯水的制备，分析时取样和制样的常识，溶液的配制和计算，重量分析和容量分析的基本操作。为了进一步提高化验人员的水平，还系统地介绍了化学分析法的基本理论，最后还介绍了化验工作中的安全与防护及化验室的管理。书末附有参考书目，复习思考题及常用数据表。

下册首先介绍化验人员所需要的电工基础知识，以便为使用常用的电器和分析仪器打下初步基础。然后介绍目前化验室中常用的一些仪器分析方法，如比色及分光光度法、原子吸收法、电位分析法及气相色谱法。对这些方法原理，本书仅做概念性的介绍，但对操作方法和仪器的维护知识做较详尽的叙述。最后介绍物理常数测定方法。下册书末亦附有参考书目，复习思考题及常用的数据表。

本书可作为初中以上文化水平从事化验工作人员的自学参考书，也可供分析短训班教学和参考用。

　　本书由北京化工学院工业分析教研室周心如（第一、二、四章和第五章部分），黄沛成（第三、十一、十二章和第九章部分），刘珍（第五章部分和第六、七、八、十三章）、朱雪贞（第九章部分和第十章）、陈美智（第十四章）、于世林（第十五、十六章）同志编写。全书由刘珍同志主编并审阅。

　　由于我们的水平有限，对生产实际了解得不够全面，缺点和错误在所难免，衷心希望读者批评指正。

编　者

1981 年 12 月于北京化工学院

第二版前言

本书第一版自 1983 年出版以来已 10 余年，广大读者对本书的热情关注与支持实在令我们感动。

在当前正值改革开放的大好形势下，科技腾飞日进万里，市场经济迅速发展，为适应经济发展的要求，增强竞争意识提高产品质量，必然要加强化验分析工作。为此我们对本书第一版进行修订。修订工作是在第一版的基础上进行的，调整更新的主要内容如下：

一、全面贯彻国务院发布的《关于在我国统一实行法定计量单位的命令》及《中华人民共和国法定计量单位》。废止当量、克当量、毫克当量等名词，代之以物质的量的概念，并引用物质的量的规则和以确定基本单元作为滴定分析计算的依据，使计算既有规可循又能规范化，并且还可以利用以前分析数据和资料。

二、保留符合初学者所需的和符合初学者认识规律的基础分析方法和三基要求（基本原理、基本知识、基本操作）。并将所涉及的基准溶液和标准溶液的配制、浓度的计算及分析结果的计算都根据法定计量单位的要求进行了修订，重新计算数据。为巩固三基要求和提高运用法定计量单位进行计算的熟练程度，每章后都附有学习要求和复习题。

三、增设了"化验室建设"一章。化验分析工作历来被称为科研中的尖兵，生产中的眼睛。为使初参加化工分析战线上的新生力量，对化验分析实验室的建设和所要求的技术条件，通风设备和合理的布局等基础知识有一定了解，对各类药品、仪器等的科学管理，以及对化验分析实验室的防火防爆和防毒等的安全知识有一定程度的了解和掌握，我们改编增设了这一章。

四、删除目前不再生产的测试仪器和作为实例的分析规程，选用目前广泛应用于科研单位、高等院校和生产部门的测试方法。并且尽量选用国产测试仪器及国家标准（G.B）和部颁标准（H.G）中的分析规程为例。

五、补充科研实验所需的超纯水的制备方法、毛细管色谱法及生产部门广泛应用的电位分析法和气相色谱分析法测定微量水分含量的分析方法，用离子选择电极分析法测定微量氟或某些微量阴离子的含量。增加在化验分析前对复杂物质中的干扰离子进行分离的基础知识。

第二版修订工作由北京化工学院有关同志担任：周心如（第一、二、四、十章、第五章与第十章部分）、黄沛成（第三、十一、十二章、第五及第十章部分）、刘珍（第六、七、八、九、十三章、第五章部分）、陈美智（第十四章）、于世林（第十五、十六章）。全书由刘珍同志主编，由刘珍和黄沛成同志审阅。承蒙本书责任编辑同志对书的结构与内容提出许多宝贵的建议，在此表示衷心的感谢。

由于我们的水平有限，缺点和不足之处在所难免，欢迎广大读者提出宝贵意见。

编　者

1993 年 6 月北京化工学院

第三版前言

本书第一版（1983年）和第二版（1994年）发行以来，受到广大读者的关注和好评，在培养基层分析工作者，使之获得必要的分析化学专业技能方面，发挥了一定的积极作用。

在21世纪即将到来之际，我国国民经济高速发展，产品质量已成为企业生存与发展的关键，其中产品的质量监控是质量管理的主要手段及发展商品市场的重要因素之一，因此分析监测技术正在不断更新。在新形势下，每个分析工作者在掌握化学分析基础知识的基础上，进一步拓宽仪器分析的专业知识，掌握现代分析仪器的使用方法，是不断提高业务素质和技术水平的必由之路。为了对基层分析工作者提供切实的帮助，在化学工业出版社领导和本书责任编辑的大力支持下，编者对本书进行了第三版的修订工作。本次修订在保持第一版、第二版主要特点的基础上，对部分章节进行了调整更新，适当增加了新的章节。

在上册中增加了电子天平的使用方法；分析实验室用水国标规定的检验方法、高纯水的各种制备方法；更新了溶液浓度表示方法、引入按国标规定的标准溶液的配制和标定方法；加强了偶然误差理论的介绍、格鲁布斯法检验分析结果和回归分析法在标准曲线上的应用；增加了柱色谱和薄层色谱分离方法介绍。

下册删去了"电工基础知识"一章，增加了红外吸收光谱法、高效液相色谱法两章；在电化学分析部分增加了库仑分析法、阳极溶出伏安法和电位溶出法；在光度分析法部分增加了对紫外分光光度法原理、仪器、定性与定量方法的介绍；在原子吸收光谱法部分增加了石墨炉原子化器、最佳实验操作条件、干扰及消除方法的介绍；在气相色谱法部分加强了对毛细管色谱法和范第姆特方程式的介绍；在物理常数测定方法部分增加了闪点与燃点的测定方法。在全书最后增加的"分析化学展望"一章简述了分析方法及分析仪器的发展趋势，利于读者对分析化学全貌及未来发展的综合了解。

本次修订工作遵循以下原则：

① 针对初学者的特点和循序渐进的学习规律，各章阐述由浅入深，从感性认识深化到理性认识，以使读者易于掌握各章的重点和难点。

② 全书各章节内容安排保持科学性、系统性和一定的深广度，使读者既能掌握基础内容又明了进一步深造的方向。

③ 全书注重对基本原理、基本知识和基本技能的介绍。各章均以对基本概念、仪器构成、定性和定量分析方法、操作条件选择的介绍为主，并对测定实例作了简明扼要的介绍，提出各章的学习要求并配备了复习题。

④ 针对生产和科研部门的需求，本次修订增强了对现在广泛使用的仪器分析方法（紫外和红外吸收光谱法、原子吸收光谱法、气相色谱法和高效液相色谱法）的介绍。

主编刘珍同志负责本次修订的组织工作，在刘珍同志编写的第六、七、八、九、十三章第二版原稿的基础上，下列同志分担了本次修订工作。

周心如：第一、二、四、九、十、十三章及第五章第一、二节。

黄沛成：第三、六、七、八、十一、十二章及第五章第三、四、五、六节。

于世林：第十四、十五、十六、十七、十八、十九章。

本书上册由黄沛成，下册由于世林分别负责统稿、整理工作。本书责任编辑在为本次修订工作的总体规划、编写大纲、提供参考资料等方面给予了大力协助，并提出不少宝贵意见，在此表示衷心感谢。

由于编者水平所限，本次修订工作仍有不足之处，欢迎广大读者提出宝贵意见。

编　者

1998 年 2 月于北京化工大学

第四版前言

本书自 1983 年面世以来，这已是第三次修订再版，20 多年来承蒙广大读者对本书的厚爱与关注，使其总发行量达近百万册，在提高化验员的分析化学基本理论和专业实验技能，增强质量管理和质量保证意识方面，发挥了一定的积极促进作用。

进入 21 世纪后，我国国民经济的高速发展，尤其在加入世界贸易组织之后，面临世界经济全球化的新局面，我国工、农业产品质量的全面提升，在世界贸易中的比重日益增加，生产高质量的产品，进一步提高我国的声誉，已成为产业部门的共识。面对国际贸易中不公平的单方制裁，更表明产品质量已成为企业生存与发展的关键，对产品的质量监控已成为评价企业信誉的标志。

当前分析检测技术已发生了重大变化，传统的手工或化学分析操作方法已逐渐让位给快速的、操作简便的仪器分析方法。新一代的化验员应在掌握基础化学分析知识的基础上，努力学习常用的仪器分析方法，以适应生产技术已发生的巨大变化。为适应新形势、并对基层分析工作者提供切实、有效的帮助，在化学工业出版社领导和本书责任编辑的大力鼓舞和支持下，编者对本书进行了第三次的修订。本次修订在第三版的基础上，调整、更新并增加了新的章节。

本书上册删除了双盘摇摆天平，精简了离子交换法制无离子水，增加了膜分离制纯水；在酸、碱滴定法中引入质子理论，比较系统地介绍了酸、碱度的计算和缓冲溶液的概念；加强了四大平衡理论，以提高化验员必须掌握的基本理论和基础知识；密切结合当前生产实际，精心选择各种分析方法的实例；在分离、富集方法中增加了膜分离、固相萃取和固相微萃取技术的介绍；在化验室建设中，加强了分析测试的质量管理和质量保证的阐述。

本书下册电化学分析介绍了新型仪器和应用实例；光度分析中增加了双波长和导数分光光度法；红外吸收光谱法中增加了傅里叶变换红外吸收光谱仪简介，加强了红外吸收谱图解析方法和实例的介绍；在原子吸收光谱法中增加了原子荧光光谱法；在气相色谱法中增加了热离子化和光离子化检测器，保留时间锁定技术，增强对毛细管气相色谱原理、进样方法以及程序升温技术的阐述；在高效液相色谱法中增加了对流动相特性参数、选择流动相的一般原则、改善分离选择性的方法介绍及梯度洗脱技术。

本次修订仍遵循第三版的编写原则：

（1）针对初学者的特点和循序渐进的学习规律，各章阐述由浅入深，从感性认识深化到理性认识，以使读者易于掌握各章的重点和难点。

（2）全书各章节内容安排保持科学性、系统性和一定的深、广度，使读者既能掌握基础内容又明确进一步深造的方向。

（3）全书注重对基本原理、基本知识和基本技能的介绍。各章均以对基本概念、仪器构成、定性和定量分析方法、操作条件选择的介绍为主，并对测定实例作了简明扼要的介绍，提出各章的学习要求并配备了复习题。

（4）为使初学者切实掌握仪器分析的实验技能，在仪器分析各章都突出了实验技术的介绍，以利于初学者提高实际操作的能力。

本书主编刘珍同志对本次修订原则予以肯定。在刘珍同志编写的第六、七、八、九、十三章的基础上，几位执笔人分担本次修订工作。

周心如：第一、二、四、九、十、十三章及第五章第一、二节。

黄沛成：第三、六、七、八、十一、十二及第五章第三、四、五、六、七、八节。

于世林：第十四、十五、十六、十七、十八、十九章。

全书经汇总后，由责任编辑审理出版。

本书在第四版修订中，责任编辑在策划编写大纲，文稿文字处理方面，做了大量组织工作，对文稿提出了中肯的修改意见，在此编者表示衷心感谢。

由于编者水平所限，对不足之处欢迎广大读者提出宝贵意见。

编　者

2003 年 10 月于北京化工大学

目　　录

第一章　仪器分析方法概述

分析化学是人们获得物质化学组成和结构信息的科学。进入 20 世纪，随着科学技术的发展，相邻学科之间的相互渗透，使分析化学的发展经历了三次变革。第一次是在 20 世纪初，由于物理化学理论的发展，为分析化学提供了理论基础，建立了溶液中四大平衡理论，使分析化学从一门技术发展成为一门科学。第二次是在 20 世纪 40 年代，由于物理学、电子学、原子能科学的发展，使分析化学逐渐由化学分析为主，发展到出现一系列的仪器分析方法。从 20 世纪 70 年代末到现在分析化学正处于第三次变革时期，生命科学、环境科学和新材料科学的飞速发展向分析化学提出了严峻的挑战，分析化学融合了当代计算机科学、微电子学、生物化学的最新成就，利用物质的光、电、热、声、磁等性质，建立了表征物质组成、结构、表面与微区特性、价态与形态特征的新方法与新技术，开拓了一系列仪器分析的新领域。当前分析化学研究的前沿领域涉及：微量样品引入技术、微区分析；固定化反应、化学和生物传感器；仪器联用接口、复杂体系的分离；形态、价态分析；非破坏性检测及遥测；生物大分子和生物活性物质分析；化学计量学在分析化学中的应用；分析仪器的微型化、自动化和智能化等。

一、当代分析化学面临的任务

随着现代科学技术的快速发展，分析化学面临愈来愈复杂的分析任务，分析方法已不局限于解决成分分析的问题，还要解决结构分析、微区分析、物质存在的价态和形态分析，在这些分析任务中，仪器分析方法发挥了愈来愈重要的作用。

在成分分析中，为了确定物质的定性组成和各组分的定量含量，还需测定同分异构体和手性对映体的含量。在这些过程中常使用化学分析法和仪器分析法，如电化学分析法、光谱分析法和色谱分析法。这些方法在工农业生产、环境监测中的广泛应用，对保证产品质量、环境保护及科学研究发挥了重要作用，今后还将在新型材料研制、新型能源开发、生物工程技术、微电子和自动化技术、航空航天技术、海洋工程技术的开发和研究中发挥更加重要的作用。

在结构分析中更多地使用仪器分析方法，对无机化合物的单晶结构测定可使用 X 射线四圆衍射仪进行测定，对多晶结构或物相组成可使用粉末衍射仪进行测定。对有机化合物的结构表征主要使用紫外吸收光谱法（UV）、红外吸收光谱法（IR）、核磁共振波谱法（NMR）和质谱法（MS）。当将 UV、IR、NMR、MS 提供的结构信息组合起来应用，可提供相互补充的结构信息，从而可大大提高它们在有机物结构分析中的总有效性。

表面和微区分析主要用于研究半导体材料、高分子材料、复合材料、多相催化剂的表面特性。通常使用一种粒子束仪器，以电子、光子、离子或原子作为探针，去探测样品表面，通过检测二者相互作用时从样品表面发射或散射的粒子探束的能量、质荷比、束流强度的变化，就可得到样品微区及表面的形貌、原子排列、化学组分及电子结构等信息。为防止样品表面被周围气氛沾污，此类仪器必须在高真空（$\leqslant 10^{-4}\,Pa$）下操作。常用的此类仪器为透射电子显微镜，扫描电子显微镜，扫描隧道显微镜，电子探针，俄歇电子能谱仪，X 射线光电子能谱仪，离子探针、二次离子质谱仪及高能、中能和低能离子散射谱仪。

在价态和形态分析中，主要测定样品中被测元素的价态和存在的形态。化学元素在样品中可以不同的价态、络合态、吸附态、可溶态或不可溶态存在。它们在生命科学和环境科学中的可利用性或毒性，不仅取决于它们的总量，还取决于它们存在的价态和化学形态。在生命科学和环境科学中，对元素的价态和形态分析已成为研究的热点。现已可用电化学分析法和原子荧光光谱法进行价态和形态分析。

由上述对分析化学在解决当代复杂分析问题的简介中可以看到，现代的仪器分析方法，已成为分析化学应用的主要分析手段，它在完成各种不同的分析任务中发挥了重要的作用。

二、当代分析化学方法的分类

分析化学方法依据进行成分分析的需求可以分为以下类别：
① 根据分析任务的不同，可分为定性分析和定量分析；
② 根据分析对象的不同，可分为无机分析和有机分析；
③ 根据测定原理和使用仪器的不同，可分为化学分析和仪器分析；
④ 根据试样用量的不同，可分为常量分析、半微量分析、微量分

析和超微量分析（痕量分析）；

⑤ 根据分析结果发挥作用的不同，可分为例行分析和仲裁分析。

依据分析方法测定原理和使用仪器的不同可分为图 1-1 所示的类别。

分析方法
- 化学分析法
  - 称量分析法
  - 滴定分析法
  - 气体分析法
- 仪器分析法
  - 电化学分析法
    - 电化学滴定法[电导法、电位法(离子选择电极)、电流法]
    - 电解分析法(库仑分析法)
    - 极谱分析法和伏安分析法
    - 扫描电化学显微镜法
  - 光谱分析法
    - 原子光谱分析法
      - 原子发射光谱法(包括等离子体发射光谱法)
      - 原子吸收光谱法(包括原子荧光光谱法)
    - 分子光谱分析法
      - 可见及紫外吸收光谱法
      - 红外吸收光谱法(包括激光拉曼光谱法)
      - 荧光及磷光光谱分析法
      - 旋光分析法和圆二色光谱法
      - 光声光谱法
      - 光热光谱法
      - 激光光谱法
    - 磁共振波谱法
      - 顺磁共振波谱法
      - 核磁共振波谱法(包括^1H、^{13}C及多核)
      - 脉冲电子顺磁共振波谱法
    - X射线光谱法
      - X射线衍射光谱法(单晶和多晶)
      - 能量色散X射线荧光分析法
      - 波长色散X射线荧光分析法
    - 粒子束光谱
      - 透射电子显微镜法
      - 扫描电子显微镜及电子探针法
      - 扫描隧道显微镜法
      - 俄歇电子能谱法
      - X射线光电子能谱法
      - 离子探针法
      - 高、低、中能离子散射能谱法
      - 二次离子质谱法
  - 色谱分析法
    - 薄层色谱法
    - 气相色谱法
    - 高效液相色谱法
    - 超临界流体色谱法
    - 电泳分析法
    - 场流分析法
    - 逆流色谱法
  - 质谱分析法
    - 同位素质谱法
    - 无机质谱法
    - 有机质谱法
    - 质谱-质谱法
  - 热分析法
    - 热重分析法
    - 差热分析法和差示扫描量热法
  - 核分析法
    - 中子活化分析法
    - γ射线能谱法
    - 穆斯堡尔谱法

图 1-1　分析方法分类

三、现代分析仪器的分类

分析仪器是随着分析方法的建立和科学技术的进步而逐渐由简单向复杂方向发展的。现代分析仪器尽管品种繁多、型式多变，但它们的基本组成相似，可概括为四个单元：样品处理单元、组分分离单元、组分检测单元、检测信号处理和显示单元，其中分离技术和检测方式是影响分析仪器发展的两个关键问题。

现在随着科技的迅速发展，分析任务需要解决的问题也愈来愈复杂，例如：常规的取样分析已发展成在线分析和不用取样的原位分析；常规的一维分离技术已发展成二维或多维分离技术；常规的单一分析方法已发展成多种分析方法的联用。

比较切合现在实际情况的分析仪器的分类方法是把种类繁多的分析仪器分为分析样品的预处理仪器、分离分析仪器、鉴定原子的分析仪器、鉴定分子的分析仪器、联用分析仪器、分析数据处理仪器和物理常数测定仪器。表 1-1～表 1-9 简介了各类仪器的主要应用范围及特点。

1. 样品预处理仪器

表 1-1　样品预处理仪器

仪　器	主要应用	备　注[①]
高压分解器(压力溶弹器)	用于含难溶组分试样，在酸(碱)存在下加压、加热溶样	在 AAS 中用于难溶催化剂试样的预处理
微波消解器	用于试样的快速溶解、干燥、灰化及浸取	在 AAS 中用于样品预处理或痕量分析
自动进样器	用于多个样品的自动化进样	用于 GC 或 HPLC
裂解进样器	利用管式电炉、电热丝、居里丝、激光加热分解高聚物试样	用于 GC
固相萃取器	用于痕量或微量无机离子或有机污染物的富集；使用多种改性硅胶作为吸附剂	用于 IC 或 HPLC
固相微萃取器	用于富集水溶液中的痕量有机物	用于 GC、MS 等
微渗析技术	用于生物活体取样	用于 HPLC、CEC 等
热解吸器(捕集-清洗器)	用于痕量或微量挥发性有机污染物富集和热解吸再进样；使用 Tenax、GDX 作为吸附剂	用于 GC

仪　　器	主要应用	备　　注[①]
超临界流体萃取器	用于难挥发和热不稳定样品的萃取	用于 GC 或 HPLC
自动样品收集器	用于样品经色谱分离后，纯组分的收集	用于制备 GC 或制备 HPLC

① AAS—原子吸收光谱；GC—气相色谱；HPLC—高效液相色谱；IC—离子色谱。

2. 分离、分析仪器

表 1-2　分离、分析仪器

仪　　器	主要应用	备　　注
气相色谱仪 (GC)	适宜于高效分离分析复杂多组分的挥发性有机化合物、同分异构体和旋光异构体以及痕量组成	改换不同色谱柱和不同的检测器可改变方法的专一性
高效液相色谱仪(HPLC)	分离不太挥发的物质，适宜于分离窄馏分或簇分离	包括离子交换色谱和离子色谱，改变柱型(不同柱填料)和不同检测器可改变方法的选择性
超临界流体色谱仪(SFC)	可分离重于气相色谱能分离的样品，柱温可比气相色谱低，分离速度和效率以及定性选择性比 LC 优越	流动相种类不够多，对分离极性化合物有一定的局限性
排阻或筛析色谱仪(SEC)	根据分子量大小分离高聚物	1959 年开始采用凝胶过滤色谱(GFC)，几年后采用凝胶渗透色谱(GPC)，现在统称 SEC，即包括过去的 GFC 和 GPC
场流分离仪(FFF)	可分离直径 $0.001\mu m$ 至几十微米的颗粒样品，分子量高达 10^{17} 的超高分子量物质	有不同力场的 FFF 变体
逆流色谱仪(CCC)	分离生化和植化样品，制备少量样品(小于 1g)比 LC 有效和经济	最新发展的一种为快速逆流色谱(HSCCC)
薄层色谱 (TLC)	适宜于分离极性有机化合物，高速和经济	可进行半制备的分离，有平板和棒状 TLC
毛细管电泳 (CE)	分离无机和有机离子、中性化合物、氨基酸、肽、蛋白质、低聚核苷酸、DNA	是近 10 年来发展起来的方法，经常使用的有 4～5 种变体
毛细管电色谱仪(CEC)	依靠电渗流推动流动相，可分离中性和带电荷的有机化合物	最近 10 年快速发展的分析方法

表 1-3　多维分离、分析仪器

二维 一维	GC	HPLC (包括 SEC,IC)	SFC	CE	TLC
GC	GC-GC	—	—	—	GC-TLC
HPLC (包括 SEC,IC)	HPLC-GC	HPLC-HPLC	HPLC-SFC	HPLC-CE	HPLC-TLC
SFC	SFC-GC	—	SFC-SFC	—	SFC-TLC

3. 可以鉴定原子的分析仪器

表 1-4　可以鉴定原子的分析仪器

仪　器	主要应用	备　注
原子发射光谱仪	特别适宜于分析矿物、金属和合金	使用电感耦合等离子体作为光源时氩气消耗较多,运行费较高
原子吸收光谱仪	元素准确定量,金属元素痕量分析	
X射线荧光光谱仪	特别适用于稀土元素,可测比硫重的元素	
中子活化分析仪	准确定量,痕量和超痕量分析元素和大多数元素的同位素	
电化学分析仪	可氧化还原的物质,包括金属离子和有机物质	
电感耦合等离子体-质谱仪	同位素分析,多元素同时测定,痕量元素分析	

4. 可以鉴定分子的分析仪器

表 1-5　可以鉴定分子的分析仪器

仪　器	主要应用	备　注
紫外和可见分光光度计	芳香族和其它含双键的有机化合物,如丙酮、苯、二硫化碳、氯气、臭氧、二氧化氮和二氧化硫;稀土元素,有机化合物自由基和生物物质的测定	要用光谱纯溶剂
红外光谱仪	只有在长波段($20\sim50\mu m$)范围才能测各元素分子,如氧、氮、氢、氯、碘、溴、氟、氦、氩、氖、氙等;能鉴定官能团和提供指纹峰,可与已知标准谱图对比	

仪　器	主　要　应　用	备　注
拉曼光谱仪	可测水溶液,提供与红外光谱不同的官能团信息,如固体分子簇团的对称性	近几年来拉曼光谱发展极快,已有激光拉曼光谱、表面增强拉曼散射光谱和傅里叶变换拉曼光谱
质谱仪	能给出元素(包括同位素)和化合物的相对分子质量和分子结构信息;可鉴定有机化合物	日常维护费用较高,现多与色谱仪联用,还有串联质谱
核磁共振波谱仪	结构测定和鉴定有机化合物;能提供分子构象和构型信息;能测定原子数	日常维护费用比质谱还高,高分辨型要用液氦,有简易型(60MHz)至高分辨型(200~700MHz)多种型号
顺磁共振波谱仪	有机自由基测定;电子结合信息,还可研究聚合机理	
X 射线衍射仪	鉴定晶体结构(特别是无机物、高聚物、矿物、金属半导体、微电子材料)	
圆二色光谱仪	分析药物和毒物中对映体;高聚物的基础性研究	
热分析仪	研究物质的物理性质随温度变化而产生的信息;广泛用于研究无机材料、金属、高聚物和有机化合物;表征高聚物性能变化;测定生物材料或药物的稳定性	

5. 联用分析仪器

表 1-6　常见的联用分析仪器

光谱仪① 色谱仪	MS	FTIR	AAS	ICP-AES	MIP-AES	NMR
GC	GC-MS	GC-FTIR	GC-AAS	GC-ICP-AES	GC-MIP-AES	HPLC-NMR
HPLC	HPLC-MS	HPLC-FTIR	HPLC-AAS	HPLC-ICP-AES	—	
SFC	SFC-MS	SFC-FTIR			SFC-MIP-AES	
CE	CE-MS	—				CE-NMR
CEC	—	CEC-MS				CEC-NMR
TLC	—	TLC-FTIR				—

① MS—质谱;FTIR—傅里叶变换红外吸收光谱;AAS—原子吸收光谱;ICP-AES—电感耦合等离子体原子发射光谱;MIP-AES—微波电感等离子体原子发射光谱;NMR—核磁共振波谱。

表 1-7   一些常用联用仪器的接口

色谱仪 ＼ 光谱仪	接 口		
	MS	FTIR	NMR
GC	分流式、浓缩式、喷射式、泻流式分子分离器	内壁镀金的硼硅玻璃光管	
HPLC	热喷雾、电喷雾、粒子束、连续快原子轰击、大气压化学电离等	流通池	连续流式、驻流式
SFC	直接流体注射、分子束等	流通池	
CE 或 CEC	无鞘动式、同轴鞘动式、液体粘接式	流通池	扩径毛细管式

6. 分析数据处理仪器

表 1-8   分析数据处理仪器

仪 器	主要应用	备 注
原子吸收光谱仪的数据处理系统	可对仪器操作条件(波长、狭缝宽度、灯电流、气源流量)进行选择,测量吸收峰高、峰面积,计算分析结果打印报告,绘制分析曲线	适用于 AAS
傅里叶变换红外吸收光谱仪的数据处理系统	绘制红外吸收谱图,波数定标,显示差谱或叠加谱图,傅里叶变换	适用于 FTIR 或 IR
色谱仪的数据处理工作站	记录色谱峰的保留时间、峰高、峰面积,计算组分的含量,绘制谱图;配有专家系统,可提供优化分析结果的途径	适用于 GC、HPLC、SFC 和 CE
质谱仪的数据处理系统	质谱数据采集,质量定标,峰检测,峰强度、棒图显示,标准谱图检索,归一化	适用于 MS
核磁共振波谱仪的数据处理系统	核磁共振数据采集,化学位移定标,谱图绘制,傅里叶变换和数据处理	适用于 NMR (^{1}H、^{13}C 及多核)
电子显微镜的数据处理系统	图像的自动分析,标记图像尺寸和放大倍数	适用于透射电子显微镜和扫描电子显微镜

7. 物理常数测定仪器

表1-9 物理常数测定仪器

测定方法和仪器	主要应用	备 注
密度测定:密度计、韦氏天平、密度瓶	测定液体样品的密度	恒温下,质量的准确测定
熔点和结晶点的测定:提勒管和茹可夫瓶	测定固样的熔点和液样的凝固点或结晶点,确定其纯度	准确温度测定,温度计的预先校正
沸点和沸程的测定:沸点测定仪,沸程测定仪	有机溶剂或石油产品的纯度测定	准确温度测定
闪点和燃点的测定:闭口杯闪点测定仪,开口杯闪点、燃点测定仪	有机溶剂或石油产品易燃特性的测定,确定其安全性	准确温度测定、大气压力校正
黏度和特性黏度的测定:毛细管黏度计,恩格勒黏度计	测定液体或石油产品的黏度;测定高聚物平均分子量;条件黏度的测定,确定其加工处理的条件	准确测定流体流动的时间
折射率的测定:阿贝折光仪	液体或有机溶剂光学特性测定	准确光学测量
旋光度的测定:旋光仪	液体或有机溶剂旋光特性测定	准确光学测量
化合物分子量的测定:Knour分子量测定仪,分为冰点仪、蒸气压渗透仪和膜渗透仪	测定液态和固态样品的分子量,提供重要的物性参数	准确温度测定,蒸气压和渗透压的精确测定

四、分析仪器的发展趋向

当代分析仪器对科技领域的发展起着关键作用,一方面科技领域对分析仪器不断提出更高的要求,另一方面随着科学技术的发展,新材料、新器件不断涌现又大大推动分析仪器的快速更新,分析仪器的发展趋向主要有以下特点。

1. 向多功能、自动化、智能化方向发展

以色谱仪为例,当前气相色谱仪的制作工艺已达全新水平,由于单片机的使用,仪器对温度、压力、流量的控制已全部实现自动化,由计算机键盘输入操作参数,仪器就可正常运行。对一台通用型气相色谱仪,主机不仅可使用填充柱,还可使用毛细管柱;除配有TCD、FID、ECD、FPD四种常用检测器外,还可配备离子阱检测器(或称质量选择检测器);色谱柱箱具有程序升温功能。此外还可配备自动进样器、高聚物裂解进样器、热解吸器等附件。和主机连接的色谱工作站，可完成谱图绘制、谱图放大缩小和谱图对比等，还可记录保留时间、峰高、峰面积等定性和定量参数，可用不同的定量方法计算样品中各个组分的含量，若配有对分析结果进行化学计量学优化的软件，还可对分析结果做出评价，提供获取最佳分析结果的途径。

另如对质谱仪，其离子源可配有电子轰击（EI）、化学电离（CI）、解吸化学电离（DCI）、场致解吸电离（FDI）、快原子轰击（FAB）、辉光放电（GDI）、大气压化学电离（APCI）、光致电离（PI）、等离子解吸电离（PDI）、激光解吸电离（LDI）等多种方式。质量分析器配有磁式单聚焦和双聚焦、四极杆、离子阱、离子回旋共振、飞行时间等多种结构方式。检测器可配有法拉第筒、闪烁计数器、电子倍增器、光电子倍增器、微通道板等型式。高真空系统已使用机械泵和涡轮分子泵组合。质谱工作站可用于控制仪器的操作参数、数据采集、实时显示、标准谱图自动检索、绘制质谱图、打印出定性和定量分析结果的实验报告。

2. 向专用型、小型化和微型化方向发展

随着环境科学的发展，为控制和治理环境污染，防止环境恶化，维护生态平衡，环境监测已成为掌握环境质量状况的重要手段，发展对化学毒物、噪声、电磁波、放射性、热源污染进行监测的专用型分析仪器，已受到愈来愈多的关注，它可用于对污染现场进行实时监测，对人类居住环境进行定点、定时监测，对污染源头进行遥控监测。现已生产出对大气、水、土壤进行取样的多种采样器；监测大气中 SO_2、NO_x、汽车尾气排放的专用分析仪；监测水中化学需氧量（COD）、生化需氧量（BOD）、总有机碳（TOD）的单项分析仪。其它如噪声与振动测量仪，连续流动多功能水质分析仪及环境污染连续自动监测系统也都被环监部门广泛采用。

生物化学与医学专用分析仪器也是现代分析仪器中的一个大分支。生物医学领域主要包括生物化学、生态平衡、医疗诊断、医药制造、毒品检验和食品营养检测等方面。当前生物医学分析仪器的发展已成为国际上的热门领域，如高效毛细管电泳仪，已被公认为20世纪90年代在生物分析领域中产生巨大影响的分析仪器。它能快速、准确地定量测定蛋白质、核苷酸、RNA 和 DNA 的含量，已在疾病诊断、传染源确证、艾滋病毒的检测中发挥了重要作用。其它如动态心电图分析仪、超声诊断仪、磁共振成像系统、DNA 自动测序仪、免疫分析仪、X 射线数字减影血管造影系统（DSA）等，都由于它们采用了先进的分析测试技术而在生物医学应用上占有重要地位。

常规分析仪器体积庞大，结构复杂，能源消耗大，维持仪器正常运转费用高。现在随着新材料、新器件、微电子技术的发展，已使仪器制造商有可能采用新的仪器工作原理来制造小型化、性能价格比优异、自动化程度高的分析仪器。如化学传感器、生物传感器、光导纤维、电荷耦合器件（CCD）和电荷注入器件（CID）被广泛采用；还研制出了小型台式傅里叶变换红外吸收光谱仪、台式质谱仪和台式扫描电子显微镜。现在微型化的传感器已小到可以插入人体动脉进行血液分析；可携带式的离子迁移光谱仪、气相色谱仪、高效液相色谱仪、傅里叶变换红外吸收光谱仪、气相色谱-质谱联用仪等微型化的复杂仪器也已用于现场监测违禁药物和化学武器核查。

20 世纪 90 年代初发展的微全分析系统（μ-TAS），开拓了分析化学发展的新方向。其通过化学分析设备的微型化和集成化，最大限度地把分析实验室的功能转移到便携式分析设备中，实现所有分析步骤（取样、预处理、化学反应、产品分离、检测）集成化，构成"芯片实验室"。依据芯片结构和工作机理，芯片可分为两类：一类是以亲和作用为核心，用于生物分子（DNA、蛋白质）检测的微阵列芯片（生物芯片）；另一类是用于检测化学反应的微流控芯片［可看作流动注射分析（FIA）的微型化］。这两类芯片近年已获快速发展，由于使用了集成化芯片元件，大大降低了样品用量（$\mu L \rightarrow nL$），大大加快分析速度（提高 $10 \sim 100$ 倍），并利于分析测试技术的普及，促进傻瓜型分析仪器的出现，从而引起分析测试方法的重大变革。

3. 向多维分离仪器发展

气相色谱仪、高效液相色谱仪、超临界流体色谱仪和毛细管电泳仪已在分子量、沸点、热稳定性、生物活性存在差别的化合物的分离中发挥了重要作用，但随着分析任务复杂性的增加，只用一种分离方法已不能将样品中的不同组分完全分离。20 世纪 70 年代中期首先出现了二维气相色谱（$GC \times GC$）技术，它使用同一种流动相，将两根气相色谱柱串联起来（填充柱-填充柱，填充柱-毛细管柱，毛细管柱-毛细管柱），使组成复杂的样品先在第一根一维色谱柱上进行初步分离，再利用中心切割方法将未分离开的难分离组分，转移到第二根二维谱柱上实现完全分离。一维柱和二维柱后可连接不同的检测器（FID 或 ECD）。因此可在进行一次色谱分析的过程，获得双重分析信息。在 20 世纪 80 年代中期又发展了二维高效液相色谱（HPLC-HPLC）和二维超临界流体色谱（SFC-SFC）技术，它们都显示出超强的分离能力。在 20 世纪 80 年代末期又先后发展了使用两种不同性质流动相的多维色谱耦合技术，如高效液相色谱-气相色谱偶联系统（HPLC-GC）、高效液相色谱-超临界流体色谱偶联系统（HPLC-SFC）、超临界流体色谱-气相色谱偶联系统（SFC-GC）、高效液相色谱-毛细管区带电泳偶联系统（HPLC-CZE），以及气相色谱、超临界流体色谱、高效液相色谱分别与薄层色谱偶联系统（GC-TLC、SFC-TLC、HPLC-TLC）。20 世纪 90 年代已研制出用于气相色谱、超临界流体色谱和微柱高效液相色谱的统一色谱仪，可分别实现 GC→SFC、HPLC→GC、HPLC→SFC、SFC→HPLC 的顺序分析。

在质谱分析中于 20 世纪 70 年代后期迅速发展了二维质谱技术（MS-MS），它使离子在运动过程中，通过活性碰撞经过两个串联的质量分析器，使分子碎裂过程产生的分子离子（母离子）和碎片离子（子离子）分离开。从仪器结构上看一个质量分析器用于碎片离子的质量分离，获得碎片离子谱图，另一个质量分析器用于分子离子的质量分离，获得分子离子的谱图。对使用软电离法（FAB、CI、ESI 等）的一维质谱法，仅能获得强的分子离子峰和弱的碎片离子峰，若使用二维质谱法就可提供强的碎片离子峰和强的分子离子峰，从而获得完整的结构信息。

二维核磁共振波谱（NMR-NMR）也是在 20 世纪 70 年代后期发展起来的。一维核磁共振波谱的谱线位置、强度和形状是在一定的磁场强度作用下，作为电磁波频率单一变量的函数，它描述核自旋系统对射频场能量的吸收关系，谱峰只沿一个频率轴分布。二维核磁共振波谱使用两个频率变量（时间变量），它可将由单一频率变量决定的核磁共振波谱谱图转变成由两个频率参数构成函数的谱图，谱峰分布在由两个频率轴组成的平面图上。二维核磁共振波谱扩大了 NMR 的应用范围，可进行自旋密度成像、双共振实验、多脉冲实验等，已成为阐明分子结构的最有力的工具，可提供固体物质、生物大分子的三维结构，显示原子核在样品中分布的立体图像。

4. 向联用分析仪器方向发展

当采用一种分析技术不能解决复杂分析问题时，就需要将多种分析方法组合进行联用。其中特别是将一种分离技术和一种鉴定方法组合成联用技术，已愈来愈受到广泛的重视。实现两种分析仪器联用的关键部件是硬件接口，或称连接界面，它的功能是协调两种仪器的输出及输入的矛盾。两种分析仪器通过专用的接口连接，并使用计算机自动控制联机后的操作参数，能使其成为一个整体而提供多重分析信息。

1957年首先实现了气相色谱-有机质谱的联用系统（GC-MS），其后作为连接界面的分子分离器经不断改进已日趋完善，现已在环境监测中获广泛应用。20世纪80年代中期实现了高效液相色谱-质谱联用系统（HPLC-MS），其连接界面比GC-MS更加复杂，至今已有热喷雾（TS）、电喷雾（ES）、大气压化学电离（APCI）接口获得广泛采用。目前HPLC-MS联用仪器已在医药、生物活性物质分析中广泛应用。20世纪90年代出现了毛细管电泳-质谱联用系统（CE-MS），已在蛋白质等生物大分子分析中发挥了重要作用。

20世纪70年代以后，先后实现了气相色谱、高效液相色谱、超临界流体色谱与傅里叶变换红外吸收光谱联用（GC-FTIR、HPLC-FTIR、SFC-FTIR）。GC-FTIR联用，接口使用了两端安装有可透过红外线的KBr晶片、内壁镀金的硼硅玻璃光管。HPLC-FTIR和SFC-FTIR联用，使用了流通池接口。上述联用系统在有机化合物的定性鉴定中发挥了重要作用。

20世纪80年代美国HP公司生产出了气相色谱-傅里叶变换红外吸收光谱-质谱联用仪（GC-FTIR-MS），并有了关于高效液相色谱-傅里叶变换核磁共振波谱联用系统（HPLC-FTNMR）的报道，20世纪80年代末HPLC-NMR联用技术作为一种有效的分析手段，才获得承认，在20世纪90年代后期HPLC-NMR联用技术获得迅速发展，并取得重大成功，在药物、生化和环境分析中获得愈来愈多的应用。1996~2000年文献已报道在HPLC分析后，经分流，可同时实现HPLC-MS和HPLC-NMR的同时联用，构成HPLC-NMR-MS的联用系统，在药物结构分析中，发挥了重要的作用，并用于手性化合物的分离和鉴定。

应当指出化学计量学对分析仪器的发展也产生了重大影响。由分析仪器得到的数据是获取所需化学信息的基础，因此仪器的灵敏度、精密度和选择性对化学信息的获得具有决定意义。化学计量学中对信号与噪声的研究，直接关系到对分析仪器灵敏度、检测限、信噪比等性能的提高；对信号处理的研究，可寻觅出信号变化的数学规律，进行曲线拟合、平滑化和信号求导，以及使用最小二乘多项式法、傅里叶变换等数学方法扩大分析仪器的使用功能（如傅里叶变换红外吸收光谱和傅里叶变换核磁共振波谱已获广泛应用）；对信息校准的研究，关系到干扰的消除和降低多组分同时测定中的误差；对最优化方法的研究，关系到自动化分析仪器要具有能自动选择最佳实验条件的软件系统；对人工智能、模式识别的研究，直接关系到对紫外、红外、核磁、质谱等大型仪器的谱图检索和解析；对神经网络、专家系统的研究，关系到智能化大型联用仪器的研制；对信息量和熵的研究，为发展新型多维分离、分析仪器奠定了基础。

由上述分析仪器的发展趋向，可了解到分析仪器是一种高科技产品，它受益于采用各种技术的最新成果，也接受了它们的挑战，并在不断创新和发展。可以预计，随生命科学、材料科学和环境科学的发展，以及新技术的不断出现，分析仪器也会在多功能化、小型化、自动化、智能化等方面不断取得新的成绩。

五、分析工作者的责任和分析技能培养

分析检验工作在钢铁、冶金、石油炼制、石油化工、精细化工、轻工、食品酿造等工业生产的重要性，主要表现在产品质量检验、生产流程的质量控制，它们是企业进行质量管理的主要手段，也是产品能够占领市场的重要保证，更是使生产企业保持蓬勃活力的基础。一些轻视分析检验工作重要性的表现，正是表明生产企业仍处于粗放管理陋习的初级阶段，在激烈的市场竞争中，必然处于被动状态。

分析检验在农业生产中的重要性，表现为对土壤成分与肥料组成的测定、农药残留监测、农产品营养成分质量检验等方面。现随着人口急剧增长及可耕地的逐渐减少，以土地资源等为基础的传统农业正在向以生物工程技术为基础的"绿色革命"转变，生物技术领域的细胞工程、基因工程正在为提高农作物产量、改良品种发挥着重要作用。涉及淀粉、糖类、叶绿素、维生素、核酸、蛋白质等组分的生物化学分析、检验也日益受到重视。

在医学科学中，分析工作承担着：对药物成分的分析、中草药有效成分研究，以及药物对人体的作用机制、药物的代谢与分解的监测。在临床疾病诊断、药物检测等与人体健康相关的治疗和研究中，分析检测都是不可缺少的重要手段。

当代随着世界经济的快速发展，环境科学研究已成为全世界瞩目的问题。随着大气、水源污染的加剧，人类的生存环境受到极大的危害。对大气质量及水质的监测，对农药、多环芳烃、卤代烃、氯化石蜡等对土壤、海洋的污染监测，已愈来愈受到重视。在追踪污染源、进行环境治理的过程中，分析检验发挥了极其重要的作用。

同样在生命科学、材料科学、国防建设及执法过程的物证检验中，分析化学的各种分析检验方法也在发挥着各自的重要作用。

对于在上述各个领域从事分析检验的化验员来讲，为及时提供准确可靠的分析数据，就需要每个化验员掌握必要的分析知识与技能。

分析知识与技能可归结为两方面的内容：

一方面是掌握分析测定方法涉及的分析化学的基本原理。具体要求分析工作者掌握法定计量单位和分析结果的表达方法；分析数据的处理方法；化学分析法中涉及的酸碱平衡、沉淀平衡、络合平衡和氧化还原平衡的基本原理；各种仪器分析方法涉及的无机化学、有机化学、物理化学、物理学、数学、自动化等有关的测定方法原理。

另一方面是完成分析测定方法时所必需的各种实验操作技能。要求分析工作者掌握分析样品的取样和制备方法；除去干扰组分的分离方法；进行化学分析时必需的天平称量、容量分析仪器、称量分析仪器的正确使用和基本操作方法。进行仪器分析时，要了解每种仪器的基本组成部件，影响测量准确度的各种因素，进行定性和定量分析的基本方法以及数据处理装置的使用方法。

由上述可知作为一个称职的分析工作者必须具有比较宽厚的多学科的知识面和比较全面的熟练的实验操作技能。在当前分析化学专业知识不断更新、分析仪器设备日趋智能化的形势下，每一个分析工作者必须保持敏锐的眼光，关注分析化学学科的进展情况和分析仪器的更新现状，以不断地驱动自己向新的水平攀登。

第二章 电化学分析法

电化学分析法是建立在物质的电化学性质基础上的一类分析方法。通常将被测物质溶液构成一个化学电池，然后通过测量电池的电动势或测量通过电池的电流、电量等物理量的变化来确定被测物的组成和含量。

常用的电化学分析法有电位分析法、库仑分析法、极谱分析法和溶出伏安法等。

电化学分析法是仪器分析法中的一个重要分支，它具有灵敏度高、准确度好等特点。所用仪器相对比较简单、价格低廉，并且容易实现自动化、连续化，适合生产过程中的在线分析。在化工、冶金、医药和环境监测等领域内有较多的应用。

第一节 电化学基础知识

一、电化学电池

电化学电池是化学能与电能进行相互转化的电化学反应器，它分为原电池和电解池两大类。

（一）原电池

原电池是由 2 根电极插入电解质溶液中组成，它是把化学能转变成电能的装置。

现以铜锌电池为例，说明原电池产生电能的机理。这种电池如图

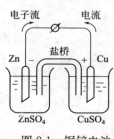

图 2-1 铜锌电池

2-1所示，是由一个插入 $CuSO_4$ 溶液中的铜电极组成的"半电池"和另一个插入 $ZnSO_4$ 溶液中的锌电极组成的"半电池"所组成。两个半电池以一个倒置的 U 形管连接起来，管中装满用饱和 KCl 溶液和琼脂做成的凝胶，称为"盐桥"。这时，如果用导线将两极连接，并且中间串联一个电流计，那么，电流计指针将发生偏转，说明线路上有电流通过。同时可以观察到锌片开始溶解，而铜片上有铜

沉积上去。

我们从观察到的实验现象进一步探讨这种装置产生电流的原因。根据金属置换次序可知，锌比铜活泼，锌容易失去 2 个电子氧化变成 Zn^{2+} 进入溶液，$Zn \rightleftharpoons Zn^{2+} + 2e^-$，把电子留在锌极上，使锌极带负电荷，称为"负极"。若用导线把锌极和铜极连接起来，此时，电子从锌极经过导线流向铜极，在铜极周围的 Cu^{2+} 从铜极上获得电子还原成金属铜，$Cu^{2+} + 2e^- \rightleftharpoons Cu$，沉积在铜极上，铜极称为"正极"。为了保持两杯溶液的电中性，这时盐桥开始起导通电池内部电路的作用，Cl^- 从盐桥中扩散到左边溶液中去，与锌极溶解下来的 Zn^{2+} 的正电荷相平衡。K^+ 从盐桥中扩散到右边溶液中去，与由于 Cu^{2+} 沉积为金属铜而留下的 SO_4^{2-} 的负电荷相平衡。这样就能使锌的溶解和铜的析出继续进行，电流得以继续流通。所以，流经整个体系的电流是由金属导体中的自由电子和溶液中离子的迁移以及电极和溶液界面上伴随发生的氧化、还原反应而进行的，是自发进行的。

电池常用符号表示。上述铜锌电池可以表示如下：

$$(-)Zn\,|\,ZnSO_4(1mol/L)\,\|\,CuSO_4(1mol/L)\,|\,Cu(+)$$

习惯上规定把负极和有关的溶液体系（注明浓度）写在左边，正极和有关的溶液体系（注明浓度）写在右边。也就是规定左边的电极进行氧化反应，右边的电极进行还原反应。

单线"|"表示锌电极和硫酸锌溶液这两个相的界面，铜电极和硫酸铜溶液这两个相的界面，盐桥通常用双线"‖"表示，因为盐桥存在两个接界面，即硫酸锌溶液与盐桥之间界面和盐桥与硫酸铜溶液之间界面。

通过相界产生的电位差叫作电极电位，原电池两电极间的最大电位差叫作原电池的电动势。

电位分析法就是利用原电池的原理进行的。

（二）电解池

电解池是将电能转变为化学能的装置，为促成这种转化，必须要外接电源，提供电能，如图 2-2 所示的电解池，用一个直流电源反向接在原电池的两个电极上，外电源负极接锌极，正极接铜极，如果外电源的电动势大于原电池的电动势，则两电极上将分别发生如下反应：

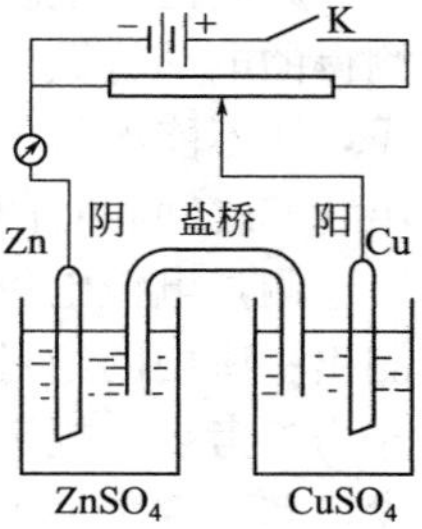

图 2-2　铜锌电解池

锌极　　$Zn^{2+} + 2e^- \longrightarrow Zn$（阴极）

铜极　　$Cu \longrightarrow Cu^{2+} + 2e^-$（阳极）

这里所发生的反应恰好是上述原电池反应的逆反应，说明这种反应是不能自发进行的，这种化学电池称为电解池。

库仑分析法、极谱分析法、溶出伏安法等都是利用电解池的原理进行的。

二、电极电位与能斯特方程式

将金属片 M 插入含有该金属离子 M^{n+} 的溶液中，此时金属与溶液的接界面上将发生电子的转移，形成双电层，产生电极电位 $\varphi_{M^{n+}/M}$，其大小可用能斯特（Nernst）方程式表示。

$$\varphi_{M^{n+}/M} = \varphi^{\ominus}_{M^{n+}/M} + \frac{0.059}{n} \lg a_{M^{n+}} \quad (25℃)$$

式中　　$\varphi^{\ominus}_{M^{n+}/M}$——标准电极电位；

　　　　$a_{M^{n+}}$——金属离子 M^{n+} 的活度。

当离子浓度很小时，可用浓度代替活度。

电极反应作用物为纯固体或纯液体时，活度为常数定为 1。

除了金属与该金属离子溶液组成电极外，还有溶液中同时存在一对氧化还原体系的也可借助惰性金属（如铂）构成一个电极，如溶液中存在 Fe^{3+} 和 Fe^{2+}，可以插入金属铂，组成 Fe^{3+}/Fe^{2+} 电极。其电极电位为：

$$\varphi_{Fe^{3+}/Fe^{2+}} = \varphi^{\ominus}_{Fe^{3+}/Fe^{2+}} + 0.059 \lg \frac{a_{Fe^{3+}}}{a_{Fe^{2+}}} \quad (25℃)$$

三、标准电极电位

原电池的电动势，可以用高阻抗的电压测量仪器直接测量得到。从测得的电动势数据就可知道正负两电极之间的电位差。但是，到目前为止，还不能测得单个电极的电极电位绝对值，因此，人们只能想办法定出它们之间相对的电位值。

测量电极电位与测量一座山的高度相仿，到现在为止，还没有办法测出一座山的绝对高度。而只能选一个参考点（如假定山脚下一块平地作为参考点）规定它为零，从这个零点开始往上测量这座山的高度是多少。实际这是一个相对于这个参考点的高度。参考点选择不同，高度也就不同。测量电极电位也采取相似办法，只要选定一个电极作为参比电极，并规定它的电极电位为零，我们就可将待测电极与这个参比电极构成一个原电池，通过测量这个原电池的电动势，求得待测电极的电极电位。

现在国际上公认采用标准氢电极作为参比电极，规定标准氢电极的电位为零。标准氢电极的结构如图2-3所示。

标准氢电极是指101325Pa的氢与H^+活度为1的酸性溶液所构成的电极体系，其电极反应为：

$$2H^+ + 2e^- \rightleftharpoons H_2$$

因为氢是气体，不能直接作为电极，所以需要一个镀有铂黑（铂片上镀上一层疏松而多孔的金属铂，呈黑色，以提高对氢的吸收量）的铂电极，插入酸性溶液中吸收氢气，高纯度氢气不断冲打到铂片上，使氢气在溶液中达到饱和，这就是标准氢电极的结构。

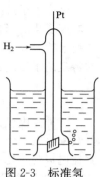

图2-3 标准氢电极结构

当待测电极氧化态的活度和还原态的活度均为1时，以标准氢电极作为参比，测得的电动势就是这支待测电极的标准电极电位，用符号$\varphi^\ominus$表示，但是，待测电极的电位有的比标准氢电极的电位正，有的比标准氢电极的电位负。也就是说，各种电极的标准电极电位有正负号问题。过去由于各自采用的规定方法不同，所以，正负号的采用比较混乱，不统一，现在国际上规定，电子从外电路由标准氢电极流向待测电极的，待测电极的电极电位定为正号，表示待测电极能自发进行还原反应。电子从外电路由待测电极流向标准氢电极的，待测电极的电极电位定为负号，表示待测电极的还原反应不能自发进行。按照这样规定测得的标准电极电位称为还原电极电位。其半电池反应写成还原反应式，例如：

$$Zn^{2+} + 2e^- \rightleftharpoons Zn \quad \varphi^\ominus = -0.763V$$

$$Ag^+ + e^- \rightleftharpoons Ag \quad \varphi^\ominus = +0.799V$$

这表示，标准银电极与标准氢电极相连接时，银电极为正极，而氢电极为负极，因而$Ag^+ \longrightarrow Ag$的还原反应能自发进行。相反，当标准锌电极与标准氢电极相连接时，锌电极为负极，而氢电极为正极，因而$Zn^{2+} \longrightarrow Zn$的还原反应不能自发进行。

第二节 各种测量用电极

电位分析法是依据测量工作电池两个电极间的电位差或电位差的变化来分析被测物质含量的方法，在测量电位差时需要使用参比电极、指示电极或离子选择性电极。参比电极具有恒定的电位数值，不受待测离子浓度变化的影响。指示电极的电位随待测离子浓度的变化而改变，它能指示待测离子的活度。离子选择性电极是一种以电位法测量溶液中某些特定离子活度的指示电极，具有高度的专属性。

一、参比电极

标准氢电极是最精确的参比电极，它是参比电极的一级标准，但因其装配复杂、使用不便，只作为校核各种参比电极的标准。通常使用的参比电极为氯化银-银电极和氯化亚汞-汞电极（又称甘汞电极）。

1. 氯化银-银电极

在银丝上镀上一层氯化银，浸在一定浓度的氯化钾溶液中构成氯化银-银电极，如图 2-4 所示。

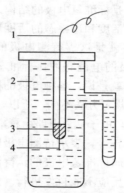

图 2-4　氯化银-银电极
1—导线；2—KCl 溶液；3—汞；4—银丝

半电池组成：Ag，AgCl(固)｜KCl

电极反应：$AgCl + e^- \rightleftharpoons Ag + Cl^-$

电极电位：$\varphi_{AgCl/Ag} = \varphi^{\ominus}_{AgCl/Ag} - 0.059 \lg a_{Cl^-}$

25℃时，对不同浓度的 KCl 溶液，其电极电位 $\varphi_{AgCl/Ag}$ 的数值如下：

KCl 溶液浓度：0.1mol/L　　　　1.0mol/L　　　　饱和溶液

$\varphi_{AgCl/Ag}$/V：　　+0.2880　　　　+0.2223　　　　+0.2000

2. 氯化亚汞-汞电极（甘汞电极）

由汞、甘汞（Hg_2Cl_2）和氯化钾溶液组成，构造如图 2-5 所示。电极用两个玻璃套管，内套管封接一根铂丝，它插入厚度约为 0.5～

1.0cm 的汞层中，汞下装有由汞、甘汞和少许 KCl 溶液研磨而成的糊状物。外套管内装入 KCl 溶液。电极下端与待测溶液接触处熔接有玻璃砂芯或陶瓷砂芯等多孔物质，其孔度可控制 KCl 溶液的渗透速度。

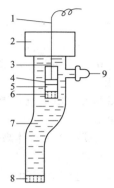

图 2-5　甘汞电极

1—导线；2—绝缘体；3—Pt 丝；4—汞；5—氯化亚汞；
6、8—多孔砂芯；7—KCl 溶液；9—橡皮塞

半电池组成：$Hg, Hg_2Cl_2(固) | KCl$

电极反应：$Hg_2Cl_2 + 2e^- \rightleftharpoons 2Hg + 2Cl^-$

电极电位：$\varphi_{Hg_2Cl_2/2Hg} = \varphi^{\ominus}_{Hg_2Cl_2/2Hg} - 0.059 \lg a_{Cl^-}$

25℃时，对不同浓度的 KCl 溶液，其电极电位 $\varphi_{Hg_2Cl_2/2Hg}$ 的数值如下：

KCl 溶液浓度：	0.1mol/L	1.0mol/L	饱和溶液
$\varphi_{Hg_2Cl_2/2Hg}$/V：	+0.3365	+0.2828	+0.2438

上述参比电极是测量工作电池（原电池）电动势、计算电极电位的基准，要求它的电位已知且能保持恒定，在测量过程中即使有微小电流（约 10^{-8}A）通过，仍能保持电位不变；它与不同的测试溶液间的液体接界电位数值很小（约 1～2mV），可以忽略不计。

二、指示电极

在电位分析法中，它能指示被测离子的活度，应符合以下要求：

① 电极电位与离子活度之间应符合能斯特方程式，或电极电位与被测溶液离子活度的对数值应成直线关系；

② 对离子活度的变化响应快，重现性好；

③ 结构简单、使用方便。

常用的指示电极有以下几种。

1. 金属离子-金属电极

如金属银浸在 $AgNO_3$ 溶液中,组成如下的半电池:

半电池组成:$Ag \mid Ag^+$

电极反应:$Ag^+ + e^- \rightleftharpoons Ag$

电极电位:$\varphi_{Ag^+/Ag} = \varphi^{\ominus}_{Ag^+/Ag} + 0.059 \lg a_{Ag^+}$

其它金属如 Zn、Hg、Cu、Cd、Pb 等,都可构成此类电极。

2. 金属难溶盐-金属电极

如 AgCl-Ag 电极,它既是参比电极也是指示电极。

3. 惰性金属或石墨碳电极

惰性金属铂或金,或石墨碳可作为导体来协助电子的转移,自身不参与电化学反应。当将其浸入同一种元素但具有两种不同价态的离子溶液中,如 Fe^{3+} 和 Fe^{2+} 溶液,其电极电位和两种不同价态离子的活度比率有关。

如电极反应为:$Fe^{3+} + e^- \rightleftharpoons Fe^{2+}$

电极电位:$\varphi_{Fe^{3+}/Fe^{2+}} = \varphi^{\ominus}_{Fe^{3+}/Fe^{2+}} + 0.059 \lg \dfrac{a_{Fe^{3+}}}{a_{Fe^{2+}}}$

通常可使用铂电极,但当含强还原剂如 Cr^{2+}、Ti^{3+}、V^{3+} 时就不能使用铂电极,因铂表面会催化上述还原剂对 H^+ 的还原作用,而使铂电极的电极电位不能反映溶液中待测离子活度比值的变化,为获准确结果,可用金电极或石墨碳电极来替代铂电极。

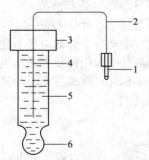

图 2-6　玻璃电极

1—电极接头;2—导线;3—电极帽;
4—内参比电极(AgCl-Ag);
5—内参比溶液;6—玻璃膜

4. 玻璃电极

玻璃电极是测定 pH 值普遍使用的一种指示电极,其构造如图 2-6 所示。

玻璃电极的主要部分是它的下部由特制软玻璃吹制的、厚度约 $30\sim100\mu m$ 的球形玻璃薄膜,电阻约为 $50\sim500M\Omega$。在膜内装有由 0.1mol/L HCl 和 KCl 组成的 pH 值为一定值的缓冲溶液作为内参比溶液,溶液中浸入一根 AgCl-Ag 电极作为内参比电极。由于玻璃电极的内阻很高,因此电极引出线和连接导线要求高度绝缘,并采用金属屏蔽线,以防漏电并防止周围交变电场及静电感应的影响。

玻璃电极中的内参比电极的电位恒定，与待测溶液的 pH 值无关。玻璃电极之所以能测定溶液 pH 值，是由于玻璃膜产生的膜电位与待测溶液的 pH 值有关。

玻璃电极在使用前应在纯水中浸泡 24h 以上，使在玻璃膜表面形成水化硅胶层，如图 2-7 所示。在水化层内产生离子交换反应：

$$H^+ + Na^+G^- \Longrightarrow Na^+ + H^+G^-$$

Na^+G^- 为玻璃表面层；H^+G^- 为水化硅胶层。

(1) 膜电位 由于玻璃膜与外部被测试液和内部参比溶液接触，存在两个液体接界电位（$\varphi_{L,外}$，$\varphi_{L,内}$）；从而使玻璃膜内、外侧之间产生膜电位（φ_M）：

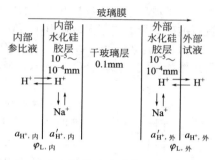
图 2-7 玻璃电极的玻璃膜截面放大示意图

$$\varphi_{L,外} = k_外 + 0.059 \lg \frac{a_{H^+,外}}{a'_{H^+,外}}$$

$$\varphi_{L,内} = k_内 + 0.059 \lg \frac{a_{H^+,内}}{a'_{H^+,内}}$$

因为玻璃膜内、外表面的性质相同，使 $k_外 = k_内$，且在水化硅胶层中，玻璃表面的 Na^+ 被溶液中的 H^+ 所交换，而使 $a'_{H^+,外} = a'_{H^+,内}$，所以膜电位可表示为：

$$\varphi_M = \varphi_{L,外} - \varphi_{L,内} = 0.059 \lg \frac{a_{H^+,外}}{a_{H^+,内}}$$

由于内参比溶液中 $a_{H^+,内} = 0.1 \text{mol/L}$，为一常数。

$$\varphi_M = k' + 0.059 \lg a_{H^+,外} = k' - 0.059 \text{pH}_外$$

(2) 不对称电位 由前式可看出，若玻璃膜内、外的 a_{H^+} 完全相同，会使 $\varphi_M = 0$，但实际上并不等于零，约为 $10 \sim 30\text{mV}$，这是由于玻璃膜内、外结构和表面张力性质的微小差异而产生的电位差，称为玻璃电极的不对称电位（$\varphi_不$）。当玻璃电极在水溶液中长时间浸泡后，可使 $\varphi_不$ 达到恒定值，可合并于上式的常数 k' 之中。

(3) 玻璃电极电位的计算 玻璃电极具有内参比电极，因此它的电极电位应是内参比电极（AgCl-Ag）电位和膜电位之和：

$$\varphi_玻 = \varphi_{内参} + \varphi_M = \varphi_{AgCl/Ag} + k' - 0.059 \text{pH}_外$$
$$= K_玻 - 0.059 \text{pH}_外$$

式中，$K_{玻} = \varphi_{AgCl/Ag} + k'$。玻璃电极的半电池组成为：Ag，AgCl｜0.1mol/L HCl｜玻璃膜｜试液。

玻璃电极对 H^+ 有强选择性，测定 pH 值时不受被测溶液中存在的氧化剂或还原剂的影响，也可测定有色、浑浊或胶状溶液的 pH 值。它在 pH＝1～9 范围内使用效果最好。若配合精密酸度计，测定误差为 ±0.01pH 单位。

若用玻璃电极测定强碱（pH＞9）或强酸（pH＜1）溶液时，由于存在碱差（钠差）或酸差，会使测定值偏低或偏高，可引起测定误差。另外由于玻璃电极自身具有很高的电阻，必须配有电子放大电路，才能进行准确测量。使用锂玻璃电极可在 pH＝1～13 范围进行测量。

pH 玻璃电极可用 0.1～1.0mol/L HCl 溶液、EDTA 溶液清洗，不可用铬酸洗液、浓 H_2SO_4、无水乙醇清洗，以防破坏电极功能。

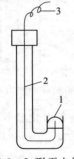

图 2-8　L 形汞电极
1—汞珠；2—铂丝；3—导线

5. 汞-EDTA 电极

将镀汞的银电极浸入待测金属离子溶液中，再加入一定量 Hg^{2+} 和 EDTA 生成的螯合物 HgY^{2-} 就构成汞-EDTA 电极。也可用如图 2-8 所示 L 形悬汞电极代替镀汞的银电极。

半电池组成：$Hg | HgY^{2-}$，MY^{n-4}、M^{n+}

电极反应：$Hg^{2+} + 2e^- \Longleftrightarrow Hg$

$$\varphi_{Hg^{2+}/Hg} = \varphi_{Hg^{2+}/Hg}^{\ominus} + \frac{0.059}{2} \lg a_{M^{n+}}$$

$$= \varphi_{Hg^{2+}/Hg}^{\ominus} + \frac{0.059}{2} \lg \frac{a_{HgY^{2-}} \cdot K_{MY^{n-4}}}{a_{MY^{n-4}} \cdot K_{HgY^{2-}}}$$

此时汞电极的电极电位仅与被测金属离子活度 $a_{M^{n+}}$ 有关，它可用作 EDTA 滴定金属离子 M^{n+} 的指示电极。此电极已用于 30 余种金属离子的测定。应注意汞电极适用的溶液 pH 值范围为 2～11，pH＞11 会产生 HgO 沉淀干扰电极反应，pH＜2 会使 HgY^{2-} 螯合离子解离，而影响测定的准确度。

三、离子选择性电极

离子选择性电极又称膜电极，此类电极都具有一种特殊的薄膜，它能选择性地反映溶液中某种离子的活度。前述玻璃电极就是一种膜电极，也就是氢离子的选择性电极。其它各种离子选择性电极的构造都与玻璃电极相似，都是由内参比电极、内参比溶液和离子敏感膜组成。

各种离子选择性电极的膜电位（电极电位），在一定条件下都遵循能斯特方程式。

对阳离子，其膜电位为：

$$\varphi_{MC} = K + \frac{0.059}{n} \lg a_c$$

对阴离子，其膜电位为：

$$\varphi_{MA} = K - \frac{0.059}{n} \lg a_A$$

离子选择性电极可分为固体膜电极、液体膜电极和敏化电极。

一些较为常用的离子选择性电极的概况如表 2-1 所示。

表 2-1　常用的离子选择性电极

电极名称（型号）	线性范围/(mol/L)	pH 值范围	响应时间/min	电极内阻（25℃）/MΩ	干扰离子
氟离子选择性电极(201型)	$1 \sim 5 \times 10^{-7}$	$5.0 \sim 6.0$	<2（$C_{F^-} = 10^{-3} \sim 10^{-6}$时）$<5$（$C_{F^-} = 1 \times 10^{-6} \sim 5 \times 10^{-7}$时）	<2	Al^{3+}、Fe^{3+}、OH^-等
氯离子选择性电极(301型)	$1 \times 10^{-2} \sim 5 \times 10^{-5}$（纯 NaCl 标准溶液中含 0.1mol/L KNO$_3$）	$2.0 \sim 12.0$	<2	<0.15	Br^-、I^-、CN^-、S^{2-}等
溴离子选择性电极(302型)	$1 \sim 5 \times 10^{-6}$（纯 NaBr 标准溶液中含 10^{-3} mol/L Na$_2$SO$_4$）	$2.0 \sim 11.0$	<2	<0.15	PO_4^{3-}、NO_3^-、CO_3^{2-}、SCN^-、CN^-、Cl^-、SO_4^{2-}、$S_2O_3^{2-}$、I^-、S^{2-}等
碘离子选择性电极(303型)	$1 \times 10^{-2} \sim 5 \times 10^{-7}$（纯 KI 标准溶液中含 0.1mol/L KNO$_3$）	$2.0 \sim 12.0$	<2	<0.15	NO_3^-、HPO_4^{2-}、Br^-、SO_4^{2-}、Cl^-等
硫离子选择性电极(314型)	$0.1 \sim 5 \times 10^{-7}$	$2.0 \sim 12.0$	<2	<0.15	Ag^+等

电极名称 （型号）	线性范围 /(mol/L)	pH 值范围	响应时间 /min	电极内阻 (25℃) /MΩ	干扰离子
氰离子选择性电极(313型)	$1\times10^{-2}\sim$ 5×10^{-7}	中性或碱性	<2	<0.15	S^{2-}、I^-、Hg^{2+} 等
硝酸根离子选择性电极(403型)	$1\sim5\times10^{-5}$	$2.5\sim10.0$ （NO_3^- 活度 为 0.1mol/L 时）； $3.8\sim8.5$ （NO_3^- 活度 为 1×10^{-3} mol/L 时）	<2（5× 10^{-5}mol/L）； <1（1～ 10^{-4}mol/L）	<1	Cl^-、SO_4^{2-}、$H_2PO_4^-$、HPO_4^{2-}、HCO_3^-、EDTA、ClO_4^-、Br^-、I^-、柠檬酸根、酒石酸根等
钠离子选择性电极(102型)	$1\sim10^{-7}$	>10	<3	<150	K^+ 等
钾离子选择性电极(401型)	$1\sim5\times10^{-6}$	$4\sim10$	≈1	<12	Li^+、Na^+、NH_4^+、Ca^{2+}、Mg^{2+}、Ba^{2+} 等
钙离子选择性电极(402型)	$0.1\sim10^{-5}$ （标准液中含 0.1mol/L KCl）	$5.0\sim10.0$	<1	<1	K^+、Na^+、Mg^{2+}、Mn^{2+}、Zn^{2+}、Pb^{2+}、Ba^{2+}、Cu^{2+}、Fe^{2+}、Fe^{3+} 等
铅离子选择性电极(305型)	$10^{-3}\sim5\times$ 10^{-7}（标准液 中含 0.1mol/L $NaNO_3$）	$3.0\sim6.0$	<2	$<4.5\times$ 10^{-5}	Mg^{2+}、Sr^{2+}、Ba^{2+}、Co^{2+}、Zn^{2+}、Cd^{2+}、Ni^{2+}、Mn^{2+}、Cu^{2+}、Fe^{2+}、Fe^{3+} 等
镉离子选择性电极(307型)	$10^{-3}\sim5\times$ 10^{-7}（标准液 中含 0.1mol/L $NaNO_3$）	$3.0\sim10.0$	<2	≈0.45	Hg^{2+}、Pb^{2+}、Ag^+、S^{2-} 等
铜离子选择性电极(306型)	$10^{-3}\sim5\times$ 10^{-7}（标准液 中含 0.1mol/L KNO_3）	$3.0\sim5.0$	<2	<0.15	NH_4^+、Ag^+、Cl^-、Hg^{2+}、Bi^{3+}、Fe^{3+}、Cd^{2+}、Pb^{2+} 等
汞离子选择性电极(323型)	$10^{-2}\sim5\times10^{-7}$	$2\sim7$	<2	<0.15	S^{2-}、CN^-、Cl^-、Br^-、I^- 等

电极名称（型号）	线性范围/(mol/L)	pH值范围	响应时间/min	电极内阻（25℃）/MΩ	干扰离子
银离子选择性电极（304型）	$1\sim5\times10^{-7}$（纯 $AgNO_3$ 标准液中含 $0.1mol/L$ KNO_3）	$2.0\sim11.0$	<2	<0.0015	S^{2-} 等
氨气敏电极（501型）	$0.1\sim1\times10^{-5}$	$\geqslant11$	$0.5\sim10$	与玻璃电极相当	
二氧化碳气敏电极（502型）	$10^{-2}\sim5\times10^{-5}$	<0.74	$<4(10^{-2}\sim10^{-4}mol/L)$；$<7(10^{-4}\sim5\times10^{-5}mol/L)$	≈300	

1. 选择性系数

理想的离子选择性电极只对一种特定的离子产生电位响应，但事实上电极不完全只对一种离子有响应，还不同程度地受到干扰离子的影响，因此离子选择性电极并没有绝对的专一性，而只有相对的选择性。

若被测离子用 i 表示，干扰离子用 j 表示，其具有的电荷分别为 n_i、n_j，在干扰离子存在下，表达膜电位的通式为：

$$\varphi_M = K \pm \frac{0.059}{n_i}\lg[a_i + (a_j)^{\frac{n_i}{n_j}} \cdot K_{i,j}]$$

式中，a_i、a_j 分别为被测离子和干扰离子的活度；$K_{i,j}$ 为干扰离子 j 对欲测离子 i 的选择性系数。$K_{i,j}$ 可理解为当其它条件相同时，提供相同膜电位的欲测离子活度 a_i 和干扰离子活度 a_j 的比值。

$$K_{i,j} = \frac{a_i}{(a_j)^{\frac{n_i}{n_j}}}$$

$K_{i,j}$ 值愈小，表明干扰离子 j 对欲测离子 i 的干扰愈小，表明此离子选择性电极的选择性愈好。由 $K_{i,j}$ 可以计算干扰离子引起的测定误差：

$$E = \frac{(a_j)^{\frac{n_i}{n_j}} \cdot K_{i,j}}{a_i} \times 100\%$$

例如对 NO_3^- 离子选择性电极，其 $K_{NO_3^-,SO_4^{2-}} = 4.1\times10^{-5}$，若在 $1.0mol/L$ H_2SO_4 溶液中测 NO_3^- 含量，实测 $a_{NO_3^-} = 8.2\times10^{-4} mol/L$，

则在 SO_4^{2-} 干扰离子存在下引起的测量相对误差是：

$$E = \frac{(a_{SO_4^{2-}})^{\frac{1}{2}} \cdot K_{NO_3^-, SO_4^{2-}}}{a_{NO_3^-}} \times 100\%$$

$$= \frac{(1.0)^{\frac{1}{2}} \times 4.1 \times 10^{-5}}{8.2 \times 10^{-4}} \times 100\% = 5.0\%$$

有时也用选择比来表示离子选择性电极的选择性，它与选择性系数互为倒数。

2. 影响选择性的因素

① 测定温度　由能斯特方程式可知，电极电位的测量与测定温度有关，因此为提高测定的准确度，在全部测定过程中应保持温度恒定。

② 离子强度　离子选择性电极测定的是离子活度而不是浓度。在稀溶液中进行测量比较准确，若测定在浓溶液中进行并在干扰离子存在下，就要考虑测定介质中总离子强度的影响。为此可向被测试液和用于校正的标准溶液中加入一种"离子强度调节剂"，使所有溶液都具有相同的离子强度，以提高测定的准确度。

③ 介质 pH 值　测定中应保持介质的 pH 值恒定，否则会影响电极电位的测量。如测 F^- 时，若酸度过高，会使 $H^+ + F^- \rightleftharpoons HF$ 平衡右移，使测定结果偏低，仅当介质近中性时，才会获得准确结果。

④ 电动势测量的准确度　当测量用离子选择性电极和参比电极组成的原电池的电动势时，由于离子选择性电极的内阻较高，要求测量仪器有较高的输入阻抗，并使通过原电池回路的电流尽量小，才能获得准确结果。

第三节　电位分析法及其应用

一、电位分析法测定溶液的 pH 值

1. 测定原理

测定溶液 pH 值时，以玻璃电极为指示电极、饱和甘汞电极为参比电极，构成如下原电池（见图 2-9）。

(-)Ag,AgCl|0.1mol/L HCl|玻璃膜|试液‖饱和 KCl|Hg₂Cl₂,Hg(+)

此原电池的电动势为：

$$\begin{aligned}
\varphi &= \varphi^{\ominus}_{\mathrm{Hg_2Cl_2/2Hg}} - \varphi_{玻} + \varphi_L + \varphi_不 \\
&= \varphi^{\ominus}_{\mathrm{Hg_2Cl_2/2Hg}} - (\varphi_{\mathrm{AgCl/Ag}} + \varphi_M) + \varphi_L + \varphi_不 \\
&= \varphi^{\ominus}_{\mathrm{Hg_2Cl_2/2Hg}} - (\varphi_{\mathrm{AgCl/Ag}} + k' - 0.059\mathrm{pH}) + \varphi_L + \varphi_不 \\
&= \varphi^{\ominus}_{\mathrm{Hg_2Cl_2/2Hg}} - \varphi_{\mathrm{AgCl/Ag}} - k' + \varphi_L + \varphi_不 + 0.059\mathrm{pH} \\
&= K' + 0.059\mathrm{pH}
\end{aligned}$$

式中，$K' = \varphi^{\ominus}_{\mathrm{Hg_2Cl_2/2Hg}} - \varphi_{\mathrm{AgCl/Ag}} - k' + \varphi_L + \varphi_不$，$\varphi_L$ 为液体接界电位；$\varphi_不$ 为不对称电位；φ_M 为膜电位。

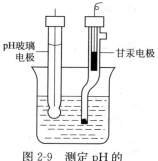

图 2-9　测定 pH 的工作电池示意图

测定中为使 K' 保持为常数，应使用同一台 pH 计（酸度计），同一组玻璃电极和饱和甘汞电极，保持恒温，并使 pH 标准溶液和待测试液中的 H^+ 活度相接近。

测定时常采用比较法，即先测定已知 pH 值标准溶液的电动势 φ_s 对 pH 计进行校正；然后再测未知 pH 值的待测试液的电动势 φ_x，通过计算可求出待测试液的 H^+ 活度。

$$\varphi_s = K' + 0.059\mathrm{pH}_s$$
$$\varphi_x = K' + 0.059\mathrm{pH}_x$$

二式相减：$\mathrm{pH}_x = \dfrac{\varphi_x - \varphi_s}{0.059} + \mathrm{pH}_s$

说明待测溶液的 pH_x 是以标准 pH 缓冲溶液的 pH_s 为标准。从上式看出，标准溶液与待测溶液差 1 个 pH 值单位时，电动势差 0.059V（25℃）。将电动势的变化（伏特）直接以 pH 值间隔刻出，就可以进行直读。所用标准缓冲溶液的 pH_s 值和待测溶液的 pH_x 值相差不宜过大，最好在 3 个 pH 值单位以内。

2. pH 标准缓冲溶液

pH 标准缓冲溶液是 pH 值测定的基准。按 JB/T 8276—1999《pH 测量用缓冲溶液制备方法》配制出的标准缓冲溶液的 pH 值均匀地分布在 0～13 的范围内。一般化验室常用的标准缓冲物质是邻苯二甲酸氢钾、混合磷酸盐（KH_2PO_4-Na_2HPO_4）和硼砂。市场上销售的"成套 pH 缓冲剂"就是这几种物质的小包装产品，配制时不需要再干燥和称量，直接将袋内试剂溶解后转入规定体积的容量瓶中，加水稀释至刻度，摇匀，即可使用。一般 pH 标准缓冲溶液可保存 2～3 个月。化验室内可以自己配制，方法如表 2-2 所示。

表 2-2　pH 标准缓冲溶液的配制方法（用蒸馏水配制）

试剂名称	分子式	浓度/(mol/L)	试剂的干燥与预处理	配制方法
草酸三氢钾	$KH_3(C_2O_4)_2 \cdot 2H_2O$	0.05	(57±2)℃下干燥至质量恒定	12.7096g $KH_3(C_2O_4)_2 \cdot 2H_2O$ 溶于水,定量稀释至 1L
酒石酸氢钾	$KC_4H_5O_6$	饱和	不必预先干燥	$KC_4H_5O_6$ 溶于(25±3)℃水中直至饱和
邻苯二甲酸氢钾	$KHC_8H_4O_4$	0.05	(110±5)℃ 干燥至质量恒定	10.2112g $KHC_8H_4O_4$ 溶于水,定量稀释至 1L
磷酸二氢钾和磷酸氢二钠	KH_2PO_4 + Na_2HPO_4	0.025	KH_2PO_4 在(110±5)℃下干燥至质量恒定,Na_2HPO_4 在(120±5)℃下干燥至质量恒定	3.4021g KH_2PO_4 和 3.5490g Na_2HPO_4 溶于水,定量稀释至 1L
四硼酸钠	$Na_2B_4O_7 \cdot 10H_2O$	0.01	$Na_2B_4O_7 \cdot 10H_2O$ 放在含有 NaCl 和蔗糖饱和液的干燥器中	3.8137g $Na_2B_4O_7 \cdot 10H_2O$ 溶于已除去 CO_2 的蒸馏水中,定量稀释至 1L,储存于聚乙烯瓶中
氢氧化钙	$Ca(OH)_2$	饱和	不必预先干燥	$Ca(OH)_2$ 溶于(25±3)℃水中直至饱和,储存于聚乙烯瓶中

pH 标准缓冲溶液的 pH 值随温度不同稍有差异,如表 2-3 所示。

表 2-3　标准缓冲溶液的 pH 值（0～60℃）

温度	0.05mol/L 草酸三氢钾	饱和酒石酸氢钾(25℃)	0.05mol/L 邻苯二甲酸氢钾	0.025mol/L 磷酸二氢钾 0.025mol/L 磷酸氢二钠	0.01mol/L 硼砂	饱和氢氧化钙(25℃)
0	1.67	—	4.00	6.98	9.46	13.42
5	1.67	—	4.00	6.95	9.39	13.21
10	1.67	—	4.00	6.92	9.33	13.01
15	1.67	—	4.00	6.90	9.28	12.82
20	1.68	—	4.00	6.88	9.23	12.64
25	1.68	3.56	4.00	6.86	9.18	12.46

pH 值 / 温度 \ 溶液	0.05mol/L 草酸三氢钾	饱和酒石酸氢钾 (25℃)	0.05mol/L 邻苯二甲酸氢钾	0.025mol/L 磷酸二氢钾 0.025mol/L 磷酸氢二钠	0.01mol/L 硼砂	饱和氢氧化钙(25℃)
30	1.68	3.55	4.01	6.85	9.14	12.29
35	1.69	3.55	4.02	6.84	9.11	12.13
40	1.69	3.55	4.03	6.84	9.07	11.98
45	1.70	3.55	4.04	6.84	9.04	11.83
50	1.71	3.56	4.06	6.83	9.03	11.70
55	1.71	3.56	4.07	6.84	8.99	11.55
60	1.72	3.57	4.09	6.84	8.97	11.46

3. 酸度计

测量溶液 pH 值的仪器叫作酸度计（pH 计），它是一种高阻抗的电子管或晶体管式的直流毫伏计，既可用于测量溶液的 pH 值，又可用作毫伏计测量电池电动势。酸度计有实验室用和工业用之分。这里只介绍实验室用的酸度计。

实验室用酸度计型号很多，其结构均由两部分组成，即电极系统和高阻抗毫伏计。电极与待测溶液组成原电池，以毫伏计测量电极间的电位差，电位差经放大电路放大后，由电流表或数码管显示。目前应用较广的是数显式 pH 精密酸度计。

（1）pH 酸度计的外部结构　pH 酸度计外形如图 2-10 所示。图中的各部件调节钮和开关的作用简要介绍如下。

mV-pH 按键开关：是一个功能选择按钮，当按键在"pH"位置时，仪器用于 pH 值的测定；当按键在"mV"位置时，仪器用于测量电池电动势，此时"温度"调节器、"定位"调节器和"斜率"调节器无作用。

"温度"调节器：是用来补偿溶液温度对斜率所引起的偏差的装置，使用时将调节器调至所测溶液的温度数值（事先用温度计测知）即可。

"斜率"调节器：用它调节电极系数，使仪器能更准确地测量溶液 pH 值。

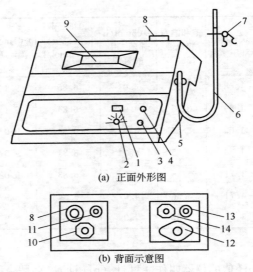

(a) 正面外形图

(b) 背面示意图

图 2-10 pH 酸度计

1—mV-pH 按键开关；2—"温度"调节器；3—"斜率"调节器；4—"定位"调节器；
5—电极架座；6—U 形电极架立杆；7—电极夹；8—玻璃电极输入座；9—数字显示屏；
10—调零电位器；11—甘汞电极接线柱；12，13—电源插座与电源开关；14—保险丝座

"定位"调节器：它的作用是抵消待测离子活度为零时的电极电位，即抵消 E-pH 曲线在纵坐标上的截距。

电极架座：用于插电极架立杆的装置。

U 形电极架立杆：用于固定电极夹。

电极夹：用于夹持玻璃电极、甘汞电极或复合电极。

调零电位器：在仪器接通电源后（电极暂不插入输入座）若仪器显示不为"000"，则可调此零电位器使仪器显示为正或负"000"，然后再锁紧电位器。

（2）pH 酸度计的使用方法

① 仪器使用前准备 打开仪器电源开关预热 20min。将两电极夹在电极架上，接上电极导线。用蒸馏水清洗两电极需要插入溶液的部分，并用滤纸吸干电极外壁上的水。将仪器选择按键置"pH"位置。

② 溶液 pH 值的测量

a. 仪器的校正 根据 GB/T 9724—2007 规定，校正酸度计方法有"一点校正法"和"二点校正法"两种。一点校正法的具体方法是：制

备两种 pH 标准缓冲溶液，使其中一种的 pH 值大于并接近试液的 pH 值，另一种小于并接近试液的 pH 值。先用其中一种 pH 标准缓冲溶液与电极对组成工作电池，调节温度补偿钮至该溶液温度处，调节"定位"调节器，使仪器显示该标准缓冲溶液在此温度下的 pH 值，保持"定位"调节器不动。再用另一 pH 标准缓冲溶液与电极对组成工作电池，调节温度补偿钮至该溶液的温度处，此时仪器显示的 pH 值应该是该缓冲溶液在此温度下的 pH 值。两次相对校正误差在不大于 0.1pH 值单位时，才可进行试液的测量。此法适用于不带"斜率"调节器的酸度计的校正。

对于精密测定，GB/T 9724—2007 规定用"二点校正法"，就是先用一种 pH 标准缓冲溶液定位，再测定另一种 pH 标准缓冲溶液，此时不要动"定位"调节器，而是调节"斜率"调节器，使仪器显示值与第二种 pH 标准缓冲溶液的 pH 值相同。

以二点校正法为例将两电极插入一 pH 值已知且接近 7 的标准缓冲溶液（pH=6.86，25℃）中。将功能选择按键置"pH"位置上，调节"温度"调节器使所指示的温度刻度为该标准缓冲溶液的温度值。将"斜率"钮顺时针转到底（最大）。转摇试杯，待电极反应达到平衡后，调节"定位"调节器，使仪器读数为该缓冲溶液在当时温度下的 pH 值。取出电极，移去标准缓冲溶液，用水清洗两电极后，再插入另一接近被测溶液 pH 值的标准缓冲溶液中，轻摇试杯，旋动"斜率"钮使仪器显示该标准缓冲溶液的 pH 值（此时"定位"钮不可动）。调好后，"定位"和"斜率"两钮都不应再动。

b. 测量试液的 pH 值　移去标准缓冲溶液，用水清洗两电极后，插入待测试液中，轻摇试杯，待电极反应平衡后，读取被测试液的 pH 值。

③ 溶液电极电位（mV 值）的测量　仪器接上各种适当的离子选择性电极和参比电极，用蒸馏水清洗电极对，然后把电极对插入待测溶液内。将功能选择按键置"mV"位置上，开动电磁搅拌器，待搅匀后，即可读出该电极的电位值（mV），并自动显示极性。

（3）测定 pH 值注意事项

① 玻璃电极初次使用时，一定要先在蒸馏水或 0.1mol/L HCl 溶液中浸泡 24h 以上，每次用毕应浸泡在蒸馏水中。玻璃电极壁薄易碎，操作应仔细。玻璃电极一般不能在低于 5℃或高于 60℃的温度下使用。玻

璃电极不能在氟含量较高的溶液中使用。

② 玻璃电极固定在电极夹上时，球泡略高于饱和甘汞电极下端，插入深度以玻璃电极球泡浸没溶液为限。

③ 甘汞电极在使用时要注意电极内是否充满 KCl 溶液，里面应无气泡，防止断路。必须保证甘汞电极下端毛细管畅通。在使用时应将电极下端的橡皮帽取下，并拔去电极上部的小橡皮塞，让极少量的 KCl 溶液从毛细管中渗出，使测定结果更可靠。

二、电位分析法测定离子活度

以用氟离子选择性电极测定 F^- 活度为例，氟离子选择性电极作为指示电极，以饱和甘汞电极作为参比电极，组成如下原电池：

$(-)Hg,Hg_2Cl_2|$饱和 $KCl\parallel$试液$|LaF_3|0.1mol/L\ F^-,0.1mol/L\ Cl^-|AgCl,Ag(+)$

$$\underleftrightarrow{\qquad}$$

$$\varphi_L \qquad \varphi_M$$

$$|\!\!\longleftarrow\text{饱和甘汞电极}\longrightarrow|\quad|\!\!\longleftarrow F^-\text{离子选择性电极}\longrightarrow|$$
$$(SCE) \qquad\qquad \varphi_{不}$$

此原电池的电动势为：

$$\varphi = \varphi_{F^-} - \varphi_{Hg_2Cl_2/2Hg} + \varphi_L + \varphi_{不}$$
$$= (\varphi_{AgCl/Ag} + E_{MF^-}) - \varphi_{Hg_2Cl_2/2Hg} + \varphi_L + \varphi_{不}$$
$$= (\varphi_{AgCl/Ag} + K + 0.059pF) - \varphi_{Hg_2Cl_2/2Hg} + \varphi_L + \varphi_{不}$$
$$= K' + 0.059pF$$

式中，$K' = \varphi_{AgCl/Ag} + K - \varphi_{Hg_2Cl_2/2Hg} + \varphi_L + \varphi_{不}$。

当使用其它离子选择性电极时，测定工作电池电动势的通式为：

$$\varphi = K' \pm \frac{0.059}{n}\lg a_i \text{（阳离子为＋；阴离子为－）}$$
$$= K' \pm \frac{0.059}{n}pM$$

测定离子活度时，可用以下两种方法。

1. 标准工作曲线法

由于离子选择性电极测量的是离子的活度，实际工作中却很少通过计算活度系数再求被测离子的浓度。为此可通过调节标准溶液与被测试液的离子强度，使其在离子强度相似的条件下，用浓度代替活度，通过绘制原电池电动势 φ 与被测离子浓度的工作曲线，来测定被测离子的浓度。

为使标准溶液和被测试液的离子强度相一致，可向两种溶液中同时加入"总离子强度调节缓冲液"（total ionic strength adjustment buffer，TISAB），其组成为：0.1mol/L NaCl、0.25mol/L HAc、0.75mol/L NaAc、0.001mol/L柠檬酸钠，pH=5.0，总离子强度 $I_\text{总}$=1.75。

测定时在选定离子选择性电极和参比电极之后，可配制不同浓度的被测离子的标准溶液，向其中加入总离子强度调节缓冲溶液后，测量工作电池的电动势，绘制 φ-$\lg c_i$ 标准工作曲线（图2-11）。再在相同实验条件下，向被测试液也加入"总离子强度调节缓冲液"，测工作电池的电动势。由标准工作曲线，求出被测离子的浓度。

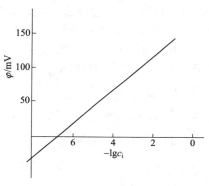

图2-11 标准工作曲线

此法使用的标准工作曲线变动性大，这是由于易受温度、搅拌速度、液体接界电位（盐桥）的影响，因此应定期进行校正。

2. 标准加入法

当被测溶液基体比较复杂，存在配合剂，或离子强度变化大时，可采用本法测定试液中的总离子浓度（包括游离、配合型体的总和）。

设某一待测未知离子浓度溶液的总浓度为 c_x，体积为 V_0，测得工作电池的电动势为 φ_1，再向上述被测试液中加入已知浓度为 c_s 的被测离子的标准溶液，体积为 V_s，要求 $V_s \ll V_0$，且 $c_s \gg c_x$，再测其电动势为 φ_2，此时试液中被测离子浓度的增量 c_Δ 为：

$$c_\Delta = \frac{c_s V_s}{V_0 + V_s} \approx c_s \frac{V_s}{V_0}（因 V_s \ll V_0）$$

两次测得工作电池的电动势差值 $\Delta\varphi$ 为：

$$\Delta\varphi = \varphi_2 - \varphi_1 = \frac{0.059}{n} \lg \frac{c_x + c_\Delta}{c_x} = S \lg\left(1 + \frac{c_\Delta}{c_x}\right) \quad \left(S = \frac{0.059}{n}\right)$$

$$\frac{\Delta\varphi}{S} = \lg\left(1 + \frac{c_\Delta}{c_x}\right)$$

$$10^{\frac{\Delta\varphi}{S}} = 1 + \frac{c_\Delta}{c_x}$$

$$c_x = \frac{c_\Delta}{10^{\frac{\Delta\varphi}{S}} - 1}$$

在恒温分析时 S 为常数，只要 V_0、V_s、c_s 为定值，则 c_Δ 值也固定，从而 c_x 仅与 $\Delta\varphi$ 有关。

本法优点是仅需一种标准溶液，操作简单快速，在有过量配合剂存在时，是测定被测离子总浓度的有效方法，可获较高的准确度。

3. 格兰（Gran）作图法

在标准加入法中，如果多次加入标准溶液，利用图解法求出待测离子的浓度，称为格兰作图法。

设样品中被测离子浓度为 c_x，体积为 V_x，向样品中加入浓度为 c_s、体积为 V_s 的标准溶液，则 $E = K + S\lg\dfrac{c_x V_x + c_s V_s}{V_x + V_s}$ （式中 S，对阳离子，取"＋"号；对阴离子，取"－"号）。

重排后为：
$$\frac{E-K}{S} = \lg\frac{c_x V_x + c_s V_s}{V_x + V_s},$$

$$\frac{c_x V_x + c_s V_s}{V_x + V_s} = 10^{\frac{E-K}{S}} = \frac{10^{E/S}}{10^{K/S}} = \frac{10^{E/S}}{K'}$$

所以
$$(V_x + V_s)10^{E/S} = K'(c_x V_x + c_s V_s) \text{（对阳离子）}$$
$$(V_x + V_s)10^{-E/S} = K'(c_x V_x + c_s V_s) \text{（对阴离子）}$$

在每次加入标准溶液后测量 E 值，计算出 $(V_x + V_s)10^{-E/S}$ 值（对阴离子），在普通坐标纸上以它为纵坐标，以 V_s 为横坐标作图得一直线（图 2-11）。其延长线与横坐标交点 $V_s = V_e$（为负值），此点纵坐标为零，即 $(V_x + V_s)10^{-E/S} = 0$。

所以
$$c_x V_x + c_s V_e = 0, \quad c_x = -\frac{c_s V_e}{V_x}$$

说明通过格兰作图求得 V_e 后，即可求得待测离子的浓度。

例 用氟电极测定 F^- 浓度，已知试液体积 $V_x = 100\text{mL}$，加入 5 次 $c_s = 2\times10^{-3}\text{mol/L}$ F^- 的标准溶液于试液中，每次 1.00mL，测得电动势如下：

加入标准溶液 V/mL	0.00	1.00	2.00	3.00	4.00	5.00
E/mV	97.1	88.3	81.8	76.9	72.4	68.8
$(V_x + V_s)10^{-E/S}$	2.12	3.03	3.97	4.86	5.87	6.84

注：一价离子，$S = 58\text{mV}$。

由图 2-12 上查得 $V_e = -2.55\text{mL}$。

则 $c_x = -\dfrac{c_s V_e}{V_x} = -\dfrac{2\times10^{-3}\times(-2.55)}{100}$ mol/L

$\qquad = 5.10\times10^{-5}$ mol/L

格氏作图法具有简便、准确和灵敏度高的特点。但计算 $(V_x + V_s)10^{-E/S}$ 稍麻烦些。现在市场上可以购到格氏作图纸，是一种半反对数坐标纸，可以避免数学运算，直接用 E 作纵坐标，V_s 作横坐标作图，并将所得直线延长与横坐标相交于 V_e 点，然后按 $c_x = -\dfrac{c_s V_e}{V_x}$ 计算 c_x。

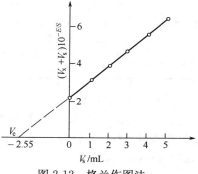

图 2-12　格兰作图法

三、电位滴定法

电位滴定法是通过电位的变化来确定滴定终点的方法，特别适用于化学反应的平衡常数较小、滴定突跃不明显或试液有色、呈现浑浊的情况。

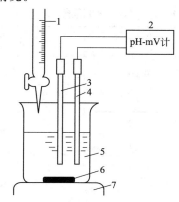

图 2-13　电位滴定仪器装置
1—滴定管；2—pH-mV 计；3—指示电极；
4—参比电极；5—试液；6—搅拌子；
7—电磁搅拌器

电位滴定的仪器装置如图 2-13 所示。试液中插入指示电极和参比电极构成工作电池，滴定过程不断测量工作电池电动势的变化，达化学计量点时，由于浓度的突变，引起指示电极电位突变，而使工作电池电动势发生突变，从而指示滴定终点的到达。本法可用于酸碱滴定、氧化还原滴定、沉淀滴定和配合物滴定。根据待测离子性质的不同，选用的指示电极和参比电极如表2-4所示。

电位滴定法中，确定滴定终点的方法有以下几种。现以用 0.1mol/L $AgNO_3$ 标准溶液滴定氯离子的数据为例，予以说明。

表 2-4 电位滴定常用的电极

滴定类型	酸碱滴定	氧化还原滴定	沉淀滴定	EDTA 滴定
指示电极	玻璃电极	铂电极	银电极,铂电极,离子选择性电极	铂电极,汞-EDTA电极,离子选择性电极
参比电极	饱和甘汞电极	饱和甘汞电极	饱和甘汞电极,氯化银-银电极	饱和甘汞电极

1. 绘 φ-V 曲线法

以加入滴定剂的体积（V）作为横坐标，以测得工作电池的电动势（φ）作为纵坐标，绘制 φ-V 滴定曲线，曲线上的转折点即为滴定终点，如图 2-14（a）所示。

2. 绘 $\dfrac{\Delta\varphi}{\Delta V}$-$V$ 曲线法

又称一级微商法，$\dfrac{\Delta\varphi}{\Delta V}$ 为 φ 的变化值与相对应加入滴定体积 V 的增量之比，如加入滴定剂在 24.10mL 和 24.20mL，则：

$$\frac{\Delta\varphi}{\Delta V}=\frac{0.194-0.183}{24.20-24.10}=0.11$$

表 2-5 以 0.1mol/L AgNO₃ 溶液滴定 NaCl 溶液

加入 AgNO₃ 的 体积 V/mL	工作电池 电动势 φ/V	$\Delta\varphi/\Delta V$ /(V/mL)	$\Delta^2\varphi/\Delta V^2$
5.0	0.062		
		0.002	
15.0	0.085		
		0.004	
20.0	0.107		
		0.008	
22.0	0.123		
		0.015	
23.0	0.138		
		0.016	
23.50	0.146		
		0.050	
23.80	0.161		
		0.065	
24.00	0.174		
		0.09	
24.10	0.183		
		0.11	
24.20	0.194		2.8
		0.39	
24.30	0.233		4.4
		0.83	

加入 AgNO₃ 的 体积 V/mL	工作电池 电动势 φ/V	$\Delta\varphi/\Delta V$ /(V/mL)	$\Delta^2\varphi/\Delta V^2$
24.40	0.316	0.83	−5.9
24.50	0.340	0.24	−1.3
24.60	0.351	0.11	−0.4
24.70	0.358	0.07	
25.00	0.373	0.050	
25.50	0.385	0.024	
26.00	0.396	0.022	
		0.015	

用表 2-5 中 $\dfrac{\Delta\varphi}{\Delta V}$ 值对 V 作图，如图 2-14（b）所示，获一呈现尖峰极大的曲线，尖峰极大值所对应的 V 值，即为滴定终点，约为 24.30～24.40mL。

3. 绘 $\dfrac{\Delta^2\varphi}{\Delta V^2}$-$V$ 曲线法

通常一级微商曲线的极大值为终点，则其二级微商必定等于零，$\dfrac{\Delta^2\varphi}{\Delta V^2}=0$，此点也为终点，见图 2-14（c）。

计算如下：

在 24.30mL 处

$$\frac{\Delta^2\varphi}{\Delta V^2}=\frac{\left(\dfrac{\Delta\varphi}{\Delta V}\right)_{24.35\text{mL}}-\left(\dfrac{\Delta\varphi}{\Delta V}\right)_{24.25\text{mL}}}{V_{24.35\text{mL}}-V_{24.25\text{mL}}}=\frac{0.83-0.39}{24.35-24.25}=+4.4$$

在 24.40mL 处

$$\frac{\Delta^2\varphi}{\Delta V^2}=\frac{0.24-0.83}{24.45-24.35}=-5.9$$

用内插法可计算出化学计量点的体积（V_e）和电动势（φ_e）：

$$V_e=24.30+0.1\times\frac{4.4}{4.4+5.9}=24.34(\text{mL})$$

$$V_e=24.40-0.1\times\frac{5.9}{4.4+5.9}=24.34(\text{mL})$$

$$\varphi_e=0.233+(0.316-0.233)\times\frac{4.4}{4.4+5.9}=0.267(\text{V})$$

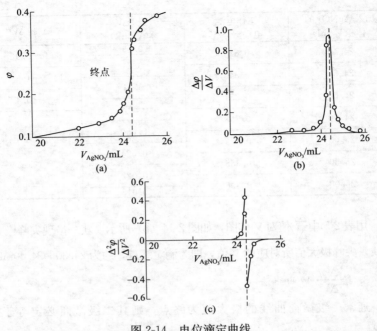

图 2-14 电位滴定曲线

(a) φ-V 曲线；(b) $\dfrac{\Delta\varphi}{\Delta V}$-V 曲线；(c) $\dfrac{\Delta^2\varphi}{\Delta V^2}$-V 曲线

4. 电位滴定法测定水泥生料中的钙含量

本测定中使用钙离子选择性电极作为指示电极，饱和甘汞电极作为参比电极构成工作电池。当 Ca^{2+} 含量在 $10^{-5}\sim10^{-1}$ mol/L 范围内，钙离子选择性电极响应呈线性。测定适用的 pH 值范围为 $5\sim10$，可采用 NH_4OH-NH_4Cl 或硼砂-NaOH 缓冲液来调节试液的 pH 值。测定时 Fe^{3+}、Al^{3+}、Zn^{2+}、Pb^{2+} 会干扰 Ca^{2+} 的测定，可加入少量三乙醇胺来掩蔽干扰离子。

水泥生料试样先用少量水润湿，再用 3mol/L 盐酸溶液溶解，煮沸、过滤并稀释至一定体积。取一定试液加入少量三乙醇胺和硼砂缓冲溶液，用 EDTA 标准溶液滴定，使用 ZD-2 型自动电位滴定仪，记录滴定过程工作电池电动势的变化，绘制 $\dfrac{\Delta\varphi}{\Delta V}$-V 曲线可确定滴定终点。重复测定五次，取所用滴定剂体积的平均值计算水泥生料中的钙含量。

四、死停终点法

死停终点法是电位滴定法的一个特例，原理也有所不同。将2支相同的铂电极插入被测溶液中，在2个电极间外加一个小量电压（10～100mV），观察滴定过程中电解电流的变化以确定终点，这种方法叫作死停终点法。

1. 基本原理

当溶液中存在氧化还原电对时，插入一支铂电极，它的电极电位服从能斯特方程，在该溶液中插入2支相同的铂电极时，由于电极电位相同，电池电动势等于零。这时若在2个电极间外加一个很小的电压，接正端的铂电极发生氧化反应，接负端的铂电极发生还原反应，此时溶液中有电流流过。这种外加很小电压引起电解反应的电对称为可逆电对。如 I_2/I^- 电对就是可逆电对，电解时电极反应分别为：

$$阳极 \quad 2I^- - 2e^- \Longrightarrow I_2$$
$$阴极 \quad I_2 + 2e^- \Longrightarrow 2I^-$$

反之，有些电对在此小电压下不能发生电解反应，称为不可逆电对，如 $S_4O_6^{2-}/S_2O_3^{2-}$ 电对。

现以碘量法为例：用 $S_2O_3^{2-}$ 滴定 I_2 时，在化学计量点前，溶液中存在 I_2/I^- 可逆电对，所以有电流流过溶液；滴定到终点时，溶液中 I_2 被还原完了，仅剩 I^-；过量半滴 $S_2O_3^{2-}$ 时，溶液中存在 $S_4O_6^{2-}/S_2O_3^{2-}$ 不可逆电对，所以电流立即变为零，即电流计指针偏回零，此即滴定终点，终点后再加 $S_2O_3^{2-}$，电流永远为零，电流计指针永远停在零点。所以称它为"死停"或"永停"终点法。

反之，若以 I_2 滴定 $S_2O_3^{2-}$，在化学计量点前，溶液中存在 $S_4O_6^{2-}/S_2O_3^{2-}$ 不可逆电对，溶液中无电流流过，过了终点，多余的半滴 I_2 与溶液中的 I^- 构成 I_2/I^- 可逆电对，产生电解反应，电流计指针立即产生较大的偏转，表示终点已到。

2. 应用示例——卡尔·费休法测水分含量

（1）方法原理　1935年卡尔·费休提出用 I_2-SO_2 试剂测定水分的方法，至今仍广泛应用，此法现为我国国家标准方法，见 GB/T 6283—2008，可以测定大部分有机和无机固、液体化工产品中游离水或结晶水含量。终点可以用目视法（只限无色溶液）和电量法（即死停终点法）确定。电量法较准确，并可用于有色或浑浊液体中水分的测定。

I_2-SO_2 试剂法是根据 I_2 氧化 SO_2 时需要定量的水参加，以此来测定样品中水分。此反应为可逆反应，加入吡啶可使反应进行完全。

$$H_2O + I_2 + SO_2 + 3C_5H_5N \longrightarrow 2C_5H_5N \cdot HI + C_5H_5N \cdot SO_3$$
$$\text{（氢碘酸吡啶）} \qquad \text{（硫酸酐吡啶）}$$

生成的 $C_5H_5N \cdot SO_3$ 不稳定，但它很容易与甲醇反应生成稳定的甲基硫酸氢吡啶，反应式如下：

$$C_5H_5N \cdot SO_3 + CH_3OH \longrightarrow C_5H_5NH \cdot OSO_2OCH_3$$

滴定的总反应式为：

$$I_2 + SO_2 + 3C_5H_5N + CH_3OH + H_2O =\!=\!=$$
$$2C_5H_5N \cdot HI + C_5H_5NH \cdot OSO_2OCH_3$$

因此，卡尔·费休试剂包含 I_2、SO_2、吡啶和甲醇，简称费休试剂。

费休试剂可用纯水进行标定或用带有稳定结晶水的化合物（如酒石酸钠二水合物 $Na_2C_4H_2O_6 \cdot 2H_2O$）为基准物标定其浓度。

用费休试剂滴定时，化学计量点前试液中存在水分，无可逆电对存在，因而电流为零，化学计量点后，试液中形成 I_2/I^- 可逆电对，电流突然增大，指示终点到达。

费休试剂的配制方法可参看国标 GB/T 6283—2008。

（2）仪器装置　卡尔·费休滴定的一般装置见图 2-15；直接滴定终点电量测定装置见图 2-16。

第四节　库仑分析法

一、基本原理

库仑分析法是在电解分析法的基础上发展起来的一种电化学分析法。

电解分析法是将直流电压施加于电解池的两个电极上，电解池由被测物的溶液和一对电极所构成，被测物质的离子在电极上（阴极或阳极）以固体（金属单质或金属氧化物）形式析出，根据电极增加的质量计算被测物的含量。

库仑分析法是在电解过程中，通过准确测量电解池所消耗的电量（库仑数），而求出在电极上起化学反应物质的含量。

法拉第电解定律是研究电解过程的理论基础，也是库仑分析法的理论基础，其内容包括以下两个方面：

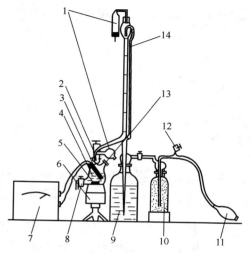

图 2-15　卡尔·费休滴定的一般装置

1—填充干燥剂的保护管；2—球磨玻璃接头；3—铂电极；4—滴定容器；
5—外套玻璃或聚四氟乙烯的软钢棒；6—电磁搅拌器；7—终点电量测定装置；
8—排泄嘴；9—装卡尔·费休试剂的试剂瓶；10—填充干燥剂的干燥瓶；11—双连橡
皮球；12—螺旋夹；13—塞青霉素瓶塞作为进样口；14—25mL 自动滴定管（分度 0.05mL）

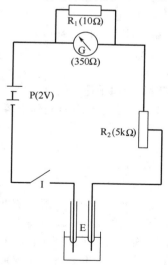

图 2-16　终点电量测定装置线路（直接滴定）

P—电池；I—开关；E—铂电极；R_1，R_2—电阻；G—电流计

（1）电流通过电解质溶液时，发生电极反应物质的质量与通过的电量成正比：

$$m \propto Q \qquad (Q = It = \int_0^\infty I \, dt)$$

式中　m——发生电极反应物质的质量，g；

　　　Q——电量，C；

　　　I——电流强度，A；

　　　t——时间，s。

已知 1 库仑（C）=1 安培（A）×1 秒（s）。

（2）当相同的电量通过电极时，不同物质在电极上析出的量与它们的电化摩尔质量（$\frac{M}{n}$，M 为原子或分子的摩尔质量，n 为转移电子数）成正比；或者表达为电极上析出每一个电化摩尔质量的任何物质，都消耗 96487 库仑（C）的电量，此电量称为法拉第电量（F）。

$$m = \frac{M}{n} \cdot \frac{Q}{F} = \frac{M}{n} \cdot \frac{it}{96487}$$

式中　m——析出物质的质量，g；

　　　M——析出物质的摩尔质量，g/mol；

　　　Q——通过电解池的电量，C；

　　　F——法拉第电量，1F=96487C/mol；

　　　i——电解电流，A；

　　　t——电解时间，s；

　　　n——电极反应时每个原子得失的电子数。

例　1F 电量通过串联的各种不同的电解质溶液，能析出的物质量如下：

银　107.87g（$n=1$）

铜　63.54/2=31.77g（$n=2$）

氧　16.00/2=8.00g（$n=2$）

法拉第电解定律不受温度、压力、电解质浓度、电极和电解池的材料与形状、溶剂的性质等因素的影响。所以建立在法拉第电解定律基础上的库仑分析法是一种准确度和灵敏度都比较高的定量分析方法。它不需要基准物质，所需试样量较少，并且容易实现自动化。

在库仑分析中要获得准确的分析结果，应保证电极反应的电流效率为 100%，即通过电解电池的电量应全部用于析出待测物质，而无其它

44

副反应发生，此时才能依据消耗的电量，来确定待测物质的含量。

影响电流效率的主要因素有：

（1）溶剂　电解多在水溶液中进行，水能参与电极反应产生 H_2 和 O_2，消耗电量，防止的办法是选择适当的电解电压和控制溶液的 pH 值。

（2）溶液中的 O_2　O_2 可以在阴极上还原：$O_2 + 4H^+ + 4e^- \Longrightarrow 2H_2O$，消耗电量，一般可通氮气除氧。

（3）共存杂质的影响　有些杂质可能参与电解反应，消耗电量，可进行空白校正或通过预电解除去杂质的干扰。

二、控制电位库仑分析法

控制电位库仑分析的仪器装置如图 2-17 所示，它由电解电池、控制阴极电位的电位计和库仑计三部分组成。前两部分装置和控制阴极电位电解装置相似，可以 100% 电流效率进行电解，阴极和库仑计串联，由库仑计可精确读取电量值。

控制电位库仑分析法具有控制阴极电位电解法的全部优点，也不受必须电解得到可以称量产物的限制，对电解后产生的物理性质很差的沉积物或并不形成固体产物的电极反应，都可用本法测定。如砷可通过在铂阳极上将 H_3AsO_3 氧化成 H_3AsO_4；铁可用将 Fe^{2+} 氧化成 Fe^{3+} 的方法来进行测定。

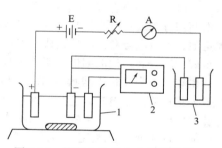

图 2-17　控制电位库仑分析装置图
1—电解电池；2—电位计；3—库仑计

通过控制汞阴极电位的方法可在同一试液中进行五次电解，分别测量 Ag、Tl、Cd、Ni 和 Zn 等多种金属的含量。

本法也提供了测定有机化合物的可能性，如在控制电位的汞阴极上，可分别定量还原三氯乙酸和苦味酸，而测出各自的含量。

三、恒电流库仑分析法

1. 方法原理

恒电流库仑分析法又称库仑滴定法，是控制恒定的电流通过电解池，在工作电极上产生一种滴定剂，与溶液中被测物质反应，生成的滴定剂与进行电解时所消耗的电量成正比。由于电解过程电流恒定，因此可由电解过程所需的时间来计算生成的滴定剂的数量。

库仑滴定和一般滴定一样，需用某种方法来检测化学计量点，常用双铂电极电位法指示滴定终点的到达，此时可在双铂指示电极上施加 $2\mu A$ 的小电流，由电位突变来确定终点。也可使用双铂电极电流法指示终点的到达，此时可在双铂指示电极上施加 $10\sim100mV$ 的低电压使电极极化，达终点时，电流产生突变使指示针偏向一侧（即完全导通或完全断路）而不再变化，此法又称死停终点法。

与经典的容量分析方法比较，库仑滴定的主要优点是省掉了标准溶液的制备、标定和储存等步骤，此优点对 Cl_2、Br_2、Ti^{3+} 等不稳定的试剂特别重要，它们被电解后立即与被测物反应而不会损失。

本法的优点是不但能做常量分析，而且能测定微量物质，具有灵敏、快速和准确的特点。

2. 仪器装置

（1）**库仑滴定装置（Ⅰ）** 恒电流库仑滴定装置（Ⅰ）如图 2-18 所示，由两部分构成：电解控制系统和终点指示系统。电解控制系统由库仑滴定池、恒流电源和计时器组成；终点指示系统由双铂指示电极和控制器组成。库仑滴定池的阳极为工作电极，它可为 Pt、Au、Ag、Pb、W 或石墨碳（可为片状或网状），在此电极上可产生滴定试剂。滴定池的阴极为铂片或悬汞电极，它为辅助电极，安装在底部带有多孔陶瓷（或微孔玻璃砂芯）的玻璃套管内，与工作电极分开，以避免阴极电解时产生气体（H_2）而干扰测定。恒流电源可在 $1\sim30mA$ 范围内调节电解电流，

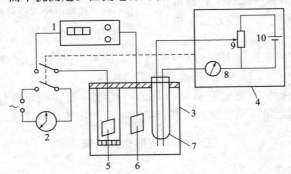

图 2-18 恒电流库仑滴定装置

1—恒流电源；2—计时器；3—库仑滴定池；4—死停终点法控制器；5—辅助电极；
6—工作电极；7—双铂指示电极；8—电流表；9—可变电阻；10—电池

根据被测物的含量而定。计时器多为电子计时器，可准确计量电解时间。指示电极可采用双铂丝或双铂片电极，用电位法或死停终点法指示终点的到达。

应用示例　酸碱滴定

利用库仑滴定装置（Ⅰ），将一定量 KBr 溶液作为电解液，插入 pH 玻璃电极和饱和甘汞电极，连接 pH 计，以指示终点。铂片为工作电极，银丝为辅助电极。加入一定体积（V）的含酸样品，搅拌，并开始电解、计时。此时，

阴极上的反应为：$2H_2O + 2e^- \!=\!= H_2 + 2OH^-$

阳极上的反应为：$Ag + Br^- \!=\!= AgBr \downarrow + e^-$

阴极上产生的 OH^- 与样品中的 H^+ 中和，当 pH 计指针回到未加样品前的数值时即为终点，立即停止电解，记录电流强度（mA）和时间（s）。

样品的含酸量：$$[H^+] = \frac{it}{FV}$$

式中，$[H^+]$ 的单位为 mol/L；V 的单位为 mL。

（2）**库仑滴定装置（Ⅱ）**　如图 2-19 所示，本装置属于双池式库仑滴定装置，阴极和阳极分置于两个电解池内，以盐桥相连。终点可以用指示剂，也可用电化学方法指示。电解电流强度的测量是借电子管电压表测量电路中 R（一个 100Ω 的精密电阻）上的电压降，再由欧姆定律算出，$I/\text{mA} = \dfrac{E/\text{mV}}{R/\Omega}$。

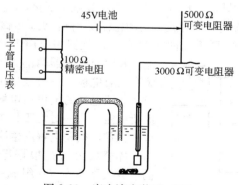

图 2-19　库仑滴定装置（Ⅱ）

双池式库仑滴定装置，可以防止各种电极反应的干扰。

应用示例　氧化还原滴定

利用库仑滴定装置（Ⅱ），在右边电解池中，加入75mL含H_2S的水样、2g KI和1mL（10g/L）淀粉指示剂，插入铂电极，开动电磁搅拌器进行搅拌。在左边的电解池中，加入75mL 1mol/L Na_2SO_4溶液，插入铂电极，连接好线路后开始电解并计时，以20mA恒电流电解，此时：

阳极反应　　　　　　　$2I^- - 2e^- \Longrightarrow I_2$

阴极反应　　　　　　　$2H_2O + 2e^- \Longrightarrow H_2 + 2OH^-$

阳极产生的I_2与试液中H_2S反应：$H_2S + I_2 \Longrightarrow S + 2HI$。若等到153s时，溶液变浅蓝色，表明已达滴定终点，立即停止电解，记录电流强度和电解时间。

$$H_2S含量 = \frac{it}{F} \times \frac{M_{H_2S}}{n} \times \frac{1000}{V_{样}} = \frac{20 \times 153}{96487} \times \frac{34.08}{2} \times \frac{1000}{75} mg/L$$

$$= 7.20 mg/L$$

库仑滴定法由于能准确测量电解电流和电解时间，测定结果的精密度和准确度都很高，可达0.2%，是准确测量物质含量的基准方法。

四、动态库仑分析法

1. 方法原理

动态库仑分析法又称微库仑分析法，它不同于前面讲的恒电位库仑分析法和恒电流库仑分析法，是一种新型的库仑分析法。在测定过程中，其电位和电流都不是恒定的，而是根据被测物浓度变化，应用电子技术进行自动调节，其准确度、灵敏度和自动化程度更高，更适合做微量分析。

微库仑仪工作原理如图2-20所示。仪器主要由电解池（或称滴定池）和库仑放大器两部分组成。电解池内装有两对电极，一对是指示电极和参比电极。指示电极的电位由电解液中滴定剂浓度所决定。另一对是工作电极或称电解电极。工作电极是电解产生滴定剂的电极。

库仑放大器是根据零平衡原理设计的，放大器与滴定池组成一个闭环自动控制系统。指示电极与参比电极间产生一个电位信号，此信号与外加偏压反向串联后输入放大器。当两电位值相等时，因方向

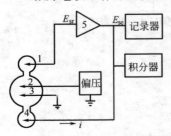

图2-20　微库仑仪工作原理图
1—参比电极；2—指示电极；
3、4—工作电极；5—放大器

相反，互相抵消，放大器输入信号为零，输出信号也为零，工作电极对之间没有电流通过，微库仑仪处于平衡状态。当被测物进入滴定池，并与滴定剂反应后，滴定剂浓度发生变化，指示电极的电位跟着发生变化，因而与外加偏压有了差异，库仑放大器便有了输入信号。此信号经放大器放大后将电压加到工作电极对上，就有电流流过滴定池，工作电极上发生电解，产生滴定剂。这个过程继续进行，直至被测物反应终止，滴定剂浓度恢复到初始状态，电解过程自动停止，微库仑仪恢复平衡状态。利用电子技术，通过电流对时间的积分，得出电解所耗电量，根据电量即可求出被测物的量。

2. 微库仑仪的构造

微库仑滴定仪是由微库仑放大器、滴定池和电解系统组成的"零平衡"式闭环负反馈系统。以国产 WKL-3 型微库仑定硫仪为例说明微库仑仪的构造。其流程如图 2-21 所示。

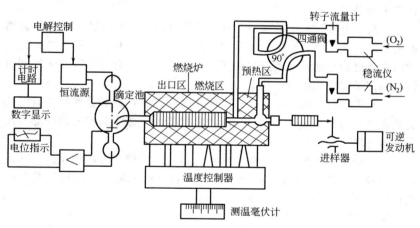

图 2-21 WKL-3 型微库仑定硫仪流程图

（1）裂解管和裂解炉 石油及其它有机化合物中的 S、N、Cl 等元素，都不能直接和滴定剂反应，必须预先裂解，转化成能与滴定剂反应的物质才能测定。裂解反应都在石英裂解管中进行，裂解反应有氧化法和还原法两种。

① 氧化法 样品与 O_2 混合并燃烧，碳和氢转化成 CO_2 和 H_2O，硫转化成 SO_2 和 SO_3，氮转化成 NO 和 NO_2，氯转化成 HCl，磷转化成 P_2O_5。

② 还原法　样品在 H_2 存在下，通过裂解管中镍或铂催化剂被还原，碳、氢和氧转化为 CH_4 和 H_2O，硫转化为 H_2S，卤素转化为 HX，氮转化为 NH_3 和 HCN，磷转化为 PH_3。若测定 NH_3，裂解管中需填充 $LiOH$ 以吸收 H_2S 及 HX，消除其干扰。

裂解炉是专供加热裂解管的高温管式炉，裂解炉是分段加热的，分为预热区、燃烧区和出口区，各区温度不同，都有控温器加以控制。

(2) 滴定池　滴定池是微库仑仪的心脏，裂解管出来的被测物导入滴定池中，与滴定剂反应。滴定池通常用玻璃制成，为了提高灵敏度和响应速度，池体积一般做得小些为好。池底部有引入裂解气的喷嘴，喷嘴的构造能使气体变成小气泡，再加上电磁搅拌，使气体样品能快速被电解液吸收并与滴定剂反应。池顶部装有四支电极，还有注入样品或更换电解液的孔。

(3) 微库仑放大器　微库仑放大器是一个电压放大器，其放大倍数在数十倍至数千倍间可调。

由指示电极对产生的信号与外加偏压反向串联后加到微库仑放大器的输入端。放大器的输出端加到滴定池的电解电极对上，使之产生对应的电流流过滴定池，电解产生出滴定剂离子，微库仑放大器的输出同时输入到记录仪或数据处理仪上。

(4) 进样器　对于液体样品多用注射器进样，裂解管入口处有耐热的硅橡胶垫密封。气体样品可用压力注射器，固体或黏稠液体样品可用样品舟进样。

(5) 记录仪和积分仪　微库仑放大器的输出信号可用记录仪记录下来。记录电流-时间曲线，曲线下的面积积分即为电量。也可用积分仪进行面积积分，积分结果以数字显示。

3. 应用

(1) 微库仑法测定有机化合物中的硫含量　可用 WKL-3 型微库仑定硫仪进行测定。

试样注入裂解管内与 O_2 混合，样品中硫燃烧生成 SO_2 和少量 SO_3，由载气 N_2 带入滴定池，与池中滴定剂 I_3^- 反应：

$$SO_2 + I_3^- + H_2O \longrightarrow SO_3 + 3I^- + 2H^+$$

I_3^- 浓度降低，指示电极电位改变，输入到放大器，经放大器放大后将电压加到工作电极上，使其发生氧化反应，$3I^- \longrightarrow I_3^- + 2e^-$，补充由 SO_2 消耗的 I_3^-，使 I_3^- 恢复到初始浓度，库仑仪重新处于平衡状态。根据所耗电量，可求出样品中硫的含量：

$$m = \frac{Q}{F} \times \frac{M}{n} = \frac{Q}{96487} \times \frac{32.06}{2}$$

每 1mC（毫库仑）电量相当于 $0.166\mu g$ 的硫。SO_3 不被 I_3^- 滴定，因而硫的转化率达不到100%，所以不能直接用法拉第定律计算硫含量。一般采用标准含硫试样进行校准，测定 SO_2 的转化率后再计算硫的含量。

（2）微库仑法测定有机物中氯的含量　可用 RZC-1 型微库仑元素分析仪进行测定。

试样进入裂解管与 O_2 混合燃烧，有机氯转化为氯化氢，并随载气进入滴定池，与滴定剂 Ag^+ 发生反应：$Ag^+ + Cl^- \longrightarrow AgCl\downarrow$。消耗的滴定剂 Ag^+ 由电解银阳极补充，根据所耗的电量，可求出样品中氯的含量：

$$m = \frac{Q}{96487} \times \frac{35.45}{1}$$

每 1mC 电量相当于 $0.367\mu g$ 的氯。

（3）微库仑法测定微量水　可用 WS-5 型微量水分测定仪进行测定。

按一定比例混合的卡尔·费休试剂、乙二醇、氯仿、四氯化碳混合物为电解液，当试样中存在水时，碘氧化二氧化硫，消耗的碘由 I^- 在阳极上发生氧化反应来补充，$2I^- - 2e^- \longrightarrow I_2$。测量补充消耗碘所需的电量，即可求出试样的含水量：

$$m = \frac{Q}{96487} \times \frac{18.02}{2}$$

每 1mC 电量相当于 $0.0933\mu g$ 水。

第五节　溶出伏安法

一、方法原理

溶出伏安法是将恒电位电解富集与伏安法测定相结合的一种电化学分析法。溶出伏安法测定分为两个步骤：

第一步为"电析"，即在一个恒电位下，将被测离子电解沉积，富集在工作电极上（实际只是溶液中被测离子的一部分被沉积），与电极上汞（一般工作电极有悬汞电极、银基汞膜电极或玻碳汞膜电极等）生成汞齐，反应式为：

$$M^{n+} + ne^- + Hg \rightleftharpoons M(Hg)$$

第二步为"溶出"，即在富集结束后，一般静置30s或60s后（静置的目的是使被测金属在汞膜中的浓度均一化，也使溶液中的对流作用基本静止），在工作电极上施加一个反向电压，使沉积在工作电极上的痕量物质重新溶出成为离子，测量溶出过程电流随电压变化的曲线，称伏安曲线（或溶出极谱图）。溶出伏安曲线中各个峰值电位是定性分析的依据；各个峰值电流（峰高）是定量分析的依据（见图2-22）。

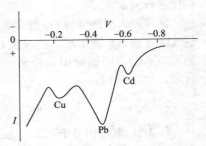

当分析阳离子时，使用的是阳极溶出伏安法，可测30余种金属元素，灵敏度很高，能测定$10^{-7} \sim 10^{-9}$ mol/L的金属离子，在适宜条件下灵敏度甚至可达$10^{-11} \sim 10^{-12}$ mol/L。此法所用仪器比较简单，操作方便，是一种很好的痕量分析手段。

当分析阴离子时，使用的是阴极溶出伏安法，可测定能与金属离子生成难溶化合物的阴离子、有机阴离子和具有特殊官能团化合物。

图2-22　Cu、Pb、Cd的溶出伏安曲线

二、实验装置

实验装置如图2-23所示。将含金属离子的试样加入电解池后，可先通入N_2以除去溶解O_2对测定的干扰。电解富集时，开启搅拌器，此时双向开关的电源正极连接饱和甘汞电极（阳极），负极连接悬汞电极（阴极）。电解完成后，停止搅拌并静置30s，快速转换双向开关，使电源正极连接悬汞电极（阳极），负极连接饱和甘汞电极（阴极），使富集在悬汞电极上的金属进行阳极溶出，观察I、V变化，直至溶出电流减至最小即完成测定。

实测的溶出伏安曲线如图2-22所示。它是在1.5mol/L HCl底液中，Cu^{2+}为5×10^{-17} mol/L、Pb^{2+}为1×10^{-6} mol/L，Cd^{2+}为5×10^{-17} mol/L，悬汞电极在$-0.8V$电解3min后，由阳极氧化电流获得的阳极溶出伏安曲线。

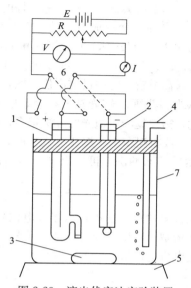

图 2-23 溶出伏安法实验装置

E—电源；R—可变电阻；V—电压表；I—电流表；

1—饱和甘汞电极；2—悬汞电极；3—搅拌磁子；4—除 O_2 时通 N_2 入口管；

5—电磁搅拌器；6—双向转换开关；7—电解电池

三、影响溶出峰的因素

峰值电流的大小与电极、预电解时间、搅拌速度、电压扫描速度和溶液的组成等有关。

1. 工作电极

溶出伏安法使用的工作电极主要为悬汞电极、银基汞膜电极和玻璃碳电极。

悬汞电极是将一根半径为 0.2mm 的铂丝封装在玻璃电极杆内下端抛光镀汞，使用时蘸取 8~10mg 的汞，即形成悬挂的汞滴。每次溶出伏安分析后，应更换新的汞滴再进行下次分析。

银基汞膜电极是将银丝封装在玻璃电极杆的顶端，将银丝用 (1+1)HNO₃ 溶液清洗后，插入汞中搅动，就会在银丝表面形成牢固的汞膜（银汞齐）。此电极灵敏度比悬汞电极高 3 个数量级，测定浓度范围达 10^{-6}~10^{-10}mol/L。

玻璃碳电极是将玻璃态石墨封装在玻璃电极杆的顶端，并用环氧树脂固定，其表面积大，可在表面形成极薄的、仅 $0.001\sim0.01\mu m$ 厚的汞膜［可向试液中预先加入 $Hg(NO_3)_2$，使汞和痕量金属同时沉积成膜］，其表面沉积的金属离子浓度高，当改变电极电位时，痕量金属快速溶出，可获得具有最高分辨率的阳极溶出伏安图，其灵敏度高于银基汞膜电极。当玻璃碳电极表面不够光洁时，会影响溶出峰的峰高和形状，使之改变。因此，需要抛光。抛光的方法很多，一般用 Al_2O_3 粉或 Cr_2O_3 粉撒在长毛绒布或粗呢布上，捏住电极研磨，用力适中，数分钟即可抛得很光亮，然后用水冲洗，再用以（1+1）乙醇润湿的擦镜纸擦拭。

2. 电析电位

一般电析电位比被测物的峰值电位（半波电位）低 0.3V 即可。在对一些测定条件尚不清楚的物质进行测定时，可先试验电析电位对峰电流的影响，而后确定电析电位值。

3. 电解时间

电解时间一般不少于 1min，不多于 10min，具体时间取决于被测离子浓度、仪器灵敏度和电极面积。

4. 静置时间

静置时间一般为 30s 或 60s，不能再延长。静置时间过长峰电流会降低。每个测定过程中静置时间要保持一致。

5. 搅拌速率

搅拌方法有：电极旋转；电解杯旋转；电磁搅拌；通气搅拌。转速应不小于 600r/min，在测定过程中转速应保持恒定。用气体搅拌时应有准确恒定的流速控制。

6. 电压扫描速率

电压扫描速率以 $20\sim60mV/s$ 较好。一般不超过 100mV/s。峰电流与电压扫描速率的平方根成正比。

7. 金属间化合物对测定的影响

在汞齐中一些电化学性质不同的金属能生成金属间化合物。当有某一金属与被测定金属形成金属间化合物后，会使被测金属的溶出峰降低，甚至消失。两种能形成金属间化合物的金属，犹如两种离子在溶液中能生成沉淀那样，在汞中有一个溶度积。如 ZnCu 的溶度积为 5×10^{-8}（25℃时），SnNi 的溶度积为 $(1.4\pm0.9)\times10^{-12}$（20℃时）。在汞中两种金属原子浓度没有超过溶度积时互不影响，当其浓度超过溶度积时，生成的金属间化合物以固相沉淀出来，使峰电流降低或在其它电位处出现另一峰。有时在溶液中加入另一种金属离子可抑制金属间化合物的生成。例如，当锌与铜形成金属间化合物时，若加入镓，由于 $CuGa_2$ 金属间化合物的生成常数大，而抑制了 ZnCu 金属间化合物的生成，因而消除了铜对锌阳极溶出伏安法测定时的干扰。

四、应用实例——阳极溶出伏安法在有色轻金属分析中的应用

以汞膜电极为工作电极，国产 883 型极谱仪为主要仪器，采用阳极溶出伏安法同时测定有色轻金属中重金属元素铜、铅、镉、锌，在实际应用中，获得满意的结果。

1. 样品处理

（1）高纯铝、普通铝样品　称取 0.5g 样品置石英皿中，加 15mL 高纯 HCl 与 5mL 高纯 HNO_3，在电热板上加热溶解并蒸发至糊状。再加入 5mL HCl，再蒸至糊状，用二次蒸馏水溶解盐类，pH＝2～3，备用。

（2）高纯镁、精镁样品称取 0.5g 样品置于石英皿中，加入 10mL 二次蒸馏水与 10mL 高纯 HCl，在电热板上加热，蒸至糊状，用二次蒸馏水溶解盐类，pH 值为 3～4 左右，备用。

2. 测定步骤

将待测液倒入电解池中，通纯氩除氧 5min，接通电解电源，在 −1.5V 电解富集 5min，停止通气，静置 60s，调节适当的电流灵敏度及零点位置，在电位 −1.10～0.00V 扫描，记录伏安曲线，如图 2-24 所示。

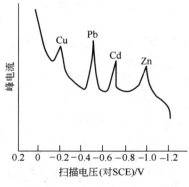

图 2-24　铜、铅、镉、锌的阳极溶出伏安曲线

以标准加入法，加入 3 次标样，计算各金属离子的含量（%）。

每次扫描后，调节电位至 0.00V，持续 2min，以解脱汞膜内残存的金属杂质，以备下次测定用。

第六节　商品仪器简介

现在市场供应的各种类型电化学分析仪器简介，见表 2-6。

表 2-6 电化学分析仪器

生产厂商	仪器型号	仪器性能
Metrohm (万通中国)	915KF Ti-Touch 一体式卡尔·费休滴定仪	Dosino 滴定液加液单元,即插即用,直接与网络连接
	Titrando 智能电位滴定仪	通用自动电位滴定仪,结构紧凑,结果准确,操作快速
	851 库仑法水分测定仪 852 库仑法水分测定仪	库仑法测定水分 库仑法和卡尔·费休容量法测定水分、溴价、溴指数
	797VA Computrace 伏安极谱仪	配高灵敏度恒电位器;Methohm 多功能电极;多种材料的旋转圆盘电极;800Dosino 瓶顶配液器;813 型或 838 型自动进样器,用于超痕量离子分析,适用于 ISO、ASTM、AOAC 等国际通用标准方法
	Applikon 2045 型在线伏安极谱仪	配有带汞池和毛细管 Methohm 多功能电极,可进行差示脉冲或六波极谱法,循环溶出伏安法或循环脉冲溶出伏安法分析。适用于化工厂、电厂、废水处理厂测定痕量金属离子含量,整个系统由计算机控制
上海三信仪表厂	MP511 实验室 pH 计	测定范围 $2.00 \sim 19.99$,精密度 $\pm 0.01\text{pH}$
上海仪电科仪公司	DDSJ-308F 电导率仪	溶液电导率、电阻率测定
上海禾工科仪公司	AKF-2010 高精度智能卡尔·费休水分测定仪	电位滴定,测定范围 $0.001\% \sim 100\%$
北京先驱威峰技术开发公司	ZDJ-3D 全自动电位滴定仪	测量电位 $-2000 \sim +2000\text{mV}$,电位分辨率 0.1mV
	ZDJ-3S 卡尔水分测定仪	测定范围 $0.001\% \sim 100\%$,精密度 10×10^{-6},电位滴定
北京吉天仪器	FD-800 型全自动卤素测定仪	离子选择电极与流动注射技术相组合
大庆日上仪器制造有限公司	KF-1 容量法微量水测定仪	电位滴定,测定范围 $100 \times 10^{-6} \sim 100\%$
	JF-6,JF-5,JF-3 库仑法微量水测定仪	可测水分、溴价、溴指数,液晶显示,自动打印
	PS4.0 微机极谱仪	高精度,多功能,智能化
武汉科思特仪器有限公司	CS350 电化学工作站/电化学测试系统	可进行线性伏安分析,循环伏安分析,差分脉冲伏安分析,恒电位极化,电位扫描

学 习 要 求

一、了解原电池和电解池的不同。

二、了解电极电位和离子活度的关系，即能斯特方程式。

三、了解参比电极和指示电极的组成及作用。

四、了解离子选择性电极的几个基本特性。

五、了解氟电极、硫电极、钙电极和氨电极的基本结构和响应机理。

六、掌握测定溶液 pH 值的方法和 pH 计的正确使用方法。

七、掌握电位法测定离子活度的各种方法。

八、掌握电位滴定技术。

九、掌握卡尔·费休测水的方法原理。

十、掌握法拉第电解定律。

十一、了解恒电流库仑滴定法的方法原理。

十二、了解动态库仑分析法的原理和实验装置。

十三、了解溶出伏安分析法的基本原理、实验装置及影响因素。

复 习 题

1. 原电池和电解池有什么区别？什么叫标准电极电位？

2. 何谓参比电极？常用的参比电极有几种？

3. 何谓指示电极？常用的指示电极有几种？

4. 简述玻璃电极的构成。

5. 测定溶液 pH 值时，为什么要先用标准 pH 缓冲溶液进行定位？使用新的玻璃电极前为什么要将它浸泡 24h 以上？

6. 离子选择性电极分哪几类？

7. 为什么要加总离子强度调节缓冲剂？

8. 何谓选择性系数？何谓选择比？

9. 离子选择性电极的定量分析方法有哪几种？

10. 何谓死停终点法？卡尔·费休试剂由哪几种成分组成？

11. 氟离子选择性电极的敏感膜由什么组成？主要干扰离子是什么？

12. 格兰作图法的基本原理是什么？

13. 在 25℃时，若测得 pH 值为 4.00 的标准缓冲溶液的电动势为 0.209V，后又测得两个未知液的电动势分别为 0.327V 和 0.150V，试计算这两种未知液的 pH 值各为多少？

14. 用氯离子选择性电极测定果汁中的氯化物含量，在 100mL 的果汁中测得电动势为 -26.8mV，加入 1.00mL 0.500mol/L 经酸化的 NaCl 溶液，测得电动势为 -54.2mV，计算果汁中氯化物的浓度（假定加入 NaCl 前后离子强度不变）。

15. 若溶液中 pBr＝3、pCl＝1，如用溴离子选择性电极测定 Br^- 活度，将产生多大误差？已知电极的选择性系数 $K_{Br^-,Cl^-}=6\times10^{-3}$。

16. 已知钠离子选择性电极的选择性系数 $K_{Na^+,H^+}=30$，用此电极测得钠离子溶液的 pNa＝3，若要求测定误差小于 3%，溶液的 pH 值必须大于多少？

17. 用铜离子选择性电极、25℃测得 100mL 铜未知液的电动势为 0.155V，加入 1mL 0.1000mol/L $Cu(NO_3)_2$ 标准溶液后，测得电动势为 0.159V，求未知试液中铜的物质的量浓度。

18. 用 0.1000mol/L NaOH 标准溶液电位滴定 50.00mL 乙酸溶液，获以下数据：

电位滴定数据

体积/mL	pH	体积/mL	pH	体积/mL	pH
0.00	2.00	12.00	6.11	15.80	10.03
1.00	4.00	14.00	6.60	16.00	10.61
2.00	4.50	15.00	7.04	17.00	11.30
4.00	5.05	15.50	7.70	18.00	11.60
7.00	5.47	15.60	8.24	20.00	11.96
10.00	5.85	15.70	9.43	24.00	12.39

（1）绘制滴定曲线；

（2）绘制 $\dfrac{\Delta pH}{\Delta V}$-$V$ 曲线；

（3）绘制 $\dfrac{\Delta^2 pH}{\Delta V^2}$-$V$ 曲线、确定滴定终点；

（4）计算试样中乙酸的浓度；

（5）计算化学计量点的 pH 值。

19. 简述法拉第电解定律的含义及定量表达式。

20. 在一硫酸铜溶液中，浸入两个铂片电极，接通电源进行电解，此时在两个铂片电极上各发生什么反应？写出反应式。若通过电解池的电流为 24.75mA，电解时间为 284.9s，计算在阴极上应析出多少毫克铜？

21. 电解分析与库仑分析在原理和装置上有何异同之处？

22. 在控制电位库仑分析法和恒电流库仑滴定中，是如何测得电量的？

23. 动态库仑分析与恒电流库仑分析有什么不同？

24. 用库仑滴定法测水样中的 H_2S 含量，将 3.00g KI 加入到 50.00mL 水样中，滴定所需的碘以 0.0731A 恒电流电解 9.2min 产生，反应为 $H_2S + I_2 \Longrightarrow S\downarrow + 2H^+ + 2I^-$，试计算水样中 H_2S 的浓度（mg/L）。

25. 用库仑滴定法测维生素 C 药片中的抗坏血酸含量。可利用 Br_2 将抗坏血酸氧化成脱氢抗坏血酸：$C_6O_6H_8 + Br_2 \Longrightarrow C_6O_6H_6 + 2Br^- + 2H^+$。将一片 100mg 维生素 C 药片溶解在 250mL 水中，取其中 500mL 溶液与等体积的 0.100mol/L KBr 混合，滴定所需的溴以 0.050A 恒电流电解 7.53min 产生。试计算药片中抗坏血酸的含量。

26. 用微库仑分析法测定 1.00mL 密度为 0.85g/mL 溶剂汽油中的微量水含量，电解电池中含卡尔·费休试剂，分析时以 0.050A 恒定电流电解 3.6min。试计算溶剂汽油中水的含量。

27. 阳极溶出伏安法是如何进行的？它使用的工作电极有几种？各有何特点？

28. 电位溶出法测定含 Cu^{2+} 的试液，得到溶出峰高为 15.1mm，采用标准加入法定量，每次加 $3\mu g$ Cu^{2+} 标准溶液共 3 次，得到溶出峰高分别为 17.6mm、20.2mm、22.7mm。问试液中 Cu^{2+} 的量为多少微克？

第三章　原子发射光谱法

原子发射光谱（atomic emission spectrometry，AES）是无机定性和定量分析的主要手段之一，它在地质、冶金、机械制造、金属加工和无机材料等工业生产中，是获得广泛应用的仪器分析方法。

在 20 世纪 30～50 年代原子发射光谱获得快速发展，它利用电弧光源或火花光源激发固态样品，经摄谱仪分光系统色散后，获得样品的发射光谱谱线，经映谱仪定性及测微光度计定量后，就可测定样品中元素的组成和含量。但由于测定的灵敏度较低，测定误差较大，在 60 年代它的发展处于停滞状态。

在 20 世纪 60 年代中期电感耦合等离子体火炬出现，ICP 作为高温原子化光源受到特别关注，1975 年美国 Jarrell-Ash 公司生产了首台 ICP-AES 仪器，从而使原子发射光谱获得新生。

20 世纪 80 年代后，中阶梯光栅、凹面光栅已用作色散元件，新型电荷耦合器件和电荷注入器件作为检测元件，它们与 ICP 光源组合，构成全新的原子发射光谱仪，自动化、智能化功能大大提高，现在 ICP-AES 和火花源直读式光谱仪已在地质、冶金、金属加工等行业的分析检测实验室中，成为不可缺少的分析仪器，为提高产品质量发挥了重要的作用。

第一节　基本原理

一、光谱的产生

1. 光和光谱

光是一种电磁辐射，具有波动性（称电磁波）和粒子性（称光子）。光作为电磁波，其光速（c）和频率（ν）与波长（λ）的关系为：

$$\lambda = \frac{c}{\nu}$$

光作为光子，具有不连续的能量（E），每个光粒子具有的能量为：

$$E = h\nu = \frac{hc}{\lambda}$$

式中，h 为普朗克（Planck）常数，$h = 6.623 \times 10^{-34} J \cdot s$。

物质可处于不同的状态，当物质的状态发生变化时，就会产生电磁波，其经过色散系统分光后，会按照波长（或频率、或能量）大小的顺序排布，而形成光谱。

依据电磁波具有能量的高低，可构成由短波 γ 射线到长波微波的各种类型的光谱，如表 3-1 所示。

表 3-1　电磁波谱与相关的光谱类型

电磁波谱		波长范围	跃迁类型	谱分析法
γ 射线		$10^{-2} \sim 10^{-1}$nm	核跃迁（核反应）	γ 射线光谱法，莫斯鲍尔光谱法
X 射线		$10^{-1} \sim 10$nm	内、中层（K、L 层）电子能级	X 射线衍射分析法，X 射线微区分析法 X 射线吸收光谱法 X 荧光光谱法
紫外可见光	远紫外	$10 \sim 200$nm	外层电子跃迁	紫外吸收光谱法 原子发射光谱法 原子吸收（荧光）光谱法 可见光吸收光谱法
	近紫外	$200 \sim 400$nm		
	可见光	$400 \sim 750$nm		
红外光	近红外	$0.75 \sim 2.5\mu m$	分子振动	红外吸收光谱法 拉曼光谱
	中红外	$2.5 \sim 50\mu m$		
	远红外	$50 \sim 1000\mu m$	分子转动和低位振动	
微波		$0.1 \sim 10$cm	分子转动电子自旋	顺磁共振波谱法 微波光谱法
无线电波（射频波）	超短波	$0.1 \sim 10$m	核自旋	核磁共振波谱法
	中波	$10 \sim 1000$m		超声波吸收法

2. 光谱的形状

按照形状（或强度）随波长（或频率）变化在空间的分布轮廓，光谱可分为线状光谱、带状光谱和连续光谱。

线状光谱是由一系列有确定位置、独立分布的锐线组成的光谱，它对应较高能级的跃迁（如原子核能级，原子内层电子跃迁）而产生，通常具有较窄的谱线宽度（约为 10^{-5} nm）和较短的波长。

带状光谱是由许多条波长距离很近的谱线组成的光谱，它对应多种能级跃迁，不仅有原子能级的跃迁，还有分子振动能级和转动能级的跃迁，从而构成有许多紧密排布谱线的带状光谱，它通常具有较长的波长。

连续光谱是由于热辐射，使多种原子、分子发生振荡，产生线状、带状光谱重叠，并由于背景增大，而形成连续光谱，谱带宽度约在350nm以上。

图 3-1 是在原子发射光谱中看到的线状光谱和带状光谱叠加在连续光谱上的谱图。

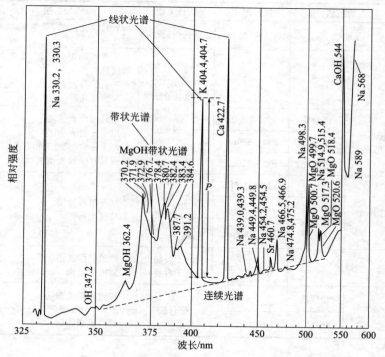

图 3-1　用氢氧火焰获得卤水的发射光谱图

线状光谱是原子光谱的特征，带状光谱是分子光谱的特征，它们都是进行各种元素和化合物定性和定量分析的依据。

3. 光谱的类型

依据产生光谱时能量传递方式的不同，可分为发射光谱、吸收光谱、荧光光谱、拉曼光谱。

当物质中的原子核、原子、分子、离子受到外部能量的激发，由基态（较低能级）跃迁到激发态（较高能级），再由激发态返回基态时，以光辐射形式释放能量就构成发射光谱。

当原子核的能级发生跃迁，就产生穆斯堡尔谱，当原子的外层电子发生跃迁，就产生原子发射光谱。

当物质的原子（分子）选择性地吸收外部光源一定波长的特征电磁辐射，而使此外部特征电磁辐射光强减弱的现象，就构成原子（分子）吸收光谱。

当物质的原子（分子）选择性吸收外部光源一定波长的特征电磁辐射后，被吸收的特征电磁辐射会沿着各个方向产生较低频率的电磁辐射，就构成荧光光谱，通常应在与吸收方向相互垂直的方向观测荧光光谱。

当分子对照射到的光辐射产生弹性和非弹性散射时，被散射的光发生频率变化而产生的分子光谱，称为拉曼光谱，其谱线与分子的振动和转动能级相关，是研究分子结构的特征谱线。

二、原子发射光谱

原子发射光谱法是通过测量电子进行能级跃迁时辐射的线状光谱的特征波长和谱线的强度，来对元素进行定性分析和定量分析的方法。

1. 原子结构和原子光谱

任何物质都是由分子组成，分子是由原子组成的，原子是由原子核和核外电子组成的，核外电子是按能量的高低呈量子化分布的，每个电子在核外的运动状态可用量子理论的四个量子数：主量子数（n）、副（角）量子数（l）、磁量子数（m）、自旋量子数（m_s）来描述。

原子核外的电子分布如表 3-2 所示。

表 3-2　原子核外的电子分布

主量子数(n) 主层符号	1 K		2 L			3 M				
副(角)量子数(l) 分层符号	0 1s	0 2s	1 $2p_x$　$2p_y$　$2p_z$			0 3s	1 $3p_x$　$3p_y$　$3p_z$		2 $3d_{xy}$　$3d_{yz}$　$3d_{xz}$　$3d_{z^2}$　$3d_{x^2y}$	
磁量子数(m) 分层中原子轨道数	0 1	0 1	+1　　0　　-1 3			0 1	+1　　0　　-1 3		+2　+1　0　-1　-2 5	

自旋量子数 $\left(m_s: +\dfrac{1}{2}, -\dfrac{1}{2}\right)$ 分层原子轨道上的 电子数	2	2	6	2	6	10

很显然，当原子核外电子能级愈多，其外层电子数愈多，其呈现线状光谱就愈复杂。如元素锂仅有 39 条线，而元素铯就增至 645 条线，典型的过渡元素铬、铁和铈的谱线分别为 2277、4757、5755 条。

2. 元素的灵敏线、共振线和最后线

灵敏线是指各种元素谱线中最容易激发或激发电位较低的谱线。

各元素灵敏线的波长可由《分析化学手册（第三版）3A 原子光谱分析》（郑国经主编，化学工业出版社，2016）中查到。

由激发态直接跃迁至基态所辐射的谱线称为共振线。当由低能的第一激发态直接跃迁至基态时所辐射的谱线称为第一共振线，也是该元素的最灵敏线。

光谱线的强度，不仅与元素的性质、外界激发电位大小有关，也与试样中该成分的含量有关。当试样中元素的含量逐渐减小，谱线的数目亦相应减少，当元素的含量进一步降低时，所观察到的最后消失线，称为最后线。元素的最后线也就是元素的第一共振线，也是理论上的最灵敏的分析线。

对金属元素其原子，发射光谱的谱线数量多至几百条或几千条，当进行定性分析判别某种元素是否存在时，并不要求此元素的每条谱线都被检测到，才认为该元素存在，一般只要检测到该元素的两条以上的特征灵敏线，就可确定它的存在。

原子发射光谱的定量分析是依据被测元素特征灵敏线的强度来准确测定该元素的准确含量。

3. 谱线的宽度

任何元素的原子发射的谱线都不会是绝对的单色，而是具有一定的波长范围。谱线的强度按波长分布范围构成的形状称为谱线的轮廓。谱线轮廓所包覆的波长范围，就是谱线的宽度，但因谱线轮廓的两个边缘不易确定，通常把与谱线强度峰值（I_0）的一半（$I_0/2$）处所对应的半宽度 $\Delta\lambda = \lambda_2 - \lambda_1$，称为波长为 λ_0 的谱线宽度（图 3-2）。

由于原子核外的电子在激发态会有一定的停留时间，激发态能级有一定的区间，因而当电子由激发态返回基态时，辐射的原子谱线就具有一定的宽度，此谱线宽度是元素原子所固有的，因而称为自然宽度，谱线的自然宽度约为 10^{-2} pm（1pm $=10^{-12}$ m），其数值很小，可以忽略。

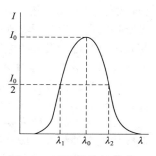

图 3-2　原子谱线的宽度

在原子光谱的激发光源中，由于存在其它粒子对辐射原子的碰撞作用，会引起谱线展宽，称为碰撞变宽或压力变宽，也称为洛仑兹（Lowentz）变宽。此外，由于在激发光源中，各种粒子都处于热运动状态，也会引起谱线展宽，称为热变宽，又称多普勒（Doppler）变宽，由于多普勒变宽的宽度约在 1～8pm，它是决定原子谱线物理宽度的主要因素之一。

4. 谱线的自吸

在原子发射光谱的激发光源中，原子或离子在高温区域被激发并辐射出一定波长的谱线，此辐射光通过光源的低温区时，又可被同一元素的原子或离子吸收，这种现象称为谱线的自吸，由于自吸收现象的发生，辐射谱线的强度和轮廓就会发生改变，如图 3-3 所示。当无自吸现象时，谱线的轮廓如曲线 1。当有自吸时，谱线中心强度会降低，谱线轮廓如曲线 2。当自吸现象严重时，谱线轮廓中心发生凹陷，如曲线 3 或 4，称为自蚀。

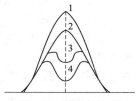

图 3-3　谱线的自吸
1—无自吸；2—有自吸；
3—自蚀；4—严重自蚀

谱线的自吸现象会影响元素的定量分析，一般元素定量分析标准工作曲线的线性范围可达 4～5 个数量级，当元素含量（或浓度）较高时，就会产生自吸现象，从而使标准工作曲线的高浓度部分产生曲线弯曲，而不呈现线性。

第二节　原子发射光谱仪

原子发射光谱仪由光源、分光系统、检测系统和数据处理系统四个部分组成。

一、光源

光源的作用是提供样品蒸发和激发所需的能量。它先把样品中的组分蒸发、离解成气态原子，然后再使原子的外层电子激发产生光辐射。光源是决定光谱分析灵敏度和准确度的重要因素，它分为电弧光源、火花光源以及近年发展的电感耦合等离子体光源和辉光放电光源。

1. 原子发射光谱对激发光源的要求

（1）光源应具有足够的激发容量，利于样品的蒸发、原子化和激发，对样品基体成分的变化影响要小。

（2）光源的灵敏度要高，具有足够的亮度，对元素浓度的微小变化在线状光谱的强度上应有明显的变化，利于痕量分析。

（3）光源对样品的蒸发原子化和激发能力有足够的稳定性和重现性，以保证分析的精密度和准确度。

（4）光源本身的本底谱线要简单，背景发射强度弱，背景信号要小，对样品谱线的自吸效应要小，分析的线性范围要宽。

（5）光源设备的结构简单，易于操作、调试、维修方便。

2. 电弧光源

电弧是较大电流通过两个电极之间的一种气体放电现象，所产生的弧光具有很大的能量。若把样品引入弧光中，就可使样品蒸发、离解，并进而使原子激发而发射出线状光谱。它可分为直流电弧和交流电弧。

（1）直流电弧　直流电弧发生器及直流电弧如图 3-4 所示。电源可用直流发电机或将交流电整流后供电，电压为 220～380V、电流为 5～30A，可变电阻 R 用于调节电流的大小，电感 L 用来减小电流的波动。

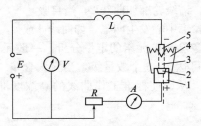

图 3-4　直流电弧发生器和直流电弧

E—直流电源；V—直流电压表；L—电感；R—可变电阻；A—直流电流表
1—阳极；2—样品槽；3—电弧柱；4—电弧火焰；5—阴极

带有凹槽的石墨棒阳极，可放置样品粉末，其与带有截面的圆锥形石墨阴极之间的分析间隙约为 4～6mm。点燃直流电弧后，两电极间弧柱温度达 4000～7000K，电极温度达 3000～4000K。在弧焰中样品蒸发、离解成原子、离子、电子，粒子间碰撞使它们激发，从而辐射出光谱线。

直流电弧光源的弧焰温度高，可使 70 种以上的元素激发，适用于难熔、难挥发物质的分析，测定的灵敏度高、背景小，适用于定性分析和低含量杂质的测定。因弧焰不稳定易发生谱线自吸现象，使分析精密度、再现性差。阳极温度高不适用于定量分析及低熔点元素分析。

（2）交流电弧 交流电弧发生器由交流电源供电。常用 110～120V 低压交流电弧，其设备简单、操作安全。用高频引燃装置点火，交流电弧放电具有脉冲性，弧柱温度比直流电弧高，稳定性好，可用于定性分析和定量分析，有利于提高准确度。其不足之处是蒸发能力低于直流电弧，检出灵敏度低于直流电弧。

单纯的电弧光源至今仍保留在地质试样、粉末和氧化物样品中的杂质元素分析中。

3．火花光源

高压火花发生器可产生 10～25kV 的高压，然后对电容器充电，当充电电压可以击穿由试样电极和碳电极构成的分析间隙时，就产生火花放电。放电以后，又会重新充电、放电，反复进行。

火花光源的放电电路见图 3-5。它由放电电容 C、电阻 R、电感圈 L 和放电分析间隙 G 组成。

当电极被击穿时产生的火花在电极间产生数条细小弯曲的放电通道，短时间释放大量能量，放电的电流密度达 $10^5 \sim 10^6 \mathrm{A/cm^2}$，使样品呈现一股发光蒸气喷射

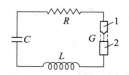

图 3-5 火花光源的放电电路
1—碳电极；2—试样电极

出来，喷射速度约 $10^5 \mathrm{cm/s}$，称为焰炬。每次放电都在电极表面的不同位置产生新的导电通道，单个火花直径约 0.2mm，当曝光数十秒时，可发生几千次击穿，由于每次击穿的面积小，时间短，使电极灼热并不显著。

高压火花放电的平均电流比电弧电流小，约为十分之几安培，但在起始的放电脉冲期间，瞬时电流可超过 1000A，此电流由一条窄的仅包含极小一部分电极表面积的光柱来输送，此光柱温度可达 10000～40000K。虽然火花光源的平均电极温度比电弧光源温度低许多，但在瞬时光柱中的能量却是电弧光源的几倍，因此高压火花光源中的离子光谱线要比电弧光源中明显。此种光源的特点是放电稳定性好，分析结果重现性好，适于做定量分析。缺点是放电间隔时间长，电极温度较低，对

试样蒸发能力差，适于低熔点、组成均匀的金属或合金样品的分析。由于灵敏度低，背景大，不宜做痕量元素分析。

4. 等离子体光源

(1) 电感耦合等离子体（inductively coupled plasma，ICP）光源
它由高频发生器、等离子体炬管和雾化器组成，为现代原子发射光谱仪中广泛使用的新型光源。

① 高频发生器　高频发生器在工业上称射频（radio frequency，RF）发生器，在 ICP 光源中称高频电源或等离子体电源，它通过工作线圈向等离子体输送能量，是 ICP 火焰的能源。高频发生器有两种类型，即自激式和它激式，它们都能满足 ICP 分析的需求。

自激式高频发生器由整流稳压电源、振荡回路和大功率电子管放大器三部分组成，提供 40.68MHz 高频振荡电场。它的电路简单，造价低廉，具有自动补偿、自身调节作用是目前仪器厂商广泛使用的技术。

它激式高频发生器是由石英晶体振荡器、倍频、激励、功放和匹配五部分组成，它采用标准工业频率振荡器 6.87MHz 工作，经 4～6 倍的倍频电路处理，产生 27.12MHz 或 40.68MHz 的工作频率，经激励、放大，由匹配箱和同轴电缆输送到 ICP 负载上，此种发生器频率稳定性高、耦合效率高，功率输出易于自动控制，但其电路比较复杂，易发生故障，因而应用厂商较少。

现在被广大厂商广泛采用的是固态高频发生器，它是由一组固态场效应管束代替自激式高频发生器中的大功率电子管，以获得大功率高频能量的输出。它具有体积小，输出功率稳定、耐用、抗震、抗干扰能力强，已成为新一代 ICP 光谱仪使用的主流产品，使用寿命已大于 5000h。

高频发生器产生的频率和它的正向功率（系指在 ICP 燃炬负载线圈上获得的功率）是两个最重要的性能指标，二者有紧密的相关性。

高频发生器产生的振荡频率和它的正向功率呈反比关系，如使用 5MHz 频率，维持 ICP 放电的功率为 5～6kW；使用 9MHz，功率为 3kW；使用 21MHz，功率为 1.5kW，因而提高振荡频率；可使 ICP 放电所需的功率降低，并进而降低激发时的温度和电流密度，还会降低冷却氩气的消耗量，振荡频率的稳定性应≤0.1％。

高频发生器的功率应＞1.6kW，当输出功率为 300～500W 时，能维持 ICP 火焰燃烧，但不稳定，不能进行样品分析工作，当输出功率＞800W时，ICP 火焰才能保持稳定，才可进行样品分析，输出功率的

稳定性应≤0.1%，它直接影响分析的检出限和分析数据的精密度。

2011 年美国 PE 公司在 Optima 8000 系列仪器上，采用平行铝板作为高频感耦元件，称为平板等离子体。其在射频发生器上用两块平行放置的铝板，取代传统的螺旋铜管感应线圈，构成电感耦合等离子体炬，可降低氩气消耗在 10L/min 以下，并且平行铝板不需用水冷却，当等离子体冷却气只有 8L/min，等离子体炬焰仍然稳定，使操作成本大大降低，并有良好的稳定性和分析性能。

② 等离子体炬管　高频发生器通过用水冷却的空心管状铜线圈围绕在石英等离子体炬管的上部，可辐射频率为几十兆赫的高频交变电磁场。等离子体炬管由三层同心圆的石英玻璃管组成，工作氩气携带经适当方法雾化后的样品气溶胶，从等离子体矩管的中心管进入等离子体火焰的中央处，中心管的第一个外层同心管以切线的方向通入能点燃等离子体火焰的辅助氩气，中心管的第二个外层同心管通入冷却用的氩气，它可抬高等离子体火焰、减少炭粒沉积，起到既可稳定等离子体炬焰，又能冷却中心进样石英管管壁的双重保护作用。开始时由于炬管内没有导电粒子，不能产生等离子体炬焰，可用电子枪点火产生电火花，会触发少量辅助氩气电离产生导电粒子，其可在高频交变电磁场作用下高速运动，再碰撞其它氩原子，使之迅速大量电离，形成"雪崩"式放电，电离的 Ar^+ 在垂直于磁场方向的截面上形成闭合环形路径的涡流，即在高频感应线圈内形成电感耦合电流，这股高频感应电流产生的高温又再次将氩气加热、电离，而在石英炬管上口形成一个火炬状的稳定等离子体炬焰，此炬焰的最外层电流密度最大，温度最高，试样在此炬焰中蒸发、原子化并进行电离，再激发而呈现辐射光谱。

电感耦合等离子体光源结构示意图，见图 3-6。

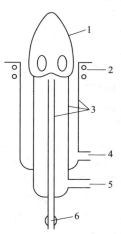

图 3-6　电感耦合等离子体光源
1—等离子体炬焰；2—高频线圈；3—三个同心石英管；
4—冷却氩气（冷却中心炬管）；5—辅助氩气；
6—工作氩气及样品入口（由雾化室进入）

a. 等离子体炬焰的稳定曲线　理想的 ICP 炬管应易点燃，节省工作氩气并且炬焰稳定。通用 ICP 炬管的不足之处是氩气消耗量大，降低冷却氩气流量又会烧毁 ICP 炬管。为了降低氩气的消耗量，必须保持高频输入的正向功率与等离子体消耗能量之间的平衡，才能使 ICP 炬焰稳定。等离子体输入的正向功率，一般为 1kW，消耗能量包括工作气流和冷却气流带走的能量、热辐射和光辐射散失的能量，试样和溶剂蒸发、气化和激发消耗的能量，炬管壁传导和热辐射能量。当这些消耗能量的总和大于高频输入的正向功率时，会使等离子体炬焰熄灭，而高频输入的正向功率过大又会烧毁等离子体炬管，对每一支 ICP 石英炬管都有保持 ICP 炬焰稳定的曲线，对直径 22mm 的 ICP 炬管的等离子体炬焰的稳定曲线如图 3-7 所示。

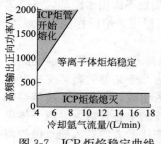

图 3-7　ICP 炬焰稳定曲线

b. 等离子体炬焰中，三股氩气的作用

（a）工作氩气　也称载气或样品雾化气，此股氩气经雾化器，使样品溶液转化成粒径只有 $1\sim10\mu m$ 的气溶胶，并将样品气溶胶引入到 ICP 炬焰中还起到不断清洗雾化器的作用，它的流量约为 $0.4\sim1.0L/min$，其压力约为 $15\sim45psi$（$1psi=6894.76Pa$）。

（b）辅助氩气　它从中心管的第一个外层同心管通入，其作用是点燃等离子体火炬，也起到保护中心炬管和中间石英管的顶端不被烧熔，并减少样品气溶胶夹带的盐分过多沉积在中心炬管的顶端，其流量为 $0.1\sim1.5L/min$。

（c）冷却氩气　它沿中心炬管的切线方向引入，主要起冷却作用，保护中心炬管免被高温熔化，冷却等离子体炬焰的外表面并与中心炬管的管壁保持一定距离，保护中心炬管顶端温度不会发生过热。其流量一般为 $10\sim20L/min$，新型炬管此流量可降至 8L/min。

冷却气和辅助气都可起到提升 ICP 火焰高度，实现变换高度来观测 ICP 火焰的作用。

c. 等离子体炬焰的观测方式

（a）垂直观测　又称径向观测或侧视观测。此时观测方向垂直于 ICP 炬焰，能够观测火焰气流方向的所有信号，是最常用的观测方式，适用于任何基体试液，并有较小的基体效应和干扰效应，此时，可以观察到电感耦合等离子体的炬焰分为焰心区、内焰区和尾焰区三个部分，如图 3-8 所示。各个区域的温度不同，功能也不相同。

ICP 的焰心区呈白炽状不透明，是高频电流形成的涡电流区，温度高达10000K，试样气溶胶通过该区时被预热、蒸发，停留约 2ms。

ICP 的内焰区在焰心上方，在电感线圈上方约 10～20mm，呈浅蓝色半透明状，温度约 6000～8000K，试样中的原子在该区被激发，电离并产生光辐射，试样停留约 1ms，比在电弧光源和高压火花光源中的停留时间（约 $10^{-3}\sim10^{-2}$ ms）长，利于原子的离解和激发。

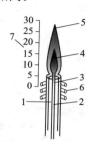

图 3-8　ICP 焰炬观测区间
1—Ar 气导入区；2—预热区；
3—ICP 焰心；4—ICP 内焰；
5—ICP 尾焰；6—电感线圈；
7—在电感线圈上方
进行观测的高度

ICP 的尾焰区在内焰的上方，呈无色透明状，温度约 6000K，仅能激发低能态原子的试样。

（b）水平观测　又称轴向观测或端视观测。此时水平放置 ICP 炬管，火焰气流方向与观测方向呈水平重合，由于整个火焰各个部分的光都可被采集，灵敏度高。缺点是基体效应高，电离干扰大，炬管易积炭和积盐而沾污，适用于水质分析。

此时由于尾焰温度低可能会产生自吸和分子光谱，导致测量偏差加大，为此应采用尾焰消除技术（如压缩空气切割技术、冷锥技术或加长炬管），以消除分子复合光谱干扰、降低基体效应，以提高灵敏度，扩展线性动态范围。

（c）双向观测　即在水平观测基础上，增加一套侧向观测光路，就可实现水平/垂直双向观测，可同时实现全部元素的水平观测及垂直观测，也可实现部分元素的水平测量或垂直测量。此时为实现垂直观测，会在炬管上开口，而导致缩短炬管使用寿命，此时会降低分析速度，增加了分析消耗。

③ 雾化器　雾化器可将试样溶液雾化后转化成气溶胶，并被工作氩气携带进入等离子体炬中。

现在广泛使用玻璃同心雾化器，又称迈哈德（Meinhard）雾化器，其构造如图 3-9 (a) 所示。

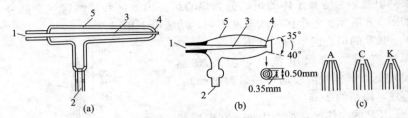

图 3-9　玻璃同心雾化器结构示意图
(a) 雾化器的双流体结构；(b) 喇叭口形雾化器结构（防止盐类在喷口处沉积）；
(c) 雾化器喷口的 A、C、K 型的结构；1—液体样品入口；
2—喷雾气体入口；3—喷液毛细管；4—气溶胶喷口；5—玻璃外壳

　　玻璃同心雾化的双流体结构中有两个通道，喷液毛细管（中心管）和外管之间的缝隙为 0.01～0.35mm，毛细管气溶胶喷口的孔径约为 0.15～0.20mm，毛细管壁厚为 0.15～0.10mm。其喷雾原理是当喷雾气体（载气）通入雾化器后，在毛细管喷口形成负压而自动提升液体样品，将溶液粉碎成细小液滴，并载带微小液滴从喷口喷出气溶胶。

　　为防止液体盐类在喷口处沉积，可将喷口制成喇叭口形，使出口保持湿润，而不易堵塞 [见图 3-9 (b)]。

　　由于加工方法不同，气溶胶喷口的形状有三种，即 A、C、K 型 [见图 3-9 (c)]。A 型为平口型（标准型），喷口内管和外管在同平面上，喷口端面磨平。C 型为缩口型，中心管比外管缩进 0.5mm，且中心管被抛光。K 型与 C 型相同，但中心管未被抛光。A 型喷口雾化效率高，C 型和 K 型，耐盐能力强，不易堵塞。

　　雾化器的进样效率是指进入等离子体焰炬的气溶胶量与被提升试液量的比值。当增加载气压力时，会增加试液的提升量，但进样效率会降低，这点由雾化器的结构决定的，因此使用雾化器时，应确定进样效率最佳值时，所对应载气的压力和流量。过度增加试液提升量，会增加大液滴的数量使废液量增加，易造成喷口阻塞，反而使进样效率下降。

　　在 PE 公司 Optima 系列仪器上还配备了 eNeb 雾化器。

　　eNeb 雾化器的机理为：采用两个均匀微米级细孔的有机薄膜，不需高压雾化气流，仅在膜片的两端加以高频电场，在激烈振荡的电场作用下，从薄膜的微孔处不断喷射出大小一致的液滴，形成高效而均匀细小的气溶胶，直接进入等离子炬。其雾化效率可得到提高。气溶胶喷头的膜片，采用耐腐蚀的高分子 Kapton 材料薄膜制成，经激光打孔形成 $10\mu m$ 以下的均匀密集微孔，孔径和形状可保持严格的一致性，使得形成的气溶胶颗粒具有很好的一致性，并且粒径可控制在不超过 $10\mu m$ 的很窄范围内，从而使其雾化效率得到很好的提高。进样的精密度和长时间稳定性良好。

④ 电感耦合等离子体光源的特性

a. 此光源的工作温度高于其它光源，等离子体炬表面层温度可达 10000K 以上，在中心管通道温度也达 $6000\sim8000K$，在分析区内有大量具有高能量的 Ar^+ 等离子，它们通过碰撞极有利于试样的蒸发、激发、电离，有利于难激发元素的测定，可测 70 多种元素，具有高灵敏度和低的检测限，适用于微量及痕量元素分析。

b. 此光源不使用电极，可避免由电极污染带来的干扰。因使用氩气作为工作气体，产生的光谱背景干扰低、光源稳定性良好，可使分析结果获得高精密度（标准偏差为 $1\%\sim2\%$ 左右）和准确度，定量分析的线性范围可达 $4\sim6$ 个数量级。

由于电感耦合等离子体光源具有良好的分析性能和广泛的应用范围，在近二十年受到广泛重视，发展迅速。

（2）电磁耦合微波等离子体光源　2011 年 Agilent 公司提供全新的电磁耦合微波等离子体（electro meganic coupled microwave plasma，EMMP）光源。

此光源使用氮气发生器从空气中提取氮气，作为产生等离子体的气源，而不使用昂贵的氩气。它不使用高频发生器的电场作为等离子体炬的能源，而是使用大功率 1000W 工业级磁控管产生的电磁场作为 N_2 等离子体炬的能源。这种使用磁场而非电场来耦合微波能量并激发 N_2 等离子体的技术，大大降低了发射光源的成本，原子化温度达 $5000℃$，并具有即开即用、操作简便的特点。

此光源使用的炬管，可随时拆卸，安装时可实现炬管的快速定位和与气源的连接，保证了定位精度和快速启动。

此光源使用 One Neb 通用雾化器（见图 3-10），采用惰性材料制作，耐

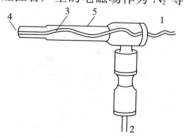

图 3-10　One Neb 通用雾化器
1—试液样品入口；2—雾化 N_2 入口；3—四氟乙烯喷液毛细管；4—气溶胶喷口；5—聚乙烯外壳

有机溶剂和强酸，其特殊的防阻塞设计使其成为高盐、高固体溶解浓度样品溶液进行雾化的最佳选择。

5. 辉光放电光源

辉光放电（glow discharge，GD）可用作原子发射光谱的激发光源，它具有较高的稳定性，能直接用于固体样品的成分分析和逐层分析。

辉光放电有直流放电（DC）模式，可用于金属等导体分析，射频放电（RF）模式可用于所有固体样品（导体、半导体和绝缘体）的分析。

辉光放电光源，基本上都是格里姆（Grimm）型，其结构见图 3-11。

此光源中，阳极空心圆筒伸入环形阴极中，它们之间为聚四氟乙烯绝缘体。两个电极间的距离和阳极圆筒下端面与阴极试样之间的距离皆为 0.2mm。光源内部抽真空至 10Pa 后，充入压力约 $100\sim1000$Pa 的低压放电气体氩，然后在两电极间施加 $500\sim1500$V 直流电压；阳极接地保持零电位，阴极施加负高压。使光源内氩气被激发、离解成 Ar^+ 和电子，在两电极间形成 Ar^+ 等离子体。在电场作用下 Ar^+ 与阴极样品碰撞，在样品表面的原子，获得可以克服晶格束缚的 $5\sim15$eV 的能量，并以中性原子逸出表面，其再与 Ar^+ 和自由电子产生一系列的碰撞，会被激发电离、产生二次电子发射，从而在负辉区产生样品特征的发射光谱。负辉区主要构成阴极的金属原子的溅射和光辐射，它产生最大的电流密度和电子动能，会使挥发出的气态原子强烈电离，并激发出光辐射（见图 3-12）。

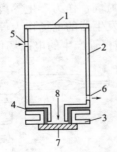

图 3-11　格里姆辉光放电光源结构示意图
1—石英窗；2—阳极；3—环形阴极；
4—绝缘体；5—放电气体（Ar）入口；
6—放电气体出口；7—样品；8—负辉区

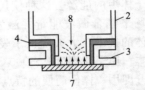

图 3-12　格里姆放电光源
放电负辉区放大图

辉光放电光源，除使用直流电压供电分析金属导体外，还可在两电

74

极间施加具有一定频率的射频电压，此时样品可交替作为阴极或阳极，其表面轮流受到正离子和电子的碰撞，增大了样品原子被撞击的频率，提高了样品原子化和被激发离子化效率，它可直接分析导体、半导体和绝缘体样品。

辉光放电过程，样品原子被不断地逐层剥离，随溅射过程的进行，光谱信息反映的化学组成，由表面到里层所发生的变化，可用于深度分析。

二、分光系统

1. 分光系统的作用及构成

从发射光谱光源中发射出的光谱是多条谱线的组合，分析每种元素的含量，仅需采用有限的、较窄的波长谱带。因而为了对不同元素的发射谱线进行分析测定，必须对获得的谱线集合，按波长的差别进行色散而将其分开排布，进行定性分辨，然后测定谱线强度进行定量分析。

分光系统的主要作用是将从光源发射出的具有各种波长的辐射，借助于棱镜或光栅作为单色器，将辐射按波长顺序展开，而获得光谱。

用于紫外、可见、红外光区的单色器，在机械结构上都是相似的，它们主要由以下五个部件组成。

① 入射狭缝：调节入射光的强度。

② 准直装置：经准直透镜使入射光束转换成平行光束。

③ 色散装置：经过三棱镜或光栅，使不同波长的辐射，经折射或衍射，以不同的角度再次辐射。

④ 聚焦装置：通过聚焦透镜（或称成像物镜）或凹面反射镜，使每个单色光束在单色器的出口曲面上成像。

⑤ 出射狭缝：调节出射光的波长和强度。

2. 分光系统的色散性能参数

分光系统的色散性能参数为线（角）色散率、分辨率和聚光本领。

（1）线色散率　表示在聚焦面上，波长相差 $d\lambda$ 的的两条光线被分离开的距离 dl，用 L 表示：

$$L = \frac{d\lambda}{dl}$$

在实际工作中，常用倒线色散术语，即 $L^{-1} = \frac{dl}{d\lambda}$，表示在每毫米距离内可容纳的波长数，单位为 nm/mm。

角色散率：表示在聚焦面上，波长相差 $d\lambda$ 的两条光线，衍射角为 φ，其经衍射后被分开的角度，用光栅的角色散率 A 表示：

$$A = \frac{d\varphi}{d\lambda} = \frac{m}{d\cos\varphi}$$

式中，m 为衍射光谱的级数；d 为光栅常数。$\cos\varphi$ 随波长 λ 变化并不大，所以光栅的色散几乎呈线性。

(2) 分辨率　表示单色器对波长相差 $\Delta\lambda$ 的相邻两条谱线的分辨能力，用 R 表示：

$$R = \frac{\bar{\lambda}}{\Delta\lambda}$$

$\bar{\lambda}$ 为两条相邻谱线的平均波长。R 是单色器能正确分辨波长相差极小的两条谱线的能力。

通常单色器的线色散率愈大，其分辨率也愈大。

(3) 聚光本领　表示单色器光学系统传递辐射能量的本领。常用当入射狭缝光源亮度为一个单位时，在聚焦面上单位面积所获得的辐射通量。

聚光本领与准直透镜的直径 D 和焦距 F 比值的平方 $(D/F)^2$ 成正比，通常可用参数 $f = F/D$ 来表达单色器收集从入射狭缝进入光辐射的能力。它与入射狭缝的宽度无关。一个单色器的聚光本领是随 f 值的负平方面增加的，因此 $\frac{f}{2}$ 的集光本领比 $\frac{f}{4}$ 大四倍。大多数色器的 f 值在 $1 \sim 10$ 范围以内。

3. 棱镜分光

按使用的棱镜材料的不同可分为玻璃棱镜、石英棱镜和萤石棱镜，它们可分别摄得可见光区、紫外光区和真空紫外光区的全部或部分光谱线。棱镜摄谱仪的工作原理主要是利用棱镜对不同波长光的折射率不同来进行分光，它的光学系统由照明、准光、色散及聚焦四部分组成，如图 3-13 所示。

4. 光栅分光

光栅分光可使用平面光栅、中阶梯光栅、凹面光栅和全息光栅。

(1) 平面光栅（或称平面反射光栅）

它利用光的衍射现象进行分光。在平面基板上，采用专门磨制的刻划刀，加工出密集的沟槽，将光栅刻制成为槽面与光栅平面成一确定角度的闪耀光栅，使衍射的辐射强度集中在所需的波长范围内，其形状如图 3-14 所示。

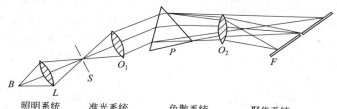

图 3-13　棱镜摄谱仪光学系统图

照明：B—光源，L—照明透镜；准光：S—入射狭缝，O_1—准直透镜；
色散：P—棱镜；聚焦：O_2—聚焦透镜，F—出射狭缝

在光的照射下每条刻线都产生衍射，各条刻线所衍射的光又会互相干涉，这些按波长排列的干涉条纹，就构成了光栅光谱。

（2）中阶梯光栅　中阶梯光栅与平面反射光栅相比较，它在宽度上更宽，在光栅上的刻线密度较小，如 $10\sim80$ 条/mm，但刻槽的深度大，衍射角 φ 更大，达 $60°$ 以上；入射角 θ 大于 $45°$，光栅常数 d 为微米（μm）数量级，常用衍射光谱级数达 $m=20\sim200$。每个刻线阶梯的宽度比刻槽的深度大几倍，从而可得到高分辨率 R 和大的线色散率 L。反射型中阶梯光栅的分光原理见图 3-15。

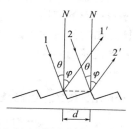

图 3-14　平面反射光栅的衍射

d—光栅常数；N—光栅法线
1，2—入射光束；$1'$，$2'$—衍射光束
θ—入射角；φ—衍射角

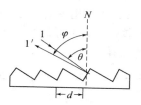

图 3-15　中阶梯光栅的衍射

d—光栅常数；N—光栅法线
1—入射光束；$1'$—衍射光束
θ—入射角；φ—衍射角 $\varphi\approx\theta$

中阶梯光栅利用很大的衍射光谱级数，宽的光栅宽度和大的衍射角 φ（$\approx\theta$），从而可以提供更高的分辨率。它在各级的衍射光谱中的线色散率皆不相同，其对短波长色散率高，对长波长色散率低。

当使用中阶梯光栅时，由于衍射光谱的级数很高，从而产生衍射谱线的重叠十分严重，为了防止谱线的重叠，常使用二维色散系统，即当

使用中阶梯光栅作为主色散系统在 x 轴方向进行色散后，再在 y 轴方向用一个石英棱镜作为副色散系统，对不同级数的谱线进行再次分级展开，由于谱线的色散方向和谱线展开方向构成正交，就在聚焦面上形成一个二维谱线的图像。由于每级衍射光谱中覆盖的谱线的波长范围较窄，对从紫外光区到近红外光区的谱带，需用近百个级数的衍射光谱才能覆盖，为将重叠的各级谱带分开，通常在中阶梯光栅光路之后，安装一个棱镜副色散系统，如图 3-16 所示。因二维衍射光谱图像占据聚焦面的面积很小，常用电视摄像管作为检测器来监测衍射谱线。

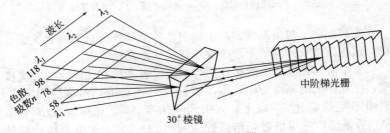

图 3-16　中阶梯单色器

由于中阶梯光栅具有强大的色散能力，高分辨率，适用的波长范围宽，谱线具有高的光强度，它现已获得愈来愈广泛的应用。

表 3-3 列出使用平面反射光栅和中阶梯光栅的两种原子发射光谱仪的性能比较，由表中可看到中阶梯光栅仪器的理论分辨率远高于平面反射光栅的仪器。

表 3-3　使用平面光栅和中阶梯光栅的两种 AES 仪器的性能比较

性能指标	平面光栅	中阶梯光栅
1. 焦距/m	0.5	0.5
2. 刻线总数/(线数/mm)	1200	79
3. 衍射角(φ)	10°22′	63°26′
4. 光栅宽度/mm	52	128
5. 光谱级数(对 300nm 波长)	1	75
6. 分辨率(对 300nm 波长)	62100	758400
7. 线色散率(对 300nm)/(mm/nm)	0.61	6.65
8. 线色散率倒数(对 300nm)/(nm/mm)	1.6	0.15

（3）凹面光栅　凹面光栅是一种反射式衍射光栅，它在球面反射镜上，沿其弦上刻划出等距离、等深度的平行刻痕线，构成分光装置，当光束射入后它又通过自身的凹面镜代替聚焦物镜，并将衍射光线聚焦在出射狭缝上，并用光电检测元件进行监测。

此光栅的入射狭缝，安置在以凹面光栅曲率半径 r 作为直径构成的圆周上的任意位置点上，并与光栅的中心点相切，入射光束经凹面光栅衍射后的光谱，一定落在此圆周入射狭缝的同侧，而构成一个称为"罗兰圆"（Rowlanel circle）的图示中，见图 3-17。罗兰圆的直径为 0.5～1.0m。凹面光栅的入射狭缝和出射狭缝在罗兰圆的同一侧，而凹面光栅自身位于罗兰圆的另一侧。

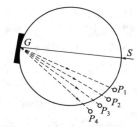

图 3-17　凹面光栅分光装置
组成的"罗兰圆"
S—入射狭缝；G—凹面光栅的中心点；
P_1～P_4—与衍射光出射狭缝
对应的光电检测元件

凹面光栅的特点是它既作为色散元件，同时又起到聚焦物镜和成像系统的多重作用，从而简化了分光系统的结构，并可在 <195nm 的紫外光区波段内工作，并易于实现原子发射光谱仪的小型化。

（4）全息光栅　它是利用全息照相原理制作的光栅。

在各种光栅制作中采用机械刻制时，由于刻划机械运作时，会产生周期性或非周期性误差，而使刻线不能完全等距，会造成衍射光谱中出现"鬼线"而干扰原子发射光谱的正常工作。

现已知激光的单色性好，可利用单色激光的双光束干涉图来制作光栅，可获得大面积、等距、等宽的清晰干涉条纹，应用全息光栅制造技术，可复制这些清晰条纹，就可制作出实用、色散性能好的各种形式（平面或凹面）光栅。

全息光栅的制造方法简述如下：首先在预先磨平的玻璃片基体上，涂上一层给定厚度的光敏高聚物薄膜，将其放入由单色激光双光束干涉产生干涉条纹的感光室内、曝光后，光敏膜上获干涉条纹的图像，定影后，将其置于特制的溶液中，溶去已感光的光敏聚合物，在玻璃基体上留下全部与干涉条纹明暗相间、具有一定面积和形状的槽线。再将显影后的玻璃基体放入真空镀膜机中，在玻璃背面镀上可反射光束的铝膜，再涂上保护膜后，就制成全息光栅。此全息光栅比机械刻制光栅容易制作，且成本低。现已可在 50cm 玻璃片上制出 6000 条/mm 的衍射光栅。

三、检测系统

现代原子发射光谱仪已不使用摄谱法，将获得的感光胶片上的谱线由映谱仪用看谱法进行定性分析；也不使用测微光度计对谱线的强度进行定量分析。现已普遍采用计算机储存各种元素的标准原子发射光谱谱线和样品发射的原子光谱谱线进行比较来进行定性分析；并采用光电转换元件，如光电倍增管或固体检测器［如电荷耦合器件（charge-coupled device，CCD）和电荷注入器件（charge-injection device，CID）］将光信号转换成电信号，经积分放大器放大后，信号输出至液晶显示器，并给出定性和定量分析结果。

1. 光电倍增管

光电倍增管（photoelectric multiplication tube，PMT）是根据二次电子倍增现象制造的光电转换器件，它由一个表面涂有一层光敏物质的光阴极和多个表面都涂有电子逸出功能材料的打拿极（又称倍增极），以及一个阳极，封装在一个有熔融石英窗的玻璃管中，其结构示意图见图 3-18。

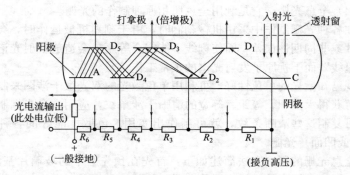

图 3-18　光电倍增管工作原理示意图

在光电倍增管的光阴极和阳极间有 12 个打拿极，并施加 1000V 直流高压，在每两个相邻的打拿极间都有 50～100V 的电位差。每个照射在光阴极和打拿极的光子，可产生 $10^6 \sim 10^7$ 个电子，它产生的增益可达 $10^{10} \sim 10^{13}$ 数量级，产生的总电流被阳极收集，经放大后进行测量。

光电倍增管的阴极涂覆的材料，依据分光系统的波长范围来选择，如紫外光区要采用 Cs-Sb（或 Cs-Te）阴极；可见光区采用 Ag-Bi-O-Cs 阴极；近红外光区采用 Ag-O-Cs 阴极。由于光谱分析的工作波长范围较宽，为此采用由 2～3 个光电倍增管构成组合光电检测系统，可在 178～800nm 波长范围有较好的响应曲线，如图 3-19 所示。

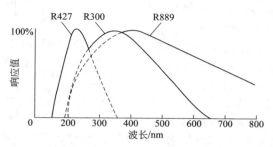

图 3-19　组合光电倍增管的响应曲线

光电倍增管的典型电流放大率为 3.3×10^6。在光照射下，光电倍增管产生的电流 i 为：

$$i = KI_i + i_0$$

式中，I_i 为入射光的光强度；K 为倍增系数；i_0 为光电倍增管产生的暗电流，它是指光电倍增管在无光照条件下（全暗条件）在阳极收集到的电流。

光电倍增管随施加负高电压的增大，测量的灵敏度会提高，但也会使暗电流增加，而增大信噪比，现代原子发射光谱仪中，已采用自动调节负电压的供给方式，使它的输出电流达最佳的信噪比和最高灵敏度。

2. 电荷耦合器件

电荷耦合器件（CCD）是现代电子照相机使用的通用光电转换器件。原子发射光谱中使用的 CCD，基本结构是由金属-氧化物-半导体（metal-oxide-semiconductor，MOS）电容器组合构成。

MOS 电容器是在半导体硅片上，经加热氧化使表面形成二氧化硅绝缘体薄膜，再在它的上面喷涂一层 Al 作为栅极（又称控制极），就制成一个电容器。当在它的栅极施加电压时，在半导体硅片的衬底上形成势阱，就可储存电荷。当光照射到硅片上，就在硅片上产生光生电子和电子空穴，电子被收集在栅极下面的势阱内，其产生的光电流与照射的光强度成正比，可见图 3-20。这就表明 MOS 电容器在被光照射后，会产生光生电子，并有储存电荷的功能。

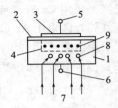

CCD 器件通常由三个 MOS 电容构成一个单元，如欲测量由光照产生的电荷，需把电荷转移出去，当三个相连电容器的栅极存在电位差时，在第一个电容器栅极下势阱储存的电荷，会因外加电场电位差的作用转移到第二个电容器栅极下势阱储存，然后再转移到第三个电容器栅极下势

图 3-20　MOS 电容器结构
1—半导体硅片；2—SiO$_2$ 绝缘体薄膜；
3—喷涂铝（Al）薄层；4—硅片中的势阱；
5—栅极；6—接地；7—入射光；
8—电子空穴；9—光生电子

阱储存，因此由多个 MOS 电容器构成的 CCD 器件，在光照下就会具有生成电荷、收集电荷和转移电荷的功能，如图3-21所示。

使用 CCD 时，对环境温度无严格要求，但当进行 190nm 以下的元素含量测定，须预先用高纯 Ar 对 CCD 吹扫 8h 以后，再用于检测。

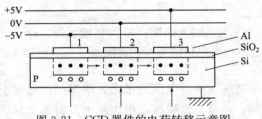

图 3-21　CCD 器件的电荷转移示意图

对二维 CCD 器件，它是由一个 4×5 像素构成的阵列，通常由三个 MOS 电容构成一个像素单元，二维 CCD 阵列如图 3-22 所示。在阵列右侧是行时钟脉冲驱动电路，阵列下方是列时钟脉冲驱动电路和移位寄存器，在行和列的时钟脉冲电路的驱动下，信号电荷按顺序转移到输出单元被检测，并获得完整的二维光谱图像。一个实用的 CCD 器件，其像素可从数万个到百万个。

3. 电荷注入器件（CID）

CID 和 CCD 的结构相类似，它和 CCD 的不同处是 CCD 的衬底硅片可使用 P 型或 N 型半导体材料，而 CID 只能使用 N 型硅半导体材料。

CID 通常由两个 MOS 电容器组成一个像素单元。当光照射在 N 型

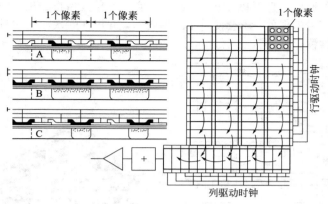

图 3-22　二维 CCD 结构原理

硅半导体上，会产生电子空穴，当对栅极施加负电压时，正电荷电子空穴会储存在栅极下的势阱中，空穴形成的电荷量与入射光强成正比。当改变两个 MOS 相邻栅极的电位，使电容器 1 栅极为正电压时，电容器 1 储存的正电荷电子空穴向电容器 2 转移，在转移的过程就可进行非破坏性输出

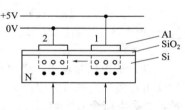

图 3-23　CID 电荷转移示意图

(non-destructive read out，NDRO)，并进行测量，见图 3-23。如果重复上述过程不断改变两个 MOS 的栅极电压，就可进行第二次、第三次测量。因此，对 CID 进行一次曝光，就可进行多次非破坏性测量。当一个 CID 像素单元的两个 MOS 栅极都施加正电压，硅片中的正电荷电子空穴被排斥出 CID 硅片，此时即为破坏性输出，就可进行下一个样品的测量。

应用 CID 时，工作温度为－48℃，需要不停地用高纯 Ar 吹扫。

实际应用的 CID 器件，多为二维 CID，如果把每个像素单元中的电容器 1 作为行的一员，把电容器 I 作为列的一员，它们在水平扫描发生器和垂直扫描发生器不断改变栅极电位的驱动下，就可形成和二维 CCD 相似的二维 CID 图像（图 3-24，图 3-25）。

CID 和 CCD 的差别有以下几点：

① CID 的电信号输出是从构成一个像素单元的两个 MOS 之间的电

子空穴的输出，它不必将电荷转移到其它像素单元后再输出，因而没有过剩电荷溢出现象，不会使电子图形变形，并可在一次测量中进行多次非破坏性读出。

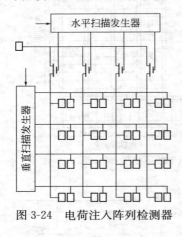

图 3-24　电荷注入阵列检测器

图 3-25　CID 检测器照片

CCD 的电信号输出，必须经过电荷在多个像素单元间的转移后一次性读出，信号读取后立即消失。电荷转移过程会超过 MOS 电容器的容量，过剩电荷会溢出到邻近的 MOS 电容器，而造成变形的图像。

② CID 的光电转换的量子效率低于 CCD。

③ CID 的暗电流大于 CCD。

④ CID 测量的动态范围比 CCD 更宽。

⑤ CCD 器件的结构简单器件尺寸比 CID 大，商品化程度高，价格便宜，所以现在市场上使用 CCD 比 CID 更广泛。

四、数据处理系统

原子发射光谱仪普遍采用微处理器和电子计算机，对检测系统的输出信号进行数据采集，如采集各个元素特定波长光辐射进行定性分析，采集光强度转换的电信号，经放大、模-数转换可获定量分析结果。

数据采集系统除配备例行的定性、定量分析软件外，还配有自诊断程序、自动绘制各种数理统计图表、远程诊断功能和自动进样功能。

信号处理系统，可对仪器操作参数进行自动控制，具有放大检出信号、改变信号相位，改善信噪比、提高测量精密度的功能。

对便携式和现场应用的直读光谱仪，可使用光导纤维传导光的反射吸收、荧光或发光的变化，并能传送紫外、可见，红外辐射光，能快速将光辐射信号传输到检测器。

原子发射光谱仪可对金属合金、矿物等样品，进行各种元素含量、夹杂物、元素组成偏析度和整体结构疏松度等进行快速分析。

五、原子发射光谱仪的类型

现在广泛应用的原子发射光谱仪，主要有以下四种类型：

1. 电感耦合（或电磁耦合）等离子体发射光谱仪

此类仪器采用电感耦合（或电磁耦合）等离子体光源；分光系统可为多通道凹面光栅（120～800nm）、中阶梯双色散光栅（160～850nm）或组合型光栅（多通道凹面光栅＋扫描型平面光栅）（160～850nm）；检测系统使用光电倍增管或电荷转移器件（CCD 或 CID）。它将当前原子发射光谱的各种新技术组合制成全谱型仪器，具有高灵敏度、高分辨率，已广泛用于冶金、地质、机械、材料、农产品、食品、环境监测等多个领域，对产品质量监测和安全监控发挥了重要作用。它的组成见图 3-26。

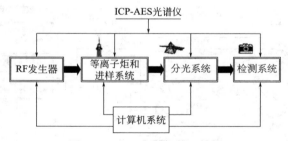

图 3-26　ICP 光谱仪装置结构

电磁耦合微波等离子光源仪器（Agilent4100 MP-AES）采用垂直观察式等离子体结构，由磁场耦合微波能量并激发等离子体，无须水冷耦合线圈。分光系统使用平面全息衍射光栅（刻线 2400 线/mm，波长范围 180～800nm）；检测系统使用 CCD。由于该仪器在 N_2 下运行，使用成本低，对环境适应性强，已用于环境监测（水质分析）、食品分析、金属（贵金属）、地质样品和有机样品，由于使用 N_2、空气运行，可避免炬管结炭，显示对有机样品分析有特殊的优势，它的光路结构示意图见图 3-27。

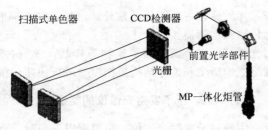

图 3-27　4100MP-AES 光学结构示意图

2. 火花光源发射光谱仪

此类仪器使用火花光源、凹面光栅分光系统和由光电倍增管及电荷转移器件（CCD 或 CID）作为检测系统。现随电子技术和计算机技术的发展，只需将样品放在试样台上，启动电源，仪器就自动执行火花电极冲洗、预燃、火花激发、自动光辐射测量程序，并立即能将光谱分析的定性、定量分析结果打印出来，它可在金属冶炼车间通过光纤传送在炼钢炉前显示分析结果。它的体积较小，现已成为性能优良的充电直读原子发射光谱仪。其结构见图 3-28。

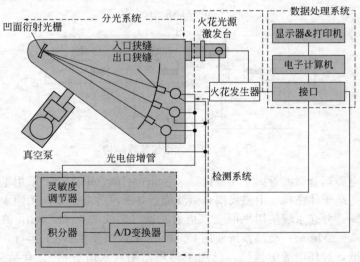

图 3-28　火花光源直读光谱仪框图

3. 辉光放电发射光谱仪

此类仪器采用直流或射频供电的辉光放电光源，全息（凹面）光栅为分光系统，具有全谱快速扫描功能，以光电倍增管或电荷转移器件（CCD 或 CID）作为检测系统。现随计算机技术、光栅技术的发展和深度定量模式的完善，它在表面分析领域获广泛应用。因它具有稳定性高、谱线锐利、背景小、干扰少的特点，并能在样品表面分层取样，已成为一种用于多种材料成分分析和深度分析的有效手段（见图 3-29）。

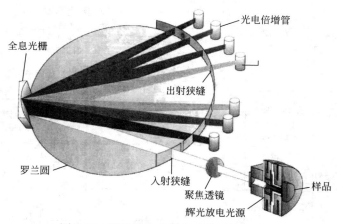

光电倍增管

全息光栅

出射狭缝

罗兰圆

入射狭缝

聚焦透镜

辉光放电光源

样品

图 3-29　辉光放电光谱仪光学系统示意图

4. 电弧光源发射光谱仪

电弧光源为原子发射光谱最早应用的光源，由于 20 世纪 90 年代后，随电感耦合等离子体（ICP）发射光谱仪的快速发展，电弧光源的应用逐渐减少。但在 ICP 发射光谱仪应用中，由于 ICP 使用溶液进样方式，样品经溶解，被高倍稀释后，当测定高纯金属样品时，难以满足定量测定的极低检测下限的要求。

2010 年前后，一些厂商将 ICP 光谱仪使用的中阶梯光栅交叉二维色散或凹面光栅技术和光电倍增管及 CID 检测技术，重新与经典的直流和交流电弧光源相结合，制成重生的全谱（165～1100nm）光电光谱仪。当使用直流电弧光源，可对陶瓷、金属氧化物、玻璃、难熔粉末样品进行成分测定，检测下限可达 $0.01\mu g/g$，但难以对地质样品进行测定。若配备交流电弧光源就可对复杂的矿物、岩石、土壤、地质样品（含 Ag、Sn、Mo、Bi、Pb 等元素）进行分析。

现在使用的 ICP 原子发射光谱仪见表 3-4。电弧、火花、辉光放电原子发射光谱仪见表 3-5。

表 3-4 ICP 原子发射光谱仪

生产厂家	仪器型号	光源	分光器	检测器	分析性能
Thermo Fisher	iCAP6500 DUO7000、6300	ICP 可拆卸炬管	中阶梯光栅双色散	CID 双向观测	全谱型
Perkin Elmer	Optima 8000DV 7000DV	平板 ICP，eNeb 雾化器，可调 Plasma Cam 相机观测 ICP 运行情况	中阶梯光栅-棱镜双色散	两个 SCD（分隔式 CCD）双向观测	全谱型
Varion	730-ES	ICP	中阶梯光栅	CCD	全谱型 165~1100nm
SPECTRO	SPECTRO CIROS VISION	ICP	高刻线平面光栅	CCD（32 个）	全谱型 130~770nm
HORABA JY (Jobin Yvon)	JY ACTIVATM	ICP	高刻线平面光栅（4343 + 2400 条/mm）	CCD	全谱扫描型 120~180nm
LEEMAN	Prodigy ICP	ICP	中阶梯光栅双色散	大面积新型 CID (L-PAD)	全谱型 165~1100nm
SHIMADUZ	ICPE-9000 ICPS-8100	ICP ICP	中阶梯光栅 高刻线平面光栅（4960/4320/1800 线/mm）	CCD PMT	全谱型 167~800nm 全谱扫描型
GBC	Integra XL	ICP	高刻线平面光栅	CCD	全谱扫描型
Agilent	4100 MP-AES	MW-ICP（One-Neb 雾化器）	全息衍射光栅 2400 线/mm	CCD	全谱型 180~800nm
科创海光	WLY 100-2 SPS8000	ICP ICP	高刻线平面光栅（2400 线/mm）中阶梯双色散	PMD	全谱扫描型 200~800nm 全谱单道扫描型
豪威量	ICP-3000 ICPS-1000 Ⅱ	ICP（固态射频器）ICP（固态射频器）	中阶梯双色散 全息衍射光栅	CCD CCD	全谱型 180~800nm 全谱型 195~800nm
聚光	ICP-5000	ICP（固态射频器）	中阶梯光栅	CCD	全谱型 165~870nm

生产厂家	仪器型号	光源	分光器	检测器	分析性能
纳克	Plasma CCD	ICP	中阶梯光栅	CCD	全谱型
北分瑞利	WLD-2C	ICP	凹面光栅 (2400线/mm)	PMD (CCD)	全谱型 190～500nm
Jena	PQ9000	ICP	中阶梯光栅	CCD	全谱型（分辨率 3pm）

注：PMT，PMD 光电倍增管(检测器)。

表 3-5　电弧、火花、辉光放电原子发射光谱仪

生产厂家	仪器型号	光源	分光器	检测器	分析性能
LEEMAN	Prodigy OC-Ar	直流电弧	中阶梯光栅双色散	CID	全谱型 190～780nm
北分瑞利	AES 7100/ 7200	交，直流电弧 2～20A 高压脉冲引燃	凹面光栅 (2400线/mm)	PMT	全谱型 200～500nm
ARUN Technology	Poly spek- J Series	Ar 保护下，火花放电	全息衍射光栅	CCD	全谱型 170～780nm
纳克	OPT-100,200	火花放电，激发电容7.0μF，激发电阻 6.0Ω，电极 3mm、45°顶角 W 电极，火花间隙 2mm	凹形光栅	PMD	全谱型 120～800nm
聚光科技	M-5000，F 型 N 型 S 型	脉冲数字火花光源 放电频率 100～1000Hz 放电电流 400A	凹形光栅	双光室 CCD	全谱型 F：140～680nm N：170～680nm S：175～152nm
HORIBA JY (Jobim Yvon)	GD-Profiler HTP GD- Profiler 2 3D Metal	直流高频发生器阳极筒可更换水平样品台	凹形光栅 (2400线/mm)	多块 CCD (N：149nm； C：156、165、 193nm)	全谱型 149～480nm
LECO	GDS-500A GDS-850A	直流或射频发生器	凹形光栅	CCD PMT (58 通道)	165～460nm 120～800nm

生产厂家	仪器型号	光源	分光器	检测器	分析性能
SPECTRO	GDA 150A GDA 750A	直流发生器 直流或射频 发生器	凹形光栅	CCD PMT （60 通道）	120~800nm 120~800nm
纳克	GDL 750	直流发生器	凹形光栅	PMT	全谱型

六、原子发射光谱仪的分析性能参数

原子发射光谱仪的分析性能参数是指灵敏度、检出限和线性动态范围。

1. 灵敏度

灵敏度 S 的定义是指被测组分产生单位浓度或含量变化时，引起测量分析信号的变化。

$$S = \frac{\mathrm{d}x}{\mathrm{d}c}$$

式中，$\mathrm{d}c$ 为单位浓度的变化值；$\mathrm{d}x$ 为相应分析信号的变化值。

灵敏度相当于定量分析的标准工作曲线的斜率，曲线的斜率越大，则分析的灵敏度越高。

2. 检出限

检出限指由特定分析方法能合理检测出的最小分析信号 x_L，其对应最低浓度 c_L 或最低质量 q_L：

$$c_L (\text{或 } q_L) = (\overline{X}_L - \overline{X}_b)/S = \frac{K\sigma_b}{S}$$

式中，$\overline{X}_L$ 为测得分析信号的平均值；$\overline{X}_b$ 为空白的平均值；S 为灵敏度；σ_b 为空白标准偏差。空白指不含待测组分且与样品组成一致的样品。

检出限分为以下两类：

① 仪器检出限（instrument detection limit，IDL）　系指仪器能可靠检测最小信号所对应的待测元素的最小量。仪器检出限通常采用纯水或空白溶液连续测定 10 次，取与其测定平均值的三倍标准偏差所相当的分析物浓度（$\mu g/L$）作为仪器检出限。IDL 可用于比较不同仪器的分析性能，但不能表达实际样品分析时可测量的最低下限。

② 方法检出限（method detection limit，MDL）　系指用特定分

析方法可检测待测元素的最小浓度。方法检出限一般采用实际样品进行全过程分析，连续测定 10 次，取与测定平均值相对应的三倍标准偏差所相当的待测分析物浓度（mg/L）作为方法检出限。MDL 与测定方法（或仪器）的灵敏度直接相关，灵敏度愈高，MDL 愈低。

3. 线性动态范围

线性动态范围是指在特定测定波长下，对被测元素含量的测定范围，所对应的数量级。

如在 324.754nm 测定元素铜，测量的线性范围为 $0.01 \sim 1000 \text{mg/L}$，其对应线性动态范围为 10^5，即为五个数量级。

另如在端视 ICP 中，在 208.893nm 测 B，测量的线性范围为 $0.1 \sim 1000 \text{mg/L}$，其对应线性动态范围为 10^4，为 4 个数量级。而在侧视光源中，其对应线性动态范围高达 6 个数量级。

第三节　定性分析和定量分析

一、定性分析

当用摄谱法对样品进行定性分析时，由于每种元素的原子结构不同，其受光源激发后，可以辐射多条按一定波长排列的谱线，即特征谱线，通过检查感光底片上有无两条以上特征的灵敏线或特征谱线组，就可确定样品中元素是否存在，称为光谱定性分析。

灵敏线或称最后线是每种元素最灵敏的特征谱线。每种元素的灵敏线和特征谱线组可以在有关参考书中查到。

如：① 光谱线波长表，中国工业出版社，1970

② J. Readers，C. H. Corliss，W. L. Wiese，G. A. Martin. Wavelengths and Transition Probabilities for Atomic and Atomic Ions，National Bureau of Standard，1980

③ 邱德仁，程晚霞，2Å/mm 和 4Å/mm 光栅摄谱仪图谱，上海：上海科技出版社，1984

④ 郑国经. 分析化学手册（第三版）3A 原子光谱分析. 北京：化学工业出版社，2016.

原子发射光谱的定性分析，通常采用与铁的线状光谱进行比较的方法来进行。铁的线状光谱在 $210 \sim 660 \text{nm}$ 波长范围内有 4700 条谱线，谱线间相距都很近，并呈均匀分布，对每一条铁谱谱线的波长都已作了精确的测量，可将铁的线状光谱作为标尺，在相同的条件下，将试样拍摄的线状光谱与铁的标准光谱图比较，由试样线状光谱呈现灵敏线的特征波长，就可确定试样中含何种元素。

当欲检出分析试样中所有可能存在的元素，即进行全分析时，需采用此法。将试样与标准铁样摄谱并列，使所摄铁光谱与 68 种元素标准光谱图上的各条谱线位置相重合，再观察试样中未知元素的谱线与元素标准光谱图中已标明的某元素灵敏谱线出现的位置相重合，则该元素就可能存在，如图 3-30 所示。

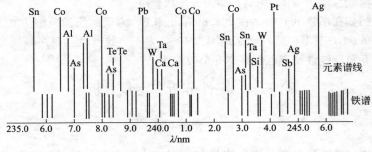

图 3-30　元素标准光谱图

现代原子发射光谱法已不使用感光板记录谱线，而是使用电子计算机将各种标准物质或标准试样的标准光谱图和标准"铁谱"图储存在计算机硬盘中，并使用专用的定性分析软件，将光电倍增管或电荷转移器件接受的样品光信号，再转变成电信号，以多通道扫描系统代替照相感光板，构成由计算机操纵的自动记录光谱谱线、自动进行与标准谱线比较，从而可同时快速测定多种元素，完成定性分析，再对所获灵敏线的光辐射强度进行数据处理，按设定的定量分析软件确定的方法，就可计算出样品所含各种元素的含量。

在等离子体发射光谱分析中，为进行谱线比较通常分为三步进行：

① 首先摄取样品及空白试样的光谱。

② 用差谱法从试样光谱中减去空白试样光谱，再选择需要定性判别的元素。

③ 判别各种元素是否存在的原则，是依据谱线信号/噪声（S/N）的比值，当 $S/N > 5$，可将此谱线与元素标准光谱图进行比较，来判定

何种元素存在。若谱线 $S/N<5$，就认为谱线强度过低，不宜作为进行定性分辨的依据。

二、半定量分析

当对分析结果的准确度要求不高，但要求快速分析时，可应用半定量方法简便地解决问题。常用的半定量分析方法有谱线强度比较法和谱线呈现法。

1. 谱线强度比较法

将被测元素预先配制成含量分别为 1%、0.1%、0.01% 和 0.001% 的四个标准样品，将它们与标准试样在相同实验条件下同时摄谱，在同一光谱图上从摄得的谱线上找出被测元素的灵敏线，再比较被测元素灵敏线的黑度与标准样品中该谱线的黑度，可用目视比较确定欲测试样中被测元素的约略含量范围。

2. 谱线呈现法

在光谱上谱线出现的数量随元素含量的降低而减少。当元素含量足够低时，仅出现少数灵敏线；当元素含量逐渐增加时，出现谱线的数量也随之逐渐增多，因而可编制一张元素含量与出现谱线的关系表，在一定的实验条件下进行半定量分析，如铅元素的含量与出现谱线的关系如表 3-6 所示。

表 3-6　铅元素含量与出现谱线的关系

Pb 含量/%	谱线/nm
0.001	283.307 清晰可见，261.418 和 280.200 很弱
0.003	283.307 和 261.418 增强，280.200 清晰
0.01	上述谱线增强，另增 266.317 和 287.332 但不太明显
0.1	以上谱线增强，未出现新的谱线
1.0	以上谱线增强，241.095、244.383 和 244.620 出现，241.170 模糊可见
3	上述谱线增强，出现 322.050、233.242 模糊可见
10	上述谱线增强，242.664、239.960 模糊可见
30	上述谱线增强，311.890 和浅灰背景中 269.750 出现

此法优点是不需制备标准样品，但要保持实验操作条件的一致性。

3. 标准溶液部分校准法

对 ICP 发射光谱分析，由于影响分析性能的参数较多，对使用 ICP

光源的半定量分析尚无通用的方法，仅介绍标准溶液部分校准法。

本法使用含 Ba、Cu、Zn 三个元素的标准溶液校准仪器，标准溶液的浓度及分析线见表 3-7。分析线选择使其覆盖常用波长范围。

表 3-7 混合标准溶液的分析线和浓度

元素	分析线	浓度/(mg/L)	元素	分析线	浓度/(mg/L)
Ba	233.53nm	5	Cu	324.75nm	10
Bo	455.10nm	5	Zn	213.86nm	10

应用一个预定程序，可对多达 29 个元素的试样进行半定量分析。由于试样基体可对分析线产生光谱干扰，该程序首先显示全部分析线的扫描光谱图，观察分析线是否有畸形或不对称的情况，若有就应更换受干扰的分析线，然后进行样品分析，依据谱线强度的变化，可对常见元素 Ag、Al、As、B、Be、Bi、Ca、Cr、Co、Cd、Cu、Fe、Li、Mg、Mn、Mo、Na、Ni、Pb、Pt、Si、Se、Sb、Tl、V、Zn 进行半定量分析，方法偏差约 25%。

由于 ICP 光源温度高，发射的光谱谱线数量多，并且复杂，谱线经常受到干扰，所以使用 ICP 光源进行半定量分析方法的应用会受到限制，半定量分析结果的偏差大小，会受到试样组成的复杂程度及 ICP 仪器的性能影响，通常分析高含量组分偏差较小，而对痕量组分的半定量分析是不准确的，偏差较大。

三、定量分析

在原子发射光谱中，谱线强度 I 与试样中组分浓度 c 之间的定量关系可用罗马金-赛伯经验式表示：

$$I = ac^b$$

式中，a 为常数；b 为谱线自吸系数，在大多数情况下 $b \approx 1$。

常用的定量分析方法如下：

1. 标准曲线法

标准曲线法也称外标法，首先配制一系列不同浓度 c 的标准溶液，选择合适的光谱谱线波长，依次测定各个浓度溶液的谱线强度 I，绘制以 I 作为纵坐标，c 作为横坐标，并通过原点的标准工作曲线（图 3-31）。

当试液中元素含量不很高时，罗马金公式中自吸系数 $b \approx 1$，此时 I 与 c 成正比，标准工作曲线为一直线，相关系数 $r \approx 0.999$。

在相同实验条件下，测定样品溶液的谱线强度，再从标准工作曲线，查出样品溶液所含元素的浓度。目前，原子发射光谱仪经数据处理软件可直接打印出测定结果的分析报告。

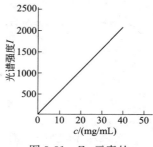

图 3-31 Zn 元素的
I-c 标准工作曲线

现由于仪器的稳定性大幅提高，ICP 光源的自吸收较低，部分仪器厂商采用两点法绘制标准工作曲线，即用一个标准溶液，一个空白溶液校准仪器，就可直接测定样品的含量。

当被测元素含量较高时，谱线的自吸现象较强，此时可采用对数坐标（$\lg I$-$\lg c$）来绘制标准工作曲线，此时曲线的线性度获得改善，并扩大了测量的线性范围。

2. 标准加入法

又称标准增量法，它是一种用于检验仪器准确度的测试方法。此法对难以制备有代表性的样品，可以抑制基体的影响；此外，对低含量的样品，它可改善测定的准确度。它还可用于检查基体的纯度，检验试样中是否存在干扰物质，估算系统误差并提高测定的灵敏度。

标准加入法首先要进行样品的半定量测定，了解样品中待测元素的大约含量。然后向样品中加入已知量待测元素后，再对样品进行第二次测定，可通过光强信号的增加量，作图并计算出样品中待测元素的含量。

设待测元素的浓度为 c_x，向样品中加入不同浓度（c_1、c_2、c_3）的待测元素的标准溶液，然后在相同测定条件下，分别进行测定激发光谱，因 $I = ac^b$，且 $b \approx 1$，则在每种加入的标准溶液的浓度下，测定的谱线强度 I_i 与加入标准溶液的浓度 c_i 成正比，呈线性关系：

$$I = a(c_x + c_i)$$

c_i 分别等于 c_1、c_2、c_3，对样品基体 $c_i = c_0$，$I = 0$，可求出 c_x：

$$c_x = \frac{I_x}{I_i} c_i$$

由标准加入法绘制的校正曲线见图 3-32。应用标准加入法时应满足以下条件：

（1）加入的待测元素的浓度，从零到最大的加入量，与谱线信号的强度成正比线性关系。

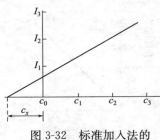

图 3-32　标准加入法的
校正曲线

（2）样品的基体组成必须稳定。

（3）加入的标准物质产生的信号响应必须与样品中待测元素的信号响应相同。

应当特别强调，当标准加入量越小，直线的斜率越小，加入量越大，直线的斜率也越大。加入量与实际含量越接近，分析结果越准确，加入量与测定结果相差越大，分析结果越不可靠。

3. 内标法

内标法定量分析是向被测样品和标准样品中，加入相同浓度的同一元素作为内标物，然后测定样品中元素分析线和内标物中内标线的相对强度，以消除由于摄谱工作条件的波动引起谱线强度的波动，以提高测定的准确度。

从样品待测元素谱线中选一条灵敏线作为分析线（i），再从内标物基体元素谱线中选一条与分析线强度对称的谱线作为内标线（s），二者构成一个"分析线对"，其谱线强度（I）之比，称相对强度（R）。

$$R = \frac{I_i}{I_s}$$

$$R = \frac{I_i}{I_s} = \frac{a_i c_i^{b_i}}{a_s c_s^{b_s}} = \frac{a_i c_i^{b_i}}{a_T} = A c_i^{b_i}$$

其中 $a_s c_s^{b_s} = a_T$（常数），$A = \dfrac{a_i}{a_T}$

$$\lg R = \lg \frac{I_i}{I_s} = \lg A + b_i \lg c_i$$

此式为用内标法进行定量分析的基本公式。

在光谱分析中，谱线的相对强度不是直接测量的，而是通过测量分析线和内标线的强度差来间接测定的，它们之间的关系如下：

$$\lg R = \frac{S_i - S_s}{r} = \frac{\Delta S}{r}$$

r 为测定背景的强度。

$$\Delta S = r \lg R = r \lg A + r b_i \lg c_i$$

由此式可知，分析线对的强度差（ΔS）与试样中待测元素的浓度 c_i 的对数成正比。

在电弧光源和火花光源的光谱分析中，广泛采用内标法，以提高测定结果的准确度，但在 ICP 光谱分析中，因光源的稳定性好，基体效应较低，一般情况下不采用内标法。但对基体效应大的样品，采用内标法有助于提高分析的准确度。

由 $\lg R$ 对 $\lg c_i$ 绘图，就绘出内标工作曲线（图 3-33），它可由标准样品及内标物绘制。在相同条件下，向样品中加入内标物，通过测定分析线和内标线的 $\lg R$，就可在内标工作曲线上，求出未知元素的 $\lg c_i$。

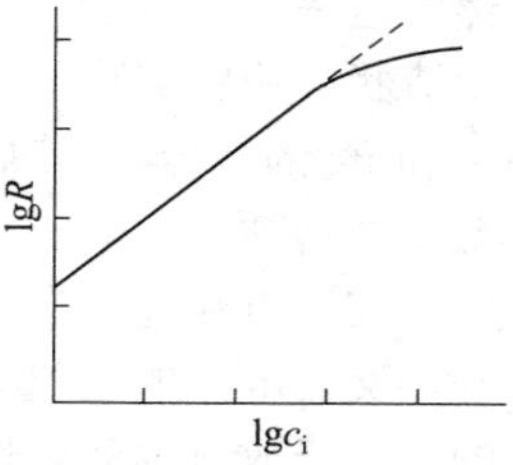

图 3-33 $\lg R$-$\lg c_i$ 的内标工作曲线

关于内标物的选择，应遵循以下原则：

（1）内标元素可以选择样品的基体元素，或选择样品中不含有的外加元素。

（2）内标元素与样品中的待测元素在激发光源作用下有相近的激发电位。

（3）内标线和分析线应同是原子线或离子线，应匀称对应线对，要避免一条是原子线，另一条是离子线。

（4）内标线和分析线的波长尽量接近，强度应相差不大，无相邻谱线干扰，且无自吸现象或自吸较小。

（5）当为校正基体干扰时，分析线的原子半径或离子半径，应与内标元素的原子半径或离子半径相接近。

在 ICP 光谱分析中，Ar 谱线不能作为内标线。对高波长、垂直观测的元素可选择 Y（371.03nm）作为内标线，对水平观测可选择 Y（360.073nm）作为内标线；对低波长、垂直观测的元素可选择 Y（224.306nm）作为内标线，对水平观测，可选择 In（230.606nm）、Co（228.616nm）、Ni（231.604nm）、Pb（220.353nm）、Tl（190.864nm）和 Zn（206.200nm）等作为内标线。

第四节 原子发射光谱的实验技术

在原子发射光谱分析中应用的实验技术主要为固体试样专用的进样装置和技术、氩气源及其使用以及 ICP 光谱分析操作参数的正确选择。

一、固体试样专用进样装置和技术

1. 电弧光源

直流电弧光源，用锥形截面石墨阴极和带有凹槽的石墨阳极，在

200V 直流电压作用下，通过在大气压下，用电阻加热空气，形成导电通路，使处于阳极凹槽中的样品，在直流电弧放电作用下，被蒸发、原子化、离解和激发。当粉末状样品置于阳极凹槽中，在放电温度作用下蒸发速率大，适于分析高纯物质中含有的微量元素。试样可以粉末状、干渣状或块状多种形式进行分析，分析样品可为土壤、矿砂（如镁砂中 Si 和 Fe 的测定）和高纯稀土氧化物中痕量杂质分析，但此时由于电极温度高达 3000K 以上，不宜用于低熔点金属分析。

交流电弧光源使用高频，高电压点火形成电弧，它和直流电弧不同，交流电弧的电流和电压在两个电极交替改变方向，放电是不连续的，由于放电的间歇性和电极极性的交替变更，导致电极温度低于直流电弧。使用的电极和粉末样品放置与直流电弧相同。

2. 火花光源

在火花光源中，通过高压放电在主电极（试样电极）和辅助电极间产生火花。

通常用金属或合金试样直接用作主电极，其激发面要进行预处理，经研磨除去表面氧化物或杂质，并需加工成一个光洁的平面，以保证火花激发过程稳定，而获得准确的分析结果。

辅助电极依分析试样的不同，可采用不同的基体材料，如在钢铁分析中，可选用纯石墨、高纯钨，纯铁和纯铜等作为辅助电极。分析合金试样，常用合金的基体金属作为辅助电极，如对铝合金可选用纯铝、青铜、黄铜合金可选用纯铜，由于绝对纯的辅助电极不易获得，当辅助电极纯度低时，会直接影响分析结果的可靠性。辅助电极的顶端通常磨成半圆形或采用带截面的圆锥形。

安装电极时，应注意主电极和辅助电极的位置，尽可能使上、下电极的位置相互对准，电极间的距离一般为 1～4mm。此距离不能只从光源的亮度去判断，需通过实验确定。通常以试样作为阴极，可提高分析的灵敏度。

3. ICP 光源

在 ICP 光谱分析中，最常用的是将样品溶液经雾化器送入焰炬中，因而对固体金属样品，粉末状样品，必须经酸溶解制成溶液才能进行分析，这些溶样操作不仅消耗时间，并将样品浓度大大降低，导致对痕量组分的检测能力大大下降。

近年在 ICP 光谱分析中，已引入多种固体和粉末样品直接进样技术，简介如下：

（1）电弧火花烧蚀进样法　在电弧火花烧蚀室内，以金属试样为主电极，以钨棒作为辅助电极，两电极间施加25kV 直流高压，引起火花放电，与此同时通入氩气流，将金属试样挥发的原子化、电离、激发样品与 Ar 组成气溶胶，再引入 ICP 焰炬中进行分析。此进样装置见图3-34。

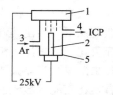

图 3-34　电弧火花烧蚀进样装置
1—金属试样；2—钨电极（W）；
3—氩气入口；4—试样气溶胶去 ICP；
5—电弧火花烧蚀室

此种进样技术成本低、操作简单、试样产率高、分析时间短，至今仍是一种重要的固体进样技术，它将固体采样和 ICP 分析两个部分各自独立，并有机组合在一起，可分析复杂组成的样品。

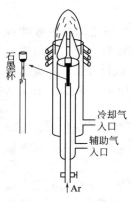

图 3-35　直接样品插入装置示意图

（2）直接试样插入装置　直接试样插入（direct sample insertion，DSI）装置是用于分析粉末状样品的进样技术。它将在电弧光源中常用的带有凹槽的石墨杯状电极插入石英 ICP 焰炬的中心管中，再向上伸入 ICP 火焰中，如图 3-35所示。它利用等离子焰炬的高温加热石墨杯中的样品，使其蒸发、原子化、离解、激发石墨杯可上、下移动至最佳加热位置。

DSI 使用的炬管功率可为 3.0kW（1.25kW）；中心管直径 6mm，以利于石墨杯状电极的插入；冷却气为 N_2，流量 25～30L/min（18L/min）；辅助气为 Ar，流量 12～15L/min（0.5L/min）。为使石墨杯中样品易于挥发，常加入 NaF、AgCl、Ga_2O_3 等作为载体，使微量杂质与基体分离开，以降低基体干扰。

DSI 进样技术，不仅可用于粉末样品，也可用于各种固体样品和微升数量的液体样品，已测定过氧化物、陶瓷、硅酸盐、氧化铝等多种样品。

（3）电热蒸发进样技术　电热蒸发（electro-thermal vaporisation，ETV）进样技术是将样品置于石墨炉中，加热蒸发，然后被 Ar 载气带入 ICP 焰炬中，它与通用气动雾化器不同，其输出信号为脉冲尖锋形。

（4）激光烧蚀进样装置　激光烧蚀（laser ablation，LA）进样装置是用激光照射样品使其气化，再用载气将样品气溶胶送入 ICP 焰炬中，与电弧火花烧蚀进样法相似。

如果配置激光显微装置，可对样品进行微区分析，此时可使用激光微探针，将高能量激光脉冲聚焦到样品表面上，靶点温度可达 5000～6000K，使样品微区迅速熔化并气化，取样面可小到 $10\mu m$ 直径，用载气将气溶胶送入 ICP 焰炬中。特别适用于粉末矿样、耐火材料、金属合金等。

4. 辉光放电光源

用于辉光放电光谱分析的固体样品，通常要求样品呈平板状或圆盘状，样品直径一般在 10～100mm，样品表面要求平整、光滑，以使"O"形密封圈紧贴样品，利于密封，保证样品与辉光放电光源密切接触，利于样品的成分分析。

对较硬的金属材料（如铜、铸铁、镍、铬等），可采用砂纸或砂盘进行打磨，除去表面的污物。对较软的金属材料（如铜、铝）可用铣床进行加工。对固体粉末样品，需预先压制成块状后进行分析，对金属样品应预先用酒精清洗表面。对有涂层的材料，应用水洗净后，用软纸擦干。

辉光放电光谱分析除可进行成分分析外，还可对样品进行涂、镀层的深度和剖面分析，此时应将镀层样品成分分析对应的谱线强度与溅射时间定量转化为溅射深度的二者关系区分开。

辉光放电光谱分析要求样品直径有 15mm 的平面，使样品能完全覆盖光源上的样品密封圈，否则会造成光源密封差，不能维持光源系统的真空度。对面积小的样品，应使用小样品夹具，使样品和夹具都处于密封状态，保证光源系统的真空度。

二、氩气源及其使用

在原子发射光谱分析中，ICP 光源、火花光源和辉光放电光源中，都要使用氩气。

氩气是一种无色、无味的惰性气体，分子式为 Ar，相对分子质量为 39.938，在标准状态下，密度为 $1.784kg/m^3$，沸点 $-185.7℃$，氩气封装在灰色高压气瓶中，液态氩常用杜瓦罐存放。

按照国家标准 GB/T 4842—2006 规定，氩气分为纯氩和高纯氩两个等级，见表 3-8 和表 3-9。

表 3-8　纯氩技术指标

项　目		指标
氩气(Ar)纯度(体积分数)/10^{-2}	≥	99.99
氢(H_2)含量(体积分数)/10^{-6}	≤	5
氧(O_2)含量(体积分数)/10^{-6}	≤	10
氮(N_2)含量(体积分数)/10^{-6}	≤	50
甲烷(CH_4)含量(体积分数)/10^{-6}	≤	5
一氧化碳(CO)含量(体积分数)/10^{-6}	≤	5
二氧化碳(CO_2)含量(体积分数)/10^{-6}	≤	10
水分(H_2O)含量(体积分数)/10^{-6}	≤	15

表 3-9　高纯氩技术指标

项　目		指　标
氩气(Ar)纯度(体积分数)/10^{-2}	≥	99.999
氢(H_2)含量(体积分数)/10^{-6}	≤	0.5
氧(O_2)含量(体积分数)/10^{-6}	≤	1.5
氮(N_2)含量(体积分数)/10^{-6}	≤	4
甲烷(CH_4)含量＋一氧化碳(CO)含量＋二氧化碳(CO_2)含量(体积分数)/10^{-6}	≤	1
水分(H_2O)含量(体积分数)/10^{-6}	≤	3

氩气钢瓶额定压力为 22.5MPa，充气后工作压力为 15MPa，气瓶的强检期限为 5 年，使用年限为 30 年。使用高纯氩气时，应检查钢瓶上的合格证。通常在氩气钢瓶肩部上有钢印标记，见图 3-36。钢印的字迹应完整、清晰，字体高度 4～8mm，字体深度为 0.3～0.5mm。

高纯氩气瓶使用后，必须留有 0.2MPa 的余压，以保证高纯氩气的充气质量。氩气钢瓶应储存于通风库房，在实验室使用时，应将钢瓶固定、防倒并远离火种、热源。

液态氩的密度为 1.662kg/m³，可按下列公式将液态氩质量 m（kg）

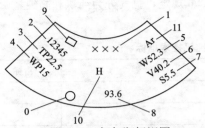

图 3-36　氩气瓶标识图

0—制造厂检验标记；1—钢瓶制造厂代号或商标；
2—钢瓶编号；3—水压试验压力（MPa）；
4—公称工作压力（MPa）；5—实测质量（kg）；
6—实测容积（L）；7—瓶体设计壁厚（mm）；
8—制造年月；9—安全监察部门的监检标记；
10—寒冷地区用钢瓶代号（铬钼钢材料）；
11—盛装介质名称或化学分子式

换算为 20℃、0.1013MPa 状态下的气态氩的体积 V（m³）：

$$V = m/1.662$$

液态氩储存在杜瓦罐中，使用杜瓦罐是安全的，也是正常工作时必须使用的，并且提供氩气容量多于氩气钢瓶，一瓶装有液氩的杜瓦罐可以连续支持 ICP 光谱仪器点火工作 4 个工作日，而用一个氩气钢瓶只能工作半天（4h）。

由于液态氩是一种超低温液体，在常温会持续蒸发，不能使用密封的盖子，使用中为防止液氩溅到皮肤上造成冻伤，检查杜瓦罐中液面高度时，可用细木棒插入底部 5～10s 后取出，由木棒上结霜的长度即为液面高度。

杜瓦罐应放置于实验室外，容积不宜大于 10m³，必须固定立放，并用软垫垫底，储放房间应通风。

使用不锈钢管线由杜瓦罐上端，将挥发氩气输至 ICP 光源，其长度应在 5m 以内，尽量直线连接，少用接头。

在 ICP 光源的氩气流路中，应安装干燥管，以除去 Ar 中的水分，以保证点火正常，若为防止气源沾污，也可安装用合金吸附剂和海绵钛填充的净化管，以除去 O_2、N_2 及 CO_2、烃类等杂质。

三、ICP 光谱分析中操作参数的正确选择

在 ICP 光谱分析中，被测元素的挥发，原子化、激发、电离的过程，均与 ICP 放电操作参数紧密相关，主要为高频发生器的入射功率、工作气体的流量、观察等离子炬管火焰的高度和摄谱曝光时间及雾化样品的提升量等，这些工作参数会直接或间接影响受激发电子密度、激发温度和等离子体的空间分布，它们对分析数据测量的准确度有明显的影响。因而正确地控制操作参数，就可获得较强的检测能力，较小的基体效应并适合于多种元素的同时测定。

1. 高频发生器的功率影响

高频发生器的功率变化，对等离子体的温度、电子密度及光辐射强度的空间分布均发生影响；对不同元素和不同的谱线产生的影响也不相同。

当高频发生器的功率增大时，元素谱线的强度会增加，也会使背景的辐射增强，从而使信号/背景比值（信背比）下降，检出限升高，功率过大会降低测定的灵敏度。较低的功率可获较低的检出限，但会导致基体效应增高。基体效应是以有基体存在时测定的谱线强度 I 与无基体存在时测定的谱线强度 I_0 的比值来表示，当 $I/I_0>1$ 时，表示基体效应会增强谱线强度。

进行分析时，首先点燃等离子体，待焰炬稳定 15min 后，导入待测元素的标准溶液，将高频发生器的功率从 750W 增至 1500W，每次改变功率变化量 50W，然后在设定波长，测定光辐射的强度，选择信背比最大时的射频功率，作为对被测元素使用的最佳功率。

当分析易电离、易激发的碱金属和碱土金属，选用 RF 的功率约为 800～1100W；对一般的常规元素分析，RF 功率约为 1100～1300W；测定较难激发的 As、Sb、Sn、Bi、Pb 等元素，RF 功率宜高于 1300W，对含有机溶剂的样品，RF 功率为 1300～1600W。

2. 工作气体流量的影响

在 ICP 炬管中，使用三股气体：载气、冷却气和辅助气。它们都可独立进行流量控制，其中载气（雾化气）流量是影响 ICP 光谱分析的最重要的参数，冷却气和辅助气流量的波动对谱线强度的影响不显著。

在 ICP 光谱分析中，载气是运送气溶胶的载体，还参与样品中元素的挥发、原子化和激发过程。载气流量的大小，直接影响等离子体中心通道的温度、电子密度及被测元素在等离子体中心通道的停留时间，也会影响试液提升量的多少、雾化效率的高低和雾滴直径的大小及雾滴的均匀性。

通常，增大载气流量，可增加通入 Ar 等离子体中气溶胶的总量，从而使谱线强度增强，但若通入载气流量过大，会导致在等离子体中心通道中的样品被过度稀释，停留时间减少，并降低中心通道的温度，又会造成谱线强度的降低。

由于同一条谱线在不同的高频功率下有不同的最佳载气流量；不同的谱线在相同的高频功率下也会有不同的最佳载气流量，因此对各种元素的分析线，可通过实验确定最佳载气流量。

可先点燃等离子体，稳定 15min 后，导入待测元素标准溶液，在确定的高频功率和焰炬观测高度下，逐渐改变载气的流量，每次变化约 0.01L/min，在 0～1.5L/min 流量范围内确定最佳流量值。

对于较难激发的元素，如 As、Sb、Sn、Cd 等，可选用较小的载气流量，使气溶胶在等离子体中心通道停留较长时间，以利于激发；又易于激发、电离 K、Na 等元素，可提高载气流量，以获更低的检出限。此外，当载气流量大时，对多数元素分析线的基体效应会增大，会降低测定数据的精密度；当载气流量过低时，又会造成雾化效率降低。

因此在实验中，应结合高频功率的大小，雾化器的效率，来进行最佳载气流量的选择，以获最佳的测定结果。

3. 焰炬观测高度的影响

观测高度是指从高频感应线圈的顶部至等离子体中心通道测定轴之间的距离。

当等离子体炬管垂直放置时，采用侧向采光，在 ICP 光谱分析中，分析谱线发射强度的峰值位置，即观测高度，随测定元素和谱线的不同而不同。对易电离、易激发的碱金属和碱土金属，其观测高度较低，对难电离不易激发的 As、Sb、Sn 等，观测的高度较高。图 3-37 是多种元素分析线（nm）随激发标准温度（K）与观测高度（mm）的关系。

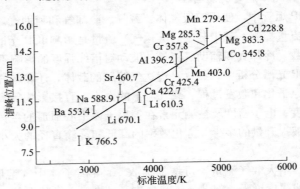

图 3-37　谱线峰值观测高度与标准温度的关系

观测高度与干扰效应的影响相关，在 8mm 以下的观测高度，存在挥发-原子化的干扰，而在 10～20mm 的较高观测高度，挥发干扰就较小。

对谱线峰值的观测高度与炬管的结构，特别是与炬管中心管的内径相关，也和高频发生器的功率和载气流量相关。增加高频发生器的功率会降低谱线峰值的观测高度，增加载气流量将会使谱线峰值观测高度上移。当对多种元素进行全分析时，一定要测试所有待测元素，再采用分析中的观测高度。

当调试仪器时，常采用浓度为 1mg/L 的 Cd 元素来确定最佳观测高度。可通过逐渐改变载气流量使观测高度在 $13\sim17mm$ 进行调整和选择。如果进行多种元素的全分析，其观测高度通常选择约 15mm。

4. 曝光时间的影响

在 ICP 光谱分析中，对焰炬的曝光时间与光谱仪配置的检测器有关。

曝光时间也就是对谱线强度的积分时间，它对样品测试的精密度和检出限有一定影响。增加积分时间会使测定精密度改善并在一定程度上降低检出限。对痕量元素和灵敏度不高的谱线，可采用增加积分时间来保证测试数据的准确性；对于高含量元素和灵敏度高的谱线，可缩短积分时间以保证数据的准确性。

在积分时间内，信号的噪声对测试数据的相对标准偏差的影响可忽略。

5. 测试溶液提升量的影响

测试溶液进入雾化器是由蠕动泵提升的，其提升量是由蠕动泵的转速所决定的，转速快提升量增加，反之则降低。进样量可在较宽范围内变化。

为了节约试样，可采用较低的进样量，降低进样量可降低谱线强度，也会使信噪比降低，但对检出限和测定精密度无明显的影响。

第五节　原子发射光谱分析中的干扰效应及其校正

在原子发射光谱分析中存在的干扰效应会对样品的测量结果产生系统误差或偶然误差。干扰现象依据产生的机理可分为光谱干扰和非光谱干扰两类，光谱干扰是指待测元素分析线的信号和干扰物产生的辐射信号分辨不开的现象；非光谱干扰包括物理干扰、化学干扰和电离干扰。

一、光谱干扰

原子发射光谱仪工作时，由于激发光源的能量高，在 $200\sim1000nm$ 波长范围会产生 10 万～1000 万条谱线，平均在 0.1mm 宽度就分布上百条谱线，因而几乎每个元素的分析线都会受到不同程度的谱线干扰。当使用 ICP 光谱仪时，比其它光源会出现更强的谱线重叠干扰，而成为 ICP-AES 中的主要干扰。

光谱干扰可分为谱线重叠干扰和背景干扰两类。

1. 谱线重叠干扰

它是指被测定元素的分析线上被另外一个元素的谱线重叠或部分重叠，分为两种情况：

（1）谱线直接重叠　即干扰线与分析线完全重合。

此时可用干扰系数法进行校正，它是指干扰元素所造成分析元素浓度的增加与干扰元素浓度的比值。

如测定地质样品中的 Cr 元素，当用 Cr 的分析线 205.552nm 进行测定时，大量 Fe 的存在会产生干扰，若 Fe 的质量浓度为 1000mg/L 时造成 Cr 的质量浓度增加 0.2mg/L，此时 Fe 对 Cr 的干扰系数 K 为：

$$K = \frac{0.2}{1000} = 0.0002$$

被测元素分析受干扰时测得的浓度为表观浓度 c_S，其用干扰系数校正后，即得真实浓度 c_T：

$$c_T = c_S - Kc_D$$

式中，c_D 为干扰元素的浓度。

使用干扰系数法应满足以下几点：

① 必须已知干扰元素的浓度，并在被测元素分析浓度范围内，保持为常数。

② 干扰系数 K 与光谱仪的分辨能力相关，使用不同的仪器，测得 K 值也不相同，文献资料中的 K 值只作为参考，多数情况应自行测定。

在 ICP 光谱分析中，对常见元素分析线产生的干扰线波长以及常见元素干扰系数，可从 ICP 光谱分析专著中查阅。

（2）复杂谱线重叠　分析线和两条或两条以上的干扰线重叠或部分重叠。此时若使用干扰系数法会得到错误结果，因此时干扰系数 K 不是常数，需使用多谱线拟合程序来进行校正。

在现代原子发射光谱仪中，由于高分辨技术的应用，减少了光谱干扰，特别是中阶梯光栅和全息光栅的广泛应用，大大降低了杂散光，提高了色散率，有效地消除和减少了光谱干扰。

2. 背景干扰

它是指有连续发射形成的带状光谱叠加在分析线上而形成的干扰。

背景干扰分为四种情况，见图 3-38。

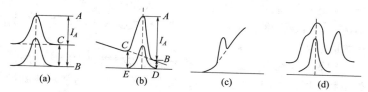

图 3-38　光谱背景干扰的几种情况
（a）简单平滑光谱背景；（b）斜坡背景；（c）弯曲背景；（d）复杂结构背景

（1）简单平滑光谱背景　分析线谱峰被平滑背景叠加后，平行向上移动，可采用离峰单点校正，即从含背景的峰值强度中扣除背景强度值：

$$I_A = I_{AB} - I_{CB}$$

（2）斜坡背景　分析左右背景强度随波长发生渐变，但变化是线性的，可用离峰两点校正，即在谱峰两侧等距离处，测定此两点背景强度，取其平均值，再从含背景的峰值强度中扣除背景平均值：

$$I_A = I_{AD} - \frac{1}{2}(I_{BD} + I_{CE})$$

（3）弯曲背景　分析线位于与其共存元素高强度谱线的一侧，形成渐变弯曲的斜坡背景，如果分析线强度较大，则仍可按线性斜坡背景的离峰两点校正方法进行，若分析线强度较低，则此法校正的误差较大，会给出不正确的测定数据。对这种光谱背景校正，用空白背景校正法，即用不含待测元素的溶液测出空白对应的谱线强度，再用被测元素测得的谱线强度（表观强度）减去空白对应的谱线强度，即完成校正。

（4）复杂结构背景　这种光谱背景通常由分子光谱谱带或谱线混合叠加而成。对这种背景采用空白溶液校正法是最合适的。

背景干扰的存在会影响分析结果的准确度，应予以扣除，但采用的扣除方法又会引入附加的误差，因而应依据背景产生的原因尽量减弱或抑制背景，当然最好应选用不受干扰的分析线再进行谱线强度测定。

二、非光谱干扰

在原子发射光谱分析中，非光谱干扰有物理干扰、化学干扰和电离干扰。

1. 物理干扰

分析试液物理特性，如黏度、密度和表面张力的差异，影响ICP雾化效率，引起谱线强度的变化，称物理干扰或物性干扰，它又分为酸效应和盐效应两类：

（1）酸效应　在ICP分析中，样品需经酸溶解制成试样溶液，由于酸的类型和浓度的不同，会产生对谱线强度的影响。通常随酸度增加会显著降低谱线强度，无机酸对谱线强度的影响会按下述顺序递增：$HCl < HNO_3 < HClO < H_3PO_4 < H_2SO_4$。

酸效应是以在酸存在时的谱线强度与无酸存在时（去离子水溶液）谱线强度的比值来表示的（$I_酸/I_水$）。

（2）盐效应　当试样浓度增加（含盐量增加），其黏度、表面张力等物性均会增大，从而影响进样量，雾化效率和气溶胶传输效率降低，并进而影响分析线的谱线强度的降低。

消除物理干扰的根本方法是采用基体匹配法，即保持标准溶液和分析试样溶液及空白溶液中的酸度和盐含量相同。

2. 化学干扰

化学干扰又称"溶剂蒸发效应"，是原子吸收法和火焰光度法普遍存在的干扰效应。如测Ca时，磷酸根或Al会产生干扰，此时应加入释放剂来降低化学干扰，在ICP光谱分析中，其影响较小，但仍存在。

3. 电离干扰

对易电离的元素，其挥发进入火焰中，随电离的发生，使电子密度增加，会使电离平衡 $M \rightleftharpoons M^+ + e^-$ 向中性原子方向偏移，也会使谱线强度下降，因而在火焰光度法中，电离干扰是很严重的。在ICP光谱分析中，电离干扰要弱许多，但仍存在。

电离干扰对钠元素光谱的影响有如下规律：

（1）电离干扰对Na的离子线会降低谱线强度，对Na原子线会增强谱线强度。

（2）提高对炬焰的观测高度达15mm时，Na原子浓度高达$17000\mu g/mL$时，可降低Na对Ca（422.673nm）谱线的电离干扰。但在一般情况下，提高观测高度，电离干扰会增强，这可能是由于在较高观测高度，ICP炬焰的温度会降低而使谱线强度下降。

为消除电离干扰，可采用基体匹配法，或在定量分析时，使用标准加入法。

三、基体效应

基体效应是指样品中主要成分发生变化时，对分析线谱线强度和光谱背景的影响，它也是光谱分析中干扰效应的一种。

基体效应的产生，实质上是各种干扰效应的总和。基体效应主要是非光谱干扰，但也包括光谱干扰中的背景干扰和激发干扰。

激发干扰是指由于样品成分变化，导致 ICP 光源温度、电子密度、原子及离子在光源中分布发生变化，而引起分析线谱线强度和光谱背景变化的现象。

由上述可知基体效应是多种干扰效应产生综合作用的结果。

基体效应与干扰元素的种类、含量（浓度）相关，也受 ICP 光谱分析条件，如高频功率、载气流量，观测高度的影响。

基体效应可用存在基体效应时分析线的谱线强度 I_B 与无基体（空白）效应存在时分析线的谱线强度 I_{NB} 的比值 B 来表示。

$$B = I_B / I_{NB}$$

当 $B > 1$ 时，基体效应增强，$B < 1$ 时，基体效应被抑制。

为了降低光谱分析时基体效应的影响，可采用以下几种方法：

（1）采用稳健性（robust）分析条件　又称强化条件。在 ICP 光谱分析中，应采用较高的高频功率、较低的载气流量、适中的观测高度，可以抑制基体效应。

（2）采用基体匹配法　在配制标准溶液系列时，要加入与分析样品溶液相同量的基体成分，使标准溶液系列的主要成分与分析样品溶液相匹配。

（3）标准加入法　当采用基体匹配法时，加入的基体成分要比分析试样的纯度高 1~2 个数量级，有时难于获得，此时可采用标准加入法，而无须使用基体成分材料。

（4）化学分离法　待分离出基体成分后，再对样品溶液进行 ICP 光谱分析。

第六节　原子发射光谱分析的应用

原子发射光谱仪可配备不同类型的光源，并用于不同类型金属材料的分析。

一、火花光源原子发射光谱仪测定碳素钢和中低合金钢中的多种元素含量

用火花光源原子发射光谱法对碳素钢和中低合金钢中多元素分析，可参见国家标准 GB/T 4336—2016，并作为对各种普通钢材的常规分析方法。

1. 方法适用范围

本法适用于碳素钢和中低合金钢中的碳、硅、锰、磷、硫、铬、镍、钨、钼、钒、铝、钛、铜、铌、钴、硼、锆、砷、锡 19 种元素的同时测定。测定含量范围见表 3-10。本法可用于电炉、感应炉、电渣炉和转炉等铸态或锻轧样品的分析。

表 3-10 各种元素的测定范围

元素	测定范围（质量分数）/%	元素	测定范围（质量分数）/%
C	0.005～1.20	Al	0.001～1.50
Si	0.005～3.50	Ti	0.001～0.90
Mn	0.003～2.00	Cu	0.005～1.0
P	0.003～0.15	Nb	0.005～0.50
S	0.002～0.070	Co	0.005～0.40
Cr	0.001～2.50	B	0.005～0.010
Ni	0.001～5.00	Zr	0.002～0.16
W	0.005～2.00	As	0.002～0.30
Mo	0.005～1.20	Sn	0.002～0.30
V	0.005～0.70		

2. 操作方法

(1) 块状试样的制备　将钢水注入规定的模具中，使用脱氧剂铝的含量应小于 0.35%。从模具中取出的试样应具有代表性，一般在钢样高度下端 1/3 处，用切割机切割样品，并去掉表面 1mm 厚度氧化层。要求样品的直径大于 16mm，厚度大于 2mm，保证样品表面平整、洁净，可用研磨机研平表面。

块状样品电极制备好以后，要使用钨电极作为对电极，可选用直径 4～7mm，顶端加工成 40°～120°的圆锥形钨棒，纯度>99%，也可使用直径 1mm 的平头钨电极。

(2) 火花光源激发　将块状样品电极和钨电极置于火花台上，在

99.99％的氩气保护下，接通电源，用火花光源使样品激发，并将发射的光谱引入分光室，所用光栅的倒线色散率应小于 0.6nm/mm，焦距为 0.5～1.0m，通过色散元件，将光谱衍射在 165.0～511.0nm 波长范围，用于碳、硫、磷、硼等元素的测定。

（3）谱线观测　在观测谱线波长范围内，由两条和两条以上的元素特征分析线进行定性分辨，再对选定的分析线和内标线的强度进行测量，根据分析线的相对强度，从标准工作曲线上求出样品中各个待测元素的含量。

应当使用标准物质（含量有一定梯度）来绘制标准工作曲线，待测元素的含量，应在标准工作曲线呈线性的含量范围以内。

3. 分析工作条件

测定中推荐的仪器工作条件见表 3-11。测定中推荐的分析线和内标线见表 3-12。

表 3-11　推荐的仪器工作条件

工作项目	推荐的条件	工作项目	推荐的条件
分析间隙/mm	3～6	预燃时间/s	3～20
火花室气氛	纯度不低于 99.99％Ar	积分时间/s	3～20
氩气流量/（L/min）	冲洗：6～15 积分：2.5～7 静止：0.5～1	放电形式	预燃期高能放电 积分期低能放电

表 3-12　推荐的分析线和内标线

元素	分析线波长/nm	可能干扰的元素	元素	分析线波长/nm	可能干扰的元素
Fe	271.4（内标线） 187.7（内标线）		V	214.09 290.88 311.07 311.67 310.22	Al
C	193.09 165.81	Al、Mo、Co			
P	177.49 178.28	Cu、Mn、Ni Ni、Cr、Al			
S	180.7	Ni、Mn	Ti	190.86 324.19 334.90 337.28	
Si	181.69 212.41 251.61 288.10	Ti、V、Mo C、Nb Ti、V、Mo Mo、Cr、W、Al			
Mn	192.12 293.30	Cr、Si	Al	186.27 199.05 308.21 396.15	Mn

元素	分析线波长/nm	可能干扰的元素	元素	分析线波长/nm	可能干扰的元素
Ni	218.49 231.60	Cr	Cu	211.20 224.26 327.39	Cr、Ni
Cr	206.54 267.71 286.25 298.91	Si	W	202.99 209.86 220.44 400.87	Ni
Mo	202.03 277.53 281.61 386.41	Mn、Ni Mn	B	182.59 182.64	S
Co	228.61 258.03 345.35		As	197.26 228.81 234.98	
Nb	210.94 319.49		Sn	189.99 317.50 326.23	
Zr	179.00 339.19 343.82				

当使用火花光源直读光谱仪时，分析的定性、定量结果，可在液晶显示器上直接显现，分析结果的精密度要满足国标的规定。

二、电感耦合等离子体发射光谱仪测定钛白粉中 14 种微量元素

钛白粉是一种有广泛用途的化工产品，其以钛铁矿为原料，最终产品钛白粉中含 14 种微量元素，它们含量的高低，决定产品质量。

对钛白粉中 P、Zn、Cu、Ni、Fe、Mn、Cr、Nb、Pb、V、Mg、Ca、Al、Zr 14 种微量元素，可采用 ICP 光谱分析，以满足钛白粉原料、中间产品和成品分析的需求。

1. 钛白粉样品的分解

钛白粉可采用 NaOH、KOH、Na_2CO_3-Na_2O_2 等强碱熔融分解，但此时会引入大量碱金属盐，使试液中盐分过高，导致 ICP 雾化器、石英炬管的堵塞，并引起电离干扰和基体效应干扰。钛白粉也不溶于 HCl、HNO_3 或 H_2SO_4＋H_3PO_4，但使用 H_2SO_4＋$(NH_4)_2SO_4$ 可将样品完全分解，并适用于 ICP-AES 分析。

将 0.5g 钛白粉与 10g $(NH_4)_2SO_4$ 和 20mL 浓 H_2SO_4 混合后，加热

溶解完全，在 100mL 容量瓶中定容，再进行 ICP-AES 分析。

2. 采用钛基基体匹配法配制 14 种微量元素标准溶液系列

如表 3-13 所示。

表 3-13　14 种微量元素标准系列溶液浓度　　　　单位：μg/mL

元　素	标准 1	标准 2	标准 3	标准 4
Cu、Pb、Zn、P、Nb、Al、Mg、Ca、Ni、Zr	0	1.0	5.0	10.0
Fe、Mn、V、Cr	0	0.1	0.5	1.0
钛基体浓度（Ti）	500	500	500	500

注：钛基（Ti）由 $K_2TiO(C_2O_4)_2 \cdot 2H_2O$ 提供。

3. ICP-AES 分析条件

使用岛津 ICPS-7500 型 ICP-AES 光谱仪。高频发生器功率 1.2kW。分光系统焦距 1m。两阶平面光栅：Ⅰ 光栅刻线 3600 线/mm，对应波长范围 160～458nm，Ⅱ 光栅刻线 1800 线/mm，波长范围 458～850nm。ICP 炬焰观测高度 15mm，石英焰炬的 Ar 载气流量 0.8L/min，冷却 Ar 气流量 14L/min，辅助 Ar 气流量 1.0L/min，雾化器清洗时间 20s 进样时间 30s，积分时间 5s。

分析谱线的选择见表 3-14。

表 3-14　本法推荐的分析谱线

元素	波长/nm	元素	波长/nm	元素	波长/nm
P	178.287	Zn	202.551	Cu	327.369
Ni	231.604	Fe	238.204	Mn	257.610
Cr	267.716	Nb	269.706	Mg	279.553
Pb	283.307	V	290.882	Zr	343.823
Ca	393.366	Al	396.153		

上述分析谱线皆不受基体元素 Ti 的干扰。

4. 基体效应的校正

在钛白粉中 TiO_2 的含量＞99.2%，Ti 的含量对 14 种微量元素的谱线强度影响很大，因此配制微量元素标准溶液，绘制标准工作曲线时，向标准溶液中加入 $K_2TiO(C_2O_4)_2 \cdot 2H_2O$，采用基体匹配法进行测定。

5. 背景扣除

由于试样溶液中存在大量钛离子和硫酸介质，因此谱线背景普遍增加。由于各种被分析元素的背景差距很大，只能采用手动选择扣除背景，扣除背景的原则是尽量提高谱线的信背比，但谱线强度不能出现负值，然后由计算机自动执行已选择的背景扣除工作。

对上述 14 种微量元素的检出限在 $0.001\sim0.0195\mu g/mL$，经加标回收试验，14 种微量元素的回收率在 $94.5\%\sim108\%$。

三、辉光放电原子发射光谱仪对金属板材表面镀层的深度分析

在辉光放电过程，样品原子被不断地逐层剥离，随溅射过程的进行，光谱信息反映材料由表面到里层化学组成的变化，可以用于材料表层的深度分析，可由 nm 级至 $300\mu m$ 以上，分辨率达小于 1nm，溅射速度可达 $1\sim100\mu m/min$。适用于分析气相沉积层、电镀层、氮化物层和涂料涂层，可在几分钟内分析得到十几个微米以内的所有元素沿层深的连续分布情况，已成为表面和逐层分析的重要手段。

如对镀锌钢板镀层分析，是 ISO 16962—2005 推荐的方法。

在钢板上镀锌可以防腐并改善材料表面外观和着漆性能，镀锌钢板镀层中的元素分布和镀层厚度直接影响产品的质量。

当分析镍基镀层时，对辉光放电光源，使用直流电压和射频电压的激发条件见表 3-15。

表 3-15 使用直流和射频电源时的激发条件

供电方式	放电电压/V	阳极筒直径/mm	放电电流/mA	功率/W	预燃时间/s	数据采集时间/s
直流	700	2~2.5 4 7~8	5~10 15~30 40~100	10	30~90	5~30
射频	700	4	溅射速度 2~3μm/min	10~15	30~80	5~30

使用较"温和"的激发条件，可防止使镀层熔化，并保持激发过程稳定。

镀锌钢板的辉光放电光谱定量深度分析，如图 3-39 所示。

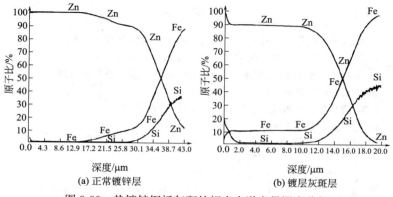

图 3-39　热镀锌钢板灰斑处辉光光谱定量深度分析

学 习 要 求

一、通过本章学习了解原子发射光谱法的方法特点、应用范围。

二、了解原子发射光谱仪的基本组成部件。

三、了解原子发射光谱仪中各种光源的组成特点及应用范围。

四、了解电感耦合等离子体光源的组成及各个部件的特点。

五、了解辉光放电光源的构成及应用特点。

六、了解分光系统使用的各种单色器的工作原理。

七、了解分光系统的性能参数及其作用。

八、了解平面光栅、中阶梯光栅、凹面光栅的构成及色散特性。

九、了解检测系统的组成及所用光电转换元件的特点。

十、了解电荷转移器件的种类及作用。

十一、了解数据处理系统具有的基本功能。

十二、了解现代原子发射光谱仪的各种类型和主要性能参数。

十三、了解现代原子发射光谱分析的定性分析方法。

十四、了解原子发射光谱分析的半定量分析方法。

十五、了解原子发射光谱分析的定量分析方法。

十六、了解使用不同光源时的固体试样的进样装置和技术。

十七、了解氩气气源的储存方法及使用要点。

十八、了解 ICP 光谱分析操作参数的正确选择。

十九、了解原子发射光谱分析中存在的干扰效应及其校正方法。

二十、了解基体效应产生的原因及消除方法。

复 习 题

1. 如何表述光作为一种电磁辐射所具有的波动性和粒子性?
2. 与不同波长电磁波对应的光谱分析方法有几种类型?
3. 按波长（或频率）变化光谱的形状有几种类型，各有何特点?
4. 原子发射光谱是如何产生的?
5. 何谓元素的灵敏线、共振线、最后线、分析线?
6. 何谓原子谱线的宽度?
7. 说明谱线自吸产生的原因。
8. 原子发射光谱法有何特点?
9. 原子发射光谱仪由哪几个部分组成?
10. 原子发射光谱的光源有几种? 简述电弧光源和火花光源的构成。
11. 电感耦合等离子体光源由哪几个部分组成?
12. 简述高频发生器的组成及在 ICP 光源中的作用。
13. 简述 ICP 光源石英炬管的结构及通入三股氩气的作用。
14. 对 ICP 焰炬有几种观测方式? 在垂直观测中常用的观测高度是多少?
15. 简述雾化器的结构及影响试液提升量的因素。
16. 简述电磁耦合微波等离子体光源的特点。
17. 简述辉光放电光源的结构及应用的特点。
18. 简述原子发射光谱仪中构成分光系统的主要部件。
19. 影响分光系统性能的参数有哪些?
20. 简述原子发射光谱检测系统使用光电倍增管的结构及阴极涂覆材料的差别。
21. 简述电荷耦合器件（CCD）的组成和测量过程及二维 CCD 的组成。
22. 简述电荷注入器件（CID）的组成和测量过程，及与 CCD 的差别。
23. 简述数据处理系统的组成及功能。
24. 现在广泛使用的原子发射光谱仪有几种类型? 各有何特点?
25. 简述描述原子发射光谱仪的分析性能指标。
26. 简述原子发射光谱的定性分析方法。
27. 简述原子发射光谱的半定量分析方法。
28. 简述原子发射光谱的几种定量分析方法及各自的应用范围。
29. 简述在 ICP 光源中引入固体试样的装置和技术。
30. 在辉光放电光源测定中，对固体试样应做何种处理?
31. 简述使用 Ar 气源时，保证工作安全的必要措施。
32. 简述影响 ICP 光谱分析的主要参数有哪些? 如何正确选择操作参数?
33. 在原子发射光谱分析中，存在哪些干扰效应? 如何校正?
34. 在原子发射光谱分析中何谓基体效应? 如何降低基体效应的影响?

第四章　原子吸收光谱法与原子荧光光谱法

　　原子吸收光谱（atomic absorption spectrometry，AAS）分析，又称原子吸收分光光度分析，它是当代对无机化合物进行元素定量分析的主要手段，它与用于无机元素定性和定量分析的原子发射光谱法相辅相成，已成为对无机物进行分析测定的两种主要方法。

　　原子吸收光谱法是在 1955 年由澳大利亚物理学家 A. Walsh 提出的，1959 年苏联学者 Б. В. Львов 提出电热原子吸收方法，提高了原子吸收光谱法的灵敏度，20 世纪 60 年代随原子吸收光谱仪的诞生，才使本法获得快速发展，至今，它已在冶金、地质、环境、食品、制药等行业中获得广泛的应用。

　　原子吸收光谱法原理是依据在待测样品蒸气相中，被测元素的基态原子，对由光源发出的被测元素的特征辐射光的共振吸收，通过测量辐射光的减弱程度，而求出样品中被测元素的含量。它的主要功能是测定各种无机和有机样品中金属和非金属元素的含量。由于本法的灵敏度高、分析速度快、仪器组成简单、操作方便，特别适用于微量分析和痕量分析。

　　现在由于计算机技术、化学计量学的发展和多种新型元器件的出现，使原子吸收光谱仪的精密度、准确度和自动化程度大大提高。用微处理机控制的原子吸收光谱仪，简化了操作程序，节约了分析时间。现在还研制出气相色谱-原子吸收光谱（GC-AAS）的联用仪器，进一步拓展了原子吸收光谱法的应用领域。

第一节　原子吸收光谱法基本原理

一、方法原理

（一）电子跃迁

　　原子吸收是指呈气态的自由原子对由同类原子辐射出的特征谱线所具有的吸收现象。

　　原子发射和原子吸收都与原子的外层电子在不同能级之间的跃迁有

关。当电子从低能级跃迁到高能级时，必须吸收相当于两个能级差的能量；而从高能级跃迁到低能级时，则要释放出相对应的能量。

按照光辐射理论，电子在两个能级之间的跃迁有 3 种方式：

① 原子的外层电子由激发态自发跃迁到一个较低能态时，辐射出不同波长的光谱，此过程为原子发射光谱。

② 在一定频率的外部辐射光能激发下，原子的外层电子由一个较低能态跃迁到一个较高能态，此过程产生的光谱就是原子吸收光谱。

③ 在一定频率 ν 的外部辐射光激发下，原子的外层电子由低能态跃迁到一个较高能态，而高能态的电子处于不稳定状态，其会自发地从高能态跃迁回低能态，同时辐射出频率仍为 ν 的光谱，此过程为共振荧光光谱。

原子吸收光谱不是原子发射光谱的逆过程，而是与共振荧光光谱互为逆过程。

原子吸收光谱所吸收光辐射的波长为：

$$\lambda = \frac{hC}{\Delta E}$$

式中　h——普朗克常数；

　　　C——光速；

　　　ΔE——两能级间的能量差。

（二）原子吸收光谱的几个重要概念

1. 共振吸收线和共振发射线

当电子从基态跃迁到第一激发态时，与所吸收能量对应的光谱线叫做共振吸收线；而由第一激发态跃迁回基态时，与所释放能量对应的光谱线叫作共振发射线。共振吸收线和共振发射线也称共振线。

由于各种元素的原子结构和外层电子排布不相同，因而电子从基态跃迁至第一激发态所吸收的能量也不相同，从而每种元素都具有特定的共振吸收线。通常产生共振吸收线所需的激发能较低，跃迁易于发生，所以对大多数元素来讲，共振吸收线就是最灵敏的谱线，它最易被原子吸收。在原子吸收光谱分析中，是利用处于基态的待测元素的原子蒸气，对光源发射出待测元素共振线的吸收来进行定量分析。因此元素的共振线又叫作分析线。应当指出共振吸收线的强度分布和共振发射线的强度分布是不相同的，并且共振吸收线和发射线的外观轮廓也不完全相同。因此共振吸收线和发射线的中心波长位置不完全一致，从而最灵敏的发射线不一定就是最灵敏的吸收线。例如，镍元素，它在原子发射光谱中常用的灵敏线是 341.5nm；而在原子吸收光谱中，最灵敏的吸收线却为 232.0nm。

2. 原子蒸气中基态原子数和火焰温度的关联

原子吸收光谱是以测定原子蒸气中基态原子对同种原子特征辐射的吸收为依据，当进行原子吸收光谱分析时，首先使样品中待测元素由化合物状态转变成基态原子。此原子化过程通常是通过燃烧加热予以实现。待测元素由化合物离解成原子后，不一定全部以基态原子存在，其中有一部分在原子化过程，会吸收较高的能量被激发而成激发态。在一定温度下，处于不同能态的原子数目的比值遵循玻尔兹曼分布定律：

$$\frac{N_i}{N_0} = \frac{g_i}{g_0} \exp - \frac{E_i - E_0}{kT}$$

式中 N_i、N_0——分布在激发态和基态能级上的原子数目；

g_i、g_0——激发态和基态能级的统计权重；

E_i、E_0——激发态和基态具有的能量；

k——玻尔兹曼常数；

T——热力学温度。

由玻尔兹曼分布定律可知，原子化过程产生的激发态原子数取决于激发态与基态的能量差（ΔE）和火焰的温度（T）。当 ΔE 一定时，温度 T 越高，激发态原子数会越多；当温度一定时，电子跃迁的能级差 ΔE 越小，共振线的波长越长，激发态的原子数目也会越大。

由表 4-1 可看出，常用的火焰温度多低于 3000K，大多数元素的共振线都小于 600nm，因此对大多数元素来说，在原子化过程 N_i/N_0 都小于 1%。即火焰中激发态原子数远小于基态原子数，与 N_0 相比，N_i 可以忽略不计，因此可以用基态原子数 N_0 代表火焰中可吸收特征辐射的总原子数 N。

表 4-1 几种元素在不同温度时 N_i/N_0 值

元素	共振线波长 λ/nm	g_i/g_0	激发能 E/eV	N_i/N_0		
				$T = 2000K$	$T = 2500K$	$T = 3000K$
Cs	852.11	2	1.455	4.31×10^{-4}	2.33×10^{-3}	7.19×10^{-3}
Na	589.00	2	2.104	0.99×10^{-5}	1.14×10^{-4}	5.83×10^{-4}
Ba	553.56	3	2.239	6.83×10^{-6}	3.19×10^{-5}	5.19×10^{-4}
Sr	460.73	3	2.690	4.99×10^{-7}	11.32×10^{-6}	9.07×10^{-5}
Ca	422.67	3	2.932	1.22×10^{-7}	3.67×10^{-6}	3.55×10^{-5}

元素	共振线波长 λ/nm	g_i/g_0	激发能 E/eV	N_i/N_0		
				$T=2000K$	$T=2500K$	$T=3000K$
Mg	285.21	3	4.346	3.35×10^{-11}	5.20×10^{-9}	1.50×10^{-7}
Ag	328.07	2	3.778	6.03×10^{-10}	4.84×10^{-8}	8.99×10^{-7}
Cu	324.75	2	3.817	4.82×10^{-10}	4.04×10^{-8}	6.65×10^{-7}
Pb	283.31	3	4.375	2.83×10^{-11}	4.55×10^{-9}	1.34×10^{-7}
Zn	213.86	3	5.795	7.45×10^{-15}	6.22×10^{-12}	5.50×10^{-10}

3. 原子吸收线的形状及其展宽的原因

在原子吸收光谱分析中，当试样喷入火焰经原子化后，原子呈分散状态，当不同频率的光通过被测元素的原子蒸气时，可观察到在元素的特征频率 ν_0 处光强度的减弱，表明频率为 ν_0 的单色光被基态原子吸收。其透过光的强度与原子蒸气的宽度也遵循比尔定律：

$$I_\nu = I_{0\nu}e^{-K_\nu L}$$

式中　$I_{0\nu}$，I_ν——频率为 ν_0 的入射光和透过光的强度；

　　　　K_ν——原子蒸气对频率为 ν_0 的入射光的吸收系数；

　　　　L——原子蒸气的宽度。

I_ν 和 K_ν 随辐射频率 ν 的变化如图 4-1 和图 4-2 所示。

由 I_ν-ν 曲线（图 4-1）可知，原子蒸气对频率为 ν_0 的光吸收最大，此吸收线并不是一条理想的几何直线，而是具有一定宽度的吸收线。由此可知，原子蒸气由基态跃迁至激发态所吸收的辐射线不是单一频率，而是具有一定频率宽度的辐射线。

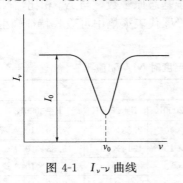

图 4-1　I_ν-ν 曲线

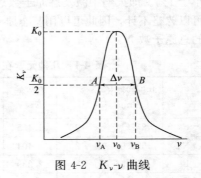

图 4-2　K_ν-ν 曲线

另外由 K_ν-ν 曲线（图 4-2）可知，在吸收线的中心频率 ν_0 处有

最大的吸收系数 K_0，在 K_0 的一半处，可看到 A、B 两点的频率差 $\Delta\nu = \nu_B - \nu_A$，此宽度称为吸收线的半宽度，折合成波长其数量级约为 $0.001 \sim 0.01$nm。同样，发射线也具有一定的宽度，不过其半宽度要窄得多，约为 $0.0005 \sim 0.002$nm。

吸收谱线展宽的原因如下：

① 自然变宽（$\Delta\nu_N$） 在无外界因素影响下谱线仍有一定的宽度，它与电子发生能级跃迁时激发态的平均寿命有关，宽度约为 10^{-5} nm，与其它变宽因素相比可忽略不计。

② 多普勒变宽（$\Delta\nu_D$） 它与原子在空间无规的热运动有关，又称热变宽。温度愈高，谱线的多普勒变宽愈大，通常宽度约为 $1 \times 10^{-3} \sim 5 \times 10^{-3}$ nm。其与自然变宽比较是不能忽略的。

③ 洛仑兹变宽（$\Delta\nu_L$） 它是由吸收辐射的原子与外界其它粒子碰撞产生的变宽，又称压力变宽。当外界压力为一大气压时，其宽度约为 $10^{-3} \sim 10^{-2}$ nm。其与自然变宽比较更是不能忽略的。

由上述可知吸收谱线的总展宽 $\Delta\nu_A$ 为：

$$\Delta\nu_A = \Delta\nu_N + \Delta\nu_D + \Delta\nu_L$$

实验结果表明,试样在原子化过程,温度在 $1000 \sim 3000$K 范围内,外界气体压力为一大气压时,对火焰原子吸收主要是洛仑兹变宽,对无焰原子吸收,主要是多普勒变宽。

4. 积分吸收和峰值吸收

在原子吸收光谱分析中,将原子蒸气所吸收的全部辐射能量称为积分吸收,即图 4-2 中吸收线下面所包括的整个面积。积分吸收的面积 G 与单位体积原子蒸气中吸收辐射的基态原子数 N_0 有以下关系：

$$G = \frac{\pi e^2}{mC} N_0 f$$

式中　C——光速；

　m、e——电子的质量和电荷；

　N_0——单位体积原子蒸气中吸收辐射的基态原子数；

　f——振子强度，表示每个原子中能够吸收或发射特定频率光的平均电子数，对同一元素，在一定条件下，可认为是定值。

上式表明：积分吸收与单位体积原子蒸气中吸收特征辐射的基态原子数成正比，与产生吸收的物理方法（火焰吸收或无焰吸收）及操作条件无关。

从理论上分析，若能测得由连续波长光源获得的积分吸收值就可计算出待测原子密度，而使原子吸收光谱分析成为一种绝对测量方法（即不需与标准试样进行比较）。但实际上由于原子吸收线的半宽度仅为0.001～0.01nm，要测量这种半宽度很小的吸收线的积分吸收值，需要有分辨率高达 50 万的单色器。例如欲测量波长为 500nm、半宽度仅为0.001nm 的吸收峰的积分吸收值，所用单色器的分辨率应为：

$$R = \frac{500}{0.001} = 500000$$

目前还难以制造出具有上述高分辨率单色器的光谱仪，所以直接测量积分吸收尚不能实现。

由于测定积分吸收有一定的实际困难，1955 年澳大利亚物理学家沃尔士（A. Walsh）提出采用锐线光源代替连续光源来测量峰值吸收，解决了此难题。锐线光源就是能发射出谱线半宽度（$\Delta\nu_E$）很窄的（0.0005～0.002nm）辐射线的光源。峰值吸收是采用测定吸收线中心的极大吸收系数 K_0 来代替积分吸收的方法，来测定元素的含量。此时无须使用高分辨率的单色器，就可实现原子吸收测定。

在通常原子吸收分析条件下，吸收线中心频率的峰值吸收系数 K_0 取决于多普勒变宽：

$$K_0 = \frac{2\sqrt{\pi\ln 2}}{\Delta\nu_D} \cdot \frac{e^2}{mC} N_0 f$$

当测定温度恒定时，多普勒变宽 $\Delta\nu_D$ 为常数，对一定的待测元素其振子强度 f 也是常数，所以峰值吸收系数 K_0 就仅与单位体积原子蒸气中吸收特征（中心）辐射的基态原子数 N_0 成正比。

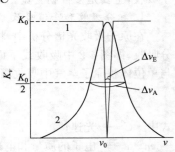

图 4-3　原子的发射线和吸收线
1—锐线光源的原子发射线；
2—基态原子的吸收线

为实现峰值吸收必须使锐线光源发射线的中心频率与吸收线的中心频率（即 ν_0 处）相重合，另外还要求锐线光源发射线的宽度 $\Delta\nu_E$ 必须比中心吸收线的宽度 $\Delta\nu_A$ 还要窄，即 $\Delta\nu_E < \Delta\nu_A$（图 4-3）。因此在原子吸收光谱分析中，应使用一个与待测元素相同材料制得的空心阴极灯作为锐线光源。

5. 定量分析的依据

试样经原子化后获得的原子蒸气，可吸收锐线光源的辐射光，仍遵循朗伯-比尔定律：

$$A = \lg \frac{I_0}{I} = KN_0L$$

式中　A——吸光度；

I_0、I——分别为锐线光源入射光和透过光的强度；

K——常数；

N_0——单位体积内被测元素基态原子数；

L——原子蒸气的厚度（火焰宽度）。

因此在一定浓度范围内，L 一定的情况下：

$$A = K'C$$

式中，K' 为与实验条件有关的常数，此式即为原子吸收光谱法进行定量分析的依据。

二、方法特点和应用范围

原子吸收光谱法和原子发射光谱法相比具有以下优点：

（1）由于使用空心阴极灯作为锐线光源，且原子的吸收线比发射线数目少得多。样品中共存元素的辐射线或分子辐射线对待测元素的光谱干扰小，因此选择性高。

（2）样品中待测元素只要离解成原子蒸气就可进行测定，不必将元素激发，故所需原子化的能量较低，且原子蒸气中基态原子比激发态原子多，因此灵敏度高。

（3）本法测定的是锐线光源辐射经原子蒸气吸收后光强度的降低，不同于原子发射光谱法测定相对于背景的信号强度，因此背景对测定的影响小，而有更佳的信噪比。

原子吸收光谱法也有不足之处，表现为：

（1）当测定不同元素时，原则上必须更换对每种元素发射特定辐射波长的空心阴极灯。

（2）由于制造空心阴极灯技术的限制，现在还不能测定共振吸收线处于真空紫外区的非金属元素，如硫、磷等。

原子吸收光谱法具有以下特点：

（1）灵敏度高　火焰原子吸收灵敏度对多数元素在 $\mu g/mL$ 级，对少数元素可达 $\mu g/L$ 级。无火焰原子吸收比火焰原子吸收的灵敏度还要高几十倍到几百倍。

（2）准确度高　火焰原子吸收法的准确度接近于化学分析，相对误差小于 1%；石墨炉原子吸收法的相对误差约为 3‰～5‰。

（3）选择性好　通常共存元素对被测元素干扰少，一般不需分离共存元素就可进行测定。

（4）分析速度快　仪器操作简便、可在较短时间完成大量样品的测定，且重现性良好。

（5）应用范围广　可测定周期表上 70 多种元素，除金属元素外，还可用氢化物原子化法测定非金属元素。

由于以上特点，原子吸收光谱法至今已在地质、矿产、农业、冶金、化工、环境监测、食品、生化和制药中获得广泛的应用。

第二节　原子吸收光谱仪

原子吸收光谱仪由光源、原子化系统、分光系统、检测系统和数据处理系统五部分组成。从光路上区分又分为单光束和双光束两种类型。单光束仪器结构简单、灵敏度高，但不能消除由于光源发射光不稳定引起的基线漂移，且噪声较大。在双光束仪器中为消除基线漂移使用了旋转斩光器（扇形反射镜）。斩光器将光源的入射光分为参比和测量两束，测量光束通过原子化器的上层火焰，参比光束不经过原子化器，而通过带有可调光栅的空白吸收池，两束光通过半反射镜经同一光路交替通过单色器投射到检测器。这样利用参比光束来补偿光源强度的变化，可防止基线漂移，改善信噪比。原子吸收光谱仪的结构示意图如图 4-4 所示。

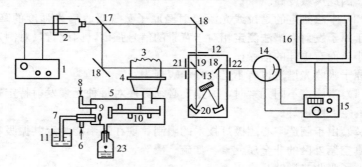

图 4-4　双光束原子吸收光谱仪结构示意图

1—电源；2—空心阴极灯；3—火焰；4—燃烧器；5—雾化器；6—助燃气（空气）；
7—吸样毛细管；8—燃气（C_2H_2）；9—撞击球；10—扰气叶轮；11—试液杯；
12—单色器；13—光栅；14—光电倍增管；15—检波放大器；16—读数记录器；
17—斩光器；18—反射镜；19—半反射器；20—凹面反射镜；21—入射狭缝；
22—出射狭缝；23—废液缸

一、光　源

作为光源要求发射的待测元素的特征锐线光谱有足够的强度、背景小、稳定性高。

为了提供锐线光源，通常使用空心阴极灯（元素灯）或无极放电灯。

（一）空心阴极灯

空心阴极灯是一种特殊的气体放电灯，如图 4-5 所示。它由一个在钨棒上镶钛丝或钽片的阳极和一个由发射所需特征谱线的金属或合金制成的空心筒状阴极组成。空心阴极外面套有陶瓷的屏蔽管，两电极密封在前面带有石英（350nm 以下）或硬质玻璃（350nm 以上）窗口的玻璃管中，管内充满低压惰性气体（氖或氩）。当两电极施加 300～500V 电压时，开始辉光放电，电子从空心阴极射向阳极，并与周围惰性气体碰撞使之电离。此时带正电荷的惰性气体离子，在电场作用下连续碰撞阴极内壁，使阴极表面上的自由原子溅

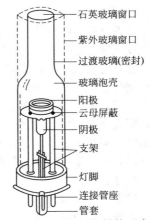

石英玻璃窗口
紫外玻璃窗口
过渡玻璃(密封)
玻璃泡壳
阳极
云母屏蔽
阴极
支架
灯脚
连接管座
管套

图 4-5　空心阴极灯结构示意图

射出来，它再与电子、正离子、气体原子碰撞而被激发，从而辐射出特征频率的锐线光谱。为了保证光源仅发射频率范围很窄的锐线，要求阴极材料具有很高的纯度。通常单元素的空心阴极灯只能用于一种元素的测定，若阴极材料使用多种元素的合金，可制得多元素灯。但只限于两三种元素。

评价一个灯的优劣主要看发光强度、发光的稳定性、测定的灵敏度与线性，以及灯的寿命长短。

正常的元素灯，在规定电流及适当的狭缝宽度（及增益）下，照射到检测器，检测器光电倍增管高压在 300～600V 或 650V 应能调到仪器表头指针满刻度。多数灯 5min 漂移小于 1％，背景强度不大于 1％。能满足以上条件，同时测定时灵敏度高，检测限低的灯比较好。灯的工作电流可采用额定电流的 40％～60％。

灯在点燃后要从灯的阴极辉光的颜色判断一下灯的工作是否正常

（观察空心阴极的发光）。充氖气的灯负辉光的颜色是橙红色，充氩气的灯正常是淡紫色，汞灯是蓝色。灯内有杂质气体存在时，负辉光的颜色变淡。如充氖的灯，颜色可变为粉红、发蓝或发白。此时应对灯进行处理。

　　使用空心阴极灯时，注意灯的极性不要接反，灯的管脚标准接法为3.7脚为阳极，1.5脚为阴极。极性接反时阴极发光很弱而阳极辉光很强。

　　灯在其寿命接近终结时发光明显不稳定，或发光部位不对，灵敏度大幅度下降。灯若损坏漏气时，就会不亮。

　　元素灯长期不用，应定期（每月或每隔二、三个月）点燃处理。即在工作电流下点燃 1h。若灯内有杂质气体辉光不正常，可进行反接处理。若阳极是圆环状可将阴极接正，电流100mA，通电 1～2min。若阳极是棒状，位于一侧，可通 20～30mA 电流，通电 20～60min。元素灯应轻拿轻放，低熔点的灯用完后，待冷却再移动。元素灯是原子吸收光谱仪上的重要部件，应仔细维护和使用。

　　空心阴极灯辐射的光谱波形，可以通过仪器上的光谱扫描机构自动扫描，用记录仪记录波形。质量合格的空心阴极灯应呈现谱线半宽度窄的锐线波形，轮廓清楚、背景小。如图

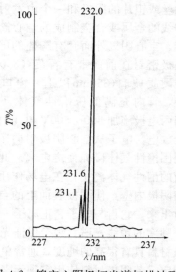

图 4-6　镍空心阴极灯光谱扫描波形

4-6 所示，为镍元素空心阴极灯呈现的 232.0nm、231.6nm、231.1nm 的三线扫描波形。

　　在原子吸收光谱仪中，空心阴极灯多为水平式放置，存在与灯座接触不良、松动现象；对低熔点 Hg、Pb 灯长时间工作，灯发热，其阴极中金属会熔化流出。现有些厂商将空心阴极灯垂直放置，可克服上述缺点，在更换元素空心灯时，无须变更灯的位置，只需改变灯上方的灯选择器反射镜的角度即可，见图 4-7。

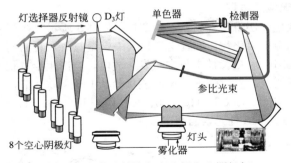

图 4-7　改变反射镜角度选择空心阴极灯

　　在进行原子吸收光谱分析时，每个空心阴极灯只能分析一个元素，无法满足在一个样品中测定多种元素的要求，为此，不少厂商都探讨了进行多种元素测定的技术，主要有两类方法：

　　(1) 进行多种元素的顺序测定　主要改进是安装一个圆形可旋转的灯架，灯架上可安装 4～6 个空心阴极灯的灯座，通过转动，可使空心阴极灯移至正确位置，并通过计算机系统同步使光栅转到特定共振线波长，经调节狭缝宽度和其它条件，进行多种元素的顺序测定。

　　(2) 同时进行多种元素的测定　它利用中阶梯-棱镜双色散光栅，可同时接收由 4～6 个空心阴极灯发射的经雾化器吸收后的光辐射，经光栅衍射后的辐射信号，可同时被多个光电倍增管或 CCD 接收，经平行处理后，可同时显示 4～6 种元素的分析结果。如图 4-8 所示。但此法提高了仪器成本，制约了它的发展。

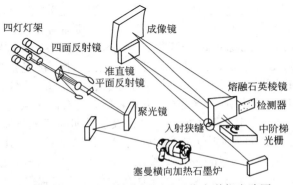

图 4-8　多元素同时分析原子吸收光谱仪光路图

（二）无极放电灯

无极放电灯用石英管制成，其结构如图 4-9 所示。在管内放入少量较易蒸发的金属卤化物，抽真空后充入一定量氩气，再密封。将它置于高频（2450MHz）的微波电场中激发、放电，会产生半宽很窄、强度大的特征频率谱线，发射强度比空心阴极灯大100～1000 倍，适用于对难激发的 K、Rb、Zn、Cd、Hg、Pb、Al、Ge、In、Tl、Bi、Sn、Sb、Ti、P、As、Se、Te 18 种元素的测定。

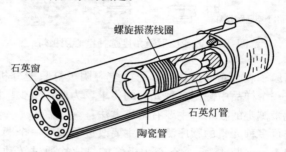

图 4-9　无极放电灯结构示意图

在无火焰原子吸收光谱中还可使用低压汞蒸气放电灯，其发射强度比空心阴极灯大。

（三）高聚焦短弧氙灯

德国耶拿（Jena）公司生产的 ContrAA300/700 型连续光源原子吸收光谱仪，就使用 HR-CS AAS 高聚焦短弧氙灯作为高分辨连续光源。

采用一般空心阴极灯，或采用多通道 AAS 仪器，一次只能分析 4～6 种元素。要实现多元素的同时分析，从理论上讲应采用连续光源（continuous source，CS），如高压短弧氙灯，其辐射光谱范围为 200～1500nm，用一个光源可以分析全部元素，但早期生产的短弧氙灯，其缺点是弧光不稳定、并且光谱带宽太大、对干扰光谱特别敏感，对 <280nm 的紫外光区辐射强度低、定量校正曲线呈非线性。

高聚焦短弧氙灯是一个气体放电灯，灯内充有高压氙气，在高频电压激发下，形成高聚焦弧光放电，它克服了早期高压短弧氙灯的缺点，在保持辐射从紫外线到近红外线的强连续光谱的前提下，具备了 300W 的高功率，辐射能量比一般短弧氙灯高 10～100 倍，发光点直径 200μm，发光点温度达 10000K，并且在紫外光区的辐射强度高、十分稳定。高聚焦短弧氙灯如图 4-10 所示，它在紫外辐射光区的辐射光强度与普通短弧氙灯的比较见图 4-11。

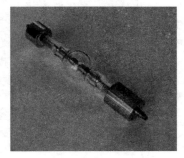

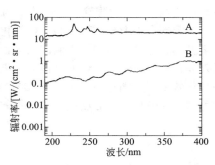

图 4-10 高聚焦短弧氙灯

图 4-11 高聚焦短弧氙灯（A）与普通氙灯（B）光源强度比较

采用 HR-CS AAS 高聚焦短弧氙灯的 ContrAA 连续光源原子吸收光谱仪，测定的波长范围为 $185.0 \sim 900.0$ nm，通过采用高分辨率的大面积中阶梯光栅和石英棱镜组成的双色散单色器，可辐射出任何一条共振线。在 280nm 处，分辨率为 2pm，总分辨率 $\geqslant 1 : 145000$（$\lambda / \Delta \lambda$）。

HR-CS AAS 高聚焦短弧氙灯的另一个优点是没有自吸收问题，由于对波长分辨率高，可以避免两条相邻特征谱线重叠造成的非线性干扰。

连续光源原子吸收光谱仪可以不用更换元素灯，利用一个高能量氙灯，可测量元素周期表中的 67 个元素。它测定的动态线性范围更宽，也不同于传统的背景校正方法，它在解决 AAS 扣除背景和自吸收测量问题上具有潜在优势，是对 AAS 仪器的重要改进。

二、原子化系统

原子化系统的作用是将试样中的待测元素转化成原子蒸气。它可分为火焰原子化和无火焰原子化，前者操作简单、快速，有较高的灵敏度，后者原子化效率高，试样用量少，适于做高灵敏度的分析。

（一）火焰原子化器

1. 火焰原子化器的结构

火焰原子化器由喷雾器、雾化室和燃烧器 3 部分组成（图 4-12）。

（1）喷雾器　通常采用气动同轴型喷雾器，以具有一定压力的压缩空气作为助燃气进入喷雾器，从试样毛细管周围高速喷出，并在前端形成负压。试液沿毛细管吸入再喷出，被快速通入的助燃气分散成气溶胶体，形成约 $10\mu m$ 的雾滴。喷液速度约 $1\sim12mL/min$，雾化效率达 10% 以上。雾滴愈细愈易干燥、熔化，气化生成自由原子蒸气就愈多，测定灵敏度也就愈高。为减小雾滴的粒度，可在试液毛细管喷口的前端几毫米处放置一个撞击球，以使试液雾滴进一步分散成更细小的雾滴，以提高雾化效率。毛细管前端的上下位置（深度）决定喷雾器的吸液速度，而毛细管与喷口的同心度决定喷雾器的雾化效率。

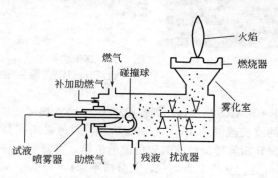

图 4-12　火焰原子化器示意图

（2）雾化室　燃气（C_2H_2）在雾化室内与试液的细小雾滴混合，雾化室内部安装的扰气叶轮，既可使气、液混合均匀，也可使大的液滴凝聚后从带有水封的废液排出口排出（水封可防止 C_2H_2、空气逸出）。雾化室的记忆效应要小、废液排出要快。

（3）燃烧器　燃烧器的作用是使样品原子化（图 4-13）。被雾化的试液进入燃烧器，在燃烧的火焰中蒸发、干燥形成第一反应区气固态气溶胶雾粒，再经熔化、受热离解成基态自由原子蒸气，原子化效率约为 10%。为保证大量基态自由原子的存在，燃烧器火焰的温度要适当，若火焰温度过高会引起基态原子的激发或电离，使测试

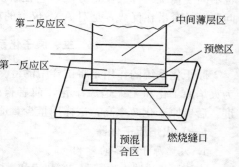

图 4-13　燃烧器及火焰区域示意图

灵敏度降低。

燃烧器应能使火焰燃烧稳定，原子化程度高，并能耐高温、耐腐蚀。燃烧器多为单缝结构，对空气-C_2H_2 火焰，其缝长 10～12cm，缝宽 0.5～0.7mm；对 N_2O-C_2H_2 火焰，其缝长 5cm，缝宽 0.5mm。也有三缝燃烧器，它可增加火焰的宽度。

2. 火焰及其性质

（1）火焰的结构　燃烧的火焰可分为以下 6 个区域：

① 预混合区　试液雾滴与燃气、助燃气混合。

② 燃烧器缝口

③ 预燃区　在灯口狭缝上方不远处，上升的燃气被加热至 350℃ 而着火燃烧。

④ 第一反应区　在预热区的上方，是燃烧的前沿区，燃烧不充分的火焰温度低于 2300℃（空气-C_2H_2）。此区域反应复杂生成多种分子和自由基，如 H_2O、CO、·OH、·CH、·C_2 等，产生连续分子光谱对测定有干扰，不宜做原子吸收测定区域使用。

⑤ 中间薄层区　在第一和第二反应区之间，火焰温度最高，对空气-C_2H_2 火焰可达 2300℃，为强还原气氛。待测元素的化合物在此区域还原并热解成基态原子。此区为锐线光源辐射光通过的主要区域，适于做原子吸收测定使用。

⑥ 第二反应区　在火焰的上半部，覆盖火焰的外表面温度低于 2300 ℃，由于空气供应充分燃烧比较完全。

（2）火焰的性质　原子吸收光谱分析中，一般用乙炔、氢气、丙烷作为燃气，以空气、N_2O、氧气作为助燃气。火焰的组成决定了火焰的温度及氧化还原特性，直接影响化合物的解离和原子化的效率。表 4-2 列出常用的各种火焰的燃烧速度和温度。

表 4-2　各种火焰的燃烧速度和温度

气体混合物	空气-C_3H_8	空气-H_2	空气-C_2H_2	O_2-H_2	O_2-C_2H_2	N_2O-C_2H_2
燃烧速度/(cm/s)	82	440	160	900	1130	180
温度/℃	1925	2045	2300	2700	3060	2955

（3）常用火焰及其性质　在原子吸收光谱分析中常用以下两种火焰。

① 空气-C_2H_2 火焰　是应用最广泛的一种火焰，最高温度为 2300℃，

能测定 35 种以上的元素。当调节燃气和助燃气的体积比例时，可获得三种不同类型的火焰：

a. 贫燃性火焰（蓝色）空气：$C_2H_2 = (5 \sim 6) : 1$，由于助燃气多，燃烧完全，火焰呈强氧化性，温度高，发射背景低，适用于不易氧化的元素的测定，如 Ag、Au、Cu、Pb、Cd、Co、Ni、Bi、Pd 和碱土金属的测定。

b. 化学计量性火焰（中性）空气：$C_2H_2 = 4 : 1$，火焰呈氧化性、发射背景低、噪声低，适用于 30 多种金属元素的测定。

c. 富燃性火焰（黄色）空气：$C_2H_2 = (2 \sim 3) : 1$，火焰呈还原性，发射背景强、噪声高，温度低，适用于难离解且易氧化元素的测定。如 Cr、Mo、Sn 和稀土元素的测定。

空气-C_2H_2 火焰不适于测定高温难熔元素和吸收波长小于 220nm 锐线光的元素（如 As、Se、Zn、Pb）。

② N_2O-C_2H_2 火焰　最高温度达 2900℃，还原性强，适用于测定高温难熔的元素，如 B、Be、Ba、Al、Si、Ti、Zr、Hf、Nb、Ta、V、Mo、W、稀土元素等。测定元素可达 70 多种。N_2O-C_2H_2 火焰燃烧剧烈，发射背景强，噪声大，必须使用专用燃烧器，不能用空气-C_2H_2 燃烧器代替。

火焰原子化法具有操作简便、重现性好的优点，已成为原子化的主要方法，但它的雾化效率低，到达火焰参与原子化的试液，仅占 10%，而大部分试液却由废液管排掉了，对试样量少或贵重试样分析就受到限制。另外基态原子在火焰上原子化区停留的时间很短，只有 10^{-3} s 左右，从而限制了灵敏度的提高。此外火焰原子化法不能对固体试样直接进行测定。这些不足之处也促使了无火焰原子化法的发展。

（二）无火焰原子化装置

无火焰原子化装置又称电热原子化装置，目前广泛使用的为石墨炉原子化器（图 4-14）。它利用低电压（$10 \sim 25$V）、大电流（300A）来加热石墨管，可升温至 3000℃，使管中的少量液样或固样蒸发和原子化。石墨管长 $30 \sim 60$mm，外径 6mm、内径 4mm，管上有 3 个小孔，中间小孔用于注入试液。石墨管要不断地通入惰性气体（Ar 或 N_2），以保护原子化的基态原子不再被氧化，并用于清洗和保护石墨管。为使石墨管在每次分析之间能迅速降至室温，从上面冷却水入口通入 20℃的水以冷却石墨炉原子化器。

管式石墨炉使试样原子化的程序通常包括干燥（100℃，30～60s），灰化（或分解，100～1800℃，10～30s），原子化（1800～2900℃，3～5s）和高温净化（除残3000℃，5s）四个步骤，其中高温净化时间要短，以防止损坏石墨炉。石墨炉程序升温过程示意图见图4-15。

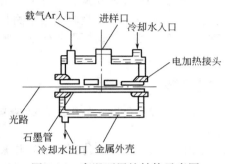

图4-14　高温石墨炉结构示意图

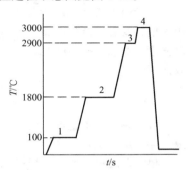

图4-15　石墨炉程序升温示意图
1—干燥；2—灰化；
3—原子化；4—高温净化

普通石墨管在2700℃以上易升华而损失，现多采用热解石墨涂层石墨管或金属碳化物涂层石墨管。试样可置于石墨杯、石墨平台或金属钽舟中，再移至石墨管中进行原子化。

石墨炉原子化法的优点是原子化效率高，在可调的高温下试样利用率达100%，灵敏度高，其绝对检测限可达$10^{-6}\sim10^{-14}$ g，试样用量少，液样约1～100μL，固样约20～40μg。适用于难熔元素的测定。其不足之处是：试样组成的不均匀性的影响较大，测定的精密度较低；共存化合物的干扰比火焰原子化法大；背景吸收大时需进行背景校正。

（三）化学原子化

化学原子化是利用化学反应将待测元素转变成易挥发的金属氢化物或低沸点纯金属，可在较低温度下进行原子化，常用的有氢化物原子化法和汞低温原子化法。

1. 氢化物原子化法

此法适用于Ge、Sn、Pb、Bi、As、Sb、Se、Te等元素的测定，可在常温酸性介质中，用锌粒等还原剂将上述元素的盐类还原，生成易挥发、易分解的氢化物，如AsH_3、SnH_4、TeH_4等，然后用载气将氢化物引入火焰原子化器或石墨炉中进行原子化并进行原子吸收测定。本法的还原效率可达 100%；被测元素转化为氢化物后全部进入原子化器，测定灵敏度高；样品中的基体不被还原，对测定的影响很小。此原子化法的实现大大提高了原子吸收光谱法的应用范围。

2. 汞低温原子化法

在常温下汞盐溶液中的 Hg^{2+} 可被 $SnCl_2$ 还原成金属汞。由于汞的沸点低，常温下蒸气压高，可用空气直接将汞蒸气引入吸收光路中测其吸光度。这就是环境监测中测定水中有害元素汞时常用的冷原子吸收法。

三、分光系统

分光系统（单色器）由凹面反射镜、狭缝和色散元件组成，对双光束仪器，配有旋转斩光器，以随时检查背景。

单色器的色散元件为棱镜或衍射光栅，其作用是将待测元素的共振线与邻近的谱线分开。转动光栅，各种波长的单色谱线按顺序从出射狭缝射出，被检测系统接收。

单色器的性能主要是指色散率、分辨率和集光本领。色散率是指色散元件将波长相差很小的两条谱线分开所成的角度（角色散率）或两条谱线投射到聚焦面上的距离（线色散率）的大小。分辨率是指将波长相近的两条谱线分开的能力。色散元件的分辨率越高，色散率越大。集光本领是指单色器传递光的本领，它影响出射光谱线的强度。当光源强度一定时，选择具有适当色散率的衍射光栅与狭缝宽度配合，可构成适于检测器测定的光谱通带。光谱通带 (W) 是指单色器出射光谱所包含的波长范围，它由光栅线色散率的倒数 (D) 和出射狭缝宽度 (L) 所决定：

$$\{W\}_{nm} = \{D\}_{nm/mm} \times \{L\}_{mm}$$

由上式可知，当单色器的色散率一定时，其光谱通带取决于出射狭缝的宽度。

原子吸收光谱仪按光源波道数目有单道、双道和多道之分；按光路可分为单光束和双光束两类。

早期生产的原子吸收光谱仪为单道单光束，"单道"即指仪器只有一个光源、一个单色器、一个显示系统，从光源发出的光仅以单一光束通过原子化器、单色器和检测系统，此类仪器的光学系统如图 4-16 所示。

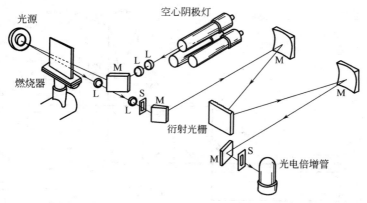

图 4-16　单光束型原子吸收分光光度计的光学系统
L—透镜；M—反射镜；S—狭缝

　　这种仪器结构简单，操作方便，能满足一般分析的要求，但不能消除由光源波动引起的基线漂移。

　　现在使用较多的是单道双光束和双道双光束的原子吸收光谱仪。双光束是指从光源发出的光被斩光器分成两束强度相等的光，一束为测量光束通过原子化器被基态原子吸收，另一束为参比光束不通过原子化器，光强度不减弱。两束光经原子化器后面的斩光器，交替进入单色器和检测器。

　　图 4-4 所示为单道双光束原子吸收光谱仪的光路。此类仪器的两个光束来自同一光源，光源的漂移通过参比光束补偿，因此可获得稳定的测量光束输出信号。但由于参比光束不通过火焰，无法消除火焰扰动和背景吸收的影响。

　　图 4-17 为双道双光束原子吸收光谱仪的光学系统示意图。此类仪器有两个光源，两套独立的单色器和检测显示系统。从两个光源发出的辐射光，分别被两个斩光器分为各自光路的测量光束和参比光束，并使两个光路的相位相差 180°。在各自光路中，测量光束和参比光束分别被反射至光路合并处会合，再交替进入各自单色器和检测器。本仪器两道光路可各自独立运行，相当于两台单道双光束仪器，可同时测定两种元素；两道光路相组合可消除原子化火焰扰动和背景吸收的影响。此种仪器的结构复杂，但工作稳定性好，测定准确度高。

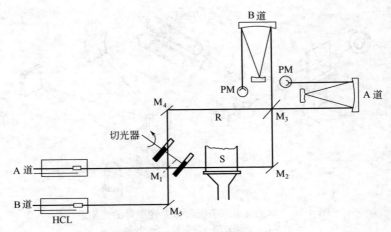

图 4-17　双道双光束型仪器

M_1，M_3—半透半反镜；M_2，M_4，M_5—反射镜；R—参比光束；S—样品光束；PM—检测器

现在已研制出多道原子吸收光谱仪，以安装在可旋转支架上的多道空心阴极灯作为光源，以电感耦合等离子体（ICP）作为原子化器，它提供的高温可使大多数元素原子化，再配置新型中阶梯光栅和固体检测器，可同时检测多种元素。

四、检测系统

检测系统由检测器（光电倍增管和电荷转移器件）、放大器、对数转换器和显示装置（记录器）组成，它可将单色器出射的光信号转换成电信号后进行测量。

1. 检测器

（1）光电倍增管　原子吸收光谱仪的检测器为可接收 $190\sim850nm$ 波长光的光电倍增管。经单色器分光后的出射光照射在光电倍增管的光敏阴极 K 上，使其释放光电子，光电子依次碰撞各个打拿极产生倍增电子，电子数可增加 10^6 倍，最后射向阳极 A，形成 $10\mu A$ 左右的电流，再通过负载电阻 R 转换成电压信号送入放大器。

光电倍增管的光敏阴极和阳极间通常施加$300\sim650V$ 直流高压，光敏阴极材料为 Ga-As$(190\sim850nm)$、Sb-As $(200\sim500nm)$、Na-K-Cs-Sb $(150\sim600nm)$。

光电倍增管的一个重要特性是它的暗电流，即无光照在光敏阴极上时而产生的电流，它是由光敏阴极的热发射和打拿极间的场致发射产生的。暗电流随温度上升而增大，从而增加噪声。使用时要注意光电倍增管的疲劳现象，要设法遮挡非信号光，避免使用过高增益，以保证光电倍增管的良好工作特性。

（2）电荷转移器件　包括电荷耦合器件（CCD）和电荷注入器件（CID）。

2. 放大器

放大器的作用是将光电倍增管输出的电压信号放大后送入显示器。在原子吸收光谱仪中常使用同步检波放大器以改善信噪比。

3. 对数转换器

对数转换器的作用是将检测、放大后的透光度（T）信号，经运算放大器转换成吸光度（A）信号。透光度与吸光度之间存在下述关系：

$$T/\% = \frac{I}{I_0} \times 100$$

$$A = \lg \frac{I_0}{I} = \lg \frac{100}{T/\%} = 2 - \lg(T/\%)$$

式中，I 和 I_0 为透过光和入射光的强度。

4. 显示装置

显示装置可以用微安表或检流计直接指示读数，或用液晶数字显示，或用记录仪记录。还可用微处理机绘制、校准工作曲线，高速处理大量测定数据。

五、数据处理系统

随计算机技术的迅速发展，原子吸收光谱仪都配备了微机处理系统。对全自动化的原子吸收光谱仪，其微机处理系统可对仪器的多种参数，如波长选择、灯电流值、原子化器位置、单色器狭缝宽度、供气系统的流量等，进行自动选择；可绘出测定过程中各种分析曲线的图形；自动记录，储存定量分析结果。从而简化了分析操作，缩短了工作时间。

六、常用商品仪器

表 4-3 为现在常用原子吸收光谱仪简介。

表 4-3　原子吸收光谱仪

厂商名称	仪器型号(类型)	仪器性能及特点	注　释
Jena	ContrAA 300/700	采用高聚焦氙灯,连续光源,固体检测器 CCD,中阶梯光栅分光器,300 型单火焰型,700 型火焰/石墨炉	一体化新型仪器
	NovAA 300/400	智能型 F/GAAS,双光束单光束自动切换,配有氢化物装置,氘灯校正背景,GF 直接固体进样	
	Zeemit 600/650	G 型仪器,配有石墨炉自动进样器,氢化法装置,氘灯和塞曼扣背景	
	Zeemit 700	F/G 自动切换,带氢化物装置,塞曼扣背景,可调 3 磁场,固体进样器,1800 条/mm 光栅	
Perkin Elmer	AAnalyst400/700	配 HGA,双光束,PC 机中阶梯光栅,700 型是平面光栅,HCL、EDL 两种光源,光栅 1800 线/mm	新推出 AAnalyst-50 型双光束简便半自动氘灯校背景 AAS 仪
	AAnalyst600/800	HGA 横向加热,平面光栅,塞曼扣背景,具有 FIAS 与 HGA 联用,也可与 FIMS、GC、HPLC、TA 联用	
Thermo Fisher	iCF3300/3500	F/G 两用仪,通用,小巧,多功能,氘灯校正背景,双光束仪,六灯座	配 GFTV 石墨炉可视系统,STAT 原子捕获器
	iCF3400(GFAAS) iCF3500(FAAS)	采用中阶梯光栅,双光束,体积很小,多灯同时预热,四线氘灯与交流塞曼综合校正背景	配 GFTV 石墨炉可视系统,STAT 原子捕获器
GBC 公司	SensAA	不对称双光束,光栅 1800 条/mm,自动 6 灯座,光谱带宽 0.1～2.0mm 可调(19 挡或 20 挡)	全自动/手动,波长范围为 175～900nm
	SavantAA	不对称双光束,自动八灯座,其它同 SensAA	全自动
	Savant Σ 型	不对称双光束,八灯位(1～4 超灯座)氘灯校背景,全钛燃烧头可自动旋转 0′～90′	全自动
	SavantAA Z	纵向塞曼校正背景,磁场强度可调(0.6～1.1T)	

138

厂商名称	仪器型号（类型）	仪器性能及特点	注　释
Leema	Hydra-C	自动固体进样，金汞齐热解，原子吸收测汞仪	原生产合金 30 型阴极溅射 AAS仪
岛津	AA-6800	与 6300 相似，氘灯，SR 法扣背景，石墨炉电子双光束	AA7000；G/F 一体化双原子化器并联设计，6 灯座。氘灯和自吸校背景
	AA-6300，AA-7000	F/G 自动切换，氘灯，SR 法校正背景，火焰法用光学双光束，石墨炉采用电子双光束	
	AA-6200	单光束，氘灯扣背景	
日立	Z-2010 ZA3000	直流偏振塞曼扣背景，双光束，双检测器，F/G	
	Z2300F	是 2000F 的改进型	
	Z2700G	双光束，双检测器，塞曼校正背景，石墨炉采用双控温	
北京普析通用有限公司	TAS-986	双光束 F/G 一体化，氘灯和 S-H 法扣背景，HGA 采用横向加热	F 代表火焰、G 代表石墨炉
	TAS-990super（TAS-999）	TAS-990 改进型在 986 基础上作改进，TAS-999 在 986/990 基础上作部分改进，190～900nm	
	MB-5	用于血液五元素五通道 FAAS仪	医疗专用仪
	MG-2	用于血液两元素混合灯 GFAAS仪	医疗专用仪
北京瑞利分析仪器公司	WFX-810	F/G 并联双灯双原子化器一体结构，恒定磁场塞曼校正背景，流线形外观，仪器新颖，F/G 交替用最短光路，190～900nm	曾获 2007 年 BCEIA 金奖
	WFX-110A/B WFX-120A/B WFX-130A/B	110 型有富氧 FAAS 装置和 HGA 装置，120 无富氧装置，130 无富氧无发射装置，D2 校正，4 灯座	HGA 代表石墨炉 A 型有 HGA、B 型无 HGA 110、120 型双背景校正 6 灯座
	WFX-210	全自动，性能与 110A/B 相同	
	WFX-310/320	普通型	
	WFX-910	首创便携式 AAS仪，电热丝原子化器，分光系统为 CCD 器件，用 Li 电池供电，体积小，重量轻，便捷，适用现场检测	

厂商名称	仪器型号(类型)	仪器性能及特点	注　释
北京科创海光公司	GGX-900	准双光束,直流恒定磁场(1T)塞曼扣背景,1800 刻线/mm 平面光栅,GGX-6 改进型	
	GGX-800	准双光束,氘灯扣背景,光栅1800/mm,五灯位切换。钛合金燃烧器	
	GGX-600/610	与 800 型相似,自动点火	
	GGX-6	与 GGX-900 型相似,塞曼扣背景仪器老型号	传统仪器
北京东西电子仪器有限公司	AA7000/7002/7002A,AA7001/7003/7003A(即 AA7000 系列)	7001F/G 仪基本型,7003F/G 全自动,7003A 半自动。7000FAAS基本型,7002FAAS 全自动,7002A半自动火焰型,190～900nm	单光束氘灯/自吸校背景 AA7002 改装成车载仪 AA4700已完成测试
北京翰时制作所	CAAM-2001	多功能 F/GAAS 仪,可作为光度计用	有富氧装置,生产玻璃雾化器和WHG103 型 HS 装置
北京华洋分析仪器公司	AA-2602/2601,AA-2630	单光束,氘灯扣背景,光栅 1200/mm,2630 为 2601/2602 改进型,8灯座,全自动,氘灯/自吸校背景	有富氧装置
上海精密科学仪器公司(上分凌光组合体)	361MC	单光束,1200/mm,微机	
	361CRT	单光束,氘空心阴极灯扣背景,PC 机,带发射	
	AA320N	双光束,F/GAAS 仪,可使用N₂O 火焰,内置微电脑。氘灯校背景	配氢化物发生器(全自动)
	370MC	单光束,F/GAAS,氘灯扣背景,内置式微机	
	370CRT	同 370MC,带 HS 装置	HS 氢化火焰
	4530F/4530TF	双光束,光栅 1800/mm,氘灯/自吸扣背景,4～8 元素自动切换,全自动,钛燃烧器	
	4510/4520TF	PC 机控制操作,氘灯/自吸校背景,单光束 F/G	
	3510	F/GAAS 仪,通用型	

厂商名称	仪器型号(类型)	仪器性能及特点	注 释
上海光谱公司	SP-3520(标准型)/3530(增强型) SP-3800 系列	单光束,氘灯/自吸校背景,8 灯座,全自动仪。SP-3500GA 为石墨炉系统。SP-3801 属火焰型、SP-3802 属石墨炉型,SP-3803 属F/G AAS,采用断续点灯技术,3800 与3500 较相似	SP-3800 有多项独特技术,获 2007年 BCEIA 金奖
浙江福立分析仪器公司	AA1700	在 5800 型基础上改进,结构紧凑体积较小,全自动多功能石墨炉为 3.6kW(3600W)可装 6～10 支灯	原有 5800 型
江苏天瑞仪器公司	AAS 6000	单光束,氘灯校背景,8 灯座,全自动,1800 线/mm 光栅,火焰 AAS 仪	
沈阳华光精密仪器公司（中日合资）	LAB-600	多功能仪 F/GAAS,Vis/UV,氢化物发生器一体化。8 灯座,全自动,氘灯/自吸校背景,Pt/Rh雾化器,电热石英管装不锈钢铠	原生产 HG9600/9600A,HG9602/9602A
上海天美	AA6100	火焰,石墨炉,氘灯校正	

第三节　原子吸收光谱法测定条件的选择

原子吸收光谱分析中影响测量的可变因素多,各种测量条件不易重复。这对测定结果的准确度和灵敏度影响大,也关系到能否有效地消除干扰因素。因此严格控制测量条件十分重要。

一、最佳实验操作条件的选择

最佳实验操作条件的选择主要考虑以下几点:

(一) 吸收波长 (共振线) 的选择

通常选择每种元素的共振线作为分析线,可保证检测具有高灵敏度,但也要考虑测定中干扰因素的影响,以保证测定的稳定性。例如,测 Zn 时常选用最灵敏的 213.9nm 波长,但当 Zn 含量高时,为保持工作曲线的线性范围,可改用次灵敏线 307.5nm 波长进行测定。又如,测 Hg 时,由于共振线 184.9nm 会被空气强烈吸收,只能改用次灵敏线253.7nm 进行测定。表 4-4 列出了在原子吸收分析中一些元素常用的分析线。

表 4-4　原子吸收分光光度法中常用的分析线

元素	分析线 λ/nm	元素	分析线 λ/nm	元素	分析线 λ/nm	元素	分析线 λ/nm
Ag	328.1，338.3	Eu	459.4，462.7	Na	589.0，330.3	Sm	429.7，520.1
Al	309.3，308.2	Fe	248.3，352.3	Nb	334.4，358.0	Sn	224.6，286.3
As	193.6，197.2	Ga	287.4，294.4	Nd	463.4，471.9	Sr	460.7，407.8
Au	242.8，267.6	Gd	368.4，407.9	Ni	232.0，341.5	Ta	271.5，277.8
B	249.7，249.8	Ge	265.2，275.5	Os	290.9，305.9	Tb	432.7，431.9
Ba	553.8，455.4	Hf	307.3，286.6	Pb	216.7，283.3	Te	214.3，225.9
Be	234.9	Hg	253.7	Pd	247.6，244.8	Th	371.9，380.3
Bi	223.1，222.8	Ho	410.4，405.4	Pr	495.1，513.3	Ti	364.3，337.2
Ca	422.7，239.9	In	303.9，325.6	Pt	266.0，306.5	Tl	276.8，377.6
Cd	228.8，326.1	Ir	209.3，208.9	Rb	780.0，794.8	Tm	409.4
Ce	520.0，369.7	K	766.5，769.9	Re	346.1，346.5	U	251.5，358.5
Co	240.7，242.5	La	550.1，418.7	Rh	343.5，339.7	V	318.4，335.6
Cr	357.9，359.4	Li	670.8，323,3	Ru	349.9，372.8	W	255.1，294.7
Cs	852.1，455.5	Lu	336.0，328.2	Sb	217.6，206.8	Y	410.2，412.3
Cu	324.8，327.4	Mg	285.2，279.6	Sc	391.2，402.0	Yb	398.8，346.4
Cy	421.2，404.6	Mn	279.5，403.7	Se	196.1，204.0	Zn	213.9，307.6
Er	400.8，415.1	Mo	313.3，317.0	Si	251.6，250.7	Zr	360.1，301.2

　　在实际分析时设置的测量波长的示值可能和理论值不完全一致，这可能是由于单色器传动机构不精密引起的误差（±0.5nm），也可能是因空心阴极灯电流大小的变化引起的。因此使用仪器时应定期校正特征吸收波长的位置。表 4-5 给出一些常见元素不同谱线的发射强度比、吸收强度比及适用的浓度范围，每个元素吸收和发射最强的谱线强度均为 100。

表 4-5　常见元素谱线强度比与吸收比

元素	谱线 λ/nm	发射强度比	吸收强度比	应用范围/(μg/mL)
Ag	328.07	100	100	1～10
Au	338.3	100	50	1.5～15
	242.8	71	100	2～40
	267.6	100	50	10～100
Bi	222.8	4	27.7	20～200
	223.1	5	100	8～100
	227.7	3	3.1	100～1000
	306.8	100	23.7	20～200
Cd	228.8	11	100	0.5～5
	326.1	100	0.2	100～1000
Co	240.7	35	100	2～20

元素	谱线 λ/nm	发射强度比	吸收强度比	应用范围/(μg/mL)
Co	304. 4	15	6. 2	50~500
	346. 6	100	2. 5	100~1000
	347. 4	34	13. 7	20~200
Cr	357. 9	100	100	2~25
	425. 4	77	33. 5	4~50
	427. 5	76	27	5~100
	429. 0	59	13	10~100
Cu	244. 2	8	0. 3	100~2000
	324. 8	100	100	0. 5~10
	327. 4	65	27. 5	2~20
Fe	248. 3	1	100	1~20
	372. 0	100	11. 5	20~200
	386. 0	53	6. 6	50~500
	392. 0	4	0. 4	500~2000
K	766. 5	100	100	0. 5~5
	769. 9	80	33	2~10
Li	404. 4	—	0. 7	100~1000
	610. 4	12	0. 01	—
	670. 8	100	100	0. 1~10
Mn	279. 5	16	100	0. 5~10
	280. 1	16	50	2~20
Mn	321. 7	1. 5	0. 03	100~1000
	403. 1	100	8. 4	10~100
Na	330. 2 330. 3 } 双	6	0. 2	50~500
	589. 0	91	100	0. 1~5
	589. 6	100	35. 8	0. 2~10
Ni	232. 0	8	100	0. 5~20
	241. 5	56	19. 6	10~100
	352. 5	100	19. 6	10~50
Pb	217. 0	11. 5	100	2~50
	261. 4	54. 9	2. 7	100~1000
	283. 3	100	40	10~100
Sb	206. 8	40	83	10~1000
	212. 7	2. 8	14	100~1000
	217. 6	70	100	5~100
	231. 2	100	50	20~200

(二) 原子化工作条件的选择

1. 空心阴极灯工作条件的选择

空心阴极灯工作时发射的锐线光源应当稳定，并有合适的光强输出，为此应注意以下两点。

(1) 预热时间　灯点燃后，由于阴极受热蒸发产生原子蒸气，其辐射的锐线光经过灯内原子蒸气再由石英窗射出。使用时为使发射的共振线稳定，必须对灯进行预热，以使灯内原子蒸气层的分布及蒸气厚度恒定，这样才会使灯内原子蒸气产生的自吸收和发射的共振线的强度稳定。自吸收是指由于阴极内部温度高于外部，阴极外部的原子蒸气会吸收辐射的共振线，使辐射强度降低，因而减弱测定的灵敏度。通常对单光束仪器，灯预热时间应在 15min 以上，才能达到辐射的锐线光稳定。对双光束仪器，由于参比光束和测量光束的强度同时变化，其比值恒定，能使基线很快稳定。空心阴极灯在使用前，若在施加 1/3 工作电流的情况下预热 0.5～1.0h，并定期活化，可使其工作寿命达上千小时。

(2) 工作电流　元素灯本身质量好坏直接影响测定的灵敏度及标准曲线的线性。有的灯背景过大也不能正常使用。灯在使用过程中会在灯管内释放出微量氢气，而氢气发射的光是连续光谱，称之为灯的背景发射。当关闭光闸调零，然后打开光闸，移动波长鼓轮，使之离开发射的波长，在没有发射线的地方，如仍有读数这就是背景连续光谱。背景值读数不应大于 5%，较好的灯，此值应小于 1%。所以在选择灯电流前要检查一下灯的质量。

灯工作电流的大小直接影响灯放电的稳定性和锐线光的输出强度。灯电流小，能使辐射的锐线光谱线窄、使测量灵敏度高，但灯电流太小时由于透过光太弱，需提高光电倍增管灵敏度的增益，此时会增加噪声、降低信噪比；若灯电流过大，会使辐射的锐线光谱带产生热变宽和碰撞变宽，灯内自吸收增大，使辐射锐线光的强度下降，背景增大，也使灵敏度下降，还会加快灯内惰性气体的消耗，缩短灯的使用寿命。空心阴极灯上都标有最大工作电流（额定电流，为 5～10mA），对大多数元素，日常分析的工作电流保持额定电流的 40%～60% 较为合适，可保证稳定、合适的锐线光强的输出。也可由实验绘出吸光度 (A)-灯电流 (I) 关系曲线，选用与最大吸光度读数对应的最小灯电流值。空心阴极灯在 5mA 工作电流下，其使用寿命可达 1000h。通常对高熔点的镍、钴、钛、钽、锆等的空心阴极灯使用电流可大些，对低熔点易溅射的铋、钾、钠、铷、铯、锗、镓等的空心阴极灯，使用电流以小些为宜。

2. 火焰燃烧器操作条件的选择

影响火焰原子化效率的因素较多，主要应考虑以下几点。

(1) 试液提升量　当试液喷雾时，试液提升量受吸液毛细管的内径与长度、通入压缩空气的压强、试液的黏度等因素的影响，遵循波斯里 (Poisuue) 公式：

$$V = \pi r^4 p / (8\eta L)$$

式中　V——试液提升量，cm^3/s；

r——毛细管内径，cm；

p——压强，Pa；

η——试液黏度，$Pa \cdot s$；

L——毛细管的长度，cm。

当 r、p 保持恒定，η、L 增大，就会降低试液提升量。通常试液提升量选择 $3 \sim 6 mL/min$，雾化效率可达 10%。试液提升量较小时，雾化效率高，但测定灵敏度下降；若提升量太大时，雾化效率降低，大量试液成为废液排出，灵敏度也不会提高。

(2) 火焰类型　选择合适的火焰不仅能提高测定的灵敏度和稳定性，还可减少干扰。选择的一般原则是：对易电离、易挥发的元素（如碱金属和部分碱土金属）及易与硫化合的元素（如 Cu、Ag、Pb、Cd、Zn、Sn、Se 等）可使用低温火焰，如空气-C_3H_8 火焰；对难挥发和易生成氧化物的元素（如 Al、Si、V、Ti、W、B 等）可使用高温火焰，如 N_2O-C_2H_2 火焰、O_2-H_2 火焰；对其余绝大多数元素多采用空气-C_2H_2 火焰。为获得火焰的合适温度，应控制助燃气和燃气的正常比例，通常二者的体积比为：空气：$C_2H_2 = 3:1$；空气：$C_3H_8 = 2:1$；空气：$H_2 = (2 \sim 3):1$；$N_2O:C_2H_2 = 1:1$。燃气和助燃气最佳流量配比也可通过绘制吸光度 (A)-流量 (v) 曲线来确定。

(3) 燃烧器的高度及与光轴的角度　锐线光源的光束通过火焰的不同部位时对测定的灵敏度和稳定性有一定的影响，为保证测定的灵敏度高应使光源发出的锐线光通过火焰中基态原子密度最大的"中间薄层区"。这个区域火焰比较稳定，干扰也少，约位于燃烧器狭缝口上方 $2 \sim 10mm$ 附近。可通过实验来选择恰当的燃烧器高度，方法是用一固定浓度的溶液喷雾，再缓缓上下移动燃烧器直到吸光度达最大值，此时的位置即为最佳燃烧器高度。此外燃烧器也可以转动，当其缝口与光轴一致时（0°）有最高灵敏度。当欲测试样浓度高时，可转动燃烧器至适当角度以缩短吸收的长度来降低灵敏度。对10cm长的燃烧器，当其转动90°时原子吸收的灵敏度约为0°时的1/20。

3. 石墨炉最佳操作条件的选择

(1) 惰性气体　原子化时常采用氩气和氮气作为保护气体，通常认为氩气比氮气更好。氩气作为载气通入石墨管内，一面将已气化的样品带走，另一方面可保护石墨管不致因高温灼烧被氧化。氩气流量的大小，在原子化阶段直接影响基态原子蒸气在石墨管中的浓度和滞留时间。目前，商品仪器都采用石墨管内、外单独供气，管外供气是连续的且流量大，管内供气流量小并可在原子化期间中断。这样可使基态原子停留在光路中的时间更长些，增大浓度，从而可提高测定的灵敏度。

(2) 最佳灰化温度和最佳原子化温度　样品在石墨炉中原子化要经历干燥、灰化、原子化和高温净化四个阶段，干燥阶段常选择 $100℃$，对 $10 \sim 100 \mu L$ 样品，干燥时间为 $15 \sim 60s$。灰化阶段为除去基体组分，以减少共存元素的干扰，可通过绘制吸光度 A 与灰化温度 T 关系曲线来确定最佳灰化温度。如图 4-18 所示，在低温下吸光度 A 保持不变，当吸光度 A 下降时对应的较高温度即为最佳灰化温度，灰化时间约为 30s。原子化阶段的最佳温度也可通过绘制吸光度 A 与原子化温度 T 关系曲线来确定，对多数元素来讲，当曲线上升至平顶形时，与最大 A 值对应的温度就是最佳原子化温度，如图 4-19 所示。在每个样品测定结束后，可在短时间内使石墨炉的温度升至最高（$3000 \sim 3400℃$），空烧一次石墨管，燃尽残留样品，以实现高温净化。

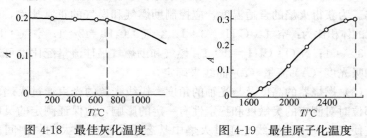

图 4-18　最佳灰化温度　　　　图 4-19　最佳原子化温度

(3) 冷却水　为使加热后的石墨管迅速降至室温，应向石墨炉冷却水入口通入 $20℃$（室温）的冷水，流量保持为 $1 \sim 2L/min$，水温不宜过低，流量也不宜过大，以避免在石墨炉体或石英窗上产生冷凝水滴。

（三）光谱通带的选择

选择光谱通带实际上就是选择单色器的狭缝宽度。当共振线附近存在干扰时，狭缝宽度的选择就显得颇为重要。狭缝宽度的选择要用光谱通带来表示，已知光谱通带 W 为单色器的线色散率的倒数 D 和狭缝宽度 L 的乘积：$\{W\}_{nm} = \{D\}_{nm/mm} \times \{L\}_{mm}$，确定光谱通带宽度，既要考虑能将共振线和邻近的非吸收谱线分开，也要使单色器有一定的集光本领。对大多数元素，光谱通带为 $0.1 \sim 10nm$。根据单色器给出的线色散率倒数，可计算出不同光谱通带所对应的狭缝宽度。若 $W = 0.2nm$、$D = 2nm/mm$，则：

$$L = \frac{W}{D} = \frac{0.2}{2} mm = 0.1mm$$

同样，当 W 为 $0.4nm$、$4nm$ 时，S 为 $0.2mm$ 和 $2mm$。对于无干扰线、谱线简单的元素，如碱金属、碱土金属，可采用较宽的狭缝以减少灯电流和光电倍增管的高压来提高信噪比，增加稳定性。对存在干扰线、谱线复杂的元素，如铁、钴、镍等，需选用较小的狭缝，防止非吸收线进入检测器，来提高灵敏度，改善标准曲线的线性关系。不同元素常选用的光谱通带见表 4-6。

表 4-6　不同元素常选用的光谱通带

元素	共振线 λ/nm	通带 W/nm	元素	共振线 λ/nm	通带 W/nm
Al	309.3	0.2	Co	240.7	0.1
Ag	328.1	0.5	Cr	357.9	0.1
As	193.7	<0.1	Cu	324.7	1
Au	242.8	2	Fe	248.3	0.2
Be	234.9	0.2	Hg	253.7	0.2
Bi	223.1	1	In	302.9	1
Ca	422.7	3	K	766.5	5
Cd	228.8	1	Li	670.9	5
Mg	285.2	2	Sb	217.6	0.2
Mn	279.5	0.5	Se	196.0	2
Mo	313.3	0.5	Si	251.6	0.2
Na	589.0[①]	10	Sr	460.7	2
Pb	217.0	0.7	Te	214.3	0.6
Pd	244.8	0.5	Ti	364.3	0.2
Pt	265.9	0.5	Tl	377.6	1
Rb	780.0	1	Sn	286.3	1
Rh	343.5	1	Zn	213.9	5

①使用 10nm 通带时，单色器通过的是 589.0nm 和 589.6nm 双线。若用 4nm 通带，测定 589.0nm 线，灵敏度可提高。

（四）检测器光电倍增管工作条件的选择

在日常分析工作中光电倍增管工作电压一般选在最大工作电压（750V）的 $\frac{1}{3} \sim \frac{2}{3}$ 范围内。增加负高压能提高灵敏度，噪声增大，稳定性差；降低负高压，会使灵敏度降低，提高信噪比，改善测定的稳定性，并能延长光电倍增管的使用寿命。

二、干扰因素及消除方法

原子吸收光谱分析由于使用锐线光源，是一种选择性比较好的分析方法，但在实际工作中仍存在化学干扰和物理干扰，应采取适当措施予以消除，以获得满意的分析结果。

（一）化学干扰及消除

化学干扰是原子吸收光谱分析中的主要干扰，它与被测元素本身的性质和在火焰中引起的化学反应有关。产生化学干扰的主要原因是由于被测元素不能全部从它的化合物中解离出来，从而使参与锐线吸收的基态原子数目减小，而影响测定结果的准确性。由于产生化学干扰的因素多种多样，消除干扰的方法要视具体情况而不同，常用的方法有以下几种：

1. 改变火焰温度

对由于生成难熔、难解离化合物的干扰，可以通过改变火焰的种类、提高火焰的温度来消除。如在空气-C_2H_2 火焰中 PO_4^{3-} 对钙的测定有干扰、铝对镁的测定有干扰，当改用 N_2O-C_2H_2 火焰后，由于提高了火焰的温度，就可消除此类干扰。

2. 加入释放剂

向试样中加入一种试剂，使干扰元素与之生成更稳定、更难解离的化合物，而将待测元素从其与干扰元素生成的化合物中释放出来。例如，测 Mg^{2+} 时铝盐会与镁生成 $MgAl_2O_4$ 难熔晶体，使镁难于原子化而干扰测定。若向试液中加入释放剂 $SrCl_2$，其可与铝结合生成稳定的 $SrAl_2O_4$ 而将镁释放出来。又如，磷酸根会与钙生成难解离化合物而干扰钙的测定，若加入释放剂 $LaCl_3$，则由于生成了更难解离的 $LaPO_4$ 而将钙释放出来。

3. 加入保护络合剂

保护络合剂可与待测元素生成稳定的络合物，而使待测元素不再与干扰元素生成难解离的化合物而消除干扰。例如，PO_4^{3-} 干扰钙的测定，当加入络合剂 EDTA 后，钙与 EDTA 生成稳定的螯合物，而消除 PO_4^{3-} 的干扰。

4. 加入缓冲剂

加入缓冲剂即向试样中加入过量的干扰成分，使干扰趋于稳定状态，此含干扰成分的试剂称为缓冲剂。例如，用 N_2O-C_2H_2 火焰测钛时，铝有干扰，难以获准确结果，当向试样中加入铝盐使铝的浓度达到 $200\mu g/mL$ 时，铝对钛的干扰就不再随溶液中铝含量的变化而改变，从而可准确测定钛。但这种方法不很理想，它会大大降低测定的灵敏度。

如能将消除化学干扰的几种试剂联合使用，则克服干扰的效果会更显著。表 4-7 列出常用的抑制化学干扰的试剂。

表 4-7 常用的抑制化学干扰的试剂

试　　剂	类型	干扰元素	测定元素
La	释放剂	$Al, Si, PO_4^{3-}, SO_4^{2-}$	Mg
Sr	释放剂	$Al, Be, Fe, Se, NO_3^-, SO_4^{2-}, PO_4^{3-}$	Mg, Ca, Ba
Mg	释放剂	$Al, Si, PO_4^{3-}, SO_4^{2-}$	Ca
Ba	释放剂	Al, Fe	Mg, K, Na
Ca	释放剂	Al, F	Mg
Sr	释放剂	Al, F	Mg
Mg+$HClO_4$	释放剂	Al, P, Si, SO_4^{2-}	Ca
Sr+$HClO_4$	释放剂	Al, P, B	Ca, Mg, Ba
Nd, Pr	释放剂	Al, P, B	Sr
Nd, Sm, Y	释放剂	Al, P, B	Ca, Sr
Fe	释放剂	Si	Cu, Zn
La	释放剂	Al, P	Cr
Y	释放剂	Al, B	Cr
Ni	释放剂	Al, Si	Mg
甘油高氯酸	保护剂	$Al, Fe, Tb, 稀土, Si, B, Cr, Ti, PO_4^{3-}, SO_4^{2-}$	Mg, Ca, Sr, Ba
NH_4Cl	保护剂	Al	Na, Cr
NH_4Cl	保护剂	$Sr, Ca, Ba, PO_4^{3-}, SO_4^{2-}$	Mo
NH_4Cl	保护剂	Fe, Mo, W, Mn	Cr
乙二醇	保护剂	PO_4^{3-}	Ca
甘露醇	保护剂	PO_4^{3-}	Ca
葡萄糖	保护剂	PO_4^{3-}	Ca, Sr
水杨酸	保护剂	Al	Ca
乙酰丙酮	保护剂	Al	Ca
蔗糖	保护剂	P, B	Ca, Sr
EDTA	络合剂	Al	Mg, Ca
8-羟基喹啉	络合剂	Al	Mg, Ca
$K_2S_2O_7$	络合剂	Al, Fe, Ti	Cr
Na_2SO_4	络合剂	可抑制 16 种元素的干扰	Cr
Na_2SO_4+$CuSO_4$	—	可抑制镁等十几种元素的干扰	

(二) 物理干扰及消除

物理干扰系指电离干扰、发射光谱干扰和背景干扰。

1. 电离干扰

电离干扰是指待测元素在火焰中吸收能量后，除进行原子化外，还使部分原子电离，从而降低了火焰中基态原子的浓度，使待测元素的吸光度降低，造成结果偏低。火焰温度愈高，电离干扰愈显著。

当对电离电位较低的元素（如 Be、Sr、Ba、Al）进行分析时，为抑制电离干扰，除可采用降低火焰温度的方法外，还可向试液中加入消电离剂，如 1%CsCl（或 KCl、RbCl）溶液，因 CsCl 在火焰中极易电离产生高的电子密度，此高电子密度可抑制待测元素的电离而除去干扰。

2. 发射光谱的干扰

原子吸收光谱使用的锐线光源应只发射波长范围很窄的特征谱线，但由于以下原因也会发射出少量干扰谱线而影响测定。

（1）当空心阴极灯发射的灵敏线和次灵敏线十分接近，且不易分开时就会降低测定灵敏度。例如，Ni 的灵敏线为 232.0nm，次灵敏线为 231.6nm 和 231.1nm，若使它们彼此分开，应选用窄的光谱通带，否则会降低测定的灵敏度。

（2）空心阴极灯内充有 Ar、Ne 等惰性气体，其发射的灵敏线与待测元素的灵敏线相近时，也产生干扰。例如 Ne 发射 359.34nm 谱线，Cr 的灵敏线为 359.35nm，为此测铬元素的空心阴极灯，应改充 Ar 而消除 Ne 的干扰。

（3）空心阴极灯阴极含有的杂质元素发射出与待测元素相近的谱线。例如：待测元素 Sb 217.02nm，Sb 231.15nm，Hg 253.65nm，Mn 403.31nm；杂质元素 Pb 217.00nm，Ni 231.10nm，Co 253.60nm，Ca 403.29nm。此时应改变锐线的波长，以避免干扰。

3. 背景干扰

（1）背景干扰的产生　背景干扰主要是由分子吸收和光散射而产生的，表现为增加表观吸光度，使测定结果偏高。分子吸收是指在原子化过程由于燃气、助燃气、生成气体、试液中的盐类与无机酸（主要为 H_2SO_4、H_3PO_4）等分子或自由基对锐线辐射的吸收而产生的干扰。光散射是在原子化过程中夹杂在火焰中的固体颗粒（为难熔氧化物、盐类或碳颗粒）对锐线光源产生散射，使共振线不能投射在单色器上，从而使被检测的光减弱。通常辐射光波长愈短，光散射干扰愈强，灵敏度下降愈多。

（2）背景干扰的消除　为校正背景干扰，可采用以下几种方法：

① 用双波长法扣除背景　先用吸收线测量待测元素吸收和背景吸收的总和，再用另一非吸收线测量背景吸收，从总和中扣除背景吸收，可获得准确的待测元素的吸收值。例如，用 217.0nm 锐线测铅，可用 217.0nm 的测量值减去 220.4nm（非吸收线）的测量值，就得到扣除背景后的结果。

② 用氘灯校正背景　先用空心阴极灯发出的锐线光通过原子化器，测量待测元素和背景吸收的总和，再用氘灯发出的连续光通过原子化器，测量出背景吸收。此时待测元素的基态原子对氘灯连续光谱的吸收可以忽略。因此当空心阴极灯和氘灯的光束交替通过原子化器时，背景吸收的影响就可被扣除，从而进行了校正。但此法只能在氘灯的辐射波长范围（190~360nm）内使用，且仅能校正比较低的背景。

③ 用自吸收方法校正背景　当空心阴极灯在高电流下工作时，其阴极发射的锐线光会被灯内处于基态的原子吸收，使发射的锐线光谱变宽，吸光度下降，灵敏度也下降。这种自吸收现象是无法避免的。因此可首先在空心阴极灯低电流下工作，使锐线光通过原子化器，测得待测元素和背景吸收的总和，然后使它再在高电流下工作，再通过原子化器，测得相当于背景的吸收。将两次测得的吸光度数值相减，就可扣除背景的影响。此法的优点是使用同一光源，在相同波长下进行的校正，校正能力强。不足之处是长期使用此法会使空心阴极灯加速老化，并降低测量的灵敏度。

④ 用塞曼效应校正背景　当使用石墨炉进行原子化时，常利用塞曼效应进行背景校正。塞曼效应是指光经过强磁场时，引起光谱线发生分裂的现象。正常塞曼效应可使共振线分裂成三束。例如 Mg 元素其外层电子在 $^1s_0 \leftrightarrow ^1p_1$ 跃迁时，可产生 285.2nm 共振线；若在 1T（特斯拉）强磁场作用下，此共振线会分裂成 σ^-、π、σ^+ 三条线，其中 π 线的偏振面与磁场平行，可被基态原子吸收，而 σ^-、σ^+ 的偏振面与磁场垂直，就不被基态原子吸收（见图 4-20）。同样对 Be、Ca、Sr、Ba、Zn、Cd、Hg、Pb、Sn、Si 元素，皆和 Mg 元素一样在强磁场中呈现出正常塞曼效应。反常塞曼效应共振线在强磁场中分裂的偏振成分不足三个，而是三组，每组含数个偏振光，它们的偏振方向与正常塞曼效应情况相同。

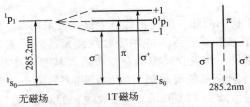

图 4-20　Mg 元素共振线的塞曼效应示意图

正常塞曼效应 π 成分的波长位置和共振线完全一样，而反常塞曼效应 π 成分的波长，围绕共振线波长位置对称分布在其附近两侧，σ^- 和 σ^+ 成分则随磁场强度的增大，左右偏离较大。只要存在塞曼效应，其 π 线波长与共振线一致可被基态原子吸收，σ^-、σ^+ 成分就不被基态原子吸收。

校正时可将电磁场安装在原子化器上，即吸收线调制法，当不通电时无磁场存在，空心阴极灯发射的共振线通过原子化器，测得待测元素和背景吸收的总和。通电后在强磁场存在下，产生塞曼效应，此时只有共振线分裂后产生的 σ^- 和 σ^+ 成分通过原子化器，其不被基态原子吸收，此时仅测得背景吸收。通过测量两次吸光度之差，即对背景进行了校正。也可将电磁场安装在光源上，即光源调制法，但应用较少。使用塞曼效应进行背景校正时，由于使用同一光源在同一光路上进行测量，所以能够精确地进行背景校正。这是最理想的校正方法。

第四节　原子吸收光谱法定量分析

原子吸收光谱法主要用于元素的定量分析，分析时要首先了解原子吸收光谱仪的性能指标，才能在正确的操作条件下，获取准确的分析结果。

一、灵敏度、检测限和回收率

灵敏度和检测限是衡量原子吸收光谱仪性能的两个重要的指标。

（一）灵敏度

在火焰原子吸收光谱分析中，把能产生 1％ 吸收（或 0.0044 吸光度）时，被测元素在水溶液中的浓度（$\mu g/mL$），称为特征（相对）灵敏度 S 或称特征浓度，可用（$\mu g/mL$）$\times 10^2$ 表示。S 可按下式计算：

$$S = \frac{c \times 0.0044}{A}$$

式中　c——被测溶液浓度，$\mu g/mL$；

　　　A——溶液的吸光度。

在无焰（石墨炉）原子吸收光谱分析中，把能产生 1% 吸收（或 0.0044 吸光度）时，被测元素在水溶液中的质量（μg），称为绝对灵敏度，可用 $\mu g/\%$ 表示。测定时被测试液的最适宜浓度应选在灵敏度的 $15\sim100$ 倍的范围内。同一种元素在不同的仪器上测定会得到不同的灵敏度，因而灵敏度是仪器性能优劣的重要指标。

（二）检测限

在灵敏度测定中未考虑仪器噪声的影响，因此不能衡量出仪器的最低检测限。

检测限是指产生一个能够确证在试样中存在某元素的分析信号所需要的该元素的最小量。在原子吸收光谱分析中，将待测元素给出 3 倍于标准偏差的读数时所对应的浓度或质量称为最小检测浓度 D_c（相对检测限，单位为 $\mu g/mL$）或最小检测质量 D_m（绝对检测限，单位为 μg 或 g）：

$$D_c = \frac{c \times 3\sigma}{A}$$

$$D_m = \frac{cV \times 3\sigma}{A}$$

式中　c——待测元素的浓度，$\mu g/mL$；

　　　V——待测溶液的体积，mL；

　　　A——溶液的吸光度；

　　　σ——标准偏差（是用空白溶液经至少 10 次连续测定，所得吸光度的平均值）。

标准偏差　　　　　$$\sigma = \sqrt{\frac{\sum(A_i - \overline{A})}{n-1}}$$

式中，A_i 为空白溶液单次测量的吸光度；$\overline{A}$ 为空白溶液多次平行测定吸光度的平均值；n 为测定次数（$n \geqslant 10$）。

检测限不但与仪器的灵敏度有关，还与仪器的稳定性（噪声）有关，它指明了测定的可靠程度。从使用角度看，提高仪器的灵敏度、降低噪声，是降低检测限、提高信噪比的有效手段。

（三）回收率

当进行原子吸收光谱测定时，为评价测定方法的准确度和可靠性，通常需测定待测元素的回收率，其方法有以下两种：

（1）用标准物质进行测定 将准确含有待测元素的标准物质，在与测定试样完全相同的实验条件下进行测定，实验测出的标准物质中待测元素的含量与标准物质的示值之比即为回收率：

$$\text{回收率}=\frac{\text{待测元素的测定值}}{\text{待测元素的真实值}}$$

这是测定回收率的标准方法。

（2）用标准加入法进行测定 在不能获得标准物质的情况下可使用标准加入法进行测定。在完全相同的实验条件下，先测定试样中待测元素的含量；然后再向另一份相同量的试样中，准确加入一定量的待测元素纯物质后，再次测定待测元素的含量。两次测定待测元素含量之差与待测元素加入量之比即为回收率：

$$\text{回收率}=\frac{\text{加入纯物质样品测定值}-\text{样品测定值}}{\text{纯物质的加入量}}$$

纯物质是指纯度在分析纯以上的化学试剂或基准试剂。

从回收率的两种测定方法可知，当回收率的测定值接近100％时，表明所用的测定方法准确、可靠。

二、定量分析方法

应用原子吸收光谱法进行定量测定时，可使用标准工作曲线法、标准加入法、稀释法和内标法。

（一）标准工作曲线法

原子吸收光谱分析的标准工作曲线法和原子发射光谱法相似。根据样品的实际情况配制一组浓度适宜的标准溶液，在选定的操作条件下，将标准溶液由低浓度到高浓度依次喷入火焰中，分别测出各溶液的吸光度，以待测元素的浓度 c 作为横坐标，以吸光度 A 作为纵坐标，绘制 $A\text{-}c$ 标准工作曲线。然后在相同的实验条件下，喷入待测试液，测其吸光度，再从标准工作曲线上查出该吸光度所对应的浓度，即为试液中待测元素的浓度，通过计算可求出试样中待测元素的含量（见图 4-21）。

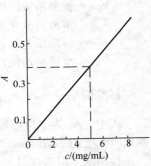

图 4-21 标准曲线法

若标准溶液与试样溶液基本成分（基体）差别较大，则在测定中引入误差。因而标准溶液与试样溶液所加的试剂应一致。在测定过程中要吸喷去离子水或空白溶液，以校正基线（零点）的漂移。由于燃气流量的变化或空气流量变化所引起的吸喷速率变化，会引起测定过程中标准曲线斜率发生变化。因而在测定过程中，要用标准溶液检查测试条件有没有发生变化，以保证在测定过程中标准溶液及试样溶液测试条件完全一致。

在实际分析中，当待测元素浓度较高时，常看到工作曲线向浓度坐标弯曲，这是由于待测元素含量较高时，吸收线产生热变宽和压力变宽，使锐线光源辐射的共振线的中心波长与共振吸收线的中心波长错位，使吸光度减小而造成的。此外化学干扰和物理干扰的存在也会导致工作曲线弯曲。

标准工作曲线法适用于样品组成简单或共存元素无干扰的情况，可用于同类大批量样品的分析。为保证测定的准确度，应尽量使标准溶液的组成与待测试液的基体组成相一致，以减少因基体组成的差异而产生的测定误差。

（二）标准加入法

此法是一种用于消除基体干扰的测定方法，适用于少量样品的分析。其具体操作方法是：取 $4\sim5$ 份相同体积的被测元素试液，从第二份起再分别加入同一浓度不同体积的被测元素的标准溶液，用溶剂稀释至相同体积，于相同实验条件下依次测量各个试液的吸光度，绘制出标准加入法曲线。将此曲线向左外延至与横坐标交点 c_x 即为待测元素的浓度。见图 4-22。

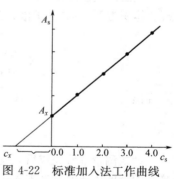

图 4-22 标准加入法工作曲线

将试液的标准加入法曲线斜率和待测元素标准工作曲线斜率比较，可说明基体效应是否存在，见图 4-23。其中图（a）中两条曲线斜率相同，表示试液不存在基体干扰；图（b）中"2"的斜率小于"1"，表明存在基体抑制效应，使灵敏度下降；图（c）中"2"斜率大于"1"，表明存在基体增敏效率，使灵敏度增加。本法的不足之处是不能消除背景干扰，因此只有扣除背景之后，才能得到待测元素的真实含量，否则将使测定结果偏高。

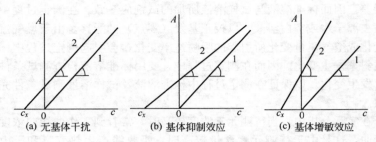

图 4-23　标准加入法工作曲线
1—待测元素标准工作曲线；2—标准加入法工作曲线

（三）稀释法

稀释法可看作是标准加入法的另一种形式。

若首先测定浓度为 c_s、体积为 V_s 的待测元素标准溶液的吸光度为 A_s：

$$A_s = Kc_s$$

然后向上述同体积的待测元素标准溶液中，加入含待测元素浓度为 c_x、体积为 V_x 的样品溶液，测得混合溶液的吸光度为 $A_{(s+x)}$：

$$A_{(s+x)} = Kc_{(s+x)}$$

因为

$$K = \frac{A_s}{c_s}, \quad c_{(s+x)} = \frac{c_s + c_x}{V_s + V_x}$$

可导出

$$A_{(s+x)} = \frac{A_s}{c_s} \cdot \frac{c_s + c_x}{V_s + V_x}$$

$$c_x = \frac{c_s A_{(s+x)}(V_s + V_x) - A_s c_s}{A_s}$$

两次测量准确完成后，就可测出样品中待测元素的含量。此法使用样品溶液的体积比标准加入法少；对高含量样品溶液，不必稀释，直接加入到标准溶液中就可进行测定，从而简化了测定手续。

（四）内标法（内标工作曲线法）

若试样中待测元素为 m，另选一试液中不存在的 n 元素作为内标元素。操作时将已知确定浓度的内标 n 元素相同体积的标准溶液，依次加入到待测 m 元素不同浓度的标准溶液系列和待测试液中，然后在相同条件下，依次测量每种溶液中待测元素 m 和内标元素 n 的吸光度 A_m 和 A_n 以及它们的比

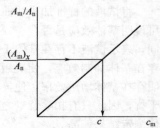

图 4-24　内标工作曲线法

值 A_m/A_n，再绘制 A_m/A_n-c_m 内标工作曲线（图 4-24）。由待测试液测出的 $(A_m)_x$ 与 A_n 的比值，用内插法从内标工作曲线上求出待测试样中 m 元素的含量。

本法选用的内标元素应与待测元素化学性质相近（见表 4-8），锐线吸收也要相近，且不存在于试样中。此法优点是不受测定条件变化的影响，不足之处是须使用双通道原子吸收光谱仪。

表 4-8　部分常用的内标元素

待测元素	内标元素	待测元素	内标元素	待测元素	内标元素
Al	Cr	Cu	Cd,Mn	Na	Li
Au	Mn	Fe	Au,Mn	Ni	Cd
Ca	Sr	K	Li	Pb	Zn
Cd	Mn	Mg	Cd	Si	Cr,V
Co	Cd	Mn	Cd	V	Cr
Cr	Mn	Mo	Sr	Zn	Mn,Cd

第五节　原子吸收光谱法的实验技术

进行原子吸收光谱分析，除必须掌握原子吸收光谱仪的结构和操作方法外，还必须掌握样品的制备方法、常用储备标准溶液的配制方法，以及进行火焰原子化时各种气源正确使用的基本知识和空心阴极灯更换的注意事项等相关的实验技术，否则会直接影响分析测定的准确度和安全性。此外如何正确使用和维护原子吸收光谱仪，也直接影响仪器的使用寿命。

一、分析试样的制备

原子吸收光谱分析通常以液体状态进样，无论是无机还是有机样品，当按照一般取样原则获得具有代表性的平均试样后，对固体样品应进行溶解、灰化或湿法消化处理，以制备成待测元素的无机盐溶液，再进行火焰原子化或石墨炉原子化。

（1）样品的溶解　对无机样品先用去离子水溶解，若不溶可选用稀酸、浓酸或混合酸溶解，常用的酸为 HCl、H_2SO_4、HNO_3、$HClO_4$。用 H_2SO_4 和 H_3PO_4 混合酸可溶解合金试样，用 H_2SO_4 和 HF 混合酸可溶解硅酸盐样品。对酸不溶的样品可先用酸性熔融剂（$KHSO_4$、$K_2S_2O_7$）或碱性熔融剂（Na_2CO_3、NaOH、Na_2O_2、$Li_2B_4O_7$、

$Na_2B_4O_7$）进行高温熔融处理，再用去离子水或酸溶液进行浸取制成样品溶液以供分析使用。

（2）**样品的干法灰化**　对有机样品，如食品，用此法是除去有机物基体而保留待测金属元素的简便方法。此法是将样品置于铂或石英坩埚中，先于 80～150℃ 低温加热，经空气氧化将有机物炭化分解成 CO_2 和 H_2O，再于 400～600℃ 高温灼烧灰化，冷却后将灰分残渣用酸溶解、定容后备用。但此法不适用于易挥发元素 Hg、Pb、As、Sb、Sn 等的测定；对 Bi、Cr、Fe、Ni、V、Zn 等元素也可能以金属、氯化物或有机金属化合物形式挥发而损失。

（3）**样品的湿法消化**　对含易挥发待测元素的有机样品可使用此法，常使用 $HCl+HNO_3$、HNO_3+HClO_4、$HNO_3+H_2SO_4$ 等混合酸，在加热、氧化条件下分解样品，尤以 $HNO_3+H_2SO_4+HClO_4$（体积比为 3：1：1）三种混合酸的消化效果最好。湿法消化时仍难避免易挥发元素 Hg、As、Se 的损失。此法加入的酸试剂纯度要高，以防止引入干扰杂质。

将样品置于密闭聚四氟乙烯容器中，加入混合酸后，可在微波炉中进行微波消解。微波消解法不仅能提高消化效率，还利于微量和痕量待测元素的分析。

（4）**样品中待测元素的分离和富集**　原子吸收光谱法具有高选择性，通常可在干扰组分存在下完成待测元素的分析。对微量和痕量组分应通过萃取、离子交换、共沉淀、柱色谱等技术进行富集，以提高测定方法的灵敏度。

二、标准储备溶液的配制

在原子吸收光谱的定量分析方法中都要使用待测元素的标准溶液，它们可用各种待测元素高纯度的盐类或高纯金属溶于适当溶剂中制取。

火焰原子吸收测定中常用标准溶液浓度单位为 $\mu g/mL$。无火焰原子吸收测定中标准溶液浓度为 $\mu g/L$。选用高纯金属（99.99%）或被测元素的盐类溶解后配成 $1mg/mL$ 的储备溶液（表 4-9），当测定时再将储备液稀释配制标准溶液系列。

配制标准溶液应使用去离子水，保证玻璃器皿纯净，防止沾污。溶解高纯金属使用的硝酸、盐酸应为优级纯。储备液要保持一定酸度防止金属离子水解，存放在玻璃或聚乙烯试剂瓶中，有些元素（如金、银）

的储备液应存放在棕色试剂瓶中。在配制标准溶液时，一般避免使用磷酸或硫酸。

表 4-9　常用标准储备溶液的配制

金属	基准物	配制方法（浓度 1mg/mL）
Ag	金属银 （99.99%）	溶解 1.000g 银于 20mL(1+1)硝酸溶液中，用水稀释至 1L
	$AgNO_3$	溶解 1.575g 硝酸银于 50mL 水中，加 10mL 浓硝酸，用水稀释至 1L
Au	金属金	将 0.1000g 金溶解于数毫升王水中，在水浴上蒸干，用盐酸和水溶解，稀释到 100mL，盐酸浓度约 1mol/L
Ca	$CaCO_3$	将 2.4972g 在 110℃烘干过的碳酸钙溶于(1+4)硝酸溶液中，用水稀释至 1L
Cd	金属镉	溶解 1.000g 金属镉于(1+1)硝酸溶液中，用水稀释至 1L
Co	金属钴	溶解 1.000g 金属钴于(1+1)盐酸溶液中，用水稀释至 1L
Cr	$K_2Cr_2O_7$	溶解 2.829g 重铬酸钾于水中，加 20mL 硝酸，用水稀释至 1L
	金属铬	溶解 1.000g 金属铬于(1+1)盐酸溶液中，加热使之溶解完全，冷却，用水稀释至 1L
Cu	金属铜	溶解 1.000g 金属铜于(1+1)硝酸溶液中，用水稀释至 1L
Fe	金属铁	溶解 1.000g 金属铁于 20mL(1+1)盐酸溶液中，用水稀释至 1L
K	KCl	称取 1.907g 在 500℃灼烧过的氯化钾溶于水中，稀释至 1L
Mg	金属镁	溶解 1.000g 金属镁于(1+4)硝酸溶液中，稀释至 1L
Mn	金属锰	溶解 1.000g 锰于(1+1)硝酸溶液中，用水稀释至 1L
Na	NaCl	称取 2.542g 在 500℃灼烧过的氯化钠溶于水中，稀释至 1L
Ni	金属镍	溶解 1.000g 金属镍于(1+1)硝酸溶液中，用水稀释至 1L
Pb	金属铅	溶解 1.000g 金属铅于(1+1)硝酸溶液中，用水稀释至 1L
Zn	金属锌	溶解 1.000g 金属锌于 40mL(1+1)盐酸溶液中，用水稀释至 1L

三、火焰原子化使用的气源

1. 空气

空气由压缩空气钢瓶、活塞式空气压缩机或膜动式空气压缩机供给。活塞式空压机出口压力为 0.4～0.6MPa/cm²，应配空气过滤减压阀，调节出口压力为 0.15～0.2MPa/cm²。膜动式空压机，一般由安全阀排气调到使用压强。空气经转子流量计（一般带有针形阀作为调节流量的部件，也可以不带）流入雾化器，流量计刻度为 L/min（也有的仪器为 L/h）。在湿度大的地方，气路可附加气水分离器除水。

2. 乙炔

乙炔由钢瓶或乙炔稳压发生器供给。乙炔钢瓶瓶内最大压强为

$1.5MPa/cm^2$。乙炔溶于吸收在活性炭上的丙酮内。乙炔钢瓶使用至$0.5MPa/cm^2$就应更换新钢瓶。

乙炔稳压发生器是用电石作为原料，加水发生乙炔，经水洗、硫酸洗和脱脂棉过滤进入稳压浮筒。乙炔压力在$40\sim50cm$水柱之间。火焰颜色变黄就应更换浓硫酸。插入硫酸的管子在长期使用后有硫酸钙沉淀，要注意防止堵塞。在用富燃火焰测定（如铬）及用笑气-乙炔火焰时，发生器发生的乙炔气量及压力不足，须将发生的乙炔加压及储气。可参考有色金属研究院设计的储气式乙炔发生器。

使用乙炔应注意安全，燃气钢瓶与乙炔发生器附近不可有明火。燃气管路上最好有一快速开关。目前均用流量计带针形阀作为开关，这种开关关不紧，有余气时常易逸漏造成事故。若没有快速开关，应在做完实验后将发生器内的余气烧掉。现使用的燃烧器即使由于先断助燃气等原因回火，也仅回到雾化室。但仍应注意在操作时先开助燃气再开燃气点火的操作规程，关气时应先关燃气。

3. 氧化亚氮（笑气）

由钢瓶供气，钢瓶装有液化气体，瓶内压强约$7MPa/cm^2$，减压后使用。使用N_2O-乙炔火焰应小心，注意防止回火，禁止直接点燃N_2O-乙炔火焰。点燃时，应先点燃空气-乙炔火焰并调节为富燃火焰，再过渡到N_2O-乙炔火焰，并应保持为"富燃"（保持有桃红色的中间层火焰，是N_2O-乙炔火焰"富燃"的特征）。雾化室应装有安全塞，当回火时安全塞被冲开而不造成其它破坏。

四、空心阴极灯的安装调试

空心阴极灯是进行原子吸收光谱分析时，经常要更换的元件，为延长灯的使用寿命，应遵循一定的安装调试程序进行，简述如下：

（1）检查仪器的电路和气路是否连接正确，将仪器面板上所有开关置关闭位置，各种调节器逆时针旋转到最小位置。

（2）选择将要使用的空气阴极灯，小心从盒中取出，打开光源室门，将灯引脚对准灯电源插座插入。轻轻抬起压簧，将灯放入灯架（图4-25）中，灯阴极处于与灯架上的标记相一致的位置。

（3）接通仪器总电源开关预热$1\sim2min$，再打开灯的高压电源开关，调节灯电流选择钮至所需电流挡，预热$30min$，使灯的发射强度达到稳定。此时预热灯电流应与实测时工作电流相同。

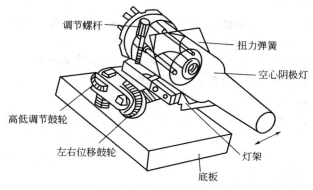

图 4-25　元素灯灯架

（4）调节光源强度　先降低燃烧器高度至光束以下，打开燃烧室右侧的挡光板，使光束通过燃烧室。将操作方式选择开关置于"调整"位置。转动波长手轮至所需测定元素的吸收波长，如测 Mg 元素就调至 285.2nm，再调狭缝至所需宽度，调节"增益"旋钮，使光源输出能量表指针达最佳值。

（5）光源与检测器对光　将元素灯在灯架上缓慢移动，通过"调节螺杆"、"高低调节鼓轮"、"左右位移鼓轮"的仔细调节，均能使能量表上指针达最大值，再调节"增益"旋钮，使指针返回到最佳值。

（6）光源与燃烧器对光　先调节"燃烧器转柄"，使燃烧器缝隙与光束大致平行。将对光板骑在燃烧器缝隙上，调节"燃烧器前后调节"旋钮，使光斑均匀分布在对光板中间垂线的两边；调节"燃烧器上下调节"旋钮，直至达到所需的高度；调节"燃烧器转柄"使燃烧器缝隙与光束平行，即当对光板沿缝隙左右移动时，光斑应一直均匀分布在对光板垂线的两边。

至此空心阴极灯的安装和调试已经完成，再需调节好燃烧器的位置就可进行原子吸收光谱测定了，若不需立即进行测定，应先关闭元素灯的高压电源，再关闭总电源，使仪器处于备用状态。

五、原子吸收光谱仪的使用和维护

（一）原子吸收光谱仪的主要技术参数

波长范围 190.0～860.0（或 900.0）nm；波长精密度≤0.5nm；波

长重现性≤0.2nm。

单色器：水平对称式衍射光栅，刻线条数 1200 条/mm；闪跃波长 200～250nm；线色散率倒数 2.06～2.38nm/mm。

实际分辨本领：单色器带宽 0.2nm，理论分辨率 60000。

(二) 原子吸收光谱仪的一般操作规程

1. 火焰原子化器

(1) 按仪器说明书检查各部件的电路连接是否正确，对燃气和助燃气要检查气密性是否良好。

(2) 安装待用的空心阴极灯，并调试至备用状态。打开总电源和空心阴极灯高压电源。

(3) 调节燃烧器位置，使吸光度显示为 0.000。

(4) 打开通风机电源开关，通风 10min 后，先打开助燃气（空气）开关，调输气压力为 0.2MPa，使流量约为 5.5L/min，再打开燃气（乙炔）开关，调输气压力为 0.05MPa，使流量约为 1.5L/min，按下点火开关点燃火焰，待火焰正常即可测试。

(5) 点火 5min 后，吸喷去离子水（或空白液），按"调零"旋钮调零。

(6) 将"信号"开关置于"积分"位置，吸喷标准溶液或试样溶液，待能量表指针稳定后，按"读数"键，记录显示器吸光度积分值，可重复测定 3 次取平均值。

(7) 测量完毕，再吸喷去离子水 10min 进行清洗。

(8) 熄灭火焰，关机。先关掉乙炔气源，再关空气源，火焰熄灭，关掉元素灯开关，最后关掉总电源开关和通风机开关。

(9) 若使用氧化亚氮-乙炔火焰，操作如下：

① 将控制气路的"空气/笑气"开关推至"空气"位置。

② 将 N_2O 输出压力调至 0.3MPa，将乙炔气输出压力调至 0.05MPa，助燃气空气输出压力调至 0.2MPa。按前述气体流量点燃空气-乙炔火焰，待火焰燃烧均匀后，调节乙炔流量至 3L/min 左右，并把"空气/笑气"开关推至"笑气"位置，即点燃 N_2O-乙炔火焰，调节乙炔流量使火焰反应区呈现玫瑰红色，内焰高 1～2cm，外焰高 30～35cm，就可吸喷试样溶液进行分析测定。

③ 熄灭火焰、关机。首先将"空气/笑气"开关切换到"空气"位置，将 N_2O-乙炔焰转换为空气-乙炔焰（切记！不可直接熄灭 N_2O-乙

炔焰！），然后再关闭 N_2O、乙炔和空气的气源，最后关掉元素灯电源开关和总电源开关。

2. 石墨炉原子化器

(1) 点燃空心阴极灯，将波长调至待测元素分析线。

(2) 检查电路、载气和冷却水的连接，打开主机电源及其它相关电路开关，开启冷却水，调节水压约 0.15MPa，载气 Ar 压力约 0.50MPa，使内管 Ar 流量为 250mL/min，外管流量为 150mL/min。

(3) 按下干燥、灰化、原子化手动按钮，调节相应的温度旋钮，选定干燥、灰化、原子化的温度。

(4) 扳动干燥、灰化、原子化的时间开关，选定干燥、灰化、原子化时间。

(5) 扳动干燥、灰化、原子化的升温速率开关，选定干燥、灰化、原子化的升温速率。

(6) 用微量注射器吸取适量试液快速注入石墨管中间的进样口，按下石墨炉的启动按钮，并放下记录仪上的记录笔，记录测定结果。

(7) 实验结束后，关闭氩气钢瓶和石墨炉内、外氩气管的流量旋钮，电源开关和冷却水。

(8) 反向旋转空心阴极灯的"增益"旋钮，降低灯电流为零，关闭"增益"及灯电流开关和整机主电源开关，结束实验。

实验中应当注意以下几点：

(1) 完成一次测量后，石墨管需冷却 10～15s，当进样"准备"灯亮后，才可再注入新的样品。

(2) 在原子化过程中，需要停止运行程序时，可按下"止动"开关，石墨炉即停止工作。通常在原子化时不通 Ar，以延长气态原子在光路中的停留时间，提高测定灵敏度。

(3) 当光路中的镜筒窗上被溅射沾污时，可取下镜筒，用擦镜纸将石英窗擦净后再装好。

（三）原子吸收光谱仪的维护

为保证原子吸收光谱仪的正常运行，日常维护应注意以下几点：

(1) 对新购置的每只空心阴极灯，应进行扫描测试，记录发射线波长、强度及背景发射情况。实验结束待灯充分冷却后，从灯架上取下存放好，若长期不用，应定期点燃，以延长灯的使用寿命。

(2) 雾化器喷嘴为铂铱合金毛细管，为防止被腐蚀，每次使用后要用去离子水冲洗，若发现堵塞，应及时疏通。

（3）对不锈钢雾化室，在喷过酸、碱溶液后，应立即用去离子水吸喷5～10min进行清洗，以防腐蚀；对全塑结构的雾化室也应定期清洗。

（4）对单缝或三缝燃烧器的喷火口应定期清除积炭颗粒，保持火焰正常燃烧。对由铜或不锈钢制作的燃烧器，应注意缝口是否因腐蚀变宽而发生回火，对钛合金燃烧器也应定期检查。

（5）经常检查废液缸的水封是否破坏，防止发生回火。

（6）单色器上的光学元件，严禁用手触摸或擅自调节。仪器中的光电倍增管严禁强光照射，检修时要关掉高压电源。对备用光电倍增管应轻拿轻放，严禁振动。

（7）原子吸收光谱仪应安装在防震实验台上，燃气乙炔钢瓶应远离实验室，助燃气（空气）最好使用可放在室内的小型空气压缩机，火焰燃烧产生的有害废气，应安装通风设备加以排除。

第六节　原子荧光光谱法

原子荧光光谱（atomic fluorescence spectrometry，AFS）法是通过测量待测元素的原子蒸气在特定频率辐射能激发下所产生的荧光发射强度，来测定待测元素含量的方法。

原子荧光光谱法虽是一种发射光谱法，但它和原子吸收光谱法密切相关，兼有原子发射和原子吸收两种分析方法的优点，又克服了两种方法的不足。原子荧光光谱具有发射谱线简单，灵敏度高于原子吸收光谱法，线性范围较宽，干扰少的特点，能够进行多元素同时测定。

一、方法原理

气态自由原子吸收特征波长辐射后，原子的外层电子从基态或低能态会跃迁到高能态，经约10^{-8}s后，又跃迁回基态或低能态，同时发射出与原激发波长相同或不同的能量辐射，即原子荧光。依据跃迁能级的差别，原子荧光可分为共振荧光、直跃线荧光、阶跃线荧光、带有热能转换的直跃线荧光（包括反斯托克斯荧光）和增敏荧光5种，其如图4-26所示。

（1）共振荧光　是指激发荧光波长与发射波长相同的荧光，如图4-26（a）所示。由于共振跃迁的概率很大，其产生的荧光谱线是最有用的谱线。如Zn、Ni、Pb原子，它们的共振吸收线和共振荧光线相同，

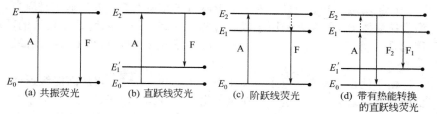

图 4-26　原子荧光的类型
A—吸收；F—荧光；┄┄非辐射跃迁

分别为 213.86nm、232.00nm 和 283.31nm。

（2）直跃线荧光　是指原子受到光辐射被激发，其外层电子由基态 E_0 直接跃迁到高能级激发态 E_2，然后从 E_2 返回跃迁到能量高于基态的亚稳态 E_1'，发射出波长比激发光波长更长的原子荧光，见图 4-26（b）。如 Pb 原子吸收 283.31nm 的激发光后，随后发射出波长为 405.78nm 的原子荧光。

（3）阶跃线荧光　是指原子外层电子受激发，从基态 E_0 跃迁到亚稳态 E_1 以上的高能激发态 E_2 后，由于电子碰撞会从 E_2 无光辐射地跃迁到较低的亚稳态 E_1，然后再从 E_1 跃迁到基态 E_0 而发生荧光辐射，见图 4-26（c）。如 Na 原子吸收 330.30nm 的激光谱线后，发射出 589.00nm 荧光，就属于此种情况。

（4）带有热能转换的直跃线荧光　是指原子的外层电子受激发，由基态 E_0 先跃迁到亚稳态能级 E_1，然后再吸收非光辐射的热能跃迁到高能激发态 E_2，最后由 E_2 返回跃迁到亚稳态能级 E_1'，而发射出热助直跃线荧光 F_1，见图 4-26（d）。

如果因热助位于激发能级 E_2 的电子，直接返回到基态 E_0，此时发射的荧光波长会比激发谱线（由 $E_0 \rightarrow E_1$）的波长更短，就称此种荧光为反斯托克斯荧光 F_2，见图 4-26（d）。

（5）增敏荧光　是指被外部光源激发的原子，作为给予体（A°），再通过碰撞把自己具有的激发能量转移给待测原子（B°）作为接受体，然后处于激发态的待测原子接受体，通过光辐射发射出增敏荧光，过程表述如下：

$$A + h\nu \longrightarrow A°$$
$$A' + B \longrightarrow A + B°$$
$$B° \longrightarrow B + h\nu（增敏荧光）$$

产生增敏荧光的条件，要求给予体 A 的浓度要高，并要通过碰撞去激发接受体 B。但在火焰原子吸收过程，火焰中原子浓度是比较低的，因此难以观察到增敏荧光；而在电热原子化器中，却可观察到增敏荧光。

由于处在激发态的电子寿命十分短暂，仅 10^{-8} s，它从高能级返回低能级除发射荧光外，也可能在原子化器中与其它电子、原子、分子发生非弹性碰撞，而产生荧光猝灭现象或使荧光强度减弱而严重影响原子荧光光谱分析。为减小猝灭的影响，应尽量降低原子化器中猝灭面积大的粒子浓度，即 CO_2、N_2 和 O_2 等气体浓度。

原子荧光的发射强度 I_f 与原子化器中单位体积中该元素的基态原子数 N 成正比：

$$I_f = \varphi\, \varepsilon I_0 ALN$$

式中，φ 为荧光量子效率；ε 为荧光峰值摩尔吸收系数；I_0 为激发光源强度；A 为荧光照射在检测器上的有效面积；L 为吸收光程长度。其中荧光量子效率 φ 表示单位时间内发射荧光光子数与吸收激发光子数的比值，通常小于 1。

在确定的测试条件下，待测元素浓度 c 较低时，N 与 c 成正比，可导出：

$$I_i = ac$$

式中，a 为常数，表明原子荧光光谱法是一种痕量元素分析方法。

二、原子荧光光谱仪

原子荧光光谱仪和原子吸收光谱仪组成基本相同。

1. 光源

原子荧光的强度与照射的激发光源强度成正比，因此仪器要使用高发射强度的空心阴极灯、无极放电灯、氙灯、激光等光源。

高性能空心阴极灯结构示意图，见图 4-27。其基本结构是在普通空心阴极灯内增加了一个涂有氧化物的辅助阴极，它采用一个一端开口的空心圆柱形

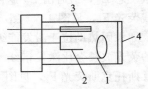

图 4-27　高性能（双阴极）
空心阴极灯示意图
1—阳极；2—空心阴极；
3—辅助阴极；4—石英窗

空心阴极，因此主阴极和辅助阴极可单独供电。这种灯的基本特点是使用两个独立的放电过程，一个是在空心阴极内部和阴极间的辉光放电产

生原子蒸气的溅射，并在灯的负辉区，使原子激发；另一个是在辅助阴极和阳极之间发生的低压大电流的电弧放电，致使灯内未被激发的原子蒸气与电弧放电形成的等离子区的粒子相互碰撞而被激发，这种两次独立放电激发的方式，大大提高了空心阴极灯的总辐射强度。

在原子荧光光谱法中曾使用过微波无极放电灯，但由于操作条件不易稳定控制，并且微波辐射会对人体造成伤害，现已不再使用。

现在原子荧光光谱法中还使用脉冲输出、可调波长的染料激光器作为光源，其波长可调范围已达 118.8nm 的紫外区。激光作为光源有两个优点：

（1）可实现饱和激发：激光光源的功率比空心阴极灯、无极放电灯高几个数量级，它可将原子蒸气中的待测元素的原子全部激发到预定的激发态，而实现饱和激发，所获荧光强度信号稳定。

（2）提高了测定灵敏度，降低了检测限，扩大了动态线性范围，可达 5～7 个数量级。

激光光源虽有上述优点，但也有不足之处，如不能对多种元素进行同时测量，其结构复杂、价格昂贵，至今无商品仪器供应。

2. 原子化器

在原子吸收光谱中使用的火焰原子化器和无火焰（电热）原子化器都可在原子荧光光谱中使用。

在原子发射光谱中使用的电感耦合等离子体（ICP）原子化器和电磁耦合微波等离子体（EM-MP）原子化器也可在原子荧光光谱中应用。

在原子荧光光谱中屏蔽式低温石英炉原子化器主要用于氢化物的原子化，见图 4-28。

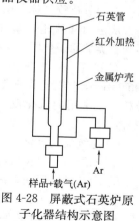

图 4-28　屏蔽式石英炉原子化器结构示意图

（1）氢化物发生法　对 As、Sb、Sn、Ge、Se、Te、Bi、Pb 化合物，它们在酸性溶液，使用 $NaBH_4$ 作为还原剂，可生成对应的易挥发的氢化物和新生态 H^*，反应为：

$$NaBH_4 + 3H_2O + HCl \longrightarrow H_3BO_3 + NaCl + 8H^*$$

$$8H^* + AsCl_5 \longrightarrow AsH_3 \uparrow + 5HCl$$

$$8H^* + SnCl_4 \longrightarrow SnH_4 \uparrow + 4HCl$$

氢化物发生的反应介质和酸度见表 4-10。

表 4-10　蒸气发生-原子荧光光谱法中各被测元素的反应介质和酸度

元素	反应介质及酸度	元素	反应介质及酸度
As(Ⅲ,Ⅴ)	1~6mol/L HCl	Se(Ⅳ)	1~6mol/L HCl
Sb(Ⅲ)	1~6mol/L HCl	Te(Ⅳ)	4~6mol/L HCl
Bi(Ⅲ)	1~6mol/L HCl	Pb(Ⅳ)	10g/L $K_3Fe(CN)_6$ + 2% HCl
Hg(Ⅱ)	5%HCl 或 5%HNO_3	Ge(Ⅳ)	10% H_3PO_4
Sn(Ⅳ)	2%HCl 或 pH=1.3 酒石酸缓冲溶液		
Zn(Ⅱ)	1%HCl,3mg/L $Ni(NO_3)_2$[或 $Co(NO_3)_2$],100mg/L 1,10-邻二氮菲		
Cd(Ⅱ)	2%HCl,20g/L 硫脲,3mg/L $Co(NO_3)_2$		

　　玻璃制氢化物发生器的结构见图 4-29。利用蠕动泵将待测试液（或清洗液）从入口 1 注入，还原剂 $NaBH_4$ 溶液从入口 2 注入，载气 Ar 从入口 3 注入，反应后生成的氢化物气体，由载气 Ar 携带从出口 4 流出，至气液分离器和石英炉原子化器。

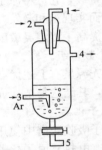

图 4-29　氢化物发生器的结构示意图
1—待测试液或清洗液入口；
2—还原剂 $NaBH_4$ 溶液入口；
3—载气 Ar 入口；
4—氢化物气体出口；5—废液排出口

　　在进行蒸气发生（vapor generation，VG）原子荧光光谱分析中，常用的氢化反应系统有三种：

① 连续流动氢化反应系统；
② 断续流动氢化反应系统；
③ 全自动顺序注射氢化反应系统。

如图 4-30 所示。

　　（2）石英炉原子化器　反应后生成的氢化物和氢气，由载气 Ar 载带经气液分离后，进入屏蔽式低温石英炉原子化器中。无须外加可燃气体，在周围空气中 O_2 的助燃下，在石英管顶端形成氩氢（Ar-H_2）火焰，使被测元素的氢化物原子化。激发并发射出共振波长的荧光。

　　屏蔽式石英炉为双层结构，内层为样品蒸气、H_2 和载气 Ar 的通道，外层为 Ar 屏蔽层，它切向进入后螺旋形上升，在管口上端的 Ar-H_2 火焰外围形成 Ar 屏蔽层，防止了周围空气进入石英管中心样品的原子化区，因而降低了被测元素的原子被空气氧化的概率，也提高了原子化效率和灵敏度。

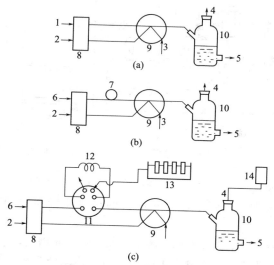

图 4-30　氢化反应系统图示

（a）连续流动；（b）断续流动；（c）全自动顺序注射

1—待测试液（或清洗液）入口；2—还原剂 NaBH₄ 溶液入口；3—载气 Ar 入口；
4—氢化物气体出口至石英炉原子化器；5—气液分离器废液排出口；6—清洗液入口；
7—待测试液注入口；8—蠕动泵；9—氢化物发生器；10—气液分离器；11—六通切换阀；
12—样品定量管（1～2mL）；13—自动进样器；14—屏蔽式石英炉原子化器

使用红外线低温加热，可消除石英管对一些元素的记忆效应，保持原子化器温度稳定，增加对荧光信号测定的精密度。它在石英管口设置一个点火装置，使原子化器平衡温度保持在 100～200℃，以防止水蒸气在石英管中的凝结。

这种原子化器结构简单，在 Ar-H₂ 火焰中原子化效率高，在紫外辐射波段背景较低，物理、化学干扰小，灵敏度高、重现性好，是原子荧光光谱分析中的一种理想的原子化器。

3. 分光器

为了检测荧光信号，避免发射光谱的干扰，将激发光源和原子化器置于与单色器和检测器成直角或 60°角的位置（见图 4-31），由于产生的荧光谱线简单，可以使用色散型衍射光栅作为单色器，也可使用非色散型的滤光片。

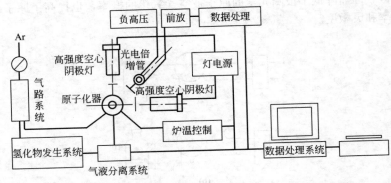

图 4-31　AFS-220a 型双道原子荧光光谱仪的原理示意图

4. 检测器

除上述区别外，原子荧光光谱仪的检测器皆与原子吸收光谱仪相同。

现已研制出可对多元素同时测定的原子荧光光谱仪，它以多个高强度空心阴极灯为光源，以具有很高温度的电感耦合等离子体（ICP）作为原子化器，可使多种元素同时实现原子化。多元素分析系统以 ICP 原子化器为中心，在周围安装多个检测单元，与空心阴极灯一一成直角对应，产生的荧光用光电倍增管检测。光电转换后的电信号经放大后，由计算机处理就可获得各元素分析结果。

原子荧光光谱法比原子吸收光谱法灵敏，其检出限如表 4-11 所示。

5. 商品仪器简介

国产原子荧光光谱仪简介见表 4-12。

表 4-11　原子荧光光谱法的检出限

元素	波长/nm	光源①	火焰	检出限/(µg/mL)
Ag	328.1	EDT	空气-氢	0.0001
Al	396.2	EDT	氩分离-N_2O-乙炔	0.1
As	193.7	EDT	氩（空气）-氢	0.2
Au	242.8	HC（高强度）	氩-氧-氢	0.005
Be	234.9	EDT	氮-氧-乙炔	0.01
Bi	302.5	EDT	氩（空气）-氢	0.05
Ca	422.7	EDT	空气-氢	0.02
Cd	228.3	EDT	空气-氢	0.000001

元素	波长/nm	光源①	火焰	检出限/(μg/mL)
Co	240.7	EDT	空气-氢	0.005
Cr	357.9	EDT	空气-氢	0.05
Cu	324.8	EDT	氩-氢	0.005
Fe	248.3	EDT	空气-乙炔	0.009
Ga	417.2	EDT	空气-氢	1.0
Ge	265.1	EDT	氩分离-N_2O-乙炔	0.066
Hg	253.7	EDT	空气-氢	0.08
In	410.5	EDT	氩(空气)-氢	0.1
Mg	285.2	HC(高强度)	空气-丙烷	0.001
Mn	279.4	EDT	氩(空气)-氢	0.006
Mo	313.3	EDT	氩分离-N_2O-乙炔	0.46
Ni	232.0	HC(高强度)	氩-氧-氢	0.003
Pb	405.8	HC(高强度)	氩-氧-氢	0.01
Pd	340.5	HC(高强度)	氩-氧-氢	0.04
Rh	369.2	HC(封闭管)	空气-氢	3
Sb	217.6	EDT	空气-丙烷	0.05
Si	251.6	EDT	氩分离-N_2O-乙炔	0.55
Se	196.0	EDT	氩(空气)-氢	0.4
Sn	303.4	EDT	氮分离-氩-氧-氢	0.1
Sr	460.7	EDT	氩(空气)-氢	0.03
Te	214.3	EDT	氩(空气)-氢	0.5
Tl	377.6	EDT	氩(空气)-氢	0.008
V	318.4	EDT	氩分离-N_2O-乙炔	0.07
Zn	213.9	EDT	空气-氢	0.00004

① EDT 为无极放电灯；HC 为空心阴极灯。

表 4-12　国产原子荧光光谱仪简介

生产厂商	仪器型号	性能指标和仪器特点
北京普析通用	PF6,PF7	测定元素：As、Sn、Pb、Bi、Te、Se、So(<0.01ng/mL)；Mg、Cd(<0.001ng/mL)，Zn(<1.0ng/mL)，Ge(<0.05ng/mL)全自动顺序测定；多通道同时测定，高强度空心阴极灯；低温原子化器；自动排除气泡的气液分离器；PFWin软件工作站；流动注射氢化物发生系统
北京海光	AFS9600~9900	测定元素指标与PF6相同，对Au(<3.0ng/mL)无色散四通道；恒流驱动、脉冲供电空心阴极灯，低温石英原子化器　涌流式气液分离器

生产厂商	仪器型号	性能指标和仪器特点
北分瑞利	AF-610D，AF-2200，AF-610D2 液相色谱-AFS 联用仪	测定 11 种元素指标同 PF6，UV 消解还原系统，双蠕动泵用于形态分析，As：Ⅲ、Ⅴ、一甲基砷、二甲基砷、砷甜菜碱、胆碱砷糖；Hg：Ⅱ、一甲基汞、二甲基汞；Se：Ⅳ、Ⅲ、硒代半胱氨酸、硒代蛋氨酸、硒多糖、硒多肽、硒蛋白等
	AF630A/640A PAF-1100 便携式	测定 11 种元素，指标同 PF6，高性能空心阴极灯，低温石英原子化器三级气液分离器
北京吉天	AFS-8130、8230、8330 DCMA-200（Hg，Cd）	测定 11 种元素，指标同 PF6，双通道、间歇泵进样，高性能空心阴极灯，低温石英原子化器，气液分离器（对有害气体配有捕集阱装置）
	SA-20HRLC-AFS 联用仪	可做形态分析，分离性能与 AF-610D2 相近
北京金索坤	SK-2002B	火焰法-氢化法联用

三、测定条件的选择

在蒸气发生原子荧光光谱分析中，正确设置仪器工作条件，可获较高的灵敏度及测定结果的精密度和准确度。

1. 光源灯电流的设置

高性能（双阴极）空心阴极灯采用（1：20）～（1：30）占空比的短脉冲供电，在满足分析灵敏度的要求下，应尽量选择较小的电流，以延长灯的使用寿命。辅助阴极的电流一般情况下应小于或等于主空心阴极的电流，但对 Se 高性能空心阴极灯，辅助电流大于主电流可获较好的效果。

使用前应先测定各元素灯的灯电流与产生荧光强度的特性曲线，其并非都有线性关系，特别是 Zn 灯比较异常，在某一峰值电流时，荧光强度会陡然巨增产生突变。

高性能空心阴极灯的另一重要特性是辐射荧光强度的稳定性。长时间使用后对汞灯一般呈现正向漂移，对其它元素灯呈现负漂移。可使用制造灯厂提供的激活器，通过反接吸气处理后，使灯内惰性气体净化，有可能使灯恢复原有性能。

2. 石英炉原子化器的预热温度

对国产屏蔽式低温石英原子化器，其预热在 200℃，是大多数被测元素的最佳预热温度，应预热 20～30min 后，待炉温度平衡后再进行测定，可获高灵敏度。

3. 载气 Ar 流量的设定

载气流量对 Ar-H₂ 火焰的形状、火焰大小和稳定性，被测元素的灵敏度和重现性均有较大的影响。

对双层石英管原子化器载气流量设定范围为 300～600mL/min，屏蔽气流量设定范围为 600～1100mL/min。

4. Ar-H₂ 火焰的观测高度

观测高度是指从石英管口平面到 Ar-H₂ 火焰最佳部位中心之间的高度，见图 4-32。

在一定燃烧条件下，Ar-H₂ 火焰形状固定并稳定，在火焰中心部分 H* 自由基浓度最高，被测元素的原子蒸气密度最大，可观测到最高的荧光强度。对不同元素观测高度变化不大，对双层石英炉原子化器，最佳火焰观测高度为 8～10mm。

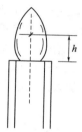

使用中高性能空心阴极灯辐射光斑的聚焦点应对准 Ar-H₂ 火焰的中心点，可使用调光器附件仔细调整，以获得最佳的分析灵敏度和重现性。

图 4-32　Ar-H₂ 火焰的观测高度
h—观测光斑高度

当使用汞阴极灯时，由于其发射浅蓝白色光，应在暗光下观察并仔细调节。

5. 进样量的选择和采样时间控制

在蒸气发生原子荧光光谱分析中，当间断进行氢化反应时，一般进样量约为 1mL。

由于不同元素的氢化反应速率不同，样品被载气驱入石英原子化器有一定的延迟时间，进入石英原子化器有一定的反应时间，即从检测显示器上观察到的积分时间，因此样品溶液进入石英原子化器的注入时间为延迟时间和积分时间与清洗石英原子化器的时间总和，见图 4-33。积分时间的长短与载气流速、蠕动泵的泵速、样品与还原剂的浓度和气液分离器的结构有关。原则上，应使整个峰形面积恰好处于积分时间以内。对 As、Sb、Bi 等元素氢化反应速率较快，通常积分时间为 10～12s，测 Hg 时，因氢化反应速率慢，积分时间为 12～14s。通常样品注入时间 (L) ＞延迟时间 (d) ＋积分时间 (I)。

6. 光电倍增管施加的电压

光电倍增管的光阴极由 Cs-Te 材料构成，其在 160～320nm 波长范围有很高的灵敏度。在蒸气发生-原子荧光光谱法测定的 11 种元素（As、Sb、Sn、Ge、Se、Te、Bi、Pb、Hg、Cd、Zn），As 的波长最短为 193.7nm，Bi 的波长最长为 306.1nm，正好落在光电倍增管最灵敏的光谱响应区间。

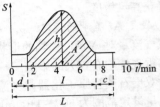

图 4-33 采样的延迟时间 (d)、积分时间 (I)、清洗时间 (c) 和注入时间 (L) 的示意图
h—峰高；A—峰面积

光电倍增管的放大倍数，与在阳极和阴极间施加的电压密切相关，一般施加 220～300V 电压，每增加 20V 电压，其灵敏度可提高一倍，但不应施加太高的电压，以避免增大噪声，影响测定重现性。

四、干扰因素及消除方法

在蒸气发生-原子荧光光谱分析中，其发生干扰因素如下：

1. 光谱干扰

光谱干扰是指在测量的光谱通带内，除被测元素辐射的荧光外，还有来自光源或原子化器的干扰辐射光和散射光和因其它元素产生与被测元素的荧光谱线重叠而引起的光谱重叠干扰。

(1) 散射光干扰　来自原子化过程未挥发的气溶胶或水蒸气形成的细小微粒，对光源辐射光产生散射而产生的干扰。

在氢化反应中，被测定元素氢化物被 Ar 载带，先进入气液分离器，再进入石英炉原子化器，就可大大减少散射光的干扰。

(2) 谱线重叠干扰　一般由空心阴极灯阴极含有的杂质元素辐射出谱线而引起谱线重叠干扰，但在原子荧光光谱分析中是在与光源互相垂直（或成 45°～60°）方向观测荧光辐射，因此谱线重叠干扰易于排除。

2. 非光谱干扰

(1) 液相干扰　指在液相进行氢化反应过程对生成氢化物速率产生

的干扰，其原因如下：

① 某些金属元素的化合物可被 $NaBH_4$ 还原成金属以沉淀形式析出或待测元素与干扰元素之间形成难溶于酸的化合物，它们都会降低氢化物的释放效率，导致产生负干扰。

② 被测元素的不同价态会影响氢化物发生速率和效率，如 As（Ⅲ）比 As（Ⅴ）的氢化物发生速率要快，且产生荧光信号的强度大 1.5 倍；Sb（Ⅴ）氢化物测定的灵敏度只有 Sb（Ⅲ）氢化物的 50%。当进行氢化反应时，应将高价态元素先还原成低价态后，再进行氢化反应。

③ 当干扰离子浓度比待测离子浓度大 100 倍时，会产生严重干扰，并消耗大量 $NaBH_4$ 还原剂。

消除液相干扰，可采用以下措施：

① 增加氢化反应的酸度，并使用强氧化性酸（如 HNO_3），可使生成的干扰物沉淀溶解。

② 加入络合剂掩蔽干扰离子。

③ 使用低浓度 $NaBH_4$ 溶液进行氢化反应，可避免将干扰金属离子还原成金属沉淀，并减少对氢化物的吸附。

④ 改变氢化物生成方式，如采用连续流动或断续流动方式，可减少液相干扰。

⑤ 对试样溶液预先进行对干扰离子的分离。

（2）气相干扰　　指氢化物由氢化反应器经气液分离器进入石英炉原子化器过程产生的传输干扰，以及在石英炉原子化器内部产生记忆效应的干扰。

消除气相干扰，可采用以下措施：

① 消除传输干扰，应使气液分离器中没有影响气体通过的死角，并且与石英炉原子化器的连接管路不要太长。

② 消除记忆效应干扰，应使石英炉原子化器的预热温度低于 400℃，并配置对 Ar-H_2 火焰的自动点燃装置，就可使记忆效应大幅下降。

第七节　测定实例

一、化学试剂氯化锌中钠、钾、镁、钙含量的测定

将氯化锌试样在稀盐酸中溶解并稀释至一定体积。在 WFX-1C 型火焰原子吸收光谱仪上按下述表 4-13 所列工作条件进行测定。

表 4-13 测定钠、钾、镁、钙的工作条件

元素 测定条件	钠	钾	镁	钙
测定波长/nm	589.0	766.5	285.2	422.7
空心阴极灯电流/mA	2	2	2	2
单色器狭缝宽度/nm	0.2	0.2	0.2	0.2
燃烧器高度/mm	13	12	13	11
乙炔流量/(L/min)	0.8	0.8	0.8	1.0
空气流量/(L/min)	5.5	5.5	5.5	6.0

在相同工作条件下，由钠、钾、镁、钙标准溶液绘制各自的工作曲线。再用标准加入法测定各元素的含量。

二、铂重整催化剂中痕量硅、铁、钠、铜含量的分析

将约 0.5g 铂重整催化剂置于加压溶弹内（图 4-34），加一定量浓盐酸及少量硝酸，待安装密封后，置于 180℃ 烘箱内，加热 4～6h，待冷却后，取出溶液稀至一定体积备用。

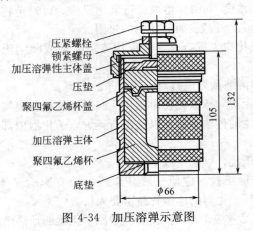

压紧螺栓
锁紧螺母
加压溶弹性主体盖
压垫
聚四氟乙烯杯盖
加压溶弹主体
聚四氟乙烯杯
底垫

132
105
φ66

图 4-34 加压溶弹示意图

在原子吸收光谱仪上用标准工作曲线法测定各个元素的含量。测定条件见表 4-14。

表 4-14 测定硅、铁、钠、铜的工作条件

元素 测定条件	硅	铁	钠	铜
测定波长/nm	251.6	248.3	588.9	324.8
灯电流/mA	7.5	10	5	3

测定条件 \ 元素	硅	铁	钠	铜
狭缝宽度/nm	0.4	0.4	0.4	0.4
燃烧器高度/cm	2	2	2	2
空气压力/MPa	0.16	0.16	0.16	0.16
乙炔压力/MPa	0.04	0.02	0.02	0.025
氧化亚氮压力/MPa	0.38			
火焰类型	N_2O-C_2H_2	空气-C_2H_2	空气-C_2H_2	空气-C_2H_2
背景扣除	氘灯	氘灯		
线性范围/($\mu g/mL$)	5～30	1～5	0.1～0.3	0.05～0.4

三、废水中钴和镍的测定

钴、镍存在于有色冶金、电镀、金属加工、油脂加工等工业废水中。当钴、镍浓度≥1.0mg/L时,可直接用贫燃空气-C_2H_2火焰原子吸收光谱法进行定量分析。在此种火焰中化学干扰少,若盐浓度高产生背景吸收,可用氘灯或塞曼效应进行背景校正。此外在钴、镍的共振线240.7nm和232.0nm附近存在非灵敏线,有光谱干扰,所以应选择尽可能小的光谱通带(0.2nm)。当水样中钴、镍浓度<1.0mg/L时,可采用萃取火焰原子吸收光谱法定量,既能消除高浓度盐的干扰,又能大大提高测定的灵敏度。常用的萃取体系为吡咯烷荒酸铵(APDC)-甲基异丁基酮(MIBK)、二乙基氨荒酸钠(NaDDTC)-MIBK 和 APDC-二乙基氨荒酸二乙铵(DDDC)-MIBK。在直接火焰法或萃取火焰法中皆用标准工作曲线法进行定量分析。

四、地表水或废水中铍的测定

铍及其化合物是剧毒物质。一般地表水中含铍约 0.013$\mu g/L$,某些冶金及铍化合物的工业废水中含有铍。用空气-C_2H_2火焰铍难于原子化,即使用 N_2O-C_2H_2高温火焰,测铍的灵敏度也不高,用石墨炉技术可获高灵敏度,最低检测限可低达 0.05ng/L(1ng=10^{-9}g),能直接分析含铍的废水。当废水中含大量钾、钠、钙、镁、铁、铬、锰的化合物时存在基体干扰,此时可向含铍废水中加入浓度为 8mg/L 的 $Al(NO_3)_3$ 和 2%H_2SO_4 组成的基体改进剂,并使灰化温度提高至 1500℃。这样具有明显的增敏效果,并提高了抗基体干扰能力。此时当 K、Na、Ca、Mg、Fe、Cr、Mn 分别以 700、1600、80、700、5、50、100($\mu g/L$)的浓度存在时,不干扰 0.5ng/L Be 的测定。若 Be 含量很低或干扰离子超过允许限量，可在 pH＝9 的缓冲溶液中，以 EDTA 掩蔽干扰离子，用乙酰丙酮-甲苯萃取溶剂，从水相中萃取分离富集铍，再用 10％HCl 溶液对有机相进行反萃取，然后用石墨炉进行原子化。测定中使用空心阴极灯发射 234.9nm 共振线，通带宽度为 1.3nm，石墨炉使用热解石墨管（或涂锆石墨管），干燥温度 80～120℃约 15～20s；灰化温度 600℃（10s），原子化温度 2600℃（5s），高温除残 2800℃（3s）。可用氘灯或塞曼效应进行背景校正，测量峰高吸光度，可用标准工作曲线法或标准加入法进行定量分析。

五、人发中锌含量的测定

微量元素锌在人体和动物体内具有重要的功能，它对生长、发育、创伤愈合、免疫预防有重要的促进作用。人发中锌含量的多少，标志人体内微量元素锌含量是否正常。因此，对人发中锌含量的分析是判别人体健康与否的重要标志。

从人体采取头发样品，应从贴近头皮处剪取，弃去发梢，剪成 1cm 长，将头发样品（约 1g）先用洗涤剂浸泡 30min，用自来水洗净后，再用去离子水洗，于约 70℃烘干 4h 后保存。

取约 0.2g 处理后的人发样品在 HNO_3 和 $HClO_4$ 混合酸中进行消解，再定容备用。

使用锌空心阴极灯（吸收线波长 213.9nm，灯电流 8mA），在乙炔-空气焰上进行原子化。另配制 0～5μg/mL 锌标准溶液，用工作曲线法定量。

六、废水中痕量汞的测定

汞元素对人体危害极大，它进入人体会与人体组织中某些酶的活性中心巯基（—SH）结合，而抑制酶的活性。含有机汞和无机汞的废水，必须经硫化钠或活性炭处理后才可排放。

废水中的痕量汞可用冷原子荧光法测定，取 50mL 废水样品经过滤除去悬浮物后，用硫酸酸化并加入高锰酸钾加热消解至高锰酸钾颜色褪去，再稍加过量高锰酸钾以保证将痕量汞全部氧化成二价汞。然后向水样中加入 $SnCl_2$，将汞离子还原成金属汞原子，由于汞有挥发性，可用 Ar 或 N_2 载气将汞蒸气带入吸收管中，当低压汞灯发出的激发光束照射在汞蒸气上，使汞原子激发而产生荧光，荧光强度与试样中汞含量成线性关系，可用标准工作曲线法测出废水中痕量汞的含量。

七、化妆品中汞（或砷）的原子荧光光谱法测定[1]

含汞（或砷）的样品用微波消解法处理后，在氢化反应器中，溶出的汞离子与硼氢化钾反应生成原子态汞（对含砷样品，消解后的五价砷，用硫脲和抗坏血酸混合物还原成三价砷，与加入的硼氢化钾溶液反应生成气态 AsH_3），再由载气 Ar 携带原子态汞（或 AsH_3）进入气液分离器，与反应液分离后的汞蒸气（或气态氢化物）进入石英炉原子化器，在石英管上端形成氩-氢火焰，在高性能汞（或砷）空心阴极灯的激发下，产生原子荧光，并测量荧光强度。

高性能空心阴极灯的工作条件：光电倍增管电压 300V，灯电流 15mA，原子化器观测高度 8mm，原子化温度 300℃，载气 Ar 流量 300mL/min，屏蔽 Ar 气流量 700mL/min。

样品微波消解条件：取 0.5～1.0g 样品置于聚四氟乙烯溶样杯内，在 100℃恒温水浴上，用 $HNO_3 + H_2O_2$ 溶解后，再将溶样杯置于微波密闭溶样罐中，密闭加压 0.5～1.5MPa，保压时间 1.5～5.0min。消解后的样品，从溶样罐中取出，再置于 100℃沸水浴中，加热 5～10min，以驱除样品中的氮氧化物，消除干扰。

测定步骤如下：

① 配制汞（或砷）标准溶液：用 $HgCl_2$ 和 As_2O_3 配制。

② 用微波消解法，消解化妆品样品。

③ 在氢化反应器中进行还原反应，生成原子态汞（或 AsH_3）。

④ 在石英管原子化器中进行原子化反应。

⑤ 用高性能空心阴极灯（汞 253.65nm，砷 193.76nm 或 234.98nm）激发下进行原子荧光强度测定。

⑥由标准工作曲线（荧光强度-组分含量）确定样品中汞（或砷）含量。

学 习 要 求

一、掌握原子吸收光谱法的基本原理和方法特点。

二、了解原子吸收光谱仪的主要组成部件。

---

[1] 引自：张锦茂主编. 原子荧光光谱分析. 北京：中国质检出版社，中国标准出版社，2011.

三、了解并掌握进行原子吸收光谱分析的最佳实验操作条件。

四、了解影响原子吸收光谱分析的干扰因素及相应的消除方法。

五、掌握原子吸收光谱分析的灵敏度和检测限的概念及计算方法。

六、掌握原子吸收光谱分析中常用的定量分析方法。

七、掌握原子吸收光谱分析中的实验操作技术及仪器的使用与维护方法。

八、了解原子荧光光谱法的基本原理、原子荧光的类型。

九、了解原子荧光强度和被分析元素浓度的关系。

十、了解原子荧光光谱仪的组成。

十一、了解高性能空心阴极灯的构成。

十二、了解蒸气发生-原子荧光光谱仪的组成。

十三、了解氢化物发生器的结构和应用范围。

十四、了解蒸气发生-原子荧光光谱法中测定条件的选择。

十五、了解原子荧光光谱法中的干扰因素及消除方法。

复 习 题

1. 原子吸收光谱法与分光光度法有何异同点？

2. 何谓共振发射线和共振吸收线？

3. 为何在原子吸收光谱法中采用峰值吸收法来测量吸光度？

4. 简述原子吸收光谱仪的组成。

5. 何谓锐线光源？原子吸收光谱法中为什么要使用锐线光源？

6. 比较火焰原子化法和石墨炉原子化法的优缺点，为什么后者有更高的灵敏度？

7. 原子吸收光谱法的主要操作条件有哪些？应如何进行优化选择？

8. 原子吸收光谱法中有哪些干扰因素？如何消除？

9. 原子荧光有哪几种类型？是如何产生的？

10. 原子荧光强度与被分析元素浓度的定量关系如何表达？

11. 原子荧光猝灭现象的原因是什么？

12. 原子荧光光谱仪和原子吸收光谱仪有何异同？

13. 在蒸气发生-原子荧光光谱法中可测定哪些元素？简述进行氢化反应的反应介质和酸度。

14. 在原子荧光光谱仪中分光器的安置和原子吸收光谱仪有何不同？

15. 在蒸气发生-原子荧光光谱分析中影响测定结果的实验条件有哪些？如何正确选择？

16. 在蒸气发生-原子荧光光谱分析中，存在哪些干扰因素？应如何消除？

17. 原子吸收光谱法常用的定量方法有几种？如何进行定量分析？

18. 用火焰原子吸收光谱法在选定的最佳条件下测得空白溶液和$0.50\mu g/mL$

镁标准溶液的透光度分别为100%和40%。求镁的特征浓度和灵敏度。用此法测球墨铸铁中镁含量（约含镁0.005%）时，若取样量为0.5g，现有10、25、50、100、250（mL）五种规格的容量瓶，应选哪种规格的容量瓶制备试液最合适？

19. 用火焰原子吸收光谱法测血浆中的锂时，将三份0.50mL血浆分别置于三个5mL容量瓶中，分别加入0.0、10.0、20.0（μL），浓度为0.05mol/L的氯化锂标准溶液，都稀释至刻度后测得吸光度分别为0.230、0.453、0.676。求血浆中锂的浓度（μg/mL）？ **答：$7.16μg/mL$**

20. 吸取0、1、2、3、4（mL），浓度为10μg/mL的镍标准溶液，分别置入25mL容量瓶中，稀至刻度，在火焰原子吸收光谱仪上测得吸光度分别为0、0.06、0.12、0.18、0.23。另称取镍合金试样0.3125g，经溶解后移入100mL容量瓶中，稀至标线。准确吸取此溶液2mL放入另一25mL容量瓶中，稀至标线，在与标准曲线相同的测定条件下，测得溶液的吸光度为0.15。求试样中镍的含量。 **答：16%**

21. 称取含镉试样2.5115g，经溶解后移入25mL容量瓶中稀至标线。依次分别移取此样品溶液5mL，置于四个25mL容量瓶中，再向此四个容量瓶中依次加入浓度为0.5μg/mL的镉标准溶液0、5、10、15（mL），并稀至刻度，在火焰原子吸收光谱仪上测得吸光度分别为0.06、0.18、0.30、0.41。求样品中镉的含量。 **答：0.0248%**

第五章　可见光吸收光谱法

基于物质对光的选择性吸收而建立的分析方法，称为吸收光谱法。许多化合物都具有颜色，如硫酸铜溶液呈蓝色、硫酸铁溶液呈棕红色，它们颜色的深浅与其浓度密切相关。溶液的浓度低呈现的颜色较浅；溶液的浓度高呈现的颜色就加深，因此，就可根据测试溶液颜色的深浅，来判定溶液浓度的高低，这就是"比色分析法"，适用于在可见光区使用。比色分析可依据使用检测方法的不同，分为两种方法：用人的眼睛来检测溶液颜色深浅的方法称"目视比色法"；后随分析仪器的发展，出现了利用滤光片分光并用光电池来检测溶液颜色深浅的方法称"光电比色法"。后又发展了使用棱镜或光栅取代滤光法进行分光的方法，就产生了"可见光分光光度法"或"可见光吸收光谱法"。

第一节　基本原理

光是一种电磁波，不同波长的光能量不同，各种光（电磁波）按其波长（或频率）顺序排列的各种光谱方法，可参见第三章表3-1。

一、分子吸收光谱产生的机理

物质是由分子、原子构成的。单一原子由原子核及电子构成。大多数分子由双原子或多原子构成，分子、原子、电子均处于不同的运动状态，通常认为分子内部运动方式有三种：分子内电子相对原子核的运动（称为电子运动）；分子内原子在其平衡位置上的振动（称分子振动）；分子本身绕其重心的转动（称分子转动）。

处于不同运动状态的分子、电子均具有一定的能量，按能级分布情况见图5-1。

分子具有电子（价电子）能级、分子的振动能级和分子的转动能级，它们的能级分布是不连续的、量子化的。实现电子能级跃迁需能量最大，能级差 ΔE_n 为 $1\sim20\text{eV}$，相当于波长为 $200\sim800\text{nm}$ 紫外、可见光区电磁波具有的能量；实现分子的振动能级跃迁所需能量小一些，能级差 ΔE_v 为 $0.05\sim1\text{eV}$，相当于波长为 $1\sim50\mu\text{m}$ 近红外、中红外光区

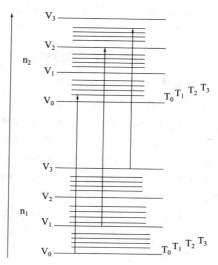

图 5-1　分子能级的跃迁
n—电子能级；V—振动能级；T—转动能级

电磁波所具有的能量；实现分子的转动能级跃迁所需能量最小，能级差
$\Delta E_T < 0.05\text{eV}$，相当于波长为 $10 \sim 10000\mu\text{m}$ 中红外-微波光区电磁波所
具有的能量。

由于 $\Delta E_n > \Delta E_V > \Delta E_T$，在电子能级跃迁时，同时伴有分子振动能
级和转动能级的跃迁；在分子振动能级跃迁时，也伴有转动能级的跃
迁，所以分子吸收光谱是由密集谱线组成的带状光谱，而不是线状
光谱。

当光波照射到物质上时，光子的能量可在一非连续过程中传递给物

质的分子、电子，若其能量恰恰符合 $\Delta E = E_2 - E_1 = h\nu = h\dfrac{c}{\lambda}$（$h$ 为普

郎克常数，ν、c、λ 分别为光的频率、速度和波长）量子化条件，使之
发生能级跃迁。如果接受光子的能量是电子，便产生原子吸收光谱；若
接受光子的能量是分子，便产生分子吸收光谱。

当原子、分子发生能级跃迁时，由基态变为不稳定的激发态 $\text{M} + h\nu$
$\longrightarrow \text{M}^*$，激发态原子、分子寿命为 $10^{-9} \sim 10^{-8}\text{s}$，它会以热、光、电磁
波发射返回到基态，并产生发射光谱。

应当强调，由于物质的原子、分子结构不同，实现能级跃迁时所需

量子化的能量 ΔE 不同，即物质对光呈现选择性吸收，并产生相应的吸收光谱。

二、溶液颜色与光吸收的关系

颜色是光和眼睛相互作用而产生的一种生理感觉，事实上颜色是大脑对投射在视网膜上不同性质光线进行辨认的结果。

物质呈现的颜色与光有着密切的关系。不同波长的可见光可使眼睛感觉到不同的颜色。日常所见的白光，如日光、白炽灯光，都是复合光，即它们是由波长 400～760nm 的电磁波按适当强度比例混合而成的。这段波长范围的光是人们视觉可觉察到的，所以称为可见光。由于人们视觉分辨能力所限，人们看到的某种颜色光是介于一个波长范围的光。

白光，它在可见光区包括七种颜色。物质呈现某种颜色的原因，是物质对可见光区域的辐射光具有选择性吸收，所呈现的颜色为吸收光的互补色，见表 5-1。

表 5-1　物质颜色与吸收光颜色的关系

物质颜色	吸收光		物质颜色	吸收光	
	颜色	波长范围/nm		颜色	波长范围/nm
黄绿	紫	400～450	紫	黄绿	560～580
黄	蓝	450～480	蓝	黄	580～610
橙	青蓝	480～490	青蓝	橙	610～650
红	青	490～500	青	红	650～760
紫红	绿	500～560			

如果让一束白光（日光）通过棱镜，经折射后，便可分解为上述红橙黄绿青蓝紫七色光。反之，这些颜色的光按一定强度比例混合便可产生白光。我们也可以把两种适当颜色的单色光（见表 5-1）按一定强度比例混合而得到白光，此时这两种单色光称互补色光。

三、光吸收曲线

测量溶液对不同波长单色光的吸收程度，可以波长为横坐标，吸光度为纵坐标，得一曲线，称吸收曲线或吸收光谱。光谱峰值处对应的波长称最大吸收波长，以 λ_{max} 表示。图 5-2 是浓度为 0.001（1/5KMnO$_4$）mol/L 和 0.001（1/6K$_2$Cr$_2$O$_7$）mol/L 溶液的吸收曲线。KMnO$_4$ 的

$\lambda_{max}=525nm$，而 $K_2Cr_2O_7$ 的 $\lambda_{max}=325nm$。图 5-3 为不同浓度的 $KMnO_4$ 溶液的吸收曲线，由图可知吸收曲线描述了物质对不同波长光的吸收能力，它反映了物质分子中电子能级的跃迁，所以不同物质由于内部结构不同，对不同波长的光具有选择性吸收，从而吸收曲线形状不同，具有各自特征的吸收曲线，借此可以定性鉴定各种物质。另外不同浓度的同一物质，它的吸收曲线形状与最大吸收波长是不变的，但吸光度随浓度增大而增大。显然，在最大吸收波长处测量吸光度，其灵敏度最高。因此，吸收曲线是吸光光度法选择测量波长的依据。

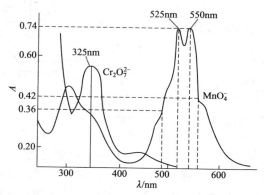

图 5-2　$KMnO_4$ 和 $K_2Cr_2O_7$ 的光吸收曲线

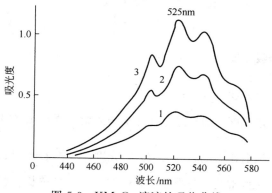

图 5-3　$KMnO_4$ 溶液的吸收曲线

1—$c(KMnO_4)=1.56\times10^{-4}mol/L$;

2—$c(KMnO_4)=3.12\times10^{-4}mol/L$;

3—$c(KMnO_4)=4.68\times10^{-4}mol/L$

利用可见光吸收光谱法进行测定时，由于使用了可将复合光分解成单色光的分光光度计，因此也可称为可见光分光光度法。

四、光的吸收定律

当一束平行的波长为 λ 的单色光通过一均匀的有色溶液时，光的一部分被比色皿的表面反射回来，一部分被溶液吸收，一部分则透过溶液，如图 5-4 所示。这些数值间有如下的关系：

$$I_0 = I_a + I_r + I$$

式中，I_0 为入射光的强度；I_a 为被吸收光的强度；I_r 为反射光的强度；I 为透过光的强度。

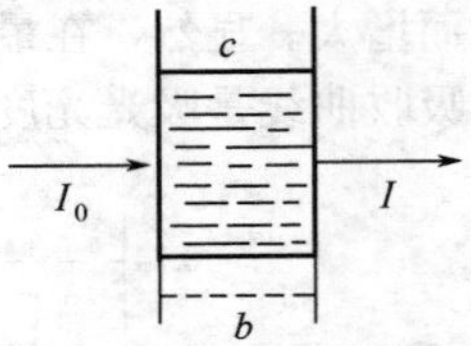

在光度分析中采用同种质料的吸收池，其反射光的强度是不变的，由于反射所引起的误差互相抵消。因此上式简化为：

$$I_0 = I_a + I$$

图 5-4　有色溶液与光线关系
b—溶液厚度；c—溶液浓度

式中，I_a 越大即说明对光吸收得越强，也就是透过光 I_0 的强度越小，光减弱越多。透过光强度的改变与有色溶液浓度 c 和液层厚度 b 有关。也就是溶液浓度愈大，液层愈厚，透过的光愈少，入射光强度减弱愈显著。

光吸收的朗伯-比尔定律的数学表达式为：

$$A = \lg \frac{I_0}{I} = \lg \frac{1}{T} = kbc$$

式中　A——吸光度；

　　　b——光径长度（液层厚度）；

　　　c——吸光物质浓度；

　　　T——透光度，即透过光强度 I 与入射光强度 I_0 的比值 $T = \dfrac{I}{I_0}$；

　　　　　透射比的倒数的对数为吸光度：$A = \lg \dfrac{I_0}{I} = \lg \dfrac{1}{T}$。

　　　k——比例常数，与吸光物质性质，入射光波长、温度等因素有关。k 因溶液浓度 c 及液层厚度 b 所采用单位的不同而不同。

当浓度 c 以 mol/L 表示，光径长度 b 以 cm 为单位时，则比例常数

k 以 ε 表示称为摩尔吸光系数，单位 L/(mol·cm)，此时光吸收定律数学表达式为：

$$A = \lg \frac{I_0}{I} = \lg \frac{1}{T} = \varepsilon bc$$

其物理意义是当一束平行的单色光，通过稀的、均匀的吸光物质溶液时，溶液的吸光度与吸光物质浓度及光径长度乘积成正比。它是分光光度定量测定的依据。

光吸收定律应用条件为入射光是单色光；吸光介质为均匀介质、稀溶液（浓度应 <0.01mol/L）。

光吸收定律以图形表示时纵坐标为 A，横坐标为 c，则为通过原点的一条直线，称标准曲线，直线斜率为吸光度法灵敏度 ε，见图 5-5。

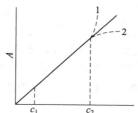

图 5-5　吸光度对朗伯-比尔定律的偏离
1—正偏差；2—负偏差

当实际测定不能符合光吸收率应用条件时，标准曲线会偏离线性而呈弯曲，这种现象称为偏离朗伯-比尔定律。大多数情况在标准曲线两端呈现弯曲（图 5-5），因此方法应标明适用的浓度范围 $c_1 \sim c_2$，这也是分光光度法选用时应考虑的参数之一。

五、分光光度法灵敏度

分光光度法的灵敏度是人们选择和评价该分析方法的重要依据。除用摩尔吸光系数 ε 表示分光光度法灵敏度外，还常用桑德尔（Sandell）灵敏度表示。

1. 摩尔吸光系数 ε

表示吸光物质浓度为 1mol/L，液层厚度为 1cm 时溶液的吸光度，符号 ε，单位 L/(mol·cm)，显然 ε 可由实验测得。对一个化合物来说，在不同波长下 ε 值不同，但在一定波长下是一个特征常数，表征了吸光物质对某一特定波长的选择性吸收能力。通常我们用 λ_{max} 下的 ε 值作为选择显色反应、衡量光度分析法灵敏度的一个依据。对于不同吸光物质来说，在同一波长下，ε 愈大，表示该吸光物质对该波长吸收能力愈强，因此 ε 也是定性鉴定化合物特别是有机化合物的参数之一。

2. 桑德尔灵敏度

规定仪器的检测极限为吸光度 $A = 0.001$ 时，单位截面积光程内所能检测的吸光物质的最低量。用符号 s 表示，单位为 $\mu g/cm^2$。

一般认为若 $s < 10^4$ 则显色反应的灵敏度是低的；s 在 $10^4 \sim 5 \times 10^4$ 属中等灵敏度；s 在 $6 \times 10^4 \sim 10^5$ 时为高灵敏度；$s > 10^5$ 为超高灵敏度。桑德尔灵敏度多在 $0.01 \sim 0.001 \mu g/cm^2$ 范围。

六、可见分光光度法的特点

可见分光光度法是基于物质对 $400 \sim 750nm$ 可见光区的选择性吸收而建立的分析方法。它包括比色分析法和分光光度法，亦称可见吸光光度法，是微量分析的简便而通用的方法，方法主要特点为：

① 灵敏度　方法适用于微量组分，一般测定下限可达 $10^{-4}\% \sim 10^{-5}\%$。若采用预富集措施，甚至对含量为 $10^{-6}\% \sim 10^{-8}\%$ 组分亦可测定。

② 准确度　方法相对误差为 $2\% \sim 5\%$，若用精密仪器可达 $1\% \sim 2\%$。

③ 测量范围　当物质的含量为微量 $1\% \sim 10^{-3}\%$、痕量 $10^{-4}\% \sim 10^{-5}\%$ 时均可采用光度法测定，甚至当含量在常量范围 $1\% \sim 50\%$ 也可用示差分光光度法测定。

④ 应用领域　元素周期表上几乎所有金属元素均能用分光光度法测定，一些非金属元素 B、Si、As、P、F、Cl、Br、I 等元素亦能测定。另外尚可测定许多有机化合物如醇、醛、酮、胺等。除含量测定外还是进行配合物化学平衡、动力学研究的有力工具。

⑤ 操作简便，价格低廉。

⑥ 前景广阔　现代科学技术发展向分光光度法提出了高灵敏度、高选择性、高精密度的要求，而分光光度法依靠本身方法及仪器的发展，使新方法、新仪器不断出现，如双波长分光光度法、导数吸收光谱法、光声光谱法，使光度分析法不仅能分析液样，还能分析固体样品、浑浊样品，不仅能分析单一组分还能分析多组分。当激光及电子计算机技术引入分光光度仪器后，出现了激光光声光谱仪等，使分光光度计向

自动化方向前进了一大步。

第二节　显色反应及显色条件的选择

可见光吸收光谱法是利用测量有色物质对某一单色光的吸收程度来进行测量的，但许多化合物本身是无色的，它对可见光不发生吸收或吸收很弱，因而必须预先通过适当的化学反应，使它转变成有色化合物，然后再进行可见光吸收光谱测定。

一、显色反应

在光度分析中，将试样中被测组分转变成有色化合物的反应叫显色反应。能与被测组分生成有色物质的试剂称为显色剂。显色反应分为两类：络合反应和氧化还原反应。其中络合反应是最主要的显色反应。

对显色反应的要求：

① 选择性好　一种显色剂最好只与一种被测组分起显色反应，或显色剂与干扰离子生成的有色化合物的吸收峰与被测组分的吸收峰相距较远。这样干扰较少。

② 灵敏度高　即有色化合物的摩尔吸收系数大。

③ 有色络合物的离解常数要小　有色络合物的离解常数愈小，络合物就愈稳定。络合愈稳定，光度测定的准确度就愈高，并且还可以避免或减少试样中其它离子的干扰。

④ 有色络合物的组成要恒定，化学性质要稳定。

⑤ 如果显色剂有颜色，则要求有色化合物与显色剂之间的颜色差别要大，以减小试剂空白。一般要求有色化合物与显色剂的最大吸收波长之差在 60nm 以上。

⑥ 显色反应的条件要易于控制　如果条件要求过于严格，难以控制，测定结果的再现性就差。

二、显色剂

1. 无机显色剂

许多无机试剂能与金属离子发生显色反应用于光度分析，但由于灵敏度等原因，具有实用价值的仅有几类，见表 5-2。

表 5-2　重要的无机显色剂

显色剂	测定元素	酸　度	络合物组成和颜色		测定波长 λ/nm
硫氰酸盐	铁	0.1~0.8mol/L HNO_3	$Fe(SCN)_2^{2-}$	红	480
	钼	1.5~2mol/L H_2SO_4	$MoO(SCN)_5^{2-}$	橙	460
	钨	1.5~2mol/L H_2SO_4	$WO(SCN)_4^-$	黄	405
	铌	3~4mol/L HCl	$NbO(SCN)_4^-$	黄	420
钼酸铵	硅	0.15~0.3mol/L H_2SO_4	$H_4SiO_4 \cdot 10MoO_3 \cdot Mo_2O_3$	蓝	670~820
	磷	0.5mol/L H_2SO_4	$H_3PO_4 \cdot 10MoO_3 \cdot Mo_2O_5$	蓝	670~820
	钒	1mol/L HNO_3	$P_2O_5 \cdot V_2O_5 \cdot 22MoO_2 \cdot nH_2O$	黄	420
过氧化氢	钛	1~2mol/L H_2SO_4	$TiO(H_2O_2)^{2+}$	黄	420
氨水	铜	浓氨水	$Cu(NH_3)_4^{2+}$	蓝	620
	钴		$Co(NH_3)_6^{2+}$	红	500
	镍		$Ni(NH_3)_6^{2+}$	紫	580

2. 有机显色剂

大多数有机显色剂本身为有色化合物，与金属离子反应生成的化合物一般是稳定的螯合物。显色反应的选择性和灵敏度都较高，有些有色螯合物易溶于有机溶剂，可进行萃取光度法测量。

有机显色剂种类很多，不断有新型的有机显色剂被研制出来，表 5-3 介绍了几种常用的有机显色剂。需要时还可查阅有关手册。

表 5-3　部分常用的有机显色剂[①]

试剂	结构式	测定离子
邻二氮菲		Fe^{2+}
双硫腙		Pb^{2+}, Hg^{2+}, Zn^{2+}, Bi^{3+} 等
丁二酮肟		Ni^{2+}, Pd^{2+}
铬天青 S (CAS)		Be^{2+}, Al^{3+}, Y^{3+}, Ti^{4+}, Zr^{4+}, Hf^{4+}

试剂	结构式	测定离子
茜素红 S		Al^{3+}，Ga^{3+}，$Zr(IV)$，$Th(IV)$，F^-，$Ti(IV)$
偶氮胂Ⅲ		UO_2^{2+}，$Hf(IV)$，Th^{4+}，$Zr(IV)$，Y^{3+}，Sc^{3+}，Ca^{2+}等
4-(2-吡啶偶氮)-间苯二酚（PAR）		Co^{2+}，Pb^{2+}，Ga^{3+}，$Nb(V)$，Ni^{2+}
1-(2-吡啶偶氮)-2-萘酚(PAN)		Co^{2+}，Ni^{2+}，Zn^{2+}，Pb^{2+}
4-(2-噻唑偶氮)-间苯二酚（TAR）		Co^{2+}，Ni^{2+}，Cu^{2+}，Pb^{2+}

① 摘自北京大学化学系仪器分析教学组编．仪器分析教程．北京：北京大学出版社，1997：33.

3. 多元配合物显色体系

近年来，形成多元配合物的显色体系受到关注。多元配合物是指 3 个或 3 个以上组分形成的配合物。利用多元配合物的形成可提高分光光度测定的灵敏度，改善分析特性。目前应用较多的是三元配合物。以形成三元配合物为基础，对原有的分析方法进行改进，有一些成熟的方法已纳入新修订的国家标准中。下面我们仅对三元配合物的几种类型进行介绍。

一种中心离子同时与两种配位体配合生成的具有三个组分的配合物称为三元配合物。例如 Al-CAS-CTMAC（铝-铬天青 S-氯化十六烷基三甲铵），一种配体同时与两种金属离子形成的配合物也是三元配合物，例如 $[FeSnCl_5]$。但是 $KAl(SO_4)_2$ 不是三元配合物，因为它溶于水时，完全电离成 K^+、Al^{3+}、SO_4^{2-}。

三元配合物在光度分析中应用较多的有：三元混配化合物、三元离子缔合物、三元胶束配合物、三元杂多酸配合物。

（1）三元混配化合物　金属离子 M 与一种配位体（A 或 R）形成配位数未饱和的配合物，再与另一种配位体（R 或 A）形成配合物，一般通式为 A—M—R，叫三元混合配位化合物，简称三元混配化合物。例如 V（V）、H_2O_2 和 PAR 形成 1∶1∶1 的有色配合物，可用于钒的测定，灵敏度高，选择性好。

（2）三元离子缔合物　金属离子首先与配位体生成配阴离子或配阳离子（配位数已满足），再与带相反电荷的离子生成离子缔合物。主要应用于萃取光度测定。最常用的体系为金属离子(M)-电负性配位体(R)-有机碱或染料（A）体系。例如，$[Ti(CNS)_6]^{2-}$ 与二安替比林甲烷（DAM）在 2～4mol/L HCl 介质中生成 Ti∶DAM∶SCN^-＝1∶2∶6 的三元离子缔合物，用氯仿萃取，λ_{max}＝420nm，ε＝$8×10^4$。

（3）三元胶束配合物　许多金属离子与显色剂反应时，加入表面活性剂，包括阳离子、阴离子、非离子或两性表面活性剂，形成胶束化合物。它们的吸收峰比原二元配合物向长波方向移动，测定的灵敏度提高。例如 Al-CAS 二元配合物的 λ_{max}＝545nm，ε 为约 $4×10^4$，当有氯化十六烷基三甲铵存在时，形成三元配合物，Al^{3+}∶CTMAC∶CAS＝1∶2∶3，λ_{max} 变为 620nm，ε 为约 10^5。

（4）三元杂多酸配合物　由两种简单的含氧酸组成的复杂的多元酸，称为杂多酸，或二元杂多酸。如磷钼杂多酸，化学计量数之比为 P∶Mo＝1∶12。

如果杂多酸由三种简单的含氧酸组成，则为三元杂多酸。例如磷钼钒杂多酸，它的组成（摩尔比）为 P∶V∶Mo＝1∶1∶11。三元杂多酸比相应的二元杂多酸吸光度更高。稳定性受酸度影响较小，选择性也较好。

三、显色反应条件的选择

显色反应能否满足分光光度法的要求，除了选择显色剂以外，控制好反应条件是十分重要的。

1. 显色剂用量

显色反应可用下式表示：

$$M \ + \ R \Longrightarrow MR$$

被测离子　　显色剂　　有色配合物

显色反应进行的程度可从有色配合物的稳定常数 K 值看出：

$$\frac{[MR]}{[M][R]} = K$$

$$\frac{[MR]}{[M]} = K[R]$$

上式左边的比值越大，说明显色反应越完全。由于 K 值是常数（一般仅略受温度变化影响），因此只要控制显色剂的浓度 $[R]$，就可以控制显色反应的程度，$[R]$ 值越大，显色反应就越完全。因此，加入过量的显色剂是必要的。但是显色剂过量太多，有时会引起副反应，或改变有色配合物的配位比，当显色剂本身有色时会增大试剂空白。显色剂的适宜用量可通过实验来确定。其方法是固定被测组分浓度和其它条件，取数份溶液，加入不同量的显色剂测定其吸光度，绘制吸光度（A）-浓度（c）关系曲线。一般可得到如图 5-6 所示的三种情况。

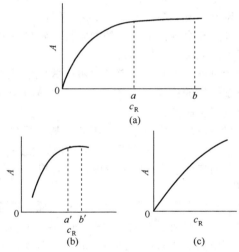

图 5-6　吸光度与显色剂浓度的关系曲线

图 5-6（a）曲线表明，在浓度 $a \sim b$ 范围内，吸光度出现稳定值，可在 $a \sim b$ 选择合适的显色剂用量。图 5-6（b）曲线表明，显色剂浓度在 $a' \sim b'$ 这一较窄的范围内，吸光度值比较稳定，必须严格控制显色剂浓度。图 5-6（c）曲线表明，随着显色剂浓度增大，吸光度不断增大，必须十分严格地控制显色剂用量。

2. 溶液酸度

溶液的酸度对光度测定有显著影响，它影响待测组分的吸收光谱、显色剂的形态、待测组分的化合状态及显色化合物的组成。

(1) 酸度不同时，显色化合物的组成和颜色可能不同。例如 Fe^{3+} 与磺基水杨酸作用，在不同的 pH 值条件下，能形成 1:1、1:2、1:3 三种配合物，现以 $(S. Sal)^{2-}$ 代表磺基水杨酸阴离子：

pH≈1.8~2.5	$Fe(S. Sal)^+$	紫红色
pH≈4~8	$Fe(S. Sal)_2^-$	橙红色
pH≈8~11.5	$Fe(S. Sal)_3^{3-}$	黄色

由此可见必须控制溶液的 pH 值在一定范围内，才能获得组成恒定的有色配合物，得到正确的测定结果。

(2) 溶液酸度变化，显色剂的颜色可能发生变化，原因是很多有机显色剂是酸碱指示剂，其颜色随 pH 值变化而变化。

(3) 溶液酸度过高会降低配合物的稳定性，特别是对弱酸型有机显色剂和金属离子形成的配合物影响较大。

(4) 溶液酸度过低会引起金属离子水解生成氢氧化物沉淀。这种现象常发生在有色配合物的稳定度不是很大，并且被测金属离子所形成的氢氧化物的溶解度又很小的情况下。

由于酸度对显色反应的影响很大，因此，某一显色反应最适宜的酸度必须通过实验来确定。其方法是通过实验作吸光度 A-pH 关系曲线，选择曲线平坦部分对应的 pH 值作为应该控制的酸度范围。

3. 温度的影响

大多数的显色反应在室温下即可进行，有些显色反应需加热至一定的温度才能完成，而有些有色配合物在较高的温度下容易分解，因此，对不同的显色反应应通过实验选择其适宜的显色温度。

由于温度对光的吸收及颜色的深浅都有影响，因此在绘制标准曲线和进行样品测定时，应使温度保持一致。

4. 显色时间

所谓显色时间指的是溶液颜色达到稳定时的时间。不少显色反应需要一定时间才能完成，而且形成的有色配合物的稳定性也不一样。因此必须在显色后一定的时间内进行比色测定。通常有以下几种情况：

① 加入显色剂后，有色配合物立即生成，并且生成的有色配合物很稳定。此时可在显色后较长时间内进行测定。

② 加入显色剂后，有色配合物的形成需要一定时间，生成的有色配合物也很稳定。对这类反应可在完全显色后放置一定时间内进行测定。

③ 加入显色剂后，有色溶液立即生成，但在放置后又逐渐褪色，对这类反应，应在显色后立即进行测定。

适宜的显色时间和有色溶液的稳定程度可以通过实验来确定。方法是配制一份显色溶液，从加入显色剂起计算时间，每隔几分钟、几十分钟或数小时测定一次吸光度，绘制吸光度 A-时间 t 曲线，从曲线确定适宜的显色时间。

5. 溶剂

有机溶剂常降低有色化合物的离解度，从而提高显色反应的灵敏度。此外，有机溶剂还可能提高显色反应的速度，影响有色配合物的溶解度和组成等。利用有色化合物在有机溶剂中稳定性好，溶解度大的特点，可以选择合适的有机溶剂，采用萃取光度法来提高方法的灵敏度和选择性。

四、共存离子的干扰及消除方法

1. 干扰

当溶液中的其它成分影响被测组分吸光度值时就构成了干扰。干扰离子的影响有以下几种类型：

① 与试剂生成有色配合物。如用钼蓝法测硅时，磷也能生成磷钼蓝，使结果偏高。

② 干扰离子本身有颜色。

③ 与试剂反应，生成的配合物虽然无色，但消耗大量显色剂，使被测离子的显色反应不完全。

④ 与被测离子结合成离解度小的另一种化合物。使被测离子与显色剂不反应。例如由于 F^- 的存在，与 Fe^{3+} 生成 FeF_6^{3-}。若用 SCN^- 显色则不会生成 $Fe(SCN)_3$。

2. 干扰消除方法

干扰消除的方法分为两类，一类是不分离的情况下消除干扰，另一类是分离杂质消除干扰。应尽可能采用第一类方法。

消除干扰的一般方法如下：

① 控制溶液的酸度是消除干扰的简便而重要的方法。控制酸度可以使待测离子显色，干扰离子不能生成有色化合物。

② 加入掩蔽剂也是消除干扰的有效和常用的方法。例如，用硫氰

酸盐作为显色剂测定 Co^{2+} 时，Fe^{3+} 有干扰。可加入氟化物为掩蔽剂，使 Fe^{3+} 与 F^- 生成无色而稳定的 FeF_6^{3-}，消除了干扰。

③ 利用氧化还原反应，改变干扰离子的价态，使干扰离子不与显色剂反应。

④ 选择适当的参比溶液，消除显色剂本身颜色和某些共存的有色离子的干扰。

⑤ 选择适当的波长消除干扰。

⑥ 采用适当的分离方法除去干扰离子。

⑦ 利用导数光谱法、双波长法等新技术来消除干扰。

第三节 目视比色法

用眼睛观察比较溶液颜色深浅来确定物质含量的分析方法称为目视比色法。虽然目视比色法测定的准确度较差，相对误差约为 $5\% \sim 20\%$，但由于它所需仪器简单，操作简便，仍广泛应用于准确度要求不高的一些中间控制分析中，更主要的是应用在限界分析中。限界分析是指要求确定样品中待测杂质含量是否在规定的最高含量限界以下。

一、工作原理

目视比色法的原理是：将标准溶液和被测溶液在同样条件下进行比较，当溶液液层厚度相同，颜色的深度一样时，两者的浓度相等。根据朗伯-比尔定律标准溶液和被测溶液的吸光度分别为：

$$A_{标} = k_{标} \, c_{标} \, b_{标}$$

$$A_{测} = k_{测} \, c_{测} \, b_{测}$$

当被测溶液颜色与标准溶液颜色相同时，$A_{标} = A_{测}$，又因为是同一种有色物质，同样的入射光，所以 $k_{标} = k_{测}$，而所用液层厚度相等，所以 $b_{标} = b_{测}$，因此：$c_{标} = c_{测}$。

二、测定方法

常用的目视比色法是标准系列法。以下举例说明。

例 测定某水样中微量 Fe^{3+} 含量。

选取一套比色管，要求直径、线高、材质（特别是色度）、壁厚基本一致的比色管，将一系列不同量的 Fe^{3+} 标准溶液依次加入到各比色管中，分别加入等量的显色剂（选用 KSCN）及其它辅助试剂，稀释到同

样体积，即配成一套颜色逐渐加深的标准色阶。然后将一定量的被测
Fe^{3+} 溶液置于另一比色管中，在同样条件下进行显色，并稀释到同样体
积，如图 5-7 所示。

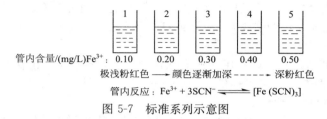

管内含量/(mg/L)Fe^{3+}：　0.10　　　0.20　　　0.30　　　0.40　　　0.50

极浅粉红色 ⟶ 颜色逐渐加深 ------▸ 深粉红色

管内反应：$Fe^{3+} + 3SCN^- \rightleftharpoons [Fe(SCN)_3]$

图 5-7　标准系列示意图

操作方法是从比色管口垂直向下观察，如果被测 Fe^{3+} 溶液的颜
色深度与某管相同，则被测 Fe^{3+} 的浓度就等于该标准溶液的浓度。
如果被测 Fe^{3+} 溶液的颜色是介于相邻两种溶液（含 Fe^{3+} 量为
0.40mg/L 和 0.50mg/L）之间，则被测 Fe^{3+} 含量为这两个浓度的平
均值（为 0.45mg/L）。

在上例中，如进行限界分析，要求 Fe^{3+} 含量在 0.20mg/L 以下为合
格，以上为不合格，则只需配制含 Fe^{3+} 量为 0.20mg/L 的标准溶液。显
色后，若待测水样的颜色比标准溶液深，则说明超出了允许的限界，分
析结果为不合格。

目视比色法的优点是：

① 仪器简单，操作简便，适宜于大批试样的分析。

② 比色管中的液层较厚，人眼具有辨别很稀的有色溶液颜色的能
力，因此测定的灵敏度较高。

③ 因在完全相同的条件下进行观测（可以在白光下测定），在不符
合朗伯-比尔定律时，仍可用目视比色法测定。

目视比色法的缺点是准确度较差。而采用分光光度仪器的分光光度
法在各个领域中获得了更为广泛的应用。

第四节　可见光分光光度仪器

可见光分光光度计不论简易型、非简易型，基本上可由五部分组
成，见图 5-8。

光源　　　单色器　　　样品吸收池　　　检测系统　　　显示系统

图 5-8　单波长单光束分光光度计组件

一、可见光分光光度计的主要部件

由光源提供连续辐射光，经色散系统获一定波长单色光照射到样品溶液，选择性吸收后经检测系统将光强度变化转换为电流强度变化，并经信号指示系统调制放大后显示或打印吸光度 A，完成测定。

1. 光源

可见分光光度计常用光源有热源 W 灯（$6 \sim 12V$）和放电光源氢（氘）灯两类，W 灯可提供 $400 \sim 800nm$ 连续辐射光，氢（氘）灯可提供小于 $400nm$ 连续辐射光。

分光光度计对光源的要求：在使用波长范围提供连续辐射光；光强度应足够大；有良好的稳定性；使用寿命长。

2. 单色器

单色器是将光源发射的复合光分解为单色光的光学装置。单色器一般由五部分组成：入光狭缝；准光器（一般由透镜或凹面反光镜使入射光成为平行光束）；色散器；投影器（一般是一个透镜或凹面反射镜将分光后的单色光投影至出光狭缝）；出光狭缝。

色散器是单色器的核心部分，常用的色散元件是棱镜或光栅。

棱镜由玻璃或石英制成，玻璃棱镜色散能力大，但吸收紫外光，只能用于 $350 \sim 820nm$ 的分析测定，在紫外区必须用石英棱镜。

光栅是在玻璃表面上每毫米内刻有一定数量等宽等间距的平行条痕的一种色散元件。高质量的分光光度计采用全息光栅代替机械刻制和复制光栅。光栅的主要特点是色散均匀，呈线性，光度测量便于自动化，工作波段广。玻璃棱镜、石英棱镜及光栅单色器的色散特性见图 5-9。

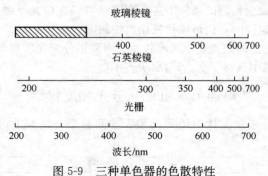

图 5-9 三种单色器的色散特性

光栅分光光度计的单色器光学系统原理图见图 5-10。

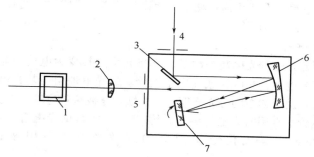

图 5-10　单色器光学系统原理图
1—样品池；2—聚光镜；3—平面反射镜；4—入光狭缝；
5—出光狭缝；6—球面反射镜；7—平面光栅

图 5-10 中，入光狭缝和出光狭缝均位于球面反射镜的焦面位置，通过入光狭缝的光束经平面反射镜反射后射向准光器球面反射镜使入射光成平行光，球面镜将平行光束反射至平面光栅，经光栅色散后的平行光束又经球面镜反射聚焦在出光狭缝处。

单色器的狭缝宽度一般为 0.1～1mm，精密分光光度计为 0.01～0.1mm，入射光与出射光狭缝宽度控制谱线宽度（nm，称为光谱带宽）及其强度。狭缝的宽度愈小，波长愈接近单色光，但带宽太小，将使单色光的强度减小，使光电流信号减弱，降低信噪比。

近年来以全息照相法生产的全息光栅具有线槽密度高，杂散光少，无鬼线等优点，为多数精密分光光度计所选用。

狭缝是单色器重要组件，对单色器分辨率起重要作用。单色器狭缝多数为可调宽度狭缝。狭缝宽度有两种表示方法：刀口间实际宽度单位 mm；有效带宽单位 nm（即呈最大透光度值一半处的谱带宽度）。

3. 吸收池

又叫比色皿，用于盛放样品与参比溶液。测定时推入光路，所盛放试液对辐射光进行选择性吸收。可见光区吸收池用光学性能一致的玻璃或透明聚合物材料制作，紫外光区用石英材料制作，规格有 0.5cm、1cm、2cm、5cm 四种。微型吸收池有 0.1mm，毛细管吸收池可盛放微升量试样，长光程吸收池有 10cm，对气体试样用反复反射的方法光程可达 10m。吸收池除要求光学性能一致外，端面距离平行性应为 ±0.2mm，因为它们直接影响光程长度的精密度，因此除制作应符合规格外，分析者在使用中应注意吸收池的清洗，保护好它的光学性能一致性，在精密分析中应严格挑选参比与试样的吸收池，使其配对或测定 A 一致后才可使用。

4. 检测器

检测器是一种光电转换设备。它将光强度转变为电信号显示出来。常用的有光电池、光电管或光电倍增管等。光电池由于其光电流较大，不用放大，用于初级的分光光度计上。缺点是疲劳效应较严重。

光电管是常用的光电检测器，锑-铯阴极的紫敏光电管适用波长为 $200 \sim 625nm$，银-氧化铯-铯阴极的红敏光电管适用波长为 $625 \sim 1000nm$。

光电倍增管是目前应用最为广泛的检测器，它利用二次电子发射来放大光电流，放大倍数可高达 10^8 倍。

5. 显示系统

与检测器相连接的是相应的电子放大线路或读数系统。现在用微处理机，或通过计算机来实现电学比例式放大而完成测定。当前多用数字显示输出，如国产 721A、751、752、730 等自动记录分光光度计，通过屏幕显示，直接绘图，打印输出结果。

二、分光光度计的类型与型号

按光学系统区分为单波长单光束分光光度计、单波长双光束分光光度计、双波长双光束分光光度计三类，分别代表了低、中、高三档分光光度计。按适用波长范围区分为两类，即可见分光光度计及紫外可见分光光度计。目前，应用最广的是双光束分光光度计，下面作重点介绍。

1. 单波长双光束分光光度计

一般的单光束分光光度计每换一个波长都必须用空白进行校准，测定吸收光谱较麻烦（用计算机技术实现自动扫描的除外），且对光源和检测系统的稳定性要求较高。双光束分光光度计增加了一个斩波器，固定了参比池、样品池在光路中的位置。当从色散系统获一束平行单色光经斩波器时，斩波器以一定频率把一个光束交替分成两路，一路通过样品，另一路通过参比，能自动比较透过空白和试样的光束强度，此比值即为试样的透射比。图 5-11 为单波长双光束分光光度计的光路示意图。

来自光源的光束经单色器 1 后，分离出的单色光经反射镜 2 分解为强度相等的两束光，分别通过样品池 7 和参比池 6，在平面反射镜 4 和 5

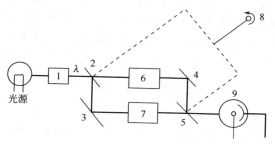

图 5-11　单波长双光束分光光度计原理图

1—单色器；2～5—反射镜；6—参比池；7—样品池；
8—斩波器；9—光电倍增管

的作用下汇合，投射到光电倍增管 9 上。斩波器 8 带动 2 和 5 同步旋转，两光束分别通过参比池 6 和样品池 7，然后经 4 和 5 交替投射到光电倍增管 9 上。检测器在不同的瞬间接收、处理参比信号和试样信号，其信号差再通过对数转换成吸光度。

单波长双光束分光光度计大多设计为自动记录式，能自动扫描吸收光谱。另外，它还消除了电源电压波动的影响，减小了放大器增益的漂移。国产 710、730、740 型为此类型分光光度计。

2. 双波长双光束分光光度计

当试样溶液浑浊或背景吸收大或共存组分的吸收光谱相互重叠有干扰时，宜采用双波长分光光度法进行测定。双波长分光光度计的光路简图见图 5-12。

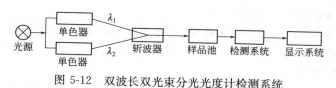

图 5-12　双波长双光束分光光度计检测系统

仪器在结构上有两个单色器、不用参比池，原理是两个单色器所获单色光，一个在浑浊样品波峰 λ_1，另一个在浑浊样品波谷 λ_2，由斩波器以一定频率交替照射到样品池，经检测、显示系统，最后测得样品对波长 λ_1、λ_2 吸光度差值，$\Delta A = A_{\lambda_1} - A_{\lambda_2} = (\varepsilon_{\lambda_1} - \varepsilon_{\lambda_2}) bc$。由此可知，作为参比的是样品对某一波长吸光度，这样不仅避免了样品与参比吸收池光径差异引入的误差，更重要的是提高了灵敏度及选择性。尤其对不易找到参比物质的测定或吸光干扰较大的物质测定，以及浑浊样品测定，双光束双波长分光光度计也具有双光束单波长分光光度计所具有的可消除光源不稳、检测系统不稳带来的仪器误差，便于自动测定、直读、扫描等特点。国产 WFZ800-S 型双波长可见分光光度计属此类型。

三、分光光度计的检验和维护

1. 分光光度计的检验

为保证测试结果的准确可靠，新制造、使用中和修理后的分光光度计都应定期按照相应规程（JJG 178—2007 紫外、可见、近红外分光光度计检定规程）进行检定。

检定规程规定了检定周期，如单光束紫外-可见分光光度计的检定周期为 1 年，在此期间内，仪器经修理或对测量结果有怀疑时，应及时进行检定。

检定的主要技术指标有：稳定度、波长准确度、透射比准确度、基线平直度、噪声、吸收池配套性等。

在实际工作中，可采用如下校准方法：在测定波长下，将吸收池磨砂面用铅笔编号，于干净的吸收池中装入测定用溶剂，以其中一个为参比，测定其它吸收池的吸光度，若测定的吸光度为零或两个吸收池的吸光度相等，即为配对吸收池。若不能配对，可选出吸光度最小的吸收池为参比，测定其它吸收池的吸光度，求出修正值。测定样品时，将待测溶液装入校准过的吸收池中，将测得的吸光度值减去该吸收池的修正值即为测定的真实值。

2. 分光光度计的保养和维护

分光光度计是光学、精密机械和电子技术三者紧密结合而成的光谱仪器。正确安装、使用和保养对保持仪器良好的性能和保证测试的准确度有重要作用。

（1）分光光度计实验室

① 室温宜保持在 15～28℃。

② 相对湿度宜控制在 45%～65%，不要超过 70%。

③ 防尘、防震和防电磁干扰。仪器周围不应有强磁场，应远离电场及发生高频波的电器设备。

④ 防腐蚀　应防止腐蚀性气体，如 SO_2、NO_2 及酸雾等侵蚀仪器部件。应与化学操作室隔开。当测量具有挥发性或腐蚀性样品溶液时，

吸收池应加盖。

（2）仪器保养和维护方法

① 在不使用时不要开光源灯。如灯泡发黑（钨灯）、亮度明显减弱或不稳定，应及时更换新灯。更换后要调节好灯丝位置。不要用手直接接触窗口或灯泡，避免油污沾附，若不小心接触过，要用无水乙醇擦拭。

② 单色器是仪器的核心部分，装在密封的盒内，一般不宜拆开。要经常更换单色器盒的干燥剂，防止色散元件受潮生霉。仪器停用期间，应在样品室和塑料仪器罩内放置数袋防潮硅胶，以免灯室受潮、反射镜面有霉点及沾污。

③ 吸收池在使用后应立即洗净，为防止其光学窗面被擦伤，必须用擦镜纸或柔软的棉织物擦去水分。生物样品、胶体或其它在池窗上形成薄膜的物质要用适当的溶剂洗涤。有色物质污染，可用 3mol/L HCl 和等体积乙醇的混合液洗涤。

④ 光电器件应避免强光照射或受潮积尘。

⑤ 仪器的工作电源一般允许 $220V \pm 22V$ 的电压波动。为保持光源灯和检测系统的稳定性，在电源电压波动较大的实验室最好配备稳压器（有过电压保护）。

第五节　测定条件的选择

当用可见光吸收光谱法进行测定时，要选择正确的测定条件，才可获得高灵敏度和适当的选择性，并保持定量测定结果的准确度和精密度。

一、入射光波长的选择

当用分光光度计进行测定时，应先作出吸收曲线，选用吸收曲线上最大吸收波长进行测定。入射光波长的选择必须从灵敏度与选择性两方面来考虑，当无干扰元素时，应选最大吸收波长处进行测定，这样灵敏度最高，偏离朗伯-比尔定律的程度较小。但当有干扰元素时，就必须同时考虑选择性的问题，以达到选择最适宜的波长。例如，用丁二肟比色法测定样品中的镍时，丁二肟镍的络合物的最大吸收波长为 470nm 左右（图 5-13）。样品中铁用酒石酸钾钠掩蔽后，在该波长下也有吸收，干扰镍的测定。为消除铁的干扰可选择波长大于 500nm 处测定。可选择波长为 520nm 处来测定镍，虽然此时测定的灵敏度有所降低，但是干扰小得多。

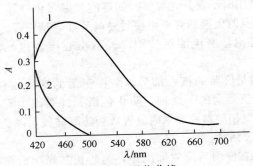

图 5-13　吸收曲线
1—丁二酮肟镍的吸收曲线；2—酒石酸铁的吸收曲线

二、参比溶液的选择

用参比溶液调节分光光度计的吸光度为 0，然后测定试样溶液或标准溶液的吸光度值。参比溶液的作用除了消除吸收池壁对入射光的反射和散射等影响外，合理选用时还可消除其它干扰，使测得的吸光度正确反映被测物的浓度，提高测定的准确度。

选择参比溶液可分为以下几种情况：

① 溶剂参比　显色剂及其它试剂均无色，被测溶液中又无其它有色离子时，可用溶剂（如蒸馏水或其它有机溶剂）作为参比溶液。

② 试剂参比　显色剂本身有颜色，可用不加试样的其它试剂作为参比溶液。

③ 试液参比　显色剂无色，被测溶液中有其它有色离子，可采用不加显色剂的被测溶液作为参比溶液。

④ 其它参比　当显色剂有色，试液中的有色成分干扰测定时，可在一份试液中加入适当的掩蔽剂，将被测组分掩蔽起来，然后加入显色剂和其它试剂，以此作为参比溶液。另一种方法，是用不含被测组分的试样，与被测试样同时进行相同的处理，得到平行操作参比溶液。如血液中药物浓度监测，取不含药物的血样制备平行操作参比溶液。

三、吸光度范围的控制

从吸光度测量误差来考虑，不同的吸光度读数对测定带来不同的误差。已推导出如下的关系：

$$\frac{\Delta c}{c} = \frac{0.434}{T \lg T} \Delta T$$

式中 $\frac{\Delta c}{c}$——浓度的相对误差；

ΔT——透光率的绝对误差。

由上式可以求出当 $T = 0.368$（$A = 0.434$）时，浓度的相对误差最小（$\Delta T = \pm 0.5\%$ 时，$\Delta c/c$ 约为 1.4%）。

一般分光光度计的 ΔT 约为 $\pm 0.2\% \sim \pm 2\%$，若假定为 0.5%，由上式可算出不同透光率时的浓度相对误差，如表 5-4 所示。

表 5-4 不同 T（或 A）时的浓度相对误差（假定 $\Delta T = \pm 0.5\%$）

透射比 $T/\%$	吸光度 A	浓度相对误差 $\frac{\Delta c}{c}/\%$	透射比 $T/\%$	吸光度 A	浓度相对误差 $\frac{\Delta c}{c}/\%$
95	0.022	（±）10.2	40	0.399	1.36
90	0.046	5.3	30	0.523	1.38
80	0.097	2.8	20	0.699	1.55
70	0.155	2.0	10	1.000	2.17
60	0.222	1.63	3	1.523	4.75
50	0.301	1.44	2	1.699	6.38

一般来说，当透射比为 15% ~ 65%（吸光度 0.2~0.8）时，浓度测量的相对误差较小，这就是适宜的吸光度范围。为此可采取如下办法：

① 调节溶液浓度 当被测组分含量较高时，称样量可少些，或增大稀释倍数。

② 使用厚度不同的吸收池 因吸光度 A 与吸收池的厚度 L 成正比，因此增加吸收池的厚度吸光度值亦增加。

例 某样品中镍含量约 0.12%，用吸光光度法测定，若样品溶解后转入 100mL 容量瓶中，加水稀释至刻度，在波长 470nm 处用 1cm 吸收池测量，希望此时测量误差最小，应称取多少试样？（Ni 相对原子质量为 58.69，$\varepsilon = 1.3 \times 10^4$，测量误差最小时的 A 值为 0.43）

解　根据 $A = \varepsilon bc$；$c = \dfrac{A}{b\varepsilon}$

$$c = \frac{0.43}{1.3 \times 10^4} = 3.3 \times 10^{-5} \quad (\text{mol/L})$$

100mL 溶液中镍的质量为 $= (3.3 \times 10^{-5} \times 100 \times 58.7/1000)$ g

$$= 1.94 \times 10^{-4} \text{g}$$

需称取试样的质量为 $m = (1.94 \times 10^{-4}/0.0012)$ g $= 0.16$g。

四、狭缝宽度的选择

在定量分析中，狭缝宽度直接影响测定的灵敏度和工作曲线的线性范围。狭缝宽度太大，灵敏度下降，工作曲线的线性范围变窄；狭缝宽度太小，入射光强度太弱，也不利于测定。一般在不减小吸光度时的最大狭缝宽度，就是应该选取的合适的狭缝宽度。

第六节　定量测定方法

可见光分光光度法可以定量测定单一组分或多组分。测定单一组分可使用标准工作曲线法、示差分光光度法；测定多组分可使用求解联立方程式法、双波长分光光度法和导数分光光度法。

一、单一组分测定

1. 标准工作曲线法

对于单一组分的测定，工作曲线法是实际工作中用得最多的一种定量方法。

工作曲线的制作方法为：配制 4 个以上浓度或适当比例的待测成分标准溶液，以空白溶液为参比溶液，在选定的波长下，分别测定吸光度。以标准溶液浓度为横坐标，吸光度为纵坐标，绘制工作曲线。

在测定样品时按同样方法制备待测样品溶液，测定其吸光度，在工作曲线上即可查出待出物的浓度。待测物浓度应在工作曲线范围内。图 5-14

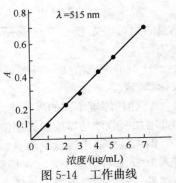

图 5-14　工作曲线

为工作曲线。

在一定条件下，工作曲线是一条直线，直线的斜率和截距可以用最小二乘法求得。

工作曲线可以用一元线性方程表示：

$$y = a + bx$$

式中，x 为标准溶液的浓度；y 为相应的吸光度。

使用最小二乘法确定的直线称为回归线，a、b 称为回归系数。

b 是直线的斜率，可由下式求得：

$$b = \frac{\sum\limits_{i=1}^{n}(x_i - \overline{x})(y_i - \overline{y})}{\sum\limits_{i=1}^{n}(x_i - \overline{x})^2}$$

式中，$\overline{x}$、$\overline{y}$ 分别为 x 和 y 的平均值；x_i 为第 i 个点的标准溶液的浓度；y_i 为第 i 个点的吸光度（以下相同）。

a 为直线的截距，可由下式求得：

$$a = \frac{\sum\limits_{i=1}^{n}y_i - b\sum\limits_{i=1}^{n}x_i}{n} = \overline{y} - b\,\overline{x}$$

可以用相关系数来表示线性关系的好坏。相关系数 r 的定义为：

$$r = b\sqrt{\frac{\sum\limits_{i=1}^{n}(x_i - \overline{x})^2}{\sum\limits_{i=1}^{n}(y_i - \overline{y})^2}} = \frac{\sum\limits_{i=1}^{n}(x_i - \overline{x})(y_i - \overline{y})}{\sqrt{\sum\limits_{i=1}^{n}(x_i - \overline{x})^2 \sum\limits_{i=1}^{n}(y_i - \overline{y})^2}}$$

相关系数越接近于 1 线性关系越好。一般的光度分析方法 $r > 0.999$。

工作曲线应定期校准。当条件有变动时，例如仪器经过修理、更换光源、更换标准溶液、试剂（如显色剂）重新配，都应重新制作工作曲线。

2. 示差分光光度法

示差分光光度法又称差示分光光度法，简称示差法，是经典分光光度法的基础上派生出来的一种分光光度法。它是利用接近样品试液浓度（稍低或稍高）的参比溶液来调节分光光度计的 0% 和 100% 透射比以进行光度测量的方法。

在一般光度测定中，吸光度值在 0.2~0.8 范围之内，读数误差较小，但有时由于待测组分含量过高或过低，尽管采取了其它措施，如改变试样称样量、改变稀释倍数等，仍不能满足上述要求，为提高分析的准确度和精密度，可以采用示差分光光度法。

（1）示差分光光度法原理　示差法是用一已知浓度的标准溶液作为参比溶液，测量未知溶液与已知标准溶液的相对吸光度 $A_{相对}$，求出未知液浓度的方法。

根据朗伯-比尔定律可以推导出：

$$A_{相对} = \varepsilon b(c_s - c_x)$$

式中，c_s 为标准溶液浓度；c_x 为未知液浓度。

$A_{相对}$ 值的大小与标准溶液的浓度差成正比。示差法的定量方法以标准曲线法和标准加入法应用较多。

（2）操作方法　示差法中按照使用一份或两份参比溶液以及参比溶液浓度高于或低于待测溶液不同，将操作方法分为以下 4 种。

① 高吸光度法　分光光度计检测器未受光照时，调节透射比为 0%，用一个浓度稍低于待测溶液的参比溶液调节透射比为 100%。测定时，待测溶液的透射比会落入误差符合要求的范围内（图 5-15）。从图 5-15（a）可见，此法相当于刻度标尺放大了，因而测量的准确度相应增高。

② 低吸光度法　使用两种参比溶液，以空白溶液（蒸馏水、纯溶剂或试剂空白）调节透射比 100%，以浓度稍高于待测溶液的参比溶液调节透射比为 0%，使待测溶液的透射比落入误差符合要求的范围，见图 5-15（b）。

③ 最高精密示差法　以一个浓度较待测溶液稍低的参比溶液调节透射比 100%，以另一个浓度稍高的参比溶液调节透射比为 0%。如果选择合适，待测溶液的吸光度值可以控制在 $A = 0.4343$ 左右，浓度测量的相对标准偏差最小，见图 5-15（c）。

这三种方法都相当于标尺扩展作用。

④ 全示差光度测量法　规定以某一特定值的反向微电流 i 向左（透射比为 0%一端）扩展一恒定值，再用另一参比标准溶液调节透射比为 100%，以实现在标尺左右两个方向上放大标尺的目的，收到最高精密示差法的效果，我国已有定型仪器供应。

（3）示差分光光度法对仪器和实验条件的要求

① 对仪器的要求　仪器必须具有光源发出的光束通过一定吸收物

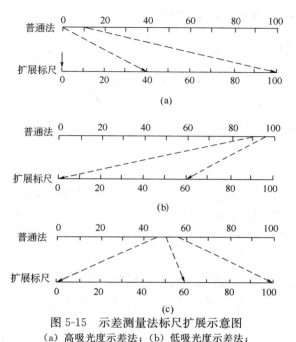

图 5-15 示差测量法标尺扩展示意图
（a）高吸光度示差法；（b）低吸光度示差法；
（c）最高精密示差法

质后仍能调节透射比 100％ 的能力。因此必须配备强的光源、色散性能好的单色器及足够稳定的电子系统。

② 对吸收池要求 吸收池要严格配对，必要时进行校正。

③ 温度控制 制作校正曲线和测量样品时，温度必须控制在 ±2℃范围内。若精密度要求更高，应有恒温装置。

二、多组分测定

1. 解联立方程法

当几个组分吸收曲线互不重叠时，与单一组分测定相同。在不同组分的各自最大吸收波长绘制标准曲线，测定吸光度 A，确定组分含量。波长选取方法见图 5-16。

当组分吸收曲线部分重叠时，根据吸光度的加和性 $A = A_1 + A_2 + \cdots + A_n$，当一束平行的某一波长单色光通过多组分体系时，若各组分吸光质点彼此不发生作用，但均对该波长单色光有吸收作用，则总的吸光度等于各组分吸光度总和，见图 5-17。

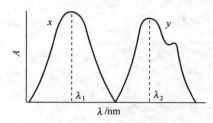 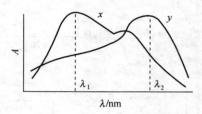

图 5-16　x 和 y 两组分吸收光谱不重叠　　图 5-17　x 和 y 两组分吸收光谱重叠

　　例　邻二甲苯、间二甲苯、对二甲苯、乙基苯四种组分在环己烷混合液中吸收光谱的吸收峰分别为 745.2nm、768.0nm、741.2nm、696.3nm。四个波长下所测吸光度值为 0.7721、0.8676、2.2036、0.7386，$b=2cm$，如表 5-5 所列。

表 5-5　四种苯衍生物的吸光度值

λ / nm	对二甲苯 $\varepsilon_1 b_1$	间二甲苯 $\varepsilon_2 b_2$	邻二甲苯 $\varepsilon_3 b_3$	乙基苯 $\varepsilon_4 b_4$	$A_总$
745.2	2.8288	0.0968	0.000	0.0768	0.7721
768.0	0.0492	2.8542	0.000	0.1544	0.8676
741.2	0.0645	0.0668	4.7690	0.5524	2.2036
696.3	0.0641	0.1289	0.000	1.6534	0.7386

　　根据吸光度加和性：

$$A_{\lambda_1} = \varepsilon_{\lambda_1}^A c^A + \varepsilon_{\lambda_1}^B c^B + \varepsilon_{\lambda_1}^C c^C + \varepsilon_{\lambda_1}^D c^D$$
$$A_{\lambda_2} = \varepsilon_{\lambda_2}^A c^A + \varepsilon_{\lambda_2}^B c^B + \varepsilon_{\lambda_2}^C c^C + \varepsilon_{\lambda_2}^D c^D$$
$$A_{\lambda_3} = \varepsilon_{\lambda_3}^A c^A + \varepsilon_{\lambda_3}^B c^B + \varepsilon_{\lambda_3}^C c^C + \varepsilon_{\lambda_3}^D c^D$$
$$A_{\lambda_4} = \varepsilon_{\lambda_4}^A c^A + \varepsilon_{\lambda_4}^B c^B + \varepsilon_{\lambda_4}^C c^C + \varepsilon_{\lambda_4}^D c^D$$

$$0.7721 = 2.8288c_1 + 0.0968c_2 + 0.000c_3 + 0.0768c_4$$
$$0.8676 = 0.0492c_1 + 2.8542c_2 + 0.000c_3 + 0.1544c_4$$
$$2.2036 = 0.0645c_1 + 0.0668c_2 + 4.7690c_3 + 0.5524c_4$$
$$0.7386 = 0.0641c_1 + 0.1289c_2 + 0.000c_3 + 1.6534c_4$$

用矩阵法可解出四种组分含量。

$c_1 = 0.252g/50mL$（对二甲苯）　　　$c_3 = 0.406g/50mL$（邻二甲苯）

$$c_2 = 0.277 \text{g}/50\text{mL}(\text{间二甲苯}) \qquad c_4 = 0.415 \text{g}/50\text{mL}(\text{乙基苯})$$

应用计算机程序解这类方程极为简便。新型的微机控制的分光光度计一般均提供这种程序软件，并自动报出结果。

2. **双波长分光光度法**

用经典的分光光度法测定混合物中多组分的含量，手续繁杂且误差较大。对于浑浊样品或背景吸收大的样品，有时很难找到合适的参比溶液，采用双波长分光光度法可以在一定范围内解决这一问题。

双波长分光光度法只使用一个吸收池，以样品溶液本身做参比，用两束波长为 λ_1 和 λ_2 的单色光交替照射到同一样品池，由检测器测量和记录样品溶液对波长 λ_1 和 λ_2 两束光的吸光度差值 ΔA，由此求出待测组分的含量。

设两束单色入射光辐射功率相等，背景吸收也相等，据比尔定律有：

$$\Delta A = A_{\lambda_2} - A_{\lambda_1} = (\varepsilon_{\lambda_2} - \varepsilon_{\lambda_1})cb$$

上式表明，在两波长处测得的吸光度差值 ΔA 与溶液中待测物的浓度 c 成正比。这就是双波长分光光度法定量分析的依据，该方法可用于样品溶液中单组分和多组分的测定。

应用双波长分光光度法，只要 λ_1-λ_2 波长组合选择适当，可以免去数学计算，在互有干扰的双组分体系中测定各成分的含量。λ_1-λ_2 波长组合选择常用的方法有等吸收点法和系数倍率法，这里仅介绍等吸收点法。

单组分测定，可以有下列三种波长组合 λ_1-λ_2 的选择方法：

① λ_1 为等吸收点的波长，λ_2 为被测物最大吸收波长；

② λ_1 为吸收曲线下端的某一波长，λ_2 为被测物最大吸收波长；

③ λ_1 为试剂的最大吸收波长，λ_2 为有色络合物的最大吸收波长。

混合组分时，波长组合 λ_1-λ_2 的选择方法，在此仅讨论双组分混合物吸收光谱相互重叠的情况。此时要求干扰组分在波长 λ_1 和 λ_2 处有相同的吸光度，这样，ΔA 只与一个组分的浓度成正比；另外要求待测组分在此两波长处的吸光度差值应足够大，以保证较高的灵敏度。

下面以阿司匹林和水杨酸混合物中测定水杨酸含量为例说明波长组合的选择方法。

首先分别绘制阿司匹林和水杨酸标准溶液的吸收光谱（图 5-18）。

由图 5-18 可知，若选择水杨酸的最大吸收波长 $\lambda_{\max}$ 作为测量波长

λ_2，就无法找到消除干扰物质吸收的另一波长 λ_1，因此必须选择其它波长，如选 282nm 作为 λ_2，在 282nm 处作一垂线，与阿司匹林的吸收曲线相交在 a 点，作平行于横坐标的直线，与阿司匹林曲线相交在 b 点，由 b 点作垂线，与横坐标的相交点的波长即为 λ_1，此时为 261nm，阿司匹林在 λ_1 处和 λ_2 处的吸收相等，其 $\Delta A=0$，因此 ΔA 只与水杨酸的浓度有关。

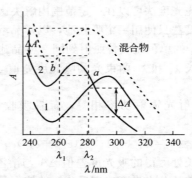

图 5-18　阿司匹林及水杨酸混合物双波长测定示意图
1—水杨酸；2—阿司匹林

试样在 λ_1 　　　　　　$A_{\lambda_1}=A_{\lambda_{1(水)}}+A_{\lambda_{1(阿)}}$

试样在 λ_2 　　　　　　$A_{\lambda_2}=A_{\lambda_{2(水)}}+A_{\lambda_{2(阿)}}$

$$\Delta A=A_{\lambda_2}-A_{\lambda_1}=[A_{\lambda_{2(水)}}+A_{\lambda_{2(阿)}}]-[A_{\lambda_{1(水)}}+A_{\lambda_{1(阿)}}]$$

由于 　　　　　　　　　$A_{\lambda_{1(阿)}}=A_{\lambda_{2(阿)}}$

$$\Delta A=A_{\lambda_{2(水)}}-A_{\lambda_{1(水)}}$$

ΔA 与水杨酸的量有线性关系。

对于某些吸收曲线相似且严重重叠的体系，波长对仍不易选择，可用电子计算机来选择。

3. 导数分光光度法

当样品中待测组分和干扰组分的吸收峰重叠且波长接近，干扰组分的吸收又很强时，待测组分的吸收峰只表现为肩峰，或两组分的吸收峰严重重叠。此时，双波长分光光度法也无法直接定量，而导数分光光度法可以简便、有效地解决这类问题。

导数分光光度法利用光吸收对波长的导数曲线来确定和分析吸收峰的位置和强度。

将朗伯-比尔定律 $A=\varepsilon bc$ 对波长进行一次微分，则一阶导数为：

$$dA/d\lambda = \frac{d\varepsilon}{d\lambda}bc$$

求二阶导数 $\qquad d^2A/d\lambda^2 = (d^2\varepsilon/d\lambda^2)bc$

求 n 阶导数 $\qquad d^nA/d\lambda^n = (d^n\varepsilon/d\lambda^n)bc$

由以上数学式可见，在一定条件下，各阶导数值与待测组分的浓度呈线性关系，这就是导数分光光度法定量分析的依据。

高斯型吸收光谱及一～四阶导数光谱如图 5-19 所示，零阶导数光谱（吸收光谱）的极大在奇数级的导数光谱中为零，在偶数级导数光谱中为极值，随着导数级数的增加，谱带数目增加，带宽减小，因而提高了光谱的分辨率。

用导数分光光度法进行定量分析的方法：在一定波长处，首先测定标准溶液的导数值，用导数值与对应的标准溶液浓度绘制标准曲线，在同一波长下测定样品溶液的导数值，根据标准曲线得出样品的浓度。

在实际工作中选用导数的最佳阶次，是根据实验来确定的，一般来说，基本光谱的极值在偶阶导数中最易辨认，拐点在奇阶导数中最易辨认。随着导数阶次的增加，导数光谱的复杂性随之增加，高阶导数光谱只在特殊情况下使用。

目前生产的带计算机的分光光度仪器一般能得到一～四阶导数光谱。

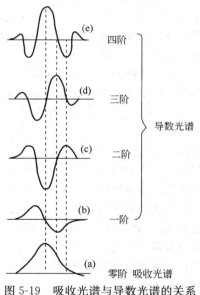

图 5-19　吸收光谱与导数光谱的关系

导数分光光度法的特点是能分辨两个或两个以上相互重叠的吸收峰，能分辨被掩盖的弱的吸收峰（肩峰），消除浑浊背景的影响，提高测定的灵敏度和选择性。

三、分光光度法误差与提高分析结果准确度的方法

分光光度法误差来源主要有方法误差、仪器误差、操作误差。

1. **方法误差**

方法误差是指分光光度法本身所产生的误差。误差主要由溶液偏离

比尔定律及溶液中干扰物质影响所引起。

（1）显色体系偏离比尔定律　分光光度法的理论基础是朗伯-比尔定律：
$$A = kcb$$

但在工作中常会碰到工作曲线发生弯曲的现象。大多是由于化学变化（如缔合、离解、溶剂化及形成新的配合物等）所引起的，使有色溶液的浓度与被测物的总浓度不成正比。

分光光度法测量依据光吸收定律的导出有三个假设条件，其中两个是稀溶液、均匀介质。因为假设吸光质点间无相互影响和相互作用，光线通过溶液时除选择性吸收外、无损失，而实际上当 $c > 0.01 \mathrm{mol/L}$ 时，邻近吸光质点彼此电荷分布相互受影响，加上吸光质点间离解、缔合、凝聚、配合物生成，发生化学变化均影响吸光质点的吸收效应；显色溶液中存在胶体、悬浮物、水中颗粒物质，使入射光线因散射而损失，从而引入误差，偏离光吸收定律。

（2）显色条件的变化　显色反应的选择，关系到方法的灵敏度、准确度。通常用于分光光度法的显色反应应符合下述条件，灵敏度 ε 在 $10^4 \mathrm{mol/(L \cdot cm)}$ 以上，对比度 $|\lambda_{max}^{MR} - \lambda_{max}^{M}|$ 至少在 60nm 以上（对比度系指试剂与金属离子所成配合物的最大吸收波长与试剂最大吸收波长之差）；选择性要高即干扰离子要少；另外，生成的有色螯合物组成应恒定，性质要稳定，显色条件易控制。因为分光光度显色剂大多为有机螯合剂，显色条件决定了配合物平衡及稳定性。显色条件中最重要的是介质酸度，它影响显色剂的离解程度和显色反应的完全程度。其次是显色温度、显色时间、显色剂用量、显色介质，均应考虑进行优化。显色反应多是分步进行，反应条件的改变，都会引起有色配合物的组成发生变化，从而使溶液颜色的深浅度发生变化，因而产生误差。

2. 仪器误差

仪器误差是指由使用分光光度计所引入的误差。

光吸收定律假设条件之一是入射光为单色光。单色光纯度由分光光度计质量决定，如在光度计规格中标示，单色光纯度 260nm 处优于 0.2nm，杂散光 200nm < 1% 或 < 0.2%。由于单色器分光本领限制以及狭缝必须有足够宽度，因此只能得到一定波长范围的单色光，加上光学元件缺陷，杂散光的影响也不可忽略。

（1）仪器的非理想性引起的误差　复色光引起对比尔定律的偏离；波长标度尺未作校正时引起光谱测量的误差，吸光度测量受吸光度标度尺的误差影响。

（2）仪器噪声的影响　光度测定的准确度和精密度受仪器噪声的限制，测量样品的吸光度要经过测 $T=0\%$、$T=100\%$ 及样品的 T 三个步骤。三步噪声的总和即为 T 测量的总噪声，它由光源强度、电子元件、光电管等的噪声决定。

（3）反射和散射的影响　由于样品溶液和参比溶液的折射率不同，会引起反射损失不同。待测溶液浑浊，入射光通过时会产生散射效应。这些非吸收作用都会引起测定结果产生误差。

（4）吸收池引起的误差　吸收池不匹配或吸收池透光面不平行，吸收池定位不确定或吸收池对光方向不同，均会使其透光率产生差异，使测定结果产生误差。因此配好对的吸收池应在毛玻璃面上用铅笔标记放置的方向。同时吸收池的洗涤也很重要，应按操作方法认真清洗。

（5）电子部件的影响　光敏元件老化、光源不稳、波长不准、仪器读数误差、光源电压波动等均带来仪器误差。

3. 操作误差

由于操作者知识、经验、操作水平的不同，即使用同一分光光度法，同一台分光光度计，也会在同一样品分析中引入不同误差，主要有以下几个方面。

（1）标准曲线绘制　除应采用回归法并对其线性检验外，标准液配制与分取等分析化学基本操作的正确也十分重要。

（2）显色条件控制　前面提到的多个显色条件均要求操作者按操作步骤控制好，否则将偏离正确的分析结果。

（3）仪器的读数误差。一般分光光度计透光度 T，读数误差 ΔT 为 $0.2\%\sim2\%$。实际上分光光度计读数的刻度标尺的各段读数误差是不同的。图 5-20 表明只

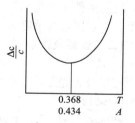

图 5-20　$\dfrac{\Delta c}{c}$ -吸光度（A）曲线

有当待测吸光物质溶液浓度控制在适当范围内，由仪器测量引起的相对误差 $\Delta c/c$ 才比较小，当 $T=36.8\%$、$A=0.434$，$\Delta c/c$ 相对误差达到最小值。实际分析中透光度 T 应控制在 $65\%\sim15\%$，吸光度 A 控制在 $0.2\sim0.8$ 范围。

第七节　测定实例

一、邻二氮菲分光光度法测定微量铁

(一) 方法原理

光度法测定铁的显色剂很多，其中邻二氮菲是测定微量铁的高灵敏度和高选择性试剂，在 pH＝2～9 的溶液中，与 Fe^{2+} 生成稳定的橙红色螯合物。

其 $\lg K_{稳}＝21.3$，摩尔吸收系数 $\varepsilon_{515nm}＝1.1\times10^4$。最大吸收波长在 515nm 处。如果要测 Fe^{3+} 应先用盐酸羟胺 $NH_2OH\cdot HCl$，将 Fe^{3+} 还原为 Fe^{2+}

$$2Fe^{3+}＋2NH_2OH＋2OH^-＝＝＝2Fe^{2+}＋N_2\uparrow＋4H_2O$$

为了使测定满足准确度的要求，必须选择合适的显色条件和测量条件，这些条件主要包括测定波长、显色剂用量、有色溶液稳定性、溶液酸度、干扰因素及消除等。

(二) 仪器及试剂

1. 仪器

可见分光光度计（或紫外-可见分光光度计）。

2. 试剂

铁标准溶液 [100.0μg/mL、10.00μg/mL 用 $NH_4Fe(SO_4)_2\cdot12H_2O$ 配制，详见有关分光光度法测定铁的标准]；盐酸羟胺（100g/L）；邻二氮菲（1.5g/L）；乙酸钠（1.0mol/L）；氢氧化钠（1.0mol/L）。

(三) 测定条件

1. 绘制吸收曲线选择测量波长

移取 10.00μg/mL Fe^{3+} 标准溶液于 50mL 容量瓶中，加入 1mL 盐酸羟胺溶液，摇匀，放置 2min 后，加入 2mL 邻二氮菲溶液，5mL 乙酸钠溶液，用纯水稀释至标线，摇匀。另取一容量瓶平行作为试剂空白，仅不加铁标准溶液，其余相同。用 2cm 吸收池，以试剂空白为参比，在 440～540nm，每隔 10nm 测量一次吸光度，在吸收峰值附近每隔

5nm测量一次（改变波长时，必须重新调节参比溶液吸光度至零）。以波长为横坐标，吸光度为纵坐标作图，最大吸光度对应的波长为最大吸收波长λ_{max}，以此作为测量波长。

2. 有色溶液稳定性试验

取2个容量瓶，同1. 方法配制铁-邻二氮菲有色溶液和试剂空白溶液，放置2min后，立即以试剂空白为参比，在选定的波长下测定吸光度，以后隔10、20、30、60、120（min）测定一次吸光度，绘制吸光度-时间曲线。

3. 显色剂用量试验

在6个50mL容量瓶中，各加入10.00μg/mL Fe^{2+}标准溶液5.00mL，1mL盐酸羟胺溶液，摇匀。分别加入0、0.5、1.0、2.0、3.0、4.0（mL）邻二氮菲溶液，5mL乙酸钠溶液，用纯水稀释至标线，摇匀。用2cm吸收池，以试剂空白为参比，在选定的波长下测定吸光度。绘制吸光度-显色剂用量曲线。

4. 溶液pH值的影响

在6个50mL容量瓶中，各加入10.00μg/mL Fe^{2+}标准溶液5.00mL，1mL盐酸羟胺溶液，摇匀，再分别加入2mL邻二氮菲溶液，摇匀。用吸量管分别加入1mol/L的氢氧化钠溶液0.0、0.5、1.0、1.5、2.0、2.5（mL），用纯水稀至标线，摇匀。用精密pH试纸（或酸度计）测定各溶液的pH值。用2cm吸收池，以纯水为参比，在选定波长下测定吸光度，绘制吸光度-pH值曲线。

从以上绘制的曲线，确定合适的显色时间、显色剂用量及pH值范围。

（四）工作曲线绘制及铁含量的测定

1. 工作曲线的绘制

于6个50mL容量瓶中，各加入10.00μg/mL Fe^{2+}标准溶液0.00、2.00、4.00、6.00、8.00、10.00（mL），1mL盐酸羟胺溶液，摇匀。再分别加入2mL邻二氮菲，5mL乙酸钠溶液，用纯水稀释至标线，摇匀。用2cm池，以试剂空白为参比，在选定波长下测定溶液的吸光度。绘制工作曲线，计算回归方程和相关系数。

2. 铁含量测定

待测样品溶液应经过预处理，排除共存干扰组分的影响。吸取适量（吸光度落在工作曲线中部为宜）待测溶液，按1. 同样步骤显色，测定吸光度，用回归方程求得铁的含量。

二、双波长法同时测定水中微量 Cr（Ⅵ）和 Mn（Ⅶ）[1]

当组分 x 与组分 y 的吸收光谱重叠时，不能在各自的最大吸收波长分别测定含量，根据吸光度加和性的原理，可以选定两个波长，分别在两波长的条件下测定混合物的吸光度，然后解联立方程，求出各自的浓度。

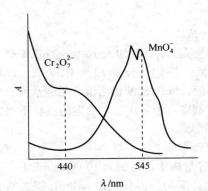

图 5-21　MnO_4^- 和 $Cr_2O_7^{2-}$ 的吸收曲线

在 H_2SO_4 溶液中，$Cr_2O_7^{2-}$ 和 MnO_4^- 的吸收曲线如图 5-21 所示。

（1）选择测定波长　应选两组分吸收值差别大（$\Delta\varepsilon$ 大）而吸收曲线 ε 值随波长变化率（$\Delta\varepsilon/\Delta\lambda$）较小的区域内的波长。根据 $Cr_2O_7^{2-}$ 和 MnO_4^- 的吸收曲线，可选 440nm 和 545nm 作为测定波长。

（2）测定 $KMnO_4$ 和 $K_2Cr_2O_7$ 标准溶液的吸光度，绘制标准曲线，计算摩尔吸光系数　于 8 个 50mL 容量瓶中，分别加入 0.005mol/L $KMnO_4$ 标准溶液 1.00、2.00、3.00、4.00（mL），0.0200mol/L $K_2Cr_2O_7$ 标准溶液 1.00、2.00、3.00、4.00（mL），用 0.25mol/L H_2SO_4 溶液稀释至刻度，摇匀。分别在 440nm 和 545nm 波长下，以 0.25mol/L H_2SO_4 溶液作为参比，测定各溶液的吸光度。分别绘制 A-c 曲线，计算出 $\varepsilon_{440(Mn)}$、$\varepsilon_{440(Cr)}$、$\varepsilon_{545(Mn)}$、$\varepsilon_{545(Cr)}$。

（3）测定样品溶液的吸光度，计算 MnO_4^-、$Cr_2O_7^{2-}$ 浓度　吸取一

❶ 引自：王彤主编．仪器分析实验．青岛：青岛出版社，2000.

定体积的样品溶液，用 0.25mol/L H_2SO_4 溶液稀释至刻度，摇匀。分别在 440nm 和 545nm 波长处，以 0.25mol/L H_2SO_4 溶液作为参比，测定样品溶液的吸光度，解下面联立方程组：

$$A_{440} = \varepsilon_{440(Mn)} c_{(Mn)} + \varepsilon_{440(Cr)} c_{(Cr)}$$
$$A_{545} = \varepsilon_{545(Mn)} c_{(Mn)} + \varepsilon_{545(Cr)} c_{(Cr)}$$

求出样品溶液中的 $c_{(Mn)}$ 和 $c_{(Cr)}$。

三、二阶导数分光光度法同时测定锗和钼[1]

Ge 和 Mo 与苯基荧光酮和氯代十六烷基形成的三元络合物的吸收光谱严重重叠（见图 5-22），而二阶导数吸收光谱中，Ge 和 Mo 的吸收峰呈现较大的差异（见图 5-23），因而可对 Ge、Mo 分别进行含量测定。

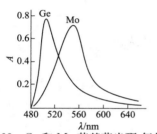

图 5-22　Ge 和 Mo-苯基荧光酮-氯代十六烷基吡啶三元络合物的吸收光谱图

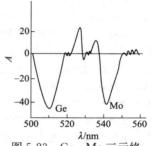

图 5-23　Ge、Mo 三元络合物的二阶导数吸收光谱

测定步骤如下：

① 首先配制 100.0μg/mL Ge 和 10.0μg/mL Mo 标准溶液。

② 制备三元络合物，分别移取各为 10.0μg/mL 浓度的 Ge、Mo 标准溶液 0、1.00、2.00、3.00、4.00、5.00（mL）于 6 个 20mL 比色管中，然后向每个比色管中分别加入 3.0mol/L H_2SO_4 溶液 6.00mL，0.3g/L 苯基荧光酮乙醇溶液 4.00mL 和 5g/L 氯代十六烷基吡啶 1.50mL，再用水稀至标线，摇匀、放置 5min 后用于测定。

③ 测定三元络合物的吸收光谱和二阶导数吸收光谱。

分别取不同浓度的 Ge、Mo 三元络合物 2mL，以试剂溶液作为空白，在 400～600nm 波长范围扫描，绘制其吸收光谱和二阶导数吸收光

❶ 引自：杨万龙，李文友主编. 仪器分析实验. 北京：科学出版社，2008.

谱图。在导数吸收光谱图中，Ge 的吸收峰在 498～513nm，Mo 的吸收峰在 534～551nm。

④ 标准工作曲线的绘制由二阶导数吸收光谱图中 Ge 和 Mo 的峰面积对标准溶液浓度绘制峰面积（A）-浓度（c）图。

⑤ 样品测定。取 2mL Ge、Mo 未知混合液，绘制二阶导数吸收光谱图，测 Ge、Mo 吸收峰的面积，再由标准工作曲线，测定 Ge、Mo 含量。

测定可在具有绘制导数光谱图功能的 TU-1901 可见紫外分光光度计上进行。

学 习 要 求

一、掌握可见分光光度法的特点、方法、原理、应用范围和有关术语。

二、明确溶液颜色和光吸收的关系。

三、了解绘制有色溶液的光吸收曲线的方法。

四、掌握朗伯-比尔定律的物理意义及其应用范围。

五、了解常用的显色反应的类型。

六、掌握显色反应条件。

七、掌握目视比色法的原理及操作方法。

八、了解可见分光光度计的主要部件。

九、了解检验分光光度计的主要项目。

十、掌握分光光度法的测定条件的选择和减小误差的方法。

十一、掌握分光光度定量分析的一般方法。

十二、了解分光光度法的误差来源。

复 习 题

1. 什么是白光、可见光、单色光、复合光和互补色光？

2. 物质为什么会有颜色？物质对光选择性的吸收本质是什么？

3. 什么是物质的光吸收曲线？它有何实际意义？何谓透光度？它与吸光度有何关系？

4. 朗伯-比尔定律的物理意义是什么？这个定律是否适用于一切有色溶液？为什么？何谓摩尔吸光系数？它对光度分析有何指导意义？

5. 填充下列表格中的空白。

透射比				5.0%	10.0%	75.0%	90.0%
吸光度	0.05	0.30	1.00				

6. 显色反应的条件有哪些？

7. 目视比色法应如何进行操作？何谓限界分析？

8. 可见光分光光度计的主要部件有哪些？画出组件连接示意图。

9. 玻璃棱镜、石英棱镜和光栅三种色散器的色散特性有何不同？

10. 玻璃、透明聚合物（有机玻璃）、石英三种吸收池的性能有何差别？

11. 单波长双光束分光光度计有何特点？

12. 进行可见光吸收光谱法的主要测定条件有哪些？

13. 测定单一组分的定量测定方法有哪几种？

14. 测定多组分的定量测定方法有哪几种？

15. 为减小吸光度的测量误差，应使测量的吸光度在何范围内？如何实现？

16. 进行光度测量时，如何选择参比溶液？

17. 简述分光光度法的误差来源和提高分析结果准确度的方法。

18. 简述提高分光光度法灵敏度和选择性的途径。

19. 某有色化合物的水溶液，在 525nm 处的摩尔吸光系数为 $3200L/(mol \cdot cm)$，当浓度为 3.4×10^{-4} mol/L 时，吸光皿厚度为 1cm，其吸光度和透光度各是多少？

20. 在波长 520nm 处，$KMnO_4$ 溶液的 $\varepsilon = 2235L/(mol \cdot cm)$，在此波长下、2cm 吸收皿中，欲使透光度控制在 $20\% \sim 65\%$，问 $KMnO_4$ 溶液的浓度应在何范围？

21. 有一 $KMnO_4$ 溶液，置于 1cm 比色皿中，在绿色滤光片下测得透光度为 60%，若将溶液浓度增大一倍，其它条件不变，吸光度和透光度各是多少？

22. 用双硫腙分光光度法测 Pb^{2+}，Pb^{2+} 的浓度为 1.6mg/L，用 2cm 比色皿，于 520nm 波长下测得 $T = 53\%$，求摩尔吸光系数 ε 为多少？

23. 用二苯偕肼光度法测钢样中 Cr 含量，若用 1cm 比色皿测得 T 为 77.3%，试问 A 为多少？若改用 2cm、3cm 比色皿时，T 和 A 又各为多少？

24. 某药厂生产标准药品的光吸收系数为 $E_{cm}^{90}325nm = 746$，在相同条件下，分析该厂生产的此种药品，其光吸收系数为 $E_{cm}^{90}325nm = 739$，试计算此产品的纯度。

答：99.06%

25. 用邻菲啰啉光度测定铁的含量，已知试液中 Fe^{2+} 含量为 $20\mu g/100mL$，用 1cm 厚度的吸收池在波长 508nm 处，测得吸光度 $A = 0.394$，计算铁的摩尔吸光系数。

答：$\varepsilon = 1.1 \times 10^4$

26. 有一遵守比尔定律的溶液，吸收池厚度不变，测得透射比为 60%，如果浓度增加一倍，求：（1）该溶液的透射比；（2）吸光度。

答：$T = 36\%$；$A = 0.444$

27. 用磺基水杨酸光度法测铁：（1）欲配制 0.100mg/L 的铁标准溶液500.0mL，应称取铁铵矾多少克[$FeNH_4(SO_4)_2 \cdot 12H_2O$ 相对分子质量 482.18]？（2）按下表配制标准溶液，测定吸光度，试以吸光度为纵坐标，以铁的含量（mg）为横坐标，绘制工作曲线。（3）吸取待测试液 5.00mL，稀释至250.0mL，再吸取稀释后的试液 5.00mL 置于 50mL 容量瓶中，与标准溶液同方法显色，定容，测得吸光度为 0.413，求试液中铁含量，以 g/L 表示。

答：（1）0.432g；（3）4.05g/L

标准溶液 V（容量瓶容积 50mL） /mL	1.00	2.00	3.00	4.00	5.00	6.00	7.00
吸光度	0.097	0.200	0.304	0.408	0.510	0.613	0.718

28. 欲测定合金钢中 Cr、Mn 含量。称样 1.000g 溶解后稀至 50.00mL，Cr 被氧化成 $Cr_2O_7^{2-}$，Mn 被氧化成 MnO_4^-，分别在波长 440nm、550nm 处，用 1cm 比色皿测吸光度 A，分别为 0.204 和 0.860，若已知 ε_{Mn}^{440} 为 95.0，ε_{Cr}^{440} 为 369.0，ε_{Mn}^{545} 为 2.35×10^3、ε_{Cr}^{545} 为 11.0 [L/（mol·cm）]，试计算合金钢中 Cr 和 Mn 的质量分数。

第六章　紫外吸收光谱法

　　紫外吸收光谱法又称紫外分光光度法，是基于物质对紫外区域辐射的选择性吸收来进行分析测定的方法。紫外光的波长范围在 $10\sim400\text{nm}$，又可分为近紫外区（$200\sim400\text{nm}$）及远紫外区（又称真空紫外区，$10\sim200\text{nm}$）。由于紫外光谱较简单，特征性不强，在有机化合物的定性鉴定和结构分析中仅作为一种辅助手段配合红外光谱、核磁共振波谱和质谱应用。而在定量分析领域紫外分光光度法却有着广泛的应用。

　　紫外吸收光谱与可见吸收光谱一样，为带状光谱，常用吸收曲线来描述。不少无色透明的有机化合物，它不吸收可见光，而对具有特征波长的紫外光有强烈的吸收作用，当用一束具有连续波长的紫外光照射该化合物时，会在特征紫外吸收波长显示出强吸收峰。若以波长 λ 作为横坐标，以吸光度 A 作为纵坐标，就可绘出该化合物的紫外吸收光谱图，图 6-1 为茴香醛的紫外吸收光谱。

　　吸收曲线呈现一些峰尖和峰谷，每个峰相当于一个谱带。与峰尖对应的峰称为吸收峰，它对应的波长用 λ_{max} 表示；曲线峰谷对应的波长用 λ_{min} 表示；在峰旁的小曲折称为肩峰；在吸收曲线的波长最短的一端，吸收峰较大但不成峰形的部分称为末端吸收。可用吸收带的最大吸收波长 λ_{max} 和该波长下的摩尔吸光系数 ε_{max} 来表示此化合物的紫外吸收特征。如芦丁在乙醇中测定的紫外光谱的最大吸收波长和摩

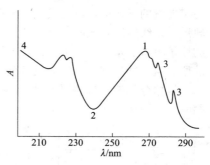

图 6-1　茴香醛的紫外吸收光谱
1—峰尖；2—峰谷；3—肩峰；4—末端吸收

尔吸收系数可表示为：$\lambda_{max}/\text{nm}=258$（$\lg\varepsilon=4.37$）和 361（$\lg\varepsilon=4.29$）。紫外吸收谱带的形状、λ_{max} 和 ε_{max} 的数值与有机化合物的结构密切相关。

第一节　基本原理

　　紫外吸收光谱是由有机分子中的价电子能级跃迁所产生的，而价电子的能级跃迁往往要引起分子中原子核运动状态的变化，此跃迁能量高于分子振动或分子转动能级跃迁所需的能量，因而在价电子跃迁的同时，也伴随分子振动能级和转动能级的跃迁。在与电子能级跃迁所对应产生的吸收谱线上都要叠加上分子振动和转动能级的跃迁变化，所以形成的紫外吸收谱带并不是波长狭窄的吸收谱带，而是形成波长分布较宽的吸收谱带。从紫外吸收谱带的 λ_{max} 和 ε_{max} 一般无法判断何种官能团的存在，但它能提供有机化合物的结构骨架（双键与未成键电子的共轭情况）及构型、构象（共轭体系周围存在的取代基的种类和数目）的情况，因此它是测定有机化合物分子结构的一种重要的手段。

一、分子轨道与电子跃迁的类型

　　普通有机化合物分子中存在着由不同原子的核外电子构成的化学键（即成键的分子轨道），主要为形成单键的 σ 电子，形成双键或三键的 π 电子以及未参与成键的仍存在于原子轨道上的孤对 n 电子。当分子吸收一定能量的光辐射，就会发生电子在不同能级间的跃迁。通常两个原子轨道可以线性组合成两个分子轨道，其中一个分子轨道的能量比构成它的原子轨道能量低，称为成键分子轨道；另一个分子轨道能量比构成它的原子轨道能量高，称它为反键分子轨道并用" $*$ "号标出。

　　根据分子轨道理论的计算结果，分子轨道的能级高低排布次序见图6-2。

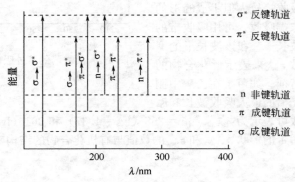

图 6-2　分子中电子的能级和跃迁，分子轨道能级高低的次序为 $\sigma^* > \pi^* > n > \pi > \sigma$

当用适当波长的光照射分子时，处于能量较低的成键 σ、π 轨道及 n 轨道上的电子会跃迁至反键 π^*、σ^* 轨道，从而可能产生 $\sigma \rightarrow \sigma^*$、$\pi \rightarrow \pi^*$、$n \rightarrow \pi^*$、$n \rightarrow \sigma^*$ 及 $\sigma \rightarrow \pi^*$ 和 $\pi \rightarrow \sigma^*$ 六种电子跃迁方式，其中 $\sigma \rightarrow \pi^*$ 和 $\pi \rightarrow \sigma^*$ 跃迁距（强度）太小可以忽略，其余四种跃迁后的电子，当其返回基态时辐射出紫外光。

（1）$\sigma \rightarrow \sigma^*$ 跃迁　这类跃迁对应的吸收波长都在低于 200nm 的远紫外区。如甲烷的 $\lambda_{max} = 125$nm，它的吸收光谱必须在真空中测定。

（2）$n \rightarrow \sigma^*$ 跃迁　含有氧、氮、硫、卤素等杂原子的饱和烃衍生物都可发生 $n \rightarrow \sigma^*$ 跃迁。$n \rightarrow \sigma^*$ 跃迁的大多数吸收峰一般仍低于 200nm，通常仅能见到末端吸收。如饱和脂肪族醇或醚在 180～185nm，饱和脂肪族胺在 190～200nm，饱和脂肪族氯化物在 170～175nm，饱和脂肪族溴化物在 200～210nm。当分子中含有硫、碘等电离能较低的原子时，吸收波长高于 200nm。

（3）$\pi \rightarrow \pi^*$ 跃迁　分子中含有双键、三键的化合物及芳环和共轭烯烃可发生此类跃迁。孤立双键的最大吸收波长小于 200nm。随着共轭双键数增加，吸收峰向长波方向移动。此类跃迁摩尔吸收系数很高。

（4）$n \rightarrow \pi^*$ 跃迁　分子中含有孤对电子的原子和 π 键同时存在并共轭时，会发生 $n \rightarrow \pi^*$ 跃迁，吸收波长大于 200nm，摩尔吸收系数一般低于 100。

表 6-1 列出一些有机化合物的电子结构和跃迁类型。

表 6-1　某些有机化合物的电子结构和跃迁类型

化合物	电子结构	跃迁类型	吸收带波长 λ/nm	吸收带	溶剂
C_2H_6	σ	$\sigma \rightarrow \sigma^*$	135		
$C_6H_{13}SH$	σ、n	$n \rightarrow \sigma^*$	224		
C_8H_{16}	σ、π	$\pi \rightarrow \pi^*$	177	E_1	正庚烷
C_8H_{14}	σ、π	$\pi \rightarrow \pi^*$	178 196 225	E_1 E_1 K	正庚烷

化合物	电子结构	跃迁类型	吸收带波长 λ/nm	吸收带	溶剂
$CH_3-\overset{\overset{O}{\|\|}}{C}-CH_3$	σ、π、n	π→π* n→σ* n→π*	166 186 280	B	正己烷
$CH_3-\overset{\overset{O}{\|\|}}{C}-H$	σ、π、n	n→σ*	180 293		正己烷
$CH_3-\overset{\overset{O}{\|\|}}{C}-OH$	σ、π、n	n→π* π→π*	204 178	K	乙醇 正己烷
$CH_3-\overset{\overset{O}{\|\|}}{C}-NH_2$	σ、π、n	n→π*	214	K	水
$CH_3-N=N-CH_3$	σ、π、n	n→π*	339		乙醇
CH_3-NO_2	σ、π、n	π→π* n→π*	201 274 280	K B R	甲醇 甲醇 异辛烷
$CH_2=CH-CH=CH_2$	σ、π	π→π*	217	K	
$CH_2=CH-\overset{\overset{O}{\|\|}}{C}-H$	σ、π、n	π→π* n→π*	210 315	K R	
C_6H_6	σ、π	π→π*	184 204 256	E_1 E_2(K) B	甲醇、 乙醇

注：R 280～320nm；B 250～280nm；K 200～250nm；E_1 170～200nm；E_2 170～210nm；ε 2 、10、$>10^3$、10^3、10^2。

二、发色基团和助色基团

1. 发色基团

在有机化合物分子中，凡能导致化合物在紫外及可见光区产生光吸

收的基团，无论是否显现颜色都称为发色基团，如含有苯环、

$C=C$、$—C≡C—$、$C=O$、$—N=N—$、$S=O$ 等不饱和基团皆为发色基团。

它们在 $200～1000nm$ 的光谱区内产生特征的吸收谱带，如果两个发色基团相邻近，会生成共轭基团，使原来各自的吸收谱带消失，产生新的吸收谱带，其谱带位置移向较长波长，其光强度显著增加。

2. 助色基团

助色基团是指本身不会使化合物产生颜色或产生紫外或可见光吸收的基团，但这些基团与发色基团连接时，却能使发色基团的吸收波长移向长波并使吸收强度增加。通常助色基团是由含孤对电子的元素（如氧、氮、卤素等）所构成的官能团，如$—NH_2$、$—NR_2$、$—OH$、$—OR$、$—X$ 等（这些基团借助元素外层的 p 电子与分子的 $π$ 轨道产生共轭，从而使电子跃迁能量下降）。各种助色基团助色效应的强弱顺序如下：

$$F^-<CH_3<Cl^-<Br^-<OH<SH<OCH_3<NH_2<NHR<NR_2<O^-$$

三、吸收带的类型

吸收带就是吸收峰在紫外光谱中的波带的位置。化合物的结构不同，跃迁的类型不同，根据电子及分子轨道的种类把吸收带分为四种类型。

（1）R 吸收带　R 吸收带由德文官能基（radikal）一词得名。它是由 $n→π^*$ 跃迁产生的。由羰基、硝基等单一生色团中孤对电子向 $π^*$ 反键轨道跃迁产生。一般强度较弱 $ε_{max}<100$，吸收峰波长一般在 $270nm$ 以上。例如：丙酮 $279nm$ 谱带即为 R 带，$ε_{max}$ 为 15。

（2）K 吸收带　K 吸收带由德文共轭（konjugation）一词得名。它是由 $π→π^*$ 产生的。共轭烯烃和取代的芳香族化合物可产生这类谱带。K 带的强度较大，一般 $ε_{max}>10000$。

（3）B 吸收带　B 吸收带由苯（环）型（benzennoidband）一词得名。它是由苯的 $π→π^*$ 跃迁引起的。B 带是芳香族化合物的特征吸收带，在 $230～270nm$ 成为精细结构（又名多重吸收带）。当芳香核与生色团连接时，有 B 和 K 两种吸收带，其中 B 带的波长较长，例如苯乙烯的 K 带 $λ_{max}=244nm$（$ε=12000$），B 带 $λ_{max}=282nm$（$ε=450$）。B 带的精细结构在取代芳香族化合物的光谱中一般不出现。

（4）E吸收带　E吸收带由乙烯型（ethylenicband）一词得名。也属于$\pi \rightarrow \pi^*$跃迁。也是芳香族化合物的特征吸收带，苯的E带分为E_1带及E_2带。苯的E_1带为184nm（$\varepsilon = 60000$），E_2带为204nm（$\varepsilon = 7900$）。当有发色团与苯环共轭时，E_2带与K带合并，吸收峰向长波方向移动。

四、红移、蓝移、增色效应和减色效应

（1）红移　有机化合物因结构发生变化而使其吸收带的最大吸收峰波长（λ_{max}）向长波方向移动的这种现象，称为红移。红移往往是分子中引入了助色基团或生色团而发生的。这些基团称为向红基团。

（2）蓝移　有机化合物因结构发生变化而使其吸收带的最大吸收峰波长（λ_{max}）向短波方向移动的这种现象，称为蓝移。能使有机化合物的λ_{max}向短波方向移动的基团（如$-CH_3$、$-O-\overset{O}{\overset{\|}{C}}-CH_3$等）称为向蓝基团。

（3）增色效应　当有机化合物的结构发生变化时，若使其吸收带的摩尔吸光系数ε_{max}增加，这种现象称为增色效应。

（4）减色效应　当有机化合物的结构发生变化时，若使其吸收带的摩尔吸光系数ε_{max}减小，这种现象称为减色效应。

（5）溶剂效应　溶剂的极性不同也会引起某些化合物的吸收光谱红移或蓝移，这种作用称为溶剂效应。

第二节　有机化合物的紫外吸收光谱

各种有机化合物都有吸收紫外光辐射的特性，当其分子结构不同，其吸收光谱的特征也不相同。

一、常见有机化合物的紫外吸收光谱

1. 饱和烃

饱和碳氢化合物只有σ电子，因此只能产生$\sigma \rightarrow \sigma^*$跃迁。$\sigma \rightarrow \sigma^*$跃迁所需要的能量高，吸收峰在远紫外区。由于远紫外区在一般仪器的使用范围之外，所以$\sigma \rightarrow \sigma^*$跃迁在化学研究中价值较小。当饱和碳氢化合物中的氢被氧、氮、卤素、硫等取代时，使这类化合物中既有σ电子，又有n电子，可以实现$\sigma \rightarrow \sigma^*$和$n \rightarrow \sigma^*$跃迁。其吸收峰可落在远紫外区和近紫外区。如甲烷的吸收峰在125nm，碘甲烷的$\sigma \rightarrow \sigma^*$跃迁为150~

210nm，n→σ* 跃迁在 258nm。

烷烃和卤代烷烃的紫外吸收很小，它们的紫外光谱直接用于分析这些化合物的实用价值不大。

2. 不饱和脂肪烃

乙烯及取代乙烯存在 π→π* 跃迁，最大吸收在 175～200nm。乙烯分子中的氢被助色团如 NR$_2$、OR、SR、Cl 取代时，吸收峰发生红移，吸收强度也增加。共轭双键使 π 电子云延长，波长发生红移，共轭体系越长，波长红移越显著，吸收强度增加也越显著，这种作用称为增色效应。如 β-胡萝卜素具有 8 个共轭双键，它在 420～450nm 区域有强烈吸收，而呈黄绿色。

单独的炔基产生 π→π* 跃迁的吸收波长为 175nm，当两个炔键被一个单键隔开产生 π-π 共轭时，吸收波长红移，而且产生一系列中等强度的吸收峰。

3. 醇和醚

饱和脂肪族醇的吸收光谱位于远紫外区。—OH 基中氧原子上未共用的电子可以产生 n→σ* 跃迁，在 160～190nm 波长范围内有宽吸收带。脂肪族和环醚在远紫外光区有吸收，产生两个谱带。

这两类化合物常用作近紫外区的溶剂。

4. 羰基化合物及其衍生物

含有羰基的饱和醛、酮类化合物呈现三个吸收谱带：π→π* 跃迁引起的吸收峰，在 150nm 附近；n→σ* 跃迁引起的吸收峰，在 190nm 附近；n→π* 跃迁引起的吸收峰，在 270～300nm 范围内。

不饱和醛酮中既含有羰基又含有乙烯基，如果这两种生色团被两个或更多的单键隔开时，一般来说，其吸收光谱是这两个生色团的"加和"。而在 α、β-不饱和醛酮中，由于羰基与乙烯基共轭，即产生 π-π 共轭作用，使上述两个谱带分别红移至 220～260nm 和 310～330nm。

取代基和溶剂对不饱和醛酮的吸收峰位置有影响。

5. 羧酸及其衍生物

含有羧基 (—COOH) 的化合物叫羧酸，羧酸的衍生物有酰卤 (—COX)、酰胺 (—CONH$_2$) 和酯 (—COOR) 等。羧酸及其衍生物与醛、酮一样均含有羰基，可实现 π→π* 和 n→π* 跃迁。其不同点是羧基上的碳原子直接连有未共用电子对的生色团 (如 —OH、—Cl、—Br、—OR、—NH$_2$ 等)，这些生色团上的 n 电子可与羰基双键上的 π

电子产生 n-π 共轭效应。使 π 和 π^* 轨道能级提高，π 能级提高更大，使 $\pi \rightarrow \pi^*$ 跃迁谱带红移。由于 n 轨道能级不变，导致 $n \rightarrow \pi^*$ 谱带蓝移。脂肪族羧酸和酯的紫外吸收光谱的第一个谱带波长在 210nm 附近（$\varepsilon = 40 \sim 60$），系由 $n \rightarrow \pi^*$ 跃迁产生。第二个谱带吸收波长约为 165nm（$\varepsilon = 2500 \sim 4000$），相应于 $\pi \rightarrow \pi^*$ 跃迁。

6. 芳香族化合物

苯的紫外吸收光谱是由 $\pi \rightarrow \pi^*$ 跃迁组成三个谱带：在 180nm（$\varepsilon = 47000$）称为 E_1 带；203nm（$\varepsilon = 8700$）称为 E_2 带；在 $230 \sim 270$nm 有比较弱的一系列吸收带，称精细结构，中心在 254nm（$\varepsilon = 204$）称为 B 带。

B 带又称为苯的吸收带。由于该带在苯及其衍生物中的强度相同（$\varepsilon = 250 \sim 300$），利用此点可以非常容易地鉴别 B 带。B 带的特征精细结构在蒸气状态或非极性溶剂中极为明显，在极性溶剂中则不明显或完全消失。当引入取代基时，E_2 带和 B 带一般均产生红移，且强度增加。

在苯环上引入—NH_2、—OH、—OCH_3、—CHO、—COOH、—NO_2 等基团时，苯的 B 带和 E 带发生红移。

稠环芳烃母体的吸收带的 λ_{max} 值大于苯的，这是因为它具有两个或两个以上共轭的苯环。苯环数目越多，λ_{max} 值越大，见图 6-3。

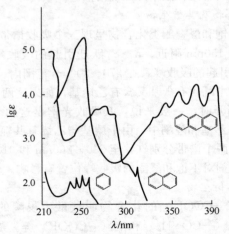

图 6-3　乙醇中苯、萘、蒽的紫外吸收光谱

7. 含氮化合物

含有 —N=N— 键的直链偶氮化合物的 $\pi \rightarrow \pi^*$ 跃迁引起的吸收带位于近紫外区和可见区；脂肪族偶氮化合物的 $n \rightarrow \pi^*$ 跃迁引起的吸收带出现在 350nm 附近，ε_{max} 一般小于 30。芳香族偶氮化合物中的偶氮键与两个苯环共轭，π 键轨道扩展至整个分子，结果导致不同能级的轨道相互靠得更近，$\pi \rightarrow \pi^*$ 跃迁引起的吸收谱带在 445nm 处，使偶氮苯呈现橙红色。

氮氧基是生色团，含有氮氧多重键的四种基团是硝基、亚硝基、硝酸根、亚硝酸根。这些基团在近紫外区都会出现由 $n \rightarrow \pi^*$ 跃迁引起的吸收谱带。如以庚烷为溶剂时，硝基甲烷 $\lambda_{max} = 275nm$，$\varepsilon \approx 15$。

8. 杂环化合物

在杂环化合物中，只有不饱和的杂环化合物在近紫外区才会有吸收。

（1）五元不饱和杂环化合物　呋喃、噻吩和吡咯其结构是和环戊二烯相似的含有一个杂原子（分别为 O、S、N）的五元环不饱和化合物，因此既有 $\pi \rightarrow \pi^*$ 跃迁引起的吸收谱带，又有 $n \rightarrow \pi^*$ 跃迁引起的谱带。含有 2 个、3 个及 4 个杂原子的芳杂环化合物中因含有 C=C、C=N、N=N 共轭体系，故同时存在 $\pi \rightarrow \pi^*$ 跃迁和 $n \rightarrow \pi^*$ 跃迁引起的吸收谱带。

（2）六元不饱和杂环化合物　吡啶是含有一个杂原子的六元环杂环芳香化合物，也是一个共轭体系，也有 $\pi \rightarrow \pi^*$ 和 $n \rightarrow \pi^*$ 跃迁。它的紫外吸收光谱与苯的相似。同样，喹啉和萘、氮蒽和蒽的紫外吸收光谱也都很相似。

二、影响紫外吸收光谱的主要因素

有机化合物紫外吸收光谱的吸收谱带的波长和吸收强度，通常受两种因素的影响。

1. 分子内部因素

如不饱和化合物分子中双键位置的变化，会导致吸收波长和强度的变化，如 α-和 β-紫罗兰酮，其分子末端环中双键的位置不同：

α-紫罗兰酮(λ=227nm)　　　　β-紫罗兰酮(λ=299nm)

它们的$\pi \rightarrow \pi^*$跃迁的吸收波长分别为 227nm 和 299nm。

苯环上氢原子被不同的助色基团取代后，由$\pi \rightarrow \pi^*$跃迁产生的吸收谱带发生红移，如对苯、甲苯、氯代苯、苯酚、苯胺、苯乙烯，其在E_2吸收带上的吸收波长分别为 204nm、207nm、210nm、211nm、230nm、244nm。

2. 分子外部因素

溶剂极性的变化会引起有机化合物紫外吸收谱带波长的变化。通常增加溶剂的极性会使$\pi \rightarrow \pi^*$跃迁吸收谱带波长红移；而使$n \rightarrow \pi^*$跃迁吸收谱带波长蓝移。

对不同的有机化合物，溶剂极性变化对其影响也不相同。如共轭双烯化合物受溶剂极性变化的影响较小；而α、β不饱和羰基化合物受溶剂极性变化的影响就比较大。如异亚丙基丙酮在不同极性溶剂中的紫外吸收波长变化见表 6-2。

表 6-2　异亚丙基丙酮在不同极性溶剂中的紫外吸收波长

溶　剂	己烷	乙腈	氯仿	甲醇	水
$\pi \rightarrow \pi^*$跃迁 λ/nm	230	234	238	237	243
$n \rightarrow \pi^*$跃迁 λ/nm	320	314	315	309	305

若有机分子在不同 pH 介质中，因分子离解形成阳离子或阴离子，则其吸收带也会发生改变。如苯胺在酸性介质会形成阳离子：

$$\langle \rangle - NH_2 + H^+ \longrightarrow \langle \rangle - NH_3^+$$

苯胺的 K、B 吸收带会由 230nm 和 280nm 蓝移至 203nm 和254nm（B 为芳香族化合物特征吸收带，K 为共轭双键所具有的吸收带）。

在紫外吸收光谱分析中，一般采用稀溶液进行测定，因此要选用适当的溶剂将样品溶解配成溶液。所选用的溶剂应对样品有大的溶解能力，并在所选择的测定波长范围内无明显的吸收现象。表 6-3 列出在紫外吸收光谱分析中常用的溶剂及适用的最低测定波长。

选择溶剂还应考虑样品是否会与溶剂发生相互作用，若使用的极性溶剂与样品发生相互作用，将导致样品吸收波长位置的移动和吸收强度的变化。所以应尽量使用非极性溶剂以避免与样品发生相互作用。

表 6-3　紫外吸收光谱分析中常用的溶剂

溶　剂	适用的波长低限 λ/nm	溶　剂	适用的波长低限 λ/nm
水	205	二氧六环	220
甲醇	210	二氯甲烷	232
乙醇	210	三氯甲烷	245
己烷	210	正丁醇	240
环己烷	210	乙酸乙酯	256
异丙醇	210	四氯化碳	265
正庚烷	210	二甲基甲酰胺	270
乙醚	215	苯	280
乙腈	210	甲苯	285
四氢呋喃	220	吡啶	305

第三节　紫外分光光度计

目前商品紫外可见（UV-VIS）分光光度计的商品型号繁多，操作方法稍有不同，但其结构和功能基本相似。紫外分光光度计由光源、单色器、吸收池、检测器（放大器）和记录、显示系统组成。

一、单波长双光束紫外可见分光光度计

单波长双光束紫外分光光度计的光路系统及结构示意图如图 6-4 所示。

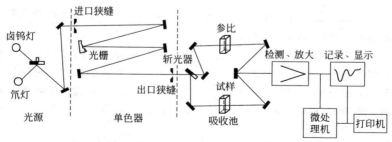

图 6-4　紫外分光光度计的光路系统及结构示意图

在紫外分光光度计中，配置有可见光源碘钨灯和紫外光源氖灯。

由光源发出的连续紫外光，经进口狭缝进入单色器，经色散元件光栅色散成一系列由单色光组成的光谱，并逐个从单色器的出口狭缝射出。射出的单色光被旋转斩光器分成两束，按一定频率交替投射到样品吸收池和参比吸收池上，由于样品吸收池吸收了部分辐射能，而使透过样品池和参比池的两光束不平衡，光信号经由光电管（或光电倍增管）和电子元件组成的检测器检测，再经放大器放大后的电信号由记录仪（或微处理机）绘出吸光度随吸收波长变化的紫外吸收曲线。

单色器多使用光栅，它在 1mm 长度上刻有 1200 条平行条痕，利用衍射作用将复色光分成单色光。单色器的分辨率不仅取决于光栅和棱镜的色散能力，还与出射狭缝的宽度有关，狭缝愈小其分辨率愈高，但灵敏度下降，使用时应兼顾分辨率和灵敏度两方面的要求。

吸收池用于可见光区可用玻璃制作，用于紫外光区必须用石英制作。使用的测量池和参比池的透光性能应尽量一致。在定量分析时，对吸收池要做配对试验。

检测器对可见光常用红敏氧化铯光电管（625~1000nm），对紫外光使用蓝敏锑铯光电管（200~625nm）。也可使用具有放大作用的光电倍增管，以及近来广泛使用的光电二极管阵列检测器。

现在随电子计算机技术的快速发展，在光度计内配置微处理器，可控制操作参数的设定，实现波长的自动扫描、自动收集，存储光谱数据，并可控制数据记录、打印或数显输出，为使用者提供了极大的方便。

二、双波长双光束紫外可见分光光度计

紫外可见分光光度计的光学系统结构分为单波长和双波长两大类。

单波长仪器只有一个可调节的光栅（或棱镜），其分为单光束和双光束两类，现已获得广泛的应用。

双波长仪器具有两个可独立调节的光栅。光源发出的两个光束经两个光栅可色散出两束具有不同波长的单色光，可直接测量在两种不同波长下吸光度之差。双波长仪器用于双组分混合物的测定或在干扰物存在下测定欲测组分的含量十分方便，但此类仪器的造价比较昂贵。

第四节　紫外吸收光谱法的应用

紫外吸收光谱法是有机化合物定性鉴定的主要手段之一，它和红外吸收光谱、核磁共振波谱和质谱统称为有机物剖析四大谱，足以显示它

的重要性。在定量分析上，它也是对有机化合物进行定量测定的重要方法。

一、在有机化合物定性鉴定中的应用

紫外吸收光谱定性分析是利用光谱吸收峰的数目、峰位置、吸收强度等特征来进行物质的鉴定。在研究分子结构中，可利用紫外光谱推定分子的骨架，判断生色团之间的共轭关系及估计共轭体系中取代基的种类、位置和数目，以及判断顺反异构体和互变异构体等。由于紫外吸收光谱只有少数几个宽的吸收带，缺少精细结构，它只能反映分子中发色基团和助色基团的结构特性，而不能反映整个分子总体的特征。因此特征性较差，在分子结构推测方面所能提供的信息不如红外吸收光谱、质谱和核磁共振等方法多。但紫外吸收光谱能与这些方法在应用上互相补充和验证。

1. 用一般规律初步推断化合物的结构

应用紫外吸收光谱来定性鉴定的有机化合物必须是纯净的。当用紫外分光光度计绘制出吸收曲线后，可根据吸收曲线的特征吸收位置，对被鉴定的化合物作出初步的判断。

若化合物在 220～400nm 没有吸收带，则可判断它可能是直链烷、烯、炔、脂环烃、醇、醚、羧酸、氟或氯代烃、胺、腈等，而不会含有共轭双键的苯环、醛基、酮基、溴、碘取代基。

若化合物在 270～350nm 有弱的吸收带，则它存在含有孤对 n 电子的简单非共轭发色基团，如羧基、硝基。

若化合物在 210～250nm 有强吸收带，就可能含有共轭双键，若强吸收带在 260～300nm，则表明含有 3～5 个共轭双键。若吸收带进入可见光区，表明其为稠环芳烃。

若化合物在 250～300nm 有中等强度吸收带，表示有苯环。

按照上述规律可初步确定未知化合物的归属范围，还应将未知物的吸收光谱与标准化合物的吸收光谱进行对照，如果吸收光谱特征（包括吸收曲线形状、λ_{max}、λ_{min}、吸收峰数目、拐点及 ε_{max} 等）完全相同，可初步认为是同一种化合物，并结合化学分析结果才能进一步作出结论。

可利用前人在实验基础上总结汇编的各种有机化合物的紫外与可见标准谱图以及电子光谱的工具书，常用的有：

（1）《萨特勒紫外标准谱图及手册》 "The Sadtler Standard Spectra

Ultraviolet"，由美国费城 Sadtler 研究实验室编辑出版。

(2)《有机化合物的紫外与可见光谱手册》 Kenzo Hirayama. "Handbook of Ultraviolet and Visible Absorption Spectra of Organic Compounds." New York：Plenum，1967.

(3)《有机化合物光谱数据与物理常数图表集》 Crassell Jeanette G，Ritchey William M，et al. "Atlas of Spectral Data and Physical Constants for Organic Compounds." V. 1 ~ 6. 2d ed. Cleveland：CRC Press，1975.

2. 计算有机化合物吸收波长的经验规则

为了推测和判断某些有机化合物的结构，如果一时缺乏紫外可见标准谱图或标准样品（模型化合物），可以根据以下有机化合物吸收波长的经验规则进行初步估测。

伍德沃德和菲泽提出了计算共轭二烯、多烯及共轭烯酮类化合物吸收波长的经验规则，司各脱（Scott）提出了计算芳香族羰基衍生物的 E_2 吸收带波长的经验规则，具体规定和计算方法可查阅化学工业出版社 2016 年出版的《分析化学手册（第三版）3B 分子光谱分析》。

3. 判断异构体

有机化合物经常存在异构现象，其中包括顺反异构、互变异构、旋光异构等。由于它们在吸光特性上存在差异，可以用紫外可见吸收光谱进行判别。

(1) 顺反异构体的判别 一般来说，反式异构体的 λ_{max} 和 ε_{max} 比顺式异构体大。这是由于立体位阻引起的。例如反式取代苯乙烯的分子是平面型的，双键和苯环在同一平面上容易产生共轭，而顺式取代苯乙烯的苯环由于立体位阻不可能与乙烯键共平面，不易产生共轭。表 6-4 列出了一些顺反异构体的 λ_{max} 和 ε_{max}。

表 6-4 某些顺反异构体的紫外吸收特征

化 合 物	顺式异构体		反式异构体	
	λ_{max}/nm	ε_{max}	λ_{max}/nm	ε_{max}
丁烯二酸二甲酯	198	2.6×10^4	214	3.4×10^4
1,2-二苯乙烯	280	1.05×10^4	295.5	2.9×10^4
肉桂酸	280	1.35×10^4	295	2.7×10^4
1-苯基-1,3-丁二烯	265	1.4×10^4	280	2.83×10^4

（2）互变异构体的判断　紫外光谱常用于检测和判别互变异构体。常见的互变异构体有酮-烯醇式互变异构、内酰胺-内酰亚胺互变异构、醇醛的环式-链式互变异构等。以乙酰乙酸乙酯的酮-烯醇式互变异构为例：

$$CH_3C—CH_2—C—OC_2H_5 \rightleftharpoons CH_3—C=CH—C—OC_2H_5$$

| 酮式 | 烯醇式 |

酮式的 λ_{max} 为204nm，ε_{max} 为16，烯醇式由于两个双键共轭，其 λ_{max} 为245nm，吸收强度增加，ε_{max} 为18000。通过测定不同溶剂中的紫外光谱可得知，在极性溶剂水中，酮式占优势，而在己烷中，烯醇式占优势。

定性鉴定除可对未知物的类型作出判断外，还可用于已知归属范围的条件下，对其分子骨架作出推断；进行构型和构象的确定；氢键强度和摩尔质量的测定。

二、在有机化合物定量分析中的应用

紫外分光光度定量分析和可见分光光度定量分析的定量依据和定量方法都是相同的，但紫外吸收光谱法进行定量分析一般不需要显色剂，因而不受显色剂浓度、显色时间等因素的影响，它具有快速、简便、灵敏度高、重现性好等优点，广泛应用于微量和痕量分析中，也可用于常量组分的测定。

测定条件的选择主要是选择测定波长和溶剂。

1. 测定波长的选择

对已知具有紫外吸收的有机化合物，可用紫外分光光度法，依据比尔定律测定其含量。在进行定量分析前，应首先绘制紫外吸收光谱图来确定其最大吸收波长 λ_{max}，并测其摩尔吸光系数 ε，通常选择 λ_{max} 作为测定波长。一般不选择小于230nm的波长作为测定波长，因为此时吸收池的散射和氘灯的能量会影响测定结果。

当被测物为单一物质时，可用一般分光光度法中采用的工作曲线法；或用与已知浓度标准溶液进行比较的单点校正法，即：

$$c_{样} = \frac{c_{标} A_{样}}{A_{标}}, \quad w_{样} = \frac{c_{标} A_{样}}{A_{标} m_{样}}$$

式中，c 为浓度；A 为吸光度；$m_{样}$ 为样品质量。

若样品中含有两种或两种以上组分时，若其吸收光谱互不重叠，就表示在每个组分的最大吸收波长处各个组分互不干扰，此时可采用单组分测定的方法进行定量分析。

若在 λ_{max} 处共存的其它物质也有吸收，可以另外选择 ε 较大而共存物质没有吸收的波长作为测定波长。此时灵敏度会降低。

若样品中组分的吸收光谱互相重叠，则可利用下式：

$$A_{总}=A_a+A_b+A_c+\cdots+A_n$$

即任何混合物的吸光度为其各个组分吸光度的加和。若为含 A、B 两组分的样品，可用差减法，分别求出 A、B 各自的含量。对含有三个以上组分的样品，可利用在三个吸收波长下进行吸光度的测量，在获得每种组分在各个吸收波长的摩尔吸光系数之后，可用解三元联立方程的方法求出各个组分的含量。此外还可应用双波长分光光度法或使用化学计量学中的多元统计分析（如多元线性回归、岭回归、主成分回归、偏最小二乘法、因子分析、卡尔曼滤波法、改进矩阵法等）来进行多组分混合物的定量测定。

2. 测定用有机溶剂的选择

在使用有机溶剂的测定中，应选择好制备样品时适用的有机溶剂。所选择的溶剂应在测定波长下无明显的吸收、对被测物和显色剂都有较好的溶解度，并不和被测物发生相互作用。应尽可能选择挥发性小、不易燃、无毒性及价廉的溶剂。

常用溶剂在不同光径吸收池中适用的波长范围下限，见表 6-5。

表 6-5　常用溶剂及其适用波长范围下限

| 溶　剂 | λ（下限）/nm | | 沸点 /℃ | 溶　剂 | λ（下限）/nm | | 沸点 /℃ |
	10mm 池	0.1mm 池			10mm 池	0.1mm 池	
乙腈	190	180	81.6	甲醇	205	186	84.7
戊烷	190	170	36.4	乙醚	215	197	34.6
己烷	195	173	68.8	二氯甲烷	232	220	41.6
庚烷	197	173	98.4	氯仿	245	235	62
环戊烷	198	173	49.8	四氯化碳	265	255	76.9
乙醇(95%)	204	187	78.4	苯	280	265	80.4
水	205	172	100.0	丙酮	330	325	56
环己烷	205	180	80.8	二硫化碳	380	360	46.5

测定时，应事先按照国家标准 GB/T 9721—2006 "化学试剂分子吸收分光光度法通则（紫外和可见光部分）" 的要求检验所选溶剂的空白值。表 6-6 列出了有机溶剂在规定波长下的吸光度。

表 6-6　紫外可见分光光度法对有机溶剂的吸光度要求①

波长范围/nm	吸光度	波长范围/nm	吸光度
220～240	<0.4	251～300	<0.1
241～250	<0.2	300 以上	<0.05

① 检定的方法是用 1cm 石英吸收池,以空气为参比,在规定波长下测定有机溶剂的吸光度。

第五节　测定实例

一、有机化合物紫外吸收光谱的绘制及溶剂效应

(一) 方法原理

将未知试样和标准试样在相同的溶剂中,配制成相同的浓度,在相同的条件下,分别绘制它们的紫外吸收光谱,比较两者是否一致。或将试样的吸收光谱与标准谱图如 Sadtler 紫外光谱图对比,若两者的 λ_{max} 和 ε_{max} 相同,则可能是同一物质。

溶剂极性对紫外光谱有影响,文献数据中常注明所用溶剂。在定性鉴定比较未知物与已知物的吸收光谱时,必须采用相同的溶剂,否则没有可比性。

(二) 仪器及试剂

仪器:具有扫描功能的紫外-可见分光光度计。

样品:丙酮,苯酚。

溶剂:水,乙醇,己烷,甲醇,环己烷。

(三) 测定步骤及结果

1. 溶剂对丙酮(n→π* 跃迁)紫外吸收光谱的影响

在 3 个 5mL 具塞比色管中,分别加入 0.02mL 丙酮(合适的试样浓度应通过试验决定),然后分别用水、乙醇、己烷稀释至刻度,摇匀。用 1cm 石英吸收池(加盖),以各自的溶剂为参比,在紫外区做波长扫描,得到丙酮在 3 种溶剂中的紫外吸收光谱

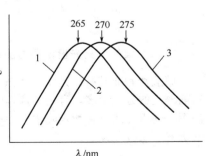

图 6-5　溶剂对丙酮 n→π*
跃迁影响的紫外光谱图
1—水;2—乙醇;3—己烷

（图 6-5）。由图 6-5 可见，溶剂极性增强，丙酮 n→π* 跃迁发生蓝移。

2. 溶剂极性和 pH 值对苯酚紫外吸收光谱的影响

在 4 个 5mL 具塞比色管中，分别加入苯酚的甲醇、环己烷、纯水、0.1mol/L NaOH 溶液（苯酚浓度 0.4g/L）至刻度，摇匀。用 1cm 石英吸收池，1、2 管以各自溶剂为参比，3、4 管以水为参比，绘制紫外吸收光谱。3、4 管计算 λ_{max} 处的摩尔吸光系数（图 6-6、图 6-7）。

由图 6-6 可见，当从非极性溶剂环己烷改变为极性溶剂甲醇时，苯酚的紫外光谱谱带的精细结构消失，吸收峰减少且吸收曲线趋于平滑。因此，若要得到谱带的精细结构，应尽量选用非极性溶剂。

在图 6-7 中，苯酚的中性水溶液在 211nm 和 270nm 波长处有最大吸收，其 ε 分别为 6200 和 1450，在碱性介质中，苯酚形成酚钠盐，转变成阴离子，增强了电负性，导致吸收带红移，变为 236nm（ε 为 6200）和 287nm（ε 为 2600）。

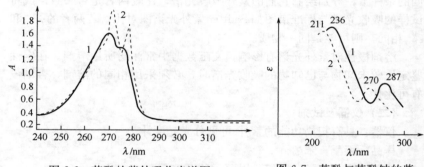

图 6-6　苯酚的紫外吸收光谱图
1—在甲醇中；2—在环己烷中

图 6-7　苯酚与苯酚钠的紫外吸收光谱图
1—苯酚钠盐；2—苯酚

二、紫外分光光度法同时测定水体中的硝酸盐和亚硝酸盐

硝酸盐和亚硝酸盐是水及大气中的重要污染成分，具有致癌作用。目前测定的方法很多，有离子选择电极法、可见分光光度法、离子色谱法等，这里介绍一种测定降水、一般地表水和井水中的 NO_2^-、NO_3^- 的紫外分光光度法[1]。

---

❶　引自：黄君礼等. 紫外吸收光谱法及其应用. 北京：中国科学技术出版社，1992：623.

图 6-8 为硝酸盐和亚硝酸盐的紫外吸收光谱。

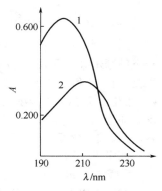

硝酸根的 $\lambda_{max} = 200nm$，亚硝酸根的 $\lambda_{max} = 210nm$。选择波长 210nm 为测量波长。

取 2 份等体积水样，一份在酸性介质中加入氨基磺酸，除去 NO_2^-，在 210nm 处测得 NO_3^- 的含量，另一份在酸性介质中加入 H_2O_2，将 NO_2^- 氧化成 NO_3^-，加热除去 H_2O_2 后，在相同波长下测定吸光度，测得 $NO_3^- + NO_2^-$ 总量。由此计算出 NO_2^- 含量。

图 6-8　NO_3^--N（1）和 NO_2^--N（2）紫外吸收光谱

如存在背景干扰，试样以试剂空白为参比溶液，分别在 210nm 和 250nm 测定其吸光度（经试验，在 210nm 和 250nm 背景吸收相同），由此求得 $A_{校} = A_{210} - A_{250}$，然后从与样品同样处理方法制备的 $A_{校}$-c 标准曲线上查得 NO_3^--N 的浓度，并计算 NO_2^--N 浓度。

三、双波长紫外分光光度法同时测定维生素 C 和维生素 E[1]

维生素 C（抗坏血酸）和维生素 E（α-生育酚）皆为抗氧化剂。它们组合在一起，发挥协同作用，会起到更强的抗氧化作用，并已用作多种食品添加剂。

在无水乙醇溶液中，维生素 C 和维生素 E 的紫外吸收曲线严重重叠，维生素 C 和维生素 E 吸收曲线的最大吸收波长分别为 λ_C（266nm）和 λ_E（294nm）（图 6-9），因而可利用吸光度 A 对双波长光吸收的加和性，通过解二元联立方程分别求出混合物中维生素 C 和维生素 E 的各自含量。

$$c_{维生素C} = \frac{A_{\lambda_C}^{C+E} - A_{\lambda_E}^{C+E}}{\varepsilon_{\lambda_C}^{C}\varepsilon_{\lambda_E}^{E} - \varepsilon_{\lambda_E}^{C}\varepsilon_{\lambda_C}^{E}}$$

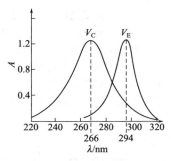

图 6-9　乙醇溶液中维生素 C 和维生素 E 光吸收曲线

　❶　引自：张剑荣，余晓冬，屠一锋，方惠祥编. 仪器分析实验. 第二版. 北京：科学出版社，2009.

$$c_{维生素E} = \frac{A_{\lambda_C}^{C+E} - \varepsilon_{\lambda_C}^{C} c_{维生素C}}{\varepsilon_{\lambda_C}^{E}}$$

$\varepsilon_{\lambda_C}^{C}$、$\varepsilon_{\lambda_E}^{E}$、$\varepsilon_{\lambda_C}^{C}$、$\varepsilon_{\lambda_E}^{E}$分别表示组分维生素 C 和维生素 E 在 λ_C 和 λ_E 波长下的摩尔吸光系数。使用配制好的维生素 C 和维生素 E 标准溶液，分别测定在 λ_C 和 λ_E 的吸光度，并分别绘制 $A_{\lambda_C}^{C}$、$A_{\lambda_E}^{C}$ 和 $A_{\lambda_C}^{E}$、$A_{\lambda_E}^{E}$ 对维生素 C、维生素 E 标准溶液浓度的四条标准工作曲线，所获各工作曲线的斜率，即为 $\varepsilon_{\lambda_C}^{C}$、$\varepsilon_{\lambda_E}^{C}$ 和 $\varepsilon_{\lambda_C}^{E}$、$\varepsilon_{\lambda_E}^{E}$ 摩尔吸光系数，再代入上述计算，$c_{维生素C}$ 和 $c_{维生素E}$ 公式，就可求出维生素 C 和维生素 E 的各自含量。

测定步骤如下：

①配制一定浓度的维生素 C 和维生素 E 标准溶液；

②以无水乙醇作为溶剂，绘制维生素 C 和维生素 E 混合液的光吸收曲线（波长范围 220～320nm）；

③绘制四条标准工作曲线，求出各自的斜率；

④样品溶液在 λ_C 和 λ_E，测其加和吸光度 $A_{\lambda_C}^{C+E}$ 和 $A_{\lambda_E}^{C+E}$；

⑤将 $A_{\lambda_C}^{C+E}$、$A_{\lambda_E}^{C+E}$ 和 $\varepsilon_{\lambda_C}^{C}$、$\varepsilon_{\lambda_C}^{E}$、$\varepsilon_{\lambda_E}^{C}$、$\varepsilon_{\lambda_E}^{E}$ 数值代入含量计算公式求出样品中维生素 C 和维生素 E 的各自含量。

学 习 要 求

一、掌握紫外吸收光谱法的特点、基本原理、应用范围和有关术语。

二、了解在紫外吸收光谱中电子的六种跃迁方式。

三、了解重要有机化合物的电子结构和电子跃迁的类型。

四、了解 R、K、B、E 四个吸收带产生的原因和对应的波长范围。

五、了解发色基团、助色基团、红移、蓝移、增色和减色效应的含义。

六、掌握各种有机化合物紫外吸收光谱的特征和对应的波长范围。

七、了解影响有机化合物紫外吸收光谱的分子内部因素和分子外部因素。

八、了解紫外分光光度计组成的主要部件。

九、了解紫外吸收光谱在有机定性剖析中的作用。

十、了解紫外吸收光谱在有机定量分析中的作用。

复 习 题

1. 紫外吸收光谱法有何基本特征？为什么是带状光谱？

2. 紫外吸收光谱能提供哪些分子结构信息？

3. 分子中价电子跃迁有几种类型？哪些类型跃迁可以产生紫外吸收光谱？

4. 何谓发色基团？何谓助色基团？它们具有何种结构？

5. 为什么助色基团取代基能使烯双键的 n→π* 跃迁波长红移？而使羰基 n→

π* 跃迁波长蓝移?

6. 为什么共轭双键分子中双键数目愈多其 n→π* 跃迁吸收带波长愈长? 说明原因。

7. 下列化合物能产生何种电子跃迁? 能出现何种吸收带?

(1) $CH_2{=}CH{-}O{-}CH_3$ (2) $CH_2{=}CH{-}CH_2CH_2{-}NH{-}CH_3$

(3) CH=CHCHO   (4) $Cl{-}CH_2{-}CH{=}CH{-}\overset{\overset{O}{\|}}{C}{-}C_2H_5$

8. 化合物 A 在紫外区有两个吸收带,用 A 的乙醇溶液测得吸收带波长 $\lambda_1=256nm$、$\lambda_2=305nm$,而用 A 的己烷溶液测得吸收带波长 $\lambda_1=248mn$、$\lambda_2=323nm$,这两个吸收带分别是何种电子跃迁产生的? A 属哪一类化合物?

9. 为什么苯胺在酸性介质中它的 K 和 B 吸收带会发生蓝移? 而苯酚在减性介质中它的 K 和 B 吸收带会发生红移?

10. 简述紫外分光光度计的组成及各部分的作用。

11. 为什么要对紫外分光光度计的波长、吸光度和吸收池进行校正?

12. 乙酰丙酮 $CH_3{-}\overset{\overset{O}{\|}}{C}{-}CH_2{-}\overset{\overset{O}{\|}}{C}{-}CH_3$ 在极性溶剂中的吸收带 $\lambda=277nm$,$\varepsilon=1.9\times10^3$,而在非极性溶剂中的吸收带 $\lambda=269nm$,$\varepsilon=1.21\times10^4$,请解释这两个吸收带的归属及变化的原因。

13. 化合物 A 和 B 在环己烷中各有两个吸收带。A:$\lambda_1=210nm$,$\varepsilon_1=1.6\times10^4$;$\lambda_2=330nm$,$\varepsilon_2=37$。B:$\lambda_1=190nm$,$\varepsilon_1=1\times10^3$,$\lambda_2=280nm$,$\varepsilon_2=25$,判断化合物 A、B 各具有何种结构? 它们的吸收带是由何种跃迁产生的?

14. 化合物 $\overset{\overset{CH_3}{\,}}{\underset{\underset{CH_3}{\,}}{C}}{-}OH$ 经 H_2SO_4 脱水反应后的产物,测其紫外吸收光谱。在 $\lambda=242nm$ 处出现一强吸收带,请确定其脱水反应后产物的结构式。

15. 已知浓度为 0.010g/L 的咖啡碱(摩尔质量为 212g/mol),在 $\lambda=272nm$ 处测得吸光度 $A=0.510$。为测定咖啡中咖啡碱的含量,称取 0.1250g 咖啡,于 500mL 容量瓶中配成酸性溶液,测得该溶液的吸光度 $A=0.415$,求咖啡碱的摩尔吸光系数和咖啡中咖啡碱的含量。

16. 浓度为 $5.67\times10^{-5}mol/L$ 的苯乙酮乙醇溶液,在 $\lambda=240nm$ 处测得透光度 $T=0.143$,若透光度的测量误差为 $\pm0.5\%$,则溶液浓度测定的相对误差是多少?

17. 已知水杨醛 $\lambda=257nm$ 吸收带的 $\varepsilon=1.56\times10^4$,为使水杨醛溶液的吸光度处于最适宜的范围(即 $A=0.2\sim0.7$),水杨醛的浓度应控制在何范围? 若要配制 100mL 水杨醛溶液，并使吸光度测量引起的浓度相对误差最小，需多少克水杨醛？

18. 用紫外分光光度法测定含乙酰水杨酸和咖啡因两组分的止痛片，为此称 0.2396g 止痛片溶于乙醇中，准确稀释至浓度为 19.16mg/L，分别测量在 $\lambda_1 = 225nm$ 和 $\lambda_2 = 270nm$ 处的吸光度，获得 $A_1 = 0.766$、$A_2 = 0.155$，计算止痛片中乙酰水杨酸和咖啡因的含量（已知乙酰水杨酸 $\varepsilon_{225} = 8210$、$\varepsilon_{270} = 1090$，咖啡因 $\varepsilon_{225} = 5510$、$\varepsilon_{270} = 8790$；摩尔质量：乙酰水杨酸为 180g/mol、咖啡因为 194g/mol）。

第七章 红外吸收光谱法

红外吸收光谱法作为一种近代仪器分析方法，它与紫外吸收光谱法、核磁共振波谱法、质谱法组合，已成为对有机化合物进行定性分析和结构分析的有力手段。

红外吸收光谱是一种分子吸收光谱。分子吸收光谱是由分子内电子和原子的运动产生的，当分子内的电子相对于原子核运动（电子运动）会产生电子能级跃迁，其能量较大，在 $200\sim750nm$ 波长范围内产生紫外和可见吸收光谱；当分子内原子在其平衡位置产生振动（分子振动）或分子围绕其重心转动（分子转动），会产生分子振动能级和转动能级的跃迁，此类跃迁所需能量较小，在 $0.75\sim1000\mu m$ 波长范围内产生红外吸收光谱。

红外吸收光谱和紫外吸收光谱一样，呈现出带状光谱，它可在不同波长范围内，表征出有机化合物分子中各种不同官能团的特征吸收峰位，从而作为鉴别分子中各种官能团的依据，并进而推断分子的整体结构。

现在红外吸收光谱法不仅用于有机化合物的定性鉴别，还用于化学反应过程的优化控制和化学反应机理的研究，并由中红外区扩展到近红外区和远红外区，还发展了气相色谱-傅里叶变换红外吸收光谱（GC-FTIR）等联用技术。

第一节 基 本 原 理

红外光辐射的能量远小于紫外光辐射的能量，其辐射波长约在 $0.75\sim1000\mu m$ 之间。当红外光照射到样品时，其辐射能量不能引起分子中电子能级的跃迁，而只能被样品分子吸收，引起分子振动能级和转动能级的跃迁。由分子的振动和转动能级跃迁产生的连续吸收光谱称为红外吸收光谱。

红外吸收光谱可分为近红外光区、中红外光区和远红外光区 3 个部分，如表 7-1 所示。

表 7-1 红外吸收光谱区域的划分

区 域	波长 $\lambda/\mu m$	波数 $\bar{\nu}/cm^{-1}$	能 级 跃 迁 类 型
近红外光区	$0.75\sim2.5$	$13300\sim4000$	分子中化学键振动的倍频和组合频
中红外光区	$2.5\sim25$	$4000\sim400$	分子中化学键振动的基频
远红外光区	$25\sim1000$	$400\sim10$	分子骨架的振动、转动

通常波长 λ 和波数 $\bar{\nu}$ 之间存在下述关系：

$$\bar{\nu} = \frac{1}{\lambda} = \frac{\nu}{C}$$

式中　$\bar{\nu}$——波数，cm^{-1}；

　　　λ——波长，cm；

　　　ν——频率，s^{-1}；

　　　C——光速（$C = 3 \times 10^{10} cm/s$）。

在红外吸收光谱的三个区域中，远红外光谱是由分子转动能级跃迁产生的转动光谱；中红外光谱和近红外光谱是由分子振动能级跃迁产生的振动光谱。仅有简单的气体或气态分子才能产生纯转动光谱，对大多数有机化合物的气、液、固态分子产生的是振动光谱，主要集中在中红外光区，这就是红外吸收光谱研究的中心内容。

一、分子的振动能级和转动能级

分子的能级由分子内的电子能级、构成分子的原子相互间的振动能级和整个分子的转动能级所组成。电子能级跃迁所吸收的辐射能为 $1 \sim 20eV$，位于电磁波谱的可见光区和紫外光区（$200 \sim 800nm$），所产生的光谱称电子光谱。分子内原子间的振动能级跃迁所吸收的辐射能为 $0.05 \sim 1.0eV$，位于电磁波谱的中红外区（$1 \sim 15\mu m$）；整个分子转动能级跃迁所吸收的辐射能为 $0.001 \sim 0.05eV$，位于电磁波谱的远红外区和微波区（$10 \sim 10000\mu m$）。由于分子的振动和转动产生的吸收光谱称为分子的振动和转动光谱。

分子中存在着许多不同类型的振动，其振动自由度与原子的个数有关。若分子由 n 个原子组成，每个原子在空间都有 3 个自由度。原子在空间的位置可用直角坐标系中的 3 个坐标 x、y、z 表示，因此 n 个原子组成的分子总共有 $3n$ 个自由度。这 $3n$ 个运动状态包括 3 个整个分子沿 x、y、z 轴方向的平移运动和 3 个整个分子绕 x、y、z 轴的转动运动，这 6 种运动都不是分子的振动，所以分子的振动应为 $3n-6$ 个自由度。对直线型分子，若贯穿原子的轴在 x 方向，则整个分子只能绕 y、z 轴转动，因此其分子振动只有 $3n-5$ 个自由度。

分子振动时，分子中的原子以平衡点为中心，以非常小的振幅作周期性的振动（简谐振动）。对双原子分子，可把两个原子看成质量分别为 m_1 和 m_2 的两个刚性小球，两球之间的化学键好似一个无质量的弹簧，如图 7-1 所示。按此模型双原子分子的简谐振动应符合经典力学的虎克定律，其振动频率 ν 可表示为：

$$\nu = \frac{1}{2\pi}\sqrt{\frac{K}{\mu}}$$

振动波数表示为

$$\bar{\nu} = \frac{1}{2\pi C}\sqrt{\frac{K}{\mu}}$$

式中，K 为化学键力常数，单位为 N/cm；μ 为折合质量，单位为 g，$\mu = \dfrac{m_1 m_2}{m_1 + m_2}$；$m_1$、$m_2$ 为两个原子的相对原子质量；C 为光速。

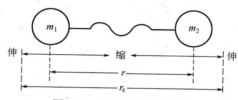

图 7-1　双原子分子的振动
r—平衡状态时原子间距离；r_e—振动过程中某瞬间距离

分子的振动能与振动频率成正比，不同分子的振动频率不同，频率与原子间的化学键力常数成正比，与折合质量成反比。在室温时大部分分子都处于最低的振动能级（$v=0$），当吸收红外辐射后，振动能级的跃迁主要从 $v=0$ 状态跃迁到 $v=1$ 状态，两个振动能级的能量差为：

$$\Delta E_{\text{振}} = \frac{h}{2\pi}\sqrt{\frac{K}{\mu}}$$

式中，h 为普朗克常数，6.63×10^{-34} J·s。

分子的基本振动形式可分为伸缩振动和弯曲（变形）振动。

分子的基本振动形式如表 7-2 所示。

表 7-2　分子的基本振动形式

伸缩振动 （键长发生变化，用 ν 表示）		弯曲（变形）振动（键角发生变化，用 δ 表示）			
		面内弯曲振动 用 β（或 δ）表示		面外弯曲振动用 γ 表示	
对称伸缩振动用 ν_s 表示	不对称伸缩振动用 ν_{as} 表示	剪式振动 对称：δ_s 不对称：δ_{as}	面内摇摆振动用 ρ 表示	扭曲变形振动用 τ 表示	面外摇摆振动用 ω 表示

分子振动运动的各种形式可以亚甲基为例说明，如图 7-2 所示。

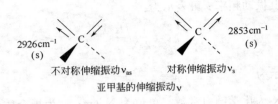

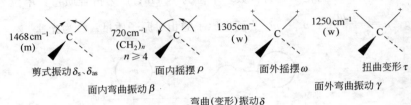

图 7-2 亚甲基的基本振动形式及红外吸收

当分子处于气态时，它能够自由转动，因而在振动能级改变的同时，伴随有转动能级的改变。振动能级之间能级差较大，转动能级之间能级差要小得多。当分子吸收红外辐射时，在振动能级升高的同时，有可能发生转动能级的升高和降低。因此，在气体分子的红外吸收光谱中包含由振动能级改变所决定的吸收带，同时也伴有因转动能级改变产生的吸收带，所以其红外光谱吸收带由一组较长的和较短的波长谱线所组成。

在液态和固态条件下，由于分子间存在相互作用，使分子的转动受到限制，观察不到能够区分开的振动与转动能级改变所对应谱线的精细结构，而只能观察到波长变宽的振动吸收峰。

二、红外吸收光谱的产生条件

当分子吸收红外辐射后，必须满足以下两个条件才会产生红外吸收光谱。

①由于振动能级是量子化的，当分子发生振动能级跃迁时，仅在分子吸收的红外辐射能量达到能级跃迁的差值时，才会吸收红外辐射。

②分子有多种振动形式，但并不是每种振动都会吸收红外辐射而产生红外吸收光谱，只有能引起分子偶极矩瞬间变化的振动（称为红外活性振动）才会产生红外吸收光谱，并且影响红外吸收峰的强度。红外吸收峰的强度与分子振动时偶极矩变化的平方成正比，振动时偶极矩变化

愈大，其吸收强度也愈强。根据吸收峰位置和强度的变化，观测到的红外吸收峰形有宽峰、尖峰、肩峰和双峰等类型，如图 7-3 所示。

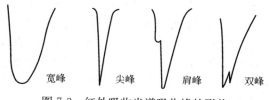

图 7-3　红外吸收光谱吸收峰的形状

三、红外吸收光谱的术语

1. 基频峰和泛频峰

当分子吸收红外辐射后，振动能级从基态（v_0）跃迁到第一激发态（v_1）时所产生的吸收峰称为基频峰。在红外吸收光谱中绝大部分吸收都属于此类。

如果振动能级从基态（v_0）跃迁到第二激发态（v_2）、第三激发态（v_3）……所产生的吸收峰称倍频峰。

通常基频峰强度大于倍频峰，倍频峰的波数不是基频峰波数的倍数，而是稍低一些。

在红外吸收光谱中还可观察到合频吸收带，这是由于多原子分子中各种振动形式的能级之间存在可能的相互作用，此时，若吸收的红外辐射能量为两个相互作用基频之和，就会产生合频峰。若吸收的红外辐射为两个相互作用的基频之差，则产生差频峰。合频峰和差频峰的强度比倍频峰更弱。

倍频峰、合频峰和差频峰总称为泛频峰。

2. 特征峰和相关峰

红外吸收光谱具有明显的特征性，这是对有机化合物进行结构剖析的重要依据。由含多种不同原子的官能团构成的复杂分子，在其各官能团吸收红外辐射被激发后，都会产生特征的振动。分子的振动实质上是化学键的振动，因此红外吸收光谱的特征性都与化学键的振动特性相关。通过对大量红外吸收光谱的研究、观测后，发现同样官能团的振动频率十分接近，总是在一定的波数范围内出现。如含—NH_2官能团的化合物，总在 $3500 \sim 3100 \text{cm}^{-1}$ 范围内出现吸收峰。因此能用于鉴定官能团存在的并具有较高强度的吸收峰，称为特征峰。特征峰的频率就叫做特征频率。一个官能团除了有特征峰外，还有很多其它的振动形式吸收峰，通常把这些相互依存而又可相互佐证的吸收峰，称为相关峰。例如，甲基基团 —CH_3，它有下列相关峰：$\nu_{C-H(as)}$ 2960cm^{-1}、$\nu_{C-H(s)}$ 2870cm^{-1}、$\delta_{C-H(as)}$ 1470cm^{-1}、$\delta_{C-H(s)}$ 1380cm^{-1}、γ_{C-H} 720cm^{-1}。

利用一组相关峰的存在与否，作为鉴别官能团的依据是红外吸收光谱解析有机化合物分子结构的一个重要原则。

3. 特征区和指纹区

通常把红外吸收光谱中波数 4000～1330cm^{-1} 范围叫作特征频率区或称特征区。在特征区内吸收峰数目较少，易于区分。各类有机化合物中共有的官能团的特征频率峰皆位于该区，原则上每个吸收峰都可找到它的归属。特征区可作为官能团定性分辨的主要依据。

决定官能团特征频率的主要因素有 4 个方面：分子中原子的质量、原子间化学键力常数、分子的对称性、振动的相互作用。这些因素在一系列化合物中保持稳定时，才呈现出特征频率。

红外吸收光谱中波数在 1330～670cm^{-1} 范围内称为指纹区。在此区域内各官能团吸收峰的波数不具有明显的特征性，由于吸收峰密集，如人的指纹，故称为指纹区。有机化合物分子结构上的微小变化都会引起指纹区吸收峰的明显改变。将未知物红外光谱的指纹区与标准红外吸收谱图比较，可得出未知物与已知物是否相同的结论。因此指纹区在分辨有机化合物的结构时，也有很大的价值。

特征区和指纹区的功用正好相互补充。

四、红外吸收光谱的图示方法

通常将由一种有机化合物测得的红外吸收曲线称为红外吸收光谱。它以透光率 T（%）作为纵坐标，以红外光吸收波长 λ（μm）或波数 $\bar{\nu}$ 作为横坐标，绘出具有峰尖和峰谷的连续带状光吸收曲线。对 T-λ 曲线或 T-$\bar{\nu}$ 曲线，二者在形状上略有差异。在 T-λ 曲线上（见图 7-4），横坐标波长等距，吸收曲线上峰形呈现"前密后疏"；而在 T-$\bar{\nu}$ 曲线上（见图 7-5），横坐标波数等距，吸收曲线上峰形呈现"前疏后密"。在标准红外吸收光谱图中，这两种吸收曲线都会出现，但以波数等距的 T-$\bar{\nu}$ 曲线占主导地位。此时为防止吸收曲线在高波数（短波长）区的过多扩展，通常以 2000cm^{-1}（5μm）为界限，在 2000cm^{-1} 以上采用大单位横坐标，如 400cm^{-1}；在 2000cm^{-1} 以下采用小单位横坐标，如 200cm^{-1}。

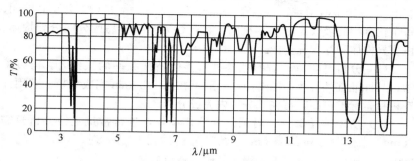

图 7-4　聚苯乙烯的红外吸收光谱图

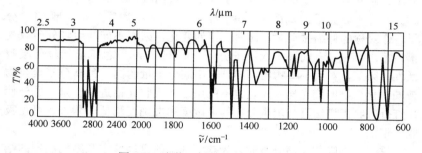

图 7-5　聚苯乙烯的红外吸收光谱图

在红外吸收光谱中，波长 λ 的单位用微米（μm），波数 $\tilde{\nu}$ 的单位为 cm^{-1}，二者的关系为：

$$\tilde{\nu} = \frac{10^4}{\lambda}$$

五、方法特点、局限性和应用范围

红外吸收光谱现已成为鉴定有机化合物结构最成熟的方法，它具有以下特点。

（1）特征性好　红外吸收光谱对有机或无机化合物的定性分析具有鲜明的特征性。因每一种官能团和化合物都具有特异的吸收光谱，其特征吸收谱带的数目、频率、谱带形状和强度都随化合物及其聚集状态的不同而异。因此根据化合物的吸收光谱，就像辨认人的指纹一样，可找出该化合物或具有的官能团。红外吸收光谱在 $4000 \sim 650 cm^{-1}$ 范围通常有 $10 \sim 20$ 个吸收谱带，特别在 $1600 \sim 650 cm^{-1}$（指纹区），每个官能团、每个化合物的吸收光谱均不相同，特征性好，很容易区分同分异构体、位变异构体和互变异构体。

（2）分析时间短　对熟悉各种官能团特征频率的工作者，通过检索、与标准红外吸收谱图对照，一般可在 $10 \sim 30 min$ 完成分析。若用计算机检索标准谱图，可在几分钟内完成分析。

（3）所用试样量少　对固体和液体试样，进行常量定性分析只需 $20 mg$，半微量分析约需 $5 mg$，微量分析约需 $20 \mu g$。对气体试样约需 $200 mL$，使用多重反射长光程样品槽可减至数毫升。

（4）操作简便、不破坏试样　绘制红外吸收谱图前的制样技术比较简单，制样后不改变试样组成，试样用后可回收再从事其它研究。

红外吸收光谱的局限性表现为：第一，某些物质，如线型 CO_2 分子，作对称的伸缩振动时，无偶极矩的变化，因而不能产生红外吸收光谱；第二，对具有同核的双原子分子，如 H_2、N_2，也不显示红外吸收活性；第三，对另一些物质，如具有不同分子量的同一种高分子聚合物或同一化合物的旋光异构体，也不能用红外吸收光谱进行鉴别。此外使用红外吸收光谱法进行定量分析的灵敏度和准确度均低于紫外、可见吸收光谱法。

进行红外吸收光谱分析时，为获取准确的定性鉴定和结构测定的结果，对欲分析样品应尽量采用多种分离方法进行提纯。如分馏、萃取、重结晶、升华、柱色谱、薄层色谱等。分离过程应尽可能避免引入其它杂质。尤其对使用的溶剂和产生的吸附效应要特别注意，否则样品不纯会给谱图解析带来困难。

红外吸收光谱现已在有机合成、石油化工、医药、农药、染料、助剂、添加剂、表面活性剂和高聚物等产品的定性鉴定和结构测定中发挥了重要的作用，在工业生产和科学研究中获得广泛的应用。它与紫外吸收光谱法、核磁共振波谱法和质谱法相互配合使用，已成为进行有机结构剖析的有效手段。

第二节　有机化合物的红外吸收光谱

一、基团振动波数和红外吸收光谱区域

有机化合物的种类繁多，对具有不同特征官能团的直链烷烃、烯烃、炔烃、芳香烃、醇、醛、酮、醚、酸、酯、胺、卤化物、酰卤、酰胺、酸酐等，在 $4000\sim670\mathrm{cm}^{-1}$ 波数范围内，皆有特征吸收频率，在实际应用时，为便于进行光谱解析，可按波数范围分为 4 个区域。

（一）X—H 伸缩振动区（X 表示 C、O、N、S 等原子）

X—H 伸缩振动区的波数范围为 $4000\sim2500\mathrm{cm}^{-1}$。

1. 羟基（O—H）

醇和酚的羟基的伸缩振动在 $3700\sim3000\mathrm{cm}^{-1}$ 范围，游离羟基的吸收峰约在 $3600\sim3640\mathrm{cm}^{-1}$。当在醇、酚、羧酸分子间形成氢键时，其吸收峰位向低波数方向移动（$3300\sim2500\mathrm{cm}^{-1}$）并形成宽吸收峰。若样品中有微量水干扰时，会在 $3300\mathrm{cm}^{-1}$ 和 $1630\mathrm{cm}^{-1}$ 出现吸收峰。将样品干燥后可排除水的干扰。此区域的吸收峰是判断醇、酚和有机羧酸是否存在的重要依据。

2. 氨基（—NH_2、＝N—H）

氨基的吸收峰位置与羟基相似，游离氨基的吸收峰在 $3500\sim3300\mathrm{cm}^{-1}$，缔合后位置降低 $100\mathrm{cm}^{-1}$。伯胺存在对称和非对称伸缩振动，会出现 2 个中等吸收带，仲胺只有一种伸缩振动出现一个比羟基弱的吸收带，但峰形更尖锐，叔胺在此区域无吸收带。伯、仲酰胺的 ν_{N-H} 吸收峰在 $3500\sim3100\mathrm{cm}^{-1}$ 范围。

3. 烃基（C—H）

饱和烃的 C—H 伸缩振动在 $3000\mathrm{cm}^{-1}$ 以下，通常为 4 个吸收峰，其中两个归属甲基—CH_3，分别为 $2960\mathrm{cm}^{-1}$（ν_{as}）和 $2870\mathrm{cm}^{-1}$（ν_s）；另两个归属亚甲基—CH_2—，分别为 $2925\mathrm{cm}^{-1}$（ν_{as}）和 $2850\mathrm{cm}^{-1}$（ν_s）。由这两组峰的强度比大致可判断—CH_3 和—CH_2—的比例。不饱和烯烃（C＝C—H，苯环）C—H 的伸缩振动在 $3000\mathrm{cm}^{-1}$ 以上，其吸收峰强度低，以小肩峰形式存在。炔烃（—C≡C—H）C—H 伸缩振动的吸收峰在 $3300\sim3100\mathrm{cm}^{-1}$，其峰形尖锐，易与其它不饱和烃的吸收峰区分开。醛类化合物的 C—H 振动有 2 个吸收峰，$2820\mathrm{cm}^{-1}$ 和 $2720\mathrm{cm}^{-1}$，它由 ν_{C-H} 和 δ_{C-H} 倍频间的共振而产生。

(二) 三键和积累双键伸缩振动区

此区的波数范围在 $2500\sim2000cm^{-1}$，区内吸收谱带较少，主要包括三键—C≡C—$(2200\sim2100cm^{-1})$、—C≡N$(2250cm^{-1})$ 和积累双键 $\diagdown C = C = C \diagup$（$1950cm^{-1}$）、—N=C=O（$2260cm^{-1}$）、$\diagdown C = C = O$ $(2150cm^{-1})$ 等的伸缩振动。

(三) 双键伸缩振动区

双键伸缩振动区的波数范围在 $2000\sim1500cm^{-1}$。

1. 羰基（C=O）伸缩振动

羰基伸缩振动的吸收峰在此区域最重要，吸收谱带在 $1900\sim1650cm^{-1}$，吸收峰峰形尖锐或稍宽，吸收强度大，多为最强峰或次强峰，是判断有无羰基化合物的主要依据。醛和酮的羰基伸缩振动对应的吸收峰为 $1740\sim1720cm^{-1}$。酸酐中的羰基由于存在偶合，有 2 个吸收峰，$1820cm^{-1}$ 和 $1750cm^{-1}$，且高波数峰比低波数峰稍强。酯类中当羰基与不饱和键共轭时，吸收峰向低波数移动。酰胺的羰基吸收峰为 $1690\sim1650cm^{-1}$。酰卤的羰基吸收峰为 $1815\sim1720cm^{-1}$。

2. 碳-碳双键（C=C）的伸缩振动

碳-碳双键的伸缩振动出现在 $1680\sim1620cm^{-1}$ 区域，一般情况下强度较弱。

单核芳烃 C=C 伸缩振动有 4 个吸收峰，出现在 $1620\sim1450cm^{-1}$ 区域，为苯环的骨架振动。其中 $1450cm^{-1}$ 的吸收峰很弱，与甲基—CH_3 的不对称弯曲振动和亚甲基（—CH_2—）的剪式振动的吸收峰重叠，不易观察。其余 3 个吸收峰分别在 $1600cm^{-1}$、$1580cm^{-1}$ 和 $1500cm^{-1}$ 附近。其中 $1500cm^{-1}$ 吸收峰最强，$1600cm^{-1}$ 吸收峰居中，$1580cm^{-1}$ 吸收峰最弱，常被 $1600cm^{-1}$ 附近的吸收峰掩盖而变成一个肩峰。$1500cm^{-1}$ 和 $1600cm^{-1}$ 两个吸收峰是否存在，是鉴别苯环存在与否的重要依据。

苯的衍生物在 $2000\sim1667cm^{-1}$ 附近出现 C—H 面外弯曲振动的倍频和组频峰（图 7-6），它们的强度很弱。该区吸收峰的数目和形状与芳核被取代的类型有直接关系，它对鉴定苯核取代类型十分有用。

杂环和苯环有相似之处。如呋喃在 $1600cm^{-1}$、$1500cm^{-1}$、$1400cm^{-1}$ 三处均有吸收峰，吡啶在 $1670cm^{-1}$、$1600cm^{-1}$、$1500cm^{-1}$、$1435cm^{-1}$ 四处均有吸收峰。

(四) 部分 X—Y 单键的伸缩振动和 X—H 的面内、面外弯曲（变形）振动

部分 X—Y 单键的伸缩振动和 X—H 的面内、面外弯曲振动在波数

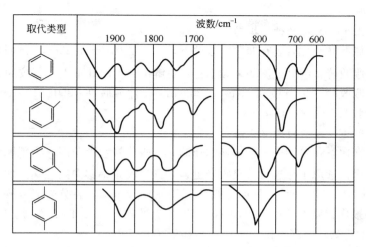

| 取代类型 | 波数/cm⁻¹ | | | | | | |

图 7-6　苯环取代类型在 $2000\sim1667\,cm^{-1}$ 和 $900\sim600\,cm^{-1}$ 的图形

范围为 $1500\sim670\,cm^{-1}$ 的区域。

1. C—O 键的伸缩振动

C—O 的伸缩振动产生强的红外吸收，可用来分辨醇、酚、醚、酯类化合物，由于 ν_{C-O} 能与其它振动产生强烈的耦合，因此 ν_{C-O} 的吸收峰位置变化很大，在 $1300\sim1000\,cm^{-1}$ 区间内。

一般醇的 ν_{C-O} 和 δ_{O-H} 在 $1410\sim1050\,cm^{-1}$ 区域内有强的吸收峰。酚的 ν_{C-O} 在 $1390\sim1200\,cm^{-1}$，δ_{O-H} 在 $1410\sim1310\,cm^{-1}$ 有强吸收峰。

醚的 ν_{C-O} 在 $1250\sim1100\,cm^{-1}$ 区间。饱和醚的吸收峰谱带窄，常在 $1125\,cm^{-1}$ 附近出现。芳香醚的吸收峰多靠近 $1250\,cm^{-1}$ 处。

缩醛和缩酮是一种特殊形式的醚，其 C—O—C—O—C 键组成伸缩振动组合，吸收峰分裂为 3 个，出现在 $1190\sim1160\,cm^{-1}$、$1143\sim1125\,cm^{-1}$、$1098\sim1063\,cm^{-1}$（强峰）。缩醛的特征吸收峰总出现在 $1116\sim1105\,cm^{-1}$ 处；而缩酮无此峰，可用此作为识别二者的依据。此吸收峰是由于与 C—O 连接的 C—H 键的弯曲振动而产生的。

酯的 ν_{C-O} 吸收峰十分稳定，对不同的酯其吸收峰位置如下：

酯类型：甲酸酯、乙酸酯、丙酸酯、正丁酸酯、异丁酸酯、α,β-不饱和羧酸酯、芳香酸酯。

吸收峰位 $\bar{\nu}/cm^{-1}$：1190、1245、1190、1200、$1310\sim1250$、1200

~1100。

2. C—N 键的伸缩振动

脂肪胺类化合物在非共轭条件下，ν_{C-N}在 1220~1022cm^{-1}区域出现弱的吸收峰，因其强度弱，频率宽，对解析结构用处不大。芳胺的ν_{C-N}为强吸收峰，伯芳胺在 1340~1250cm^{-1}、仲芳胺在 1350~1250cm^{-1}、叔芳胺为 1360~1310cm^{-1}。

3. C—X 键的伸缩振动

在卤素化合物中一般都显示强的ν_{C-X}吸收峰，当在同一个碳原子上有几个卤素原子相连时，吸收峰更强，且吸收频率移向高频端。如ν_{C-F}在 1100~1000cm^{-1}，而ν_{C-F_2}则在 1250~1050cm^{-1}，且分裂成双峰，而对多氟化物则在 1400~1100cm^{-1}有多个吸收峰。又如，ν_{C-Cl}在 750~700cm^{-1}处，而多氯化物的ν_{C-Cl}则移至800~700cm^{-1}。

4. C—H 键的面内弯曲振动

大多数有机化合物都含有甲基—CH$_3$和亚甲基—CH$_2$—，二者的面内弯曲振动（不对称剪式振动）$\delta_{C-H(as)}$的吸收峰出现在1460cm^{-1}附近。甲基还存在（对称剪式振动）$\delta_{C-H(s)}$，在1380cm^{-1}有特征吸收，其可作为判断分子中有无甲基的依据。孤立甲基在 1380cm^{-1}出现单峰，强度随分子中甲基数目的增多而加强。当有 2 个或 3 个甲基同时连接在同一个碳原子上时，由于互相耦合，1380cm^{-1}吸收峰会出现裂分而呈现双峰，约在1389~1381cm^{-1}和1372~1368cm^{-1}，此现象称为异丙基分裂或异丁基分裂。异丙基分裂呈现强度相等的双峰。异丁基分裂的双峰出现在 1401~1393cm^{-1}和1374~1360cm^{-1}处，且低频峰比高频峰的强度大 2 倍。

亚甲基的平面摇摆振动，在结构分析中很有用，当 4 个或 4 个以上的 CH$_2$直链连接时，其φ_{-CH_2-}吸收峰出现在 722cm^{-1}处，随 CH$_2$个数减少，吸收峰向高波数方向位移，由此可判断分子链的长短。

5. C—H 键的面外弯曲振动

烯烃、芳烃的面外弯曲振动γ_{C-H}的吸收峰约在 1000~650cm^{-1}区域，由吸收峰出现的位置可判定双键的取代情况。对烯烃，若为反式构

型 $\underset{H}{\overset{R}{}}C=C\underset{R}{\overset{H}{}}$ ，其γ_{C-H}吸收峰出现在 990~965cm^{-1}；而顺式构型

（结构式：R、R 在C=C上方，H、H 在下方），γ_{C-H} 吸收峰出现在 690cm^{-1} 附近。另如（结构式：R、H 在C=C上方，H、H 在下方）中次甲

基 —C—H 产生的 γ_{C-H} 吸收峰在995cm^{-1}，而亚甲基 >CH$_2$ 产生的 γ_{C-H}

吸收峰在 910cm^{-1}，二者皆为强峰。对（结构式：R^1、H 在C=C上方，R^2、H 在下方），若 R^1、R^2 皆为烷

基，则亚甲基 >CH$_2$ 的 γ_{C-H} 在890cm^{-1} 出现强吸收峰，而取代基对此峰影响很小。

苯环的面外弯曲振动 γ_{C-H} 吸收峰在 900～650cm^{-1}，其强度较大。当苯环产生单取代至多取代时，此吸收峰具有特征性，可用来判断苯环取代类型。

6. N—H 键的面内、外弯曲振动

伯胺和仲胺的面内弯曲振动 δ_{N-H} 的吸收峰分别约在 1650～1560cm^{-1} 和 1580～1490cm^{-1}。胺类的面外弯曲振动 γ_{N-H} 的吸收峰约在 900～650cm^{-1}。

酰胺的面内弯曲振动 δ_{N-H} 的吸收峰约在 1620～1590cm^{-1}，当产生分子缔合后吸收峰移向高波数 1650～1610cm^{-1}。酰胺的面外弯曲振动 γ_{N-H} 的吸收峰约在 700cm^{-1}。

表 7-3 列出红外吸收光谱中一些官能团的特征吸收谱带区域的划分。表 7-4 为不同类型有机化合物主要官能团的特征吸收频率表。

此外对高分子化合物，它们的红外吸收光谱与高分子链节中重复的结构单元密切相关，因此它们的谱图有时反而显得比较简单，高分子化合物中含有的主要极性基团（如醇、醚、羧酸、酯、酰胺、酰亚胺等）以及含有氯、氟、硅、硫等原子的极性部分，都可在红外吸收谱图中呈现高强度吸收峰，而能特征地标志某种高聚物的存在。按照各种高分子化合物在1800～600cm^{-1} 波数呈现的最强吸收峰位置，可将它们分成 6 个区：

（1）1800～1700cm^{-1}　为聚酯、聚羧酸、聚酰亚胺类聚合物。

（2）1700～1500cm^{-1}　为聚酰胺、聚脲和天然多肽聚合物。

（3）1500～1300cm^{-1}　为聚乙烯、聚丙烯、聚氯乙烯、顺丁橡胶、氯丁橡胶等高聚物。

（4）1300～1200cm^{-1}　为聚苯醚、聚砜等聚合物。

表 7-3　红外吸收光谱中一些官能团的吸收谱带区域的划分

区域	基团	吸收波数 $\bar{\nu}/cm^{-1}$	振动形式	吸收强度①	说明
第一区域	—OH(游离)	3650~3580	伸缩	m,sh	判断有无醇类,酚类和有机酸的重要依据
	—OH(缔合)	3400~3200	伸缩	s,b	
	—NH$_2$,—NH(游离)	3500~3300	伸缩	m	判断有无醇类,酚类和有机酸的重要依据
	—NH$_2$,—NH(缔合)	3400~3100	伸缩	s,b	
	—SH	2600~2500	伸缩		
	C—H 伸缩振动 不饱和 C—H				
	≡C—H(三键)	3300 附近	伸缩	s	不饱和 C—H 伸缩振动出现在 3000cm^{-1} 以上
	=C—H(双键)	3040~3010	伸缩	s	末端=C—H$_2$ 出现在 3085cm^{-1} 附近
	苯环中 C—H	3030 附近	伸缩	s	强度上比饱和 C—H 稍弱,但谱带较尖锐
	饱和 C—H				饱和 C—H 伸缩振动出现在 3000cm^{-1} 以下(3000~2800cm^{-1}),取代基影响小
	—CH$_3$	2960±5	反对称伸缩	s	
	—CH$_3$	2870±10	对称伸缩	s	三元环中的 〉CH$_2$ 出现在 3050cm^{-1}
	—CH$_2$	2930±5	反对称伸缩	s	
	—CH$_2$	2850±10	对称伸缩	s	—C—H 出现在 2890cm^{-1},很弱
第二区域	—C≡N	2260~2220	伸缩	s 针状	干扰少
	—N=N	2310~2135	伸缩	m	
	—C≡C—	2260~2100	伸缩	v	R—C≡C—H,2140~2100cm^{-1},R′—C≡C—R,2260~2190cm^{-1},若 R′=R,对称分子无红外谱带
	—C=C=C—	1950 附近	伸缩	v	

区域	基团	吸收波数 $\bar{\nu}/\text{cm}^{-1}$	振动形式	吸收强度①	说明
	C=C	1680~1620	伸缩	m,w	苯环的骨架振动
	苯环中 C=C	1600,1580 1500,1450	伸缩	v	
第三区域	—C=O	1850~1600	伸缩	s	其它吸收带干扰少,是判断羰基(酮类、酸类、酯类、酸酐等)的特征频率,位置变动大
	—NO₂	1600~1500	反对称伸缩	s	
	—NO₂	1300~1250	对称伸缩	s	
	S=O	1220~1040	伸缩	s	
	C—O	1300~1000	伸缩	s	C—O键(酯、醚、醇等)的极性很强,强度大,常成为谱图中最强的吸收
	C—O—C	900~1150	伸缩	s	醚类中C—O—C的$\sigma_{as}=(1100\pm50)\text{cm}^{-1}$是最强的吸收。C—O—C对称伸缩在1000~900cm⁻¹区域,较弱
	—CH₃,—CH₂	1460±10	—CH₃反对称弯曲 —CH₂对称弯曲	m	大部分有机化合物都含—CH₃、—CH₂基,因此峰经常出现,很少受取代基影响,且干扰少,是—CH₃基的特征吸收
第四区域	—CH₃	1380~1370	对称弯曲	s	
	—NH₂	1650~1560	弯曲	m~s	
	C—F	1400~1000	伸缩	s	
	C—Cl	800~600	伸缩	s	
	C—Br	600~500	伸缩	s	
	C—I	500~200	伸缩	s	
	=CH₂	910~890	面外摇摆	v	
	$-(CH_2)_n-$,$n>4$	720	面内摇摆		

①sh—尖锐吸收峰;b—宽吸收带;v—吸收强度可变;s—强吸收;m—中吸收;w—弱吸收。

表 7-4 不同类型有机化合物主要官能团的特征吸收频率表

基　　　　团	特征频率/cm^{-1}	强　度	归　属
1. 烷基			
C—H	2960~2850	m~s	ν
—CH(CH$_3$)$_2$	1385~1380	m~s	δ_s
	1370~1365	m~s	
—C(CH$_3$)$_3$	1395~1385	m	δ_s
	1370~1365	m~s	
2. 环烷烃			
环丙烷，—CH$_2$—	3100~3070	m	ν_{as}
	3035~2995	m	ν_s
环丁烷，—CH$_2$—	3000~2975	m	ν_{as}
	2925~2875	m	ν_s
环戊烷，—CH$_2$—	2960~2950	m	ν_{as}
	2870~2850	m	ν_s
3. 烯烃基			
CH	3100~3000	m	ν
C=C	1690~1560	v[①]	ν
不同取代类型			
乙烯基烃类，—CH=CH$_2$	995~980	m	δ_{CH}
	915~905	s	δ_{CH}
亚乙烯基烃类，$\diagdown$C=CH$_2$	895~885	s	δ_{CH_2}
顺式—CH=CH—（烃类）	730~665（共轭增加频率范围至820cm^{-1}）	s	δ_{CH_2}
反式—CH=CH—（烃类）	980 ~ 955（通常 ≈ 965cm^{-1}）	s	δ_{CH}
三取代烯烃类，$\diagdown$C=CH—	850~790	m	δ_{CH}
4. 炔烃基			
≡C—H	≈3300	s	ν
	700~600	s	δ_{CH}
C≡C	2260~2100	v	ν
5. 芳香基			
Ar—H	3080~3010	m	ν
芳环取代类型　一取代	770~730	vs	γ_{-C-H}
	710~690	s	$\delta_环$
邻二取代	770~735	vs	γ_{-C-H}
间二取代	900~860(1H)	m	γ_{-C-H}
	810~750(3H)	vs	γ_{-C-H}

基 团	特征频率/cm^{-1}	强 度	归 属
对二取代	710～690		$\delta_{环}$
	860～800	vs	γ_{-C-H}
1,2,3-三取代	800～750	vs	γ_{-C-H}
	720～690		$\delta_{环}$
1,2,4-三取代	900～860(1H)	m	γ_{-C-H}
	860～800(2H)	vs	γ_{-C-H}
	720～680		$\delta_{环}$
1,3,5-三取代	900～860	m	γ_{-C-H}
	869～810	s	γ_{-C-H}
	730～675	s	$\delta_{环}$
1,2,3,4-四取代	860～800	vs	γ_{-C-H}
1,2,3,5-四取代	900～860	m	γ_{-C-H}
	850～840		
1,2,4,5-四取代	900～860	m	γ_{-C-H}
1,2,3,4,5-五取代	900～860	m	γ_{-C-H}
6. 酚和醇			
游离 O—H	3670～3580	v	ν_{OH}
氢键缔合 O—H	3600～3200	m～s	ν_{OH}
醇 C—O	1200～1020	s	ν
酚 C—O	1390～1200	m～s	ν
伯、仲醇 O—H	1350～1260	s	β_{OH}
叔醇 O—H	1410～1310	s	β_{OH}
酚 O—H	1410～1310	s	β_{OH}
邻烷基酚(溶液)	≈1320	s	δ_{OH}
	1255～1240	s	δ_{OH}
	1175～1150	s	δ_{OH}
间烷基酚(溶液)	1285～1265	s	δ_{OH}
	1190～1180	s	δ_{OH}
	1160～1150	s	δ_{OH}
对烷基酚(溶液)	1260～1245	s	δ_{OH}
	1175～1165	s	δ_{OH}
酚 O—H	720～600	s,宽	γ_{OH}
7. 羰基化合物			
C=O	1870～1650	s	ν
8. 含氮化合物			
NH	3550～3030	m	ν

基　　团	特征频率/cm⁻¹	强　度	归　属
	1650~1500	s	δ
	900~650	s	δ
C—N	1380~1020	s	ν
—NO₂	1565~1335	s	ν
C≡N	2600~2000	s	ν
C=N	1690~1580	m	ν
N=N	1575~1410	v	ν
吡啶的环振动和CH变形振动			
单取代(4H)	752~746	s	$\delta_{环}$
	781~740	s	$\gamma_{—C—H}$
双取代(3H)	715~712	s	$\delta_{环}$
	810~789	s	$\gamma_{—C—H}$
三取代(2H)	775~709	s	$\delta_{环}$
	820~794	s	$\gamma_{—C—H}$
9. 含磷化合物			
P—H	2455~2265	m	ν
P—C	795~650	m~s	ν
P=O	1350~1150	vs	ν
10. 含硫化合物			
—SH	2600~2500	w	ν
C=S	1225~1140	m	ν
11. 含硅化合物			
Si—H	2250~2100	s	ν
	985~800	s	δ
Si—C	900~700	s	ν
Si—O—C	1110~1000	vs	ν_{as}
	850~800	s	ν_s
12. 含硼化合物			
B—H	2565~2480	m~s	ν
	1180~1110	s	δ
	920~900	w~m	δ,ν

① v表示可变。

（5）$1200\sim1000cm^{-1}$　为聚醚、聚乙烯醇、硅橡胶、氟橡胶等聚合物。

（6）$1000\sim600cm^{-1}$　为聚苯乙烯、丁苯橡胶、不饱和酸。

二、影响官能团吸收峰波数的因素

有机化合物是由多个原子构成的分子，一个分子往往含有多种官能团，它们都对应有特征频率的吸收峰。对每个官能团的识别要同时考虑峰的位置（频率或波数）、强度及峰形三个因素，而频率是第一重要因素，因此应了解影响吸收频率的各种因素。通常影响峰位变化的因素可分为以下两类：

（一）内部因素的影响

1. 电子效应

电子效应主要表现为诱导效应和共轭效应。

（1）诱导效应　当分子中引入具有不同电负性的原子或官能团后，通过静电诱导作用，可使分子中的电子云密度分布发生变化，从而引起键力常数的改变，进而改变键或官能团的吸收谱带位置，这种效应称为诱导效应。例如在乙醛 $CH_3-\overset{\displaystyle O}{\underset{\displaystyle H}{C}}$ 分子中羰基 $C=O$ 的吸收峰在 $1731cm^{-1}$，当分子中 H 被 Cl 取代后，生成乙酰氯 $CH_3-\overset{\displaystyle O}{\underset{\displaystyle Cl}{C}}$，由于 Cl 的电负性很强，使 $C=O$ 的吸收峰移向高波数 $1807cm^{-1}$。在丙酮 $CH_3-\overset{\displaystyle O}{\underset{\displaystyle CH_3}{C}}$ 中，由于$-CH_3$仅有弱的推电子能力，其 $C=O$ 吸收峰移向低波数，为 $1715cm^{-1}$。

（2）共轭效应　当分子中形成大 π 键时所引起的电子云密度平均化效应称为共轭效应。例如，丙酮的 $\nu_{C=O}$ 吸收峰为 $1715cm^{-1}$，而对苯乙酮 $\overset{\displaystyle O}{\underset{}{\langle \rangle -C-CH_3}}$，由于羰基和苯环产生共轭效应，使羰基双键特性减小，$\nu_{C=O}$ 吸收峰的波数降至 $1680cm^{-1}$。再如，$\overset{\displaystyle O}{\underset{}{\langle \rangle -C-CH=CH_2}}$，由于羰基不仅与苯环共轭，还与乙烯基共轭，使 $\nu_{C=O}$ 吸收峰波数降低

至 $1650cm^{-1}$。

在一个有机化合物分子中，诱导效应和共轭效应往往同时存在，哪种效应占优势，吸收谱带就向这个方向移动。例如，$O_2N—$⟨苯环⟩$—\overset{O}{\overset{\|}{C}}—CH_3$ 分子中因—NO_2 的电负性强产生的诱导效应超过羰基和苯环的共轭效应，从而使 $\nu_{C=O}$ 吸收峰向高波数 $1770cm^{-1}$ 移动。

2. 空间效应

空间效应主要为空间位阻效应和环张力效应。

(1) 位阻效应　前述羰基与苯环共轭时具有平面性，其 $\nu_{C=O}$ 吸收峰会向低波数移动，但若分子结构中存在位阻效应，破坏了平面共轭效应，则 $\nu_{C=O}$ 吸收峰又会向高波数移动。例如，⟨苯环⟩$—\overset{O}{\overset{\|}{C}}—CH_3$ 的 $\nu_{C=O}$ 为 $1680cm^{-1}$，而 $H_3C—$⟨结构式⟩$\overset{CH_3}{\underset{CH_3}{}}\overset{O}{\overset{\|}{C}}—CH_3$ 的 $\nu_{C=O}$ 为 $1700cm^{-1}$。

(2) 环张力（键角张力）效应　多元脂环上的羰基或脂环外的双键，会随环的减小，环的张力增加，而对应官能团的吸收峰的波数会增加。例如，⟨六元环⟩$=O$、⟨五元环⟩$=O$、⟨四元环⟩$=O$ 其 $\nu_{C=O}$ 分别为 $1716cm^{-1}$、$1745cm^{-1}$ 和 $1775cm^{-1}$。又如 ⟨六元环⟩$=CH_2$、⟨五元环⟩$=CH_2$、⟨四元环⟩$=CH_2$、⟨三元环⟩$=CH_2$，其 $\nu_{C=C}$ 分别为 $1651cm^{-1}$、$1657cm^{-1}$、$1678cm^{-1}$ 和 $1781cm^{-1}$。若为脂环内双键，则随环的减小，环张力增加，而使 $\nu_{C=C}$ 吸收峰移向低波数。例如：⟨六元环⟩、⟨五元环⟩、⟨四元环⟩、⟨三元环⟩，其 $\nu_{C=C}$ 分别为 $1646cm^{-1}$、$1611cm^{-1}$、$1566cm^{-1}$ 和 $1541cm^{-1}$。

3. 氢键效应

氢键的形成对吸收峰的位置和强度都有很大的影响，无论分子间还是分子内氢键的形成，都会使电子云密度平均化，使键力常数减小，使伸缩振动频率向低波数方向移动。

例如，在含 $0.01mol/L$ 乙醇的四氯化碳溶液中，分子间不存在氢键，其 ν_{O-H} 吸收峰在 $3640cm^{-1}$；当乙醇浓度增至 $0.1mol/L$ 时，由于分子间氢键的形成，其 ν_{O-H} 吸收峰移至 $3515cm^{-1}$；当乙醇浓度增至

1.0mol/L 时，由于分子间氢键的进一步加强，其 ν_{O-H} 吸收峰移至 3350cm^{-1}。

又如，β-二酮或β-羰基酸酯化合物，因分子内发生互变异构，可在分子内形成氢键，也会引起 $\nu_{C=O}$ 吸收峰向低波数移动：

$$CH_3-\overset{\overset{O}{\|}}{C}-CH_2-\overset{\overset{O}{\|}}{C}-OC_2H_5 \rightleftharpoons CH_3-\overset{OH\cdots\cdots O}{C=CH-C}-OC_2H_5$$

$\nu_{C=O}$：酮型　1738~1717cm^{-1}　　　烯醇型　1650cm^{-1}

对分子内氢键，其 $\nu_{C=O}$ 吸收峰位置不受溶液浓度的影响。利用这一点可区别分子间氢键和分子内氢键的存在。

4. 费米共振

一个振动的基频与另一个振动的倍频发生相互作用而产生吸收峰裂分的现象，称为费米共振。如苯酰氯 C_6H_5COCl 中羰基伸缩振动的基频吸收峰 $\nu_{C=O}$ 应为 1774cm^{-1}，但其会与苯环和羰基之间 C—C 键的变形振动 δ_{C-C}（880~860cm^{-1}）的倍频发生费米共振，而使 $\nu_{C=O}$ 基频吸收峰分裂成 1773cm^{-1} 和 1736cm^{-1} 两个吸收峰。

5. 振动耦合

当两个振动频率很相近的基团相互作用时，会使谱峰裂分成两个，一个高于正常频率，另一个低于正常频率，称为振动的耦合。如乙酸中羰基的基频振动频率约为 1780cm^{-1}，而乙酸酐中，由于两个羰基振动耦合，使羰基的基频振动分裂成 1820cm^{-1} 和 1750cm^{-1} 两个吸收峰。

6. 样品物理状态的影响

同一种化合物在气、液、固态时的红外吸收光谱图不完全相同。在气态时，分子间作用力很弱，在低气压下可获得游离分子的吸收峰；在液态时，由于分子间氢键存在，产生分子缔合或形成分子内氢键，吸收峰的位置和强度都会改变。如丙酮气态时 $\nu_{C=O}$ 为 1738cm^{-1}，而在液态时则为 1715cm^{-1}。在固态时，由于晶格力场的作用，会因引起分子振动与晶格振动的耦合而出现新的吸收峰。因此在查阅谱图时，要注意试样的状态和制样方法。

（二）外部因素的影响

外部因素的影响主要指使用的溶剂、制样条件和仪器色散元件对基团特征吸收峰位置的影响。

1. 溶剂的影响

在绘制红外吸收光谱时，应选用自身红外吸收峰较少的溶剂，如

CS_2、CCl_4、$CHCl_3$、CH_2Cl_2、丙酮等溶解样品。它们的沸点低、易挥发、对样品溶解能力强。选择溶剂时还应考虑样品与溶剂间的相互作用，以及由此引起的吸收谱带的位移或强度的变化。

2. 制样条件的影响

无论是用薄膜法、成浆法还是压片法，所制得样品的厚度要适当，应使其对应吸收曲线的基线透光率在80%以上，大部分样品的透光率在20%～60%之间，最强吸收峰的透光率在1%～5%。否则会因样品层太厚引起谱图失真，或因样品层太薄使特征峰强度太弱，造成丢失。因此制得厚度适当的样品（约在0.05～0.10mm）是获得清晰可信的红外吸收光谱图的前提。

3. 仪器色散元件的影响

在红外吸收光谱仪中使用的色散元件为衍射光栅或棱镜,其分辨率要高,特别是在4000～1330cm^{-1}特征频率峰的范围内,要有良好的分辨率。

第三节　红外吸收光谱仪

一、基本结构和工作原理

红外吸收光谱仪由红外辐射光源、吸收池、单色器、检测器、放大器与数据记录系统5个部分组成，以下分别加以介绍。

（一）基本结构

1. 红外辐射光源

红外辐射光源是能发射高强度连续红外光的炽热物体，常用的光源如表7-5所示。

表7-5　常用的红外辐射光源

名　　称	适用波数范围 $\bar{\nu}/cm^{-1}$	说　　明
能斯特灯	5000～400	ZrO_2、ThO_2 等烧结制成
硅碳棒	5000～200	需用水冷或风冷
炽热镍铬丝圈	5000～200	需用风冷
碘钨灯	10000～5000	用于近红外光区
高压汞灯	<200	用于远红外光区

红外吸收光谱仪的最常用光源为能斯特灯和硅碳棒。

能斯特灯由氧化锆、氧化钇和氧化钍烧结制成，为直径1～3mm、长约20～50mm的中空或实心棒，两端绕有 Pt 丝作为导线，在室温下它是非导体，但加热至800℃就成为导体并有负的电阻特性。工作之前要由一个辅助加热器进行预热，待发光后立即切断预热器电源，否则会烧坏辅助加热器。此光源在1750℃左右工作，耗电量约50～200 W。优点是发光强度高，使用寿命约一年，缺点是机械强度差易因受压或扭动而损坏。

硅碳棒为两端粗中间细的实心棒，中间为发光部分，两端粗是为降低两端的电阻，使其在工作状态时两端呈冷态。此棒直径约5mm，长约50mm，它在室温下是导体，具有正的电阻温度系数，工作前不必预热，工作温度1200～1400℃，耗电量约200～400 W。优点是坚固耐用寿命长，发光面积大；缺点是工作时电极接触部分需用水冷却。

2. 吸收池

吸收池又称样品池或样品室。它是一个可插入固体盐片、薄膜或液体样品池的样品槽。

对不同的分析样品（气体、液体和固体）应选用相应的吸收池。吸收池的盐窗材料，必须能很好地透过光源辐射的红外光，表 7-6 列出几种常用的池窗材料。

表 7-6　常用的吸收池池窗材料

材　　　料	透光波长范围 $\lambda/\mu m$[①]	注　意　事　项
氯化钠	0.2～25	易潮解，应在低于 40% 的湿度下使用
溴化钾	0.25～40	易潮解，应在低于 35% 的湿度下使用
氟化钙	0.13～12	不溶于水，可测水溶液红外吸收光谱
氯化银	0.2～25	不溶于水，可测水溶液红外吸收光谱
KRS-5(TlBr 42%,TlI 58%)	0.5～40	微溶于水，可测水溶液红外吸收光谱

①此数值表示盐窗厚度为 2mm，透射率大于 10% 的范围。

3. 单色器

单色器位于吸收池和检测器之间，其作用是把通过吸收池进入入射狭缝的复合光分解成单色光再照射到检测器上。

单色器由可变的入射和出射狭缝、用于聚焦和反射光束的准直反射镜和色散元件按一定的组合构成。在红外吸收光谱仪中，为准直光路，一般不使用透镜，以避免产生色差。色散元件可为三棱镜和衍射光栅。

单色器的入射和出射狭缝越窄，分辨率就越高，但会使光源能量输出减少。为了降低光源能量的损失，可使用程序增减狭缝宽度的方法，即随着辐射能量减少，使狭缝宽度自动变宽，保持辐射到检测器的能量保持恒定，以改善检测器的响应值。

4. 检测器

检测器的作用是把照射到它上面的红外光转变成电信号，由于射向检测器的红外光很弱，因此作为检测器应具备以下条件：

① 具有灵敏的红外光接受面积；

② 热容量低、热灵敏度高；

③ 响应快；

④ 因热波动产生的噪声小；

⑤ 对红外光的吸收没有选择性。

常用的红外吸收检测器为真空热电偶、高莱盒、热电量热计和汞镉碲检测器。

（1）真空热电偶　真空热电偶的结构见图 7-7。热电偶封装在真空度为 0.013Pa、带有溴化钾盐窗的真空腔内，以避免热损失和受到环境的热干扰。热电偶以一片涂黑的金箔（或表面沉积一层绒毛状金黑的铂箔）作为接受红外光的吸热元件，其接受面积约 $0.5mm^2$，它焊接两种不同性质、具有高电导性的热电材料，构成热电偶的"热接点"。当红外辐射通过溴化钾盐窗进入真空腔，投射在涂黑的金箔上时，会使热接点的温度升高，热电偶产生温差电势，在闭路情况下，回路中有电流产生。由于热电偶的阻抗很低（约 $10\ \Omega$），在与前置放大器耦合时需使用升压变压器。

（2）高莱盒　高莱盒的结构见图 7-8。

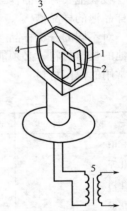

图 7-7　真空热电偶检测器
1—盐窗；2—涂黑的金箔；
3—两种不同金属丝的热电偶；
4—真空腔；5—升压变压器

入射的红外光通过溴化钾盐窗，被气胀室的吸收膜（表面经真空镀铝而涂黑的，厚 $0.05\mu m$ 的硝化纤维素膜）所吸收。由于吸收膜温度升高，从而加热了气胀室中充填的低热容量的氙气，气体膨胀产生压力，使气胀室另一端挠性膜（表面经真空镀锑作为反射镜用，厚 $0.03\ \mu m$ 的硝化纤维素膜）变形。为防止室温变化影响检测器，在气胀室和储气槽间有一细的平衡沟槽，可使入射光不变的情况下，两边的压力相等，使挠性膜保持平面状态。另一方面，由检测器中光源射出的可见光经聚光透镜和线栅到达挠性膜上。若挠性膜处于平面状态，则凹面镜使挠性膜反射出来的上部分线栅像和下部分线栅像完全重合，通过平面镜射向光电管的光强最大。但当挠性膜变形曲率变化时，线栅像就会发生位移，而使射向光电管的光强变弱。极微小的线栅像位移（10^{-9}cm）就能使光电管有所反应。它可检测输入低至 $5×10^{-9}$ W 的电信号，是灵敏度比较高的检测器，主要用于远红外光的检测。

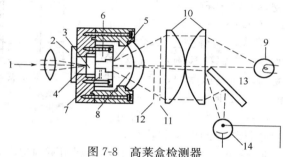

图 7-8　高莱盒检测器

1—入射红外光；2—盐窗；3—气胀室（充氮）；4—吸收膜；5—挠性膜；
6—储气槽；7—平衡沟槽；8—凹面镜；9—可见光源；10—聚光透镜；
11—线栅；12—线栅像；13—平面镜；14—光电管

（3）热电量热计　前面介绍的两种红外吸收检测器因其响应时间常数较大，皆不适用于作为高速扫描红外检测器。热电量热计因其响应时间常数很小，在通常红外光区扫描一次仅需 1s，故现在已在傅里叶变换红外吸收光谱仪中得到广泛应用。

热电量热计结构见图 7-9。它的检测元件是一种热电材料，最常使用的是硫酸三甘肽[$(NH_2CH_2COOH)_3 \cdot H_2SO_4$，简称 TGS]薄片（10～20$\mu$m 厚，面积 3mm×1mm）。其正面真空镀铬，呈半透明状，用以接收红外辐射，背面镀金（沉积层），薄片的正、反两面构成两个电极。薄片正面沿边缘黏结于带有矩形孔的金属片上，以限定检测器的孔径，并可散热。正面电极用一滴冷凝的银浆连接上导线，背面电极用导电胶连接在金属片上，再连同前级放大器和次级集成电路放大器一起封装入带有红外透光盐窗的外壳中，并封真空以提高灵敏度。TGS 也是一种铁电磁体（居里点 49℃），在居里点之下，它能显示很大的极化效应，且因温度变化而改变极化度。将此材料薄片（热电轴垂直于薄片的面）的正、背面与电极相连就形成一个电容器。当正面吸收红外辐射引起极化度改变时，两电极产生感应电流，当接入外电阻时，就可以电流或电压的形式进行检测。此检测器的热电材料还可使用氘化硫酸三甘肽（DTGS），其居里点达 62℃。

(4) 汞镉碲（MCT）检测器　它是由半金属化合物碲化汞和碲化镉混合而成，其组成为 $Hg_{1-x}Cd_xTe$，$x=0.2$，改变 x 值能改变混合物组成，获得测量波段不同、灵敏度各异的各种汞镉碲检测器。这种检测器的灵敏度高，响应速度快，适合于快速扫描测量和 GC/FTIR 联机检测。此种检测器分为两类：一类是光电导型，利用入射光子与检测器材料中的电子起作用，产

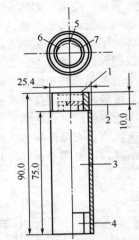

图 7-9　TGS 热电量热计
1—红外透光窗；2—TGS 正面；
3—固体电路放大器；4—插座；
5—信号；6—地线；7—正电压

生载带电流以进行检测；另一类是光电伏型，利用不均匀半导体受光照射，产生电位差的光电伏效应进行检测。汞镉碲检测器需要在液氮温度下工作，其灵敏度比热电量热计高约 10 倍。

5. 放大器与数据记录系统

由检测器产生的电信号十分微弱，如由真空热电偶产生的电信号强度仅为 10^{-9} V。此信号必须经电子放大器放大后，才可驱动记录笔发动机绘出相应的红外吸收光谱图。

新型的红外吸收光谱仪都配有微处理机，不仅可绘出红外吸收谱图，还可控制仪器的操作参数，进行差谱操作和谱图检索等多种运行功能。

（二）工作原理

光栅型双光路光学零位平衡红外吸收光谱仪的整体结构原理图如图7-10 所示。工作原理如下：

光源发出的红外辐射被两个凹面镜反射成两束收敛光，分别形成测试光路和参比光路。两束光首先通过样品室，然后到达斩光器，使测试光路和参比光路的光交替通过入射狭缝成像，并进入单色器，经衍射光

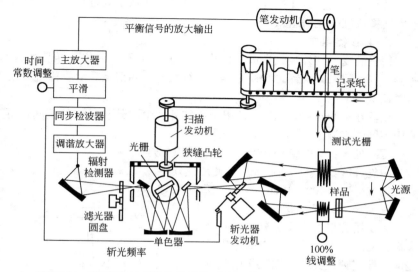

图 7-10　光栅型双光路光学零位平衡红外吸收光谱仪结构原理图

栅色散后，按照频率的高低，依次通过出射狭缝，由滤光器滤去非红外波长范围的辐射后，被反射镜聚焦在真空热电偶检测器上。

当测试光路的光被样品吸收而减弱后，由于测试光路和参比光路的能量不平衡，使到达检测器的光强度，以斩光器的转动频率为周期交替变化，使检测器的输出信号在恒定电压的基础上，伴随着斩光器频率的交变电压而不断变化。此交流信号经放大器放大后，就可驱动记录笔伺服发动机，记录样品吸收情况的变化。与此同时光栅也按一定速度运动，使到达检测器上的红外入射光的波数随之改变。这样由于记录纸与光栅的同步运动，就可绘出光吸收强度随波数变化的红外吸收光谱图。

二、傅里叶变换红外吸收光谱仪

前述以色散元件棱镜、光栅作为分光系统的第一代和第二代红外光谱仪已不能满足近代科技发展的需要，它们的扫描速度慢，不适用于动态反应过程的研究和痕量分析。随光学、电子学和计算机技术的发展，20 世纪 70 年代研制出第三代傅里叶变换红外吸收光谱仪（FTIR），它不使用色散元件，而由光学探测和计算机两部分组成。光学探测部分为迈克尔逊干涉仪，可将光源系统送来的干涉信号变为电信号，以干涉图形式送往计算机，经计算机进行快速傅里叶变换数学处理计算后，将干涉图转换成红外光谱图。

（一）仪器组成

傅里叶变换红外吸收光谱仪由光源、迈克尔逊干涉仪、样品池、检测器（热电量热计、汞镉碲光检测器）、计算机系统和记录显示装置组成。

1. 光源

仪器在 $25000\sim10\mathrm{cm}^{-1}$，适用于近红外、中红外和远红外区间，可使用不同的光源。

近红外区：$25000\sim5000\mathrm{cm}^{-1}$，使用碘钨灯。

中红外区：$5000\sim400\mathrm{cm}^{-1}$，使用硅碳棒。

远红外区：$400\sim10\mathrm{cm}^{-1}$，使用高压汞灯。

2. 迈克尔逊干涉仪

它是用分束器（或称分光板）分离振幅的双光束干涉仪，它的作用是完成干涉调频，其结构和工作原理见图 7-11。

当 S 光源的红外光进入干涉仪后，经过分束器 BS 分成两束光，一束透射过 BS 的光束 Ⅰ，照射到动镜 M_2，另一半被 BS 反射的光束 Ⅱ，反射到定镜 M_1，光束 Ⅰ 和 Ⅱ 又被动镜 M_2 和定镜 M_1 反射返回到分束器 BS 上（图上为便于理解画成双线），从而发生干涉现象。

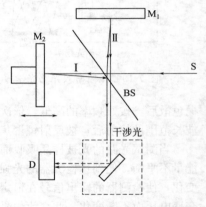

图 7-11　迈克尔逊干涉仪示意图
M_1—定镜；M_2—动镜；S—光源；
D—检测器；BS—光束分离器

迈克尔逊干涉仪在近红外区使用特制的 SiO_2 分束器；在中红外区使用 KBr-Ge 分束器；在远红外区使用各种不同厚度的 Mylar 膜分束器。

3. 样品池

与普通红外吸收光谱仪相同。

4. 检测器

在傅里叶变换红外吸收光谱仪中，在近红外区使用锑化铟检测器；在中红外区使用 TGS（硫酸三甘肽）-KBr 窗检测器；在远红外区使用 TGS -聚乙烯窗检测器。

5. 数据记录系统

使用计算机完成谱图显示、保存、打印等功能。

(二) 工作原理

傅里叶变换红外吸收光谱仪的工作原理如图 7-12 所示。

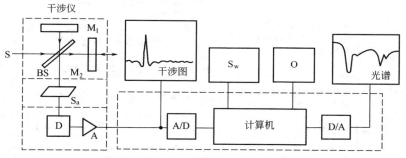

图 7-12　傅里叶变换红外吸收光谱仪工作原理示意图

S—光源；M_1—定镜；M_2—动镜；BS—分束器；D—探测器；S_a—样品；A—放大器；
A/D—模数转换器；D/A—数模转换器；S_w—键盘；O—外部设备

实测时，当复色干涉光通过试样时，由于样品对不同波长光的选择性吸收，使含有光谱信息的干涉信号到达检测器 D 后，将干涉信号转变成电信号，经放大后输入到模数（A/D）转换器。此时的干涉信号是一个时间函数，由干涉信号可绘出干涉图，其纵坐标为干涉光强度，横坐标是动镜 M_2 的移动时间或移动距离。上述干涉电信号经过模数（A/D）转换器送到计算机，由计算机进行傅里叶变换的快速计算后，可获得随波数（$\tilde{\nu}$）变化的光谱图。然后再通过数模（D/A）转换器输入到绘图仪，绘出人们熟悉的透光率（T）随波数（$\tilde{\nu}$）变化的标准红外吸收光谱图。

傅里叶变换红外光谱仪的优点是：①响应速度快，可在 1s 内完成红外光谱范围的扫描；②传输通路多，可对全部频率范围同时进行测量；③能量输出大，干涉光全部进入检测器，检测灵敏度高；④波数测量精确度高，可测准至 $0.01cm^{-1}$；⑤峰形分辨能力高，可达 $0.1cm^{-1}$；⑥光学部件结构简单，测量过程仅有一个动镜移动。

傅里叶变换红外光谱仪可通过一个连接界面（光管或流通式）实现与气相色谱、高效液相色谱、超临界液体色谱的联用（GC-FTIR、HPLC-FTIR、SFC-FTIR），而为有机结构分析提供新的有效手段。

三、商品仪器简介（表7-7）

表7-7 红外吸收光谱仪简介

生产厂商	仪器型号	仪器性能
Bruker	TANGO-R 近红外分析仪 TANGO-T 透射式近红外分析仪	使用固体积分球漫反射测量 使用液体透射测量 二者均配有 Rocksolid 干涉仪,利用三维立体角镜技术,保证仪器永久准直,测量范围 11500～4000cm^{-1},波数准确度大于 0.1cm^{-1},配有高灵敏度 InGeAs(或 PbS)检测器
	Vertex 70 或 ALPHA 傅里叶变换红外光谱仪	测量范围 7800～350cm^{-1};分辨率 0.4cm^{-1}
Perkin Elmer	Lambda 930,950	双光束,175～3300nm,准确度±0.08nm
	Frontier	具有 Adulterant Screen 功能的食品分析系统
	Spectrum Two™便携式红外光谱仪	
	Spectrum Frontier 傅里叶变换红外光谱仪	测量范围 8300～350cm^{-1},分辨率 0.4cm^{-1}
Agilent	Cary 5000	双光束,175～3300nm,准确度±0.1nm
	4100 Handheld 和 4200 Flexscan 手持红外光谱仪	
	Cary 630 便携式傅里叶变换红外光谱仪	测量范围 8300～350cm^{-1};分辨率 0.4cm^{-1}
Therm	6700 傅里叶变换红外光谱仪	测量范围 7800～350cm^{-1};分辨率 0.4cm^{-1}
	Tru Defender 傅里叶变换手持红外光谱仪	
Foss	NIRS DS 2500™多功能近红外分析仪	测量范围 400～2500nm,远程网络控制
聚光科技（浙江）	Sup NIR-4000,1000 系列便携式近红外分析仪	测量范围 600～1800nm(1000 型);700～1100nm,1000～1800nm,1000～2500nm(4000 型),在线监测,液晶显示
北分瑞利	WQF-520AFT 红外光谱仪	测量范围 7800～350cm^{-1};分辨率 0.5cm^{-1}
天津港东	FTIR-650	测量范围 4000～400cm^{-1};分辨率 1.5cm^{-1}

第四节　红外吸收光谱的实验技术

一、样品的制备

(一) 制备样品的要求

在红外吸收光谱测试中应使用纯度大于 98％的单一组分的纯物质，以避免杂质对吸收光谱的干扰。为获得纯物质，对多组分或含杂质样品可用重结晶、萃取、柱色谱、薄层色谱等方法进行纯化制备。

由于水本身有红外吸收，会严重干扰样品的红外吸收谱，还会浸蚀吸收池盐窗，因此样品应不含游离水；对含水样品应使用 CaF_2、$AgCl$ 或 KRS-5 吸收池，并可用差谱技术减除水对谱图的干扰。

为获得吸收峰形清晰的吸收谱图，应将谱图中大多数吸收峰的透射比调节在 5％～90％范围内。为此应适当选用样品的浓度和测试样品的厚度，以满足上述要求。

(二) 固态样品

固态样品可用薄膜法、糊状法和压片法制备。

1. 薄膜法

对可塑性样品可在平滑的金属表面滚压成薄膜。对熔点低、熔融后不分解的物质，可将其熔融后直接涂在盐片上。对大多数聚合物可将其溶于挥发性溶剂中，再将溶液倾注于平滑玻璃板上，待溶剂挥发后，将厚度约为 0.1～1.0mm 薄膜剥下，再置于两个盐片之间进行测定。

对高聚物多用薄膜法制样后再进行红外吸收光谱测定。

2. 糊状法

取 1～3mg 固体样品置于玛瑙研钵内，加入液体石蜡油、全氟煤油或六氯丁二烯等糊剂，充分研细，再用刮刀将糊状物品均匀涂在 NaCl 或 KBr 盐片上，放在可拆式样品槽上进行测定。

3. 压片法

将 1～2mg 固体样品置于 200mg 干燥高纯 KBr 粉末中（粒度 0.045～0.075mm，并应在 4000～400cm^{-1} 无吸收峰），放在研钵中研磨混匀 2～5min，再转移到压片机的模具中，压片机在低真空状态，用 $10^5 N/m^2$ 左右的压力，经 10min，可压成透明的直径10mm、厚约 1～2mm 的薄片，将它置于样品槽中先粗测透光率是否超过 40％，若达到 40％以上，可在 4000～650cm^{-1} 波数范围进行扫描；若未达 40％，则重新压片后，再绘制谱图。为获得一张好的谱图，应使透光率保持在 5%～90%。

压片机构造如图 7-13 所示。它由压杆和压舌组成，压舌直径约 13mm，两个压舌表面光洁度高，样品放置在两个压舌之间的模具中，可压制出表面光滑的样品薄片。压制时所用样品的粒度和硬度要适当，以免损伤压舌表面。

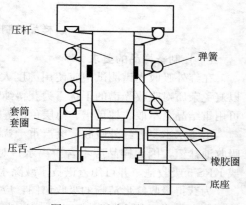

图 7-13 压片机的组装图

（三）液态样品

分析液态样品可使用固定式、可拆式或可变厚度的样品池。

对低沸点液体样品可使用固定式样品池。最常用的为可拆式样品池，其结构如图 7-14 所示，在两片可透光的 NaCl 或 KBr 盐窗之间的聚四氟乙烯间隔片的凹孔处，注入液体样品，再用螺栓拧紧前后框板，形成厚度约为 0.001～0.05mm 的液膜，即可用于绘制谱图。此时应注意盐窗内不应有气泡。

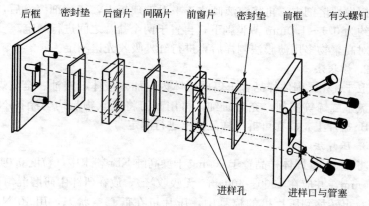

图 7-14 市售液体池的分解图

对某些吸收很强的液体或固体样品，可配成稀释溶液再注入样品池进行测定。此时选用的溶剂应对溶质有较大的溶解度，红外透光性好，不腐蚀窗片，对溶质无强的溶剂化效应，且分子结构简单，极性小，如 CS_2、CCl_4 及 $CHCl_3$。溶剂产生的吸收峰可用差减法校正。

若需进行定量分析，最好使用固定式样品池，以获得重复的光吸收强度数据。

固定式样品池使用后，应注入能溶解样品的溶剂浸泡，最后用干燥的空气或氮气吹干。可拆式样品池，使用后应将两个盐窗片取出，在红外灯下用少许滑石粉加入几滴乙醇磨光其表面。用镜头纸擦干后，再滴加 $1\sim2$ 滴乙醇洗净，用吸水纸吸干，用红外灯烘干后放入干燥器中备用。

（四）气态样品

由于气态样品中分子密度稀疏，所以使用玻璃样品槽的光路要长，通常首先使用真空系统抽掉槽中的空气，再充入一定压力（6666.6Pa）的气态样品。气体样品槽两端装有由 NaCl、KBr、LiF、AgCl 等制成的盐窗，槽长 $5\sim$ 10cm，容积 $50\sim150$mL。当进行低浓度气体、弱吸收气体或空气污

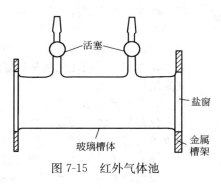

图 7-15　红外气体池

染物的痕量分析时，往往使用槽内装有多次反射镜的长光程气体槽。这种气体槽可使光程长度提高到10m以上。气体池的结构如图 7-15 所示。

为消除水蒸气对谱图的干扰，使用后的气体池，应用干燥的氮气吹洗以保持干燥。

二、红外吸收光谱仪的使用和维护

红外吸收光谱仪经历了棱镜、光栅、傅里叶变换三代的发展，至今国内、外生产的仪器型号繁多，性能各异，但实际操作步骤基本相似。

1. 一般操作程序

（1）打开总电源开关，几分钟后打开光源开关。

（2）手动调节绘图仪波数标尺为 4000cm^{-1}，并将记录纸上的 4000cm^{-1} 标记对准记录笔笔尖。

（3）选择适当的波数扫描速度，打开绘图仪开关。

（4）调整透光率零点。将波数标尺调至 1000cm^{-1}，慢慢关闭样品

光束的遮光器，用调零旋钮调节记录笔笔尖对齐 0％的透光率。

（5）调整 100％透光率。将波数标尺调至 4000cm^{-1}，打开测量和参比两光束的遮光器，用调 100％旋钮调节记录笔笔尖对准 100％的透光率。

（6）放入待测试样和参比样品。

（7）开启扫描开关，记录纸自起点走至终点自动停止，绘出红外吸收谱图。再使波数标尺自动（或手动）返回起点。

（8）关闭绘图仪及光源开关后，再关闭总电源开关。

2. 红外吸收光谱仪的日常维护

（1）红外吸收光谱仪应放置在安装有空调的实验室内，保持恒温恒湿，并使湿度低于 60％。

（2）仪器应放置在防震动的实验台上。

（3）仪器应配置稳压电源和良好的接地线，并远离大功率电磁设备和火花发射源。

（4）仪器的光学系统应密闭防尘、防腐蚀、防止产生机械摩擦。

（5）仪器的光源在安装、更换时要十分小心，防止因受力折断。使用时温度不宜过高，以延长使用寿命。

（6）仪器的传动部件要定期润滑，以保持运转轻便灵活。

（7）仪器放置一定时间后，再次使用前应对其运行性能进行认真检查。

第五节　红外吸收光谱法在有机分析中的应用

一、定性分析——在有机官能团的鉴定和结构分析中的应用

利用红外吸收光谱进行有机化合物定性分析可分为两个方面：一是官能团定性分析，主要依据红外吸收光谱的特征频率来鉴别含有哪些官能团，以确定未知化合物的类别；二是结构分析，即利用红外吸收光谱提供的信息，结合未知物的各种性质和其它结构分析手段（如紫外吸收光谱、核磁共振波谱、质谱）提供的信息，来确定未知物的化学结构式或立体结构。

（一）谱图解析要点

当解析红外吸收谱图时，应特别注意以下两点。

1. 红外吸收峰的位置、峰形和强度

① 谱峰位置　谱峰位置即谱带的特征振动频率，是对官能团进行

定性分析的基础，依据特征峰的位置可确定化合物的类型。

② 谱带形状　谱带形状包括谱带是否分裂。可用来研究分子内是否存在缔合，以及分子的对称性、互变异构等结构特征。

③ 谱带强度　谱带强度与分子振动时偶极矩的变化率有关，同时又与分子的含量成正比，因此可作为定量分析的基础。

在获得谱带的位置、形状和强度三要素后，应当与已知标准物的红外吸收谱图比较，才能综合得出比较可靠的结论。同时也要考虑测定的外部条件变化对红外吸收光谱峰位和形状的影响。

2. 特征峰与相关峰

要牢记与同一官能团的几种振动形式对应的相关峰是与特征峰同时存在的。因此单凭一个特征峰就下结论是不充分的，要尽可能把一个基团的每个相关峰都找到再做出结论。例如对甲基基团，其不仅在 $2960cm^{-1}$、$2870cm^{-1}$ 存在对称和不对称的伸缩振动，还在 $1380cm^{-1}$ 存在面内弯曲振动。当多个甲基共存时还会在 $1385cm^{-1}$ 和 $1370cm^{-1}$ 产生异丙基分裂的双峰，或在 $1397cm^{-1}$ 和 $1367cm^{-1}$ 出现异丁基分裂的双峰。

谱图解析并无统一的程序，通常可以两种方式进行。一种是按谱图中吸收峰强度的强、弱顺序进行解析，首先从特征区识别最强峰、次强峰或较弱峰，确定它们分别属于何种官能团，然后再查指纹区找出相关峰并加以验证，从而初步推断样品属于何类化合物。最后详细查阅标准谱图资料，来确证样品的结构。

另一种是以化合物中特征官能团吸收峰的峰位顺序进行解析，官能团的排布可按羰基（ $\diagdown C{=}O$ ）、羟基（—OH）、醚基（—O—）、双键（ $\diagup C{=}C \diagdown$ ，包括芳烃）、三键（—C≡C—或—C≡N）、硝基（—NO$_2$）顺序进行，采用肯定与否定的方法，判断样品中某官能团的特征吸收峰是否存在，以获得分子结构的概况。然后再查阅标准谱图，确定其结构。

在谱图解析过程中，要特别关注吸收峰强度大的主要官能团的特征峰和相关峰，它们易于识别，无论肯定或否定其存在，都可缩小查找范围。

化合物中各官能团的振动频率可采用文献中引证波数的中间值。若存在邻近取代基团的振动或电子效应的影响，就不必为官能团的某些吸收峰位置的差别而困惑，此时振动吸收峰会向高波数或低波数移动。

对接近 $3000cm^{-1}$ 的 ν_{C-H} 吸收峰不要急于分析，因几乎所有的有机物都有此吸收带。对在某特殊区域获得吸收峰不存在的信息，有时会比吸收峰存在的信息更有价值，这样就取得可靠的否定证据。

谱图解析的可靠性，要通过自身实践经验的积累，才能日趋完善。

（二）定性分析步骤

1. 样品来源及性质

了解样品的来源，利用适当分离手段获得纯度达 98% 以上的纯品，观察样品的颜色、嗅味、物理状态等外观信息。

2. 计算不饱和度

由于红外吸收光谱不能得到样品的总体信息（如分子量、分子式等），如果不能获得与样品有关的其它方面的信息，仅利用红外吸收光谱进行样品剖析，在多数情况下是困难的。为此应尽可能获取样品的有机元素分析结果以确定分子式，并收集有关的物理化学常数（如沸点、熔点、折射率、旋光度等），计算化合物的不饱和度。不饱和度表示有机分子中碳原子的不饱和程度，可以估计分子结构中是否有双键、三键或芳香环。计算不饱和度 u 的经验公式为：

$$u = 1 + n_4 + \frac{1}{2}(n_3 - n_1)$$

式中，n_1、n_3 和 n_4 分别为分子式中一价、三价和四价原子的数目。通常规定双键（C=C，C=O）和饱和环烷烃的不饱和度 $u=1$，三键的不饱和度 $u=2$，苯环的不饱和度 $u=4$（可理解为一个环加三个双键）。因此根据分子式，通过计算不饱和度 u，就可初步判断有机化合物的类型。

3. 确定特征官能团

由绘制的红外吸收谱图来确定样品含有的官能团，并推测其可能的分子结构。

按官能团吸收峰的峰位顺序解析红外吸收谱图的一般方法如下：

（1）查找羰基吸收峰 $\nu_{C=O}$ 1900～1650 cm^{-1} 是否存在，若存在，再查找下列羰基化合物。

① 羧酸　查找 ν_{O-H} 3300～2500 cm^{-1} 宽吸收峰是否存在。

② 酸酐　查找 $\nu_{C=O}$ 1820 cm^{-1} 和 1750 cm^{-1} 的羰基振动耦合双峰是否存在。

③ 酯　查找 ν_{C-O} 1300～1100 cm^{-1} 的特征吸收峰是否存在。

④ 酰胺　查找 ν_{N-H} 3500～3100 cm^{-1} 的中等强度的双峰是否存在。

⑤ 醛　查找 $-C\begin{smallmatrix}O\\\\H\end{smallmatrix}$ 官能团 ν_{C-H} 和 δ_{C-H} 倍频共振产生的2820cm^{-1} 和

$2720cm^{-1}$ 两个特征双吸收峰是否存在。

⑥ 酮　若查找以上各官能团的吸收峰都不存在，则此羰基化合物可能为酮，应再查找 $\nu_{as,C-C-C}$ 在 $1300\sim1000cm^{-1}$ 存在的一个弱吸收峰，以便确认。

（2）若无羰基吸收峰，可查找是否存在醇、酚、胺、醚类化合物。

① 醇或酚　查找 ν_{O-H} $3700\sim3000cm^{-1}$ 的宽吸收峰及 ν_{C-O} 和 δ_{O-H} 相互作用在 $1410\sim1050cm^{-1}$ 的强特征吸收峰，以及酚类因缔合产生的 γ_{O-H} $720\sim600cm^{-1}$ 宽谱带吸收峰是否存在。

② 胺　查找 ν_{N-H} $3500\sim3100cm^{-1}$ 的两个中等强度吸收峰和 δ_{N-H} $1650\sim1580cm^{-1}$ 的特征吸收峰是否存在。

③ 醚　查找 ν_{C-O} $1250\sim1100cm^{-1}$ 的特征吸收峰是否存在，并且没有醇、酚 ν_{O-H} $3700\sim3000cm^{-1}$ 的特征吸收峰。

（3）查找烯烃和芳烃化合物。

① 烯烃　查找 $\nu_{C=C}$ $1680\sim1620cm^{-1}$ 强度较弱的特征吸收峰及 $\nu_{C=C-H}$ 在 $3000cm^{-1}$ 以上的小肩峰是否存在。

② 芳烃　查找 $\nu_{C=C}$ 在 $1620\sim1450cm^{-1}$ 出现的 4 个吸收峰，其中 $1450cm^{-1}$ 为最弱吸收峰；其余 3 个吸收峰分别为 $1600cm^{-1}$、$1580cm^{-1}$ 和 $1500cm^{-1}$。以 $1500cm^{-1}$ 吸收峰最强，$1600cm^{-1}$ 吸收峰居中，$1580cm^{-1}$ 吸收峰最弱，并常被 $1600cm^{-1}$ 处吸收峰掩盖而成肩峰。因此 $1500cm^{-1}$ 和 $1600cm^{-1}$ 双峰是判定芳烃是否存在的依据。此外还可查找 $\nu_{C=C-H}$ 在 $3000cm^{-1}$ 以上低吸收强度的小肩峰是否存在。

（4）查找炔烃、氰基和共轭双键化合物。

① 炔烃　查找 $\nu_{C\equiv C}$ $2200\sim2100cm^{-1}$ 的尖锐特征吸收峰和 $\nu_{C\equiv C-H}$ $3300\sim3100cm^{-1}$ 的尖锐的特征吸收峰是否存在。此吸收峰易与其它不饱和烃区分开。

② 氰基　查找 $\nu_{C\equiv N}$ $2260\sim2220cm^{-1}$ 特征吸收峰是否存在。

③共轭双键　查找 $\nu_{C=C=C}$ $1950cm^{-1}$ 特征吸收峰是否存在。

（5）查找烃类化合物　查找甲基—CH_3，ν_{C-H} 在 $2960cm^{-1}$（ν_{as}）和 $2870cm^{-1}$（ν_s）2 个吸收峰；亚甲基—CH_2—，ν_{C-H} 在 $2925cm^{-1}$（ν_{as}）和 $2850cm^{-1}$（ν_s）的 2 个吸收峰；甲基和亚甲基的 $\delta_{C-H(as)}$ 在 $1460cm^{-1}$ 的吸收峰；甲基的 $\delta_{C-H(s)}$ 在 $1380cm^{-1}$ 的吸收峰；4 个以上亚甲基的 φ_{-CH_2-} 在 $722cm^{-1}$ 吸收峰（它随 CH_2 个数减少，吸收峰向高波数方向移动）；亚甲基—CH_2—，γ_{C-H} 在 $910cm^{-1}$ 的强吸收峰；次甲基 $\diagdown\atop\diagup$ C—H，γ_{C-H} 在

$995cm^{-1}$的强吸收峰。

上述诸多吸收峰是否存在，可作为判定烃类存在与否的依据。

对一般有机化合物，通过以上解析过程，再查阅谱图中其它光谱信息，与文献中提供的官能团特征吸收频率相比较，就能比较满意地确定被测样品的分子结构。

4. 谱图解析结果的确证

当谱图解析确定了样品组成后，还要查阅标准红外吸收光谱图，进行对比，以确证解析结果的正确性。

现有 3 种标准红外吸收谱图，即萨特勒红外标准谱图集（Sadtler catalog of infrared standard spectra）、分子光谱文献（documentation of molecular spectroscopy，DMS）穿孔卡片和 Aldrich 红外光谱库（the Aldrich litrary of infrared spectra）。

现在最常用和收集谱图最多的是萨特勒红外标准谱图集，它由美国费城萨特勒研究实验室绘制，从 1947 年开始出版，每年增加谱图 2000～4000 张，它分为标准谱图、商品谱图和专用谱图三类。标准谱图是用纯度在 98％以上的化合物绘制的，分为棱镜光谱、光栅光谱和傅里叶变换光谱，达 6.5 万张以上。商品谱图是指工业产品的谱图，按美国材料检验协会（ASTM）分类法，分为 23 类：①农业化学品；②多元醇；③表面活性剂；④单体和聚合物；⑤增塑剂；⑥香料和风味剂；⑦脂肪、石蜡及其衍生物；⑧润滑剂；⑨橡胶化学品；⑩化学纤维；⑪溶剂；⑫中间体；⑬石油化学品；⑭药物；⑮甾体；⑯纺织化学品；⑰食品添加剂；⑱颜料、染料和着色剂；⑲松脂、天然树脂与树脂；⑳涂料化学品；㉑水处理剂；㉒常用麻醉剂；㉓无机物。商品谱图代表的化合物不一定是纯物质，而是典型牌号的商品物质。它不提供商品物质的化合物名称和结构，仅提供商品牌号，此类谱图达 7 万张以上。

在萨特勒谱图上大多数都列出了化合物的化学命名、分子式、结构式、分子量、熔点、沸点、折射率、相对密度、样品来源、制样和测绘方法以及所用仪器等信息。

为便于查阅，萨特勒谱图配有 4 种索引：

(1) 分子式索引 了解化合物的分子式，就可利用此索引。它是最常用、也是使用最方便的索引，它按分子式中元素符号 C、H、Br、Cl、F、I、N、O、P、S、Si、M（表示其它元素）的顺序排列。

(2) 化合物名称索引 它按化合物名称的字母顺序排列，索引中所有化合物都按先母体、后衍生物、取代基的顺序排列。如化合物二氯乙醛的英文名称为 dichloracetaldehyde，而在字顺索引中写成 acetaldehyde dichloro，即母体在前、取代基在后。

（3）化学分类索引　它是按化合物官能团类别排列的一种索引，利用它可方便查出一组同系物的谱图。

（4）波长索引　它是一种专门设计的索引，对棱镜和光栅的标准谱图都各自编有波长索引。

从上述各种索引中可查到化合物的谱图号码，然后可从谱图集中查出对应的谱图。

现在商品的新型红外吸收光谱仪都配有计算机系统，可将标准红外吸收谱图储存在硬盘中，使用时可自动对照检索，并可将未知谱图与标准谱图进行加和、差减、比较、从而可节约解析时间，并直接获得准确的解析结果。

（三）谱图解析实例

以下以 5 个实例说明 IR 谱图解析方法。

例1　某未知物的分子式为 $C_{12}H_{24}$，试从其红外吸收光谱图（图 7-16）推出它的结构。

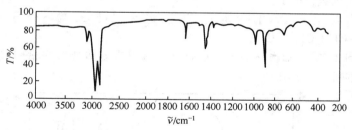

图 7-16　未知物 $C_{12}H_{24}$ 红外光谱图

解：

（1）由分子式计算其不饱和度：$u = 1 + 12 + \frac{1}{2}(0 - 24) = 1$，该化合物具有一个双键或一个环。

（2）谱图解析

① 由谱图可看到在 $1900 \sim 1650 \mathrm{cm}^{-1}$ 无 $\nu_{C=O}$ 的强吸收峰，在 $1300 \sim 1000 \mathrm{cm}^{-1}$ 也无一个 $\nu_{as,C-C-C}$ 的弱吸收峰，分子式中无氧，可初步判定此化合物不是羧酸、酸酐、酯、酰胺、醛和酮。

② 在 3700～3000cm^{-1} 无宽的 ν_{O-H} 或 ν_{N-H} 吸收峰，表明其不是醇、酚、胺类化合物；在 1250～1100cm^{-1} 无 ν_{C-O} 吸收峰，分子式中无氧，表明其也不是醚类化合物。

③ 按波数自高至低的顺序，对吸收峰进行解析。首先由3075cm^{-1} 出现小的肩峰说明存在烯烃 ν_{C-H} 伸缩振动，在 1640cm^{-1} 还出现强度较弱的 $\nu_{C=C}$ 伸缩振动，由以上两点表明此化合物为一烯烃。

④ 在 3000～2800cm^{-1} 的吸收峰表明有—CH$_3$、—CH$_2$—存在，在 2960cm^{-1}、2920cm^{-1}、2870cm^{-1}、2850cm^{-1} 的强吸收峰表明存在 —CH$_3$ 和—CH$_2$—的 $\nu_{C-H(as)}$、$\nu_{C-H(s)}$，且—CH$_2$—的数目大于—CH$_3$ 的数目，从而推断此化合物为一直链烯烃。在 715cm^{-1} 出现的小峰，显示 —CH$_2$—的面内摇摆振动 φ_{-CH_2-}，也表明长碳链的存在。

⑤ 在 980cm^{-1}、915cm^{-1} 的稍弱吸收峰为次甲基 $\diagdown$C—H 和亚甲基 $\diagdown$CH$_2$ 产生的面外弯曲振动 γ_{C-H}。

⑥ 在 1460cm^{-1} 吸收峰为—CH$_3$、—CH$_2$—的不对称剪式振动 $\delta_{C-H(as)}$；1375cm^{-1} 为—CH$_3$ 的对称剪式振动 $\delta_{C-H(s)}$，其强度很弱，表明 —CH$_3$ 的数目很少。

由以上解析可确定此化合物为 1-十二烯，分子式为 CH$_2$=CH—(CH$_2$)$_9$CH$_3$。

例2 某未知物分子式为 C$_4$H$_{10}$O，试从其红外吸收光谱图（图 7-17）推断其分子结构。

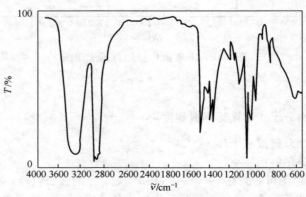

图 7-17　未知物 C$_4$H$_{10}$O 的红外光谱图

解：

(1) 由分子式计算它的不饱和度：$u = 1 + 4 - \dfrac{1}{2}(0 - 10) = 0$，表明其为饱和化合物。

(2) 谱图解析

① 由谱图可看到 $1900 \sim 1650 cm^{-1}$ 无 $\nu_{C=O}$ 的强吸收峰，在 $1300 \sim 1000 cm^{-1}$ 无 $\nu_{as,C-C-C}$ 的弱吸收峰，但有强吸收峰，可初步判定此化合物不是羧酸、酸酐、酯、酰胺、醛和酮。

② 在 $3500 \sim 3100 cm^{-1}$ 未出现 ν_{N-H} 的中强度双峰，表明无胺存在；但在 $3350 cm^{-1}$ 出现强吸收的宽峰表明存在 ν_{O-H} 伸缩振动，其已移向低波数表明存在醇的分子缔合现象。

③ 在 $2960 cm^{-1}$、$2920 cm^{-1}$、$2870 cm^{-1}$ 吸收峰，表明存在—CH_3、—CH_2—的伸缩振动 ν_{C-H}。

④ $1460 cm^{-1}$ 吸收峰，表明存在—CH_3、—CH_2—的不对称剪式振动 $\delta_{C-H(as)}$。

⑤ $1380 cm^{-1}$、$1370 cm^{-1}$ 的等强度双峰，表明存在 C—H 的面内弯曲振动 δ_{C-H}，其为异丙基分裂现象。

⑥ $1300 \sim 1000 cm^{-1}$ 的一系列吸收峰表明存在 C—O 的伸缩振动 ν_{C-O}，即有一级醇—OH 存在。

由以上解析可确定此化合物为饱和的一级醇，存在异丙基分裂。可确定其为异丁醇，分子式为 $\begin{array}{c} H_3C \\ \\ H_3C \end{array}\!\!\!\! CH—CH_2—OH$ 。

例3 分子式为 C_8H_8O 的未知物，沸点为 220℃，由其红外吸收光谱图（图 7-18）判断其结构。

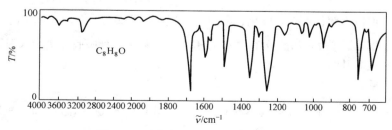

图 7-18 未知物 C_8H_8O 的红外光谱图

解：

(1) 从分子式计算不饱和度：$u=1+8+\dfrac{1}{2}$ $(0-8)=5$，估计其含有苯环和双键（或环烷烃）。

(2) 谱图解析

① 在 $1680cm^{-1}$ 呈现 $\nu_{C=O}$ 的强吸收峰，可能为羧酸、酸酐、酯、酰胺、醛、酮等化合物。因分子式中无氮，可排除酰胺；在 $3300\sim2500cm^{-1}$，无 ν_{O-H} 的宽吸收峰，可排除羧酸；在 $2820cm^{-1}$ 和 $2720cm^{-1}$ 无 ν_{C-H} 和 δ_{C-H} 倍频共振的双吸收峰，可排除醛；在 $1830cm^{-1}$ 和 $1750cm^{-1}$ 无 $\nu_{C=O}$ 的羰基振动耦合双峰，可排除酸酐。

由于在 $1200\sim1000cm^{-1}$ 存在 3 个弱吸收峰，可能为 $\nu_{as,C-C-C}$ 或 ν_{C-O} 伸缩振动吸收峰，因此，此化合物可能为酮或酯。

② $1600cm^{-1}$、$1580cm^{-1}$、$1500cm^{-1}$ 处的 3 个吸收峰是苯环骨架伸缩振动 $\nu_{C=C}$ 的特征，表明分子中有苯环。

③ 在 $1265cm^{-1}$ 呈现的强吸收峰为芳酮特征，其为羰基和芳香环的耦合吸收峰。

④ 在 $3000cm^{-1}$ 以上仅有微弱的吸收峰，表明分子中仅含少量的 $-CH_3$ 或 $-CH_2-$。

⑤ 在 $2000\sim1700cm^{-1}$ 仅有微弱的吸收峰，其为 γ_{C-H} 面外伸缩振动，是苯衍生物的特征峰。

⑥ $1380cm^{-1}$ 吸收峰，表明有 $-CH_3$ 的面内弯曲振动（对称剪式振动）$\delta_{C-H(s)}$。

⑦ $900\sim650cm^{-1}$ 的吸收峰，为苯环 C—H 面外弯曲振动 γ_{C-H}，$750cm^{-1}$、$690cm^{-1}$ 的 2 个强吸收峰，表明化合物为单取代苯。

由以上解析可知，此化合物为苯乙酮，分子式为 。

例 4 某未知物的分子式为 $C_6H_{15}N$，试从其红外吸收光谱图（图 7-19）推断其结构。

解：

(1) 由分子式计算其不饱和度：$u=1+6+\dfrac{1}{2}$ $(1-15)=0$，其为饱和化合物。

(2) 谱图解析

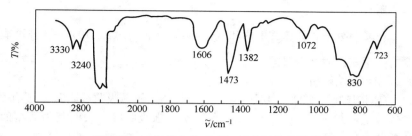

图 7-19   未知化合物 $C_6H_{15}N$ 的红外光谱图

① 谱图中在 $1900\sim1650cm^{-1}$ 无 $\nu_{C=O}$ 的强吸收峰，且分子式中无氧，可判定此化合物不是羧酸、酸酐、酯、酰胺、醛和酮。

② 由 $3330cm^{-1}$ 和 $3240cm^{-1}$ 出现 ν_{N-H} 的 2 个中等强度吸收峰，可初步判断它可能为胺类。在 $1606cm^{-1}$ 呈现 δ_{N-H} 的特征中等强度宽峰，在 $1072cm^{-1}$ 呈现 ν_{C-N} 弱吸收峰和在 $830cm^{-1}$ 呈现的 γ_{N-H} 宽吸收峰，都进一步确证此化合物为胺类。

③ 在 $3000\sim2800cm^{-1}$ 出现的分裂的强吸收峰，表明存在 —CH_3、—CH_2— 的伸缩振动 $\nu_{as,C-H}$ 和 $\nu_{s,C-H}$；在 $1473cm^{-1}$ 出现强峰为 —CH_3、—CH_2— 面内弯曲振动 $\delta_{as,C-H}$；在 $1382cm^{-1}$ 出现中等强度的单峰为 —CH_3 面内弯曲振动 $\delta_{s,C-H}$；在 $723cm^{-1}$ 出现的中强吸收峰，为 4 个以上 —CH_2— 直接联结时的平面摇摆振动 φ_{CH_2}。

由以上解析，可确定此化合物为正己胺，分子式为 $CH_3(CH_2)_5NH_2$。

例 5   某未知物的分子式为 $C_6H_{10}O_2$，试从其红外吸收光谱图（图 7-20）推断其结构。

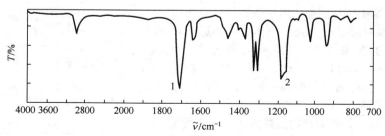

图 7-20   未知物 $C_6H_{10}O_2$ 的红外光谱图

解：

(1) 由分子式计算其不饱和度：$u = 1 + 6 + \dfrac{1}{2}(0-10) = 2$ 其可能含有 1 个三键或 2 个双键。

(2) 谱图解析

① 谱图中在 $1900\sim1650\,\mathrm{cm}^{-1}$ 有一个 $\nu_{C=O}$ 的强吸收峰，且分子有 2 个氧原子，并在 $1300\sim1100\,\mathrm{cm}^{-1}$ 有一 ν_{C-O} 强吸收峰，表明其为典型的羧酸酯类化合物。

② 在 $2200\sim2100\,\mathrm{cm}^{-1}$ 无 $\nu_{C\equiv C}$ 的尖锐吸收峰，在 $3300\sim3100\,\mathrm{cm}^{-1}$ 无 $\nu_{C\equiv C-H}$ 的尖锐吸收峰，表明其不是炔类化合物。

③ 在 $1680\sim1620\,\mathrm{cm}^{-1}$ 有强度较弱的肩峰，表明其为 $\nu_{C=C}$ 的较弱吸收峰，此化合物可能为不饱和脂肪酸酯。

④ 在 $2900\sim2800\,\mathrm{cm}^{-1}$ 有一弱的吸收峰，其为甲基 $\nu_{C-H(s)}$ 吸收峰和亚甲基 $\nu_{C-H(s)}$ 吸收峰，表明分子中含有 $—CH_3$ 和 $—CH_2—$。

⑤ 在 $1460\,\mathrm{cm}^{-1}$ 有弱吸收峰，为甲基和亚甲基的 $\delta_{C-H(as)}$ 吸收峰；在 $1380\,\mathrm{cm}^{-1}$ 吸收峰为甲基 $\delta_{C-H(s)}$ 吸收峰；在 $910\,\mathrm{cm}^{-1}$ 吸收峰为亚甲基 γ_{C-H} 吸收峰。

由以上解析、分子式及不饱和度，可推断此化合物为 2-甲基丙烯酸乙酯，分子式为 $CH_2{=}\overset{\displaystyle CH_3}{\underset{}{C}}{-}\overset{\displaystyle O}{\underset{\displaystyle OC_2H_5}{C}}$ 。

二、定量分析——工作曲线法和内标法

红外吸收光谱进行定量分析的基本原理和紫外吸收光谱一样，都依据朗伯-比耳定律，但由于红外吸收光谱测定多在可透过红外光的固体介质中进行，在获得的相邻吸收峰较密集的带状谱带中，吸收峰往往不对称，因此当进行定量分析时，应严格保持测定条件的一致，以获得可靠的分析结果。

（一）吸光度的测量方法——基线法

基线法是用直线来表示被分析物不存在时的背景吸收线，并用它来代替记录线上的 100% 透光率，其测量方法如图 7-21 所示。

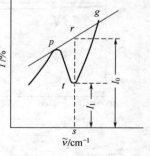

图 7-21　基线法

在吸收峰两侧选 p、g 两点，两点间连线称为基线，通过吸收峰顶点 t 作垂直于横坐标的垂线 rs，由 rs 和 ts 的长度可求出样品在此波长下的吸光度值 A：

$$A = \lg \frac{I_0}{I_t} = \lg \frac{rs}{ts}$$

（二）测量条件的选择

1. 定量分析吸收谱带的选择

由于一个样品的红外吸收谱图上可出现许多吸收峰，被选作用于定量分析的吸收峰应当吸收强度大、峰形窄且无相邻吸收峰的干扰。对固体样品，因散射强度和波长相关，应选择波数范围较窄的吸收峰。

2. 透射区域的选择

为获得准确的定量分析结果，应控制透光率在 20%～70%。

3. 仪器操作参数的选择

为获得重复的测定结果，定量分析时应对 100% 透光率、仪器分辨率、波数示值等参数保持相对恒定。

（三）定量分析方法

1. 工作曲线法

配制一系列不同浓度被测组分的纯物质标准溶液，在吸收峰的波长下测定它们的吸光度，并绘制工作曲线。由工作曲线和被测样品的吸光度，可求出样品中待测组分的浓度。

2. 内标工作曲线法

当用 KBr 压片法、糊状法、液膜法进行测定时，光通路厚度不易确定，此时可用内标法测定。

内标法是选用一种标准纯化合物，它的特征吸收峰与样品的被分析峰的峰位互不干扰，取一定量标准物质（R）与样品（S）混合，此混合物用压片法或糊状法绘制红外吸收光谱图，由谱图获得：

$$A_S = a_S b_S c_S \qquad\qquad A_R = a_R b_R c_R$$

此两式相除，因 $b_S = b_R$，则获得：

$$\frac{A_S}{A_R} = \frac{a_S}{a_R} \cdot \frac{c_S}{c_R} = K c_S$$

若以吸光度比值 $\dfrac{A_S}{A_R}$ 为纵坐标，以不同浓度样品纯品浓度 c_S 为横坐标绘制工作曲线后，就可由样品测得的 $\dfrac{A_S}{A_R}$ 比值，求出样品 c_S 的含量。

常用的内标物为 KCNS（$2100cm^{-1}$）、NaN_3（$2120cm^{-1}$、$640cm^{-1}$）、C_6Br_6（$1300cm^{-1}$、$1255cm^{-1}$）等。

此测定方法适用于单组分测定。如果混合物中各组分的吸收峰不重叠，也可分别测各组分的含量。如果混合物中各组分的吸收峰有重叠，则可利用建立联立方程，再分别求解，而求出各个组分的含量。

学 习 要 求

一、通过本章学习了解红外吸收光谱法的基本原理、方法特点及应用范围。

二、分子的基本振动形式和红外吸收光谱的产生条件。

三、了解特征峰、相关峰、特征区和指纹区的含义。

四、了解红外吸收光谱图的表达方法、表达波长的单位。

五、了解常见重要有机化合物的红外吸收光谱的主要特征及影响吸收峰位置的主要因素。

六、了解构成红外吸收光谱仪的基本部件，样品制备技术。

七、了解红外辐射光源的种类。

八、了解红外吸收光谱所用检测器的种类。

九、了解傅里叶红外吸收光谱仪中迈克尔逊干涉仪的工作原理。

十、了解应用红外吸收光谱进行有机化合物结构剖析的一般方法及进行定量分析的方法。

复 习 题

1. 分子的基本振动形式有多少种？其振动频率如何计算（以双原子分子为例）？

2. 产生红外吸收的条件是什么？

3. 何谓基频峰和泛频峰？

4. 何谓特征峰和相关峰？

5. 红外吸收光谱的特征区和指纹区，各有什么特点和用途？

6. 根据下述化学键力常数 K 的数据，计算各化学键的振动波数：

(1) 乙烷的 C—H 键，$K=5.1N/cm$；

(2) 乙炔的 C—H 键，$K=5.9N/cm$；

(3) 苯的 C—C 键，$K=7.6N/cm$；

(4) 乙腈的 C≡N 键，$K=17.5N/cm$。

7. 下列五组数据中，哪组数据涉及的红外光谱区能包括—CH_3、—CH_2—、$CH_2—\overset{\overset{\text{O}}{\|}}{C}—H$ 的吸收带：

(1) $3000\sim2700\text{cm}^{-1}$，$1675\sim1500\text{cm}^{-1}$，$1475\sim1300\text{cm}^{-1}$；

(2) $3000\sim2700\text{cm}^{-1}$，$2400\sim2100\text{cm}^{-1}$，$1000\sim650\text{cm}^{-1}$；

(3) $3300\sim3100\text{cm}^{-1}$，$1675\sim1500\text{cm}^{-1}$，$1475\sim1300\text{cm}^{-1}$；

(4) $3300\sim3100\text{cm}^{-1}$，$1900\sim1650\text{cm}^{-1}$，$1475\sim1300\text{cm}^{-1}$；

(5) $3000\sim2700\text{cm}^{-1}$，$1900\sim1650\text{cm}^{-1}$，$1475\sim1300\text{cm}^{-1}$。

8. 试用红外光谱区别下列异构体：

(1)

(2)

(3)

(4)

9. 丁内酯与丁内酰胺的 C=O 键的吸收波数如下。试说明氧原子和氮原子对 C=O 键的不同影响。

10. 某化合物经取代反应后，生成物可能为下列两种物质之一：

(1) $\overset{+}{\text{N}}{\equiv}\text{C}-\text{NH}_2-\text{CH}_2-\text{CH}_2\text{OH}$ ；

(2) $\text{HN}{=}\text{CH}-\text{NH}-\overset{\text{O}}{\overset{\|}{\text{C}}}-\text{CH}_2-$ 。

取代产物在 2300cm^{-1} 和 3600cm^{-1} 有两个尖锐的吸收峰，在 3330cm^{-1} 和 1600cm^{-1} 无吸收峰，确定其产物为何物？

11. 未知物为无色液体，分子量为 89.0，沸点 131℃，含 C、H、N 元素，红外吸收光谱的特征吸收峰为 2950cm^{-1}（中）、1550cm^{-1}（强）、1460cm^{-1}（中）、1438cm^{-1}（中）、1380cm^{-1}（强）、1230cm^{-1}（中）、1130cm^{-1}（弱）、896cm^{-1}（弱）、872cm^{-1}（强）。试推断其为何物？

12. 图 7-22 分别是结构为（1）～（4）四种化合物的红外吸收光谱。试找出各图对应的化合物。

(1)

(2)

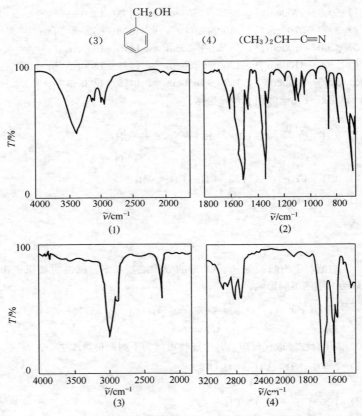

$$\begin{array}{c} CH_2OH \\ (3) \quad \qquad (4) \quad (CH_3)_2CH\!-\!C\!\equiv\!N \end{array}$$

图 7-22　四种化合物的红外谱图

13. 根据某液膜的红外吸收光谱（图 7-23），已知其分子量为 118，试写出其结构式。

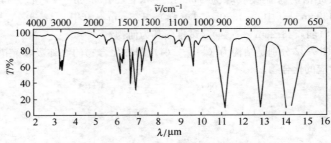

图 7-23　分子量为 118 化合物的红外谱图

14. 图 7-24 为邻、间、对二甲苯的红外吸收光谱图。请说明各个图分别属于何种异构体，并标明图中主要吸收峰的振动形式。

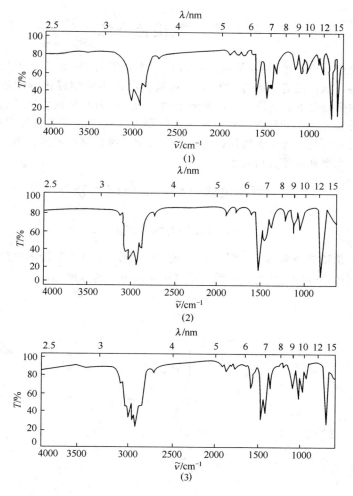

图 7-24　3 种二甲苯的红外光谱

第八章　气相色谱法

色谱分析法是 1906 年由俄国植物学家茨维特（M. S. Tswett）首先提出的，至今已有百余年的历史。它是利用物质的物理化学性质的差异，对多组分混合物进行分离和测定的方法。随着科技的发展，它已从早期的柱色谱、纸色谱、薄层色谱发展到现在获广泛应用的气相色谱、高效液相色谱、超临界流体色谱，以及近年迅速发展的毛细管电泳、毛细管电色谱和场流分析技术。

第一节　色谱分析法的原理及分类

一、茨维特的经典实验

茨维特的经典实验（图 8-1）是使用一根填充白色菊粉的玻璃柱管来分离植物叶的石油醚提取液，实现了不同色素的分离。

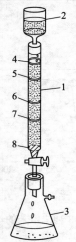

图 8-1　茨维特吸附色谱分离实验示意图
1—装有白色菊粉 [inulin，$(C_6H_{10}O_5)_n$] 的色谱柱；2—装有石油醚的漏斗；
3—接收洗脱液的锥形瓶；4—色谱柱顶端石油醚层；5—绿色叶绿素；
6—黄色叶黄素；7—黄色胡萝卜素；8—色谱柱出口填充的棉花

操作时将植物叶的石油醚提取液倒入菊粉柱中，提取液中的色素被吸附在柱的顶端，然后用纯净的石油醚不断冲洗，与此同时可观察到柱管从上到下形成绿、黄、黄三个色带。再继续用石油醚冲洗，就可分别收集各个色带的洗脱液，经鉴定后其分别为叶绿素、叶黄素和胡萝卜素。茨维特在他的原始论文中，把上述分离方法叫作色谱法，把填充菊粉的玻璃柱管叫色谱柱，把柱中出现的有颜色的色带叫色谱图。现在的色谱分析已经失去颜色的含意，只是沿用色谱这个名词。

由茨维特经典实验可以看到，色谱分析法是一种物理的分离方法，其分离原理是将被分离的组分在两相间进行分布，其中一相是具有大表面积的固定相菊粉，另一相是推动被分离的组分（色素）流过固定相的惰性流体（乙醚），叫流动相。当流动相载带被分离的组分经过固定相时，利用固定相与被分离的各组分产生的吸附（或分配）作用的差别，被分离的各组分在固定相中的滞留时间不同，使不同的组分按一定的先后顺序从固定相中被流动相洗脱出来，从而实现不同组分的分离。

二、色谱分析法的分离原理及特点

实现色谱分离的先决条件是必须具备固定相和流动相。固定相可以是一种固体吸附剂或为涂渍于惰性载体表面上的液态薄膜，此液膜可称作固定液。流动相可以是具有惰性的气体、液体或超临界流体，其应与固定相和被分离的组分无特殊的相互作用（若流动相为液体或超临界流体，可与被分离的组分存在相互作用）。

色谱分离能够实现的内因是由于固定相与被分离的各组分发生的吸附（或分配）作用的差别。其宏观表现为吸附（或分配）系数的差别，其微观解释就是分子间相互作用力（取向力、诱导力、色散力、氢键力、络合作用力）的差别。

实现色谱分离的外因是由于流动相的不间断的流动。由于流动相的流动使被分离的组分与固定相发生反复多次（达几百、几千次）的吸附（或溶解）、解吸（或挥发）过程，这样就使那些在同一固定相上吸附（或分配）系数只有微小差别的组分，在固定相上的移动速度产生了很大的差别，从而达到了各个组分的完全分离（图 8-2）。

此外，色谱分析法具有物理分离方法的一般优点，即进行操作时不会损失混合物中的各个组分，不改变原有组分的存在形态也不生成新的物质。因此若用色谱法分离出某一物质，则此物质必存在于原始样品之中。

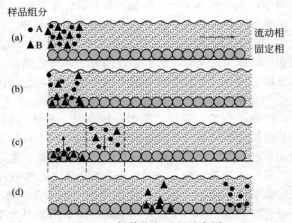

图 8-2　色谱分离过程示意图

(a) 向色谱柱注入样品组分 A、B；(b) 样品组分 A、B 在固定相和流动相进行竞争分配；
(c) 样品组分 A、B 在固定相和流动相发生反复多次的竞争分配；(d) 在色谱柱中滞留时间短的 A 组分先到达色谱柱末端，滞留时间长的 B 组分仅到达色谱柱的中部

三、色谱分离过程的平衡常数

色谱分离过程的平衡常数可用吸附系数 K_A、分配系数 K_P 和分配比 k 定量地表述。

吸附系数 K_A
$$K_A = \frac{m}{V_W}$$

在一定柱温和色谱柱的平均压力下，m 表示 $1cm^2$ 吸附剂吸附组分的量，g/cm^2；V_W 表示 1mL 流动相中所含组分的量，g/mL。

分配系数 K_P
$$K_P = \frac{c_S}{c_M}$$

在一定柱温和色谱柱平均压力下，c_S 和 c_M 分别为样品组分在单位体积固定液和单位体积流动相中的浓度，mol/L。

分配比（或称容量因子）k：
$$k = \frac{c_S V_S}{c_M V_M} = \frac{K_P}{\beta}$$

式中，V_S 和 V_M 分别为柱温、柱平均压力下，色谱柱中固定相和流动相所占有的体积；填充色谱柱内流动相与固定相的体积比叫相比，用 β 表

示，$\beta = \dfrac{V_M}{V_S}$。

四、色谱分析法的分类

色谱分析法的分类通常有如下三种方法：按照固定相和流动相的状态分类（表8-1）；按照固定相性质和操作方式分类（表8-2）；按照色谱分离过程的物理化学原理分类（表8-3）。

表 8-1　按两相状态分的色谱法分类

流动相	液　体		流动相	气　体	
固定相	固体	液体	固定相	固体	液体
名称	液固色谱	液液色谱	名称	气固色谱	气液色谱
总称	液相色谱		总称	气相色谱	

表 8-2　按固定相性质和操作方式分的色谱法分类

固定相形式	柱		纸	薄层板
	填充柱	开口管柱	具有多孔和强渗透能力的滤纸或纤维素薄膜	在玻璃板上涂有硅胶 G 薄层或用多孔烧结玻璃板
固定相性质	在玻璃或不锈钢柱管内填充固体吸附剂或涂渍在惰性载体上的固定液	在玻璃、石英或不锈钢毛细管内壁附有吸附剂薄层或涂渍固定液薄膜		
操作方式	液体或气体流动相从柱头向柱尾连续不断地冲洗		液体流动相从圆形滤纸中央向四周扩散	液体流动相从薄层板一端向另一端扩散
名称	柱色谱		纸色谱	薄层色谱

表 8-3　按分离过程的物理化学原理分的色谱法分类

名　称	吸附色谱	分配色谱	离子交换色谱	凝胶色谱
原理	利用吸附剂对不同组分吸附性能的差别	利用固定液对不同组分分配性能的差别	利用离子交换剂对不同离子亲和能力的差别	利用凝胶对不同分子量分子的阻滞作用的差别

名　　称	吸附色谱	分配色谱	离子交换色谱	凝胶色谱
平衡常数	吸附系数 K_A	分配系数 K_P	选择性系数 K_S	渗透系数 K_{PF}
流动相为液体	液固吸附色谱	液液分配色谱	液相离子交换色谱	液相凝胶色谱
流动相为气体	气固吸附色谱	气液分配色谱		

第二节　气相色谱法简介

气相色谱法是近 70 多年以来迅速发展起来的分离、分析技术，主要用于低分子量、易挥发有机化合物（占有机物的15％～20％）的分析，目前从基础理论、实验方法到仪器研制已发展成为一门趋于完善的分析技术。

一、方法特点

气相色谱法的主要特点是选择性高、分离效率高、灵敏度高、分析速度快。

选择性高是指对性质极为相似的烃类异构体、同位素、旋光异构体具有很强的分离能力。

分离效率高是指一根 2m 的填充柱可具有几千块理论塔板数，一根 25m 的毛细管柱可具有 $10^5 \sim 10^6$ 块理论塔板数，能分离沸点十分接近和组成复杂的混合物。例如一根 25m 毛细管柱可分析汽油中 50～100 多个组分。

灵敏度高是指使用高灵敏度的检测器可检测出 $10^{-11} \sim 10^{-13}$ g 的痕量物质。

分析速度快是相对化学分析法而言的，通常完成一个分析，仅需几分钟或几十分钟。而且样品用量少，气样仅需 1mL，液样仅需 $1\mu L$。

气相色谱法的上述特点，扩展了它在各种工业中的应用，不仅可以分析气体，还可分析液体、固体及包含在固体中的气体。只要样品在 $-196 \sim 450℃$ 温度范围内，可以提供 26～1330Pa 蒸气压，都可用气相色谱法进行分析。

气相色谱法的不足之处，首先是从色谱峰不能直接给出定性的结果，它不能用来直接分析未知物，必须用已知纯物质的色谱图和它对照。其次，当分析无机物和高沸点有机物时比较困难，需采用其它的色谱分析方法来完成。

二、气相色谱流出曲线的特征

被分析的样品经气相色谱分离、鉴定后，由记录仪绘出样品中各个组分的流出曲线，即色谱图。色谱图是以组分的流出时间（t）为横坐标，以检测器对各组分的电讯号响应值（mV）为纵坐标。色谱图上可得到一组色谱峰，每个峰代表样品中的一个组分。由每个色谱峰的峰位、峰高和峰面积、峰的宽窄及相邻峰间的距离都可获得色谱分析的重要信息。

（一）色谱峰的位置

1. 保留时间

从进样开始至每个组分流出曲线达极大值（峰顶）所需的时间，可作为色谱峰位置的标志，此时间称为保留时间，用 t_R 表示。

图 8-3 为气相色谱流出曲线图，图中与横坐标保持平行的直线，叫做基线，它表示在实验条件下，纯载气流经检测器时（无组分流出时）的流出曲线。基线反映了检测器的电噪声随时间的变化。

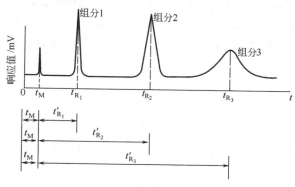

图 8-3　气相色谱流出曲线图

2. 死时间

从进样开始到惰性组分（指不被固定相吸附或溶解的空气或甲烷）从柱中流出呈现浓度极大值的时间，称为死时间，用 t_M 表示。它反映了色谱柱中未被固定相填充的柱内死体积和检测器死体积的大小，与被测组分的性质无关。

3. 调整保留时间

从保留时间中扣除死时间后的剩余时间，称为调整保留时间，用 t'_R 表示

$$t'_R = t_R - t_M$$

t'_R 反映了被分析的组分因与色谱柱中固定相发生相互作用，而在色谱柱中滞留的时间，其由被测组分和固定相的热力学性质所决定，因此调整保留时间从本质上更准确地表达了被分析组分的保留特性，它已成为气相色谱定性分析的基本参数，比保留时间更为重要。

4. 容量因子（分配比）

由调整保留时间 t'_R 和死时间 t_M 可以计算出气相色谱分析中的重要分配平衡常数——容量因子（分配比）k：

$$k = \frac{t'_R}{t_M}$$

由上述可知，色谱峰的峰位与气相色谱分离过程的热力学性质密切相关，是进行气相色谱定性分析的主要依据。

（二）色谱峰的峰高或峰面积

色谱峰的峰高是指由基线至峰顶间的距离，用 h 表示，如图 8-4 所示。色谱峰的峰面积 A，是指每个组分的流出曲线和基线间所包含的面积，对于峰形对称的色谱峰，可看成是一个近似等腰三角形的面积，可由峰高 h 乘以半峰宽 $W_{h/2}$（即峰高一半处的峰宽）来计算：

$$A = h W_{h/2}$$

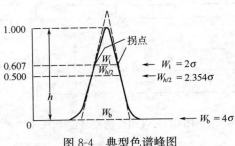

图 8-4　典型色谱峰图

峰高或峰面积的大小和每个组分在样品中的含量相关，因此色谱峰的峰高或峰面积是气相色谱进行定量分析的重要依据。

（三）色谱峰的宽窄

在气相色谱分析中，通常进样量很小，可以获得对称的色谱峰形，可用正态分布函数表示。正态分布函数通常用来描述偶然误差的分布规律，正态分布曲线的宽窄表明了多次测量的精密度，它可用标准偏差 σ 的大小来表示，σ 值愈大，曲线愈宽，测量值分散，则测量精密度低；反之若 σ 值愈小，曲线愈窄，测量值集中，则测量精密度高。

对称的色谱峰形和正态分布曲线相似，同样色谱峰的宽窄也可用标准偏差 σ 的大小来衡量，σ 大峰形宽，σ 小峰形窄。在正态分布曲线上标准偏差 σ 为曲线两拐点间距离的一半，曲线拐点高度相当于峰高 h 的 0.607 倍，即 $0.607\,h$。

在色谱图中色谱峰形的宽窄常用区域宽度表示，区域宽度是指色谱峰 3 个特征高度的峰宽：

① 拐点宽度　即位于 $0.607\,h$ 处的峰宽，为图 8-4 中的 W_i，$W_i = 2\sigma$。

② 半峰宽度　即峰高一半处，$0.5h$ 处的峰宽，为图 8-4 中的 $W_{h/2}$，$W_{h/2} = 2.354\sigma$。

③ 基线宽度　从色谱峰曲线的左、右两拐点作切线，其在基线上的截距为基线宽度（此处峰高为零），为图 8-4 中 W_b，$W_b = 4\sigma$。

上述 W_i、$W_{h/2}$ 和 W_b 都表示了色谱峰的宽窄，最常用的是易于测量的 $W_{h/2}$ 或 W_b。

色谱峰的宽窄不仅可用区域宽度表示，它还可用来说明色谱分离过程的动力学性质——色谱柱柱效率的高低，色谱峰形愈窄说明柱效愈高，峰形愈宽表明柱效愈低。用区域宽度的大小只能定性地表达柱效，其定量表达常用理论塔板数 n 或理论塔板高度 H 表示：

$$n = 16\left(\frac{t_R}{W_b}\right)^2 = 5.54\left(\frac{t_R}{W_{h/2}}\right)^2 = \left(\frac{t_R}{\sigma}\right)^2$$

$$H = \frac{L}{n}$$

式中，L 为柱长。

（四）色谱峰间的距离

在色谱图上，两个色谱峰之间的距离大，表明色谱柱对各组分的选择性好；两个色谱峰之间的距离小，表明色谱柱对各组分的选择性差。在色谱分析中，色谱柱的选择性表明它对不同组分的分离能力，可定量地用分离度（分辨率）R 来表示：

$$R = \frac{2(t_{R_2} - t_{R_1})}{W_{b_1} + W_{b_2}}$$

分离度综合考虑了保留时间和基线宽度两方面的因素。通常 $R=1.5$，才认为两个相邻峰完全分离；$R=1.0$，两个相邻峰恰好分离；$R<1.0$，表明两个相邻峰不能分离开（图 8-5）。

上述气相色谱流出曲线的几个特征，具有通用性，适用于各种色谱分离方法（如高效液相色谱法、超临界流体色谱法等）。

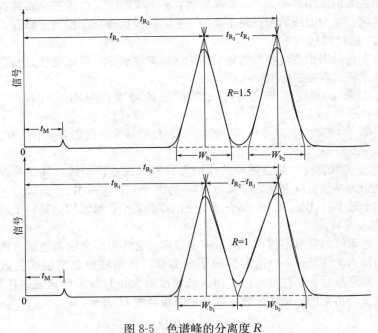

图 8-5　色谱峰的分离度 R

三、气相色谱法的应用范围

对常温呈气态的样品，可直接注入色谱柱进行分析；对常温呈液态的样品，需加热气化后才能进入色谱柱进行分析；对常温呈固态的样品，可选用适当的溶剂溶解制备成溶液，再按液态样品进行分析，或将固态样品进行热裂解或激光裂解使其呈气态后，再按气态样品进行分析。

对气态样品，可用于分析化工生产中的原料气、化学反应后的放空尾气、锅炉的烟道气；石油化工生产中的油品裂解气、铂重整后的芳烃混合气（$C_6 \sim C_8$）、高聚物生产中具有高纯度（99.99%）的高分子单体（乙烯、丙烯、丁二烯、氯乙烯等）；环境监测中的大气污染物、室内环境监测中的总挥发有机物（VOC）等。

对液态样品，可用于分析石油炼制中的泵油、汽油、柴油等的组成；化工生产的醇、醛、酮、酸、酯、醚、胺等低沸点有机物的含量；环境监测各种水体中的有机污染物；临床医学诊断分析人体的血液、尿、体液中的相关成分。

对固体样品，利用热裂解可分析高聚物的组成以及金属、合金、半导体材料中的微量气体杂质。

由上述可知，气相色谱法适用于对低分子量、易挥发的无机物（永久性气体）和有机化合物（占有机物的 15%～20%）的分析，见表8-4。

气相色谱法目前在基础理论研究、实验方法的扩展、新型仪器研制等方面，都日趋完善，已发展成为一门高效、灵敏、应用范围广泛的分析技术。

表8-4　气相色谱法的应用范围

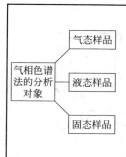

气相色谱法的分析对象	气态样品	**永久性气体** 无机物：H_2、O_2、N_2、CO、CO_2、SO_2、SO_3、H_2S、HCl、NH_3、NO、NO_2 等；有机物：低级烃（$C_1 \sim C_4$）；烷烃：CH_4、C_2H_6、C_3H_8、C_4H_{10}；烯烃和二烯烃：C_2H_4、C_3H_6、C_4H_8、C_4H_6；炔烃：C_2H_2、C_3H_4；芳烃：苯、甲苯、二甲苯、苯乙烯
	液态样品	**有机物** 液态烃及芳烃、卤代烃、醇、醛、酮、醚、酸、酯、胺、酰胺等
	固态样品	**高聚物** 酚醛及脲醛树脂；聚酰胺树脂；聚甲基丙烯酸酯；苯乙烯-二乙烯基苯共聚物；聚酯；尼龙-6；聚氯乙烯；聚乙烯；聚丙烯；顺丁橡胶；丁苯橡胶；氯丁橡胶等

第三节　气相色谱仪

气相色谱法操作时使用气相色谱仪，被分析样品（气体或液体气化后的蒸气）在流速保持一定的惰性气体（称为载气或流动相）的带动下进入填充有固定相的色谱柱，在色谱柱中样品被分离成一个个的单一组分，并以一定的先后次序从色谱柱流出，进入检测器，转变成电信号，再经放大后，由记录器记录下来，在记录纸上得到一组曲线图（称为色谱峰），根据色谱峰的峰高或峰面积就可定量测定样品中各个组分的含量。这就是气相色谱法的简单测定过程。

当用热导池检测器时，其气路流程如图 8-6 所示。使用氢火焰离子化检测器时，其气路流程如图 8-7 所示。使用双柱（一个毛细管柱，一个填充柱）双检测器的气路流程如图 8-8 所示。

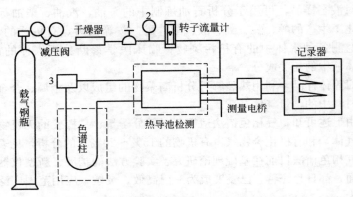

图 8-6　热导池检测器气路流程图
1—稳压阀；2—压力表；3—进样器及气化室（图中虚线方框表示恒温室）

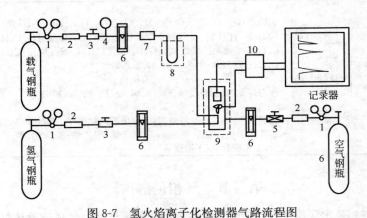

图 8-7　氢火焰离子化检测器气路流程图
1—减压阀；2—干燥器；3—稳压阀；4—压力表；5—针形阀；6—转子流量计；
7—进样器及气化室；8—色谱柱（虚线表示恒温室）；9—氢火焰离子化检测器
（虚线表示恒温室）；10—微电流放大器

由上述两种流程可以看出，用气相色谱法进行分析时，需用的设备

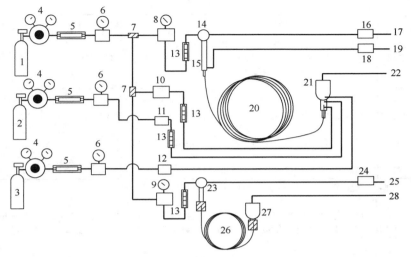

图 8-8 典型双柱仪器系统的气路控制示意图

1—载气（氮气或氦气）；2—氢气；3—压缩空气；4—减压阀（若采用气体发生器就可
不用减压阀）；5—气体净化器；6—稳压阀及压力表；7—三通连接头；8—分流/不分
流进样口柱前压调节阀及压力表；9—填充柱进样口柱前压调节阀及压力表；
10—尾吹气调节阀；11—氢气调节阀；12—空气调节阀；13—流量计（有些仪器不安
装流量计）；14—分流/不分流进样口；15—分流器；16，24—隔垫吹扫调节阀；
17，25—隔垫吹扫放空口；18—分流流量控制阀；19—分流气放空口；20—毛细管柱；
21—FID检测器；22—检测器放空出口；23—填充柱进样口；26—填充柱；
27—TCD检测器；28—TCD放空口

有：载气流速控制及测量装置；进样器和气化室；色谱柱及柱温控制；
检测器及恒温室；数据处理系统。

下面就分别介绍各部分设备的构造、性能及使用方法。

一、载气流速控制及测量装置

（一）气相色谱使用的各种气源

进行气相色谱分析时要使用作为流动相的载气和用于检测器的燃气
和助燃气。

1. 载气

氮气、氦气、氢气、氩气都可用作气相色谱的流动相，常称作
载气。

常用载气的性质见表 8-5。

表8-5 常用载气物性表

载气名称	化学符号	分子量	密度/(g/L)	黏度/×10⁻⁶P	热导率/[×10⁵ cal/(cm·s·℃)]	第一电离势/eV	激态能量/eV	可适用的检测器
氮	N_2	28.0134	1.2502	175	6.406	15.576	6.3	FID,ECD,TCD
氦	He	4.0026	0.1785	195	36.86	24.481	19.8	TCD,HID
氢	H_2	2.016	0.08987	88.2	45.87	15.427	7.6	FID,TCD,FPD,TID
氩	Ar	39.948	1.7838	222	4.422	15.755	11.6	TCD,ArID

注:1. 密度在0℃测定;黏度在20℃测定;热导率在100℃测定。

2. 1P=0.1Pa·s,1cal=4.18J,下同。

3. TCD—热导池检测器;FID—氢火焰离子化检测器;FPD—火焰光度检测器;ECD—电子捕获检测器;TID—热离子化检测器;HID—氦离子化检测器;ArID—氩离子化检测器。下同。

2. 燃气和助燃气

气相色谱分析中,检测器常用的燃气为氢气,常用的助燃气为氧气和空气。表8-6为燃气和助燃气的物性。

表8-6 气相色谱检测器使用的燃气和助燃气物性

气体名称	化学符号	分子量	密度/(g/L)	黏度/×10⁻⁶P	热导率/[×10⁵ cal/(cm·s·℃)]	第一电离势/eV	激态能量/eV	可适用的检测器
氢	H_2	2.016	0.08987	88.2	45.87	15.427	7.6	FID,FPD,TID
氧	O_2	31.998	1.42896	203	6.591	12.063	7.5	FID,TID
空气		28.96	1.2928	181	6.422			FID,FPD,TID

上述各种载气、燃气和助燃气,一般都由高压气瓶供给,其初始压力为10~15MPa,各种气体高压气瓶的外观颜色见表8-7。

表8-7 高压气瓶的颜色

气瓶＼气体	H_2	N_2	Ar	He	空气	氧
外壳的颜色	暗绿	黑	灰	棕	黑	浅蓝

气瓶 \ 气体	H$_2$	N$_2$	Ar	He	空气	氧
标字的颜色	红	黄	绿	白	白	黑
条纹的颜色	—	棕	白	—	—	—

(二) 气体的净化

1. 载气含有的杂质对气相色谱分析的影响

(1) 使色谱柱的使用寿命缩短。

(2) 使柱分离效率降低。

(3) 使检测器的灵敏度下降，使微量组分测定不准确。

2. 载气的净化要求

载气杂质对分析的影响是很大的。因此，载气在使用前要经过一定的净化。净化要求的程度主要取决于分析的要求、使用色谱柱的种类及检测器正确使用的条件。

在气相色谱分析中选择气体纯度时一般应注意以下原则：

(1) 微量分析比常量分析要求气体纯度高。如用 TCD 分析含量为 10×10^{-6} 的痕量一氧化碳，则所用载气中杂质的总含量应小于 10×10^{-6}。此时即使用纯度 99.999% 载气，其含有 0.001% 的杂质，即相当于 10×10^{-6}，因此对含量为 10×10^{-6} 的痕量分析，所用载气纯度应高于 99.999%。FID 要求使用气体中烃类化合物含量必须很低，对使用甲烷转化装置的 FID，载气中 CO 和 CO$_2$ 的含量要求比一般 FID 更低。对 ECD 必须使用超纯氮气。

(2) 毛细管柱分析比填充柱分析要求气体纯度高。

(3) 程序升温分析比恒温分析要求气体纯度高。

(4) 浓度型检测器比质量型检测器要求气体纯度高。

(5) 中、高档仪器比低档仪器要求气体纯度高。

高纯气体的纯度见表 8-8。

表 8-8　高纯气体的纯度

检测器	气体	用途	纯度/%	杂质含量/$\times10^{-6}$
TCD	氦	载气	≥99.995	氖<10,N$_2$<10,O$_2$<2.5,Ar<0.1,CO$_2$<0.25
	氢	载气	≥99.995	N$_2$<1,O$_2$<5,CO$_2$<1,H$_2$O<5,总烃<1

检测器	气体	用途	纯度/%	杂质含量/×10⁻⁶
FID, FPD	氮 氢 空气	载气 燃气 助燃气	≥99.998 ≥99.995 呼吸级	$H_2<1,O_2<1,Ar<10,CO_2<1,H_2O<5,$甲烷$<1$ $N_2<1,O_2<5,CO_2<1,H_2O<5,$总烃$<1$ $CO_2<500,CO<10,$甲烷$<20,$总烃$<0.02,$水、 氮、氖、氩、氪均小于1‰
ECD	氮	载气	≥99.998	$H_2<1,O_2<1,Ar<10,CO_2<1,H_2O<5,$甲烷$<1$

3. 载气的净化方法

(1) 除水：采用吸附法除水，对载气中高含量水分，可用预先在 105～120℃活化的硅胶（蓝色）吸附，再用 4A 或 5A 分子筛吸附低含量水分，分子筛应预先在 350℃灼烧，活化。在低温（如干冰-酒精温度）下用 3A 或 5A 分子筛除水可使水含量降至 $30×10^{-6}$ 以下。如净化温度低于－70℃，则还能有效地除去载气中的氧、氮、甲烷、一氧化碳、二氧化碳等杂质。

(2) 除低级烃：载气中微量烃类气体，可用活性炭在低温下吸附除去；空气中微量轻组分烃类气体可用高温氧化亚铜（270℃以上）氧化为 CO_2，H_2O。然后用碱或碱石棉吸收除去。

(3) 除 O_2：最常用的是铜屑吸收法，用经过加热至 300～500℃的铜屑（或铜丝）来捕集载气中微量氧。其反应如下：$2Cu+O_2 \longrightarrow 2CuO$，生成的 CuO，可再通入 H_2 加热还原，进行反应为：$CuO+H_2 \longrightarrow Cu+H_2O$，还原生成的铜可反复使用。

（三）载气流速的控制

为了保持气相色谱分析的准确度，载气的流量要求恒定，其变化小于 1%，通常使用减压阀、稳压阀、针形阀等，来控制气流的稳定性。

1. 减压阀

减压阀俗称氧气表，装在高压气瓶的出口，用来将高压气体调节到较小的工作压力，通常将10～15MPa 压力减小到 0.1～0.5MPa。

由于气相色谱中所用载气流量较小，一般在 100mL/min 以下，所以单靠减压阀来控制流速是比较困难的，通常在减压阀输出气体的管线中还要串联稳压阀或针形阀，以精确地控制气体的流速。

2. 稳压阀

稳压阀用以稳定载气（或燃气）的压力，常用的是波纹管双腔式稳压阀。使用这种稳压阀时进气口压力不得超过 0.6MPa，出气口压力一般在 0.1～0.3MPa 时稳压效果最好。使用时气源压力应高于输出压力 0.05MPa。稳压阀不工作时，应顺时针转动放松调节手柄，使阀关闭，以防止波纹管、压簧长期受力疲劳而失效。使用时进气口和出气口不要接反，以免损坏波纹管。所用气源应干燥，无腐蚀性，无机械杂质。

3. 针形阀

针形阀是用来调节载气流量，也有些仪器用它来控制燃气和空气的流量。由于针形阀结构简单，当进口压力发生变化时，处于同一位置的阀针，其出口的流量也发生变化，所以用针形阀不能精确地调节流量。针形阀常安装于空气的气路中，用以调节空气的流量。

4. 稳流阀

当用程序升温进行色谱分析时，由于色谱柱温不断升高引起色谱柱阻力不断增加，也会使载气流量发生变化。为了在气体阻力发生变化时，也能维持载气流速的稳定，需要使用稳流阀，来自动控制载气的稳定流速。稳流阀可看作是由流量控制器和针形阀两个部分组合而成。

流量控制器是由阀芯（球形或碟形阀针）、橡皮隔膜（隔膜上为 A 腔，隔膜下为 B 腔）、压簧构成。流量控制器与针形阀，上游反馈管线组成一个闭环自动控制系统。由于流量控制器的作用使载气通过针形阀的入口压力和出口压力有恒定的压力差，从而使稳压阀输出流量保持不变。

稳流阀的输入压力为 0.03～0.3MPa，输出压力为 0.01～0.25MPa，输出流量为 5～400mL/min。当柱温从 50℃升至 300℃时，若流量为 40mL/min，此时的流量变化可小于±1%。

使用稳流阀时，应使其针形阀处于"开"的状态，从大流量调至小流量。气体的进、出口不要反接，以免损坏流量控制器。

（四）载气流速的测量

载气流速是气相色谱分析的一个重要操作条件，正确地选择载气流速，可提高色谱柱的分离效能，缩短分析时间。由于气相色谱分析中所用气体流速较小，一般不超过 100mL/min，作为氢焰检测器助燃气的空气，其流速也不过几百毫升/分钟，所以常用下述方法测量流速。

1. 电子气路控制（EPC）系统

现在许多新型气相色谱仪已不使用转子流量计，而采用电子压力传感器或电子流量传感器来准确控制和调节载气、燃气与助燃气的流量。用于载气控制的电子压力传感器和电子流量传感器的技术指标见表 8-9。

表 8-9　电子压力传感器和电子流量传感器的技术指标

传感器	电子压力传感器	电子流量传感器
准确度	±2%(全量程范围)	<±5%(不同气体有所不同)
重现性	±0.05%psi[①]	设定值的±0.35%
温度系数	±0.01psi/℃	对于 N_2 或 Ar/CH_4:±(0.50mL/min)/℃
		对于 H_2 或 He:±(0.20mL/min)/℃
偏移	±0.1psi/6 个月	

① 1psi=6894.76Pa,下同。

使用此技术的主要优点是:

① 采用 EPC 后,气体流量控制准确,重现性好,因载气流量变化引起的保留时间测量的相对标准偏差小于 0.02%。

② 采用 EPC 后,由仪器的液晶屏显示气体的压力和流量,可省略压力表和部分流量调节阀,简化了仪器结构。

③ 提高了仪器的自动化程度。它可按操作人员预先设定的压力、流量参数进行自动运行;并自动记录运行过程的压力、流量变化;当不进样时可自动降低载气流速以节省贵重载气(如 He);可自动检查气相色谱系统是否漏气,保证了操作过程的安全。

④ 便于实现载气的多模式操作,如恒定流速操作、恒定压力操作和程序升压操作。尤其是程序升压操作为仪器提供了除程序升温操作以外的另一种优化分离条件的方法。

此技术应用的局限性在于成本较高,并需定期进行压力、流量示值的校正,此技术多用于通过计算机控制操作参数的气相色谱仪中。

2. 皂膜流速计

皂膜流速计是目前用于测量气体流速的基准仪器,其结构简单,如图 8-9 所示。皂膜流速计由一根带有气体进口的量气管和橡皮滴头组成。使用时先向橡皮滴头中注入肥皂水,挤动橡皮滴头就有皂膜进入量气管。当气体自流量计底部进入时,就顶着皂膜沿管壁自下而上移动,用秒表测定皂膜移动一定体积时所需的时间,就可计算出气体的流速(mL/min),测量精密度可达 1%。

在毛细管柱气相色谱仪中,除可使用皂膜流速计测量气体流速外,还使用电子压力控制器(EPC)来自动控制分流进样器、检测器中载气的流速。

现在许多色谱仪中还使用数字显示压力表来指示载气进入色谱柱前

的压力，即柱前压。

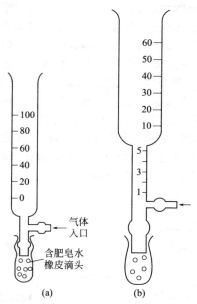

图 8-9　皂膜流速计
（a）填充柱使用；（b）毛细管柱和填充柱使用

二、进样器和气化室

（一）进样器

用气相色谱法分析气体、可挥发的液体和固体时，进入分析系统的样品用量的多少、进样时间的长短、进样量的准确度和重复性等都对气相色谱的定性、定量工作有很大影响。进样量过大、进样时间过长，都会使色谱峰变宽甚至变形。通常要求进样量要适当，进样速度要快，进样方式要简便、易行。

1. 气体样品进样

（1）注射器进样　对气体样品常使用医用注射器（一般用 0.25mL、1mL、2mL、5mL 等规格）进样，此法优点是使用灵活方便，缺点是进样量的重复性差（一般相对误差为 2%～5%）。

（2）气体定量管进样　常用六通阀连接定量管进样，常用的六通阀有两种。

① 平面六通阀　如图 8-10 所示。它是目前气体定量阀中比较理想的阀件，使用温度较高、寿命长、耐腐蚀、死体积小、气密性好，可在低压下使用；缺点是阀面加工精度高，转动时驱动力较大。平面六通阀由阀座和阀盖（阀瓣）两部分组成。阀盖和阀座由弹簧压紧，以保证气密性。阀座上有 6 个孔，阀盖内加工有 3 个通道，在固定位置下阀盖内的通道将阀座上的孔两个两个地全部连通，这些孔和阀座上的接头相通，再外接管路，当转动阀盖时，就可达到气路切换的目的。当阀盖在位置Ⅰ时，可使气样进入定量管，即为取样位置。当阀盖转动 60°达位置Ⅱ时，载气就将定量管中的样品带入色谱柱，即为进样位置。

定量管可根据需要选用 0.5mL、1mL、3mL、5mL 数种。SP-2304型、SP-2305 型气相色谱仪就使用这种平面六通阀。

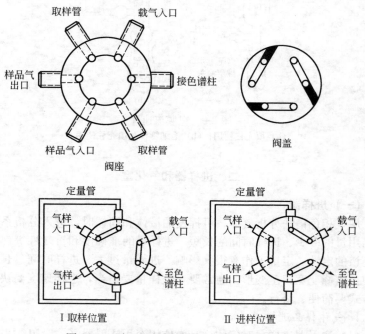

图 8-10　平面六通阀结构、取样和进样位置

② 拉杆六通阀　如图 8-11 所示，拉杆六通阀由阀体和阀杆两部分组成。阀体为一圆柱筒，体上有 6 个孔。阀杆是一根金属棒，上有四道间隔不同的半圆槽并有相应的耐油橡胶密封圈与阀体密封。阀杆有两个

动作，推进时可完成取样操作；拉出 6mm 时就完成进样操作。

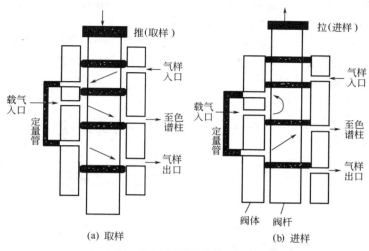

(a) 取样　　　　　　　　(b) 进样

图 8-11　拉杆六通阀取样、进样位置

　　有些气相色谱仪也使用这种拉杆六通阀。这种六通阀和用相同原理加工成的八通、十通、十二通阀，也常用在工业色谱仪上以完成多流路、多柱、反吹等流程操作。

　　2. 液体样品进样

　　液体样品多采用微量注射器进样，常用的微量注射器有 $1\mu L$、$10\mu L$、$50\mu L$、$100\mu L$ 等规格 [图 8-12（a）]。

　　液体进样后，为使其瞬间气化，必须正确选择气化温度。一旦样品气化不良就使色谱峰前沿平坦，后沿陡峭，成"伸舌头"形，此时色谱峰也相应变宽。

　　在商品微量注射器上装一个卡子，可使进样重复性得到改善 [图 8-12（b）]。a 是原注射器的针蕊，b 为玻璃管，c 是套在针蕊外的一个细铜管或不锈钢管，用银焊将 a 及原针蕊顶盖 g 焊死，d 的中心有孔，以使 c 通过，边上有小孔，供焊在顶盖 g 上的金属棒 f 通过，起固定方向的作用。使用前根据所需的进样量固定 e 在 c 上的位置，取样时将注射器插入样品液体上，把针蕊上下拉动（a、c、e、f、g 一起动）数次，以排尽注射器针筒内的气体，然后把针蕊拉至最高极限（即 e 和 d 接触），吸取所需量的液体样品，把注射器从样品瓶中拔出，立刻插入色

313

谱仪进样口，把针蕊推到底，即完成进样动作。用注射器注入液体样品时，针头在色谱进样器中的位置、插入的速度、停留的时间和拔出的速度等对进样重复性的影响较大，操作中应加以注意。

图 8-12（c）为采集易挥发液体（或气体）的一种微量注射器，在注射器的前端有一开关阀，可在取样后关闭阀，以防止液样挥发，并可避免当转移样品时混入空气。

微量注射器如图 8-12 所示。

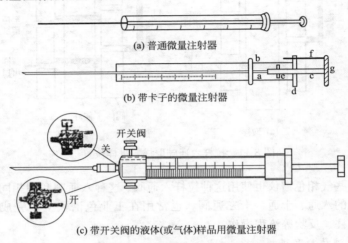

(a) 普通微量注射器

(b) 带卡子的微量注射器

(c) 带开关阀的液体(或气体)样品用微量注射器

图 8-12　不同结构的微量注射器

3. 固体样品进样

固体样品通常用溶剂溶解后，用微量注射器进样。

对高分子化合物进行裂解色谱分析时，常将少量高聚物放入专门的裂解炉中，经过电加热，高聚物分解、气化，即可用载气将分解产物带入色谱柱进行分析。为使高聚物裂解，还可使用高频加热、激光、电弧等途径。

（二）气化室

气化室的作用是将液体样品瞬间气化为蒸气。气化室实际上是一个加热器。

气相色谱分析时，对气化室的要求很高。首先为了使样品瞬间气化，气化室的热容量要大，通常采用金属块作加热体。其次载气在进入气化室与样品接触之前应当预热，以使载气温度和气化室温度相接近，为此可将载气管路沿着加热的气化器金属块绕成螺管，或在金属块内钻有足够长的载气通路，使载气能得到充分的预热。最后气化室的内径和总体积应尽可能小，以防止样品扩散并减小死体积，此时用注射器针头可直接将样品注入热区。另外载气进入气化室后，要从气化室的前部将气化了的样品迅速带入色谱柱，避免样品反转入冷区而引起色谱峰的扩张。

正确选择液体样品的气化温度是获得对称色谱峰形的条件之一，尤其对高沸点样品和受热易分解样品，要求在气化温度下，样品能瞬间气化而不分解。为防止样品与气化室金属内壁接触产生吸附或催化分解反应，应在气化室内部插入一个由硬质玻璃或石英制作的衬管，以保证气化室内壁有足够的惰性。

一般仪器的气化室加热温度可从室温升至350~400℃，对高档仪器气化室还具有程序升温功能。

此外由于使用硅橡胶材料制作的进样隔垫在气化室高温作用下，会使其含有的残留溶剂或低聚物挥发，或使硅橡胶发生部分降解，因此它们被载气带入色谱柱就会出现来历不明的"鬼峰"（非样品峰）而影响分析结果。现在生产的气相色谱仪都配备了隔垫吹扫装置，即在进样隔垫和玻璃内衬管之间增加了一个有一定阻力的放空毛细管，当载气进入气化室后，先经过加热块预热，然后大部分载气进入内衬管将气化样品带入色谱柱，同时也有部分载气（约2mL/min）向上流动，并从隔垫下方吹扫过去，而从放空毛细管将隔垫排出的可挥发物吹扫出气化室，此时样品是在玻璃衬管内气化，而不会随隔垫吹扫气流失。图8-13显示的是填充柱进样口的结构和隔垫吹扫过程。

在气化室内衬管轴线上不同位置的温度分布是不均匀的，图8-14为气化室温度分布示意图，当设定气化室温度为350℃时，从进样隔垫至色谱柱接头处的温度变化呈现出两端处较低，内衬管的中间部分温度最接近350℃。进样隔垫处的温度远低于设定气化温度，可防止硅橡胶隔垫的快速老化。由于内衬管中间部分温度最高，因此进样时微升注射器要插到底，使针头到达内衬管中部温度最高处，使样品快速气化。此处最好塞有一些经硅烷化处理的玻璃毛，以加速样品气化。在柱接头处的温度也低于气化室设定温度，但与柱箱的设定温度相关，并随柱箱温度的升高而升高。

当使用开口管柱（俗称毛细管柱）时，由于柱内壁涂渍或键合的固

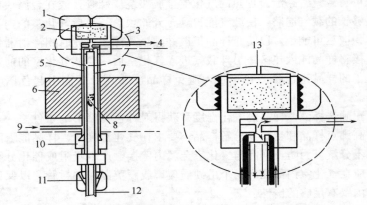

图 8-13　填充柱进样口结构及隔垫吹扫原理示意图
1—固定隔垫的螺母；2—隔垫；3—隔垫吹扫装置；4—隔垫吹扫气出口；5—气化室；
6—加热块；7—玻璃衬管；8—石英玻璃毛；9—载气入口；10—柱连接件固定螺母；
11—色谱柱固定螺母；12—色谱柱；13—3 的放大图

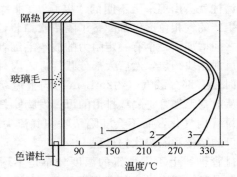

图 8-14　气化室温度（设定为 350℃）分布示意图
1—柱箱温度为 35℃；2—柱箱温度为 150℃；3—柱箱温度为 300℃

定相的量很少，柱容量低，为防止对样品超载，必须使用专门制作的分流进样器，其结构如图 8-15 所示。

　　当样品注入分流进样器以后，仅有极少部分的（微量）样品（占进样量的 10％～1％）进入毛细管柱，其余绝大部分样品随载气由分流气体出口逸出放空。在分流进样时，进入毛细管柱内的载气流量与放空的载气流量之比称为分流比。分析时使用的分流比范围为（1：

10）～（1：100）。这样可避免毛细管柱的超载，以保持高柱效。随毛细管气相色谱技术的迅速发展，现在除使用分流进样外，还使用不分流进样、冷柱头进样、程序升温气化进样等技术。但这些方法必须配备专用的气化室，欲了解详情可参阅气相色谱法实验技术部分。

正确地选择液体样品的气化温度十分重要，尤其对高沸点和易分解的样品，要求在气化温度下，样品能瞬间气化而不分解。气化温度的选择与样品的沸点、进样量和鉴定器的灵敏度有关。气化温度并不一定要高于被分离物质的沸点，但应比柱温高50～100℃。

控制气化室温度，常用两种方法加热。一种是用自耦变压器控制绕在气化室金属块（或玻璃管）上

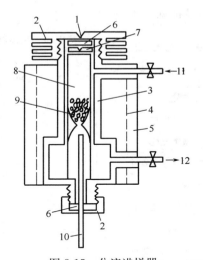

图 8-15　分流进样器
1—进样口；2—螺母；
3—进样器主体；4—电热丝；
5—保温材料；6—硅橡胶垫；
7—金属垫片；8—玻璃内衬管；
9—玻璃微球；10—毛细管柱；
11—载气入口；12—分流气体出口

电流丝两端的电压，这种方式控温精细并能延长电热丝使用时间。另一种是用电热丝串、并联的方法控制加热电流的大小，这种方法温度变化较大。

气化室的温度可使用温度计或热电偶（镍铬-考铜）测量，通过测温毫伏计指示出气化室温度（注意测温毫伏计上指示的温度加上室温才是气化室的真实温度）。现在许多气相色谱仪已广泛使用数字显示式温度指示装置。

三、色谱柱及柱温控制

色谱柱是气相色谱法的核心部分，许多组成复杂的样品，其分离过程都是在色谱柱内进行的。色谱柱分为两类，填充柱和毛细管柱（开管柱），后者又分为空心毛细管柱和填充毛细管柱两种。目前在工业分析中应用最广的是填充柱，但毛细管柱的应用也日益增多。色谱柱的分类

及特征见表 8-10。

表 8-10 色谱柱的分类及特征

分 类	比渗透率 /10^{-7} cm²	柱内径 / mm	柱长 / m	理论塔板数 /(块/ m)	平均线速 /(cm/min)	进样量 / mg
填充柱						
常规填充柱	1～3	2～6	2～10	1000	5～20	0.1～10
微填充柱	<1	0.5～1	<5	3000～5000	5～20	0.05～1
填充毛细管柱	6～11	0.3～0.5	10～15	2000	10～40	0.05～1
开管柱						
固体涂渍开管柱	200～700	0.2～0.4	20～100	2500 左右	10～40	1/100
壁涂渍开管柱	>200	0.2～0.4	20～100	3000～4500	10～30	<1/100
多孔层开管柱	>200	0.3～0.4	5～15	2000	150	0.01～0.2

通常把色谱柱内填充的固体物质叫作固定相,其作用是把样品中的混合组分分离成单一组分。根据色谱柱内填充固定相的不同,可把气相色谱法分为两类——气固色谱法和气液色谱法。

若色谱柱内填充的是具有活性的固体吸附剂,如分子筛、氧化铝、活性炭等,则进行的分析就叫作气固色谱法。

若色谱柱内填充的是一种惰性固体〔通常叫作载体,其无吸附性、催化性,但有较大的比表面积($1m^2/g$)和一定的机械强度,如红色的6201 载体等〕,其表面涂上一层高沸点有机化合物的液膜(通常叫固定液,如邻苯二甲酸二壬酯、β,β'-氧二丙腈、聚乙二醇-400 等),则进行的分析叫作气液色谱法。

色谱柱的分离效能主要是由柱中填充的固定相所决定的,但柱温也是影响分离效果的因素之一。

1. 色谱柱的材料、形状及连接方法

填充柱可用玻璃管、不锈钢管、铜管、聚四氟乙烯管、铝管等制成。最常用的是不锈钢管、玻璃管、聚四氟乙烯管。

色谱柱的形状,常用的是 U 形和螺旋形两种。

柱的内径一般为 2～6mm,常用的是 4mm。柱长一般为0.5～10m。可装颗粒度为 0.250～0.425mm(对长柱管)或 0.180～0.250mm(对短柱管)的固定相。分离组成复杂的样品,常需使用长柱管,当然使用短柱管，其分析速度就比较快。

毛细管柱内径只有 0.2～0.5mm，长度达几十米，甚至达百米以上（多用玻璃或石英制造），因而能获得高效率，可解决复杂的、填充柱难以解决的分析问题。

色谱柱是可以装卸和更换的，为了保证柱和气路系统连接时的气密性，柱的连接方式很重要，常用的有两种方法。一种是用于不锈钢柱管，把柱管口用专门的扩口器扩大成喇叭口形，配合紫铜垫圈与专用的螺母连接，优点是耐高温，缺点是不易密封。另一种是用于玻璃柱管的，用聚四氟乙烯垫圈密封，再用金属螺母连接，装卸时应小心，以免损坏玻璃柱管。两种连接方式如图 8-16 所示。

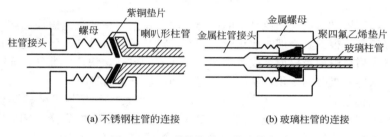

(a) 不锈钢柱管的连接　　　　　(b) 玻璃柱管的连接

图 8-16　色谱柱管的两种连接方式

2. 柱温控制

为了适应在不同温度下使用色谱柱的要求，通常把色谱柱放在一个恒温箱中（也叫柱炉或色谱炉），以提供可以改变的、均匀的恒定温度。恒温箱使用温度为 0～300℃或 0～500℃，要求箱内上下温度差在 3℃以内，控制点的控温精度在 ±0.1～±0.5℃。

为保证恒温箱内温度均匀，一般采用空气浴恒温，由于空气的比热容甚小，为使箱内部上下温度均匀，用鼓风马达强制空气对流。这种恒温箱的优点是升温快，易于变温和自动控制，也易于获得高温（400～500℃）。若恒温箱容积小，也可采用主、副加热丝的方法，进行加热。

恒温箱的温度控制线路，采用铂丝电阻作为热敏元件，通过测温交流（或直流）电桥、电压放大、相敏检波作为温度控制单元，以可控硅作为执行元件控制加热丝的加热或降温，以实现恒温的要求。

这种控温方式使用安全可靠，控温连续、精度高，操作简便。现已广泛用于多种型号的色谱仪中。

恒温箱的温度测量可使用热电偶测量，通过测温毫伏计指示出色谱柱温（注意测温毫伏计上指示的温度应加上室温，才是色谱柱的真实温度）。现在液晶数字显示式温度指示装置已获广泛应用。

当分析沸点范围很宽的混合物时，用等温分析方法难以完成分离的任务，此时就要采用程序升温的方法。所谓程序升温是指在一个分析周期里，色谱柱的温度连续地随分析时间的增加从低温升到高温。升温速度可为2℃/min、4℃/min、8℃/min、16℃/min、32℃/min。这样可改善宽沸程样品的分离度并缩短分析时间。

程序升温的温度控制比较复杂，现在多采用电子式程序升温装置。

四、检　测　器

检测器是构成气相色谱仪的关键部件。其作用是把被色谱柱分离的样品组分，根据其物理的或化学的特性，转变成电信号（电压或电流），经放大后，由记录仪记录成色谱图。检测器能灵敏、快速、准确、连续地反映样品组分的变化，从而达到定性和定量分析的目的。

气相色谱仪所用检测器的种类很多，应用最广的是热导池检测器（TCD）和氢火焰离子化检测器（FID）；此外还有氮磷检测器（NPD）、电子捕获检测器（ECD）、火焰光度检测器（FPD）等，见表8-11。

检测器根据响应特性分为两类：一类是浓度型检测器，即被测定组分和载气相混合，检测器的灵敏度和被测组分的浓度成正比，如TCD和ECD就属此类；另一类是质量型检测器，当被测组分被载气带入检测器时，检测器的灵敏度和单位时间进入检测器中组分的质量成正比，如FID和FPD就属此类。

进行气相色谱分析时，希望所用检测器灵敏度高、响应时间快、操作稳定、重复性好。

在气相色谱仪中，检测器应有独立的恒温箱，其温度控制及测量方法和色谱柱恒温箱相似。

表 8-11　气相色谱法中常用的检测器

检测器		工作原理	应用范围
热导池检测器	（TCD）	气体热导率的差异	无机和有机化合物
氢火焰离子化检测器	（FID）	气态样品在氢火焰中电离	大多数有机化合物

检测器		工作原理	应用范围
电子捕获检测器	（ECD）	气态样品在 β 射线作用下电离	电负性有机化合物
火焰光度检测器	（FPD）	含硫、磷气态样品在氢还原火焰中产生分子发射	含硫、磷有机化合物
热离子化检测器（或氮磷检测器）	（TID 或 NPD）	含氮、磷气态样品在铷玻璃球产生热表面电离	含氮、磷有机化合物
光离子化检测器	（PID）	气态样品等在紫外线照射下电离	电离能较低的易挥发的有机化合物
氦离子化检测器	（HID）	挥发性气体在 β 射线作用下电离	稀有或超纯气体中微量杂质分析
硫化学发光检测器	（SCD）	硫化物在燃烧器中与臭氧（O_3）反应，化学发光（蓝紫色）	石油产品中的硫化物分析

五、数据处理系统

数据处理系统是构成气相色谱仪的不可缺少的部件，由它绘出的色谱图是进行定性分析和定量分析的主要依据，也是衡量色谱柱柱效、分离度和检测器性能优劣的可靠依据。

随着计算机技术的发展，数据处理系统的配置也日趋完善，早期生产的气相色谱仪仅配置有记录仪，20世纪60年代开始配置数字积分仪，70年代配置微处理机。在20世纪90年代后配置了性能齐全、操作简便的色谱工作站，从而大大扩展了色谱分离、分析技术的应用范围。

色谱数据工作站是将一台32位的微型计算机通过 R232 通用接口与气相色谱仪相连接。微型计算机的 CPU 为 $i3$ 或 $i5$，内存不小于 2GB、配有 160GB 以上的硬盘，安装有功能齐全的中文 Windows 操作平台，提供完善的软件系统，如用光盘输入专用的数据处理程序，就可通过标准键盘和鼠标器，运行丰富多彩的色谱数据处理功能。它具有：色谱峰的识别；基线的校正；重叠峰和畸形峰的解析；计算色谱峰的各种参数（包括保留时间、峰高、峰面积、半峰宽、拖尾因子等）；按定量分析方法（如归一化法、内标法、外标法等）计算各组分的含量。每次分析结束，可由打印机绘制出对应的色谱图并打印出各色谱峰的相关参数和定量分析结果。

色谱数据工作站还配备丰富的谱图处理功能软件（谱图的放大、缩小；峰的合并、删除；色谱图的叠加或相减运算；多重谱图绘制等多种谱图再处理功能）；多种色谱参数的应用软件（计算柱效、分离度、拖尾因子，进行范底姆特方程曲线的绘制，由测量数据模拟出自变量和因变量数学关系的曲线，如绘制标准工作曲线等）；色谱分离过程的优化软件（如单纯形优化、窗图优化等）；保留指数定性软件；多维色谱系统操作控制软件、色谱模拟蒸馏软件等。

色谱数据工作站不仅具有谱图绘制和色谱参数、数据的处理功能，还具有能实时控制气相色谱仪的压力、流量、温度、自动进样、阀切换和流路切换的多种功能，可对实现气相色谱仪的自动化操作发挥重要作用。

六、气相色谱仪的使用和维护

气相色谱仪是结构比较复杂的分析仪器，使用时要分别控制气体流路的压力、流量参数，气化室、色谱柱箱和检测器室的温度参数；要使用多种进样技术；要控制和调节多种检测器的最佳检测条件，以获得快速、灵敏和准确的分析结果。

(一) 气相色谱仪的性能指标

气相色谱仪的一般性能指标如下。

(1) 载气、燃气、助燃气流量控制。

(2) 气化室的温度控制　50～400℃，控温精度为±0.01℃。

(3) 色谱柱箱的温度控制　室温～400℃，多阶程序升温（3～8阶），升温速率0～30℃/min，控温精度为±0.01℃。

(4) 检测器室的温度控制。

(5) 常用检测器的灵敏度（S）或敏感度（M）指标控制。

① TCD　$S \geqslant 5000 \text{mV}/[\text{mL} \cdot \text{mg(苯)}]$，噪声 $I_i \leqslant 0.02 \text{mV}$。

② FID　$M \leqslant 1 \times 10^{-12} \text{g/s}$，噪声 $I_b < 1 \times 10^{-14} \text{A}$。

③ ECD　$M \leqslant 2 \times 10^{-12} \text{g/mL}$（$\gamma$-666），噪声 $I_b < 1 \times 10^{-14} \text{A}$。

④ TID　$M_s \leqslant 5 \times 10^{-11} \text{g/s}$（噻吩），$M_p \leqslant 1 \times 10^{-11} \text{g/s}$（1605），噪声 $I_b \leqslant 2 \times 10^{-12} \text{A}$。

⑤ NPD　M_N：$1 \times 10^{-13} \text{g/s}$，$M_p$：$1 \times 10^{-13} \text{g/s}$，噪声 $I_b \leqslant 5 \times 10^{-14} \text{A}$。

⑥ PID　$M \leqslant 1 \times 10^{-13} \text{g/s}$，噪声 $I_b \leqslant (1 \sim 5) \times 10^{-4} \text{A}$。

⑦ HID　$M \leqslant 1 \times 10^{-11} \text{g/mL}$，噪声 $I_b \leqslant 2.5 \times 10^{-12} \text{A}$。

⑧ SCD　$M_s \leqslant 1 \times 10^{-3} \, g/s$，噪声 $I_b \leqslant 5 \times 10^{-14} \, A$。

（二）气相色谱仪的使用规则

（1）气相色谱仪应安置在通风良好的实验室中，对高档仪器应安装在恒温（20～25℃）空调实验室中，以保证仪器和数据处理系统的正常运行。

（2）按仪器说明书要求安装好载气、燃气和助燃气的气源气路与气相色谱仪的连接，确保不漏气。配备与仪器功率适应的电路系统，将检测器输出信号线与数据处理系统连接好。

（3）开启仪器时，首先接通载气气路，打开稳压阀和稳流阀，调节至所需的流量。

（4）先打开主机总电源开关，再分别打开气化室、柱恒温箱、检测器室的电源开关，并将调温旋钮设定在预定数值。

（5）待气化室、柱恒温箱、检测器室达到设置温度后，可打开热导池检测器电源，调节好设定的桥流值，再调节平衡旋钮、调零旋钮至基线稳定，即可进行分析。

（6）若使用氢火焰离子化检测器，应先调节燃气、氢气和助燃气空气的稳压阀和针形阀，达到合适的流量后，按点火开关，使氢焰正常燃烧；打开放大器电源，调基流补偿旋钮和放大器调零旋钮至基线稳定，即可进行分析。

（7）若使用碱焰离子化检测器（氮磷检测器）和火焰光度检测器，点燃氢焰后，调节燃气和助燃气流量的比例至适当值，其它调节与氢火焰离子化检测器相似。

（8）若使用电子捕获检测器，应使用超纯氮气并经 24h 烘烤后，使基流达到较高值再进行分析。

（9）每次进样前应调整好数据处理系统，使其处于备用状态，进样后由绘出的色谱图和打印出的各种数据而获得分析结果。

（10）分析结束后，先关闭燃气、助燃气气源，再依次关闭检测器桥路或放大器电源；气化室、柱恒温箱、检测器室的控温电源；仪器的总电源，待仪器加热部件冷至室温后，最后关闭载气气源。

（三）气相色谱仪的维护

1. 气路系统的维护

（1）气源至气相色谱仪的连接管线可使用铜管、尼龙管或聚四氟乙烯管，应定期用无水乙醇清洗，并用干燥 N_2 吹扫干净。

（2）气体自气源进入气相色谱仪前需通过干燥的净化管，管中活性炭、硅胶，分子筛应定期进行更换或烘干，以保证气体的纯度满足检测器的要求。

（3）稳压阀、针形阀、稳流阀的调节应缓慢进行。稳压阀不工作时，应顺时针放松调节手柄使阀关闭；针形阀不工作时，应逆时针转动手柄至全开状态；调节稳流阀时，应使阀针从大流量调至小流量，不工作时使阀针逆时针转至全开状态。切记稳压阀、针形阀、稳流阀皆不可作开关阀使用。各种阀的气体进、出口不能安装反。

（4）使用皂膜流量计校正气体流量时，应使用澄清的洗涤剂，用后洗净，晾干放置。

（5）定期清理气化室内的积炭结垢，对内衬管要清除污垢，洗净干燥后重新装入气化室，并及时更换进样口硅橡胶隔垫，保证密封不漏气。

（6）更换色谱柱时，要认真检查色谱柱与气化室接口和与检测器室的接口，保证密封不漏气。

2. 电路系统的维护

（1）对高档仪器要充分利用由微处理机控制的仪器自检功能，开机后，待自检显示正常后再调节控制参数。

（2）对气路系统和电路系统安装在一起的整体仪器，应将由检测器输出的信号线与由计算机控制的数据处理系统连接好，以保证绘图、打印功能的正常进行。

（3）对气路系统和电路系统分离开的组合式仪器，应注意连接好气化室、柱箱、检测器室的温度控制电路；控制热导池的电桥电路；FID的放大器电路；检测器输出信号与数据处理系统的连接电路等。保证电路畅通。

（4）当电路系统发生故障时，应及时与仪器供应商联系进行维修。

七、商品气相色谱仪简介

我国在 20 世纪 60 年代中期已开始生产实验室用气相色谱仪，70 年代随着石油化工的发展，气相色谱仪的生产迅速增加，在型号、数量、质量方面都有了很大的进展。20 世纪 80 年代以后，由于引进、消化、吸收了国外气相色谱仪制造的先进技术，已能生产由单片机控制气相色谱仪的操作参数、全玻璃系统、配有多种检测器、可使用填充柱和毛细管柱的高性能色谱仪。进入 21 世纪以后，我国已能生产由色谱工作站控制的性能齐全的新型气相色谱仪。

现在常用的气相色谱仪见表 8-12、表 8-13。

表 8-12　当前国内气相色谱仪的主要生产厂家及仪器型号

厂家	典型仪器型号	性能与特点	适用范围
天美	SCION 456-GC	快速、灵活检测	适用于食品,法医学,环境,临床检验/毒物检测,石化等领域
	SCION 436-GC	适用于 GC 常规应用领域更小的占用空间	石油化工、环境环保和食品医药等
	GC-7980	可实现全 EPC 电子流量控制	常规分析
北京北分瑞利	SP-1000	单检测器型、全微机控制	常规分析
	SP-3420A	具有自诊断,操作简便、自动化程度高	用于石油、化工、环保、医药、电力、矿上、科研及教育等众多领域
	SP-2020	EPC 控制,全微机控制	
	SP-2100A	操作简单,全微机控制	
北京东西分析	GC-4100	全自动 EPC 控制流量	常规分析
	GC-4000A	灵活	常规分析
浙江福立	GC-9790	双气路、多检测器气相色谱仪	通用型
	GC-9720	全气路 EPC、AFC 流量控制	常规分析
	GC-9750	普及型、多用途	通用型
上海仪电	GC-128	自动气相色谱仪,气路采用 EPC 控制,检测器采用 PPC 控制	常规分析
	GC-126	可安装填充柱、分流/不分流进样器	常规分析
上海科创	GC9800N		石化行业专用,用于热(裂)解毛细柱色谱分析
	GC9800	全微机控制系统,可实现对仪器的远程控制和远程数据传输处理及监管	高纯气体分析专用
上海舜宇恒平	GC-1290	全自动 EPC 控制流量和压力	常规分析
	GC-1120	手动气体流量控制,操作简单	常规分析

厂家	典型仪器型号	性能与特点	适用范围
滕州鲁南	GC-6890A		通用型
	GC-7820	采用互联网通信技术,可实现远距离数据传输、远程控制、远程诊断	常规分析
武汉泰特沃斯	GC-2030	全微机化按键操作	常规分析
	GC-2020	全微机化按键操作	常规分析
山东鲁创	GC-9860 plus	EPC 控制	常规分析

表 8-13　在我国有影响力的气相色谱仪国外生产厂家及仪器型号

厂家	典型仪器型号	性能与特点	适用范围
岛津	GC-2014	灵活多样的进样单元和检测器系统,同时安装和使用毛细管柱和填充性	通用型
	GC-2014C	机型灵活多样,既有全手动流量控制机型,也有全自动流量控制机型	适合石油化工、食品安全、环境监测等领域
	GC-smart (GC-2018)	适用于常规检测需求的气相色谱仪。简单易用,数字化显示流量,手动调节气路旋钮	石油化工、食品安全、环境监测、质量检验、生物化工和医药卫生等领域
Agilent	7890B	EPC 控制精度达 0.001psi,高精度保留时间锁定和快速柱箱降温	通用/痕量分析
	7820A	EPC 控制精度为 0.01psi	适用于主要使用标准气相色谱方法进行常规的中、小型实验室
Perkin Elmer	Clarus 680	分析快速、样品处理量大,分析周期短;降温速度快	可用于环境、食品、饮料、法医鉴定、石油化工、材料测试和教学等领域
	Clarus 580	耐用	适用于石油化工、替代能源、环境检测和法医鉴定等领域
	Clarus 480	手动气体调节,有单通道或双通道两种配置	适合环境、食品、饮料、法医鉴定、石油化工、材料测试和教学等领域
Thermo Fisher	Trace 1300	可直接更换即时联接的模块化进样口和检测器,减少仪器的维护时间	常规实验室
	Trace GC Ultra	可实现快速、高灵敏度分析	原油、农药、碳水化合物以及食品和香料鉴定

第四节 固 定 相

在气相色谱分析中，填充柱装填的固定相或毛细管柱内壁涂渍的固定相可以分为两大类，即气固色谱的固定相和气液色谱的固定相，下面分别予以介绍。

一、气固色谱的固定相

在气固色谱中，色谱柱中填充的固定相是表面有一定活性的固体吸附剂，当样品随载气不断通过色谱柱时，由于固体吸附剂表面对样品中各组分的吸附能力不同，于是就产生反复多次的吸附和解吸过程（吸附和解吸是可逆的），根据各组分被吸附剂吸附的难易程度，表现出易被吸附的组分后从色谱柱流出，不易被吸附的组分先从色谱柱流出，从而达到分离的目的。

在气固色谱中，常用的固定相，即固体吸附剂为活性炭、石墨化炭黑、氧化铝、硅胶、分子筛、高分子多孔小球（GDX）、碳分子筛（TDX）、Tenax 等。

气固色谱常用固体吸附剂的性能见表 8-14。

用气固色谱法进行分析时，选择吸附剂可按下述原则。

① 若被分离的组分沸点、极性相近，但分子直径不同，可选用适当孔径的分子筛，利用分子筛的孔径效应分离。

② 若被分离的组分沸点相近，极性不同，其沸点低时，可选用 5A 分子筛，沸点高时，可选用活性氧化铝或硅胶。

③ 若被分离的组分极性相近，沸点不同，其沸点低时，可选用活性炭，沸点高时，可选用活性氧化铝。

④ 若使用一种吸附剂不能完全分离时，可用两种或多种吸附剂串联使用。如分析永久性气体时，可先用硅胶柱将 CO_2 和其它组分分开，再用 5A 或 13X 分子筛柱分离 H_2、O_2、N_2、CO、CH_4。

气固色谱法主要用于分离分析永久性气体和低沸点的 $C_1 \sim C_4$ 烃类，近年来由于 GDX、TDX 的广泛使用，气固色谱法的应用范围已大大扩展。

表 8-14 气固色谱用吸附剂的性能

吸附剂		主要化学成分	结晶形式	比表面积/(m²/g)	极性	最高使用温度/℃	活化方法	分离特征	备注
碳素吸附剂	活性炭(炭黑)	C	无定形炭(微晶炭)	300~500	无	<300	先用苯(或甲苯)浸泡,在350℃用水蒸气洗至无杂质,最后在180℃烘干备用	分离永久性气体及低沸点烃类,不适于分离极性化合物	加入少量减尾剂或极性固定液(<2%),可提高柱效,减少拖尾,获得较对称峰形
	石墨化炭黑	C	石墨状细晶	≤100	无	>500	先用苯(或甲苯)浸泡,在350℃用水蒸气洗至无杂质,最后在180℃烘干备用	分离气体及高沸点烃类,对高沸点有机化合物能获得较对称峰形	
氧化铝		Al_2O_3	主要为α-Al_2O_3及γ-Al_2O_3	100~300	弱	随活化温度而定,可>500	在200~1000℃下烘烤至室温活化备用	主要用于分离烃类及其结构异构物,在低温下可分离氢同位素	随活化温度不同,含水量保留值不同,从而影响保留效率
硅胶		$SiO_2 \cdot nH_2O$	凝胶	500~700	有	随活化温度而定,可>500	用(1+1)盐酸浸泡2h,再用水洗至无氯离子,最后在180℃烘干备用也可在200~900℃下烘烤活化冷至室温备用	分离永久性气体及低级烃	随活化温度不同,其极性差异大,色谱性质不同
分子筛		$x(MO) \cdot y(Al_2O_3) \cdot z(SiO_2) \cdot nH_2O$	均匀的多孔结晶	500~1000	有	400	在350~550℃下烘烤活化3~4h(注意:超过600℃会破坏分子筛结构而失效)	特别适用于永久性气体和惰性气体的分离	化学组成:M代表一种金属元素,随晶型不同而分为A,X,Y,B,L,F等几种型号,天然泡沸石也属此类

1. 活性炭和石墨化炭黑

可用非极性活性炭来分析永久性气体和低沸点烃（$C_1 \sim C_4$ 烃类）。但由于其表面不均匀，所得色谱峰拖尾，并且其来源不同（木炭、杏核、核桃壳活性炭），所得分析结果重复性很差，现在已很少使用。

现多使用石墨化炭黑，即将炭黑在 3000℃ 高温煅烧，使原来几何结构不均一、吸附活性也不均一的表面变成均匀的石墨化表面。它是非多孔、非特效、高度惰性的吸附剂，其比表面积 $10 \sim 100 m^2/g$，样品依据分子量的大小和形状在它的表面进行分离，水峰仅有很小的保留位。它可用来分离多种极性化合物而不致使色谱峰拖尾，也可用来分离某些顺式和反式空间异构物。它也可用作载体，表面可涂渍固定液，用作气液色谱固定相。石墨化炭黑还可敷在聚乙烯塑料粉上作为固定相，用作特殊的分析目的。依据石墨化炭黑比表面积的差别，用作气液色谱固定相载体时，涂渍固定液的百分比为 0.1％～5％。

石墨化炭黑的商品型号见表 8-15。

表 8-15　石墨化炭黑的商品型号

	型号	比表面积/(m^2/g)	目数	填充密度/(g/mL)	最高操作温度/℃
Supelco	Carbopack B	100	60～80	0.38	500
	Carbopack C	10	60～80	0.72	500
	Carbopack F	5	20～40		500
Alltech	Craphpac-GC	10～13	80～100		500
	Craphpac-GB	100～110	80～120		500

2. 氧化铝

气固色谱主要使用 γ-氧化铝，具有中等极性，氧化铝的含水量直接影响样品的保留值和对样品分离的选择性。使用前应在 450～1350℃ 活化 2h，降温后保存在干燥器中。色谱分析时，应对氧化铝进行部分钝化，使它保持稳定的活性，为此可使载气通过 $Na_2SO_4 \cdot 10H_2O$ 或 $CuSO_4 \cdot 5H_2O$ 进行润湿，以钝化氧化铝。

一般用极性氧化铝吸附剂分析 $C_1 \sim C_4$ 烃类，要求氧化铝含水低于1％，否则影响选择性，另外为了减少峰形拖尾，多在氧化铝上涂以 1％～2％ 的阿匹松 M 或甲基硅油，这样就可较好地用于分析裂解气中的 $C_1 \sim C_4$ 烃类，但对 C_4 烃类的分离较差。

经 NaHCO$_3$ 处理的氧化铝柱分离 C$_1$～C$_4$ 烃的稳定性较好。处理方法如下：将 90g 氧化铝用 50g/L NaHCO$_3$ 溶液浸渍后，在 105℃烘干，再于 450℃灼烧 2h。最后涂渍 1%～3%阿匹松 M 后，备用。

不同型号的氧化铝见表 8-16。

表 8-16　不同型号的氧化铝

生产厂家	型号	比表面积/(m²/g)	填充密度/(g/mL)	最高使用温度/℃	目数
Alltech	Alumina F-1	240	1.01	100	40/60,60/80,80/100,100/120
	Unibeads-A				60/80,80/100
Supelco	Anachrom				80/100,100/120
	Alumina F-1	240	1.01	100	40/60,60/80,80/100,100/120
Dikma	Activated Alumina F-1			400	40/60,60/80,80/100,100/120
	Activated Alumina TR			80	40/60,60/80,80/100,100/120

3. 硅胶

普通硅胶的表面积为 800～900m²/g，孔径为 1～7nm，其分离效能决定于它的孔径大小和含水量。硅胶对 CO$_2$ 有强的吸附能力，因此可用硅胶柱将永久性气体中的 H$_2$、O$_2$、N$_2$、CO、CH$_4$ 和 CO$_2$ 分离开。

为了改进硅胶的分离性能，现多使用多孔微球形硅胶，它是用特殊方法制备的，孔径从几到几百纳米。在这种硅球上涂少量（2%）的高沸点有机物质（聚乙二醇-20M），就可以成功地分离气体、芳烃、卤化物等，其中包括用一般色谱柱难以分离的间、对二甲苯（沸点分别为 139.1℃，138.4℃）。高沸点固定液用化学键合方法涂于微球形硅胶上，高温使用时不易流失。

全多孔硅胶的性能见表 8-17。

表 8-17　全多孔硅胶的性能

型号	比表面积/(m²/g)	平均孔径/nm	最高使用温度/℃	性能相近产品
Porasil A	480	<10	600	DG-1

型号	比表面积/(m²/g)	平均孔径/nm	最高使用温度/℃	性能相近产品
Porasil B	200	10~20	600	DG-2
Porasil C	50	20~40	600	DG-3
Porasil D	25	40~80	600	DG-4
Porasil E	4	80~150	600	
Porasil F	1.5	>150	600	
Porasil S	300	约15	600	

4. 分子筛

分子筛是在气固色谱分析中广泛采用的新型吸附剂。它是一类人工合成的泡沸石，其组成是硅酸铝的钠盐或钙盐，可表示为：$MO \cdot Al_2O_3 \cdot xSiO_2 \cdot yH_2O$。其中 M 可为 K、Na、Ca 等，当合成泡沸石加热时，结构水就从硅铝构架的空隙中逸出，留下一定大小而且分布均匀的孔穴，孔径的大小取决于 M 离子半径和它在此构架上的位置。当样品分子经过分子筛时，比孔径小的分子便被吸进去，而比孔径大的分子则通过分子筛而出来，故分子筛实际上像是一个"反筛子"。分子筛具有强极性表面，其表面积很大，一般有 700~800 m²/g 的内表面积、1~3 m²/g 的外表面积。分子筛的性能主要取决于孔径的大小和表面特性（表 8-18）。

气固色谱中通常用 4A、5A、13X 三种类型分子筛。4A 分子筛中 4 表示分子筛平均孔径为 0.4nm，A 表示类型，其组成的质量比为：Na_2O ：Al_2O_3：SiO_2＝1：1：2。当其中有 1/4~3/4 的 Na^+ 被 Ca^{2+} 置换后便成 5A 型的。X 型的化学组成和 A 型的基本相似，只是基体中硅铝比值高一些。如 13X，其组成的质量比为：Na_2O：Al_2O_3：SiO_2＝1：1：3。

分子筛很容易吸水，当它吸水后，水分子就占据了分子筛的空穴，使其失去活性。因而在用分子筛进行色谱分析时，载气要十分干燥。分子筛失效后需重新活化。

分子筛主要用于分析永久性气体 H_2、O_2、N_2、CO、CH_4（CO_2 不易脱附，不能分析）和在低温下分析惰性气体。此外分子筛还能用于除去复杂组分样品中的水分，正构的烯烃、醇、醛和酸，但是在除去这些化合物时，要特别注意某些醛和酮（如丙酮和丙醛）在一定条件下（如一定浓度和温度）会产生缩合反应，烯烃在分子筛柱上会产生异构化反应。

表 8-18　分子筛的性能

型号	比表面积/(m²/g)	平均孔径/nm	最高使用温度/℃	可吸附的物质
3A	500～700	0.32	400	永久性气体
4A	约800	0.48	400	永久性气体,低沸点有机物
5A	750～800	0.55	400	C_4^0 烃类,卤代烃
10X	1030	0.9	400	C_4 异构烃类、芳烃
13X	1030	1.0	400	异构烃、芳烃、杂环化合物

5. 高分子多孔小球

Porapak 和 Chromosorb 是广泛使用的高分子多孔小球,国产高分子多孔小球(常用符号 GDX 表示)是由苯乙烯和二乙烯基苯组成的交联共聚物(如 GDX101～105、GDX201～203)及它们和三氯乙烯生成的共聚物(GDX301)、它们和含氮杂环单体生成的共聚物(GDX401、403)、它们与含氮极性单体生成的共聚物(GDX501)、含强极性基团的二乙烯基苯共聚物(GDX601)(表 8-19、表 8-20)。

这种高分子多孔小球具有特殊的表面孔径结构,很大的比表面积($80～800m^2/g$)和一定的机械强度,可在 250℃ 以下使用,能耐氯化氢、氟化氢、NH_3、含氮氧化物的腐蚀作用。这种材料有如下特点:①无论是非极性物质还是极性物质,在这种固定相上的拖尾现象都降低到最低限度;②这种材料的主链以苯环为主,极性很小,有强憎水性,因此水在其中的保留时间极短,一般仅大于甲烷或乙烷,水峰峰形陡而且对称。

GDX101～105 现在广泛用于分析乙烯、丙烯、丁二烯、异丁烯、丙烯腈等高分子单体中的微量水分及有机溶剂苯、丙酮中的微量水分,还可分离 CO、CH_4、CO_2。

GDX301 可用于分析乙炔、氯化氢气体。

GDX401、403 可用于分析氯气、氯化氢、氨气、低级胺中的微量水。还可用于分析水、甲醇、甲醛的强极性混合物,以及 $C_1～C_4$ 的低级脂肪酸。

GDX501 可用于分析 C_4 烯烃的异构体。

GDX601 可用于分析苯和环己烷，丙烯醇和丙炔醇，正丙醇和叔丁醇等较难分离的物质。

表 8-19　Porapak 高分子多孔小球的性质

型号	组成①	极性	比表面积 /(m²/g)	填充密度 /(g/mL)	最高使用 温度/℃	性能相 近产品
Porapak P	DVB-STY	非极性	100～200	0.27	250	Chromosorb-101
Porapak PS	DVB-STY	非极性	100～200	0.27	250	Chromosorb-103
Porapak Q	DVB-EVB	弱极性	500～600	0.34	250	Chromosorb-102
Porapak QS	DVB-EVB	弱极性	500～600	0.34	250	
Porapak R	DVB-NV2P	中等极性	450～600	0.30	250	Chromosorb-105
Porapak S	DVB-VP	中等极性	300～450	0.35	250	
Porapak N	EGDMA	极性	225～350	0.38	190	Chromosorb-107
Porapak T	DVB-VP	强极性	250～350	0.43	190	Chromosorb-108

①DVB—二乙烯基苯；STY—苯乙烯；EVB—乙基苯乙烯；NV2P—N-2-烯基-2-吡咯苗酮；VP—乙烯基吡啶；EGDMA—二甲基丙烯酸乙二醇酯。

6. 碳分子筛（碳多孔小球，TDX）

碳分子筛是由碳原子以链状碳桥结构生成的非极性固定相，其化学惰性强、耐腐蚀、耐辐射，是一种新型气固色谱固定相（表 8-20）。

碳分子筛（TDX）的特点是比表面积大（800～1000m²/g），视密度约 0.60g/mL，平均孔径 12.4Å（1Å＝10^{-10} m），能耐 400℃高温、-78℃低温。它分为 TDX-01 和 TDX-02 两种型号。用 TDX-01 分析乙烯中的痕量杂质乙炔特别适用，其优点是痕量乙炔在大量组分乙烯前流出，这样能准确测定乙炔的含量而不会受到大量组分拖尾的影响。它可在-78℃下分离分析含 O_2、N_2、CO 的混合物。TDX-02 的化学惰性更强，适用于分析稀有气体、永久性气体和 C_1～C_4 烃类，并可用于分析低级烃中的微量水分，水峰在 CO 和 C_1^0 之间出现（TDX-01，水峰在 C_1^0 和 CO_2 之间出现）。

碳分子筛柱的柱效高，可达 1200～1500 块板/m，当柱效下降时，可于 180～200℃通入 H_2 处理 4～8h，柱效即可复原。

表 8-20　不同型号碳分子筛性能比较

型号	比表面积/(m^2/g)	填充密度/(g/mL)	最高操作温度/℃	目数	生产厂家
TDX-01	800	0.60	500		天津化学
TDX-02	1000	0.60	500		试剂二厂
Carboxen-1000	1200	0.44	225	45～60,60～80	
Carboxen-1004	1100	0.45	225	80～100	Supelco
Carbosieve G	910	0.24	225	45～60,60～80,80～100,100～120	

7. 聚苯醚高分子固定相（Tenax）

Tenax 为聚 2, 6-二苯基对苯醚，是一种全多孔聚合物，可耐 350℃高温（耐温稳定性为 275℃），并具有抗氧化功能，其结构式见下：

Tenax-GC 是最早生产用作色谱柱和吸附捕集柱的填料，特别适用于分析高沸点有机物，如高碳醇、聚乙二醇、多元酚、碳数 3～10 的二元醇、碳数 5～10 的二元胺、乙醇胺、烷基苯、碳数 6～12 的二元酸甲酯等。

Tenax-TA 经特殊加工设计，适用于从空气中捕集挥发性有机物（用于室内环境检测）和从液体（水或废水）中捕集易挥发有机卤代物、低级醛、酮、醇等，使用前需预先加热处理，保持极低水平的干扰物空白状态。

Tenax-GR 含 23% 石墨化炭黑，适用于对低分子量有机物的吸附和解吸，所获色谱峰形更加对称，其效率是 Tenax-TA 的两倍以上。

上述三种型号的 Tenax 都可重复多次使用（表 8-21）。

表 8-21　不同型号 Tenax 性能比较

型号	目数	比表面积 /(m²/g)	孔体积 /(cm³/g)	平均孔径 /nm	密度 /(g/cm³)
Tenax-GC	20～35				
	35～60				
	60～80				
Tenax-TA	20～35	35	2.4	200	0.16 0.25
	35～60				
	60～80				
Tenax-GR①		25			0.55

①含 23%石墨化炭黑。

二、气液色谱的固定相

填充柱气液色谱固定相分为载体和固定液两部分。

（一）填充柱常用载体的性质及处理方法

在气液色谱中，对填充柱固定液必须涂渍在载体上才能发挥它分离混合物的作用，虽然固定液是分离的决定性因素，但是载体也并不是无关紧要的。由于载体结构和表面性质可以直接影响分离效果，一般对载体有以下要求：

① 表面应该是化学惰性的，即没有吸附和催化性能；

② 表面积应较大（比表面积应大于 $1m^2/g$），孔径分布均匀；

③ 热稳定性好，有一定的机械强度。

气液色谱中用的载体种类很多，总的可分为硅藻土型与非硅藻土型两类（表 8-22）。目前应用比较普遍的是硅藻土型。

表 8-22　两种硅藻土载体的比较

类型	制造特点	表面酸度	孔径	分离特征	备　注
红色载体	由天然硅藻土与适当黏合剂烧制而成	略呈酸性,pH<7	较小	为通用载体,柱效较高,液相负荷量大,但在分离极性化合物时往往有拖尾现象	浅红色、粉红色载体均属此类

类型	制造特点	表面酸度	孔径	分离特征	备 注
白色载体	由天然硅藻土与助熔剂（如 Na_2CO_3 等）烧制而成	略呈碱性，pH>7	较小	为通用载体，柱效及液相负荷量均为红色载体一半稍强，但在分离极性化合物时拖尾效应较小	灰色载体也属于此类，仅所用助熔剂酸碱性不同

1. 硅藻土型载体

硅藻土型载体分为红色和白色两种。

红色载体是将天然硅藻土粉碎并压成砖形，在 900℃ 以上煅烧（因其具有高温绝热性能，又叫保温砖载体），由于生成氧化铁，使其具有了特征的红色。红色载体的表面积大（$4m^2/g$），孔穴密集，孔径小（$1\mu m$），结构紧密，机械强度好。它表面活性中心较多，吸附性较大，适于与非极性固定液配合使用分析非极性或弱极性物质。若分析极性物质时，会有色谱峰拖尾现象。

白色载体是向天然硅藻土中加入少量 Na_2CO_3 助熔剂，其在 900℃ 高温煅烧后，氧化铁变成了无色的硅酸钠铁络合物，使原来浅灰色的天然硅藻土变成白色。白色载体的表面积小（$1m^2/g$），孔径粗（$9\mu m$），结构疏松，机械强度不如红色载体。但它表面活性中心显著减少，吸附性小，适于与极性固定液配合使用分析极性或氢键型化合物。另外由于白色载体的催化活性小，能用于较高的柱温。

由于硅藻土载体的表面不是一个光滑的球面，而是凹凸不平分布着许多孔穴，因而它有较大的比表面积，这就保证了固定液可在载体表面形成一层面积相当大的液膜。如果载体表面没有吸附活性中心，这一层液膜可以涂得均匀。但实际上由于载体表面具有硅醇（Si—OH）和硅醚（Si—O—Si）结构，并有少量金属氧化物（如氧化铁），因此表面存在着氢键和酸碱活性作用点，这就会引起载体吸附，产生化学反应或催化反应。因而在分析样品时，会产生色谱峰拖尾现象，并使保留值发生变化。

为了消除上述现象，往往在分析极性、氢键型、酸性或碱性样品时，对载体需进行预处理，以获得对称的色谱峰和较好的分离结果。一般载体的处理方法如下：

（1）酸洗法 当分析酸类和酯类化合物时，用此法可除去铁等金属氧化物的碱性作用点，但不能洗去硅醇结构，所以用酸洗的载体分析极性物质时仍存在拖尾现象。酸洗的方法是：用 6mol/L 盐酸加热浸泡载体 20～30min，然后用水冲洗至中性，于烘箱中烘干备用。酸洗后的载体降低了吸附性，但增加了载体的催化性（如酸洗载体会促使醇类物质酯化）。

（2）碱洗法　当分析胺类等碱性物质时，用此法可除去 Al_2O_3 等酸性作用点。碱洗的方法是：用 50g/L KOH-甲醇溶液浸泡回流载体，再用水冲洗至中性，烘干备用。碱洗载体可能会分解非碱性的酯类。

（3）硅烷化　分析极性和氢键型化合物（如水、醇、胺等）时，用二甲基二氯硅烷处理载体，硅烷与载体表面的硅醇、硅醚基团起反应，可除去氢键结合能力，以消除色谱峰拖尾现象。硅烷化的方法是：先把酸洗后的载体在 110℃ 干燥 2h，然后称取 10g 二甲基二氯硅烷，溶于 200mL 甲苯中，倒入 50g 酸洗后干燥过的 6201 载体，摇匀并减压，同时不断摇动，驱掉载体表面气泡，再恢复至常压，静置 10min，将溶液抽滤（滤液可用作处理柱管用），再用 200mL 甲苯分几次洗涤，最后用 200mL 甲醇处理，此时滤液应无色；把处理过的载体置于瓷盘中晾干，然后在 80℃烘箱中烘 2h。因二甲基二氯硅烷易水解，处理时各种器皿必须干燥。处理好的载体，放在水中应浮在水面上，这是检验硅烷化是否成功的标志。原来的载体表面积比硅烷化后的载体表面积大 2～3 倍，表面由亲水性变为憎（疏）水性，便于涂渍非极性或弱极性固定液，而极性固定液就不能均匀地涂在载体上。硅烷化后的载体只适于在 270℃以下使用。

（4）釉化　将欲处理的载体在 20g/L Na_2CO_3 水溶液中浸泡两昼夜，烘干后先在 870℃下煅烧 3.5h，然后升温至 980℃煅烧40min，烘干后即可使用。这种载体的吸附性能低，强度大。当固定液中加入少量去尾剂后，就能分析醇、酸等极性较强的物质，不出现明显的拖尾现象。但在定量分析甲醇和甲酸等物质时，应注意到它们在载体上是否有不可逆的吸附作用。

2. 非硅藻土型载体

非硅藻土型载体种类很多，性质也各异（表 8-23）。常用的有氟载体、高分子多孔小球、玻璃球、洗涤剂（烷基磺酸苯酯）、素瓷、海砂等。其中以氟载体最重要，常用聚四氟乙烯，它不溶于一般的溶剂，最高使用温度为 275℃，在 225℃下长时间使用会发生颗粒熔结现象，在 290℃以上开始分解并放出有毒的烟。聚四氟乙烯载体的润湿性差，所以选择固定液有一定的限制，另外机械强度差，配制填料和装柱都比较麻烦，要在19℃以下进行操作，一般是把冷却到0℃的氟载体装入柱内，这样就不会有载体的凝集现象。

氟载体的特点是有惰性，适于分析强极性样品（如水、酸、腈类物质）和强腐蚀性物质（如HF、Cl_2等气体）。

表8-23　非硅藻土型载体性能

类型	组成	催化、吸附性能	比表面积 /(m²/g)	最高使用温度/℃
玻璃微球	硬质玻璃制成非多孔不同目数的微球	小	≤10	250
氟载体	聚四氟乙烯无定形聚三氟氯乙烯粉末	很小	≤10	<180

（二）填充柱使用的固定液

1. 对固定液的要求

在气液色谱中为实现样品中各组分的分离，所用固定液应满足以下要求。

① 固定液应是一种高沸点有机化合物，其蒸气压低，热稳定性好，在色谱分析操作温度下呈液体状态。固定液的沸点应比操作温度高100℃左右，否则固定液流失，会缩短色谱柱的使用寿命，还会引起保留值的变化，影响定性检测或引起检测器的本底电流增大。

② 在色谱柱的操作温度下，固定液的黏度要低，以保证固定液能够均匀地分布在载体的表面上。一般降低柱温会增加固定液的黏度，降低色谱柱的分离效率。对某些固定液，使用温度不能低于使用的低限温度。如阿匹松L的低限温度为75℃，甲基硅橡胶的低限温度为100～125℃。

③ 在色谱柱的操作温度下固定液要有足够的化学稳定性，这对高温（200℃以上）色谱柱尤为重要。有些固定液在高温下会变质，并有结构上的变化。

④ 对所要分离的组分要有高选择性，即对两个沸点相同（或相近），但属于不同类型的异构体（如正、异构体，顺、反异构体）有尽可能高的分离能力。

2. 固定液的分类

在气液色谱中使用的固定液已达1000多种，通常按固定液的组成大体可分为非极性、中等极性、极性、氢键型4类，如表8-24所示。固定液也可按相对极性划分，假设角鲨烷的极性为零，β,β'-氧二丙腈的极性为

100，把固定液按相对极性划分，以每 20 个极性单位为一级，可分为 0、+1、+2、+3、+4、+5 六个等级，按 0～+5 顺序极性不断增强。

表 8-24　常用固定液分类

固 定 液		最高使用温度/℃	常用溶剂	相对极性	分析对象
非极性	十八烷	室温	乙醚	0	低沸点烃类化合物
	角鲨烷	140	乙醚	0	C_8 以前烃类化合物
	阿匹松(L. M. N)	300	苯,氯仿	+1	各类高沸点有机化合物
	硅橡胶(SE-30,E-301)	300	丁醇+氯仿(1+1)	+1	各类高沸点有机化合物
中等极性	癸二酸二辛酯	120	甲醇、乙醚	+2	烃、醇、醛、酮、酸、酯各类有机物
	邻苯二甲酸二壬酯	130	甲醇、乙醚	+2	烃、醇、醛、酮、酸、酯各类有机物
	磷酸三苯酯	130	苯、氯仿、乙醚	+3	芳烃、酚类异构物、卤化物
	丁二酸二乙二醇酯	200	丙酮、氯仿	+4	
极性	苯乙腈	常温	甲醇	+4	卤代烃、芳烃和 $AgNO_3$ 一起分离烷烯烃
	二甲基甲酰胺	0	氯仿	+4	低沸点烃类化合物
	有机皂土-34	200	甲苯	+4	芳烃、特别对二甲苯异构体有高选择性
	β,β'-氧二丙腈	<100	甲醇、丙酮	+5	分离低级烃、芳烃、含氧有机物
氢键型	甘油	70	甲醇、乙醇	+4	醇和芳烃,对水有强滞留作用
	季戊四醇	150	氯仿+丁醇(1+1)	+4	醇、酯、芳烃
	聚乙二醇 400	100	乙醇、氯仿	+4	极性化合物:醇、酯、醛、腈、芳烃
	聚乙二醇 20M	250	乙醇、氯仿	+4	极性化合物:醇、酯、醛、腈、芳烃

1970 年 W. O. 麦克雷诺兹（W. O. McReynolds）为评价固定液的极性，选用 10 种标准试验溶质：苯、1-丁醇、2-戊酮、1-硝基丙烷、吡啶、2-甲基-2-戊醇、1-碘丁烷、2-辛炔、1,4-二噁烷、顺六氢化茚满，测量它们在欲测固定液极性的柱上和在角鲨烷柱上的保留指数（保留指数定义见定性部分），然后对每种溶质求出它们的保留指数增量：

$$\Delta I_i = I_{\text{P-}i} - I_{\text{sq-}i}$$

式中　$I_{\text{P-}i}$——第 i 种标准溶质在欲测极性色谱柱上的保留指数；

　　　$I_{\text{sq-}i}$——第 i 种标准溶质在角鲨烷色谱柱上的保留指数；

　　　ΔI_i——第 i 种标准溶质的保留指数增量。

W. O. 麦克雷诺兹在 226 种固定液上，测量了 10 种标准试验溶质的 ΔI_i 值，就把这些 ΔI_i 值叫作麦克雷诺兹常数，其表示了每种固定液的极性特征，反映了每种固定液与不同性质溶质间的分子间作用力的差异。通常用麦克雷诺兹常数中前五项 ΔI_i（X'、Y'、Z'、U'、S'）的总和 $\sum\limits_{i=1}^{5} \Delta I_i$ 来表示每种固定液的平均极性。近年来通过对大量试验数据总结和近代数学方法研究，已发现许多结构相似或结构不同的固定液，都具有相同的色谱分离特性。表 8-25 为麦克雷诺兹试验探针物质的性质。

表 8-25　麦克雷诺兹常数中所用的试验探针物质

试验探针物质	与其保留性能相似的化合物
苯	芳香族、烯烃
正丁醇	醇、酚
2-戊酮	醛、酮、酯
1-硝基丙烷	硝基化合物、腈类化合物
吡啶	含有机碱，特别是含 N 的复杂环状化合物
2-甲基-2-戊醇	支链化合物（特别是醇）
1-碘丁烷	卤化物
2-辛炔	乙炔（烯烃）
1,4-二氧杂环己烷	醚、碱
顺八氢化茚（或顺六氢化茚满）	非极性甾族化合物，萜烯，环烷结构

表 8-26 为常用固定液的麦克雷诺兹常数。

表 8-26　麦克雷诺兹常数

探针化合物	苯	正丁醇	2-戊酮	1-硝基丙烷	吡啶	2-硝基-2-戊酮	1-碘丁烷	2-辛炔	1,4-二氧六环	顺八氢化茚	b	$\sum \Delta I_i$	最高使用温度/℃
保留指数(固定液,角鲨烷)	653	590	627	652	699	690	818	841	654	1006			
角鲨烷(2,6,10,15,19,23-六甲基二十四烷)	0	0	0	0	0	0	0	0	0	0	0.2891	0	150
阿皮松L(高分子量饱和烃混合物)	32	22	15	32	42	13	35	11	31	33	0.2821	143	300
SF96(甲基聚硅氧烷)	12	53	42	61	37	31	0	21	41	-6	0.2525	205	250
SF30(甲基聚硅氧烷)	15	53	44	64	41	31	3	22	44	-2	0.2495	217	300
DC-200(甲基聚硅氧烷)	16	57	45	66	43	33	3	23	46	-3	0.2509	227	250
SE-52(约5%苯基置换的甲基聚硅氧烷)	32	72	65	98	67	44	23	36	67	9	0.2548	334	300
OV-7(20%苯基置换的甲基聚硅氧烷)	69	113	111	171	128	77	68	66	120	35	0.2570	592	340
DC-550(约25%苯基置换的甲基聚硅氧烷)	74	116	117	178	135	81	74	72	128	36	0.2608	620	225
邻苯二甲酸二壬酯	83	183	147	231	159	141	82	65	138	18	0.2804	803	150
邻苯二甲酸二辛酯	92	186	150	236	167	143	92	66	140	25	0.2792	831	150
OV-17(50%苯基置换的甲基聚硅氧烷)	119	158	162	243	202	112	119	105	184	69	0.2551	884	340
Ucon LB-550-X聚丙二醇	118	271	158	243	206	177	96	91	177	40	0.2644	996	200
QF-1(三氟丙基甲基硅氧烷)	144	233	355	463	305	203	136	53	280	59	0.2094	1500	250
OV-210(三氟丙基甲基硅氧烷)	146	238	358	468	310	206	139	56	283	60	0.2086	1520	280

探针化合物	苯	正丁醇	2-戊酮	1-硝基丙烷	吡啶	2-硝基-2-戊酮	1-碘丁烷	2-辛炔	1,4-二氧六烷	顺十氢化萘	b	$\sum\Delta I_i$	最高使用温度/℃
XE-60(氰乙基甲基硅氧烷)	204	381	340	493	367	289	203	120	327	94	0.2237	1785	250
OV-225(氰丙基苯基甲基硅氧烷)	228	369	338	492	386	282	226	150	342	117	0.2275	1813	250
Igepal CO$_{880}$(聚乙二醇壬基苯醚)	259	461	311	482	426	334	227	180	362	112	0.2414	1939	200
Carbowax 20M	322	536	368	572	510	387	282	221	434	148	0.2235	2308	220
PEG 4000	325	551	375	582	520	399	285	224	443	148	0.2238	2353	160
PEG 600	350	631	428	632	605	472	308	240	503	162	0.2180	2646	70
丁二酸-1,4-丁二醇聚酯	370	571	448	657	611	457	324	242	533	178	0.2106	2657	190
DEGS(丁二酸乙二醇聚酯)	499	751	593	840	860	595	422	323	725	240	0.1900	3543	200
TCEP[1,2,3-三(2-氰乙氧基)丙烷]	593	857	752	1028	915	672	503	375	853	267	0.1789	4145	170
BCEF[N,N-双(2-氰乙氧基)甲酰胺]	690	991	853	1110	1000	773	557	371	964	279	0.1951	4644	125

注:固定液量 20%,柱温 120℃,各固定液的平均相对极性用前五个试验探针的各个 ΔI_i 的加和 $\sum\Delta I_i$ 数值表示,b 表示直链烷烃经的相对保留值的对数与碳数关系的直线斜率。选自 W. O. McReynolds. J Chromatogr Sci,1970,685(8)。

3. 固定液的优选法——"最相邻技术"

1973 年李尔（J. J. Leary）等引进"最相邻技术"来表示麦克雷诺兹所公布的 226 个固定液的相似性，此法的原理是将麦氏数据用 N 维模型向量来表示。如果它们在 N 维空间是紧挨在一起的，则这两个数据就认为是相似的。其相似程度由它们的模型矢量间的欧几里得（Euclidian）距离 D 值来表征，可按下式计算：

$$D = \left[\sum_{i=1}^{m} (\Delta I_{Ai} - \Delta I_{Bi})^2 \right]^{1/2}$$

式中，D 为两固定相 A 和 B 之间的距离；i 为在两固定相上测试的某化合物；ΔI_{Ai} 为物质 i 在固定相 A 与角鲨烷（S）上所得保留指数之差（$\Delta I_{Ai} = I_{Ai} - I_{Si}$）；$\Delta I_{Bi}$ 为物质 i 在固定相 B 与角鲨烷（S）上所得保留指数之差（$\Delta I_{Bi} = I_{Bi} - I_{Si}$）。

$$\Delta I_{Ai} - \Delta I_{Bi} = I_{Ai} - I_{Si} - I_{Bi} + I_{Si} = I_{Ai} - I_{Bi}$$

可见，最相邻距离与标准物的 I_{Si} 值无关。它用来表明 A、B 两固定相极性的差异度。

李尔由计算的 D 值，确定了 12 种最佳固定液，见表 8-27。

表 8-27　12 种最佳固定液

固　定　液	D 值[①]	X'(苯)	Y'(1-丁醇)	Z'(2-戊醇)	U'(硝基丙烷)	S'(吡啶)	$\sum\limits_{i=1}^{5} \Delta I_i$
角鲨烷	0	0	0	0	0	0	0
甲基聚硅氧烷 SE-30	100	15	53	44	64	41	217
甲基苯基(10%)聚硅氧烷 OV-3	194	44	86	81	124	88	423
甲基苯基(20%)聚硅氧烷 OV-7	271	69	113	111	171	128	592
甲基苯基(50%)聚硅氧烷 DC-710	377	107	149	153	228	190	827
甲基苯基(65%)聚硅氧烷 OV-22	488	160	188	191	283	253	1075
甲基三氟丙基(50%)聚硅氧烷 QF-1(或 OV-210)	709	144	233	355	463	305	1500
甲基氰乙基(25%)聚硅氧烷 XE-60(或 OV-225)	821	204	381	340	493	367	1785
聚乙二醇 PEG-20M	1052	322	536	368	572	510	2308

固定液	D 值[1]	X'(苯)	Y'(1-丁醇)	Z'(2-戊醇)	U'(硝基丙烷)	S'(吡啶)	$\sum\limits_{i=1}^{5}\Delta I_i$
己二酸二乙二醇酯 DEGA	1259	378	603	460	665	658	2764
丁二酸二乙二醇酯 DEGS	1612	499	751	593	840	860	3543
1,2,3-三(2-氰乙氧基)丙烷（TCEP）	1885	594	857	759	1031	917	4158

　　①D 值愈大可理解为固定液的极性愈强，两种固定液的 D 值相同表明其性质相近。参考文献：J. J. Leary. J Chromatogr Sci, 1973, 11：201。

　　这 12 种固定液的特点是在较宽的温度范围内稳定，并占据了固定液的全部极性范围。此工作说明，每个实验室只要储存少量标准固定液，就可满足绝大部分分析任务的需要。

　　4. 选择固定液的原则

　　在选择固定液时，针对不同的分析对象和分析要求，可按如下原则考虑：

　　① 根据"相似性原则"，被分离的组分为非极性物质时，应选用非极性固定液，组分流出色谱柱的先后次序，一般符合沸点规律，即低沸点的先流出，高沸点的后流出（色散力起作用）。若被分离的组分为极性物质，应选用极性固定液，被分离组分流出色谱柱的先后次序，一般符合极性规律，即极性弱的先流出，极性强的后流出（取向力起作用）。若被分离的物质含有极性和非极性的组分，在使用非极性固定液时，极性组分比非极性组分先流出；使用极性固定液时，非极性组分比极性组分先流出。用异三十烷、阿匹松、十四烷、甲基苯基硅油、己二腈、β,β'-氧二丙腈等固定液分离 $C_1 \sim C_4$ 烃类时，皆符合上述规律。

　　② 对能形成氢键的物质，如醇、酸、醚、醛、酮、酯、酚、胺、腈和水的分离，一般选择极性或氢键型固定液，流出顺序取决于组分与固定液分子间形成氢键能力的大小。不易形成氢键的先流出，易形成氢键的后流出。

　　各种官能团形成氢键能力的强弱，可如表 8-28 所示，最易形成氢键的列为第 1 组，没有能力形成氢键的列入第 5 组。第 2、3、4 组形成氢键的能力依次下降。如用聚乙二醇-400 分离水、乙腈混合物时，乙腈先流出，水后流出，即属这种情况。

表 8-28　形成氢键官能团分组

分组号	官能团
1	水、二元醇、甘油、羟胺、含氧酸、酰胺、多元醇、多元酚、二元羧酸和三元羧酸
2	醇、脂肪酸、酚、伯胺、仲胺、肟、有 α-氢原子的硝基化合物、有 α-氢原子的腈、氨、肼、氟化氢、氰化氢
3	醚、酮、醛、酯、叔胺(吡啶)、没有 α-氢原子的硝基化合物、没有 α-氢原子的腈
4	氯仿、二氯甲烷、二氯乙烷、1,2-二氯乙烷、1,1,2-三氯乙烷、芳香烃和烯烃
5	饱和烃类化合物、二硫化碳、硫醇、硫化物、不包括在第 4 组的卤化碳和四氯化碳

③ 被分析的物质与固定液发生某种特殊作用，被选择性地分离。当被分析的物质组成复杂时，常使用混合固定液，它是由两种性质不同的以适当比例混合而成的固定液，此时可将固定液的极性、氢键结合能力或特殊作用性能调节到所要求的范围内，使其对给定混合物的分离既有比较满意的选择性，又不致使分析时间拖得过长。

例如，在分子中含有不饱和双键的极性和氢键型固定液（如苯乙腈、乙二醇、甘油、四氢化萘等）中，加入一定量的硝酸银，由于银离子可与烯烃中不饱和键生成络合物，与炔烃生成不挥发的乙炔化合物，因此可保留烯烃、炔烃，而烷烃就先流出。这种银离子-不饱和键加合物在 65℃以上迅速分解，因此不能在较高温度下使用。当分离 C_4 烃类时，常采用苯乙腈-$AgNO_3$ 混合固定液，可完成正、异丁烯的分离任务。

另如，单纯采用有机皂土能分离开邻、间、对二甲苯的 3 种几何异构体，若同时存在乙苯，则对二甲苯会和乙苯重叠分不开，如改用 6％有机皂土和 6％邻苯二甲酸二壬酯混合固定液，就能把乙苯，邻、间、对二甲苯很好地分离。由于有机皂土是一种液晶，使用时柱温应保持在 50～150℃之间，若高于 150℃，液晶相被破坏，低于 50℃时，柱效率会下降。

（三）熔融石英毛细管柱

1. 毛细管柱的分类

毛细管柱早期用不锈钢、软玻璃或硬玻璃制作，现在多使用熔融石英（或称石英玻璃）制作。毛细管柱又称为开（口）管柱。

熔融石英由多个硅四面体交联组成，具有密织的交联结构，其熔点高达约 2000℃，此种材料加工困难，但有很强的拉伸力。以天然石英为原材料，在真空中以火焰和电热高温条件下熔化而制成开管柱（毛细管柱），其内径 0.25～0.32mm。

毛细管柱可分为以下四种（图 8-17）。

(1) 壁涂渍开管柱：其内壁可涂渍或化学键合多种气液色谱固定液，涂渍液膜或键合层厚度 0.1～1.5μm。

(2) 多孔层开管柱：可将 1～5μm 的石墨化炭黑、碳分子筛、GDX、多孔硅胶与 5％聚甲基丙烯酸二乙氨基乙酯水溶液（黏合剂）混合，再使混合物溶液通过开管柱，就可将固相载体黏附在开管柱内壁，构成黏层厚度达 10～40μm 的多孔层柱，可用于进行气固色谱分析。

这种吸附型 PLOT 柱对极性有机物有高保留值，对同分异构体和同位素化合物呈现高选择性，尤其适用在低柱温下分析永久性气体、低级烃、卤化烷、硫化物等。若再涂渍固定液，就构成载体涂渍开管柱。

(3) 填充毛细管柱：可向内径 0.2～0.5mm 的大口径毛细管填充 100～120 目的载体（或吸附剂），再涂渍固定液，其为一种不规则、低密度填充柱。柱效介于填充柱和毛细管柱之间。

(4) 微填充柱：可用内径 0.5～1.0mm 大口径毛细管填充 5～40μm 的载体，柱长 30～50cm，可涂渍低含量固定液，用于高效气相色谱分析。

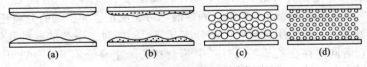

图 8-17　毛细管柱的不同类型
(a) 壁涂渍开管柱（well-coated open tubular column，WCOT）；
(b) 多孔层开管柱（porous layer open tubular column，PLOT），
它又可制成载体涂渍开管柱（support-coated open tubular column，SCOT）；
(c) 填充毛细管柱（packed capillary column）；(d) 微填充柱（micro-packed column）

2. 最常用的键合石英毛细管柱的型号及性能

现在由色谱产品供应商提供的键合石英毛细管柱已有几十种。表 8-29 列出了最常用的键合石英毛细管商品柱。表 8-30 列出色谱柱内径对柱性能的影响。

表 8-29 最常用的键合石英毛细管柱的型号及性能

SGE	Supelco	Chrompack	固 定 相	$T_{\max}^{②}$/℃	$T_{\min}^{③}$/℃
BP1	SPB-1	CP-Sil5CB	二甲基硅氧烷	320	−60
BPX5			5%苯基 95%甲基 硅氧烷	360	−80
BP5	SPB-5	CP-Sil8CB	5%苯基 95%二甲基 硅氧烷	320	−60
BP10	SPB-1701	CP-Sil19CB	14%氰丙基苯基 86%二甲基 硅氧烷	270	−20
BP225		CP-Sil43CB	50%氰丙基苯基 50%二甲基 硅氧烷	240	40
BP20	Supelco-Wax10	CP-Wax52CB	聚乙二醇 20M	240	20(50)
BP21		CP-Wax58CB	用 FFAP 改性的聚乙二醇 20M	220	20
BPX70			70%氰丙基硅氧烷	260	25
HT5			与 5%苯基相当用碳硼烷改性的硅氧烷	460(镀铝) 360 (聚酰亚胺)	10
HT8			与 8%苯基相当用碳硼烷改性的硅氧烷	360	−20
Cydex-B			β-环糊精(β-CD)	230	30
PONA		CP-SilPONACB	相当于 100% 二甲基硅氧烷	300	−60
	SPB-20		20%二苯基 80%二甲基 硅氧烷	300	−25
	SPB-35		35%二苯基 65%二甲基 硅氧烷	300	0
	SPB-50		50%二苯基 50%二甲基 硅氧烷	310	30
	PAG		甲基取代聚乙二醇	220	30
	Nukol		用间硝基苯甲酸改性的聚乙二醇	200	60

柱 型 号			固 定 相	$T_{max}^{②}$/℃	$T_{min}^{③}$/℃
SGE	Supelco	Chrompack			
SP-2330①			20%苯基 80%氰丙基 硅氧烷	250	20
SP-2340①	CP-Sil88		100%氰丙基硅氧烷	250	20
TCEP①			1,2,3-三-2-氰乙氧基丙烷	145	20

① 非键合的涂布柱:SGE——澳大利亚的公司;Supelco——美国公司;Chrompack——荷兰公司。
② T_{max}——最高操作温度。
③ T_{min}——最低操作温度。

表 8-30　色谱柱内径对柱性能的影响

柱性能②	毛细管柱①内径					填充柱内径	
	0.20mm	0.25mm	0.32mm	0.53mm	0.75mm	2mm	4mm
样品容量/ng	5~30	100~150	100~200	1000~2000	10000~15000	20000	50000
柱效/(块/m)	5000	4170	3300	1670	1170	2000	1000~1500
最佳流速 /(mL/min)	0.4	0.7	1.4	2.5	5.0	20.0	30.0

① 毛细管柱柱长 60m,填充柱柱长 2.0m;毛细管柱柱内径为 0.20mm、0.25mm、0.32mm 时,其固定液膜厚度为 0.25μm,柱内径为 0.53mm、0.75mm 时,液膜厚度为 1.0μm。
② 样品容量系指对每个组分的容量;柱效系指每米柱长对应的理论塔板数;最佳流速系指以 He 作载气、柱温 145~165℃、线速度为 20cm/s 时测定的流速;样品为正壬烷。

3. 毛细管柱性能的评价

(1) Grob 测试方法　为了评价毛细管色谱柱的分离性能,常使用由 Grob 等人提出的各种极性混合物作为探针,其组成为含 10~15 个碳原子的正构烷烃;2,3-丁二醇;1-辛醇、壬醛;2,6-二甲基苯酚;2,6-二甲基苯胺;含 10~12 个碳的正构脂肪酸甲酯等。

Grob 试剂混合物包含各种官能团的探针化合物,具有广泛的极性和酸、碱特性,它们在各种毛细管色谱柱获得的分离谱图可充分表征毛细管色谱柱的分离特征,如柱效、吸附活性、酸度、碱度、固定液液膜厚度等。

表 8-31 中列出的为在 20mL 正己烷溶剂中 Grob 试剂的浓溶液，可在 -4℃ 下储存 1 年。进行毛细管柱分离性能测试时，应使用 Grob 试剂混合物的稀溶液，为此可取 1.00mL 上述浓溶液混合物转移到 20mL 容量瓶中，用正己烷稀释至标线后使用。

表 8-31 Grob 试剂混合物的组成和浓度

组成	缩写符号	20mL 正己烷溶剂中溶解的量/mg	组成	缩写符号	20mL 正己烷溶剂中溶解的量/mg
甲基癸酸酯	E_{10}	242	壬醛	C_9-al	250
甲基十一酸酯	E_{11}	236	2,3-丁二醇[②]	Diol	380
甲基十二酸酯	E_{12}	230	2,6-二甲苯胺	DMA	205
癸烷	C_{10}	172	2,6-二甲苯酚	DMP	194
十一烷	C_{11}	174	二环己基胺	am	204
(十二烷)[①]	C_{12}	176	2-乙基己酸	S	242
1-辛醇	C_8-OH	222			

①可代替 C_{11} 以减少在极性固定液中可能出现的峰重叠。
②溶于氯仿。

表 8-32 为进行 Grob 试验的标准化测试操作条件，起始柱温应<40℃，用甲烷调节载气流速和适用的分流比，使甲烷流出的死时间与表 8-32 中所示时间的相对误差在 5% 以内，按表中所示调节升温速率，使每个组分的进样量在 2.0mg 左右，注入样品后迅速升温至 40℃（薄液膜柱为 30℃），然后程序升温至终止温度。记录各组分的峰高、保留时间和流出温度。

表 8-32 Grob 试验方法的标准化测试条件

柱长/m	H_2 作载气时甲烷流出时间/s	升温速率/(℃/min)	N_2 作载气时甲烷流出时间/s	升温速率/(℃/min)
10	20	5.0	35	2.5
15	30	3.3	53	1.65
20	40	2.5	70	1.25
30	60	1.67	105	0.84
40	80	1.25	140	0.63
50	100	1.0	175	0.5

图 8-18 是用 Grob 试剂在 SE-52 毛细管柱测试的色谱图。在 Grob 试剂中 1-辛醇、2,3-丁二醇用来检测毛细管柱氢键型吸附。壬醛用来检验与氢键作用无关的、机理不清楚的极性吸附。2,6-二甲基苯胺和二环己基胺用来检验因酸性引起的活性吸附；2,6-二甲基苯酚和 3-乙基己酸用来检验因碱引起的活性吸附。若无上述各种吸附，则会获得对称的色谱峰，表明柱内表面有良好的惰性，色谱峰形的对称性可用不对称因子 As，或称拖尾因子 TF（％）表示，如图 8-18 所示。

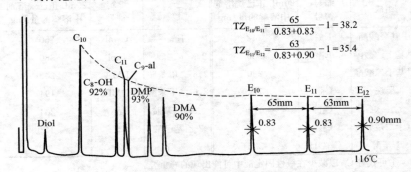

$$TZ_{E_{10}/E_{11}} = \frac{65}{0.83+0.83} - 1 = 38.2$$

$$TZ_{E_{11}/E_{12}} = \frac{63}{0.83+0.90} - 1 = 35.4$$

图 8-18　用 Grob 试剂测试混合物的色谱图
　　色谱柱：SE-52
　　色谱峰：Diol—2,3-丁二醇；C$_{10}$—正十烷；C$_8$-OH—辛醇；C$_{11}$—正十一烷；C$_9$-al—壬醛；DMP—2,6-二甲基苯酚；DMA—2,6-二甲基苯胺；E$_{10}$—癸酸甲酯；E$_{11}$—十一酸甲酯；E$_{12}$—十二酸甲酯

图 8-18 中将不被吸附的 C$_{10}$、C$_{11}$ 两种烷烃和 E$_{10}$、E$_{11}$、E$_{12}$ 三种脂肪酸甲酯色谱峰的峰顶用虚线相连画出一条 100％峰高曲线。柱子的活性以未达到 100％峰高连线的余下各峰的高度，占基线与 100％峰高线间距离的百分数来表示，并可计算出组分因不可逆吸附造成的损失量。由图中可看出 1-辛醇、2,6-二甲基苯酚（DMP）和 2,6-二甲基苯胺（DMA）在 SE-52 毛细管柱的活性分别为 92％、93％和 90％，其因不可逆吸附造成的损失量分别为 8％、7％和 10％。

（2）柱吸附活性的测定　毛细管柱的活性主要是由于玻璃和石英内壁的硅烷醇基与极性组分中的氢或硅氧烷桥之间氢键的键合作用。另外，由于在玻璃内存在金属氧化物所表现出的酸碱活性所引起吸附，这些将造成峰扩宽和拖尾，响应值减小，对试样产生催化作用。一根活性低、惰性好的毛细管柱，应对不同极性的样品组分都可获得对称的色谱峰和定量的响应值。

对可逆吸附引起的柱活性，可用不对称因子 As 或拖尾因子 TF 及分离数 TZ 表示，其测定方法如图 8-19 所示。

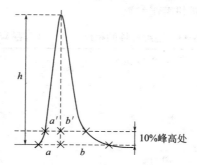

图 8-19　不对称因子和拖尾因子的测定

① 不对称因子（asymmertry factor，As）

$$As=\frac{a+b}{(a+b)-(a-b)}=\frac{a+b}{2b}$$

由色谱峰顶画垂线将基线分为前一半 a 和后一半 b，As 表示色谱峰与高斯对称色谱峰的偏离程度，即产生了可逆吸附，出现了拖尾色谱峰。

② 拖尾因子（tailing factor，TF）

$$TF=\left(\frac{a'}{b'}\right)\times100\%$$

式中，a' 和 b' 是在峰高 10％处测量的峰宽，被垂线分割的前一半为 a'，后一半为 b'，TF 数值愈大表示拖尾愈严重。

（3）分离数 TZ　通常用分离数 TZ 表示毛细管色谱柱的实际分离能力，它表示了在两个相邻的同系列（正构烷烃或正构脂肪酸甲酯）组分峰之间可容纳的组分峰数。

$$TZ=\frac{t_{R(n+1)}-t_{R(n)}}{W_{h/2(n)}+W_{h/2(n+1)}}-1$$

式中，n 为碳数；t_R 为保留时间；$W_{h/2}$ 为半峰高处的峰宽。

在图 8-18 中，E_{10} 和 E_{11} 的分离数为 38.2，E_{11} 和 E_{12} 的分离数为 35.4，图中 E_{10}、E_{11} 和 E_{12} 的半峰宽分别为 0.83mm、0.83mm 和 0.90 mm，E_{10} 和 E_{11} 的峰间距离为 65 mm，E_{11} 和 E_{12} 的峰间距离为 63 mm。

4. 毛细管柱的分离能力和操作参数

表 8-33 列出毛细管柱的相比和样品容量的关系；表 8-34 列出不同柱长毛细管柱的性能和操作参数。

表 8-33　毛细管柱的相比（β）①和样品容量

柱内径/mm	固定液液膜厚度 /μm	相比(β)②	样品容量(每个组分) /ng
0.20	0.10	500	10～20
	0.20	250	30～40
	0.80	63	200～300
0.25	0.10	625	30～40
	0.25	250	100～150
	0.50	125	200～300
	1.0	63	400～500
	2.0	31	700～800
0.32	0.10	800	50～70
	0.25	320	100～200
	0.50	160	200～300
	1.0	80	400～500
	2.0	40	700～900
	4.0	20	1500～2000
0.53	0.10	1325	50～100
	0.25	530	200～300
	0.50	265	500～700
	1.0	133	1000～1500
	1.5	88	1500～2000
	3.0	44	4000～5000
	5.0	27	8000～1 0000

① 毛细管柱的相比 $\beta = \dfrac{r}{2d_f}$，其中，r 为毛细管柱柱内半径，mm；d_f 为固定液液膜厚度，μm。

② 相比 $\beta < 100$ 适于分析具有高挥发性的低分子量化合物，$\beta = 100～400$ 适于分析范围广泛的一般化合物；$\beta > 400$ 适于分析高分子量化合物。

表 8-34　具有不同柱长、内径为 0.25mm 的毛细管柱的性能和操作参数

柱　长 /m	理论塔板数	$C_{13}H_{26}$的保留 时间/min	优化的载气(He) 线速度/(cm/s)	柱入口压力 /kPa
30	155000	15.2	23	124.1
60	304000	36.8	19	193.0
120	550000	82.4	17	365.4
150	719000	125.0	14	393.0

5. 填充柱转换到大口径（0.53mm）毛细管柱的等效关系

气相色谱分析中使用的填充柱和毛细管柱都是用相同的固定液制备的，但由于柱尺寸的不同以及制备方法的不同，二者之间存在着如图 8-20 显示的等效关系。

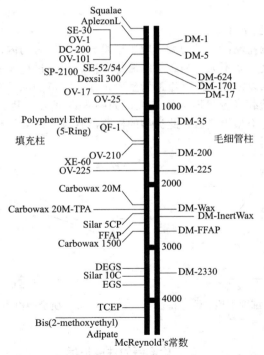

图 8-20　不同极性填充柱转换成相近极性大口径（0.53mm）毛细管柱的等效图
转换条件填充柱：ϕ（2～4）mm×（1.5～2.0）m；
大口径毛细管柱：ϕ0.53mm×15m×1.0μm；
不用使用尾吹装置，若载气流速小于 10mL/min，可使用尾吹装置；
DM-××，×××，××××表示迪马公司毛细管柱的牌号

第五节 检 测 器

一、检测器的响应特性

气相色谱仪中使用检测器，用来检测色谱分析中样品组分含量的变化，主要分为以下两种类型：

1. 浓度型检测器

此类检测器输出信号的大小取决于载气中组分的浓度，当载气的流量不同、组分的进样量一定时，色谱峰峰高在一定范围内仅有少许变化，色谱峰面积则随载气流量增大而减小，如图 8-21 所示，因此用峰高定量时，宜用此类检测器。此类检测器有热导检测器及电子俘获检测器等。

2. 质量型检测器

此类检测器输出信号的大小取决于组分在单位时间内进入检测器的量，而与浓度关系不大。当载气的流量不同、组分进样量一定时，所得色谱峰面积（以浓度和载气流量为坐标）在一定范围内不变，而组分的色谱峰峰高随载气流量增大而增大，如图 8-22 所示，因此用峰面积定量时，宜用此类型检测器。此类型的检测器有氢火焰离子化检测器和火焰光度检测器等。

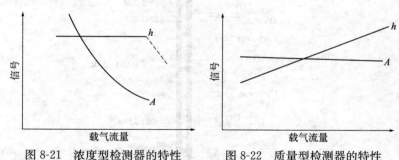

图 8-21　浓度型检测器的特性　　　图 8-22　质量型检测器的特性

二、检测器的性能指标

检测器的性能指标是在色谱仪工作稳定的前提下进行讨论的，主要指噪声和漂移、灵敏度、敏感度、响应时间、线性范围等。

1. 噪声和漂移

气相色谱仪中检测器性能的好坏，主要依据记录仪连续记录检测器电信号的变化，即通过色谱图来衡量。

通常把纯载气进入检测器时色谱图上记录的图线叫作"基线"（或叫底线）。基线走得平直说明仪器工作稳定。

由于载气流量的波动、恒温箱温度的波动、载气和固定相中杂质的影响、电路测量系统的稳定性等因素，往往造成色谱图中的基线在高灵敏度时很难走成一条直线，色谱分析中用"噪声"和"漂移"来表达检测器和色谱仪运行的稳定性，它们的含义如下。

（1）噪声（noise）：在没有样品进入检测器的情况下，仅由于检测仪器本身及其它操作条件（如柱内固定液流失，橡胶隔垫流失，载气、温度、电压的波动等因素），使基线在短时间内发生起伏的信号，称为噪声，它是检测器的本底信号，以 N 表示，短期是指约 1min 内基线的随机变化。这是测量检测器最小可检测量的一个参数，此值越小越好，单位可用毫伏、安培或吸收单位。

（2）漂移（drift）：指基线在一定时间（约 0.5h）对原点产生的偏离，用 M 表示。单位为 mV/h。此值随色谱固定相流失或载气漏气而增大。

良好的检测器其噪声与漂移都应该很小，它们表明检测器的稳定状况。此二值受接收信号系统的稳定性，载气、辅助气的纯度和流速稳定性及色谱固定相流失等影响。若基线噪声大、漂移严重，就无法进行色谱分析了。

2. 灵敏度（绝对响应值）

检测器的灵敏度是指一定量的组分通过检测器时所产生电信号（电压：mV，电流：A）的大小。通常把这种电信号称为响应值（或应答值），可由色谱图的峰高或峰面积来计算。

灵敏度表示了响应值和组分含量之间的关系，通常用 S 表示，其数学式为

$$S = \frac{\Delta R}{\Delta Q}$$

式中，R 为响应值；Q 为被测物量；S 为灵敏度。

灵敏度的计算方法分述如下：

1. 浓度型检测器

对浓度型检测器如热导池检测器，其灵敏度可表示为：

（1）液体样品　常采用单位体积（mL）载气中含有单位质量（mg）的样品所产生的电信号（mV）来表示，单位是 mV/（mg·mL），计算方法为

$$S_g = \frac{A_i F_c u_2}{m_i u_1}$$

式中　S_g——对液体样品的灵敏度；

　　　　A_i——色谱峰的面积，cm^2；

　　　　F_c——载气流速，mL/min；

　　　　u_2——记录仪的灵敏度（即记录仪指针每移动 1 cm 时所代表的电压），mV/cm；

　　　　u_1——记录纸移动速度，cm/min；

　　　　m_i——液样用量，mg。

（2）气体样品　采用单位体积（mL）载气中含有单位体积（mL）样品所产生的电信号（mV）来表示，单位是 mV/(mL·mL)计算方法为

$$S_v = \frac{A_i F_c u_2}{V u_1}$$

式中，S_v 为对气体样品的灵敏度；V 为气样用量，mL；其它符号同前。

S_g 和 S_v 二者之间的换算关系如下：

$$S_g = S_v \frac{22.4}{M} \quad \text{或} \quad S_v = S_g \frac{M}{22.4}$$

式中　M——样品的摩尔质量。

2. 质量型检测器

对质量型检测器如氢火焰离子化检测器，其响应值与单位时间内进入检测器物质的质量成正比。其灵敏度采用每秒有 1g 物质通过检测器时所产生的电信号（mV）来表示，单位为 mV/(g·s)，计算方法如下：

$$S_t = \frac{A_i u_2 \times 60}{m_i u_1}$$

式中，S_t 为样品的灵敏度；m_i 为进样量，g；其它符号同前。

3. 敏感度（或检测限）

检测器的敏感度，是指检测器恰好产生能够检测的电信号时，在单位体积或单位时间内引入检测器的组分的数量。

由于记录仪基线存在噪声，当给出的电信号小于 2 倍噪声时，不

能确切辨别是噪声还是信号，只有当电信号大于2倍噪声时，才能确认是色谱峰的信号。因此敏感度规定为当检测器产生的电信号是噪声的2倍时，单位时间（单位体积）内进入检测器的组分的数量。其用 M 表示

$$M = \frac{2I_i}{S}$$

式中　M——敏感度；

I_i——噪声，mV；

S——检测器的灵敏度。

由于 S 值有3种表示法，M 也对应有三种计算方法：

$$M_g = \frac{2I_b}{S_g} = \frac{2I_b m_i u_1}{A_i F_c u_2}$$

$$M_v = \frac{2I_b}{S_v} = \frac{2I_b V u_1}{A_i F_c u_2}$$

$$M_t = \frac{2I_b}{S_t} = \frac{2I_b m_i u_1}{A_i u_2 \times 60}$$

上式中 M_g、M_v 表示物质浓度，是指样品进入检测器时在载气中的浓度，不是进样时的样品浓度，mg/mL；M_t 表示单位时间内进入检测器的样品质量，g/s。

检测器的灵敏度（S）虽然可表示检测器性能的好坏，但它不全面，因灵敏度愈高，仪器本身基线的噪声也愈大，对微量组分就无法检测出来，所以用敏感度（M）来评价检测器的敏感程度比较合适。M 值愈小，则检测器愈敏感，也就愈有利于满足分析微量组分的要求。

4. 响应时间（或称应答时间）

检测器应能迅速和真实地反映通过它的物质浓度（或量）的变化，即要求响应时间要短。

响应时间是指从进样开始，至到达记录仪最终指示（响应值）的90%处所需的时间。响应时间的长短和检测器的体积有关。检测器的体积愈小，特别是死体积愈小，其响应时间愈短。响应时间也和电子系统的滞后现象、记录仪机械装置满量程的扫描时间有关，但这两个因素所需的时间通常都小于或等于1s，可满足色谱操作的要求。

5. 线性范围

线性范围指响应值（即检测器产生的电信号）随组分浓度变化曲线上直线部分所对应的组分浓度变化范围。

图 8-23 表示响应值 R 与组分浓度 c 关系的曲线，其线性范围指 A、B 两点间所对应组分浓度 $c_1 \sim c_2$ 间的范围。

通常希望在一个很宽的浓度范围内，响应值与组分的浓度（或量）成正比。这样操作时重现性好，可获得准确的定量分析结果。

6. 常用气相色谱检测器的性能比较

常用气相色谱检测器的性能比较如表 8-35 所示。

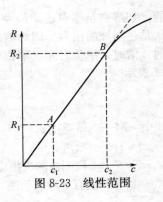

图 8-23　线性范围

表 8-35　常用气相色谱检测器性能比较

检测器	响应特性	噪声水平/A	基流/A	敏感度/(g/s)	线性范围	响应时间/s	最小检测量/g
TCD	浓度型	$0.005 \sim 0.01$ mV	无	$1 \times 10^{-6} \sim 1 \times 10^{-10}$ g/mL	$1 \times 10^4 \sim 1 \times 10^5$	<1	$1 \times 10^{-4} \sim 1 \times 10^{-8}$
FID	质量型	$(1 \sim 5) \times 10^{-14}$	$1 \times 10^{-11} \sim 1 \times 10^{-12}$	$<2 \times 10^{-12}$	$1 \times 10^6 \sim 1 \times 10^7$	<0.1	$<5 \times 10^{-13}$
ECD	一般为浓度型	$1 \times 10^{-11} \sim 1 \times 10^{-12}$	$^3H: >1 \times 10^{-8}$ $^{63}Ni: > 1 \times 10^{-9}$	1×10^{-14} g/mL	$1 \times 10^2 \sim 1 \times 10^5$ （与操作方式有关）	<1	1×10^{-14}
FPD	测磷为质量型，测硫与浓度平方成正比	$1 \times 10^{-9} \sim 1 \times 10^{-10}$ （与光电倍增管有关）	$1 \times 10^{-8} \sim 1 \times 10^{-9}$ （与光电倍增管有关）	磷:$\leq 1 \times 10^{-12}$ 硫:$\leq 5 \times 10^{-11}$	磷:$>1 \times 10^3$ 硫:5×10^2 （在双对数坐标纸上）	<0.1	$<1 \times 10^{10}$
TID	质量型	$\leq 5 \times 10^{-14}$	$<2 \times 10^{-11}$	氮:$<1 \times 10^{-13}$ 磷:$<1 \times 10^{-14}$	$10^4 \sim 10^5$	<1	$<1 \times 10^{-13}$
PID	浓度型	$(1 \sim 5) \times 10^{-14}$	$<1 \times 10^{-10}$	1×10^{-13}	$1 \times 10^7 \sim 1 \times 10^8$	<0.1	$<1 \times 10^{-11}$

三、热导池检测器

热导池检测器（TCD）由于其结构简单、灵敏度适中、稳定性较好、线性范围宽，而且适用于无机气体和有机物，因而是目前应用最广泛的一种检测器。它比较适合于常量分析或分析含有十万分之几以上的组分含量。

1. 检测原理

热导池所以能够作为检测器，是依据不同的物质具有不同的热导率。当被测组分与载气混合后，混合物的热导率，与纯载气的热导率大不相同。当选用热导率较大的气体（如 H_2、He）时，这种差异特别明显。当通过热导池池体的气体组成及浓度发生变化时，就会引起池体上安装的热敏元件的温度变化，由此产生热敏元件阻值的变化，通过惠斯顿电桥进行测量，就可由所得信号的大小求出该组分的含量。

2. 热导池的结构

热导池是由池体、池槽（气路通道）、热丝三部分组成。

热导池池体多用铜块或不锈钢块制成，可为立方形、长方形、圆柱形。池体稍大一些较好，这样热容量大、稳定性好。

热导池池槽多用直通式，其灵敏度高，响应时间快（小于 1s），但受载气流速波动的影响。扩散式对气流波动不敏感，但响应时间慢（大于 10s），较多用于制备色谱仪。半扩散式性能介于二者之间，也经常使用，如图 8-24 Ⅰ 为直通式，Ⅱ 为扩散式，Ⅲ 为半扩散式。池体积也由 $100\mu L$，缩小到几十微升。

热导池的热丝是热敏元件，常选用阻值高（30～100 Ω）、电阻温度系数大的金属丝，如铂、钨、镍丝。以使用镀金钨丝或铼钨丝（Re-W）最好。

热导池的结构如图 8-24 及图 8-25 所示。

热导池的测量电路由参比臂和测量臂构成惠斯顿电桥，测量样品通过电桥时引起的电压变化，输出的电压信号（色谱峰的面积或峰高）与样品的浓度成正比。

美国 Agilent 公司 7890 型气相色谱仪的热导检测器采用单丝热敏元件，并配以射流技术将分析与参考气流快速切换。其结构和工作原理如图 8-26。热导池有分析气流和参考气流两个入口，有一个放空口，在两股气流入口之间为池的主室，其间悬挂着约 10 Ω 电阻的铼钨丝，主室体

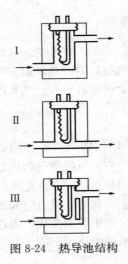

图 8-24　热导池结构

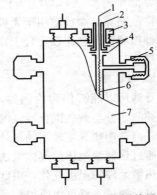

图 8-25　双臂直通式金属热导池
1—铜丝引线；2—引线头；3—压帽；4—聚四氟
乙烯垫片；5—接头；6—热丝；7—热导池体

积很小，约 $5\mu L$。副室两侧还有两个辅助气入口，由调制阀控制辅助气，使它成为交替地由左右两个辅助气入口进入的调制气流。在调制气的作用下，分析与参考气流交替地通过主室，1s 更换 10 次。因而，分析气流的背景讯号被参考气扣除。与四臂钨丝热导池相比，克服了因匹配困难产生的基线漂移和噪声，池体积小，响应快，灵敏度很高，灵敏度提高了 3 个数量级，线性范围扩大了 2 个数量级，可与毛细管柱配合使用。

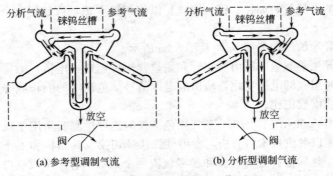

(a) 参考型调制气流　　　　(b) 分析型调制气流

图 8-26　单臂钨丝热导池工作原理

360

3. 影响热导池灵敏度的因素

(1) **热丝阻值**　热丝阻值愈大，其灵敏度愈高。为提高灵敏度有些色谱仪中常用四臂热导池（如图8-27），即除 R_1、R_2 用钨丝外，R_3、R_4 两个固定电阻也换成钨丝，此时若把 R_1、R_4 作参考臂，则 R_2、R_3 就作测量臂，当然 R_1、R_2、R_3、R_4 四个臂钨丝的阻值应当相等。四臂热导池的热丝阻值比双臂热导池增加 1 倍，所以其灵敏度也要提高 1 倍。

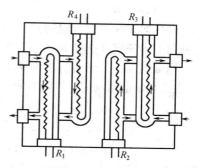

图 8-27　四臂热导池

对双臂热导池，若桥路中 R_3、R_4 阻值是 R_1（参考臂）、R_2（测量臂）阻值的 5 倍时，其灵敏度可与四臂热导池相当。

在四臂热导池桥路中，适当串入固定电阻，在同样桥流下，灵敏度也显著增加。

(2) **桥流**　热导池的灵敏度也与电桥通过的电流（即桥流）有关，桥流愈大，灵敏度愈高。当使用热导率大的 H_2、He 作载气时，桥流可使用 $180\sim200mA$；当使用热导率小的 N_2、Ar、空气作载气时，桥流可使用 $80\sim120mA$。

4. 使用注意事项

(1) **温度**　使用时热导池要置于恒温箱中，其温度应高于或和柱温相近，以防止样品在热导池内冷凝，沾污热导池，造成记录仪基线不稳定。热导池的气路接头及引出线若用银焊接，热导池使用温度可大于 $150℃$。

(2) **热丝**　为了避免热丝烧断或氧化，在热丝接通电源之前要先通入载气，工作完毕要先停电源，再关载气。

四、氢火焰离子化检测器

氢火焰离子化检测器（FID）是一种高灵敏度的检测器，适用于有机物的微量分析。其特点除灵敏度高（可检出 1ng/g 的微量组分）外，还有响应快、定量线性范围宽、结构不太复杂、操作稳定等优点，所以自 1958 年创制以来，现已得到广泛的应用。

1. 检测原理

在外加 50～300V 电场的作用下，氢气在空气（供 O_2）中燃烧，形成微弱的离子流（仅有 $10^{-12}\sim10^{-11}$ A）。

当载气（N_2）带着有机物样品进入燃烧着的氢火焰中时，有机物与 O_2 进行化学电离反应。以苯为例，其反应如下式：

$$C_6H_6 \xrightarrow{\text{裂解}} 6CH$$
$$6CH+3O_2 \longrightarrow 6CHO^+ +6e^-$$
$$6CHO^+ +6H_2O \longrightarrow 6CO+6H_3O^+$$

反应表明，苯分子首先在火焰中裂解生成 CH 基团，然后与 O_2 进行化学反应，生成 CHO^+ 和电子（e^-），并吸收热量。CHO^+ 再与火焰中大量水蒸气碰撞生成 H_3O^+，此时化学电离产生的正离子（CHO^+ 和 H_3O^+）被外加电场的负极（收集极）吸收；电子被正极（极化极）捕获，形成 $10^{-7}\sim10^{-4}$ A 的微电流信号，再通过高电阻（$10^7\sim10^{10}$ Ω），取出电压信号，经微电流放大器放大，由记录仪画出色谱峰。

有机物在氢火焰中离子化效率很低，大约 50 万个碳原子有一个被离子化，其产生的正离子数目与单位时间进入氢火焰的碳原子的量有关，即含碳原子多的分子比含碳原子少的分子给出的微电流信号大，因此氢火焰离子化检测器是质量型检测器。不适于分析稀有气体、O_2、N_2、N_2O、H_2S、SO_2、CO、CO_2、COS、H_2O、NH_3、$SiCl_4$、$SiHCl_3$、SiF_4、HCN 等。

不同类型有机化合物在 FID 上对应的有效碳数（effective carton number，ECN）见表 8-36。

表 8-36　不同有机物在 FID 上的有效碳数

原子	有机物类型	ECN 的贡献
C	直链烃	1.0
C	芳烃	1.0
C	烯烃	0.95
C	炔烃	1.30
C	羰基化合物	0
C	羧基化合物	0
C	腈	0.3

原子	有机物类型	ECN 的贡献
O	醚	−1.0
O	伯醇	−0.5
O	仲醇	−0.75
O	叔醇	−0.25
N	胺	0(在醇中)
Cl	在烯烃 C 上	0.05
Cl	有两个 Cl 的直链烃 C 上	−0.12(对每个 Cl)

2. 检测器的结构

氢火焰离子化检测器的主要部件是离子化室（又称离子头），内有由正极（极化极）和负极（收集极）构成的电场，由氢气在空气中燃烧构成的能源以及样品被载气（N_2）带入氢火焰中燃烧的喷嘴（由不锈钢或石英制成）。

用不锈钢制成的离子化室，结构分为两种，一种高压电场的正极和喷嘴相连，负极用圆盘形铂丝，如图 8-28（a）所示。另一种高压电场的正极不和喷嘴相连，而用铂丝作成圆环（也叫极化电压环）安装在喷嘴之上，负极作成圆筒状收集电极，为了点燃氢气可采用高压点火或热丝点火。后一种结构的离子化室多用于商品色谱仪中，如图 8-28（b）所示。

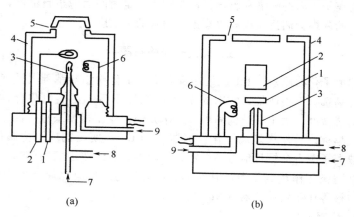

图 8-28　氢火焰离子化检测器

1—极化极；2—收集极；3—喷嘴；4—罩；5—排气孔；6—点火线圈；
7—载气＋样品；8—氢气；9—空气

3. 影响灵敏度的因素

(1) 喷嘴的内径　喷嘴的内径愈细，其灵敏度愈高，但内径过细灰烬会堵塞喷嘴。一般使用的内径为 0.2～0.6mm。

(2) 电极形状和距离　由于有机物在氢火焰中的离子化效率很低，为了收集微弱的离子流，收集极虽可作成网状、片状、圆筒形，但以圆筒形最好。收集极与极化极间的距离一般为 2～10mm。

(3) 极化电压　低电压时，离子流随所采用极化电压的增加而迅速增加，当电压超过一定值（如 50V），再增加电压对离子流就没有大的影响了。正常操作时所用极化电压为 100～300V。

(4) 气体纯度和流速　氢火焰离子化检测器中所用的载气（N_2、Ar、H_2）、氢气、空气不应含有氧和有机杂质，否则会使噪声大，最小检出量变大。操作中气体流速比例为：N_2：H_2：空气＝1：1：10（或为 2：1：15）。

4. 使用注意事项

① 离子头绝缘要好，金属离子头外壳要接地。用 500V 兆欧表测量收集极（极化极）对金属壳体的绝缘，要求阻值在 $10^{14}～10^{15}\Omega$ 以上。

② 氢火焰离子化检测器的使用温度应大于 100℃（常用 150℃），此时氢气在空气中燃烧生成的水，以水蒸气逸出检测器。若温度低，水冷凝在离子化室会造成漏电并使记录仪基线不稳。

③ 离子头内的喷嘴和收集极，在使用一定时间后应进行清洗，否则燃烧后的灰烬会沾污喷嘴和收集极，而降低灵敏度。

五、热离子化检测器

热离子化检测器（TID）是在氢火焰离子化检测器基础上发展起来的一种高选择性检测器，它对含杂原子（N、P 等）的有机化合物具有很高的灵敏度，由于其结构简单、操作方便，应用得愈来愈广泛。此检测器最早称作碱盐火焰离子化检测器（AFID），使用钠或钾金属盐环，但此热离子源寿命短且信号不稳定、噪声大；后经改进使用铷盐玻璃珠或铷盐陶瓷环作热离子源，其对 N、P 化合物的响应比烃类大 10^4 倍，因此也被称作氮磷检测器（NPD）。

1. 检测原理

铷盐玻璃珠或陶瓷环中的 Rb^+，从加热电路中得到电子，而生成中性铷原子

$$Rb^+ + e^- \longrightarrow Rb$$

铷原子在冷氢焰（氢气流量 $2\sim6mL/min$）中受热，在铷盐环（珠）表面被蒸发成蒸气。当含 N、P 的化合物进入冷氢焰 $600\sim800℃$ 的区间，即发生热化学分解，产生 CN、PO 或 PO_2 等电负性基团，它们会和热离子源表面的铷原子蒸气发生作用，夺取电子生成负离子

$$Rb + CN（PO 或 PO_2）\longrightarrow Rb^+ + CN^-（PO^- 或 PO_2^-）$$

CN^-、PO^-、PO_2^- 等负离子，在高压电场作用下移向正电位的收集极，产生电信号。Rb 丢失电子后生成的 Rb^+，又返回到热离子源表面形成铷的再循环。热离子化检测器的气相电离图示见图 8-29。

检测中使用的冷氢焰，在火焰喷嘴处还不足以形成正常燃烧的氢火焰，因此烃类在冷氢焰中不产生电离，从而产生对 N、P 化合物的选择性检测。

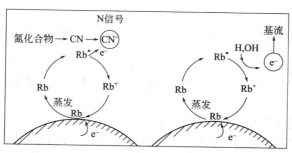

图 8-29　热离子化检测器的气相电离图

2. 检测器的结构

热离子化检测器的结构如图 8-30 所示，其和氢火焰离子化检测器完全相似，仅在极化极的火焰喷嘴上方与收集极之间安装一个铷盐玻璃珠（或陶瓷环）作电离源，其配有加热电路，加热至 $800\sim1000℃$，使铷原子蒸发成气态，在铷玻璃珠表面形成与 N、P 化合物作用后 Rb^+ 的等离子体。

热离子源使用的碱金属盐的种类、配比及其分布，对检测器的灵敏度、选择性有重要的影响。

常用的碱金属盐为硫酸铷（Rb_2SO_4）和溴化铯（CsBr）。将 Rb 和 Cs 盐适量配比可对氮化合物的灵敏度和选择性达最佳效果，若加入适量锶（Sr）盐，还可减小含磷化合物的拖尾。

玻璃与陶瓷相比，陶瓷基质优于玻璃，在室温将各种陶瓷原料混成

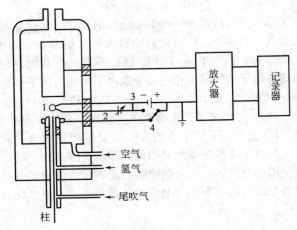

图 8-30 热离子化检测器的结构示意图

1—电离源；2—加热系统；3—极化电压；4—喷嘴极性转换开关

膏状，制坯后、高温烧结固化，可耐 1500℃ 高温不熔融。玻璃珠是在熔融状态下配制和成型的，其碱盐分布不如陶瓷均匀且耐温也较低。

3. 操作条件

为获得 TID 的最佳性能，应保持以下操作条件。

(1) 热离子源的加热电流的选择　基流和检测信号均随加热电流的增加而加大。调节的原则是在达到检测限的前提下，使基流宁小勿大。低基流会延长热离子源的使用寿命，但基流过低可能造成溶剂淬灭效应。基流过大反会使检测限下降。建议基流的最佳设定值在 30～60pA 范围。

(2) 为保证冷氢焰，各种气体流量的选择　TID 为质量型检测器，基流和响应值均随载气流速增大而增加，在恒加热电流方式下，载气还起着冷却热电离源表面温度的作用。因此载气流速越大，降温也越大，也会使基流和响应值降低。载气流速的选择主要从保持高柱效来考虑。氢气流速要保持"冷氢焰"状态，当以 N_2 气作载气时，燃气 H_2 气流速保持在 2.0～6.0mL/min 为宜，以 2.5～4.5mL/min 为最佳。助燃气空气的流速保持在 60～200mL/min 为宜，以 130mL/min 为最佳，以在贫氧状态下进行检测。

(3) 热离子源的位置　铷玻璃珠或铷陶瓷环应与收集极相距 0.5～

5.0mm，可调节至最高灵敏度。

（4）极化电压　极化极和收集极间可施加 150～300V 电压，与 FID 相同。

六、电子捕获检测器

电子捕获检测器（ECD）是一种选择性检测器，它仅对具有电负性的物质（指化合物分子或原子对电子有强的亲和力，而产生负离子的物质）有响应信号。物质的电负性愈强，检测器的灵敏度愈高。特别适用于分析多卤化物、多硫化物、多环芳烃、金属离子的有机螯合物，在农药、大气及水质污染检测中得到广泛的应用。

1. 检测原理

ECD 中有一辐射低能量 β 射线的放射性同位素[氚(^{3}H)-钛(Ti)源、氚(^{3}H)-钪(Sc)源、镍(^{63}Ni)源、金(Au)-钷(^{147}Pm)源]，作为负极，另有一不锈钢正极。在正、负极上施加直流电压或脉冲直流电压。当载气（氮气）通过检测器时，在放射源的 β 射线作用下会电离生成正离子（为分子离子）和低能量电子。

$$N_2 \xrightarrow{\beta} N_2^+ + e^-$$

由于正离子 N_2^+ 向负极移动的速度比电子向正极移动的速度慢，因此正离子和电子之间的复合概率较小。在一定电压下，载气正离子全部被收集，就构成饱和离子流（约 10^{-8} A），即为检测器的基流。

当电负性的被测定样品进入检测器后，其可捕获低能量电子，而形成负离子

$$AB + e^- \longrightarrow AB^- + E$$
$$AB + e^- \longrightarrow A \cdot + B^- + E$$

反应式中，A· 为自由基，E 为释放的能量。生成的负离子 AB^- 或 B^- 极易与载气的正离子 N_2^+ 复合（比电子与正离子 N_2^+ 的复合概率大 $10^5 \sim 10^8$），结果就降低了检测器原有的基流，产生了样品的检测信号。由于被测样品捕获电子后降低了基流，所以产生的电讯号是负峰，负峰的大小与样品的浓度成正比。

2. 检测器的结构

ECD 的结构应满足气密性好（防止 β 辐射线逸出）、绝缘性高（正、负电极间绝缘电阻要高）、死体积小（响应时间快）、便于拆卸（利于清洗放射源）的要求。常用的电极结构为平行板式（施加恒定直流电压）

或圆筒状同轴电极式（施加脉冲直流电压）。两电极间用聚四氟乙烯绝缘。放射源安装在负极。正、负极间的距离要适当。其结构见示意图8-31。连接正、负电极的微电流放大器与氢火焰离子化检测器使用的相同。

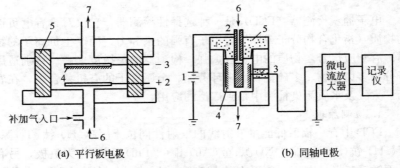

(a) 平行板电极　　　　　　　　　　　(b) 同轴电极

图 8-31　ECD 结构示意图
1—脉冲电源；2—正极；3—负极；4—放射源；5—聚四
氟乙烯；6—载气入口；7—载气出口

3. 操作条件

ECD 是具有高灵敏度的选择性检测器，其对操作条件的要求也较苛刻。

（1）载气纯度及流速　ECD 常用超纯氮气或氩气（含 5%～10%甲烷）作载气，若载气纯度低，其含有的电负性物质（氧、水等）就会使基流大大降低，从而降低了测定的灵敏度。为保证高的基流，载气流速为 50～100mL/min。而在气相色谱分析时为保证高柱效，常在低流速（30～60mL/min）下进行样品分析，因此，为保证高的基流，常需在色谱柱后通入"补加气"。

（2）进样量　ECD 是依据基流减小获得检测信号。为获得高分离度，进样量必须选择适当，通常希望产生的峰高不超过基流的 30%，当样品浓度大时，应适当稀释后再进样。

（3）检测器的烘烤时间　基流是影响 ECD 灵敏度的重要因素，当色谱柱未老化好而有低沸物流出或固定液流出时，都会使检测器被沾污而降低基流。为确保基流不变，在使用之前，应在一定柱温和检测器温度下，长时间（24～120h）通入高纯氮气烘烤检测器，烘烤温度应比使用的柱温高 30～50℃。此外为了防止检测器被固定液流失沾污，应当使用耐高温固定液。

（4）检测器的使用温度　由所用放射源的最高使用温度所限制，对氚-钛源应低于150℃，对氚-钪源应低于325℃，对镍源应低于400℃。

（5）极化电压及电极间距离　ECD中正、负电极间距离以4～10mm为宜。对于直流供电和脉冲直流供电，其极化电压为5～60V。当脉冲供电时，脉冲周期对基流大小和峰高响应影响很大，当脉冲周期增大时，基流减小、峰高响应增大。当脉冲周期减小时，基流增大，峰高响应减小，此时会扩大测量的线性范围。因此在测定中脉冲周期应仔细选择。

由于ECD不破坏通过检测器的组分，所以可与FID串联使用；利用组分在此两检测器输出信号大小的差异，作出定性的判断。有机物在ECD和FID的相对质量灵敏度比值见表8-37。

表8-37　一些物质的ECD与FID相对质量灵敏度比值

物质		ECD/FID灵敏度比值
有机硫化物	一硫化物	0.01～0.10
	硫醇	0.01～0.50
	饱和二硫化物	0.60～4.0
	不饱和二硫化物	8.0～20.0
	三硫化物	150～400
多环芳烃	蒽	20.2
	荧蒽	32.5
	芘	124.3
	1,2-苯芘荠	5.5
	3-甲基芘	69.2
	苯并[mno]荧蒽	250.0
	1,2-苯并蒽	267.2
	菵	1.5
	3,4-苯并芘	343.3
	1,2-苯并芘	310.0
	3,4-苯并荧蒽	180.2
	苊	1.5

物质		ECD/FID 灵敏度比值
非金属与金属有机化合物	二甲基硒	0.01
	二乙基硒	0.002
	二丙基硒	0.001
	二甲基二硒	130.0
	二乙基二硒	135.0
	二丙基二硒	150.0
	乙基腈化硒	320.0
	四甲基铅	100
	四乙基铅	100

七、火焰光度检测器

火焰光度检测器（FPD）是一种高灵敏度，仅对含硫、磷的有机物产生检测信号的高选择性检测器。其适用于分析含硫、磷的农药及在环境分析中监测微量含硫、磷的有机污染物。

1. 检测原理

在富氢火焰中，含硫、磷有机物燃烧后分别发出特征的蓝紫色光（波长为 350～430nm，最大强度为 394nm）和绿色光（波长为 480～560nm，最大强度为 526nm），经滤光片（对硫为 394nm，对磷为 526nm)滤光，再由光电倍增管测量特征光的强度变化，转变成电信号，就可检测硫或磷的含量。

由于含硫、磷有机物在富氢火焰上发光机理的差别，测硫时在低温火焰上响应信号大，测磷时在高温火焰上响应信号大。

当被测样品中同时含有硫和磷时，就会产生相互干扰。通常磷的响应对硫的响应干扰不大，而硫的响应对磷的响应产生干扰较大，因此使用火焰光度检测器测硫和测磷时，应选用不同的滤光片和不同的火焰温度。

此外有机烃类在富氢火焰上燃烧也产生不同波长的光（390～515nm），其对磷的干扰不大，而对硫有干扰。因此，测硫时可采用 360nm 滤光片，以减少烃类干扰。

2. 检测器的结构

单火焰光度检测器由两部分组成，见图 8-32。

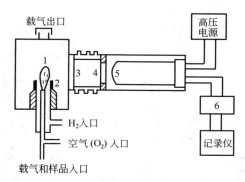

图 8-32　单火焰光度检测器结构示意图
1—富氢火焰喷嘴；2—遮光罩；3—石英片；4—滤光片；
5—光电倍增管；6—微电流放大器

（1）火焰燃烧喷嘴　其和氢火焰离子化检测器的喷嘴相似，但在喷嘴上部加一遮光罩，以减少烃类燃烧发出的干扰光波的影响。另外为了保证燃烧时为富氢火焰，首先使含有样品的载气预先和空气（或纯氧）混合燃烧，使有机物热分解、氧化。再从火焰外层通入氢气，以进行还原，使硫、磷有机物产生特征的发射光谱。

（2）硫或磷特征发射光谱的检测系统　硫或磷在富氢火焰上的特征发射光谱经石英片、滤光片，被光电倍增管接收，转变成电信号，再经微电流放大器放大后送至记录仪。

双火焰光度检测器有两个相互分开的空气-氢气火焰，下面的火焰（富氧焰）把样品分子转化成燃烧产物，可消除烃类对 S、P 检测的干扰，火焰中含有相对简单的分子，如 S_2 和 HPO；它们会在上面的火焰（富氢焰）中燃烧，还原生成可发光的激发态碎片，如 S_2^* 和 HPO^*，再通过上火焰硬质玻璃视窗，用光电倍增管检测化学发光的强度。火焰喷嘴用不锈钢制成。下火焰 1 的喷嘴内径为 1.5mm，外径为 3.2mm；上火焰 2 的喷嘴内径为 3.6mm，顶部外径为 4.6mm，底部外径为 11mm，火焰喷嘴 1 和 2 之间的距离为 17mm。典型的双火焰光度检测器示意图如图 8-33 所示，双火焰喷嘴放大图及气路通道见图 8-34。

此类双火焰光度检测器具有以下优点。

（1）抗烃类干扰能力强：在下火焰 1 可用大量空气或纯 O_2 供应，将烃类燃烧掉，因此在上火焰 2 就会使烃类发射光（390nm、431nm、

470nm、515nm）干扰减至最小。

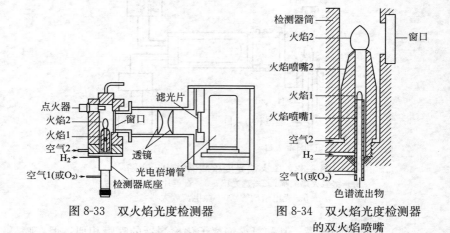

图 8-33　双火焰光度检测器　　　　图 8-34　双火焰光度检测器
　　　　　　　　　　　　　　　　　　　　　　　的双火焰喷嘴

（2）由于下火焰 1 为富氧焰，当进样量大时，不会发生灭火现象。

（3）使用灵活，当下火焰 1 不通入 O_2 时，它又成为一种不发生灭火的单焰光度检测器。

3. 操作条件

（1）各种气体流速对响应信号的影响

① 对单火焰光度检测器使用的是富氢火焰，因此当载气（N_2）使用最佳流速时，氢气的流量要比较大。当氢气流量大时，富氢火焰的温度高，反之则温度低。测定中空气（或氧气）用量的变化对信号响应的影响很大，其表现出有一最佳流量。

通常测磷时的最佳流速（mL/min）为：N_2 30～80；H_2 100～140；空气 130～150；测硫时的最佳流速（mL/min）为：N_2 30～100；H_2 50～70；空气 70～130。

② 对双火焰光度检测器，测定时最佳流速（mL/min）为：N_2 30～70；H_2 100～120（对硫）或 200～240（对磷）；O_2 20～30；空气 120～160（对硫）或 160～240（对磷）。

（2）检测器的使用温度应大于 100℃，防止检测器积水增大噪声，通常检测器温度应和柱温相接近，以防止气化样品发生冷凝液化。

（3）检测器使用的光电倍增管对检测器灵敏度影响很大，要求施加直流电压在 700V 左右，所用光电倍增管的暗电流小（未点火无发射时

应小于 10^{-9}A)、基流小（点火无样品进入时小于 10^{-8}A)、噪声小（应小于 10^{-10}A)。光电倍增管使用的直流高压电源通常为 750V，其可由晶体管直流高压电源供电。

八、光离子化检测器

光离子化检测器（photo-ionization detector，PID）是近 20 年迅速发展的一种高灵敏度、高选择性检测器，它利用光源辐射的紫外线使被测组分电离而产生电信号。其灵敏度比氢火焰离子化检测器高 50～100 倍，是一种非破坏性的浓度检测器。目前 PID 已成为常用的气相色谱检测器，可用来检测大气中的直链烷、烯、炔烃、芳烃、卤代烷、醇、醛、醚、酯等多种挥发性有机物，市场上已提供便携式配有光离子化检测器的气相色谱仪，可用于检测大气和室内环境中的总挥发性有机物的含量。

1. 检测原理

光离子化检测器可使电离电位小于紫外线能量的有机化合物在气相中产生光电离。

通常产生紫外线辐射的光源有氩灯、氪灯和氙灯，它们辐射紫外线的能量分别为 11.7eV、10.2eV 和 8.3～9.5eV。当紫外线射入电离室时，由于载气（N_2、H_2）的电离电位高于紫外线的能量，不会被电离。当电离电位等于或小于紫外线能量的组分（AB）进入电离室时，即发生直接或间接电离。

（1）直接电离 $\quad AB + h\nu \longrightarrow AB^+ + e^-$

（2）间接电离 $\quad AB + h\nu \longrightarrow AB^*$（激发态）$\qquad$ （a）

$$AB^* \longrightarrow AB^+ + e^-$$

$$N_2 + h\nu \longrightarrow N_2^*（激发态）\qquad （b）$$

$$N_2^* + AB \longrightarrow AB^+ + e^- + N_2$$

在外加电场作用下，正离子和电子分别向负、正极流动，而形成微电流，即产生电信号。实际上在电离室除存在上述离子化过程外，还存在 3 种负效应：①电离产生的正离子会与电子产生复合反应；②吸收光能量的激发分子会发生猝灭；③进入电离室的电负性分子会捕获电子。最后得到的电信号是上述各种反应的总结果。一个设计良好和正常操作的 PID，其光电离反应要占主导地位。

2. 检测器的结构

光离子化检测器主要由紫外光源和电离室两部分组成，其它为辅助部件（图 8-35）。

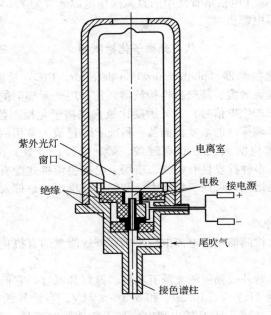

图 8-35　PID 结构示意图

（1）紫外光源　它为电离室提供一定能量的紫外线，是 PID 的关键部件，通常使用的真空紫外无极放电灯，可通过直流高电压（1～2kV）、射频（75～125kHz）或微波（2450MHz）使其激发放电。灯内充有低压惰性气体氩、氪、氙等，产生远紫外辐射光。灯的一端用 LiF 或 MgF_2 晶片密封，称为窗口，紫外线从灯内射出由此晶片进入电离室。表 8-38 列出四种不同能量紫外灯的性能，其中氪灯能全部通过 MgF_2 晶片，无杂散光，输出的绝对光通量最大，灵敏度最高，是最常用的光源，使用寿命长。氙灯也能全部透过窗口，使用寿命长，但其能量低，灵敏度也低，不如氪灯使用广泛。氩灯的能量高，但 LiF 的透光率只有 MgF_2 的 20％，且使用寿命较短，因此应用较少。

表 8-38　不同紫外光灯的性能

| 灯类型 | 能量/eV | | 波长 /nm | 输出比例 /% | 窗　口 | | 使用寿命/h |
	标称	实际			材料	截止波长/nm	
氩	11.7	11.82	104.8	26.2	LiF	105	几百
		11.62	106.7	71.8			
氪	10.2	10.20	121.6	2.0	MgF_2	112	>5000
		10.64	116.6	17.1			
		10.03	123.6	82.9			
氙	8.3	8.44	147.0	100	MgF_2	112	>5000
氙	9.5	8.44	147.0	97.6	MgF_2	112	>5000
		9.57	129.6	2.1			
		≥9.92	≤125.0	0.3			

（2）电离室　又称样品池。载气和被测样品经过电离室，受紫外线照射，发生光电离。电离室在结构上应有利于组分充分吸收紫外线，并且体积尽量小，以便连接毛细管柱，图 8-35 中电离室体积仅为 $40\mu L$。为接收电离信号，电离室中还安装有两个电极，其中收集极要避免紫外线照射，以减小基流和噪声，通常用铂、金、不锈钢作为电极材料，以保证输出功率高、产生的光电效率低。两电极间施加直流电压，以在电离室内形成电场分布，可有效地收集电离产生的微电流。

（3）辅助部件　点燃紫外灯要配有直流高压电源，电压为 $100\sim400V$；收集的微电流经微电流放大器输出检测信号，与 FID 使用的微电流放大器规格相同。使用的载气同一般气相色谱仪，可为 N_2、He。

3. 操作条件

（1）载气种类、纯度和流速　因氩灯紫外线的能量不超过12eV，因此电离电位大于 12eV 的气体均可作为 PID 的载气，如 He、Ar、H_2、N_2、空气等。对载气纯度要求达 99.99% 以上，以防止有机杂质产生噪声，通常应使用分子筛和活性炭净化器。载气流速的选择要考虑 PID 为浓度型检测器，其峰面积响应会随载气流速增加而减小，操作时通过柱的载气流速和尾吹气流速应尽量小。当使用大口径毛细管柱或填充柱时可不用尾吹气；当使用内径小于 0.25mm 的毛细管柱连接小池体积（$40\mu L$）的 PID 时，可加每分钟数毫升的尾吹气，若连接大池体积（$175\mu L$）的 PID，可将尾吹流速增至 $10\sim20mL/min$，但随尾吹流速增加其峰高响应会降低。

（2）检测器温度　PID的温度选择应高于柱温，但 PID 响应值会随温度升高而下降，当用 10.2eV 的氪灯时，PID 使用温度不要超过100～120℃。

（3）检测器承受的压力　PID 主要用于检测气体样品中的有机物，通常是在常压下进行操作。当用短毛细管柱做快速分析时，常压操作会使峰形变宽且拖尾，增加尾吹峰形亦无明显改善，若改用低压下操作，峰形会明显改善，并显著提高分离度，降低压力对 PID 响应值无影响。

第六节　定性及定量分析方法

在气相色谱分析中，当操作条件确定后，将一定量样品注入色谱柱，经过一定时间，样品中各组分在柱中被分离，经检测器后，就在记录仪上得到一张确定的色谱图。由谱图中每个组分峰的位置可进行定性分析，由每个色谱峰的峰高或峰面积可进行定量分析。

一、定性分析方法

气相色谱的定性分析就是要确定色谱图中每个色谱峰究竟代表什么组分，因此必须了解每个色谱峰位置的表示方法及定性分析的方法。

（一）常用的保留值简介

在气相色谱分析中，常用的保留值为保留时间 t_R、调整保留时间 t_R'、保留体积 V_R、调整保留体积 V_R'、相对保留值 r_{is}、比保留体积 V_g 和保留指数 I_x。

各种保留值的计算公式如下：

1. 保留时间 t_R

$$t_R = \frac{(1+k')L}{u}$$

2. 调整保留时间 t_R'

$$t_R' = t_R - t_M$$

死时间 t_M 与被测组分的性质无关。因此以保留时间与死时间的差值，即调整保留时间 t_R'，作为被测组分的定性指标，具有更本质的含义。t_R' 反映了被测组分和固定相的热力学性质，所以用调整保留时间 t_R' 比用保留时间 t_R 作为定性指标要更好一些。

3. 保留体积 V_R

$$V_R = t_R F_c$$

4. 调整保留体积 V_R'

$$V_R' = (t_R - t_M)F_c = t_R'F_c = V_R - V_M$$

5. 相对保留值 r_{is}

$$r_{is} = \frac{t_{R(i)}'}{t_{R(s)}'} = \frac{V_{R(i)}'}{V_{R(s)}'}$$

为了抵消色谱操作条件的变化对保留值的影响，可将某一物质的调整保留时间 $t_{R(i)}'$ 与一标准物（如正壬烷）的调整保留时间 $t_{R(s)}'$ 相比，即为相对保留值（如相对壬烷值）

$$r_{is} = \frac{t_{R(i)}'}{t_{R(s)}'}$$

相对保留值 r_{is} 仅与固定相的性质和柱温有关，与色谱分析的其它操作因素无关，因此具有通用性。

6. 比保留体积 V_g

比保留体积是气相色谱分析中的另一个重要保留值，其可按下式计算：

$$V_g = \frac{t_{R(i)}'}{m} \times \frac{273}{T_c}\overline{F_c}$$

$$\overline{F_c} = F_0' \times \frac{T_c}{T_0} \times \frac{p_0 - p_w}{p_0}j$$

$$V_g = \frac{t_{R(i)}'}{m} \times \frac{273}{T_0}F_0' \times \frac{p_0 - p_w}{p_0}j$$

式中　$t_{R(i)}'$——i 组分的调整保留时间，min；

m——固定液的质量，g；

$\overline{F_c}$——在柱温、柱压下，柱内载气的平均体积流速；

F_0'——室温下由皂膜流量计测得的载气流速，mL/min；

T_c——柱温，K；

T_0——室温，K；

p_0——室温下的大气压力，Pa；

p_w——室温下的饱和水蒸气压，Pa；

j——压力校正因子。

7. 科瓦茨（Kováts）保留指数 I_x

科瓦茨保留指数是气相色谱领域现已被广泛采用的定性指标，其规定为：在任一色谱分析操作条件下，对碳数为 n 的任何正构烷烃，其保留指数为 $100n$。如对正丁烷、正己烷、正庚烷，其保留指数分别为 400、600、700。在同样色谱分析条件下，任一被测组分的保留指数 I_x，可按下式计算：

$$I_x = 100\left[n + z\, \frac{\lg t'_{R(x)} - \lg t'_{R(n)}}{\lg t'_{R(n+z)} - \lg t'_{R(n)}}\right]$$

式中，$t'_{R(x)}$、$t'_{R(n)}$、$t'_{R(n+z)}$ 代表待测物质 x 和具有 n 及 $n+z$ 个碳原子数的正构烷烃的调整保留时间（也可以用调整保留体积、比保留体积或距离 mm）。z 可以等于 1，2，3…，但数值不宜过大。

由上式可以看出，要测定被测组分的保留指数，必须同时选择两个相邻的正构烷烃，使这两个正构烷烃的调整保留时间，一个在被测组分的调整保留时间之前，一个在其后。这样用两个相邻的正构烷烃作基准，就可求出被测组分的保留指数。保留指数用 I 表示，其右上角符号表示固定液的类型，右下角用数字表示柱温，如 I_{120}^{sq}，就表示某物质在角鲨烷柱上的保留指数。因正构烷烃的保留指数与固定液和柱温无关，而对其它物质，保留指数就与固定液和柱温有关，所以用上述方法表示。

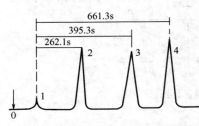

图 8-36 保留指数示意图
1—空气；2—正己烷；3—苯；4—正庚烷

如要测某一物质的保留指数，只要与相邻两正构烷烃混合在一起（或分别进行），在相同色谱条件下进行分析，测出保留值，按上式进行保留指数 I 的计算，将 I 与文献值对照定性。I 值只与固定相及柱温有关。例如 60℃角鲨烷柱上苯保留指数的计算，如图 8-36 所示，苯在正己烷和正庚

烷之间流出，$z=6$，$n=1$。所以

$$I_{苯} = 100 \times \left(6 + 1 \times \frac{\lg 395.3 - \lg 262.1}{\lg 661.3 - \lg 262.1}\right)$$

$$= 600 + 100 \times \frac{2.5969 - 2.4185}{2.8204 - 2.4185}$$

$$= 644.4 \approx 644$$

从文献中查得 60℃角鲨烷柱上 I 值 644 时为苯，再用纯苯对照实验确证是苯。

（二）常用的定性方法

1. 纯物质对照法

对组成不太复杂的样品，若欲确定色谱图中某一未知色谱峰所代表的组分，可选择一系列与未知物组分相接近的标准纯物质，依次进样，当某一纯物质的保留值（可为 t_R、r_{is}、V_g、I）与未知色谱峰的保留值相同时，即可初步确定此未知色谱峰所代表的组分。

但是当样品组分较复杂而又不易推测的时候，相邻流出峰之间的距离往往很接近，由于测量保留值有一定误差，为防止可能发生错误，可把纯物质加入样品中，观察在色谱图上待定性的峰是否增高，若增高即可能与纯物质为同一化合物。

严格地讲，仅在一根色谱柱上利用纯物质和未知组分的保留值相同，作为定性的依据是不完善的，因为在一根色谱柱上，可能有几种物质具有相同的保留值。如果可能，应在两根极性不同的色谱柱上进行验证，如在两根极性不同的柱上纯物质和未知组分的保留值皆相同，就可确证未知物与纯物质相同，此即为双柱定性。

2. 利用保留值的经验规律定性

大量实验结果已证明，在一定柱温下，同系物的保留值对数与分子中的碳数呈线性关系，此即为碳数规律，可表示为

$$\lg t_R' = an + b$$

式中，n 为碳数；a 为直线斜率；b 为直线在 $\lg t_R'$ 轴上的截距。

另外同一族的具有相同碳数的异构体的保留值对数与其沸点呈线性关系，此即为沸点规律，可表示为

$$\lg V_g = a_1 T_b + b_1$$

式中，T_b 为沸点；a_1 为直线斜率；b_1 为直线在 $\lg V_g$ 轴上的截距。

当已知样品为某一同系列，但没有纯样品对照时，可利用上述两个经验规律定性。

3. 利用选择性检测器（ECD 和 TID）进行定性分析

将色谱柱后流出物经等比分流器分成两部分，分别输入两种检测器，其中一种为选择性检测器，另一种为非选择性检测器，或两者皆为选择性检测器，它们平行安装在两个不同的检测器中，得到两组不相同的色谱图，从而进行对照鉴定，它有助于对未知组分进行分类并使定性

工作简化。

4. 利用气相色谱-质谱联用进行定性分析

气相色谱-质谱联用（GC-MS）是解决复杂混合物定性的有效工具。首先将复杂的被测混合物注射进色谱仪，通过色谱柱分离成单个组分，然后通过分子分离器，将载气分子分离后，样品组分再进入质谱仪进行鉴定。

气相色谱是比较高效的分离分析工具，但对复杂的混合物单靠色谱定性鉴定存在很大的困难，而红外光谱、质谱、核磁共振等仪器分析方法对纯化合物的定性鉴定是很有特征的，但对复杂混合物的分析有困难，因此如果用气相色谱法将复杂混合物分成单个或简单的组成，然后用质谱、光谱鉴定则有助于解决许多复杂的分析问题。

由于色谱仪是用载气将被测样品引入仪器，而质谱仪的离子源是在 $10^{-5} \sim 10^{-7}$ mmHg（1mmHg＝133.32Pa）压力下操作，因此如何使压力相差悬殊的气相色谱柱和离子源连接起来，就是实现色谱-质谱联用的关键问题。

二、定量分析方法

在气相色谱分析中的定量分析就是要根据对称色谱峰的峰高或峰面积来计算样品中各组分的含量，但无论采用峰高或峰面积进行定量，其物质浓度（或质量百分含量）m_i 和相应峰高 h_i 或峰面积 A_i 之间必须呈直线函数关系，符合数学式 $A_i = f_i m_i$，这是色谱定量分析的重要根据。定量方法很多，但各种定量方法的使用范围和准确程度是有条件的，一定要掌握各种方法的特点，灵活运用。

（一）峰高、峰面积定量法——检量线法（工作曲线法）

用峰高定量法计算，事先需要用不同的标准物质配成不同浓度进样，这样就会流出各不相同的色谱峰，由于浓度不同，同组分峰高亦不同，根据相应数值就可绘出不同组分的标准工作曲线，如图 8-37 所示。然后在同样条件下进行未知样操作，从未知组分的峰高经过查阅标准工作曲线，即可得知该组分的质量分数。

本法较为简便，分析结果的准确度主要决定于进样量的重复性和操作条件的稳定程度，如果仪器和操作条件不稳定，对结果影响很大，所以需定期校正标准工作曲线。对于低沸点的组分、出峰早的组分，往往峰形较高而狭窄，如用峰面积定量存在一定困难，在这种情况下采用峰高定量法较好。

若用峰面积对浓度作图，峰面积可按下述方法计算。

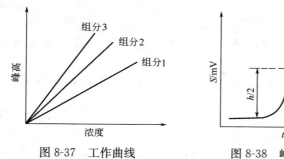

图 8-37　工作曲线

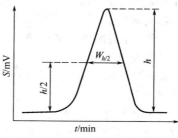

图 8-38　峰面积计算方法

如图 8-38 所示，由于色谱峰外形接近于等腰三角形，所以根据计算等腰三角形面积的计算方法，近似地认为峰面积 A 等于峰高 h 乘半峰宽 $W_{h/2}(W_h)$

$$A = hW_{h/2}$$

式中，A 为峰面积；h 为峰高；$W_{h/2}$ 为峰高一半处的峰宽。

（二）基线漂移时色谱峰面积的测量

基线漂移时色谱峰面积的测量方法如图 8-39 所示。

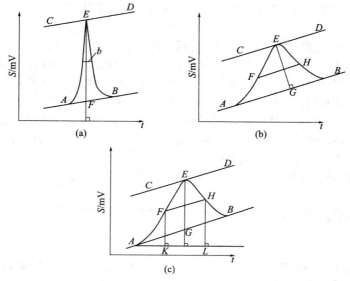

图 8-39　基线漂移时色谱峰面积测量图

图 8-39（a）适用于基线的漂移程度不大和比较狭窄的色谱峰。此时可先画出漂移基线 AB，然后画 AB 的平行线 CD 与色谱峰顶正切，切点 E 为峰顶点，过 E 作时间坐标垂线，交 AB 于 F，EF 即为峰高 h，过 EF 中点作时间坐标平行线，截取峰两边的线段 b 即认为是半峰宽。$h×b$ 为色谱峰面积。

对于偏宽的漂移峰，色谱峰面积的测量可用下面两种测量方法进行：

（1）图 8-39（b）首先画一条平行于漂移基线 AB 并与峰顶正切的线 CD，切点 E 即为峰顶，过 E 点向 AB 作垂线，交 AB 于 G，EG 即为峰高 h，过 EG 中点作漂移基线的平行线，截取峰两边的线段 FH 即为半峰宽（b），在此情况下峰面积等于 $FH×EG$ 即 $h×b$。

（2）图 8-39（c）首先过峰顶作一与漂移的基线 AB 平行的切线 CD，则切点 E 就是峰顶，过 E 点作时间坐标（t 轴）的垂线，交 AB 于 G，则 EG 就是所求的峰高，取 EG 的中点作 AB 的平行线，与色谱峰相交于 FH，由 F，H 两点分别向 t 轴作垂线 FK 及 HL，则 KL 的长度就是所求的半峰宽，峰面积等于 $EG×KL$。

（三）定量校正因子

在气相色谱分析中，进行定量计算的依据是每个组分的含量（质量或物质的量）与每个组分的峰面积（或峰高）成正比例。

$$m_i = g_i A_i \tag{8-1}$$

式中，m_i 为组分含量；A_i 为组分峰面积；g_i 为比例系数。

当用气相色谱法分析混合物中不同组分的含量时，由于不同组分在同一检测器上产生的响应值不同，所以不同组分的峰面积不能直接进行比较（即相同含量的不同组分，其对应的峰面积并不相等）。为了进行定量计算，就需引入定量校正因子，以某组分的峰面积作标准，把其它组分的峰面积按此标准校正，经校正后，就可对不同组分的峰面积进行比较，因而可计算出各组分的百分含量。

定量校正因子可分为绝对校正因子与相对校正因子。

1. 绝对校正因子

前述式（8-1）中，比例系数 g_i 就叫作绝对校正因子

$$g_i = \frac{m_i}{A_i} \tag{8-2}$$

由于每一组分的含量和峰面积都有上述关系，所以对不同的组分，其 g_i 值各不相同。

绝对校正因子 g_i 和检测器的性能（热导、氢火焰、电子捕获、火焰光度）、待测组分的性质（分子量、官能团、分子结构等）、操作条件（载气流速、柱温等）、载气性质（N_2、H_2、He 等）有关。

由于组分的含量可用质量 W_i 或物质的量 n 表示，所以绝对校正因子又可分为

绝对质量校正因子 $\qquad g_{Wi} = \dfrac{W_i}{A_i}$ $\qquad\qquad$ (8-3)

绝对物质的量校正因子 $\qquad g_{ni} = \dfrac{n_i}{A_i}$ $\qquad\qquad$ (8-4)

由式（8-2）、式（8-3）、式（8-4）可知，为测定绝对校正因子，可将不同含量（m_i）的某组分注入气相色谱仪，得到对应的峰面积（A_i），作 m_i-A_i 工作曲线（图 8-40），所得直线斜率 $\tan Q$ 即为绝对校正因子（g_i）。

$$g_i = \tan Q$$

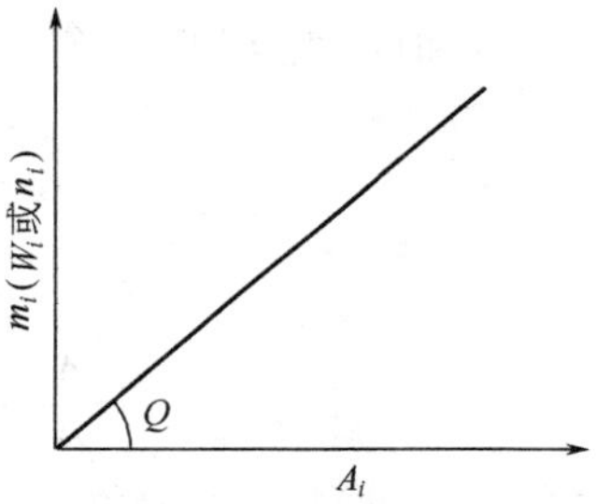

在实际操作中，由于向气相色谱仪注入准确已知量的 m_i 比较困难，所以 g_i 不易测准，因此在实际应用上一般不使用绝对校正因子，而采用相对校正因子。

图 8-40　m_i-A_i 工作曲线

2. 相对校正因子

将某一化合物的绝对校正因子 g_i 与另一种标准物的绝对校正因子 g_s 相比，就叫作该化合物的相对校正因子（G_i）。

$$G_i = \frac{g_i}{g_s} = \frac{\dfrac{m_i}{A_i}}{\dfrac{m_s}{A_s}} = \frac{m_i}{m_s} \times \frac{A_s}{A_i} = \frac{\dfrac{m_i}{m_s}}{\dfrac{A_i}{A_s}} \qquad\qquad (8-5)$$

由式（8-5）可看出相对校正因子 G_i 的含义为：当 $A_i = A_s$ 时，G_i 表示待测物与标准物的含量之比。

相对校正因子 G_i 和检测器的性能、待测组分的性质、标准物的性质、载气的性质有关，而和操作条件无关。因此可认为 G_i 基本上是一个通用常数。

相对校正因子也分为两类，即相对质量校正因子与相对物质的量校正因子。

相对质量校正因子：

$$G_{Wi}=\frac{g_{Wi}}{g_W}=\frac{A_s}{A_i}\times\frac{W_i}{W_s}=\frac{\dfrac{W_i}{W_s}}{\dfrac{A_i}{A_s}} \qquad (8\text{-}6)$$

相对物质的量校正因子：

$$G_{ni}=\frac{f_{ni}}{f_{ns}}=\frac{A_s}{A_i}\times\frac{n_i}{n_s}=\frac{\dfrac{n_i}{n_s}}{\dfrac{A_i}{A_s}} \qquad (8\text{-}7)$$

G_{Wi} 和 G_{ni} 相互间可换算，其关系如下：

$$G_{ni}=\frac{A_s}{A_i}\times\frac{n_i}{n_s}=\frac{A_s}{A_i}\times\frac{\dfrac{W_i}{M_i}}{\dfrac{W_s}{M_s}}$$

$$=\frac{A_s}{A_i}\times\frac{W_i}{W_s}\times\frac{M_s}{M_i}=G_{Wi}\times\frac{M_s}{M_i} \qquad (8\text{-}8)$$

式中，M_i 和 M_s 为待测物和标准物的相对分子质量。

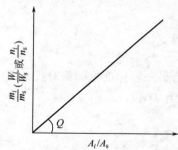

图 8-41　A_i/A_s-m_i/m_s 工作曲线

由式（8-5）、式（8-6）、式（8-7）可知，测定相对校正因子时，首先要配制一系列已知质量分数（或摩尔分数）的待测物与标准物的混合溶液（如混合气体），所配待测物组分的浓度要与样品中待测物的浓度相当。在一定的操作条件下，进行气相色谱分析，然后以质量分数（或摩尔分数）$W_i/W_s\left(\dfrac{n_i}{n_s}\right)$ 对峰面积的比值 A_i/A_s

作图（图 8-41）得到通过原点的直线，直线的斜率 $\tan Q$ 即为待测组分的相对校正因子：

$$G_i=\tan Q$$

若直线不通过原点，可按相对校正因子的计算公式（8-5）或式（8-6）、式（8-7）进行计算。

例如，欲测定苯、甲苯、乙苯、苯乙烯的相对质量校正因子 G_{Wi}（图 8-42），取一定质量色谱纯的苯、甲苯、乙苯、苯乙烯，配成一混合样品。每次进样时各组分的量是已知的，峰面积可以测量，在测定中以苯作为标准物，就可计算出各组分的绝对质量校正因子g_{Wi}和相对质量校正因子G_{Wi}，测定数据如表 8-39 所示。

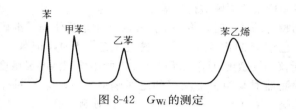

图 8-42 G_{Wi}的测定

表 8-39 计算 G_{Wi}的数据和结果

组　分	每次进样量 W /mg	峰面积 A /cm^2	绝对质量校正因子 $g_{Wi} = \dfrac{W_i}{A_i}$	相对质量校正因子 $G_{Wi} = \dfrac{g_{Wi}}{g_{Ws}}$
苯	0.435	4.0	0.1088	1.000
甲苯	0.653	6.5	0.1005	0.924
乙苯	0.864	7.6	0.1137	1.045
苯乙烯	1.760	15.0	0.1173	1.079

在一般文献中测定相对校正因子，多用苯作为标准物。若在测定时不能用苯作标准物，而采用第二标准物（s）时，则应将对苯（ϕ）的相对校正因子，换算成对第二标准物（s）的相对校正因子，它们之间的关系如下：

$$G_{Wi/s} = \frac{g_{Wi}}{g_{Ws}} = \frac{g_{Wi}}{g_{\phi}} \times \frac{g_{\phi}}{g_{Ws}}$$

$$= \frac{\dfrac{g_{Wi}}{g_{\phi}}}{\dfrac{g_{Ws}}{g_{\phi}}} = \frac{G_{Wi/\phi}}{G_{Ws/\phi}} \tag{8-9}$$

式中　$G_{Wi/s}$——待测物 i 对第二标准物 s 的相对质量校正因子；

$G_{Wi/\phi}$，$G_{Ws/\phi}$——待测物 i 和第二标准物 s 对苯的相对质量校正因子。

文献中虽列出许多化合物的相对校正因子，但由于其测定条件和进行色谱分析的条件不完全相同，所以从分析结果的可靠性考虑不应直接引用文献中的数据，只能作参考用。尤其当不同文献中的数值彼此相差大并有矛盾时，更不能使用。所以相对校正因子最好是自己测定。

（四）定量校正因子与检测器相对响应值的关系

在气相色谱检测器的论述中已提出，为了衡量所用检测器的灵敏程度，可用灵敏度或绝对响应值来表示。

当采用瞬时进样法时，将一定量样品（质量或体积）准确地注入色谱仪中，由色谱峰的面积（A_i），载气流速（F_c），记录纸移动速度（U_1），记录仪的灵敏度（U_2）就可计算出所用检测器的灵敏度。

如将检测器对某组分 i 测得的绝对响应值（S_i）与对标准物（s）测得的绝对响应值（S_s）相比，就引入了相对响应值（S_i'）的概念。

$$S_i' = \frac{S_i}{S_s} = \frac{\dfrac{A_i F_c U_2}{m_i U_1}}{\dfrac{A_s F_c U_2}{m_s U_1}} = \frac{\dfrac{A_i}{m_i}}{\dfrac{A_s}{m_s}}$$

$$= \frac{A_i}{A_s} \times \frac{m_s}{m_i} = \frac{\dfrac{A_i}{A_s}}{\dfrac{m_i}{m_s}} \tag{8-10}$$

将式（8-10）与式（8-5）相比较，可得到：

$$S_i' = \frac{1}{G_i} \tag{8-11}$$

由式（8-11）可知检测器的相对响应值 S_i' 与定量计算使用的相对校正因子 G_i 互为倒数关系。由于相对响应值也分为两类，因此相对质量响应值（S_{Rwi}'）与相对质量校正因子（G_{wi}）互为倒数，相对物质的量响应值（S_{Rni}'）与相对物质的量校正因子（G_{Rni}'）互为倒数。

（五）内标法

把一定量的纯物质作内标物，加入到已知质量的样品中，然后进行色谱分析，测定内标物和样品中几个组分的峰面积。引入相对质量校正因子，就可计算样品中待测组分的质量分数（w_i），其计算公式如下：

$$w_i = \frac{W_i}{W} \times 100\% = \frac{W_i}{W_s} \times \frac{W_s}{W} \times 100\%$$

$$= \frac{A_i g_{wi}}{A_s g_{ws}} \times \frac{W_s}{W} \times 100\% = \frac{A_i}{A_s} G_{wi/s} \times \frac{W_s}{W} \times 100\%$$

式中　A_i，A_s——待测组分和内标物的峰面积；

　　　　W_s，W——内标物和样品的质量；

$G_{Wi/s}$——待测组分对于内标物的相对质量校正因子（其可自行测定，或由文献中 i 组分和内标物 s 对苯的相对质量校正因子换算求出）。

（六）外标法

选择样品中的一个组分作为外标物，用外标物配成浓度与样品相当的外标混合物，进行色谱分析，求出与单位峰面积（或峰高）对应的外标物的质量（或体积）分数（常称 K 值）。然后在相同条件下对样品进行色谱分析，由样品中待测物的峰面积和待测组分对外标物的相对质量（物质的量）校正因子，就可求出待测组分的质量（体积）分数，计算公式如下：

$$w_i = W_i \times \frac{w_s}{W_s}$$

$$= A_i g_{Wi} \times \frac{w_s}{A_s g_{ws}} = A_i \times \frac{g_{Wi}}{g_{ws}} \times \frac{w_s}{A_s}$$

$$= A_i G_{Wi/s} K$$

式中 w_s——外标物的质量；

w_i——被测组分的质量分数，％；

A_i——待测组分的峰面积；

$G_{Wi/s}$——待测组分对外标物的相对质量校正因子；

K——与外标物单位峰面积对应的外标物的质量分数 $\left(K = \dfrac{w_s}{A_s}\right)$，％。

（七）归一化法

当样品中各组分均能被色谱柱分离并被检测器检出而显示各自的色谱峰，并且已知各待测组分的相对校正因子（G_{Wi} 或 G_{ni}）时，就可求出各组分的质量分数（或体积分数）。计算方法如下：

$$w_i = \frac{W_i}{W} \times 100\%$$

$$= \frac{W_i}{W_1 + W_2 + \cdots + W_i + \cdots + W_n} \times 100\%$$

$$= \frac{A_i g_i}{A_1 g_1 + A_2 g_2 + \cdots + A_i g_i + \cdots + A_n g_n} \times 100\%$$

$$=\frac{A_i\dfrac{g_i}{g_s}}{A_1\dfrac{g_1}{g_s}+A_2\dfrac{g_2}{g_s}+\cdots+A_i\dfrac{g_i}{g_s}+\cdots+A_n\dfrac{g_n}{g_s}}\times100\%$$

（分子分母除以 g_s）

$$=\frac{A_iG_i}{A_1G_1+A_2G_2+\cdots+A_iG_i+\cdots+A_nG_n}\times100\%$$

式中　A_1，A_2，$\cdots$，A_i，$\cdots$，A_n——样品中各个待测组分的峰面积；

　　　G_1，G_2，$\cdots$，G_i，$\cdots$，G_n——样品中各个待测组分对标准物（苯）的相对（质量或物质的量）校正因子。

第七节　基本原理

在气相色谱分析中，样品中的不同组分在气液色谱固定相上的分离是依据不同组分在固定液上分配系数 K_P 的差别。

在气固色谱中，样品中不同组分的分离是依据其在固体吸附剂上吸附系数 K_A 的差别。

K_P 或 K_A 表达了被分离组分达到分配平衡或吸附平衡时，其在固定相和流动相的分布情况。样品组分在色谱柱中进行分离后，由记录仪记录每个色谱峰的流出时间和形状以及相邻峰间的距离，这些反映了在柱中进行的热力学平衡过程和各种动力学因素的综合影响。

为了阐述色谱峰形的变化及影响色谱峰形扩张的各种因素，下面简单介绍气液色谱中的塔板理论和速率理论，以及选择气相色谱操作条件的依据。

一、塔板理论

塔板理论是由热力学的气、液相平衡来研究色谱峰形的变化，由样品组分在气、液两相分配系数的差别，解释了不同组分在色谱柱中获得分离的原因。为了阐述样品在色谱柱中分离效率的高低，沿用了在化学工程中描述精馏塔分离效率的塔板概念。提出了用高斯分布曲线方程式来描述色谱峰的峰形，提出了计算理论塔板数和理论塔板高度的方法。至今这种描述色谱柱效率的方法已得到普遍的应用。

在塔板理论中，色谱峰的流出曲线方程式可表示为：

$$c = \frac{\sqrt{n}\,W}{\sqrt{2\pi}\,V_R}\,e^{-n/2\left(1-\frac{V}{V_R}\right)^2}$$

式中 c——样品在柱中流出的载气体积为 V 时的浓度；

n——色谱柱的理论塔板数；

W——进样总量；

V_R——样品的保留体积（$V_R = t_r F_0$，t_r 为保留时间，F_0 为载气流速）。

当 $V = V_R$ 时，可导出色谱峰流出浓度的极大值：

$$c_{\max} = \frac{\sqrt{n}\,W}{\sqrt{2\pi}\,V_R} \tag{8-12}$$

由此式可看出，当进样量 W 和色谱柱的理论塔板数 n 一定时，保留体积 V_R 值小的组分（即先从柱中流出的分配系数小的组分），其色谱峰形高而窄，V_R 大的组分（即后从柱中流出的分配系数大的组分），其色谱峰形矮而宽。

由塔板理论可导出计算理论塔板数 n 的公式：

$$n = 5.54\left(\frac{t_R}{W_{h/2}}\right)^2 = 16\left(\frac{t_R}{W_b}\right)^2 \tag{8-13}$$

式中，t_R 为组分的保留时间；$W_{h/2}$ 为半峰高处的峰宽；W_b 为基线宽度。

当已知色谱柱长 L 时，可计算每块理论塔板的高度 H：

$$H = \frac{L}{n} \tag{8-14}$$

当以调整保留时间 t_R' 代替 t_R 时，用上述公式可计算出有效理论塔板数 N_{eff} 和有效理论塔板高度 H_{eff}：

$$N_{eff} = 5.54\left(\frac{t_R'}{W_{h/2}}\right)^2 = 16\left(\frac{t_R'}{W_b}\right)^2$$

$$H_{eff} = \frac{L}{N_{eff}}$$

二、速率理论

速率理论是从动力学观点出发，根据基本的实验事实研究各种操作条件（载气的性质及流速、固定液的液膜厚度、载体颗粒的直径、色谱柱填充的均匀程度等）对理论塔板高度的影响，从而解释在色谱柱中色谱峰形扩张的原因。其可用范第姆特（Van Deemter）方程式表示。

范第姆特等人认为使色谱峰扩张的原因是受涡流扩散、分子扩散、气液两相的传质阻力的影响，因而导出速率方程式或称范氏方程：

$$H = 2\lambda d_p + \frac{2\gamma D_g}{u} + \left[\frac{0.01k^2 d_p^2}{(1+k)^2 D_g} + \frac{2kd_f^2}{3(1+k)^2 D_1}\right]u \qquad (8\text{-}15)$$

式中　λ——固定相填充不均匀因子；

　　d_p——载体的平均颗粒直径，cm；

　　γ——载体颗粒大小不同而引起的气体扩散路径弯曲因子，简称弯曲因子；

　　D_g——组分在气相中的扩散系数，cm^2/s；

　　k——分配比；

　　d_f——固定液在载体上的液膜厚度，cm；

　　D_1——组分在液相中的扩散系数，cm^2/s；

　　u——载气在柱中的平均线速度，cm/s。

范氏方程可简化为下式：

$$H = A + \frac{B}{u} + Cu \qquad (8\text{-}16)$$

式中，A 为涡流扩散项；$\dfrac{B}{u}$ 为分子扩散项；Cu 为传质阻力项。

范氏方程的讨论如下：

（一）涡流扩散项（A）

$$A = 2\lambda d_p \qquad (8\text{-}17)$$

涡流扩散项也称多流路效应项。它与填充物的平均颗粒直径 d_p 有关，也与填充不均匀因子 λ 有关，即填充愈均匀、颗粒愈小，则塔板高度愈小、柱效愈高。

涡流扩散的方向垂直于载气流动方向，所以也称径向扩散或多路效应。它与载气的性质、线速度、组分的性质、固定液用量无关。但是当填充物颗粒大小不一，且颗粒粗大，填充又不均匀，则会造成色谱峰形扩展，如图 8-43。

图 8-43　涡流扩散引起峰形扩展示意图

图中三个起点相同的组分，由于在柱中通过的路径长短不一，结果三个质点不同时流出色谱柱，造成了色谱峰的扩展。

（二）分子扩散项（B/u）

$$B = 2\gamma D_g \qquad (8-18)$$

B 称分子扩散系数，它与组分在气相中的扩散系数 D_g、填充柱的弯曲因子 γ 有关。对于空心柱 $\gamma=1$，对于填充柱，由于颗粒使扩散路径弯曲，所以 $\gamma<1$，常用硅藻土载体 $\gamma=0.5\sim0.7$。

分子扩散也叫纵向扩散，这是基于载气携带样品进入色谱柱后，样品组分形成浓差梯度，因此产生浓差扩散，由于沿轴向扩散，故称纵向扩散（图 8-44）。

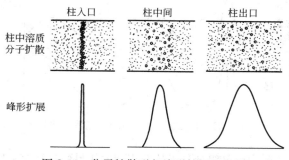

图 8-44　分子扩散引起峰形扩展示意图

分子扩散与组分在气相中停留的时间成正比，滞留时间越长，分子扩散也越大，所以加快载气流速 u 可以减少由于分子扩散而产生的色谱峰形扩展。

气相扩散系数 D_g 随载气和组分的性质、温度、压力而变化，D_g 通常为 $0.01\sim1\mathrm{cm}^2/\mathrm{s}$，组分在气相中的扩散系数 D_g 较 D_1 大 $10^4\sim10^5$ 倍，所以组分在液相中的扩散可以忽略不计。扩散系数 D_g 近似地与载气分子量的平方根成反比，所以使用分子量大的载气可以减小分子扩散。

（三）传质阻力项（Cu）

$$C = C_g + C_1 \qquad (8-19)$$

式中，C_g 为气相传质阻力系数；C_1 为液相传质阻力系数。传质阻力引起的峰形扩展见图 8-45。

1. 气相传质阻力系数（C_g）

$$C_g = \frac{0.01k^2 d_p^2}{(1+k)^2 D_g}$$

(8-20)

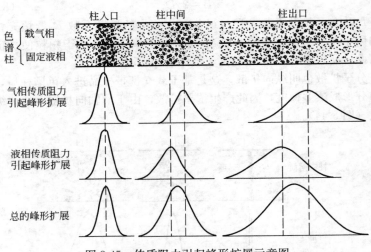

图 8-45　传质阻力引起峰形扩展示意图

气相传质阻力就是组分分子从气相到两相界面进行交换时的传质阻力，这个阻力会使柱子的横断面上的浓度分配不均匀。这个阻力越大，所需时间越长，浓度分配就越不均匀，峰形扩展就越严重。

气相传质阻力系数 C_g 与 d_p 成正比，故采用小颗粒的填充物，可使 C_g 减小，有利于提高柱效。C_g 与 D_g 成反比，组分在气相中的扩散系数越大，气相传质阻力越小，故采用 D_g 较大的 H_2 或 He 作载气，可减小传质阻力，提高柱效。但载气线速增大，可使气相传质阻力增大，柱效降低。

2. 液相传质阻力系数（C_l）

$$C_l = \frac{2kd_f^2}{3(1+k)^2 D_l}$$

(8-21)

液相传质阻力是指组分从气液界面到液相内部，并发生质量交换，达到分配平衡，然后又返回气液界面的传质过程。这个过程是需要时间的，在流动状态下，因为气液之间的平衡不能瞬时完成，使传质速度受到一定限制，同时组分进入液相后又要从液相洗脱出来，也需要时间，与此同时，组分又随着载气不断向柱口方向运动，气、液两相中的组分距离越远，色谱峰形扩展就越严重。载气流速越快越不利于传质，所以减小载气流速可以降低传质阻力，提高柱效。

液相传质阻力系数 C_1 与液膜厚度 d_f^2 成正比，与组分在液相中的扩散系数 D_1 成反比。所以固定液薄有利于液相传质，不使色谱峰形扩展。但固定液过薄，将会减少样品的容量，降低柱的寿命。组分在液相中的扩散系数 D_1 越大，越有利于传质，但柱温对 D_1 影响较大，柱温增加，D_1 增大而 k 值变小，即提高柱温有利于传质，减少峰形扩展；降低柱温，有利于分配，即有利于组分分离（k 值增大）。所以要选择适宜的温度来满足具体样品的要求。

范氏方程的完整表达式如式（8-15）所示。

从范氏方程的讨论中，说明了 H 越小柱效率越高，改善柱效率的因素有如下几点：

① 选择颗粒较小的均匀填料；

② 在不使固定液黏度增加太多的前提下，应在最低柱温下操作；

③ 用最低实际浓度的固定液；

④ 用较大摩尔质量的载气；

⑤ 选择最佳载气流速。

范氏方程简化式如式（8-16）所示。当将 H 对 u 作图（图 8-46），可给出一条曲线，其有一最低点，此点对应载气的最佳线速 u_{opt}，在最佳线速下对应色谱柱的最低理论塔板高度 H_{min}，即在此最佳线速下操作可获得最高柱效。

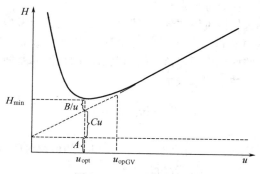

图 8-46　H-u 曲线图

依据范第姆特方程式可计算 u_{opt} 和 H_{min}

$$u_{opt} = \sqrt{\frac{B}{C}} \tag{8-22}$$

$$H_{min} = A + 2\sqrt{BC} \tag{8-23}$$

由图 8-46 可看出：

当 $u < u_{opt}$ 时，分子扩散项 $\dfrac{B}{u}$ 对板高 H 起主要作用，即载气线速愈小，板高 H 增加愈快，柱效愈低。

当 $u > u_{opt}$ 时，传质阻力项 Cu 对板高 H 起主要作用，即载气线速增大，板高 H 也增大，柱效降低，但其变化较缓慢。

当 $u = u_{opt}$ 时，分子扩散项和传质阻力项对板高 H 的影响最低，此时柱效最高。但此时的分析速度较慢。在实际分析时，可在最佳实用线速 u_{opGV} 下操作，此时板高 H 约比 H_{min} 增大 10%，虽然损失了柱效，但加快了分析速度。

显然在上述 3 种情况下，涡流扩散项 A 总是对板高 H 起作用。

三、色谱分离操作条件的选择

在气相色谱分析中，我们总希望在较短的时间内，用较短的柱子达到满意的分析结果，为此，在进行分析时，需要选择适当的操作条件。此时应考虑如下两个问题。

① 柱子对各组分的选择性要好，即能将复杂样品中的各组分分离开。从色谱图上看，各组分色谱峰之间的距离要大，而选择性的好坏与固定相的性质、柱温等因素有关。

色谱柱的选择性可用"分离度"来表示。它综合考虑了两个相邻组分保留值的差值和每个色谱峰的宽窄这两方面的因素。分离度（图 8-47）定义为相邻两色谱峰保留时间的差值与两色谱峰基线宽度和之半的比值，可用下述数学式来表示：

$$R = \frac{t_{R(2)} - t_{R(1)}}{\dfrac{W_{b(1)} + W_{b(2)}}{2}} \tag{8-24}$$

式中 $t_{R(2)} - t_{R(1)}$——组分（2）与组分（1）的保留时间（定义见定性分析）之差；

$W_{b(1)} + W_{b(2)}$——两个组分基线宽度之和。

分离度 R 还可表示为：

$$R = \frac{\sqrt{n}}{4} \times \frac{r_{2/1} - 1}{r_{2/1}} \times \frac{k_2}{1 + k_2}$$

式中，n 为理论塔板数；$r_{2/1}$ 为两相邻组分的相对保留值；k_2 为容量因子。

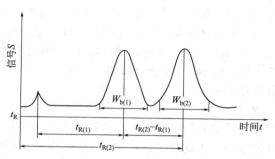

图 8-47　相邻色谱峰的分离度

同一色谱柱在相同条件下，对不同的物质有不同的 R 值。一般认为 $R \geqslant 1.5$ 时，两个组分可完全分离。

② 柱子的效率要高，即每个组分的色谱峰要窄。柱效率的高低与载气流量、载体性能、进样量等因素有关。

色谱柱的柱效率可用"理论塔板高度"、"有效理论塔板高度"和"理论塔板数"、"有效理论塔板数"来表示。

应注意同一色谱柱对不同物质的柱效率并不相同，因而当测定柱效率时应注明所用实验物质。显然对一根色谱柱，其有效理论塔板数 $n_{有效}$ 愈大或有效理论塔板高度 $H_{有效}$ 愈小，则色谱柱的柱效率愈高。

1. 载气的选择

气相色谱最常用的载气是：氢、氮、氩、氦。

选择何种气体作载气，首先要考虑使用何种检测器。使用热导池检测器时，选用氢或氦作载气，能提高灵敏度，氢载气还能延长热敏元件钨丝的寿命；氢火焰检测器宜用氮气作载气，也可用氢气；电子捕获检测器常用氮气（纯度大于 99.99%）；火焰光度检测器常用氮气和氢气。

扩散系数 D_g 与载气性质有关，D_g 与载气的摩尔质量平方根成反比，所以选用摩尔质量大的载气（N_2、Ar）可以使 D_g 减小，减小分子扩散系数 B，提高柱效。但选用摩尔质量小的载气，使 D_g 增大，会使气相传质阻力系数 C_g 减小，使柱效提高。因此使用低线速载气时，应

选用摩尔质量大的 N_2，使用高线速时，宜选用摩尔质量小的 H_2 或 He。

2. 载气流速的选择

载气流速对柱效率和分析速度都产生影响，根据范氏方程，载气流速慢有利于传质，有利于组分的分离；但载气流速快，有利于加快分析速度，减少分子扩散，载气流量对柱效率的影响表现为流量过低或过高都会降低柱效率，只有选择最佳流量才可提高柱效率，对一般色谱柱，载气流量为 $20\sim100mL/min$。有时为了缩短分析时间，可加大流量，但此时分离效果不好，色谱峰会有拖尾或重叠现象。在实际工作中要根据具体情况选择最佳流速。

3. 柱温的选择

柱温是气相色谱重要操作条件，在范氏方程中对 D_1、D_g、k 都会产生影响，柱温改变，柱效率、分离度 R、选择性 $r_{1,2}$ 以及柱子的稳定性都发生改变。

柱温低有利于分配，有利于组分的分离，但温度过低，被测组分可能在柱中冷凝或者传质阻力增加，使色谱峰扩展，甚至拖尾。柱温高有利于传质，但柱温过高时，分配系数变小，不利于分离。一般通过实验选择最佳柱温，要使物质对既完全分离，又不使峰形扩展、拖尾。

当固定相选定后，并不等于选择能力就确定了。柱温对选择性也有影响，通常降低柱温能提高选择性，但会增加保留时间，延长分析时间，往往降低柱效率，因此选择柱温要兼顾选择性和柱效率。经验表明选择的柱温等于样品的平均沸点或高于平均沸点 $10℃$ 时最为适宜。显然柱温高会加快分析速度，但降低了选择性。柱温对选择性和柱效率的影响见图 8-48。

当被分析组分的沸点范围很宽时，用同一柱温往往造成低沸点组分分离不好，而高沸点组分峰形扁平，若采用程序升温的办法，就能使高沸点及低沸点组分都能获得满意结果。如图 8-49 所示。

4. 载体的选择

载体对柱效率产生影响，在范氏方程中，涡流项 A 与气相传质阻力项 $C_g u$ 都与 d_p 有关，载体颗粒直径 d_p 增大时，H 增大，柱效降低。d_p 减小，H 也减小，柱效增加。但载体颗粒也不能太小，颗粒太小会使阻力增加，柱前压增大，造成操作困难。填充柱的载体为柱内径的 $1/15\sim1/20$ 为宜。

同时要求载体粒度均匀，筛分范围窄。对于 $3\sim4mm$ 内径的填充柱

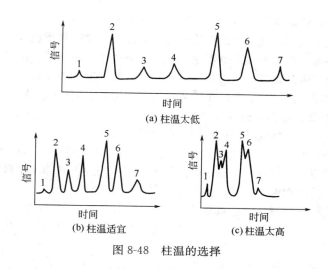

图 8-48　柱温的选择

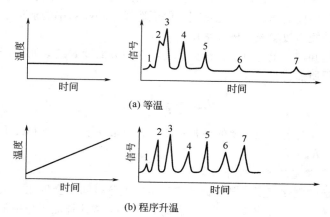

图 8-49　等温及程序升温时对宽沸点范围混合物的分离

可选择 60～80 目、80～100 目的载体。柱子越短或内径越小，要求载体粒度越小，此时可明显提高柱效。

5. 固定液用量的选择

固定液的用量要视载体的性质及其它情况而定。根据范氏方程，液膜厚度 d_f 小，有利于液相传质，能提高柱效。目前盛行低固定液配比（简称液载比），硅藻土载体表面积大，固定液∶载体的质量比为（5～

30）：100，玻璃载体表面积小，液载比可小于 1%。

理论和实践都证明，液载比低可提高柱效，加快传质速度，可选用较低的柱温。但是液载比也不能太低，如果载体表面不能全部覆盖，则载体会出现吸附现象，出现峰拖尾现象。同时固定液用量过少，也降低了柱的容量，进样量必须减少。所以固定液用量不是越少越好。

6. 色谱柱形、柱内径及柱长的影响

色谱柱形、柱内径、柱长均可影响柱效率。

色谱柱形以 U 形为好，因载气流动会受柱弯曲的影响而产生紊乱、不规则的流动，降低柱效率，因此要求柱弯曲的地方其曲率半径应尽量大一些。使用螺旋形柱时，柱本身的直径要尽可能均匀。

填充柱内径过小易造成填充困难和柱压降增大，给操作带来麻烦，故一般选择内径为 3～4mm。柱内径增大虽可增大样品用量，但会使柱效率下降。

柱子长，一般柱效率高，当柱长度增加时，分析时间会延长，并要增大载气的柱前压力，因此希望在保证选择性和柱效率的前提下，使柱长减至最短。故填充色谱柱常用 1～2m。

在已知柱子上先测出某难分离物质对的分离度 $R_{原来}$，再进行简易计算可求得所需柱长

$$L_{所需} = \frac{R_{所需}^2}{R_{原来}^2} L_{原来}$$

式中，$L_{所需}$ 为色谱柱需要的柱长；$R_{原来}$ 为原来柱子长度为 $L_{原来}$ 上测得的分离度；$R_{所需}$ 为 1.5。

7. 气化室温度的选择

合适的气化室温度既能保证样品全部组分瞬间完全气化，又不引起样品分解。一般气化室温度比柱温高 30～70℃或比样品组分中最高的沸点高 30～50℃。温度过低，气化速度慢，使样品峰扩展，产生伸舌头峰；温度过高则产生裂解峰，而使样品分解。温度是否合适，可通过实验检查：如果温度过高，出峰数目变化，重复进样时很难重现；温度太低则峰形不规则，出现平头峰或伸舌头宽峰；若温度合适则峰形正常，峰数不变，并能多次重复。

8. 进样量与进样时间的影响

进样量与固定相总量及检测器灵敏度有关，对于内径 4～6mm、长2m、固定液用量为 15%～20%的色谱柱，液体进样量为 0.1～10μL，

气体样品为 0.1～10mL。通常用热导池检测器时液样为 1～5μL；氢火焰检测器小于 1μL。

进样量过大会导致：①分离度变小；②保留值变化，难以定性；③峰高、峰面积与进样量不成线性关系，不能定量。最大允许进样量可以通过实验确定：多次进样，逐渐加大进样量，如果发现半峰宽变宽或保留值改变时，这个量就是最大允许进样量。

进样时应当固定进针深度及位置，针头切勿碰着气化室内壁，进样速度应尽可能快，一般小于 0.1 s，从注射器接触气化室密封橡胶垫片算起，包括注射、拔针等动作都要快，而且平行测定中速度一致。此项操作技术必须十分重视，要反复练习达到熟练、准确的程度。

从以上所述可看出，各种操作条件往往同时影响色谱柱的选择性和柱效率，它们之间是密切联系而又相互矛盾的，因此选择操作条件时，既要保证良好的选择性，又要兼顾柱效率，而柱的效率高又会相应提高选择性。例如，两个组分在色谱图上只能分离一半，若提高选择性就可以把两个组分完全分开，另外，若提高柱效率，使每个峰变窄，两个组分也能得到完全分离。

所以，我们对影响分离的各个操作条件要综合考虑，绝不能顾此失彼，片面强调某个因素。例如，柱温的选择，一般是柱温越低，选择性越好。但柱温低柱效率会降低，从而分析速度变慢，因此我们必须在有良好的选择性的前提下尽量提高柱温，在有较高柱效率的前提下尽量降低柱温。如果二者不能兼顾，还可以通过适当选择其它操作条件来解决。在有一定的选择性时，若柱效率很低，如果不能用提高柱温的办法提高柱效率，可用降低固定液含量来提高柱效率。另外提高载体涂渍的效率，使固定液均匀涂在载体表面，和保证载体颗粒的均匀性，改变载气流量，都可以提高柱效率。当然，在改变这些条件时，也必须注意到由此产生的不良因素。

在影响选择性和柱效率的各种因素中，关键的问题还是合理地选择一种固定液，这是解决分离的主要矛盾。

应当特别注意的是：上面叙述的只是一般规律，在实际应用时，必须根据不同的仪器、分析对象、分析要求，通过实践选择合适的操作条件。

四、毛细管柱的速率理论及操作条件的选择

1957年 M. J. E. Golay 依据 Van Deemter 提出的速率理论，考虑到如能减少涡流扩散就可大大提高色谱柱的柱效，从而提出用内壁涂渍固定液的长毛细管柱来取代填充柱，由于空心毛细管柱不存在涡流扩散，就大大提高了色谱柱的柱效。1958年 Golay 在美国取得制作毛细管柱的专利权，直至1967年 Golay 的专利权有效期终止后。20世纪70年代首先是玻璃毛细管柱在石油化工、环境监测领域获得应用，20世纪80年代迅速推广了熔融硅（石英）毛细管柱在色谱分析中的应用，解决了向毛细管柱注入微量样品的进样技术和检测技术。此时适逢微型计算机的快速发展，从而使毛细管柱气相色谱法获得迅速推广，并已逐渐取代填充柱，成为气相色谱法的主流技术。

（一）毛细管柱的速率方程式

Golay 提出的毛细管色谱柱的速率方程式为

$$H = \frac{2D_g}{u} + \frac{k^3 r_0^2}{6(1+k)^2 K_p^2 D_1} u + \frac{(1+6k+11k^2) r_0^2}{24(1+k)^2 D_g} u \tag{8-25}$$

式中，r_0 为毛细管柱内半径；K_p 为分配系数，在毛细管柱内涂渍的固定液液膜厚度 d_f 很薄（低于 $1\mu m$），可认为 $r_0 \gg d_f$，因此毛细管柱的相比 β（$50 \sim 1500$）远大于填充柱的相比 β（$5 \sim 35$），β 可按下式计算：

$$\beta = \frac{V_G}{V_L}$$

式中　V_G——毛细管柱中气相体积，$V_G = \pi r_0^2 L$（L 为柱长）；

　　　V_L——毛细管柱中固定液相体积，$V_L = 2\pi r_0 d_f L$。

$$\beta = \frac{\pi r_0^2 L}{2\pi r_0 d_f L} = \frac{r_0}{2d_f} \tag{8-26}$$

因容量因子 k 和分配系数 K_p 有下述关系：

$$k = \frac{K_p}{\beta}, \quad K_p = k\beta = k\frac{r_0}{2d_f}$$

上述毛细管柱速率方程式经整理后为：

$$H = \frac{2D_g}{u} + \frac{2}{3} \times \frac{k}{(1+k)^2} \times \frac{d_f^2}{D_1} u + \frac{1+6k+11k^2}{24(1+k)^2} \frac{r_0^2}{D_g} u \tag{8-27}$$

此式可简化成：

$$H = \frac{B}{u} + C_L u + C_G u \tag{8-28}$$

由式（8-25）可看到对毛细管柱，其 $A=0$，即无涡流扩散项，其为空心柱，柱中弯曲因子 $\gamma=1$，毛细管柱的 r_0 取代了填充柱中 d_p。

（二）毛细管柱的操作条件

1. 柱效评价及柱内半径的选择

当毛细管柱在最佳载气流速下操作，对应于最高柱效时的最低理论塔板高度为：

$$H_{min}=2\sqrt{B(C_L+C_G)} \tag{8-29}$$

对一般毛细管柱，由于涂渍固定液的液膜厚度极薄，d_f 仅为 $0.2\sim0.4\mu m$，因此液相传质阻力 $C_L\approx0$，因此式（8-29）可简化成：

$$H_{min}=2\sqrt{BC_G}=r_0\sqrt{\frac{1+6k+11k^2}{3(1+k)^2}} \tag{8-30}$$

对某确定溶质，其 k 值一定，可绘制 H_{min}-r_0 曲线（图 8-50）。由图可知 H_{min} 与 r_0 成正比，即柱内半径 r_0 愈小，H_{min} 也愈小，柱效愈高，反之，r_0 愈大，H_{min} 也愈大，柱效愈低；r_0 对柱效有很大影响。

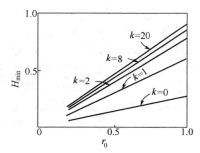

图 8-50 几种不同容量比的溶质最小理论塔板高度 H_{min} 与毛细管柱半径 r_0 之间的关系

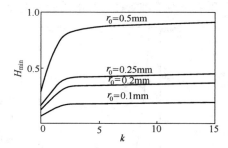

图 8-51 几种不同半径的毛细管柱最小理论塔板高度 H_{min} 与试验化合物的容量比 k 之间的关系

当毛细管柱内半径一定时，可绘制 H_{min}-k 曲线（图 8-51）。由式（8-30）可知，当 $k=0$ 时，$H_{min}\rightarrow0.58r_0$；若 $k\rightarrow\infty$，$H_{min}\rightarrow1.9r_0$；由此看出 k 由 0 变至 ∞，其 H_{min} 仅变化 4 倍，表明当 r_0 一定时，k 值的变化对 H_{min} 的影响并不太大。

在实用上多采用 $0.2\sim0.3mm$ 内径的毛细管柱，比 $0.2mm$ 更细的柱管（如 $0.1mm$），其阻力大，只能使用短柱管，且因固定液液膜很薄，样品容量小，操作不便。比 $0.3mm$ 更粗的大内径（$0.5mm$）毛细管柱，现在应用的也比较多，优点是柱容量大，可不用分流进样，采用直接进样可进行痕量分析。由于粗柱管柱效低，可增加柱长来提高柱效。

2. 载气线速的选择

对毛细管柱，与最低板高 H_{min} 对应的最佳线速 u_{opt} 为：

$$u_{opt}=\sqrt{\frac{B}{C_G+C_L}}$$

因毛细管柱的 C_L 可忽略：

$$u_{opt}=\sqrt{\frac{B}{C_G}}=\frac{4D_g}{r_0}\sqrt{\frac{3(1+k)^2}{1+6k+11k^2}} \tag{8-31}$$

由式（8-31）可知：

当 $k=0$ 时，$u_{opt}=6.9\dfrac{D_g}{r_0}$。

当 $k=\infty$ 时，$u_{opt}=2.1\dfrac{D_g}{r_0}$。

可看出对毛细管柱，当溶质的 k 变化很大时，u_{opt} 变化范围并不大。

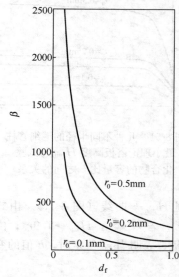

图 8-52　不同半径 r_0 的色谱柱
的相比 β 与液膜厚度 d_f 的关系
$\beta=r_0/2d_f$

当载气确定后，D_g 值一定，u_{opt} 与 r_0 成反比。u_{opt} 数值很小，一般为 $6\sim12cm/s$。由于毛细管柱较长，分析时间会延长，为提高分析速度多采用最佳实用线速 u_{opGV} 进行分析，此时虽柱效稍降低，但可缩短分析时间。

3. 固定液液膜厚度的选择

对毛细管柱气液色谱，固定液液膜厚度 d_f 是一个重要的参数，当毛细管柱柱内半径 r_0 一定时，每种溶质在柱中的分配系数 K_p 也为定值，且 $K_p=k\beta$，经实测当 r_0 一定时，由相比 β 对液膜厚度 d_f 作图（图 8-52），可看到 d_f 愈小，则 β 愈大；β 增大就会使溶质的容量因子 k 减小，并导致速率方程式中的液相传质阻力 C_L 和气相传质阻力 C_G 减小，而降低塔板

高度 H。因此 d_f 愈小愈利于提高柱效，并缩短分析时间。但 d_f 不能无限地减小，否则使柱负荷量降低，进样量减小。

通常对一般毛细管柱的固定液液膜厚度 d_f 为 $0.1\sim1.5\mu m$，d_f 大于 $2.5\mu m$ 时，液膜不稳定，会形成液滴而降低柱效。

对毛细管柱涂渍的固定液液膜厚度可按下式计算：

$$d_f = \frac{m_L}{2\pi r_0 L \rho_L} \tag{8-32}$$

$$m_L = m_0 w$$

式中　　m_L——柱内涂渍的固定液的质量；

　　　　m_0——固定液与溶剂质量之和；

　　　　w——固定液的质量分数（$<2\%$）；

　　　　ρ_L——涂渍温度下固定液的相对密度；

　　　　r_0——毛细管柱柱内半径；

　　　　L——毛细管柱的柱长。

4. 进样量的选择

毛细管柱的样品容量取决于涂渍的固定液液膜厚度，通常只允许相当于填充柱进样量的 $1/10\sim1/100$ 进入毛细管柱，当进样量超载时，会使柱效下降，引起色谱峰形扩展。

若发现色谱峰的峰高与进样量不呈线性关系，即表示柱已处于超负荷状态。

5. 柱温的选择

由于毛细管柱具有高柱效，分离组成复杂的混合物，应尽可能在低柱温下进行，以获得高分离度，但柱温也不宜太低，否则分析时间过长，柱效下降。因此柱温选择应兼顾分离度和分析时间两个方面的需要。

对沸点范围宽、组成复杂的混合物，应利用色谱柱的程序升温技术，以获得最高分离度、最短分析时间的最佳分析结果。

（三）毛细管柱与填充柱的比较

1. 毛细管柱比填充柱的柱效高

毛细管柱的理论塔板数比填充柱高 $10\sim100$ 倍，其主要原因在于相比 β 差别大，填充柱的 β 仅为 $5\sim35$，而毛细管柱 β 却达 $50\sim1500$。毛细管柱单位柱长中 V_G 大，V_L 小，对具有一定 K_p 值的溶质，色谱柱的 β 增大，k 值减小，会使理论塔板数增加。

理论塔板数 n 与相比 β 有下述关系：

$$n = 16R^2 \left(\frac{r_{2/1}}{r_{2/1}-1}\right)^2 \left(\frac{\beta}{K_p}+1\right)^2 \tag{8-33}$$

式中，R 为相邻两峰的分离度；$r_{2/1}$ 为相邻两峰的相对保留值。当 R、$r_{2/1}$ 一定时，n 随 β 增大而增加。

2. 毛细管柱比填充柱的柱容量小

填充柱固定相涂渍的固定液用量比毛细管柱涂渍的固定液用量多几十倍至几百倍，因此仅能将微量样品引入毛细管柱，必须使用专门的分流装置才能注入具有重复性的样品量。通常用毛细管柱进行定量分析的重复性要比填充柱差。对常规、组成不复杂的样品用填充柱分析比用毛细管柱分析的重现性、稳定性要好，但对组成复杂的混合物样品或需分析微量组分，使用毛细管柱的分析结果会更好些。

3. 毛细管柱比填充柱的渗透率高

毛细管柱为一空心柱，它对载气的阻力比填充柱要小，可用比渗透率 B_0 表示：

毛细管柱 　　$B_0 = \dfrac{r_0^2}{8}$ 　　B_0 与 r_0 成正比；

填充柱 　　$B_0 = \dfrac{d_p^2}{1012}$ 　　B_0 与 d_p 成正比。

色谱柱的柱压力降 Δp 与 B_0 的关系

$$\Delta p = \frac{\eta}{B_0} Lu$$

式中，η 为载气在柱温下的黏度；L 为柱长；u 为载气线速。

对毛细管柱 　　$\Delta p = \dfrac{\eta}{r_0^2} \times 8Lu$，$\Delta p$ 随 r_0 减小、L 增大而增加；

对填充柱 　　$\Delta p = \dfrac{\eta}{d_p^2} \times 1012Lu$，$\Delta p$ 随 d_p 减小、L 增大而增加。

由上述可看出，当柱长 L、载气线速 u 保持一致时，填充柱不宜太长，通常为 $1 \sim 2\text{m}$。而毛细管柱由于 B_0 大，在与填充柱具有相同压力降时，柱长为填充柱长的 $10 \sim 50$ 倍，通常为 $20 \sim 100\text{m}$。由于毛细管柱的渗透率 B_0 很大，使用的载气流速较小，仅为 $0.5 \sim 2.0\text{mL/min}$，因此分析时间比填充柱长。

第八节　气相色谱法的实验技术

一、毛细管柱的准备

1. 毛细管柱的检查、安装和老化

（1）毛细管柱安装前的检查

① 检查气瓶压力以确保有足够的载气、尾吹气和燃气。载气的纯度不低于 99.995％。

② 清洁进样口，必要时更换进样口密封垫圈、进样口衬管和隔垫。

③ 检查检测器密封垫圈，必要时更换。如有必要，清洗或更换检测器喷嘴。

④ 仔细检查柱子是否有破损或断裂。

（2）毛细管柱的安装

① 从柱架上将色谱柱两端各拉出大约 0.5m，以用于进样口和检测器安装，避免色谱柱折断。

② 在柱两端安装柱接头和石墨密封垫圈，向下套柱接头和密封垫圈，离端口大约 5cm。

③ 标记和切割柱子。在柱距两端 4～5cm 处用标记笔标记，拇指和食指尽量靠近切割点抓牢，轻轻地拉并弯曲柱子，柱子会很容易折断。如果柱子不容易折断，不要用力强行折，换个在离柱端更远的地方再刻一下，使其折断口处光滑。为确保柱两头切口截面没有聚酰亚胺和玻璃碎片，可用放大镜检查切口。

④ 在进样口安装色谱柱时，先查看仪器说明书找到正确的插入距离，并且用涂改液把这个距离标出来。将色谱柱插入检测器，用手指拧紧柱螺母直到它固定住色谱柱，然后再拧螺母 1/4～1/2 圈，这样当加压时色谱柱不会从接头脱出来。

⑤ 打开载气，确定合适的流速。设定柱头压力、分流比和隔垫吹扫至合适的水平。如果使用分流和不分流进样口，检查清洗分流阀至 ON（开）状态，确认载气流过色谱柱，将色谱柱一端浸入丙酮瓶中检查是否有气泡。

⑥ 将色谱柱安装到检测器上时，查看仪器说明书所提供的正确插入距离。

⑦ 检查有无泄漏。在未仔细检查色谱柱有无泄漏之前不能对柱子加热。

⑧ 清洗系统中的氧气至少要通载气数十分钟，如果色谱柱被打开暴露到空气中很长时间（几天），那么需要更长时间（1～2h）来清洗系统以排除所有的氧气。

⑨ 设定正确的进样器和检测器温度。

⑩ 设定正确的尾吹气和检测器气流。点火、打开检测器至 ON 状态下。

⑪注射非保留物质［甲烷（FID）、乙腈（NPD）、二氯甲烷（ECD）、空气（TCD）、氩气（质谱）］以检验进样器是否正确安装。如果出现对称峰则安装正确，如果有峰拖尾，重复进样口安装程序。

（3）毛细管柱的老化

① 在比最高分析温度高 20℃ 或最高柱温（温度更低者）的条件下老化柱子 2h，如果在高温 10min 后背景不下降，立即将柱子降温并检查柱子是否有泄漏。

② 如果用 Vespel 密封垫圈的话，老化完后重新检查密封程度。

③ 注射非保留物质以确定合适的平均线速度。

2. 毛细管柱的保护方法

在使用毛细管柱过程中，主要是防止固定液流失，因为固定液流失会使柱效能降低。事实上色谱柱固定液流失是自然的，是热力学平衡过程。色谱柱固定液聚硅氧烷通过聚合物本身的取代基形成环状分子。聚合物碎片之间由于取代基作用也可形成一些短链聚合物碎片。当这些碎片从色谱柱流出，它们会被检测到，从而导致信号的增强。在毛细管柱使用的全过程中这种反应一直发生。因此，所有的色谱柱都有不同程度的流失。氧是导致严重柱流失的主要因素，在色谱分析时尽量减少色谱仪气路系统氧的含量、使用好材料的部件以及选择正确的操作条件，可降低柱固定液的流失，延长柱子的使用寿命。

毛细管柱的保护方法如下。

① 使用高纯度的载气。氧气含量不宜高于 $1\mu g/g$。

② 利用净化器可以除去较低级别气体中的氧和烃类化合物杂质。通常杂质含量可减少到 $100\mu g/g$ 或更少。

③聚合物材料通常不稳定。因此，调节器主体、阀盘座、密封圈和隔膜应首选金属材料。

④ 管线只能使用没有油或其它污染物的铜管或不锈钢管，推荐使用制冷级铜管。

⑤ O形圈或其它聚合物垫圈的阀最好用焊接金属、波纹形密封垫。

⑥ 整个系统必须无泄漏，并且确保样品中不存在非挥发性物质。因为氧和污染物对固定液的分解有催化作用，会导致柱流失增强。

⑦ 在柱子安装后加热柱箱之前，柱子必须用干净的载气清洗15min。如果色谱仪是新的，或进样器和仪器管线进行维护或修理过，仪器应当再清洗 15～30min。

⑧ 各种固定液的热稳定性不一样，柱流失对背景信号的影响随固定液种类和所受温度变化而变化。当柱箱温度接近于柱温的上限时柱流失也会增加。所以应当尽量在较低的温度下工作以延长柱子的使用寿命。

⑨ 一旦柱子损坏，由于固定液降解的程度不同，重新老化后有可能改善柱性能。

二、毛细管柱气相色谱的进样技术

由于毛细管柱的内径仅为 0.2～0.3mm（大口径毛细管柱也仅为0.53～0.75mm），远小于内径 2～4mm 的填充柱，毛细管柱的样品容量仅为填充柱的 1/100～1/1000，因此在进样技术上也和填充柱不同。

（一）大口径毛细管柱的直接进样

内径≥0.53mm 的毛细管柱称为大口径毛细管柱，由于其内径比一般毛细管粗，柱的样品容量为填充柱的 1/10～1/20，介于填充柱和常规毛细管柱之间，柱内载气流速可高达 10～20mL/min，因此只需将气化室的内衬管和柱接头稍加改进，就可采用填充柱的进样口直接进样。

图 8-53 为 4 种装有改进内衬管的大口径毛细管柱气化室的结构示意图。其中仅图 8-53（a）具有隔垫吹扫功能。图 8-53（a）为最常用的衬管，适合柱流速快的大多数分析，但当进样量大时，因内衬管容积小，样品气化后体积膨胀，瞬间气化室压力可能超过载气柱前压，会发生倒灌，而使样品蒸气反扩散至载气管路中。为了防止倒灌可使用图 8-53（b），它为具有大容积的衬管，其上部为锥形，可防止样品倒灌，下部的锥形可保证样品快速进入毛细管柱。图 8-53（c）的衬管为对（a）的改进。图 8-53（d）是为向毛细管柱内直接进样而设计的，色谱柱头一直伸到内衬管的上部，样品可直接进入柱头气化。

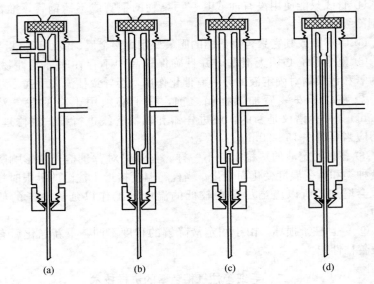

图 8-53 大口径毛细管柱直接进样用衬管

（二）分流进样

它是毛细管气相色谱首选的进样方式，注入样品后大部分样品被放空，仅有约 1/100 的样品进入毛细管柱，分流比可在 1/20～1/200 的范围调节。适用于大部分气体或液体样品的分析，尤其对未知样品使用分流进样，可保护毛细管柱不被沾污，防止柱效降低。

图 8-54 为分流进样方式，由总流量阀控制载气的总流量，载气进入气化室分成两路，一路作为隔垫吹扫气，流量仅为 1～3mL/min。另一路进入气化室与气化的样品蒸气混合后再分为两部分，其中大部分经分流口放空，仅小部分进入毛细管柱。若载气总流量为 104mL/min，隔垫吹扫气设置为 3mL/min，则 101mL/min 进入气化室，当分流流量为 100mL/min 时，柱内流量仅为 1mL/min，此时分流比为 1/100。应看到此气路设计将柱前压调节阀安装在分流气路上，在载气总流量不变的情况下，提高柱前压，使柱流速增大，可加快分析速度；若保持柱前压不变，通过调节总流量阀可改变分流比，即总流量愈大，分流比也愈大。

分流进样时，气化室的内衬管如图 8-55 所示，其大部分都不是直通式，管内有缩径处或装有烧结板，在缩口处放置有玻璃珠或硅烷化玻璃毛，以增大与样品接触的面积，保证样品完全气化。填充物应位于衬

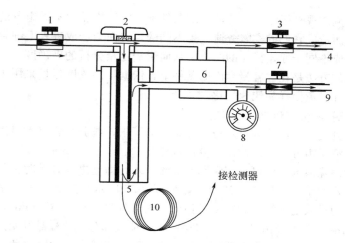

图 8-54　Agilent7890 仪器分流进样口原理示意图

1—总流量控制阀；2—进样口；3—隔垫吹扫气调节阀；4—隔垫吹扫气出口；5—分流器；
6—分流（不分流）电磁阀；7—柱前压调节阀；8—柱前压力表；9—分流出口；10—色谱柱

管的中间温度最高处，也是注射器针尖所达到处，可减少分流歧视。

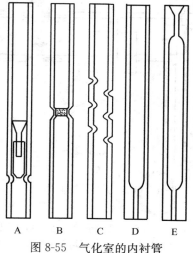

图 8-55　气化室的内衬管
A～E—用于毛细管柱分流进样

分流歧视是指在一定分流比的条件下，由于样品中不同组分的沸点差异，而造成它们的实际分流比是不同的，因而会造成进入毛细管柱的样品组成不同于原始样品的组成，从而影响定量分析的准确度。消除分流歧视的方法是在柱容量允许的条件下，依据样品浓度尽量采用小的分流比，并尽量使样品快速气化。

(三) 不分流进样

当分流进样不能满足对分析灵敏度的要求，或分析含有大量溶剂的样品中痕量组分时，才使用不分流进样技术。

为消除溶剂效应可采用瞬间不分流技术，即当进样开始时关闭分流电磁阀，使系统处于不分流状态，如图 8-56 所示，此时进入系统的载气，仅为进入毛细管柱和隔垫清扫所需的载气量（3～5mL/min），然后向气化室注入 2～3μL 样品，经 30～80s，待大部分气化样品开始进入毛细管柱，立即开启分流电磁阀，使系统处于分流状态。此时存留在气化室的大部分溶剂气体（显然也包括约 5% 的样品组分）很快从分流口放空，从而明显地消除了溶剂拖尾，使分流状态一直保持到分析结束，就可将原来被掩盖在溶剂拖尾峰中的组分分离出来。

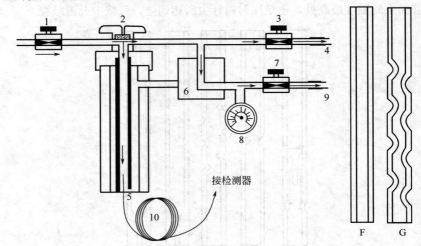

图 8-56　Agilent7890 仪器不分流进样口原理示意图

1—总流量控制阀；2—进样口；3—隔垫吹扫气调节阀；4—隔垫吹扫气出口；
5—分流器；6—分流（不分流）电磁阀；7—柱前压调节阀；8—柱前压力表；
9—分流出口；10—色谱柱
F，G—用于不分流进样或程序升温气化进样的气化室的内衬管由上述可知不分流进样不是绝对不分流，而是一种将瞬间不分流与大部分时间分流相组合的进样方式。为获得准确的分析结果，如何确定瞬间不分流的时间间隔，就成为操作的关键。依据大多数文献报道，此时间间隔多采用 0.75min，就能保证 95％的样品进入色谱柱。此时间间隔也可自行测定，方法为：首先设置一个长的时间间隔，如 120s，以保证全部样品组分都进入色谱柱，分析后从谱图上找到紧挨拖尾溶剂峰后的一个被完全分离的色谱峰作测定标志，测出该峰的峰面积值，它就代表 100％的样品进入了色谱柱。然后逐步缩短不分流时间间隔，如100s、80s、60s、40s，分别进样分析，再计算标志色谱峰的峰面积与第一次分析时的峰面积比值，直到此值达到≥0.95，即为瞬间不分流的最佳时间间隔。见图 8-57。

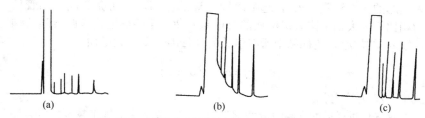

图 8-57　分流/不分流电磁阀开启时间的影响
(a) 放空阀开启太早，只有少量样品进入柱内；
(b) 放空阀开启太晚，最后样品被大大稀释，溶剂峰严重拖尾；
(c) 放空阀开启时间恰到好处

一般地讲，使用高沸点溶剂比低沸点溶剂有利，因为溶剂沸点高时，容易实现溶剂聚焦，且可使用较高的色谱柱初始温度，还可降低注射器针尖歧视以及气化室的压力突变。表 8-40 列出了常见的溶剂及其沸点和实现溶剂聚焦宜采用的色谱柱初始温度。

表 8-40　常见溶剂的沸点和实现溶剂聚焦宜采用的色谱柱初始温度

溶剂名称	沸点/℃	初始柱温/℃	溶剂名称	沸点/℃	初始柱温/℃
乙醚	36	10～室温	正己烷	69	40
正戊烷	36	10～室温	乙酸乙酯①	77	45
二氯甲烷	40	10～室温	乙腈	82	50
二硫化碳	46	10～室温	正庚烷	98	70
氯仿①	61	25	异辛烷	99	70
甲醇①	65	35	甲苯	111	80

①只能用于固定液交联的色谱柱。

411

对高沸点样品，不分流时间间隔长一些有利于提高分析灵敏度，而不影响测定准确度；对低沸点样品，则尽可能采用短的不分流时间间隔，以便既能最大限度消除溶剂拖尾，又可保证分析的准确度。

使用不分流进样时，样品进入毛细管柱的绝对量比分流进样多，并利用了溶剂效应（又称溶剂聚焦），使与溶剂挥发性相接近的微量组分被浓缩在尚未挥发的溶剂中，从而获得微量组分的狭窄谱带并提高了分离度，还可提高检测的灵敏度和定量测定结果的准确度。

应当指出，溶剂效应的正确应用会受到气化室温度，毛细管柱柱箱温度，进样量和样品中溶剂沸点的制约，它是在气化室温度、柱箱温度皆低于溶剂沸点 20～25℃的条件下产生的。当气化后溶剂样品混合物大量进入色谱柱头时，大量低沸点的溶剂会在柱入口内壁短期凝聚一层越来越厚的溶剂液膜（d_f），起临时固定液的作用，因而会造成毛细管柱的相比 β 值大幅下降，但溶质的分配系数 K_p 保持恒定，因此会随溶剂液膜 d_f 的加厚，使样品中所有组分的容量因子 k 大大增加

$$\beta = \frac{r_0}{2d_f}; K_p = k\beta = \frac{r_0 k}{2d_f}$$

式中，r_0 为柱内径。

这样使进样后的样品组分的谱带前沿，总是在一个越来越厚的混合固定液液膜上移动，而样品谱带的后部则是在一个相对较薄的液膜（主要是固定液的液膜）上移动，结果使样品谱带的前沿移动得慢，而谱带后部移动得快，从而使每个组分的谱带被压缩而变窄，呈现出溶剂聚焦的效应。

另一方面，溶剂的极性一定要与样品的极性相匹配，且要保证溶剂在所有被测样品组分之前出峰，否则早流出的峰就会被溶剂的大峰掩盖。同时，溶剂还要与固定相匹配，才能实现有效的溶剂聚焦。不分流进样也是分析高沸点痕量组分的首选方法。

当采用不分流进样方式时，气化室温度设置可比分流进样时稍低一些，以使样品在气化室滞留时间长一些，气化速度稍慢一些。但此温度下限应能保证待测组分在瞬间不分流时间间隔内能完全气化。进样后应尽量采用程序升温方式操作，以保证溶剂聚焦的良好结果。进样量不宜超过 2～3μL，应采用容积大的内衬管，否则会产生样品倒灌；进样速度应快些，进样速度的重现性会影响分析结果的重复性。

（四）冷柱头进样

对受热不稳定的样品，可将其直接注入处于室温或更低温度下的毛细管柱柱头。此时气化室的结构特点如图 8-58 所示：无加热装置，但

有冷空气或制冷剂（液态 N_2 或 CO_2）的入口和出口；注射针入口处无进样隔垫，但有一停止阀可阻止或允许注射针将样品注入冷柱头。进样时，先把注射针头插入进样通道，停在停止阀上部，再开启停止阀，将针头插到毛细管柱头上，快速注射（约 $0.5\mu L$）样品，然后将注射针头提回到停止阀上部，关上阀门，拔出注射针，立即开始程序升温分析。

此进样系统的密封是依据专用注射针头（外径 $0.23mm$、长 $80mm$）和进样通道（内径 $0.3mm$）的紧密配合来实现的。

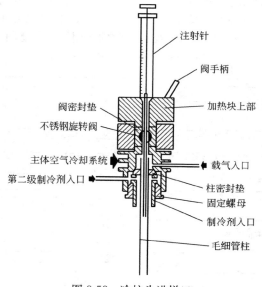

图 8-58　冷柱头进样口

冷柱头进样时，柱温比所用溶剂的沸点低 $25\sim30$℃，气化后的溶剂在柱头处冷凝，此层溶剂形成临时性液膜固定相，在载气流的作用下伸展产生溢流区（图 8-59 中 A），当溶质分布于整个溢流区，会引起进样谱带的展宽（图 8-59 中 B），为抑制此种现象产生，可使用保留间隙技术。保留间隙是一段经过去活处理但没有固定相的毛细管，因此它对任何溶质或溶剂都无保留作用，即 $k'=0$。保留间隙的去活试剂应与溶剂的性质相近，例如样品的溶剂是非极性时，则应采用非极性去活试剂（如 D_4；八甲基环四硅氧烷），以使溶剂与保留间隙表面有很好的润湿性。通常当进样 $1\sim2\mu L$ 时，保留间隙长度为 $0.5\sim1.0m$，溶剂的溢流区就处于保留间隙柱区，当溶剂蒸发时，随载气向前移动，较易挥发的组分（$k<5$）被溶剂聚焦，较难蒸发的组分保留在色谱柱头的固定相上（如图 8-59 中 C，D）聚焦，从而达到克服溶剂溢流造成的谱带加宽。

保留间隙的作用可总结为：①通过溶剂聚焦和固定液聚焦使进样谱带变窄；②解决溢流区太长产生峰劈裂问题；③可以作为保护柱使非挥发性脏组分不进入分析柱；④可作为细口径毛细管柱与自动柱上进样器匹配的界面；⑤用作 LC-GC 联用的界面。

保留间隙使用很多次后，钝化层会剥落下来露出表面的吸附点，所以工作中要注意更换新的保留间隙，实际经验是保留间隙约可进样 100 次。

图 8-59 是冷柱头进样方式保留间隙的作用原理示意图。

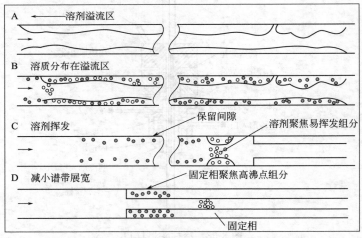

图 8-59　冷柱头进样方式的保留间隙作用机理
。为易挥发组分；。为高沸点组分

冷柱头进样的优点是消除了宽沸程样品组成的失真和受热不稳定样品的吸附与分解；分离的柱效高，灵敏度、准确度和精密度都比较高。缺点是仅适于分析浓度≤0.1％的样品，对高浓度样品需稀释后再进样，否则引起柱超载；专用的细长注射针头操作不当易损坏；长期使用柱头易被沾污；各组分的保留值重复性较差。

冷柱头进样远不及分流进样、不分流进样使用得那么普遍，冷柱头进样器不是气相色谱仪的标准配置，是需另购的选件，会增加分析成本。

（五）程序升温气化进样（PTV）

将气体或液体样品注入气化室处于低温的内衬管后，立即按设定的程序升温步骤，迅速提高气化室的温度，再实现样品的快速气化。此种气化室的结构如图 8-60 所示。它的结构特点是：

① 气化室既有实现快速升温的程序升温电热装置，又有可使之快速降温的半导体制冷装置或可通入制冷剂（液态 N_2 或 CO_2）的进、出口通道；

② 配有分流阀，可实现分流进样和不分流进样；

③ 进样口可采用无隔垫进样头，配有专用的停止阀，也可配备有隔垫的进样头。

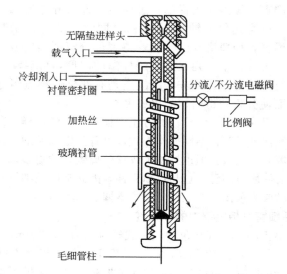

图 8-60　采用无隔垫进样头的 PTV 进样口

由上述结构可看出，它在实现程序升温气化进样的同时，也兼有分流/不分流进样和冷柱头进样的功能，是用于毛细管柱气相色谱分析的通用进样器。由于其构造复杂，其价格约为分流/不分流进样器的 3 倍，为冷柱头进样器的 1.5 倍，因其功能齐全，高档气相色谱仪已配备了此种通用进样器。

此进样器具有既可将样品低温捕集又可将样品快速气化的功能，完全消除了宽沸程样品的进样失真和分流歧视；可在气化室实现对样品的浓缩；使不挥发物滞留在内衬管中，保护了毛细管柱。它具有的进样操作方式如下：

① 程序升温气化分流进样，适合于绝大部分样品分析，当进行方法研究或筛选样品时，应首先使用此种进样方式。

② 程序升温气化不分流进样，适合于痕量组分分析，其操作要求和一般不分流进样相似，仅瞬间不分流时间间隔要长一些，$0.5\sim1.5\text{min}$，且进样量可大于一般不分流进样。

③ 冷柱头进样，不启动程序升温，适合于受热易分解样品的分析。

④ 溶剂消除不分流进样，可选择性地除去样品中的大量溶剂，达到浓缩痕量组分的目的。进样时，先关闭分流阀，控制气化室温度稍低于溶剂的沸点，缓慢注入样品，进样后立即打开分流阀，可采用大的放空流量（可高达每分钟几百毫升），同时以低的程序升温速率升高气化室的温度，加速溶剂的气化，待大部分溶剂蒸气放空后，立即关闭分流阀，待气化室达到设定高于柱温的温度，可启动色谱柱程序升温程序进行样品分析。此方法的缺点是有部分低沸点组分会随溶剂一起放空，而使分析获得的样品组成失真。

由以上介绍的用于毛细管柱的分流进样、不分流进样、冷柱头进样和程序升温气化进样四种不同操作方式，可看到影响毛细管柱分离效果的因素远比填充柱复杂，但也提供了改善分离效果的更多调节因素。现在毛细管柱的使用范围已远远超过填充柱，因此掌握毛细管柱的不同进样技术，也已成为色谱分析工作者必须掌握的基本功。

（六）毛细管气相色谱中的补充气

大多数出售的 FID 气相色谱仪，载气流速为 $30\sim60\text{mL/min}$，加上相等流量的氢气，可保持 FID 在高灵敏度下工作。当换上载气流量为 $0.3\sim3\text{mL/min}$ 的毛细色谱柱时，FID 在非常有限的流量下工作，灵敏度会急剧下降；在这样低的流量下，火焰不能维持正常燃烧。一个理想的解决方法是提供一个辅助的补充气，以使载气与补充气加在一起能达到原来所需要的 30mL/min 的流量，然后再与原来所需要的 30mL/min 的氢气相混合，以复现原来的高灵敏度。为了使组分谱带增加最小，引入辅助气的位置相对于柱来说必须如图 8-61 所示，即色谱柱末端应稍低于火焰喷嘴口，而高于补充气引入口和氢气引入口的"理想"位置。

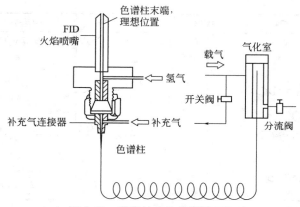

图 8-61　带有补充连接器的 FID

色谱柱末端要插到高于补充气引入口和氢气引入口的"理想"位置

三、填充柱与毛细管柱的性能比较

填充柱与毛细管柱的性能比较见表 8-41。

表 8-41　填充柱与毛细管柱的性能比较

	名称	填充柱	毛细管柱
色谱柱操作参数	1. 柱截面图		
	2. 柱内径/mm	2~6	0.1~0.5
	3. 柱长/m	0.5~6	20~200
	4. 比渗透率 B_0	1~20	约 10^2
	5. 相比 β	约 10^1	50~1500
	6. 总塔板值 n	约 10^3	约 10^5
	7. 柱容量/ng	2000~5000	10~2000
	8. 柱渗透率(K_F)	32(80 目,$d_p=180\mu m$)	7812($r_0=0.25mm$)
	9. 柱压力降/MPa	约 0.2	约 0.05
	10. 载气流速/(mL/min)	20~30	1~2
	11. 分析时间/min	5~40($L=2m$)	30~80($L=25m$)

	名称	填充柱	毛细管柱
动力学方程式	12. 方程式	$H=A+B/\overline{u}+(C_L+C_G)\overline{u}$	$H=B/\overline{u}+(C_L+C_G)\overline{u}$
	13. 涡流扩散	$A=2\lambda d_p$	$A=0$
	14. 分子扩散项 B	$B=2\gamma D_g$ $\gamma=0.6\sim0.7$	$B=2D_g$ $\gamma=1$
	15. 液相传质项 C_L	$C_L=\dfrac{2}{3}\times\dfrac{k'}{(1+k')^2}\times\dfrac{d_f^2}{D_e}$	$C_L=\dfrac{2}{3}\times\dfrac{k'}{(1+k')^2}\times\dfrac{d_f^2}{D_e}$
	16. 气相传质项 C_G	$C_G=0.01\dfrac{k'^2}{(1+k')^2}\times\dfrac{d_p^2}{D_g}$	$C_G=\dfrac{1+6k'+11k'^2}{24(1+k')^2}\times\dfrac{r_0^2}{D_g}$
实验技术与其它	17. 进样量/μL	$1\sim10$	$10^{-3}\sim10^{-2}$
	18. 进样器	直接进样	附加分流装置
	19. 检测器	TCD、FID 等	常用 FID
	20. 柱制备	简单	复杂
	21. 定量结果	重现性较好	与分流器设计性能有关

四、程序升温操作技术

对于沸点分布范围宽的多组分混合物，使用恒柱温气相色谱法分析，其低沸点组分会很快流出，峰形窄且易重叠，而高沸点组分则流出很慢，且峰形扁平且拖尾，因此分析结果既不利于定量测定，又拖延了分析时间。若使用程序升温气相色谱法，使色谱柱温度从低温（如 50℃）开始，按一定升温速率（如 5～10℃/min）升温，柱温呈线性增加，直至终止温度（如 200℃），就会使混合物中的每个组分都在最佳柱温（保留温度）下流出。此时低沸物和高沸物都可在较佳分离度下流出，它们的峰形宽窄相近（即有相接近的柱效），并缩短了总分析时间。

图 8-62 为正构烷烃混合物样品在涂渍 3% 阿匹松 L/Var Aport（100/120 目）色谱柱（柱长 50.8cm，内径 1.58mm）上进行恒温（100℃）和线性程序升温（从 50℃升温到 250℃，升温速率为 8℃/min），分析以 He 作载气（流速 10mL/min），得到的气相色谱分析结果。

程序升温操作采用低的初始温度，使低沸点组分峰的分离度提高，

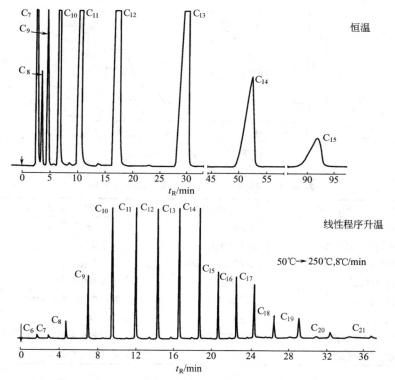

图 8-62 正构烷烃的恒温和线性程序升温的气相色谱分析谱图

随柱温的升高，高沸点组分能较快流出，且峰形对称。其完成全部分析的时间比恒温分析短，获得峰形的对称性好。

程序升温过程会自动获得分离每个组分的最佳柱温，在达到此最佳柱温以前，每个组分都冷凝在被加温的色谱柱中，直到到达最佳柱温，再快速从色谱柱中逸出，实现和其它组分的分离。

程序升温气相色谱特别适用于气固色谱、痕量组分分析和制备色谱。

图 8-63 表示程序升温常用的两种方式，即单阶或多阶线性程序升温操作。表 8-42 为恒温和程序升温气相色谱分析方法的比较。

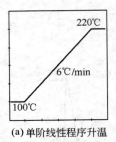 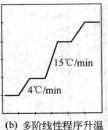

(a) 单阶线性程序升温　　(b) 多阶线性程序升温

图 8-63　程序升温的方式

表 8-42　恒温和程序升温气相色谱方法的比较

操作条件	恒温(ITGC)	程序升温(PTGC)
样品沸点范围	限定在 100 ℃	80 ℃→400 ℃
峰测量的精密度	随峰形改变	稍有变化
检测限度	随峰形改变	稍有变化
注入样品	必须快速	不需要快速
固定相	选择范围广泛	要严格选择耐高温的
载气纯度	不苛刻	高纯度
柱箱和检测室温度控制	可单纯控温或一起控温	必须各自单独控温
载气流路控制	恒压即可	必须恒流控制

(一) 基本原理

主要介绍保留温度、初期冻结、有效柱温及选择操作条件的依据。

1. 保留温度

在程序升温气相色谱分析中，每种溶质从色谱柱流出时的柱温，称该组分的保留温度 T_R，对线性程序升温可按下式计算：

$$T_R = T_0 + rt_R \tag{8-34}$$

式中，T_0 为初始温度；r 为升温速率，℃/min；t_R 为组分的保留时间。

$$t_R = \frac{T_R - T_0}{r} \tag{8-35}$$

在 PTGC 中组分达保留温度时的保留体积 V_p 为

$$V_p = t_R F = \frac{(T_R - T_0)F}{r} \tag{8-36}$$

式中，F 为载气流速，mL/min。

在线性 PTGC 中，T_R 和 t_R 的关系如图 8-64 所示。在线性程序升温中的 Kovats 保留指数 I_{PT} 为

$$I_{PT} = 100n + 100 \frac{T_{R(x)} - T_{R(n)}}{T_{R(n+1)} - T_{R(n)}} \tag{8-37}$$

式中，n 为碳数，$T_{R(x)}$、$T_{R(n)}$、$T_{R(n+1)}$ 为被测组分 x 和碳数分别为 n 和 $n+1$ 的正构烷烃的保留温度。

2. 初期冻结

在 PTGC 分析中，进样后因柱的起始温度很低，仅可对低沸物进行分离，其余大多数组分因在低柱温蒸气压低，大都溶解在固定相中，其蒸气带在柱中移动得非常慢，几乎停留在柱入口处不移动，即凝聚在柱头，此为 PTGC 所特有的现象，被称作初期冻结。

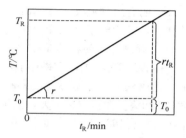

图 8-64　线性程序升温中
温度-时间图

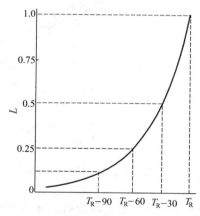

图 8-65　组分在程序升温柱中
移动位置与柱温关系图

程序升温开始后，样品中不同沸点的组分随柱温升高而迅速气化，样品的蒸气带在柱中迅速移动，柱温愈接近组分的保留温度，其在柱中移动得愈快，当达到保留温度 T_R 时即从柱中逸出。通过物理化学计算可知，柱温升高 30℃，溶质在气相的蒸气压会增加 1 倍，其在色谱柱中的移动速度也增加 1 倍。在程序升温过程中，样品组分在色谱柱中移动的位置与保留温度的关系如图 8-65所示。

由上述可知，程序升温的重要特点是：样品中的每个组分，进样后在未达到最适宜的流出温度之前，主要冻结、凝聚在色谱柱入口处，当柱温升高至 $T_R - 30$℃时，移动至色谱柱一半的位置，直至柱温达到适于逸出的有效温度，才迅速从柱中流出。

3. 有效柱温

有效柱温 T' 是能获得一定理论塔板数和分离度的特征温度,对两个难分离的组分,它是实现分离的最佳恒温温度,在此恒定温度下两难分离组分的分离可达到与程序升温操作时同样的柱效和分离度。有效柱温 T' 可按下式计算:

$$T' = 0.92T_R$$

此式表明有效柱温 T' 和保留温度 T_R 的关联,用此式可由恒温分离的最佳柱温,即相当于 T' 来预测程序升温的保留温度 T_R。

4. 程序升温的操作参数

由程序升温的保留体积可推导出,在程序升温过程中,任何溶质在确定色谱柱上的保留温度仅依赖于 r/F 的比值,而与程序升温的初始温度 T_0 和终止温度 T_F 无关,当 r/F 比值等于 1 时,对应的柱温即为各个组分的保留温度 T_R,如图 8-66 所示。

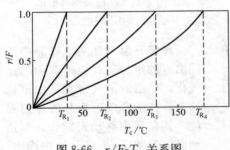

图 8-66 r/F-T_c 关系图

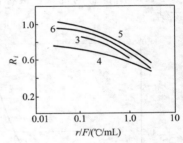

图 8-67 R_i-r/F 关系图
3,4,5,6 为不同碳数的烷烃

在程序升温过程中两个相邻难分离组分的真正分离度 R_i(定义见后)与 r/F 比值呈反比,如图 8-67 所示。

由上述可知,在程序升温色谱分析中,当色谱柱确定后,升温速率 r 和载气流速 F 是影响保留温度和分离度的主要操作参数。

程序升温操作时,采用低的升温速率可获高分离度、长的分析时间和低的检测灵敏度。若用高的升温速率,通常对保留值大的高沸点组分影响大,可减少分析时间、提高检测灵敏度。

当使用填充柱时,常用较大流速的载气(40mL/min),此时应选择较高的升温速率,以保持 r/F 比值不变。当使用毛细管柱时,因在低流速(1mL/min)载气下操作,r/F 比值主要由 r 进行调整。

（二）操作条件的选择

1. 柱效的评价

程序升温条件下，表示柱效的理论塔板数按下式计算：

$$n = 16\left(\frac{t_{T_R}}{W_{b(p)}}\right)^2 \qquad (8\text{-}38)$$

式中，t_{T_R} 为溶质在保留温度 T_R 的恒温条件下测得的保留时间（它不是在程序升温过程达到保留温度时所需的保留时间 t_R）；$W_{b(p)}$ 为溶质在程序升温运行中，在保留温度洗脱出色谱峰的峰底宽度。

式（8-38）中不能用 t_R 代替 t_{T_R} 的原因，是因为在程序升温过程中存在初期冻结。只有当柱温上升接近 T_R 时，溶质蒸气才迅速通过色谱柱，此时影响色谱峰形加宽的各种因素才发挥作用，因此若用 t_R 来计算，n 不能表示真正的柱效。

2. 真正分离度

在 PTGC 分析中两个相邻组分的分离度可按下式计算：

$$R = \frac{2\left[t_{R(2)} - t_{R(1)}\right]}{W_{b_1}(p) + W_{b_2}(p)} \qquad (8\text{-}39)$$

式中，$t_{R(2)}$ 和 $t_{R(1)}$ 分别为保留温度 T_{R_2} 和 T_{R_1} 对应的两个组分的保留时间；$W_{b_1}(p)$ 和 $W_{b_2}(p)$ 分别为与 T_{R_1} 和 T_{R_2} 对应的两个组分色谱峰的基线宽度。

PTGC 分析中的真正分离度 R_i 的表达式为

$$R_i = \frac{2(T_{R_2} - T_{R_1})}{r(t_{T_{R_1}} + t_{T_{R_2}})} \qquad (8\text{-}40)$$

式中，T_{R_2} 和 T_{R_1} 为两个相邻组分的保留温度；$t_{T_{R_1}}$ 和 $t_{T_{R_2}}$ 分别为柱温在 T_{R_1} 和 T_{R_2} 的恒温条件下，测得组分（1）和（2）的保留时间；r 为升温速率。

分离度和真正分离度的关系为

$$R = \frac{\sqrt{n}}{4}R_i$$

式中，n 为程序升温条件下的理论塔板数。

3. 操作条件的选择

PTGC 中的操作条件为升温方式、初始温度、终止温度、升温速率、载气流速、柱长等。影响分离的主要因素是升温速率和载气流速。

（1）升温方式　对沸点范围宽的同系物多采用单阶线性升温。如样品中含多种不同类型的化合物，可使用多阶程序升温。现在性能完备的气相色谱仪可实现3～8阶程序升温。

(2) 初始温度　通常以样品中最易挥发组分的沸点附近来确定初始温度。若选得太低会延长分析时间，若选得太高会降低低沸点组分的分离度。一般通用仪器，最低的 T_0 就是室温，也可通入液氮降至更低温度的 T_0。此外还应根据样品中低沸点组分的含量来决定初始温度保持时间的长短，以保证它们的完全分离。

(3) 终止温度　它是由样品中高沸点组分的保留温度和固定液的最高使用温度决定的。如果固定液的最高使用温度大于样品中组分的最高沸点，可选稍高于组分的最高沸点的温度作为终止温度，此时终止温度仅保持较短时间就可结束分析。若相反，就选用稍低于固定液的最高使用温度作为终止温度，并维持较长时间，以使高沸点组分在此恒温条件下完全洗脱出来。

(4) 升温速率　在 PTGC 中升温速率 r 起到和恒温色谱中柱温 T_c 的同样作用，选择时要兼顾分离度和分析时间两个方面。当 r 值较低时，会增大分离度，但会使高沸物的分析时间延长、峰形加宽、柱效降低。当 r 值较高时，会缩短分析时间，但又会使分离度下降。对内径3～5mm、长 2～3m 的填充柱，r 以 3～10℃/min 为宜。对内径0.25mm、长 25～50m 的毛细管柱，r 以 0.5～5℃/min 为宜。

(5) 载气流速　使用填充柱时，载气流速应使其对应的线速等于或高于范第姆特曲线中的最佳线速，并使载气流速 F 的变化与升温速率 r 的变化相适应，以在程序升温过程保持 r/F 的比值不变。当使用毛细管柱时，所用载气线速应大于范第姆特曲线中的最佳实用线速，这样可忽略随程序升温引起载气线速下降而产生的不利影响。

4. 对程序升温系统的特殊要求

(1) 载气的纯化和控制　在 PTGC 中应使用高纯载气，以防止微量有机杂质和微量氧引起的基线漂移或因氧化而改变固定液的保留特性。当使用普通载气时，必须用活性炭、硅胶、分子筛、活性铜粉（屑）进行净化。程序升温过程为保持载气流速恒定，应使用稳流阀，以防止因柱温升高、柱阻力增大，而引起载气流速降低。

(2) 耐高温固定液的使用　在 PTGC 中，柱温经常在短时间内升至高温，因此固定液的流失是不可避免的。为减少固定液的流失并保持基线的稳定，应使用耐高温固定液，如 SE-30（350℃）、OV-101

（350℃）、ApiezonL（300℃）、OV-17（300℃）、QF-1（250℃）、PEG-20M（250℃）、FFAP（250℃）、Versamid 900（250℃）、SF-96（300℃）等。另外应注意到在低的初始温度，应使用黏度小的固定液，如可用 SE-30 和 OV-101 时，最好使用 OV-101，因其在常温下呈液态。

（3）PTGC 仪器的结构特点

① 仪器最好配置双气路、双色谱柱，以补偿在升温过程中因固定液流失而引起的基线漂移。某些仪器仅配有单柱，但其具有单柱补偿功能，它利用计算机可储存此单柱在 PT 过程因固定液流失造成漂移的信号，并从实际样品信号中扣除，从而也可获得平直的基线。

② 仪器中应有各自独立的气化室、柱箱和检测器室，以保持柱箱进行程序升温时不引起气化室和检测器室的温度变化。气化室最好采用柱头进样方式，以充分利用 PTGC 特有的初期冻结现象。

③ 柱箱要足够大，使用绝热性能好的耐火材料，利于快速升温和空气对流；箱内装有大功率电加热器和强力风扇，以满足快速升温和使温度分布均匀的要求。降温时使用的通风炉门应能在程序升温结束时自动开启，以进行快速降温，当降至初始温度时可自动关闭，并为下次程序升温做好准备。

④ 程序升温控制器多采用电子式控温，要求其具有精确的重复性，尤其是升温速率的重复性直接影响定性和定量分析的准确性。单阶程序升温控制器，可控制初始温度、初始温度维持时间（0～60min）、升温速率（0.2～50℃/min）、终止温度及其保持时间（0～60min）。对多阶程序升温控制器，除可控制上述指标外，还可在升温过程自动改变升温速率，并控制多阶程序升温的全部执行时间（600min）。

毛细管柱具有高柱效，在分离组成复杂的混合物时，应尽可能在低柱温下进行，以获得高分离度，但柱温也不宜太低，否则分析时间过长、柱效下降。因此柱温选择应兼顾分离度和分析时间两个方面的需要。

对沸点范围宽、组成复杂的混合物应利用色谱柱的程序升温技术，以获得最高分离度、最短分析时间的最佳分析结果。

（三）程序升温气相色谱法的应用范围

根据程序升温方法的特点，特别适用于以下情况的气相色谱分析。

（1）宽沸程样品的分离　如石油馏分的分析，多碳醇的分析，多碳脂肪酸酯类的分析，复杂天然产物（香精油、食品香料）的分析等。

（2）气固色谱分析　在气固色谱分析中的两个明显缺陷——由于非物理吸附造成峰形的严重拖尾和由于溶质的吸附系数太大而延长了分析时间，都可通过采用 PTGC 而获得明显的改善。

（3）制备气相色谱　利用样品的初期冻结现象，通过程序升温而获流出时间适中和峰形对称的窄峰，有利于分别收集各个组分的纯品。

（4）痕量组分分析　在低的初始温度可重复多次进样，并在低初始温度下使溶剂迅速流出，而高沸点的痕量杂质可冻结在柱头，当浓缩至一定数量后，再进行程序升温，使高沸点杂质流出以提高检测灵敏度。

使用程序升温技术确有许多优点，但对难分离的组分使用程序升温技术并不是最有效的手段，此时仍应从固定液的选择和优化操作条件上来解决分离问题。

最后要指出，PTGC 分析的重现性必须很好，否则就难于进行定量分析了。

五、保留时间锁定技术

保留时间是气相色谱法中进行定性分析时的基本参数，它是由实验溶质与柱中固定相之间的分子间相互作用力所决定的，但也受影响柱效的因素，如温度、柱压降、载气流速的影响。为克服气相色谱操作条件的影响，有人也曾提出用相对保留值或科瓦茨保留指数进行定性分析，但它们仍然必须使用保留时间这个基本参数。

为了提高保留时间测定的重现性，可使用保留时间锁定技术，它可使待测化合物的保留时间在不同仪器、不同规格尺寸的同类色谱柱（即固定相和相比相同）之间保持不变。此技术的依据是通过调节柱前压力的变化来补偿因仪器不同、柱尺寸不同引起的操作参数的微小变化。

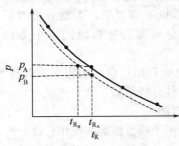

图 8-68　保留时间锁定
（RTL）原理图

保留时间锁定技术的原理如图 8-68 所示。若测定样品中某目标化合物的保留时间为 t_R，对应的柱前压为 p_A，为找出保留时间随柱前压变化的规律，可调节柱前压分别为 $1.2p_A$、$1.1p_A$、$1.0p_A$、$0.9p_A$、$0.8p_A$，并测出各自对应的保留时间，当以保留时间 t_R 作横坐标，以柱前压 p 作纵坐标，以获得 p-t_R 关系曲线。

对此曲线作近似处理，可认为在 $p_A \pm 20\%$ 的压力范围内，可将此曲线作为直线处理，上述过程即为"锁定"目标化合物。被锁定的目标化合物，应在谱图中位置居中，能与其它组分完全分离，峰高中等，峰形对称。

当更换了同类型的另一根色谱柱或需在另一台气相色谱仪上进行同一样品的分析时，就可利用锁定技术，在新的实验条件下，找到为保持原来组分的保留时间所需的调整后的柱前压。

为此首先按原方法柱前压设置条件 p_A 进行一次预分析，若此时前述目标化合物的保留时间发生了变化，成为 t_{R_B}，且 $t_{R_B} < t_{R_A}$（也可能 $t_{R_B} > t_{R_A}$），此时由 p_A 和 t_{R_B} 在图 8-68 $p\text{-}t_R$ 关系曲线上找到了一个新坐标点，此点并不在原来的 $p\text{-}t_R$ 关系曲线上，我们可以通过新点（p_A，t_{R_B}）作一条与原来 $p\text{-}t_R$ 曲线（实线）相平行的另一条新曲线（虚线）。在这条新曲线上，找到与 t_{R_A} 对应的柱前压为 p_B，这表明在新的实验条件下，将柱前压调至 p_B，则此时目标化合物的保留时间仍保持为原来的 t_{R_A}。因此在新的实验条件下，只要将柱前压调至 p_B，就可重现在原来实验条件下，对同一被分析物可获得相同的保留时间。

如果经上述"锁定"，重现性不够满意，保留时间差值大于 0.02min，则可再按上述方法进一步微调柱前压，以获得重现性更好的保留时间（即保留时间差值＜0.02min），而实现"重新锁定"。

使用保留时间锁定技术的方便之处是可充分利用原来的实验数据或相同实验条件下提供的文献数据，节约了分析时间，提高了工作效率，降低了分析成本。当利用国家标准分析方法进行样品分析时，使用此技术可保证分析结果的可靠性，并利于不同实验室间对同一样品获得分析结果进行的比对实验。此外使用此技术有利于建立色谱分析保留值数据库，便于对未知化合物进行定性鉴定。

第九节　测定实例

一、永久性气体的分析

1. 方法原理

以硅胶、5A（或 13X）分子筛、碳分子筛为固定相，用气固色谱法分析混合气中的氧、氮、甲烷、一氧化碳、二氧化碳及惰性气体等，用纯物质对照进行定性，再用峰面积归一化法计算各个组分的含量。

2.仪器和试剂

(1)仪器 气相色谱仪,备有热导池检测器;皂膜流量计;秒表。

(2)试剂

① 硅胶(80/100目),120℃烘干备用。

② 13X或5A分子筛(60/80目),使用前预先在高温炉内,于350℃活化4 h后备用。

③ 高纯碳分子筛(60/80目)。

④ 纯氧气、氮气、甲烷、一氧化碳等,装入球胆或聚乙烯取样袋中。

3.色谱分析条件

① 色谱柱皆为不锈钢柱,柱温:室温。

② 载气:氢气,流量30mL/min,氦气,流量20～70mL/min。

③ 检测器:热导池(TCD);桥流200 mA;衰减1/2～1/8;检测室温度为室温。

④ 气化室:室温;进样量用六通阀进样,定量管0.5mL。

4.定性分析

记录各个组分从色谱柱流出的保留时间(t_R),用纯物质进行对照,所获谱图如图8-69～图8-71所示。

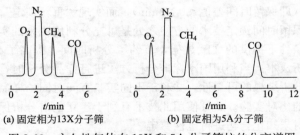

(a)固定相为13X分子筛   (b)固定相为5A分子筛

图8-69　永久性气体在13X和5A分子筛柱的分离谱图

5.定量分析

由谱图中测得各个组分的峰高和半峰宽计算各组分的峰面积。已知O_2、N_2、CH_4和CO的相对摩尔校正因子分别为2.50、2.38、2.80和2.38。再用峰面积归一化法就可计算出各个组分的体积分数(%)。

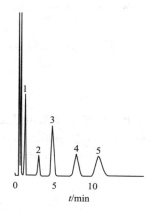

图 8-70　在硅胶柱上分析永久性气体
1—CO_2；2—O_2；3—N_2；4—CH_4；5—CO
色谱柱：$\phi 6mm \times 1.8m$，硅胶（80/100 目），
50℃

载气：He，33mL/min
检测器：TCD
气化室：常温，0.3mL

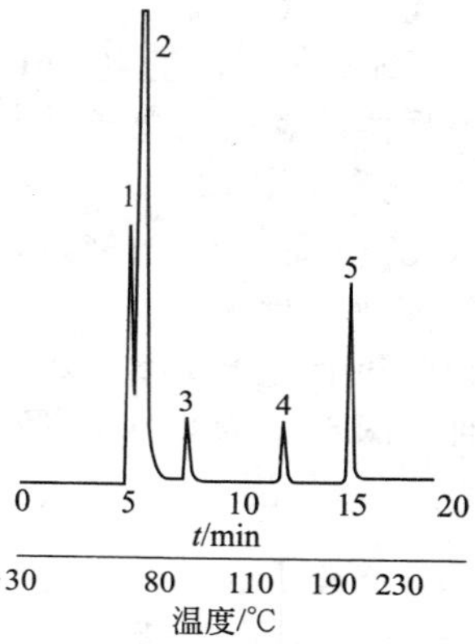

图 8-71　在碳分子筛柱上分析永久性气体
　　1—O_2（6%）；2—N_2（74%）；3—CO（5%）；
　　　　4—CH_4（5%）；5—CO_2（10%）
色谱柱：$\phi 3mm \times 3m$，Unibeads C 球形高
纯碳分子筛（60/80 目）

程序升温：30℃ $\xrightarrow{20℃/min}$ 230℃
载气：He，30mL/min
检测器：TCD
气化室：常温，0.3mL

二、低级烃类的全分析

1. 方法原理

在硅藻土载体上涂渍非极性固定液角鲨烷，以分离 $C_1 \sim C_4$ 烃类，对不同碳数的烃，按 $C_1 \sim C_4$ 的顺序依次流出；对相同碳数的烃，按炔、烯、烷的顺序依次流出。用纯物质对照和相对保留值定性，用峰面积归一化法进行定量计算。

2. 仪器和试剂

① 仪器　气相色谱仪；氢火焰离子化检测器；皂膜流量计；秒表。

② 试剂　角鲨烷（气相色谱固定液）；6201 红色载体（60～80 目）；氮气、氢气和压缩空气；甲烷、乙烷、丙烷和丁烷纯气。

3. 色谱分析条件

色谱柱：25%角鲨烷/6201（60～80 目），不锈钢柱管 $\phi 4mm \times 7m$。

柱温：室温。

载气：氮气，流量 40mL/min。燃气：氢气，流量 40mL/min。助燃气：压缩空气，流量 400mL/min。

检测器：氢火焰离子化检测器（FID）；高阻 10^{10} Ω；衰减 1/2～1/8；检测室温度 120℃。

气化室：50℃；进样量六通阀进样，定量管 0.2mL。

4.定性分析

记录各个组分出峰的保留时间（t_R），并用纯烷烃气体和相对保留值定性。图 8-72 为 C_1～C_4 烃类在角鲨烷固定液上分离的谱图。

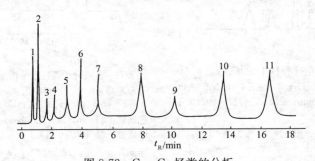

图 8-72 C_1～C_4 烃类的分析

1—空气；2—C_1^0；3—CO_2；4—$C_2^{\equiv}$；5—$C_2^{=}$；6—C_2^0；

7—$C_3^{=}$；8—C_3^0；9—$C_3^{\equiv}$；10—iC_4^0；11—n；$iC_{4\sim1}^{=}+C_{4\sim1.30}^{\equiv}$

C^0—烷烃；$C^{=}$—烯烃；$C^{\equiv}$—炔烃；$C^{==}$—二烯烃；n—正构；i—异构

5.定量分析

由谱图中各组分的峰面积及从手册上查到的各个组分的相对质量校正因子，就可用归一化法计算出各个组分的质量分数。

6.低级烃在多孔层毛细管柱的全分析

随着毛细管柱在石油化工生产中的推广使用，C_1～C_5 烃类在内壁涂敷多孔层 Al_2O_3 载体的熔融硅毛细管柱（PLOT）上，可获得更好的分离效果。其色谱分析条件如下所示。

色谱柱：Al_2O_3/KCl PLOT 柱；ϕ0.32mm×50m，载体层厚度 d_f=5.0μm，程序升温 70℃→200℃，升温速率 3℃/min。

载气：N_2，平均线速 $\overline{u}$=26 cm/s。燃气：H_2。助燃气：空气。

检测器：FID，250℃。气化室：250℃。分流比 1∶100。

分离谱图见图 8-73，用归一化法定量。

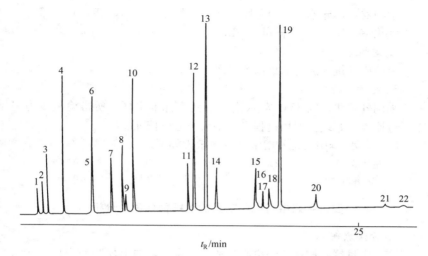

图 8-73 C$_1$～C$_5$ 烃类物质的分离分析色谱图

1—甲烷；2—乙烷；3—乙烯；4—丙烷；5—环丙烷；6—丙烯；7—乙炔；8—异丁烷；
9—丙二烯；10—正丁烷；11—反-2-丁烯；12—1-丁烯；13—异丁烯；14—顺-2-丁烯；
15—异戊烷；16—1,2-丁二烯；17—丙炔；18—正戊烷；19—1,3-丁二烯；
20—3-甲基-1-丁烯；21—乙烯基乙炔；22—乙基乙炔

三、有机溶剂中微量水的分析

1. 方法原理

以 GDX103 为固定相，利用高分子多孔小球的弱极性、强憎水性，

可分析有机溶剂甲醇中的微量水含量。用纯
水对照定性，用外标法测水的含量。

2. 仪器和试剂

① 仪器　气相色谱仪，热导池检测器；
皂膜流量计；秒表。

② 试剂　氢气，苯-水饱和溶液；GDX103
（40～60 目）。

3. 色谱分析条件

色谱柱：GDX103（40～60 目），不锈钢
柱管 φ4 mm×2 m，柱温 100℃。

载气：氢气，流量 40 mL/min。

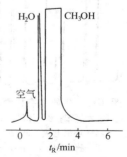

图 8-74　甲醇中微
量水分析

检测器：热导池，检测温度150℃，桥流200mA，衰减1/2～1/8。
气化室：150℃，进样量20μL。

4. 定性分析

甲醇中微量水测定的色谱图见图8-74。

5. 定量分析

采用外标法，以25℃苯-水饱和溶液为标准水样，所得检量线为一条通过原点的直线。使用过程可用单点法进行校准。

25℃，水-苯中的饱和溶液其含水量为如下：

进样量/μL	20.0	15.0	10.0	5.0
含水量/mg	0.0104	0.0078	0.0052	0.0026

四、牛奶中有机氯农药的毛细管柱色谱分析

1. 方法原理

取一定量鲜奶试样，经离心分离弃去水层，向上层脂肪中加入无水硫酸钠至呈流动状态，加入一定量石油醚，搅拌下至脂肪全溶，过滤后将滤液置旋转蒸发器中，水浴温度70～72℃，进行中速旋转蒸发、浓缩，待石油醚全部挥发后，冷却称重，求出试样中的脂肪含量。

取1g脂肪，用乙酸乙酯-环己烷（1：1）混合溶剂溶解，移入10 mL容量瓶中定容。将此溶液用填充有凝胶渗透色谱定相的净化柱进行净化。收集净化后溶液，于真空浓缩器上在水温70～72℃抽真空浓缩至干，加入1～3mL石油醚溶解残渣，以供气相色谱分析使用。

用SE-52高效石英毛细管柱，进行残留有机氯农药的色谱分离，用电子捕获检测器进行监测。

2. 仪器和试剂

① 仪器　带有分流进样器和

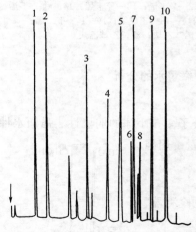

图 8-75　牛奶中有机氯农药的分析
1—六氯苯；2—林丹；3—艾氏剂；
4—环氧七氯；5—p'-滴滴伊；
6—狄氏剂；7—p,p'-滴滴伊；
8—异艾氏剂；9—o,p'-滴滴涕；
10—p,p'-滴滴涕

电子捕获检测器的气相色谱仪，皂膜流量计，微处理机。

② 试剂　超纯氮气、各种有机氯农药标样。

3．色谱分析条件

色谱柱：SE-52 交联石英弹性毛细管柱 ϕ 0.32 mm×25 m，固定液液膜厚度 d_f＝0.15μm，两阶程序升温：40℃（1min）$\xrightarrow{20℃/min}$140℃ $\xrightarrow{3℃/min}$220℃（1min）。

载气：超纯氮气；流量2mL/min。

检测器：电子捕获检测器（^{63}Ni），检测温度250℃。

气化室：230℃；分流进样分流比1：100；进样量1μL。

4．定性分析

记录各组分的保留时间和保留温度，用标准样品对照（图 8-75）。

5．定量分析

用归一化法计算各种残留有机氯农药的含量。

6．有机氯农药在细内径毛细管柱的快速分析

在毛细管气相色谱分析原理中已指出，色谱柱的理论塔板高度（H）与毛细管柱的内径（D）成正比，色谱柱的理论塔板数（n）与毛细管柱内径（D）的平方成反比，因此使用 0.1mm 细内径、薄涂渍液膜厚度（d_f＝0.1～0.25μm）的短毛细管柱（L＝10～15m）可获得高柱效。图 8-76 和图 8-77 为使用常规毛细管柱与使用细内径 0.1mm 毛细管柱，分析有机氯农药的分析结果比较，在相近分析条件下，前者需 8min 完成分析，而后者仅需 60s 就完成分析，并呈现高灵敏度。

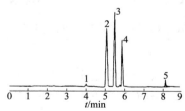

图 8-76　有机氯农药的常规毛细管柱色谱分析

1—γ-666；2—七氯；3—氯甲桥萘；4—环氧七氯；5—p,p'-DDT

色谱柱：SE- C8，ϕ0.32mm×12m，d_f＝0.50μm，200℃

载气：H$_2$，1.0mL/min

检测器：ECD

补充 N$_2$：20mL/min，300℃

进样方式：快速程序升温进样，30℃$\xrightarrow{180℃/min}$200℃

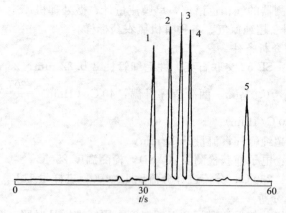

图 8-77 有机氯农药的快速气相色谱分析

1—γ-666；2—七氯；3—氯甲桥萘；4—环氧七氯；5—p,p′-DDT

色谱柱：$\phi 0.1mm \times 15m$，$d_f = 0.25\mu m$，SE-30，270℃

载气：H_2，线速度 60cm/s

检测器：ECD

补充 N_2：20mL/min，300℃

进样方式：分流进率，分流比 1∶100

当进行快速气相色谱分析时，对气相色谱仪器的性能也提出更高要求，对进样器要能提供耐 700kPa 的柱前压，并要求检测器提供快的响应（<30ms），能高灵敏度分辨相邻的色谱峰（半峰宽<500ms），并保证在大分流比（1/400~1/800）时，分流进样不失真，并可在低流速下利于与质谱（MS）联用，可在常压下连接，不必使用减压系统。

五、白酒中主要成分的色谱分析

1. 方法原理

白酒的主要成分为醇、酯和羰基化合物，由于所含组分较多，且沸点范围较宽，适合用程序升温气相色谱法进行分离，并用氢火焰离子化检测器进行检测。

为分离白酒中的主要成分，可使用填充柱或毛细管柱，常用的填充柱固定相为 GDX-102；16％邻苯二甲酸二壬酯＋7％吐温-60/硅烷化 101 白色载体（60~80 目）；10％聚乙二醇 20M/有机载体 402（80~100 目）；15％吐温-60＋15％司盘-60/6201 红色载体（60~80 目）等。也可使用以聚乙二醇 20M 或 FFAP 交联制备的石英弹性毛细管柱。

2. 仪器和试剂

① 仪器　带有分流进样器和氢火焰离子化检测器的气相色谱仪、皂膜流量计、微处理机。

② 试剂　氮气、氢气、压缩空气，与白酒中主要成分对应的醛、醇、酯的色谱纯标样。

3. 色谱分析条件

色谱柱：冠醚＋FFAP交联石英弹性毛细管柱 $\phi 0.25\text{mm} \times 30\text{m}$，固定液液膜厚度 $d_f = 0.5\mu\text{m}$。程序升温：$50℃（6\text{min}）\xrightarrow{40℃/\text{min}} 220℃$（1min）。

载气：氮气，流量 1mL/min。燃气：氢气，流量 50mL/min。助燃气：压缩空气，流量 500mL/min。

检测器：氢火焰离子化检测器，高阻 $10^{10}\Omega$，衰减 1/4～1/16，检测室温度 200℃。

气化室：250℃，分流进样分流比 1：100，进样量 $0.2\mu\text{L}$。

4. 定性分析

记录各组分的保留时间和保留温度，用标准样品对照（图 8-78）。

5. 定量分析

以乙酸正丁酯作内标，用内标法定量。

六、室内环境空气中总挥发有机物含量分析

1. 方法原理

总挥发有机物系指沸点在 50～260℃ 的各种有机化合物。用装有大孔吸附树脂 Tenax GC 或 Tenax TA 的采样管，经大气采样器采集一定体积的空气，空气中的总挥发有机物被固体吸附剂吸附。采样后将采样管置于热解吸炉中，快速升温至 300℃，并同时通入纯氮气，将热解吸后的挥发有机物经六通阀连接至气相色谱仪，被初期冻结在毛细管色谱柱的柱头，再经毛细管柱的程序升温分离后，用氢火焰离子化检测器检测，以保留温度（或保留时间）定性，以峰面积进行定量分析，测出各种有机物的含量。

毛细管柱为涂渍 OV-101 或 SE-30 的非极性、耐高温固定相的石英弹性柱。

2. 仪器和试剂

① 仪器　带有分流进样器和氢火焰离子化检测器的气相色谱仪。

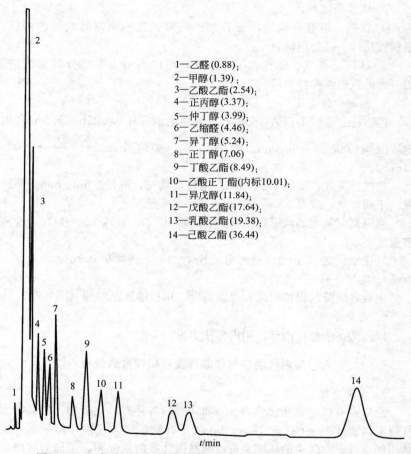

1—乙醛 (0.88)；
2—甲醇 (1.39)；
3—乙酸乙酯 (2.54)；
4—正丙醇 (3.37)；
5—仲丁醇 (3.99)；
6—乙缩醛 (4.46)；
7—异丁醇 (5.24)；
8—正丁醇 (7.06)；
9—丁酸乙酯 (8.49)；
10—乙酸正丁酯(内标10.01)；
11—异戊醇 (11.84)；
12—戊酸乙酯 (17.64)；
13—乳酸乙酯 (19.38)；
14—己酸乙酯 (36.44)

图 8-78 程序升温毛细管柱色谱法分析白酒主要成分的分离谱图

热解吸器通过六通阀与气相色谱仪连接（图 8-79）。

② 试剂 氮气、氢气、压缩空气；Tenax GC（或 Tenax TA）吸附剂，色谱纯甲醇、苯、甲苯、乙酸丁酯、乙苯、对二甲苯、间二甲苯、邻二甲苯、苯乙烯、十一烷标准样品。

③ 采样管 $\phi 4mm \times 8cm$，壁厚 2mm 的硬质玻璃管或相同尺寸的不锈钢管，其中填充 $100 \sim 200mg$ Tenax GC。

④ 热解吸器 管式炉式，采用低电压大电流加热，可快速升温至 $300℃$，仅需 10s，达预定温度自动断电、停止加热。

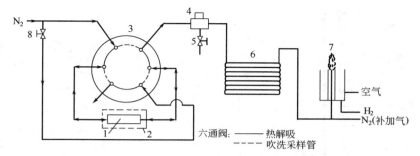

图 8-79　热解吸器与毛细管气相色谱仪的连接流路图
1—采样管；2—热解吸器；3—六通阀；4—气化室；5—分流阀；
6—毛细管柱；7—氢火焰离子化检测器；8—流量调节阀

3. 采样方法

采样管使用前应于热解吸器中通入纯氮，加热至 300℃，进行吹洗，以保证采样管保持空白状态。吹洗后两端用橡皮帽密封，并置于干燥器中保存。

在室内环境进行采样时，先打开大气采样器，连接采样管，调采样速度为 500mL/min，采样 20min，抽取 10L 空气样品。采样后密封采样管，记录采样温度和大气压力。

4. 色谱分析条件

色谱柱：OV-101 交联石英弹性毛细管柱，$\phi 0.25mm \times 25m$，固定液液膜厚度 $d_f = 0.8\mu m$。程序升温：初始温度 50℃保持10min，以 5℃/min 升温速率，一直升温至 250℃，并保持 2min。

载气：氮气，流量 1mL/min；补充气流量 39mL/min。燃气：氢气，流量 40mL/min。助燃气：压缩空气，流量 400mL/min。

检测器：氢火焰离子化检测器；200℃。

气化室：200℃；分流比 1：100。

5. 定性分析

记录热解吸又经色谱分离后各个组分的保留时间和保留温度，与总挥发有机物标准样品的分离色谱图（图 8-80）对照。

6. 定量分析

用归一化法进行定量分析，再用标准工作曲线分别计算各个组分的含量。

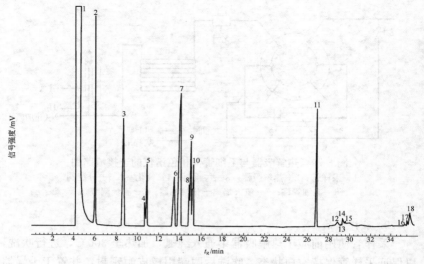

图 8-80　室内空气中总挥发有机物的分离谱图
1—甲醇；2—苯；3—甲苯；4—未知；5—乙酸丁酯；6—乙苯；7—对二甲苯；
8—间二甲苯；9—邻二甲苯；10—苯乙烯；11—十一烷；12～18—其它

七、石油产品的模拟蒸馏

模拟蒸馏是使用 GC 的程序升温的方法来分析确定石油样品馏程范围。美国 ASTM D-2887 是一种通用的方法，与我国石化 SH/T 0558 扩展方法相当，可测试终馏点低于 550℃（不包括汽油）的石油产品。虽然这个技术已经用填充柱方法实施了 25 年，现在也允许使用 0.53mm 毛细管色谱柱进行分析。

Rtx-2887 和 MXT-2887 色谱柱的尺寸（ϕ0.25mm 或 ϕ0.53mm，长 5～10m），固定相的液膜厚度（d_f＝0.1～0.25μm），在设计时即针对 ASTM 方法最新版本对分离度和不对称因子的要求而加以最佳化处理。每个柱子都用烃标样单独试验以保证稳定的基线、低流失和保留时间的良好重复性。

交联键合的甲基硅氧烷固定相与填充柱相比，增加了基线稳定性，减少了老化时间。Rtx-2887/MXT-2887 色谱柱还可以用溶剂漂洗的方法进行复原处理（见图 8-81）。

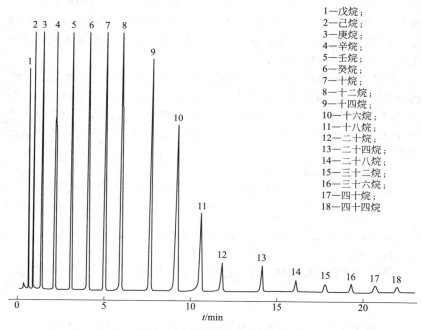

图 8-81 石油产品的模拟蒸馏

1—戊烷；
2—己烷；
3—庚烷；
4—辛烷；
5—壬烷；
6—癸烷；
7—十烷；
8—十二烷；
9—十四烷；
10—十六烷；
11—十八烷；
12—二十烷；
13—二十四烷；
14—二十八烷；
15—三十二烷；
16—三十六烷；
17—四十烷；
18—四十四烷

八、用专用毛细管柱分析汽油的族组成（PONA 值）

作为石化产品原材料的石脑油、汽油和其它烃类产品，按其化学组成可分为四类，即烷烃、烯烃、环烷烃和芳烃，它们表达了汽油等油品的族组成，也就是 PONA 值。若把烷烃再细分成正构烷烃（n-P）和异构烷烃（i-P）两组，就需增加 I-Paraffins 一族，因此也可用 PIONA 值表达油品的族组成。

对用于分析汽油产品 PONA 或 PIONA 的色谱柱，提出了特殊的专用要求，必须使用非极性、高柱效的毛细管柱，才能把组成非常复杂的烷烃、烯烃、环烷烃和芳香烃分离开。因此要求用于 PONA（或 PIONA）分析的毛细管柱，内径 0.1～0.25mm，长度约 100m，固定液液膜厚度 0.15～0.5μm。PONA 柱质量的重要指标是全柱整体尺寸和液膜厚度的均匀性。

现生产商提供用于 PONA 分析的专用柱有 AT-Petro（Alltech）；

Rtx-1 PONA （Restek）；Petrocol OH （Supelco）；HP-PONA （HP）；BP1-PONA （SGE）；CP Sil PONA CB （Chrompack）等，它们都采用键合、交联制备技术，柱固定液流失低，柱使用寿命长，可解决大部分石化公司对烃类排序分析的要求。

PONA 分析提供的信息，可用来评价炼油过程和计算某些烃加工流程中烷烃（P）、烯烃（O）、环烷烃（N）和芳烃（A）产品的百分比。美国的测试和材料协会（ASTM）已提供标准方法来评价汽油族组成的细节分析。上述毛细管专用柱，其性能皆符合上述标准方法的要求（见图 8-82）。

气相色谱分析条件如下。

色谱柱：$\phi 0.25mm \times 105m$，$d_f = 0.50\mu m$，Rtx-1 PONA 专用柱。

程序升温：$30℃$ （10min） $\xrightarrow{1℃/min}$ $200℃$。

载气：He，流量：0.7mL/min，线速度：20cm/s。

检测器：FID，8×10^{-11} AFS，250℃。

进样方式：分流进样，分流比 1∶100，250℃，$1.0\mu L$ 石油标准品。

学 习 要 求

一、通过本章学习了解色谱分析法的基本原理、色谱分析的分类方法。

二、通过本章学习了解气相色谱法的方法特点、应用范围、色谱流出曲线的基本特征和基本术语。

三、了解气相色谱仪的基本组成部件。

四、掌握气固色谱和气液色谱固定相的组成及特性，了解填充柱和毛细管柱的制备方法及分离性能的差别，了解毛细管柱的进样技术和程序升温操作技术。

五、掌握气相色谱检测器的工作原理及适宜的操作条件。

六、掌握气相色谱法进行定性分析和定量分析的方法，尤其对常用保留值的计算方法和定量校正因子的概念必须牢固掌握，能熟练应用，并初步了解保留时间锁定技术。

七、了解气液色谱分析的基本理论——塔板理论和速率理论，以加深对色谱分离条件进行优化选择的理解。

八、通过测定实例增强感性认识，加深对气相色谱法在有机工业分析中所发挥的重要性的理解。

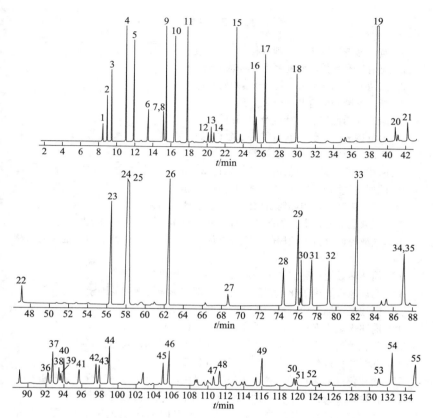

图 8-82　汽油族组成的分析（PONA 值）

1—丙烷；2—异丁烷；3—正丁烷；4—异戊烷；5—正戊烷；6—2,2-二甲基丁烷；
7—2,3-二甲基戊烷；8—2,3-二甲基丁烷；9—2-甲基戊烷；10—3-甲基戊烷；
11—正己烷；12—2,2-二甲基戊烷；13—甲基环戊烷；14—2,4-二甲基戊烷；
15—甲基环戊烷；16～18—C_7 链烷烃；19—甲苯；20～22—C_8 链烷烃；
23—乙基苯；24—间二甲苯；25—对二甲苯；26—邻二甲苯；27—异丙苯；
28—正丙苯；29—1-甲基-3-乙苯；30—1-甲基-5-乙苯；31—1,3,5-三甲基苯；
32—1-甲基-2-乙苯；33—1,2,4-三甲基苯；34—1,2,3-三甲基苯；
35—1-甲基-3-异丙苯-1,3-二甲苯；36—1,3-二甲苯；37—1-甲基-3-正丙苯；
38—1-甲基-4-正丙苯；39—正丁苯；40—1,2-二乙基苯；41—1-甲基-2-正丙苯；
42—1,4-二甲基-2-乙苯；43—1,3-二甲基-4-乙苯；44—1,2-二甲基-4-乙苯；
45—1,2,4,5-三甲基苯；46—1,2,3,5-三甲基苯；47—C_{10}-2,3-二氢化茚；
48—C_{12} 芳香族；49—萘；50～53—C_{12} 芳香族；54—2-甲基萘；55—1-甲基萘

<h1 align="center">复 习 题</h1>

1. 简述色谱分析法的原理及特点。

2. 何谓吸附系数、分配系数？如何表达？

3. 何谓分配比（或容量因子）？如何表达？

4. 简述色谱分析有几种分类方法。

5. 简述气相色谱法的特点及应用范围。

6. 由色谱流出曲线可获得哪些重要信息？

7. 何谓区域宽度？如何表达？

8. 简述气相色谱分析的流程及气相色谱仪的主要构件。

9. 试列出气固色谱常用的五种固定相（吸附剂）。

10. 气液色谱固定相如何组成的？各起何种作用？

11. 气液色谱分析中常用的载体有几种？载体改性有几种方法？

12. 气液色谱分析中使用的固定液有何要求？写出十二种常用固定液的名称及缩写。

13. 简述热导池检测器的工作原理和影响灵敏度的因素。

14. 简述氢火焰离子化检测器的工作原理和影响灵敏度的因素。

15. 简述电子捕获检测器的工作原理和操作条件。

16. 简述火焰光度检测器的工作原理和操作条件。

17. 气相色谱分析中常用的保留值有哪几种？各如何表达？

18. 在气相色谱分析中常用哪些定性分析方法？

19. 简述色谱峰面积的计算方法，在何种情况下可用峰高进行定量分析？

20. 何谓绝对校正因子？何谓相对校正因子？应如何进行测定？

21. 何谓外标法、内标法、归一化法？它们的应用范围和优缺点各是什么？

22. 总结归纳柱温、柱效、载气流量、进样量、柱长等因素对色谱分离的影响。

23. 简述程序升温气相色谱和等温气相色谱的差别。各有何优点？各适用于分析何类样品？

24. 在一张色谱图上有 1、2、3 三个色谱峰，其峰高 h 分别为 10cm，10cm，8cm；另已知基线宽度（W_b）与峰高（h）的比值分别为 0.2、0.4 和 0.125，试计算每个色谱峰的基线宽度（W_b）和半峰宽（$W_{h/2}$），并比较三个组分柱效的高低。

答：$W_b=2cm$，4cm，1cm；$W_{h/2}=1.177cm$，2.354cm，0.5884cm；柱效：3＞1＞2

25. 用热导池检测器分析下述组分，测得保留时间 t_R 为：

组分	空气	环己烷	苯	甲苯	乙苯	苯乙烯
t_R/s	20	70	110	140	180	260

试计算各组分对甲苯（标准物）的相对保留值 r_{is}。

答：空气不计算，r_{is} = 0.417，0.750，1.000，1.330，2.000

26. 在 SE-30 柱，柱温 150℃，使用氢火焰离子化检测器，已知甲烷、正十三烷、正十五烷的保留时间 t_R 分别为 25s、72s 和 381s。试计算正十七烷的调整保留时间。

答：2016s（33.6min）

27. 在一定的气相色谱分析条件下，分析混合气中的丙炔、丁二烯和乙烯基乙炔含量，采用标准丁二烯作外标，取 1mL 丁二烯标准气（氮气作稀释气），标定出丁二烯浓度为 73.8×10^{-6}，测得峰高为 14.4cm，半峰宽为 0.6cm。另取 1mL 混合气样品，测得数据如下：

组分	丁二烯	丙炔	乙烯基乙炔
峰高/cm	12.06	1.2	0.6
半峰宽/cm	0.6	0.7	1.4
相对质量校正因子 G_{W_i}	1.00	0.76	1.00

试计算各组分的含量。

答：61.80 $\mu g/g$，7.79 $\mu g/g$，7.17 $\mu g/g$

28. 在一定的气相色谱分析条件下，用内标法测环氧丙烷中的水含量，取 0.0115g 甲醇作内标物，加到 2.267g 环氧丙烷样品中，进行两次分析，测得分析数据为：

	1	2
水的峰高/mm	150	148.8
甲醇的峰高/mm	174	172.3

已知水和甲醇对苯的相对质量校正因子分别为 1.42 和 1.34，试取两次测得的平均值来计算样品中水的含量。

答：$G_W(H_2O/CH_3OH)$ = 1.059；w_{H_2O} = 0.46%

29. 在一定的气相色谱分析条件下，由石油裂解气色谱图，获以下数据：

组分	空气	甲烷	二氧化碳	乙烯	乙烷	丙烯	丙烷
峰面积/cm²	34	214	4.5	278	77	250	47.3
相对物质的量校正因子 G_{ni}	41.0	35.7	48.0	48.0	51.2	64.5	64.5

用归一化法计算各组分的体积分数。

答：3.04%；16.71%；0.47%；29.19%；8.62%；35.28%；6.67%

30. 某高效气相色谱柱长 0.5m，测得 A、B 两组分的保留时间 t_R 分别为 35.2min 和 37.6min；基线宽度 W_b 分别为 5cm 和 7cm（纸速 10cm/min），试计算 A、B 两组分的分离度及各组分的理论塔板数、理论塔板高度。

答：R_{AB} = 4，n_A = 79290；n_B = 46164；H_A = 6.3×10^{-3} mm；H_B = 2.2×10^{-3} mm

第九章　高效液相色谱法

高效液相色谱法是在 20 世纪 60 年代末期，从气相色谱和经典液相色谱的基础上发展起来的新型分离、分析技术。从分析原理上讲，它和经典的液相色谱没有本质的差别，但是由于它采用了新型高压输液泵、高灵敏度检测器及高效微粒固定相，从而使经典的液相色谱获得了彻底的更新，焕发出新的活力。现在高效液相色谱在分离速度、分离效能以及检测灵敏度和自动化方面都达到了可以和气相色谱相媲美的程度，并且还保持了液相色谱对样品适用范围广、流动相可选择的种类多及便于用作制备色谱等独特的优点。至今高效液相色谱已在化工生产、制药工业、食品工业、生物化工、医学临床检验和环境监测等领域获得广泛的应用。

第一节　高效液相色谱法简介

一、方 法 特 点

高效液相色谱法不受样品挥发性的限制，它可完成气相色谱法不易完成的分析任务，在使用中具有以下特点。

（1）分离效能高　由于新型高效微粒固定相填料的使用，它的柱效可达 30000 块理论塔板数/m，远远大于气相色谱填充柱 2000 块理论塔板数/m 的柱效。

（2）检测灵敏度高　如在高效液相色谱中广泛使用的紫外吸收检测器，其最小检测量可达 10^{-9} g，荧光检测器的灵敏度可达 10^{-11} g。

（3）分析速度快　相对经典液相色谱，其分析时间大大缩短。由于使用了高压输液泵，输液压力可达 40MPa，使流动相流速大大加快，可达 $1\sim10$ mL/min，完成一个样品分析仅需几分钟至几十分钟。

（4）选择性高　它不仅可分析有机化合物的同分异构体，还可分析在性质上极为相似的旋光异构体，在高疗效的药物生产中发挥了极重要的作用。

1. 高效液相色谱与经典液相（柱）色谱法的比较（表9-1）

表9-1　高效液相色谱法与经典液相（柱）色谱法的比较

项　目	方　法	
	高效液相色谱法	经典液相(柱)色谱法
色谱柱:柱长/cm	$10\sim25$	$10\sim200$
柱内径/mm	$2\sim10$	$10\sim50$
固定相粒度:粒径/μm	$5\sim50$	$75\sim600$
筛孔/目	$300\sim2500$	$30\sim200$
色谱柱入口压力/MPa	$2\sim20$	$0.001\sim0.1$
色谱柱柱效/(理论塔板数/m)	$5\times10^3\sim5\times10^4$	$2\sim50$
进样量/g	$10^{-6}\sim10^{-2}$	$1\sim10$
分析时间/h	$0.05\sim1.0$	$1\sim20$

2. 高效液相色谱与气相色谱的比较（表9-2）

表9-2　高效液相色谱法与气相色谱法的比较

项目	方法	
	高效液相色谱法	气相色谱法
进样方式	样品制成溶液	样品需加热气化或裂解
流动相	1. 液体流动相可为离子型、极性、弱极性、非极性溶液,可与被分析样品产生相互作用,并能改善分离的选择性 2. 液体流动相动力黏度为10^{-3}Pa·s,输送流动相压力高达$2\sim20$MPa	1. 气体流动相为惰性气体,不与被分析的样品发生相互作用 2. 气体流动相动力黏度为10^{-5}Pa·s,输送流动相压力仅为$0.1\sim0.5$MPa
固定相	1. 分离机制:可依据吸附、分配、筛析、离子交换、亲和等多种原理进行样品分离,可供选用的固定相种类繁多 2. 色谱柱:固定相粒度小,为$5\sim10\mu$m;填充柱内径为$3\sim6$mm,柱长为$10\sim25$cm,柱效为$10^3\sim10^4$;毛细管柱内径为$0.01\sim0.03$mm,柱长为$5\sim10$m,柱效为$10^4\sim10^5$;柱温为常温	1. 分离机制:依据吸附、分配两种原理进行样品分离,可供选用的固定相种类较多 2. 色谱柱:固定相粒度为$0.1\sim0.5$mm;填充柱内径为$1\sim4$mm,柱长为$1\sim4$m,柱效为$10^2\sim10^3$;毛细管柱内径为$0.1\sim0.3$mm,柱长为$10\sim100$m,柱效为$10^3\sim10^4$;柱温为常温至300℃

项目	方法	
	高效液相色谱法	气相色谱法
检测器①	通用型检测器:ELSD,RID 选择性检测器:UVD,PDAD,FD,ECD	通用型检测器:TCD,FID(有机物) 选择性检测器:ECD,FPD,NPD
应用范围	可分析低分子量、低沸点样品;高沸点、中分子、高分子有机化合物(包括非极性、极性);离子型无机化合物;热不稳定、具有生物活性的生物分子	可分析低分子量、低沸点有机化合物;永久性气体;配合程序升温可分析高沸点有机化合物;配合裂解技术可分析高聚物
仪器组成	溶质在液相的扩散系数($10^{-5}\,cm^2/s$)很小,因此在色谱柱以外的死空间应尽量小,以减少柱外效应对分离效果的影响	溶质在气相的扩散系数($10^{-1}\,cm^2/s$)大,柱外效应的影响较小,对毛细管气相色谱应尽量减小柱外效应对分离效果的影响

① UVD—紫外吸收检测器;PDAD—二极管阵列检测器;FD—荧光检测器;ECD—电导检测器;RID—示差折光检测器;ELSD—蒸发光散射检测器;TCD—热导池检测器;FID—氢火焰离子化检测器;ECD—电子捕获检测器;FPD—火焰光度检测器;NPD—氮磷检测器。

3. 依据分离过程物理化学原理分类的各种液相色谱法的比较 (表 9-3)

表 9-3 按分离过程物理化学原理分类的各种液相色谱法的比较

项目	方法				
	吸附色谱	分配色谱	离子色谱	体积排阻色谱	亲和色谱
固定相	全多孔固体吸附剂	固定液载带在固相基体上	高效微粒离子交换剂	具有不同孔径的多孔性凝胶	多种不同性能的配位体键连在固相基体上
流动相	不同极性有机溶剂	不同极性有机溶剂和水	不同 pH 的缓冲溶液	有机溶剂或一定 pH 的缓冲溶液	不同 pH 的缓冲溶液,可加入改性剂
分离原理	吸附 ⇌ 解吸	溶解 ⇌ 挥发	可逆性的离子交换	多孔凝胶的渗透或过滤	具有钥匙结构络合物的可逆性离解

项目	方 法				
	吸附色谱	分配色谱	离子色谱	体积排阻色谱	亲和色谱
平衡常数	吸附系数 K_a	分配系数 K_p	选择性系数 K_s	分布系数 K_d	稳定常数 K_c

二、应用范围和局限性

1. 高效液相色谱法的应用范围

高效液相色谱法适于分析高沸点不易挥发的、受热不稳定易分解的、分子量大、不同极性的有机化合物；生物活性物质和多种天然产物；合成的和天然的高分子化合物等。它们涉及石油化工产品、食品、合成药物、生物化工产品及环境污染物等，约占全部有机化合物的 80%。其余 20% 的有机化合物，包括永久性气体、易挥发低沸点及中等分子量的化合物，只能用气相色谱法进行分析。依据样品分子量和极性，推荐各种 HPLC 分离方法的应用范围如图 9-1 所示。

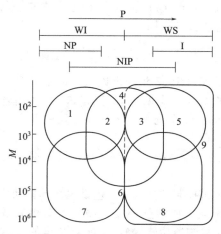

图 9-1　依据样品分子量和极性推荐各种 HPLC 分离方法的应用范围

M—相对分子质量；P—极性；WI—水不溶；WS—水溶；NP—非极性；NIP—非离子型极性；
I—离子型；1—吸附色谱法；2—正相分配色谱法；3—反相分配色谱法；
4—键合相色谱法；5—离子色谱法；6—体积排阻色谱法；
7—凝胶渗透色谱法；8—凝胶过滤色谱法；
9—亲和色谱法

2. 高效液相色谱法使用的局限性

高效液相色谱法虽具有应用范围广的优点，但也有下述局限性。

第一，在高效液相色谱法中，使用多种溶剂作为流动相，当进行分析时所需成本高于气相色谱法，且易引起环境污染。当进行梯度洗脱操作时，它比气相色谱法的程序升温操作复杂。

第二，高效液相色谱法中缺少如气相色谱法中使用的通用型检测器（如热导检测器和氢火焰离子化检测器）。近年来蒸发激光散射检测器的应用日益增多，有望发展成为高效液相色谱法的一种通用型检测器。

第三，高效液相色谱法不能替代气相色谱法去完成要求柱效高达10万理论塔板数以上的分析，必须用毛细管气相色谱法分析组成复杂的具有多种沸程的石油产品。

第四，高效液相色谱法也不能代替中、低压液相柱色谱法，在200kPa～1MPa柱压下去分析受压易分解、变性的具有生物活性的生化样品。

综上所述，高效液相色谱法也和任何一种常用的分析方法一样，都不可能十全十美，作为使用者在掌握了高效液相色谱法的特点、使用范围和局限性的前提下，充分利用高效液相色谱法的特点，就可在解决实际分析问题中发挥重要的作用。

第二节　高效液相色谱仪

高效液相色谱仪自1967年问世以来，由于吸取了气相色谱仪研制的经验，获得快速发展，提供的商品仪有如下两种组合方式：

① 完全紧凑的整体系统　死体积小、灵敏度高，体现高效液相色谱仪总体实用的特点。

② 独立部件的组合系统　灵活性高，可根据不同目的，组装成不同的连接方式。

现在用微处理机控制的高效液相色谱仪，其自动化程度很高，既能控制仪器的操作参数（如溶剂梯度洗脱、流动相流量、柱温、自动进样、洗脱液收集、检测器功能等），又能对获得的色谱图进行收缩、放大、叠加以及对保留数据和峰高、峰面积进行处理等，为色谱分析工作者提供了高效率、功能全面的分析工具。

典型的高效液相色谱仪组成示意图见图9-2。

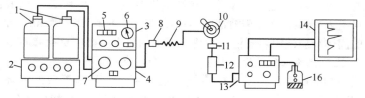

图 9-2　高效液相色谱仪的组成示意图

1—储液罐；2—搅拌、超声脱气器；3—梯度洗脱装置；4—高压输液泵；5—流动相流量显示；
6—柱前压力表；7—输液泵泵头；8—过滤器；9—阻尼器；10—六通进样阀；
11—保护柱；12—色谱柱；13—紫外吸收（或折射率）检测器；
14—记录仪（或数据处理装置）；15—背压调节阀；
16—回收废液罐

以下分别介绍构成高效液相色谱仪的主要部件：储液罐、高压输液泵、进样装置、色谱柱、检测器、记录仪和数据处理装置。

一、流动相的储液罐

1. 储液罐的构成

储液罐的材料应耐腐蚀，可用玻璃、不锈钢、氟塑料或特种塑料聚醚醚酮（PEEK）。容积为 $0.5\sim2.0$ L。对凝胶色谱仪、制备型仪器，其容积应更大些。储液罐放置位置要高于泵体，以便保持一定的输液静压差。使用过程储液罐应密闭，以防溶剂蒸发引起流动相组成的变化，还可防止空气中 O_2、CO_2 重新溶解于已脱气的流动相中。

在通用的液相色谱系统中，应该使用数个溶剂储存器来提供梯度洗脱装置。对某些梯度洗脱法（将在后面讨论），溶剂的供应可采用多通阀系统从各储存器中连续不断地引出来，此多通阀系统也必须由惰性材料制成。在溶剂储存系统中经常包括这样一个多通阀，以便对不同分析或为了清洗柱的目的能够迅速地选择特定的溶剂。

2. 流动相的过滤器

所有溶剂在放入储液罐之前必须经过 $0.45\mu m$ 滤膜过滤，除去溶剂中的机械杂质，以防输液管道或进样阀产生阻塞现象。溶剂过滤常使用 G_4 微孔玻璃漏斗，可除去 $3\sim4\mu m$ 以下的固态杂质。

对输出流动相的连接管路，其插入储液罐的一端，通常连有孔径为 $0.45\mu m$ 的多孔不锈钢过滤器或由玻璃制成的专用膜过滤器。

过滤器的滤芯是用不锈钢烧结材料制造的，孔径 $2\sim3\mu m$，耐有机溶剂的侵蚀。若发现过滤器堵塞（发生流量减小的现象），可将其浸入稀 HNO_3 溶液中，在超声波清洗器中用超声波振荡 10～15min，即可将堵塞的固体杂质洗出。若清洗后仍不能达到要求，则应更换滤芯。

3. 流动相的减压过滤、抽真空脱气和超声波脱气

流动相在使用前必须进行脱气处理，以除去其中溶解的气体（如 O_2），以防止在洗脱过程中当流动相由色谱柱流至检测器时，因压力降低而产生气泡。若在低死体积检测池中，存在气泡会增加基线噪声，严重时会造成分析灵敏度下降，而无法进行分析。此外溶解在流动相中的氧气，会造成荧光猝灭，影响荧光检测器的检测，还会导致样品中某些组分被氧化或会使柱中固定相发生降解而改变柱的分离性能。

抽真空脱气：此时可使用微型真空泵，降压至 0.05～0.07MPa 即可除去溶解的气体。显然使用水泵连接抽滤瓶和 G_4 微孔玻璃漏斗可一起完成过滤机械杂质和脱气的双重任务。由于抽真空会引起混合溶剂组成的变化，故此法适用于单一溶剂体系脱气。对多元溶剂体系，每种溶剂应预先脱气后再进行混合，以保证混合后的比例不变。

超声波脱气：将欲脱气的流动相置放于超声波清洗器中，用超声波振荡脱气，改善脱气效果可通过调节超声波发生器的功率（W）和振荡频率（Hz）来实现。

4. 流动相的在线真空脱气

在线真空脱气（on-line degasser）：把真空脱气装置串联到储液系统中，并结合膜过滤器，实现了流动相在进入输液泵前的连续真空脱气，并适用于多元溶剂体系（图 9-3）。

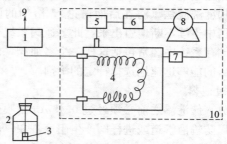

图 9-3 高效液相色谱仪在线脱气结构示意图

1—高压输液泵；2—储液罐；3—膜过滤器；4—塑料膜管线（体积 12mL，气体可渗透出来）的真空腔；5—传感器；6—控制电路；7—电磁阀；8—真空泵；
9—脱气后流动相至过滤器；10—脱气单元

真空脱气机主要由真空腔（内置四通道塑料半透膜管线）和真空泵组成。

真空腔内半透膜管分成四个独立单元，两两组合在一起，半透膜由两种不同的塑料材料组成。可在真空状态下由膜内向膜外渗透气体。真空泵开启后，真空腔内产生真空，真空度由压力传感器测定。通过真空泵的开启或关闭，使真空腔内保持一定的真空度。

流动相在高压输液泵的驱动下，通过真空腔内的塑料半透膜，在真空作用下，流动相中溶解的气体会渗透出塑料半透膜进入真空腔，而被真空泵抽走，当流动相到达真空脱气机出口，就被完全脱气而不含任何气体了。

把真空脱气机串接到储液系统中，与溶剂罐中的膜过滤器组合就实现了流动相在进入高压输液泵前的连续脱气，并可用于多元溶剂系统，这种脱气方法效果好，已在高效液相色谱仪中广泛使用。

二、高压输液泵及梯度洗脱装置

（一）高压输液泵

对高压输液泵的要求是：

① 泵体材料能耐化学腐蚀　通常使用普通耐酸不锈钢（1Cr18Ni9Ti）或优质耐酸不锈钢（Cr18Ni12Mo2）。为防止酸、碱缓冲溶液的腐蚀，在离子色谱或亲和色谱分析中现已使用由聚醚醚酮（PEEK）材料制成的高压输液泵。

② 能在高压下连续工作　通常要求耐压 $40\sim50MPa/cm^2$，能在 $8\sim24h$ 连续工作。

③ 输出流量范围宽　对填充柱：$0.1\sim10mL/min$（分析型）；$1\sim100mL/min$（制备型）。对微孔柱：$10\sim1000\mu L/min$（分析型）；$1\sim9900\mu L/min$（制备型）。

④ 输出流量稳定，重复性高　高效液相色谱使用的检测器，大多数对流量变化敏感，高压输液泵应提供无脉冲流量。这样可以降低基线噪声并获较好的检测下限。流量控制的精密度应小于 1%，最好为 0.5%，重复性最好为 0.5%。

高压输液泵可以分为两类。见表 9-4。

表 9-4　高压输液泵的分类

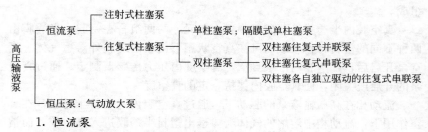

1. 恒流泵

恒流泵可输出恒定体积流量的流动相。

(1) 注射型泵　又称注射式螺杆泵，如图 9-4 所示。

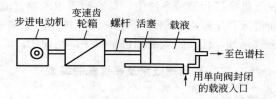

图 9-4　注射型泵工作原理图

① 工作原理　它利用步进电动机经齿轮螺杆传动、带动活塞以缓慢恒定的速度移动，使载液在高压下以恒定流量输出。当活塞达到每个输出冲程末端时，暂时停止输出流动相，然后以极快速度进入吸入冲程，再次将流动相由单向阀封闭的载液入口吸入泵中，再重新进入输出冲程的运行。如此往复交替进行。

② 优点　此泵的优点是：可在高输液压力下给出精确的（0.1%）、无脉动、可重现的流量；可通过改变电动机的电压，控制电动机的转速，来改变活塞的移动速度，从而可调节流动相流量，使其输出流量与系统阻力无关；因其流量稳定、操作方便，可与多种高灵敏度检测器连接使用。

③ 缺点　此泵的缺点是：a. 由于泵液缸容积（100～150mL）有限，每次流动相输完后，需重新吸入流动相，故当流动相流量大时，流动相中断频繁，不利于连续工作，使用两台泵交替工作可克服此不足之处。b. 此泵在高压下工作，对活塞和液缸间的密封要求高，更换溶剂不方便，且价格昂贵。由于上述不足之处，现在注射式螺杆泵在高效液相色谱仪中使用较少，而广泛用于超临界流体色谱仪中。

（2）往复型泵

① 双柱塞往复式并联泵

a. 工作原理　双柱塞往复式并联泵，通常由电动机带动凸轮（或偏心轮）转动，再用凸轮驱动双活塞杆作往复运动，通过单向阀的开启和关闭，定期将储存在液缸里(0.1～0.5mL)的液体以高压连续输出。当改变电动机转速时，通过调节活塞冲程的频率（30～100 次/min），就可调节输出液体的流量。如图 9-5 所示。隔膜式往复泵的工作原理与柱塞式往复泵相似，只是流动相接触的不是活塞，而是具有弹性的不锈钢或聚四氟乙烯隔膜。此隔膜经液压驱动脉冲式地排出或吸入流动相。隔膜式往复泵的优点是可避免流动相被污染。

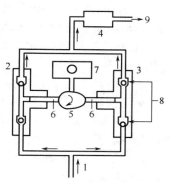

图 9-5　双柱塞往复式并联泵
1—流动相入口；2，3—带有单向阀的泵头；4—脉冲缓冲器；5—偏心轮；6—活塞；7—电动机；8—单向阀；9—至进样口

b. 优点　往复型泵的优点是：

（a）可在高压下连续大量输液。每个泵头在活塞的输出冲程中推动少量流动相进入色谱柱；在吸液冲程中利用单向阀从储液罐吸入流动相，此过程可反复、连续进行。

（b）此泵的液缸容积很小，只有几十至几百微升，其柱塞尺寸小，易于密封，柱塞、单向阀的阀球和阀座使用人造红宝石材料，造价低廉，操作方便。

c. 缺点　此泵的缺点是：

（a）输出流动相虽然连续、恒流量，但存在脉动，若与对流量敏感的示差折光检测器连接，就产生基线波动，难以进行准确的定量分析工作。克服脉动的影响可采用具有两个泵头的往复式泵，电动机带动一个偏心轮，在相位相差 180°的相反方向，同时驱动两个柱塞，使一个泵头输液，另一个泵头充液，从而可大大减少流动相输出时的脉动现象（图 9-6）。

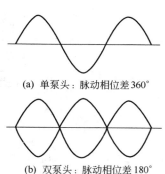

(a) 单泵头：脉动相位差 360°

(b) 双泵头：脉动相位差 180°

图 9-6　往复泵的脉动

（b）柱塞式往复泵，柱塞直接与流动相接触造成污染。使用隔膜式往复泵可克服此缺点。

（c）长期运转后，因流动相含有的机械杂质会造成单向阀的阻塞；或因单向阀的阀球磨损不能关闭单向阀。这些都会造成往复泵不能正常工作。

双柱塞往复式并联泵在高效液相色谱仪中获得最广泛的应用，是重要的高压输液泵。

② 双柱塞往复式串联泵　20 世纪 90 年代初期，美国 Hewlett Packard 公司已研制出双柱塞往复式串联泵，它由伺服系统控制的一个可变阻尼电动机从相反方向（相差 180°）推动两个球形螺旋传动装置，由于球形螺旋传动装置的齿轮有不同的圆周（2：1），使第一个活塞的运动速度是第二个活塞的两倍，如图 9-7 所示。它启动时，通过运行一个初始程序来决定两个柱塞向上移动能到达的最高位置，然后再向下移动至一个预定高度，控制器将两个活塞位置储存在记忆中，完成初始化设定，泵Ⅰ和泵Ⅱ就按设定参数操作。当驱动电动机正向运转时，泵Ⅰ流动相入口主动单向阀打开，柱塞Ⅰ向下移动，将流动相吸入泵Ⅰ内，与此同时，泵Ⅱ柱塞Ⅱ向上移动，将流动相送入色谱系统。在完成设定的第一种柱塞运行冲程长度后，驱动电动机停止，泵Ⅰ入口主动单向阀关闭。然后驱动电动机反向运转，泵Ⅰ流动相出口被动单向阀打开，此时柱塞Ⅰ向上移动，泵Ⅱ柱塞Ⅱ向下移动，使泵Ⅰ中流动相转移至泵Ⅱ，就完成了设定的第二种柱塞运行程序。重复进行上述过程，就使泵Ⅰ吸入的流动相连续不断进入泵Ⅱ，而泵Ⅱ每次仅排出压入流动相的一半，如此实现了以恒定流量连续向色谱系统输液。双柱塞往复式串联泵的主要特点是仅在泵Ⅰ配有一组单向阀，全部操作用计算机进行控制。

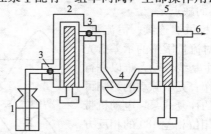

图 9-7　高效液相色谱仪双柱塞往复式串联泵

1—储液罐；2—泵Ⅰ（柱塞Ⅰ）；3—单向阀；
4—阻尼器；5—泵Ⅱ（柱塞Ⅱ）；6—至色谱柱

此泵运行时，由电控入口单向阀，使流动相进入主泵Ⅰ，由主泵Ⅰ输出的流动相经出口单向阀和一个低死体积脉冲阻尼器进入副泵Ⅱ，再由副泵Ⅱ输送至进样单元和色谱柱。对常规柱（φ4.6mm），流动相流速设定为 0.5 ～ 10mL/min，对窄孔柱（φ2.1mm），流速设定为50μL/min～5mL/min。

此泵在运行中，随溶剂具有的可压缩性及使用低死体积的脉冲阻尼器，使输出流动相的脉冲波动可降至很低，当通过灵敏检测器时，仅有很低的基线噪声，对被检测峰可给出重复性好的保留时间和峰面积。

比较双柱塞往复式并联泵和串联泵的结构示意图（图 9-8）可知上述两种泵。

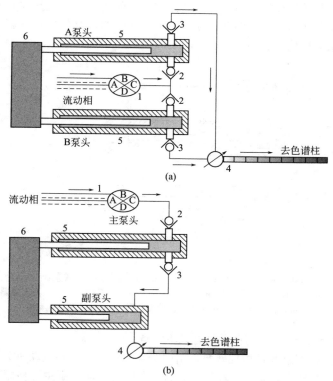

图 9-8　双柱塞往复式并联泵（a）和双柱塞往复式串联泵（b）的结构示意图
1—梯度比例阀（GPV）；2—进口阀；3—出口阀；4—系统压力传感器；
5—泵头及柱塞杆；6—柱塞驱动电动机及传动装置

a. 两者皆用一个电动机通过传动装置带动两个柱塞杆，输出液体有压力波动，必须靠阻尼器来平稳压力的波动。

　　b. 无论是并联泵，还是串联泵，皆需通过两个柱塞分别向色谱系统以等量、互补方式输送液体。

　　c. 仅使用单一的压力传感器监测输液系统的压力，两个柱塞不能平稳地交换输出的液体。

　　d. 两者皆使用出口单向阀，此出口单向阀是往复泵中最易出现故障的部件。

　　③ 双柱塞各自独立驱动的往复式串联泵　1996 年美国 Waters 公司研制了 Alliance 高效液相色谱系统，其中 2690 分离单元提供了双柱塞各自独立驱动的往复式串联泵，其性能优于前述双柱塞往复式并联泵和双柱塞往复式串联泵，图 9-9 为 Alliance 2690 双柱塞各自独立驱动往复式串联泵的结构示意图。

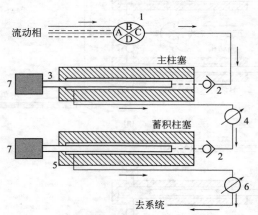

图 9-9　Alliance 2690 双柱塞各自独立驱动往复式串联泵结构示意图
1—梯度比例阀（GPV）；2—进口单向阀；3—主柱塞杆；4—主压力传感器；
5—蓄积柱塞杆；6—系统压力传感器；7—独立柱塞驱动电动机

　　Alliance 2690 分离单元具有以下特点：

　　a. 主柱塞泵和蓄积柱塞泵，由两个互相独立的线性电动机分别驱动实现匀速的直线运动，二者互不影响，无压力波动，不用任何阻尼器或梯度混合器。

　　b. 蓄积柱塞泵向系统输送绝大部分溶液，主柱塞泵主要是传递溶液。

c. 使用两个压力传感器，实时感应并调整柱塞泵内的压力，使两个柱塞泵间溶液的交换平稳地进行。

d. 系统中两个泵皆没有出口单向阀，使故障率大大降低。

双柱塞各自独立驱动的往复式串联泵，在高效液相色谱仪和超高效（压）液相色谱仪中已获得广泛的应用。

2. 恒压泵

恒压泵又称气动放大泵，是输出恒定压力的泵。当系统阻力不变时可保持恒定流量，当系统阻力发生变化时，就不能保持恒定流量了。

恒压泵是利用气体的压力去驱动和调节流动相的压力。通常采用压缩空气作为动力去驱动气缸中横截面积大的活塞 5，再经过一个连杆去驱动液缸中横截面积小的活塞 6。由于两个活塞面积有一定的比例（约 50∶1），则气缸压力 p_2 传至液缸压力 p_1 时，其压力也增加相应的倍数，而获得输出液的高压 p_1

$$p_1 A_1 = p_2 A_2, \quad p_1 = p_2 \frac{A_2}{A_1}$$

式中，A_1 为小活塞面积；A_2 为大活塞面积。

当 $\frac{A_2}{A_1} = 50$ 时，$p_1 = 50 p_2$。此高压可将液缸中的液体排出。图 9-10 为气动放大泵示意图。

单液缸气动放大泵，每个输液冲程结束，气缸和液缸活塞即快速反向运行而重新吸液，结果几乎不中断流动相输出。但基线会有暂时（约 1s）的波动。若其具有双液缸，

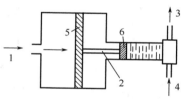

图 9-10　气动放大泵
1—空气；2—连杆；3—输液；4—吸液；
5—大活塞；6—小活塞

则可通过两个电磁阀定时切换气体压力，实现在一个液缸输液的同时，另一个液缸正在吸液，从而实现流动相连续输出且不引起基线波动。

使用气动放大泵时，输出流动相的流量不仅由泵的输出压力决定，还取决于流动相的黏度及色谱柱的压力降（由柱长、固定相粒度和填充情况有关），因此在分析过程不能获得稳定的流量。

气动放大泵的优点是：能以比较简单的方式建立高压并输出无脉动的恒压流动相液流；可与示差折光检测器配合使用；可利用改变气源压力的方法来调节载液流速。此泵的缺点是：不能输出恒定流量的流动相；不易测出重复的保留时间；不能获得可靠的定性结果。此外由于泵

的液缸体积大（约 70mL），更换载液时操作不方便。

在高效液相色谱仪发展初期，恒压泵使用较多，随往复式恒流泵的广泛使用，恒压泵现已不再使用。但在制备高效液相色谱柱时，使用的匀浆装柱机都配备气动放大泵，以快速建立所需的高压输出。

（二）输液系统的辅助设备

为给色谱柱提供稳定、无脉动、流量准确的流动相，除有高压输液泵外，还需配备管道过滤器和脉动阻尼器。

1. 管道过滤器

在高压输液泵的进口和它的出口与进样阀之间，应设置过滤器。高压输液泵的柱塞和进样阀阀芯的机械加工精密度非常高，微小的机械杂质进入流动相，会导致上述部件的损坏；同时机械杂质在柱头的积累，会造成柱压升高，使色谱柱不能正常工作，因此管道过滤器的安装是十分必要的。

市售储液罐中使用的溶剂过滤器和管道过滤器的结构如图 9-11 所示。

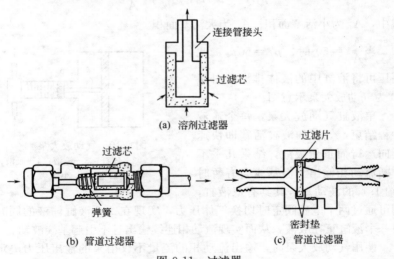

图 9-11　过滤器

过滤器的滤芯是用不锈钢烧结材料制造的，孔径 $2\sim3\mu m$，耐有机溶剂的侵蚀。若发现过滤器堵塞（发生流量减小的现象），可将其浸入稀 HNO_3 溶液中，在超声波清洗器中用超声波振荡 $10\sim15min$，即可将堵塞的固体杂质洗出。若清洗后仍不能达到要求，则应更换滤芯。

2. 脉动阻尼器

往复式柱塞泵输出的压力脉动，会引起记录仪基线的波动，这种脉动可以通过在高压输液泵出口与色谱柱入口之间安装一个脉动阻尼器（或称缓冲器）来加以消除。图 9-12 为几种脉动阻尼器示意图。其中图 9-12（a）为最简单的常用的脉动阻尼器，它由一根外径 1.1～1.5mm、内径 0.25mm、长约 5m 的螺旋状不锈钢毛细管组成，利用它的挠性来阻滞压力和流量的波动，起到缓冲作用，毛细管内径越细，其阻滞作用越大。这种阻尼器制作简单，但会引起系统中一定的压力损失。如将它改装成图 9-12（b）所示的三通式，可避免压力损失，且阻尼效果更好。图 9-12（c）和图 9-12（d）分别是可调弹簧式和波纹管式脉动阻尼器，它们的阻尼效果好，但其体积大，更换溶剂很不方便，不适于梯度洗脱。图 9-12（e）为一种新式脉动阻尼器，它的内管壁用弹性材料制成，内、外管之间装有已脱气可压缩的液体，内管的弹性和装填液体的可压缩性，都可吸收输液系统中的压力波动。这种阻尼器死体积小，适用于梯度洗脱。

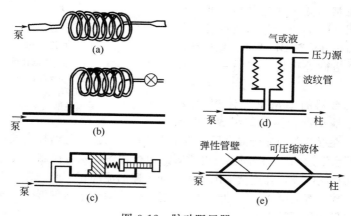

图 9-12　脉动阻尼器

在输液系统中还应配备由压力传感器组成的压力测量、显示装置及流动相流量的测量装置。

（三）梯度洗脱装置

梯度洗脱是使流动相中含有两种或两种以上不同极性的溶剂，在洗脱过程连续或间断改变流动相的组成，以调节它的极性，使每个流出的组分都有合适的容量因子k'，并使样品中的所有组分可在最短的分析时间内，以适用的分离度获得圆满的选择性的分离。梯度洗脱技术可以提高柱效、缩短分析时间，并可改善检测器的灵敏度。当样品中第一个组分的k'值和最后一个峰的k'值相差几十倍至上百倍时，使用梯度洗脱的效果就特别好。此技术相似于气相色谱中使用的程序升温技术，现已在高效液相色谱法中获得广泛的应用，它可以低压梯度和高压梯度两种方式进行操作。

1. 低压梯度（外梯度）

在常压下将两种溶剂（或多元溶剂）输至混合器中混合，然后用高压输液泵将流动相输入到色谱柱中，其装置如图9-13所示。此法的主要优点是仅需使用一个高压输液泵。

如对二元混合溶剂体系，操作时先将弱极性溶剂A，通过由微处理机控制的低压计量泵和时间比例电磁阀（I_A），直接流入混合器；另一种强极性溶剂B，也通过低压计量泵，并由微处理机控制另一时间比例电磁阀（I_B）的开关时间，来调节流入混合器的B溶剂的体积分数，以控制输出混合溶剂的组成。溶剂

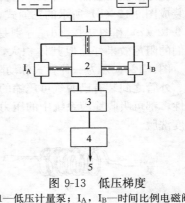

图 9-13　低压梯度

1—低压计量泵；I_A，I_B—时间比例电磁阀；
2—微处理机；3—混合器；
4—高压输液泵；
5—至色谱柱

A和B在混合器内充分混合后，再用高压输液泵输至色谱柱。通过预先设定开启溶剂A、B时间比例电磁阀的运行程序，就可控制二元混合溶剂流动相的组成，并连续输出具有不同极性的流动相。此种梯度洗脱方式可以减小溶剂可压缩性的影响，并能完全消除由于溶剂混合引起的热力学体积变化所带来的误差。

高效液相色谱仪用一台双柱塞往复式串联泵和一个高速比例阀构成的四元低压梯度系统，如图9-14所示。

2. 高压梯度（内梯度）

目前，大多数高效液相色谱仪皆配有高压梯度装置，它是用两台高压输液泵将强度不同的两种溶剂A、B输入混合室，进行混合后再进入

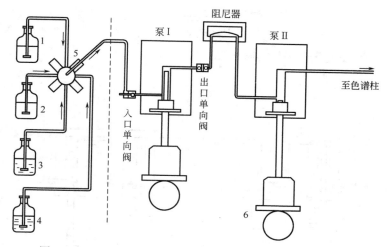

图 9-14　Agilent 1200 高效液相色谱仪的四元低压梯度系统
1—溶剂 1；2—溶剂 2；3—溶剂 3；4—溶剂 4；5—高速比例阀；6—双柱塞往复式串联泵

色谱柱。两种溶剂进入混合室的比例可由溶剂程序控制器或计算机来调
节。此类装置如图 9-15 所示，它的主要优点是两台高压输液泵的流量
皆可独立控制，可获得任何形式的梯度程序，且易于实现自动化。

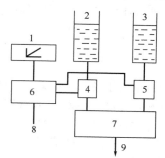

图 9-15　用两个高压泵组成的高压溶剂梯度
1—程序控制器；2—溶剂 A；3—溶剂 B；4—高压泵 A；5—高压泵 B；
6—反馈控制器；7—混合室；8—流量计信号；9—混合溶剂出口

HPLC 色谱仪的二元高压梯度系统如图 9-16 所示。
由于高压梯度装置中，每种溶剂是分别由泵输送的，进入混合器
后，溶剂的可压缩性和溶剂混合时热力学体积的变化，可能影响输入到

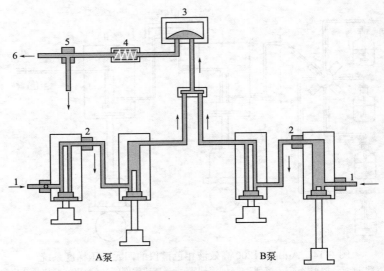

图 9-16　HPLC 色谱仪的二元高压梯度系统

1—溶剂入口单向阀；2—溶剂出口单向阀；3—阻尼器；4—混合器；
5—清洗阀；6—至进样器和色谱柱

色谱柱中的流动相的组成。

在梯度洗脱中为保证流速稳定，必须使用恒流泵，否则很难获得重复性结果。

三、进 样 装 置

在高效液相色谱分析中由于使用了高效微粒固定相及高压流动相，样品以柱塞式注入色谱柱后，因柱的阻力大，样品分子在柱中的分子扩散很小，直至它从色谱柱流出后，也未与色谱柱内壁接触，因而引起的色谱峰形扩展很小，能保持高柱效。此现象常称作高效液相色谱分析中的"无限直径效应"，如图 9-17 所示，它的存在是获得高柱效的有利因素。

在高效液相色谱分析中如何保持柱塞式

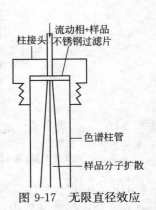

图 9-17　无限直径效应

进样就是一个重要的关键操作。进样时应将样品定量地瞬间注入色谱柱的上端填料中心，形成集中的一点。常用的进样器为六通阀进样装置，见图9-18。

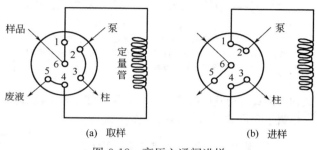

(a) 取样　　　　　　　　(b) 进样

图 9-18　高压六通阀进样

使用耐高压、低死体积的六通阀进样，其原理与气相色谱中的气体样品的六通阀进样完全相似。此阀的阀体用不锈钢材料，旋转密封部分由坚硬的合金陶瓷材料制成，既耐磨，密封性能又好。当进样阀手柄置"取样"位置，用特制的平头注射器（10μL）吸取比定量管体积（5μL 或 10μL）稍多的样品从"6"处注入定量管，多余的样品由"5"排出。再将进样阀手柄置"进样"位置，流动相将样品携带进入色谱柱。此种进样重现性好，能耐 20MPa 高压。

此外还可使用自动进样装置，其由计算机自动控制定量阀工作。取样、进样、复位、样品管路清洗和样品盘的转动，全部按预定程序自动进行，一次可进行几十个或上百个样品的自动分析。自进样的样品量可连续调节，进样重复性高，适合作大量样品分析。此装置一次性投资很高，但操作相对简单，操作者只需将样品按顺序装入储样装置即可。

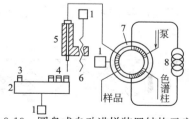

图 9-19　圆盘式自动进样装置结构示意图

1—电动机；2—储样圆盘；3—样品瓶；4—取样针；5—滑块；

6—丝杆；7—进样阀；8—定体积量管

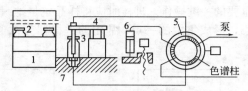

图 9-20　坐标式自动进样装置结构示意图
1—坐标式储样盘；2—样品瓶；3—取样针；4—取样针升降机；
5—方式切换阀；6—吸样泵；7—取样针插入口

圆盘式和坐标式自动进样器装置的结构示意图见图 9-19 和图 9-20。
表 9-5 介绍了不同自动进样器的工作步骤。

表 9-5　不同自动进样器的工作步骤

自动进样器	工作步骤
圆盘式自动进样器(图 9-19)	(1)电动机带动储样盘旋转，将待分析样品置于取样针下方 (2)电动机正转，丝杆带动滑块向下移，把取样针插入样品瓶塑料盖，滑块继续下移，将瓶盖推入瓶内，在瓶盖挤压下样品经管道注入进样阀定量管，完成取样动作 (3)进样阀切换，完成进样 (4)电动机反转，丝杆带动滑块上移，取样针恢复原位
坐标式自动进样器(图 9-20)	(1)取样针升起 (2)微机控制坐标，储样盘将待分析样品瓶置于取样针下 (3)取样针下降，插入样品瓶内 (4)自动吸样泵开启，取样量由微机控制 (5)取样针下降，进入取样插入口 (6)阀切换，由流动相将样品载入色谱柱系统 (7)吸样泵复位，阀复位

四、色谱柱

色谱柱是高效液相色谱仪最重要的部件。色谱柱结构如图 9-21 所示。

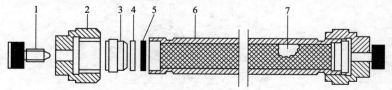

图 9-21　色谱柱结构
1—塑料保护堵头；2—柱头螺丝；3—刃环（卡套）；4—聚四氟乙烯 O 形圈；
5—多孔不锈钢烧结片；6—色谱柱管；7—液相色谱固定相

1. 柱材料

常用内壁抛光的不锈钢管作色谱柱的柱管以获得高柱效。使用前柱管先用氯仿、甲醇、水依次清洗，再用 50％的 HNO_3 溶液对柱内壁作钝化处理。钝化时使 HNO_3 溶液在柱管内至少滞留 10min，以在内壁形成钝化的氧化物涂层。

2. 柱规格

一般采用直形柱管，标准填充柱柱管内径为 4.6mm 或 3.9mm，长 10～50cm，填料粒度 5～10μm 时，柱效达 7000～10000 块/m 理论塔板数。使用 3～5μm 填料，柱长可减至 5～10cm。当使用内径为 0.5～1.0mm 的微孔填充柱或内径为 30～50μm 的毛细管柱时，柱长为 15～50cm。

当使用粗内径短柱或细内径长柱时，应注意由于柱内体积减小，由柱外效应引起的峰形扩展不可忽视。此时应对进样器、检测器和连接接头作特殊设计以减少柱外死体积。这对仪器和实验技术提出了更高的要求，但这样会降低流动相的消耗量并提高检测灵敏度。

3. 柱填料

高效液相色谱柱装填的固定相粒度多为 5～10μm 或 3～5μm，以全多孔球形或无定形硅胶、三氧化二铝、二氧化锆、苯乙烯-二乙烯基苯共聚微球、脲醛树脂微球为基体，其表面经化学改性并经化学键合制成：非极性烷基（C_4、C_8、C_{18}）、苯基固定相，弱极性的酚基、醚基、二醇基、芳硝基固定相和极性氰基、氨基、二氨基固定相；具有磺酸基和季铵基的离子色谱固定相；具有不同孔径的凝胶色谱固定相。

近年还研制了以 2～4μm 的非多孔硅胶、二氧化锆和脲醛树脂-二氧化锆复合微球为基体的键合固定相，以解决高分子量的生物大分子蛋白质、核酸的快速分析问题。

4. 保护柱

保护柱是内径为 1.0mm、2.1mm、3.2mm、4.6mm 或 10mm、20mm、40mm，长为 7.5mm、10mm 或 20～60mm 的短填充柱，通常填充和分析柱相同的填料（固定相），可看作是分析柱的缩短形式，安装在分析柱前。其作用是收集、阻断来自进样器的机械和化学杂质，以保护和延长分析柱的使用寿命。一只 1cm 长的保护柱就能提供充分的保护作用。若选用较长的保护柱，可降低污染物进入分析柱的机会，但会引起谱带扩张。因此选择保护柱的原则是在满足分离要求的前提下，尽可能选择对分离样品保留低的短保护柱。

保护柱也可装填和分析柱不同的填料，如较粗颗粒的硅胶 (10～15μm) 或聚合物填料，但柱体积不宜过大，以降低柱外效应的影响。

保护柱装填的填料较少，价格较低，其为消耗品，通常可分析 50～100 次样品，柱压力降呈现增大的趋向就是需要更换保护柱的信号。

现在市场供应的结构新颖可更换柱芯式设计的保护柱，由保护柱套和可更换式保护柱芯两部分组成（图 9-22）。

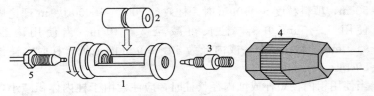

图 9-22　保护柱与分析柱的连接示意图

1—保护柱套；2—保护柱芯；3—PEEK 标准通用接头；
4—分析柱接头；5—连接六通进样阀接头

近年，有些厂商提供保护-分析组合柱体产品，保护柱芯底部紧贴分析柱顶端，差不多避免了所有的死体积，而能保证保护-分析组合柱的全部柱效，其中保护柱芯是可以更换的，易于维护和使用。

5. 柱接头和连接管

柱接头通过过滤片与色谱柱管连接，在色谱柱管的上、下两端要安装过滤片，过滤片一般用多孔不锈钢烧结材料。此烧结片上的孔径小于填料颗粒直径，却可让流动相顺利通过，并可阻挡流动相中的极小的机械杂质以保护色谱柱。

柱出、入口的连接管的死体积亦应愈小愈好，一般常用窄孔（内径 0.13mm）的厚壁（1.5～2.0mm）不锈钢管，以减少柱外死体积。柱管两端柱接头的连接方式如图 9-23 所示，所用柱接头、连接柱螺母、密封圈皆为不锈钢材料。

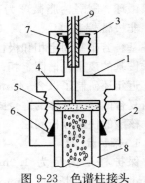

图 9-23　色谱柱接头

1—柱接头；2—连接柱螺母；
3—接连接管的螺母；
4—孔径 0.45μm 的纤维素滤膜；
5—多孔不锈钢烧结片；
6—柱密封圈（卡套）；
7—连接管密封圈（卡套）；
8—色谱柱管；9—连接管

五、检 测 器

在高效液相色谱仪中，检测器是三大关键部件（高压输液泵、色谱柱、检测器）之一。

一个理想的液相色谱检测器应具备以下特征：灵敏度高；对所有的溶质都有快速响应；响应对流动相流量和温度变化都不敏感；不引起柱外谱带扩展；线性范围宽；适用的范围广。可惜至今没有一种检测器能完全具备这些特征。在高效液相色谱技术发展中，检测器至今是一个薄弱环节，它没有相当于气相色谱中使用的热导池检测器和氢火焰离子化检测器那样的既通用又灵敏的检测器。

在高效液相色谱仪中常用的检测器为紫外吸收检测器（UVD）、示差折光检测器（RID）、电导检测器（ECD）、荧光检测器（FD）、蒸发光散射检测器（ELSD）、带电荷气溶胶检测器（CAD）和多角度（激光）光散射检测器（MALSD），其中蒸发光散射检测器（ELSD）有望成为高效液相色谱通用灵敏的检测器。

（一）检测器的分类和响应特性

1. 分类

（1）按检测的对象分类

① 整体性质检测器　检测从色谱柱中流出的流动相总体物理性质的变化情况。如示差折光检测器（RID）和电导检测器（ECD），它们分别测定柱后流出液总体的折射率和电导率。此类检测器测定灵敏度低，必须用双流路进行补偿测量；易受温度和流量波动的影响，造成较大的漂移和噪声；不适合于痕量分析和梯度洗脱。

② 溶质性质检测器　此类检测器只检测柱后流出液中溶质的某一物理或化学性质的变化。例如，紫外吸收检测器（UVD）和荧光检测器（FD），它们分别测量溶质对紫外线的吸收和溶质在紫外线照射下发射的荧光强度。此类检测器灵敏度高，可单流路或双流路补偿测量，对流动相流量和温度变化不敏感，但不能使用对紫外线有吸收的流动相。它们可用于痕量分析和梯度洗脱。

（2）按适用性分类

① 溶质性质检测器　它对不同组成的物质响应差别极大，因此只能选择性地检测某些物质，如紫外吸收检测器、荧光检测器。

② 整体性质检测器　如 RID、ECD、ELSD、CAD，它们对大多数

物质的响应相差不大，几乎适用于所有物质。但 RID 的灵敏度低，受温度影响波动大，使用时有一定局限性。

上面提到的 UVD、RID、FD、ECD 4 种检测器皆属于非破坏性检测器，样品流出检测器后可进行馏分收集，并可与其它检测器串联使用。对荧光检测器因测定中加入荧光试剂，其对样品会产生沾污，当串联使用时应将它放在最后检测。

2. 检测器的性能指标

检测器的性能指标见表 9-6。

表 9-6　检测器性能指标

性能	检测器				
	UVD	RID	FLD	ECD	ELSD
测量参数	吸光度（AU）	折射率（RIU）	荧光强度（AU）	电导率（$\mu S/cm$）	质量（ng）
池体积/μL	1～10	3～10	3～20	1～3	—
类型	选择性	通用性	选择性	选择性	通用性
线性范围	10^5	10^4	10^3	10^4	约 10
最小检出浓度/（g/mL）	10^{-10}	10^{-7}	10^{-11}	10^{-3}	—
最小检出量	约 1 ng	约 1 μg	约 1 pg	约 1 mg	0.1～10ng
噪声（测量参数）	10^{-4}	10^{-7}	10^{-3}	10^{-3}	10^{-3}
用于梯度洗脱	可以	不可以	可以	不可以	可以
对流量敏感性	不敏感	敏感	不敏感	敏感	不敏感
对温度敏感性	低	10^{-4}/℃	低	2%/℃	不敏感

在评价检测器时，要强调以下几点：

（1）噪声　通常噪声是指由仪器的电气元件、温度波动、电压的线性脉冲以及其它非溶质作用产生的高频噪声和基线的无规则波动。高频噪声似"绒毛"使基线变宽；短周期噪声是记录器的基线变化，呈无规则的峰或谷。噪声的存在会降低检测灵敏度，严重时使仪器无法工作。

（2）基线漂移　漂移是基线的一种向上或向下的缓慢移动，可在较长时间（0.5～1.0 h）观察到。它可掩蔽噪声和小峰。漂移与整个液相色谱系统有关，而不仅是由检测器引起的。

（3）灵敏度（最小检出浓度或最小检出量）　在一个特定分离工作中，检测器是否有足够的灵敏度是十分重要的。当比较检测器时，常使用敏感度这一性能指标。敏感度即指信号与噪声的比值（信噪比）等于2时，在单位时间内进入检测器的溶质的浓度或质量。

（4）线性范围　在进行定量分析时，希望检测器有宽的线性范围，以便在一次分析中可同时对主要组分和痕量组分进行检测。

（5）检测器的池体积　它应小于最早流出的死时间色谱峰的洗脱体积的1/10，否则会产生严重的柱外谱带扩展。

（二）紫外吸收检测器

紫外吸收检测器（UVD）是高效液相色谱仪中使用最广泛的一种检测器，它分为固定波长、可变波长和二极管阵列检测三种类型，分别介绍如下。

1. 固定波长紫外吸收检测器

固定波长紫外吸收检测器，由低压汞灯提供固定波长 $\lambda=254nm$（或 $\lambda=280nm$）的紫外线，其结构如图 9-24 所示。由低压汞灯发出的紫外线经入射石英棱镜准直、再经遮光板分为一对平行光束分别进入流通池的测量臂和参比臂。经流通池吸收后的出射光，经过遮光板、出射石英棱镜及紫外滤光片，只让254nm的紫外线被双光电池接收。双光电池检测的光强度经对数放大器转化成吸光度后，经放大器输送至记录仪。

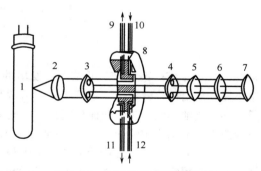

图 9-24　固定波长紫外检测器

1—低压汞灯；2—入射石英棱镜；3，4—遮光板；5—出射石英棱镜；6—滤光片；
7—双光电池；8—流通池；9，10—测量臂的入口和出口；11，12—参比臂的入口和出口

为减少死体积，流通池的体积很小，仅为 $5\sim10\mu L$，光路为 $5\sim10mm$，结构常采用 H 形，如图 9-25 所示。此检测器结构紧凑、造价低、操作维修方便、灵敏度高，适于梯度洗脱。现多用于核苷酸或核

酸的测定仪中。

2. 可变波长紫外吸收检测器

可变波长紫外吸收检测器的结构示意图见图 9-26。

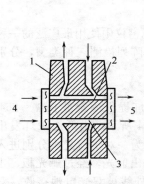

图 9-25 紫外检测器流通池　图 9-26 双光束可变波长紫外可见吸收检测器
1—流通池；2—测量臂；3—参比臂；　　　　1—氘灯；2—钨灯；3,9,11—凹面镜；
4—入射光；5—出射光　　　　　　　4—入口狭缝；5—单色器；6—出口狭缝；
7—滤光片；8—调制器；10—测量池；
12—参比池；13—光电倍增管；
14—双凹面镜

由光源（氘灯——紫外线；钨灯——可见光）发出的光经凹面镜、入口狭缝进入单色器，从出口狭缝射出。经滤光片，由调制器将光线分别交替射入测量池和参比池光路。再经凹面反光镜，将光聚集在光电倍增管进行检测。检测波长范围为 $190 \sim 600nm$，流通池体积为 $1 \sim 10 \mu L$。

可变波长紫外吸收检测器，由于可选择的波长范围很大，既提高了检测器的选择性，又可选用组分的最灵敏吸收波长进行测定，从而提高了检测的灵敏度。它还有停流扫描功能，可绘出组分的光吸收谱图，以进行吸收波长的选择。它是现在应用最多的检测器。

3. 光二极管阵列检测器

光二极管阵列检测器（PDAD）是 20 世纪 80 年代发展起来的一种新型紫外吸收检测器，它与普通紫外吸收检测器的区别在于进入流通池的不再是单色光，获得的检测信号不是在单一波长上的，而是在全部紫外线波长上的色谱信号。因此它不仅可进行定量检测，还可提供组分的光谱定性的信息，已获广泛使用。

单光路二极管阵列检测器的光路示意图如图 9-27 所示。由氘灯发出的紫外线经消除色差透镜系统聚焦后，照射到流通池（4.5μL）上，透过光经全息凹面衍射光栅色散后，由一个二极管阵列检测元件接收。此光路系统中光闸是唯一的运动部件，它有三个动作位置：

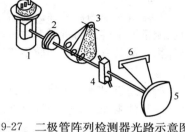

图 9-27　二极管阵列检测器光路示意图

1—氘灯；2—消色差透镜系统；3—光闸；4—流通池；5—全息凹面衍射光栅；6—二极管阵列检测元件

① 光闸将入射光束全部遮挡，以进行暗电流补偿；

② 将氧化钬滤光片插入光路，对衍射后的波长进行精确校正；

③ 打开光闸使入射光通过流通池照在光栅上。

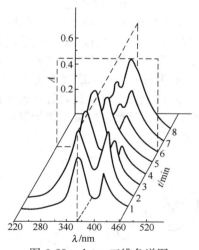

图 9-28　A-λ-t 三维色谱图

此光学系统称为"反置光学系统"，不同于一般紫外吸收检测器的光路。其中二极管阵列检测元件，可由 1024、512 或 211 个光电二极管组成，可同时检测 180～600nm 的全部紫外线和可见光的波长范围内的信号。由 211 个光电二极管构成的阵列元件，可在 10ms 内完成一次检测。因此在 1s（1000ms）内，可进行快速扫描以采集 20000 个检测数据。它可绘制出随时间（t）的变化进入检测器液流的光谱吸收曲线——吸光度（A）随波长（λ）变化的曲线，因而可由获得的 A、λ、t 信息绘制出具有三维空间的立体色谱图（图 9-28），可用于被测组分的定性分析及纯度测定。全部检测过程由计算机控制完成。

（三）示差折光检测器

示差折光检测器又称折光指数检测器（RID)，它是用连续监测参比池和测量池中溶液的折射率之差的方法来测定试样浓度的检测器。由于每种物质都具有与其它物质不相同的折射率，因此 RID 是一种通用型检测器。

溶液的折射率等于溶剂及其中所含各组分溶质的折射率与其各自的摩尔分数的乘积之和。当样品浓度低时，由样品在流动相中流经测量池时的折射率与纯流动相流经参比池时的折射率之差，指示出样品在流动相中的浓度。

此类检测器一般不能用于梯度洗脱，因为它对流动相组成的任何变化都有明显的响应，会干扰被测样品的监测。

示差折光检测器按工作原理可分为反射式、偏转式和干涉式三种。其中干涉式造价昂贵使用较少。偏转式池体积大（约 $10\mu L$)，但可适用于各种溶剂折射率的测定。反射式池体积小（约 $3\mu L$)，应用较多，但当测定不同的折射率范围的样品时（通常折射率分为 $1.31\sim1.44$ 和 $1.40\sim1.60$ 两个区间），需要更换固定在三棱镜上的流通池。

反射式示差折光检测器依据菲涅尔反射原理，光路系统见图 9-29。钨丝光源发出的光经遮光板 M_1、红外滤光片 F、遮光板 M_2 后，形成两束能量相同的平行光，再经透镜 L_1 分别聚焦至测量池和参比池上。透过空气-三棱镜界面、三棱镜-液体界面的平行光，由池底镜面折射后再反射出来，再经透镜 L_2 聚焦在双光电管 D 上。信号经放大后，送入记录仪或微处理机绘出色谱图。此检测器就是通过测定经流动相折射后反射光的强度变化，来检测样品中组分的浓度。

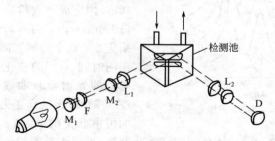

图 9-29 反射式示差折光检测器

此检测器的普及程度仅次于紫外吸收检测器。示差折光检测器对温度变化敏感，使用时温度变化要保持在±0.001℃范围内。此检测器对流动相流量变化也敏感，其灵敏度较低，不宜用于痕量分析。

20℃时常用溶剂的折射率如表9-7所示。

表 9-7 一些溶剂在 20℃ 时的折射率 n

溶 剂	n	溶 剂	n	溶 剂	n
甲醇	1.3288	乙酸甲酯	1.3617	溴乙烷	1.4239
水	1.3330	异丙醚	1.3679	环己烷(19.5℃)	1.4266
二氯甲烷(15℃)	1.3348	乙酸乙酯(25℃)	1.3701	氯仿(25℃)	1.4433
乙腈	1.3441	正己烷	1.3749	四氯化碳	1.4664
乙醚	1.3526	正庚烷	1.3876	甲苯	1.4961
正戊烷	1.3579	1-氯丙烷	1.3886	苯	1.5011
丙酮	1.3588	四氢呋喃(21℃)	1.4076		
乙醇	1.3611	二氧六环	1.4224		

（四）电导检测器

电导检测器（ECD）是一种选择性检测器，用于检测阳离子或阴离子，其在离子色谱中获得广泛应用。由于电导率随温度变化，因此测量时要保持恒温。它不适用于梯度洗脱。

电导检测器结构如图 9-30 所示。其主体为由玻璃碳（或铂片）制成的导电正极和负极。两电极间用 0.05mm 厚的聚四氟乙烯薄膜分隔开。此薄膜中间开一长条形孔道作为流通池，仅有 $1\sim3\mu L$ 的体积。正、负电极间仅相距 0.05mm，当流动相中含有的离子通过流通池时，会引起电导率的改变。此二电极构成交流电桥的臂，电桥产生的不平衡信号，经放大、整流后输入记录仪。此检测器具有较高灵敏度，能检测电导率的差值为 5×10^{-4} S/m 的组分。当使用缓冲溶液作流动相时，其检测灵敏度会下降。

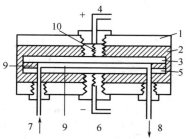

图 9-30　电导检测器结构示意图
1—不锈钢压板；2—聚四氟乙烯绝缘层；
3—玻璃碳正极；4—正极导线接头；
5—玻璃碳负极；6—负极导线接头；
7—流动相入口；8—流动相出口；9—中间有条形孔槽，可通过流动相的 0.05 mm 厚聚四氟乙烯薄膜；10—弹簧

（五）荧光检测器

荧光检测器（FD）是利用某些溶质在受紫外线激发后，能发射可见光（荧光）的性质来进行检测的。它是一种具有高灵敏度和高选择性的检测器。对不产生荧光的物质，可使其与荧光试剂反应，制成可发生荧光的衍生物再进行测定。

图 9-31 是直角型荧光检测器的光路图，其激发光光路和荧光发射光路相互垂直。激发光光源常用氙灯，可发射 250～600nm 连续波长的强激发光。光源发出的光经透镜、激发单色器后，分离出具有确定波长的激发光，聚焦在流通池上，流通池中的溶质受激发后产生荧光。为避免激发光的干扰，只测量与激发光成 90°方向的荧光，此荧光强度与产生荧光物质的浓度成正比。此荧光通过透镜聚光，再经发射单色器，选择出所需检测的波长，聚焦在光电倍增管上，将光能转变成电信号，再经放大，送入微处理机。

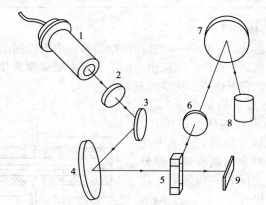

图 9-31　荧光检测器光路图

1—氙灯；2,6—透镜；3—反射镜；4—激发单色器；5—样品流通池；
7—发射单色器；8—光电倍增管；9—光二极管（UV 吸收检测）

荧光检测器的灵敏度比紫外吸收检测器高 100 倍，当要对痕量组分进行选择性检测时，它是一种有力的检测工具。但它的线性范围较窄，不宜作为一般的检测器来使用，可用于梯度洗脱。测定中不能使用可猝灭、抑制或吸收荧光的溶剂作流动相。对不能直接产生荧光的物质，要使用色谱柱后衍生技术，操作比较复杂。此检测器现已在生物化工、临床医学检验、食品检验、环境监测中获得广泛的应用。

（六）蒸发光散射检测器

在高效液相色谱分析中，人们一直希望能有一台像 FID 那样的通用型质量检测器，它能对各种物质均有响应，且响应因子基本一致，它的检测不依赖于样品分子中的官能团，且可用于梯度洗脱。目前最能接近满足这些要求的就是蒸发光散射检测器（ELSD）。

图 9-32 为蒸发光散射检测器的工作原理示意图。样品组分从色谱柱后流出，进入检测器后，经历了雾化、流动相蒸发和激光束检测三个步骤。

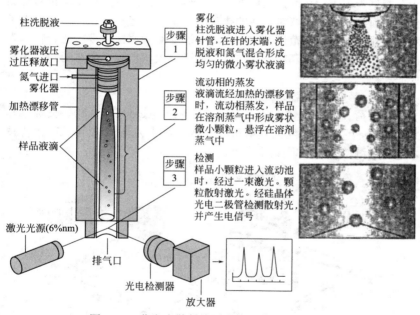

柱洗脱液
雾化器液压过压释放口
氮气进口
雾化器
加热漂移管

样品液滴

激光光源(6%nm)
排气口
光电检测器
放大器

步骤 1 雾化
柱洗脱液进入雾化器针管，在针的末端，洗脱液和氮气混合形成均匀的微小雾状液滴

步骤 2 流动相的蒸发
液滴流经加热的漂移管时，流动相蒸发，样品在溶剂蒸气中形成雾状微小颗粒，悬浮在溶剂蒸气中

步骤 3 检测
样品小颗粒进入流动池时，经过一束激光。颗粒散射激光。经硅晶体光电二极管检测散射光，并产生电信号

图 9-32　蒸发光散射检测器的工作原理示意图

在蒸发光散射检测器中，色谱柱后流出物在通向检测器途中，被高速载气（N_2）喷成雾状液滴。在受温度控制的蒸发漂移管中，流动相不断蒸发，溶质形成不挥发的微小颗粒，被载气载带通过检测系统。检测系统由一个激光光源和一个光二极管检测器构成。在检测室中，光被散射的程度取决于检测室中溶质颗粒的大小和数量。粒子的数量取决于流动相的性质及喷雾气体和流动相的流速。当流动相和喷雾气体的流速恒定时，散射光的强度仅取决于溶质的浓度。此检测器可用于梯度洗脱，且响应值仅与光

束中溶质颗粒的大小和数量有关，而与溶质的化学组成无关。

样品颗粒通过漂移管流动相蒸发后，进入流动池，受到由激光二极管发射的 670nm 激光束的照射，其散射光被硅晶体光电二极管检测产生电信号，电信号的强弱取决于进入流动池中样品颗粒的大小和数量，不受样品分子含有的官能团和光学特性的影响。

蒸发光散射检测器在雾化过程通入的雾化气体 N_2 的流量可以调节，在非运行情况下，气体流量可以关闭以减小消耗量，其内置的过压释放阀可在溶剂压力过高时自动卸压，以保护色谱柱和系统的其它部件。由于在漂移管中流动相的蒸发使 ELSD 是唯一在检测前去除流动相的检测器，从而消除了溶剂峰对基线的扰动，而获得稳定的基线，并且扩大了对流动相组分的选择范围。它可以高灵敏度准确地检测碳水化合物、表面活性剂、聚合物、药物、脂肪酸、油脂、天然产物（中草药）等多种样品。

（七）带电荷气溶胶检测器

带电荷气溶胶检测器（charged aerosol detector，CAD），又称电雾式检测器，它是在蒸发光散射检测器的基础上发展出来的一种独特技术，其检测的工作原理如图 9-33 所示。

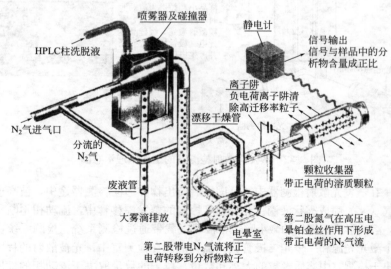

图 9-33　CAD 的工作原理图示

当 HPLC 洗脱液进入喷雾器及碰撞器后，在氮气的作用下而雾化，其中较大的液滴在碰撞器的作用下经废液管流出，较小的溶质（分析物）液滴在漂移干燥管中室温下干燥，形成溶质颗粒。与此同时，由载气氮气分流形成的第二股 N_2 气流进入由高压铂金丝电极放电的电晕室中，形成带正电荷的氮气颗粒，它与由漂移干燥管进入的溶质颗粒，在电晕室中反向相遇，经碰撞使溶质颗粒带上正电荷。为了消除由带有过多正电荷的氮气粒子所引起的背景电流，在含溶质颗粒的 N_2 气流流入静电检测计之前，通过一种离子阱装置，它带有低负电压将迁移率较大的氮气颗粒的正电荷中和，而迁移率小的溶质带电颗粒，被转移给一个颗粒收集器，最后用一个高灵敏度的静电计检测出带电溶质粒子的信号电流。产生信号电流的大小与被分析溶质含量成正比。

带电荷气溶胶检测器可实际应用于任何非挥发或半挥发性化合物的测定，如药物、碳水化合物、蛋白质、多肽、类固醇、脂类等。

（八）多角度（激光）光散射检测器

多角度（激光）光散射检测器（multi-angle light scattering detector，MALSD）是对大分子分子质量绝对性能表征的先进仪器。可用于测定聚合物和生物高聚物的重均分子量 $\overline{M}_w$，测定质量范围可达 $10^3 \sim 10^9$。

多角度（激光）光散射检测器的结构示意图见图 9-34。

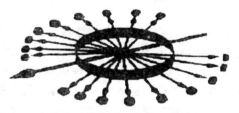

图 9-34 多角度（激光）光散射检测器结构示意图

在检测器流通池四周放置了 18 个分离的光电探测器，形成一种独特的几何形状，保证了测量可以在宽广的散射角范围内（通常为 $10° \sim 160°$）同步进行。

流通池玻璃-金属封接设计，具有隔离振动特点，保证了光束的最大稳定性。

流通池设计不同于其它激光光散射仪，使它减少了其它仪器所必需的冗长的清洗步骤，流通池伸进入口和出口支管处的洗提液中，从而将通过流通池及其接口处的沉淀清洗掉，减少了光束/流通池的沾污问题，简化了测量步骤，降低了激光束/界面的闪烁，保证了样品的快速运转。

此检测器已将光度计、比浊计、浊度计和测角仪的多种特点结合起来，它可以在更短的时间内提供更多可重现的数据，是目前用于测量大分子绝对性能的最佳仪器。

悬浮分子所散射的光的数量是直接与其重均分子量除以浓度的结果成正比的。散射角度的变化（是角度的某个函数）揭示了分子的均方旋转半径。可在大的范围内测量相对分子质量和分子尺寸。

多角度光散射是在测定相对分子质量和分子尺寸时优先选择的分析技术，它无需做任何假设。同时，由于它是一种直接的绝对的测量方法，因此提供的结果无需依靠标准或其它人在别的实验室得到的测试结果。

六、数据处理系统

高效液相色谱分析使用的数据处理系统与气相色谱分析使用的完全相同。分析结果除可用记录仪绘制谱图外，现已广泛使用微处理机和色谱数据工作站来记录和处理色谱分析的数据。

微处理机是用于色谱分析数据处理的专用微型计算机，它可与气相色谱仪或高效液相色谱仪直接连接，构成一个比较完整的色谱分析系统。

一般微处理机包括一定容量的程序储存器、分析方法储存器、数据储存器和谱图记录或显示器。通过对色谱参数的逐个提问，来进行指令定时控制，如自动进样、流量变化、梯度洗脱（或程序升温）、级分收集、谱图储存等。可指导操作者输入相应的数据，可利用键盘给出指令和数据。通常利用功能键给出操作参数指令，利用数字键输入相关的数据。每次色谱分析结束，打印绘图机可当场绘出色谱图，同时标出每个色谱峰的名称、保留时间、峰高或峰面积，在计算峰面积时，可自动修正和优化色谱分析数据，如对基线进行校正、搭界色谱峰的分解等。并可利用已储存的分析方法计算程序，按操作者的要求（如内标法、外标法、归一化法等）自动打印出分析结果。它还可与光盘驱动器连接，以储存色谱分析优化方法的计算程序（使用 Basic 或 Fortran 语言）。

微处理机的广泛使用既大大提高了分析速度，也改善了分析结果的准确度和精密度。

色谱工作站多采用 16 位或 32 位高档微型计算机，其主要功能为：

（1）自行诊断功能　可对色谱仪的工作状态进行自行诊断，并能用模拟图形显示诊断结果，可帮助色谱工作者及时判断仪器故障。

（2）全部操作参数控制功能　色谱仪的操作参数，如柱温′、流动相流量、梯度洗脱程序、检测器灵敏度、最大吸收波长、自动进样器的操作程序等，可以预先设定，并实现自动控制。

（3）智能化数据处理和谱图处理功能　可由色谱分析获得色谱图，打印出各个色谱峰的保留时间、峰面积、峰高、半峰宽，并可按归一化法、内标法、外标法等进行数据处理，打印出分析结果。谱图处理功能包括谱图的放大、缩小、峰的合并、删除、多重峰叠加等。使用专用的色谱参数的计算和绘图软件，可计算柱效、分离度、Kovats 保留指数、拖尾因子，并可绘制标准工作曲线、范第米特曲线。

（4）进行计量认证的功能　工作站储存有对色谱仪器性能进行计量认证的专用程序，可对色谱柱控温精度、流动相流量精度、氘灯和氙灯的光强度及使用时间、光吸收波长校正、检测器噪声、自动进样器的线性等进行监测，可判定是否符合计量认证标准。

（5）控制多台仪器的自动化操作功能　色谱工作站可控制四套 HPLC 系统，并完成全部 HPLC 方法的设定、运行、打印报告，并可与国际互联网连接进行数据传输或仪器远程诊断。

（6）网络运行功能　配备用 Windows NT 构成的专用软件，作为服务器（server），可将同一实验室的色谱工作站连成局域网络。服务器使用两种专用软件，一种是从事实验室管理的 Chem Access 软件，它可传输或交换数据、监控仪器的工作状态；另一种是具有数据库功能的 Chem Store 软件，它可对数据进行归纳、统计处理、分类。服务器也可与国际互联网连接，构成广域网络。

色谱工作站还可运行多种色谱分离优化软件（如单纯形优化、窗图优化、溶剂选择性三角形优化、重叠分离度图优化等多种方法）、保留指数定性软件、多维色谱系统操作参数控制软件等。

七、高效液相色谱仪的使用和维护

高效液相色谱仪和气相色谱仪一样，也属于结构比较复杂的分析仪器，液体流动相的柱前压力与流量的控制，梯度洗脱最佳实验条件的选择，是实验操作中的关键内容。

1. 高效液相色谱仪的一般性能指标

(1) 双柱塞往复式恒流泵

压力范围：常规 HPLC 0～40MPa，压力脉动 1%。

快速 HPLC 0～60MPa，压力脉动 0.5%。

超高效 HPLC 0～150MPa，压力脉动 0.1%～0.2%。

流量范围：0.01～10.00mL/min，流量精度≤0.3%。

使用 pH 范围：2.0～10.0（不锈钢材料）；1.0～13.0（PEEK 材料）。

配备低压梯度或高压梯度控制单元。

(2) 柱恒温箱　温度控制范围：室温+10～+80℃；温度控制精度±1℃。

(3) 可变波长紫外吸收检测器　光源：氘灯和钨灯；双光束。波长范围：190～650nm，波长精度±1nm，光谱通带 6～8nm。噪声：±1×10^{-5}AU（254nm）。漂移：±2×10^{-5}AU/h（254nm）。

流通池：①标准池　5～10μL，光程 5～10mm，耐压4 MPa；②高压池　14μL，光程 10mm，最大耐压 40MPa；③微型池　1μL，光程 5mm，最大耐压 4MPa。

(4) 示差折光检测器　光源：钨灯。折射率范围：1.31～1.44RIU，1.40～1.60RIU。

2. 高效液相色谱仪的操作

(1) 高效液相色谱仪应安装在有强力通风的实验室中，实验室的高处和低处应设置两个通风口，以利于低沸点和高沸点有机溶剂蒸气的排放，保证实验室工作人员的安全。

(2) 准备好用作流动相的各种溶剂，经过滤（通过≤0.5μm 的滤膜）、脱气后，按比例配好置于储液罐中。梯度洗脱时，每种溶剂置于一个储液罐中，将溶剂过滤器插入储液罐底部。

(3) 将选用的高效液相色谱柱安装在流路中，拧紧连接的柱接头。

(4) 检查并连接好电路，将检测器输出信号线与数据处理系统连接好。

(5) 打开高压输液泵电源开关，调节色谱柱后载液（流动相）流量达 1.0mL/min。对内径 4.6mm，柱长 10～25cm 色谱柱，填充 5～10μm 填料，柱前压 6～15MPa，调节柱温至恒定。

(6) 打开可变波长紫外吸收检测器电源，调节好检测波长，排除吸收池中的气泡，待检测器输出的基线稳定后，就可进行分析。

(7) 若使用示差折光检测器，打开电源后，首先确定检测器温度，待恒温后，再选定待测的折射率间隔，待基线稳定后可进行分析。

（8）如欲进行梯度洗脱，可由梯度控制单元设定欲进行的梯度洗脱程序，进样后就可按梯度洗脱程序进行分析。

（9）分析结束后，继续用流动相清洗进样阀和检测器 10～20min。

（10）依次关闭检测器、梯度洗脱装置、高压输液泵的电源。

3. 高效液相色谱仪的维护

（1）储液罐　储存的流动相都应预先经 $0.5\mu m$ 的滤膜过滤，脱气后才可使用。溶剂过滤器使用 3～6 个月后，出现阻塞可先经超声波振荡器清洗，若无效应及时更换。储液罐应定期清洗，尤其当使用磷酸盐缓冲溶液时，易产生絮状沉积物必须及时清除，否则易引起柱阻塞。

（2）高压输液泵　使用的流动相必须经过滤和脱气，使用中应注意柱前压是否稳定，若压力突然升高，表明管道过滤器或色谱柱头堵塞，应立即停用，待更换过滤片，清理色谱柱头堵塞后方可重新开启高压输液泵。当使用酸或碱缓冲溶液或腐蚀性溶剂后，应及时清洗，防止无机盐结垢，造成泵柱塞受到磨损或腐蚀。当往复式泵泵头的单向阀排液不畅通时，应拆开通向混合器的接头，用流动相冲洗出机械杂质，而不要轻易拆开单向阀导致泵无法工作。

（3）六通阀进样器　进样阀转动手柄用力要适当；欲用于进样的样品最好经 $0.5\mu m$ 滤膜过滤后再用于进样；应使用平头注射器进样以保护阀体的密封垫；每次实验结束要冲洗进样阀，防止缓冲溶液中无机盐或腐蚀物质残留阀内。

（4）色谱柱　在六通阀后加流路过滤器以阻挡来自样品和阀垫的微粒；在过滤器和分析柱间加上保护柱，以阻断进入分析柱的微粒杂质保护分析柱；色谱柱应在要求的 pH 值范围和柱温下使用；若柱前压突然升高，应及时更换柱头的 $0.5\mu m$ 不锈钢过滤垫；每次实验后应用流动相冲洗至基线平直以后再次使用。

（5）检测器　每次使用时应及时排除流通池中的气泡，开机后待基线平直，再注入样品进行分析。

（6）仪器出现电路故障，应及时找生产厂家进行维修。

八、HPLC 仪器简介

经过近 50 年的发展，HPLC 仪器经历了几次的重大改进，至今已成为性能齐全，提供数据可靠，在分离科学中占据重要地位的分析仪器。表 9-8 列出了当前在国内、外广泛使用的 HPLC 仪器的生产厂家、仪器型号和仪器特点，以供读者参考。

表 9-8　HPLC 仪器简介

生产厂家	仪器型号	仪器特点
Waters	ACOQITY UPLC™	最新型超高效液相色谱仪，高压输液泵（140MPa），新型 $1.7\mu m$ C_{18} 高效柱，高速采样（40 点/s）500nL 流通池 UVD，梯度洗脱比常规 HPLC 具有更高的柱效、分离度、灵敏度和更快的分析速度
	Alliance，Alliance GPC/2000 系列	2690 独立驱动串联双柱塞泵，$3.5\mu m$ Symmetry 或 Xterra C_{18} 高效柱，2996PDAD，ELSD，RID，FLD，MSD，Drylab 2000 Plus 模拟软件，梯度洗脱
	CapLC 系统	适用于毛细管微柱 HPLC，使用串联式双柱塞泵，不必分流可稳定输出 $1\sim20\mu L$ 流量，配备池体积仅为 $8\mu L$ 的 2996PDAD，或 10nL 2487UVD，并可易于实现与 MS 或 NMR 的联用或构成二维 HPLC
	Alliance 生物分离系统（2796）	其为首先商品化的全二维 HPLC 仪器，一维高压输液泵（四元梯度），二维高压输液泵（二元梯度），计算机控制具有自动柱切换的 10 通阀，一维离子交换柱（IEC），二维双柱（RPC），可用 UVD 或 MS 检测，特别适用于蛋白质组学研究对蛋白质样品的分离
Agilent Technologies	1200 系列[①] 1220，1260，1290	串联式双柱塞泵，柱恒温箱，真空脱气机，自动进样器，可变波长 UVD，PDAD，RID，FLD，LC/MSD，化学数据工作站梯度洗脱
Perkin Elmer	Total LC Plus，或 200 系列	具有自动进行溶剂压缩性补偿并联式双柱塞泵（42MPa），梯度洗脱，自动进样器，柱恒温箱，可变波长 UVD，PDAD，RID，FLD，Totalchem 色谱工作站
PE Biosystems	Bio CAD® 700E	灌注色谱仪，并联双柱塞泵（PEEK，Ti）（21MPa），低压和高压梯度，填充 POROS 固定相（PEEK 柱）的单柱、双柱或三柱可自动切换，Vis/UVD，电导检测器，手动或自动进样器，配有先进色谱软件的色谱工作站
SHIMADZU	LC-2010HT[①]，LC-VP 系列[①]，LC-10AVP[①]	串联式双柱塞泵（40MPa、28MPa），脱气单元，低压梯度单元，自动进样器，柱恒温箱，先进的色谱柱管理装置（CMD）UV-Vis 检测器，PDAD，RID，FLD，ECD，化学发光检测器，Class-VP Ver6.1X 液相色谱工作站

生产厂家	仪器型号	仪器特点
HITACHI	LaChrom Elite 系统	串联式双柱塞泵，流量：0.05～1.0mL/min，40MPa，使用 ϕ2.1mm × 150mm（ϕ4.6mm × 100mm）反相硅胶整体柱（ODS），配有低死体积、高灵敏度的 UVD，FLD，RID，PDAD，提供稳定的 50～100μL/min的低流速，可用于半微量分析，为此公司的高新技术产品
	Primaide	一种低价格，配有 UVD 和 PDAD 的 HPLC 系统
	L-7000[①]	实时补偿溶剂压缩性的并联式双柱塞泵（40MPa），低压和高压梯度，Vis/UVD，T2000 色谱工作站
JASCO	LC-1500 系列[①]	并联式双柱塞泵（50MPa），恒温柱箱，梯度洗脱 Vis/ UVD，PDAD，RID，FD，化学发光检测器，圆二色检测器，旋光度检测器
BISCHOFF	BISCHOFF HPLC[①]	串联式双柱塞泵（60MPa），低压梯度，恒温柱箱（5～ 90℃），Vis/UVD（Lambda1010 用于毛细管柱，毛细管区带电泳，电泳），RID，PDAD，电化学检测器 BioQuant PAM2，数据处理工作站
BECKMAN COULTER	System GOLD[①] HPLC 系统	具有压力反馈，提供快速压力补偿的两个单一柱塞泵（41MPa），高压梯度，自动进样器，Vis/UVD，PDAD柱恒温箱，配有 32Karat™ 软件的色谱工作站
Amersham Pharmacia Biotech	ÄKTA FPLC[①] ÄKTA™ Purifier[①]	快速蛋白质液相色谱仪可用于纯化蛋白质、核酸和多肽，全机流路采用 PEEK 材料。并联双柱塞泵，Vis/UVD，pH/ 电导检测器，高分辨预装柱（凝胶过滤、离子交换、亲和柱、疏水柱等），自动进样器，组分收集器（电动/通阀），UNICORN 软件控制的色谱工作站
ESA	CoulArray 系统[①]	无脉冲往复单柱塞泵两台，梯度分析，自动进样器，独特的库仑阵列电化学检测器，还可配备安培检测器，Vis/ UVD，FD，ELSD，用 CoulArray 软件控制的色谱工作站
Thermo Scientific	Ulti Mate™ 3000 系统[①]	兼容微孔柱，毛细管液相和纳米液相色谱系统，具有微量比例控制的四元低压梯度往复单柱塞泵两台，微量自动进样器，柱恒温箱（70℃），Vis/UVD（配有 180nL、45nL、3nL 三种流通池），微量切换单元，微量组分收集器，使用柱前分流器可把常规柱 HPLC 升级到微柱 HPLC，使用柱后分流器可与 MS 联用，色谱工作台，为一种钛基 UHPLC 系统

生产厂家	仪器型号	仪器特点
Unimicro Technolgies, Inc(上海通微分析技术有限公司)	Dionex IC-S-5000 离子色谱系统	可在5000psi下操作,可使用毛细管柱微孔柱和标准离子色谱柱,可使用ICS-4000QD电荷检测器(为一种低价格、支持传统的抑制电导检测技术的离子色谱)
	TriSep™ PCEC 系统① TriSep™ 2010GV①	此仪器具有加压毛细管电色谱(PCEC)、微径液相色谱（μHPLC）和毛细管电泳(CE)三种操作模式。配有高压柱塞恒流泵(50MPa),流量:$1\mu L/min \sim 10mL/min$,高压电源:$0\sim 3kV$,Electro Pak™毛细管柱, Vis/UVD, 梯度洗脱, 配有 CEC Workstation 软件的色谱工作站
	EasySep™ 1010 HPLC	无脉冲自动清洗往复式单柱塞泵两台(42MPa),Vis/UVD,TW30色谱数据工作站
北京彩陆科学仪器有限公司	CL2003 高效毛细管电泳(HPCE)-液相色谱(HPLC)一体机	多种类型的高压输液泵(42MPa),高压电源(0~30kV),Vis/UVD,安培检测器,色谱工作站
大连江申分离科学技术公司	LC-10 系列	串联式双柱塞泵,Vis/UVD,JS-3000系列色谱工作站
大连依利特分析仪器有限公司	P-230 型	小凸轮驱动短行程柱塞泵,Vis/UVD,柱恒温箱,EChrom 98色谱数据工作站
北京东西电子技术研究所	LC5500 型	并联式双柱塞泵,柱恒温箱,可变波长 UVD,A5000色谱 数据工作站
北京温分分析仪器技术开发有限公司	LC98Ⅱ型,LC99Ⅰ型,LC99型	串联双柱塞泵,单柱塞二元梯度泵,单柱塞三元梯度泵,色谱柱箱,Vis/UVD,N2000色谱工作站
北京北分瑞利集团公司色谱仪器中心	SY-400K系列(与德国KNAUER公司合作的新产品)	K-1001 串联双柱塞泵,K-1500 四元低压梯度泵(40MPa),低压梯度溶剂组织器,Vis/UVD, RID,自动进样器
北京普析通用仪器有限公司	L6-1 系列	L6-P6 二元高压输液泵,L6-AS6 自动进样器 L6-UV6 可变波长紫外检测器,LCwin1.0 色谱工作站

生产厂家	仪器型号	仪器特点
上海天美公司	LC2000	LC2000 样度系统，LC2130 输液泵 LC2030 紫外检测器，T2000P 色谱工作站
上海伍丰科学仪器有限公司	LC-100PLUS	P100 高压恒流输液泵 UV100 紫外可变波长检测器 LC-WS100 色谱工作站
浙江福立分析仪器有限公司	EX1600	最新产品
	FI2200	高压输液泵，紫外可见检测器 AOC2500 自动进样器，FL9510 色谱工作站
	FI2200Ⅱ	最新产品

①可提供微柱 HPLC 所需的纳升（nL）流量。

第三节　固定相和流动相

一、液固色谱法和液液色谱法

（一）分离原理

1. 吸附系数

在液固色谱法中，固定相是固相吸附剂，它们是一些多孔性的微粒物质，如氧化铝、硅胶等。它们的表面存在着分散的吸附中心，溶质分子和流动相分子在吸附剂表面呈现的吸附活性中心上进行竞争吸附，便形成不同溶质在吸附剂表面的吸附、解吸平衡，这就是液固吸附色谱具有选择性分离能力的基础。

当溶质分子在吸附剂表面被吸附时，必然会置换已吸附在吸附剂表面的流动相分子，这种竞争吸附可用下式表示：

$$x_m + nM_s \underset{\text{解吸}}{\overset{\text{吸附}}{\rightleftharpoons}} x_s + nM_m$$

式中，x_m 和 x_s 分别表示在流动相中和吸附在吸附剂表面上的溶质分子；M_m 和 M_s 分别表示在流动相中和在吸附剂上被吸附的流动相分子；n 表示被溶质分子取代的流动相分子的数目。

当达到吸附平衡时，其吸附系数（adsorption coefficient）为

$$K_a = \frac{[x_s][M_m]^n}{[x_m][M_s]^n}$$

K_a 值的大小由溶质和吸附剂分子间相互作用的强弱决定。当用流

动相洗脱时，随流动相分子吸附量的相对增加，会将溶质从吸附剂上置换下来，即从色谱柱上洗脱下来。

2. 分配系数

在液液分配色谱中，固定液被机械吸附在惰性载体上，溶质分子依据它们在固定液和流动相中的溶解度，分别进入两相进行分配，当系统达到分配平衡时，分配系数（partition coefficient）为

$$K_p = \frac{C_s}{C_m} = k' \frac{V_m}{V_s} = k'\beta, \beta = \frac{V_m}{V_s}$$

式中，C_s 和 C_m 分别为溶质在固定相和流动相中的浓度；k' 为容量因子；V_m 和 V_s 为色谱柱中流动相和固定相的体积；β 为相比率。

液液色谱固定相由两部分组成，一部分是惰性载体，另一部分是涂渍在惰性载体上的固定液。

在液固色谱中使用的固体吸附剂，如全多孔球形或无定形微粒硅胶、全多孔氧化铝等皆可作为液液色谱固定相的惰性载体。要求其比表面积 $50 \sim 250 m^2/g$，平均孔径 $10 \sim 50 nm$。载体的比表面积太大，会引起不可忽视的吸附效应，从而引起色谱峰峰形拖尾。

由于可用作固定液的有机化合物种类繁多，因此液液色谱法对多种样品都能提供良好的选择性。依据固定相和流动相的相对极性的不同液液色谱法可分为：正相液液色谱法——固定相的极性大于流动相的极性；反相液液色谱法——固定相的极性小于流动相的极性。

正相和反相液液色谱法都可用于分离同系物及含有不同官能团的多组分的混合物。

（二）固定相

1. 液固吸附色谱固定相

液固吸附色谱法的固定相为固体吸附剂，常用的是碳酸钙、硅胶、三氧化二铝、氧化镁、活性炭等。尤其是硅胶，它在经典柱色谱和薄层色谱中已获广泛应用，在高效液相（柱）色谱中，使用了特制的全多孔微粒硅胶，它不仅可直接用作液固色谱法的固定相，还是液液色谱法和键合相色谱法固定相的主要基体材料。

液固吸附色谱法对具有中等分子量的油溶性样品（如油品、脂肪、芳烃等）可获最佳的分离，而对强极性或离子型样品，因有时会发生不可逆吸附，常不能获得满意的分离效果。液固色谱法对具有不同极性取代基的化合物或异构体混合物表现出较高的选择性，对同系物的分离能力较差。

液固色谱固定相可分为极性和非极性两大类。极性固定相主要为硅胶（酸性），氧化镁、硅酸镁分子筛（碱性）等。非极性固定相为高强度多孔微粒活性炭，近来开始使用的 $5\sim10\mu m$ 的多孔石墨化炭黑，以及高交联度苯乙烯-二乙烯基苯共聚物的单分散多孔微球（$5\sim10\mu m$）和碳多孔小球（TDX）。

（1）极性固定相　在极性吸附剂中，硅胶和硅酸镁为酸性吸附剂（表面 pH＝5），氧化铝和氧化镁为碱性吸附剂（表面 pH＝10～12）。

至今在液固色谱法中最广泛应用的是极性固定相硅胶。在早期经典液相柱色谱中，通常使用粒径在 $100\mu m$ 以上的无定形硅胶颗粒，其传质速度慢、柱效低。20 世纪 60 年代在高效液相色谱发展的初期，出现了薄壳型硅胶固定相，它是在直径 $30\sim40\mu m$ 的玻璃珠表面涂布一层 $1\sim2\mu m$ 厚的硅胶微粒层而制成的具有孔径均一、渗透性好、溶质扩散快的新型固定相，使液相色谱实现了高效和快速分离。但由于薄壳型固定相对样品的负载量低（$<0.1mg/g$），20 世纪 70 年代后迅速发展了全多孔微粒（$2\sim10\mu m$）固定相。由于它们的粒度均匀、孔径均为，装填在 $5\sim10cm$ 的短柱，就可实现对样品的高效、快速分离，2001 年为进行生物大分子分析，引入了全新的表面多孔粒子，粒径 $5\mu m$，表面具有 $0.25\mu m$ 多孔薄层，2007 年又研制了粒径 $2.7\mu m$，表面具有 $0.5\mu m$ 多孔薄层的表面多孔粒子。至今全多孔硅胶粒子（TPP）和表面多孔硅胶粒子（SPP）已成为高效液相色谱柱填料的主体，获得广泛应用。

现在经常使用的硅胶固定相，有全多孔粒子（TPP）、薄壳硅胶粒子（TLP）、非多孔硅胶粒子（NPP）和表面多孔硅胶粒子（SPP），它们的不同结构的外观图示见图 9-35。

最常用的硅胶吸附剂，其含水量对色谱分离性能有很大的影响。对于未经加热处理的硅胶，其表面游离型硅羟基皆被水分子覆盖，不呈现吸附活性。当将其在 150～200℃ 以下加热，进行活化处理时，会除去一些水分子，使表面相邻的游离硅羟基之间形成氢键，而获得具有最强活性吸附中心的氢键型硅羟基，用于高效液固色谱的商品硅胶皆属于此种类型。若加热超过 200℃，部分氢键型硅胶再脱水，就形成吸附性能很差的硅氧烷键型。对大孔硅胶上述活化处理过程是可逆的，对小孔硅胶此过程是不可逆的。若加热温度超过 600℃，则硅胶表面皆成为硅氧烷键而失去吸附活性。

购置的商品硅胶吸附剂，表面皆为氢键型硅羟基，表现出很强的吸附活性，反而会引起化学吸附，造成色谱峰峰形拖尾，并延长吸附柱的再生时间。为消除此种不良影响，常向硅胶柱中加入少量极性改性剂。如用硅胶分离碱性样品时，若向流动相中加入少许碱性物质（如三乙胺），就可减轻色谱峰的拖尾或永久性吸附。

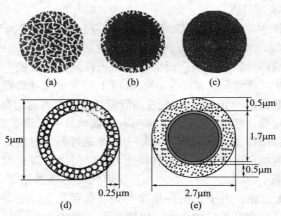

图 9-35　不同结构硅胶的外观

(a) 全多孔硅胶（d_p= 2～10μm，$\overline{D}$=5～100nm）；(b) 薄壳硅胶（d_p= 40μm，薄壳厚度 d=1μm，$\overline{D}$=2～50nm）；(c) 非多孔硅胶（d_p= 1～3μm）；(d) 5μm 表面多孔粒子；(e) 2.7μm 表面多孔粒子

（2）非极性固定相　在非极性吸附剂中，高聚物微球、聚合物涂渍或包覆硅胶非极性疏水固定相、石墨化炭黑在液固色谱法中的应用日益广泛，它们多为 2～10μm 的高强度多孔微粒。

高聚物微球主要是由高交联度（＞40％）苯乙烯和二乙烯基苯以高交联度共聚制备的全多孔单分散微球，Ugelstad 等用种子溶胀聚合法制备的 7～20μm 全多孔单分散微球，后由 Phamacia 公司发展成 MonoBeads 系列和 SOURCE 系列，此外 Hitachi（日立）凝胶 3011、Yanoco（柳本）Gel-5510、Waters 公司 μ-Styragel 皆为相近的产品。近年还生产了 1～3μm 的非多孔单分散微球，已用于以超热水作流动相的 HPLC 分析和超高压填充毛细管液相色谱分析中。

高聚物微球的另一类产品称为流通粒子（flow-through particle），它是由 Afeyan、Regnier 等研制的灌注色谱（perfusion chromatography）固定相，是为生物大分子分离、纯化而专门设计的，它也是苯乙烯和二乙烯基苯的共聚物，粒径为 10μm、20μm、50μm，也可作为制备液相色谱固定相。此固定相颗粒内部的孔有两种不同尺寸的孔径，一种是大孔，称为流通孔，孔径 $400 \sim 800nm$；另一种是小孔，称为扩散孔，孔径为 $30 \sim 100nm$。小的扩散孔把大的流通孔连接在一起。这些孔道允许流动相直接进入颗粒内部并能贯穿通过颗粒。这相当于流通孔把一粒填料分割成许多细小的粒子，当溶质分子进入流通粒子时，同时存在扩散传质和对流传质，从而降低了传质阻力。流通粒子的多孔结构使其比表面积并未减小，因此样品负载量也未减小；此外由于流通孔的存在，使色谱柱的通透性良好，降低了填充柱的阻力。所以用灌注色谱固定相制备的色谱柱，具有高负载量、高柱效，可在低操作压力下，以高流速进行分析。应当指出流通粒子最适用于生物大分子的制备分离，而较少用于小分子的常规分析分离。

　　聚合物包覆固定相是针对无机氧化物基体材料硅胶的缺点而研制出来的。硅胶在 pH>8 的碱性介质条件下会溶解而不稳定；在其孔隙中大分子难于扩散而降低柱效；硅胶表面的硅羟基具有离子交换作用会影响分离。为了改善硅胶的不足，并将其制成非极性固定相，人们就在硅胶表面包覆聚丁二烯（PBD）、聚苯乙烯（PS）、苯乙烯-二乙烯基苯共聚物（PS-DVB）、聚乙烯（PE）等聚合物。早期的制备是采用物理包覆法，现多采用将硅胶表面改性后，再用引发剂与单体进行化学键合。还可用化学气相沉积法，将甲苯、己烷、异辛烷等进行高温热裂解，用热解碳沉积在硅胶表面制成非极性固定相。近年还报道使用 Al_2O_3、TiO_2、ZrO_2 等氧化物来制备包覆前述聚合物的固定相。尤其 TiO_2 和 ZrO_2 在机械强度和在广 pH 范围内的稳定性方面要优于硅胶。

　　石墨化炭黑是近年广泛推荐使用的非极性固定相；商品型号为 Hypercarb，其粒径为 $5 \sim 7\mu m$、孔径为 25nm、比表面积约 $110m^2/g$、耐压 70MPa。它可在极端 pH 下、存在盐类的流动相中和升温条件下具有良好的稳定性。它具有独特的保留机制，对平面分子结构非极性化合物呈现强烈的保留。对非平面分子结构的非极性化合物，呈现弱的保留。对极性化合物随分子中极性官能团的增加，且呈现正电荷，石墨化炭黑对它会呈现不期望的高亲和倾向；若极性化合物随分子中极性官能团的增加，呈现负电荷，石墨化炭黑会降低对它的保留，并对结构相关化合物增强选择性。它可用于分离在反相键合硅胶上不能分离的相关化合物，如高极性化合物的分离和几何异构体、非对映立体异构体的分离。石墨化炭黑已用于一甲胺、二甲胺和三甲胺的分离，多氯联苯的分离，非离子表面活性剂 Triton X100 的分析。

在液固色谱法中，吸附剂特性、吸附剂的形状和粒径不仅直接影响柱效率，还影响填充色谱柱的方法。吸附剂的比表面积是一个最重要的特性因素，它直接决定色谱柱对样品的负载量（即柱容量）和对样品的保留性质。如欲保持色谱柱对样品的保留性质不变，必须控制吸附剂的比表面积仅在一个较窄的范围内变化。对大多数多孔性吸附剂，其比表面积约为 400m²/g。这是一个具有实用价值的最佳值。比表面积又是平均孔径的函数。随平均孔径和粒径的减小会增加比表面积，但同时也会使溶质在色谱柱中的传质过程变坏。比表面积的降低，意味着降低样品的负载量。

液固色谱法常用固定相的物理性质，见表 9-9。

表 9-9　液固色谱法常用固定相的物理性质

类型	商品名称	形状	粒径 /μm	比表面积 /(m²/g)	平均孔径 /nm
全多孔硅胶	YQG	球形	5～10	300	30
	YQG-1	球形	37～55	400～300	10
	Lichrospher Si-100	球形	5～10	370	10
	Zorbax SIL	球形	6～8	300～250	6～8
	Vydac HS	球形	5,10,20	500～300	8～10
	TSK gel LS-310	球形	5～15	380～250	8～50
	Nucleosil	球形	5～10, 15～63	450～200	5,10, 30,400
	Supeleosil	球形	3,5	170～75	10～30
	DG 1-4	球形	37～75	500～25	10,200, 400,800
	Porasil A-D	球形	37～75	500～25	10,200, 400,800
	Micro Pak Si-150	球形	5	550	15
	Econosphere	球形	3,5,10	200	8
	Lichrosorb Si-60/100	无定形	5,10	500～400	6～10
	Econosil	无定形	5,10	450	6
	Biosil	无定形	2～10	400	<10
	Micro Pak Si-10,60	无定形	5,10	500	6
	Polygosil	无定形	5,7,10, 15～63	450～350	6,10, 30,50

类型	商品名称		形状	粒径/μm	比表面积/(m²/g)	平均孔径/nm
薄壳硅胶	YBK		球形	25,37~50	14~7~2	5~50
	Zipax		球形	37~44	1	80
	Corasil Ⅰ,Ⅱ		球形	37~50	14~7	5
	Perisorb A		球形	30~40	14	6
	Vydac SC		球形	30~40	12	5.7
堆积硅胶	YDG		球形	3,5,10	300	10
全多孔氧化铝	Spherisorb AY		球形	5,10,30	100	15
	Spherisorb AX		球形	5,10,30	175	8
	Lichrosorb ALOX-T		无定形	5,10,30	70	15
	Micro Pak-AL		无定形	5,10	70	
	Bio-Rad AG		无定形	74	200	
全多孔苯乙烯-二乙基苯共聚微球	交联度/%	40	球形	15	269	200~500
		50	球形	15	431	50~200
		60	球形	15	463	30~50
		80	球形	15	644	10~30
		97	球形	15	674	10~30

使用硅胶表面多孔粒子作固定相的 HPLC 色谱柱见表 9-10。

表 9-10 当代使用的硅胶表面多孔粒子（SPPs，包括亚-2μm）构成的 HPLC 色谱柱（包括正相、反相、HILIC 等键合相）

生产厂家	色谱柱名称	粒径 d_p/μm	壳厚度/μm	ρ(核直径/粒径)	可用的键合固定相
Advanced Chromatography Technologies	ACE Ultra Core	2.5 5.0	0.45 0.70	0.64 0.72	Super C$_{18}$ Super phen/Hexyl (pH1.5~11)
Agilent Technologies	Poroshell 300	5.0	0.25	0.90	SB-C$_{18}$,SB-C$_8$,SB-C$_3$,Extend-C$_{18}$
	Poroshell 120	2.7	0.50	0.63	SB-AQ,SB-C$_{18}$,SB-C$_8$,EC-C$_{18}$, EC-C$_8$,Phenylhexyl,EC-CN, Bonus-RP,Peptide-mapping HILIC, PFP,HPH-C$_{18}$,HPH-C$_8$ (高 pH 固定相，直到 pH=11)

生产厂家	色谱柱名称	粒径 d_p /μm	壳厚度 p /μm	p(核直径/粒径)	可用的键合固定相
Advanced Meterials Technology	Halo	2.7	0.50	0.63	C_{18},C_8,Phenylhexyl,Amide, PFP,CN,HILIC,Penta-HILIC
	Halo-5	4.7	0.60	0.74	C_{18},C_8,Phenylhexyl,Amide, PFP,CN,HILIC,Penta-HILIC
	Halo Peptide-ES 160A	2.7	0.50	0.63	C_{18},CN
	Halo Protein 400A	3.4	0.20	0.86	C_4,C_{18}
Diamond Analytics	Flare Diamond Coreshell	3.6	0.10	0.94	C_{18},C_{18}-WAX,HILIC
Fortis	Speed Core	2.6	0.40	0.69	C_{18},Phenylhexyl,PFP,HILIC
Knauer	Blueshell	2.6	0.50	0.62	C_{18},C_{18}A,PFP,Phenylhexyl,HILIC
Macherey-Nagel	Nucleoshell	2.7 5.0	0.50 0.60	0.63 0.76	C_{18},Phenylhexyl,PFP,HILIC
Nacalai Tesque	Cosmocore	2.0	0.50	0.62	C_{18}
Perkin-Elmer	Brownlee SPP Peptide-ES	2.7	0.50	0.63	C_{18},C_8,Phenylhexyl,RP-amide, PFP,ES-CN,HILIC
	Brownlee SPP	2.7	0.50	0.63	
Phenomenex	Kinetex	5.0 2.6 1.7 1.3	0.60 0.35 0.23 0.20	0.76 0.73 0.73 0.69	C_{18},C_8,Phenylhexyl, PFP,HILIC,Biphenyl
	Aeris Peptide	3.6 1.7	0.50 0.23	0.72 0.73	C_{18}
	Aeris Widepore	3.6	0.20	0.89	C_{18},C_8,C_4
Restek	Raptor	2.7	0.50	0.63	Biphengl
Sigma-Aldrich (Supelco)	Ascentis Express	2.7	0.50	0.63	C_{18},C_8,Phenylhexyl,Amide, F_5,CN,HILIC,OH_5
	Ascentis Express 5μm	4.7	0.60	0.74	
	Ascentis Express Peptide 160A	2.7	0.50	0.63	C_{18},CN
	Bioshell 400A	3.4	0.20	0.88	C_4

生产厂家	色谱柱名称	粒径 d_p /μm	壳厚度 /μm	p(核直径/粒径)	可用的键合固定相
Suniest	Sunshell	2.6 4.6	0.50 0.60	0.62 0.74	C_{18}, C_8, PFP
Thermo Scientific	Accucore XL	4.0	0.50	0.75	C_{30}, C_{18}, C_8, C_4, Phenylhexyl, PFP, HILIC, RP-MS, AQ, Amide-HILIC
	Accucore	2.6	0.50	0.62	
Waters	Cortecs	1.6 2.7	0.25 0.40	0.70 0.70	C_{18}, C_{18+}, HILIC
YMC	Meteoric Core	2.7	0.50	0.63	C_{18}, C_{18} Bio, C_8

2. 液液分配色谱固定相

液液色谱固定相由两部分组成，一部分是惰性载体，另一部分是涂渍在惰性载体上的固定液。

在液固色谱中使用的固体吸附剂，如全多孔球形或无定形微粒硅胶、全多孔氧化铝等皆可作为液液色谱固定相的惰性载体。要求其比表面积 50~250 m²/g，平均孔径 10~50nm。载体的比表面积太大，会引起不可忽视的吸附效应，从而引起色谱峰峰形拖尾。

液液色谱中使用的固定液如表 9-11 所示。

表 9-11　液液色谱法使用的固定液

正相液液色谱法的固定液		反相液液色谱法的固定液
β,β'-氧二丙腈	乙二醇	甲基聚硅氧烷
1,2,3-三(2-氰乙氧基)丙烷	乙二胺	氰丙基聚硅氧烷
聚乙二醇 400,600	二甲基亚砜	聚烯烃
甘油，丙二醇	硝基甲烷	正庚烷
冰醋酸，2-氯乙醇	二甲基甲酰胺	

在惰性载体表面涂渍固定液有两种方法，一种是用含固定液的溶液浸渍惰性载体，再用蒸发法缓慢除去溶剂，此法固定液涂渍在载体上比较均匀。另一种方法是先将惰性载体装填在色谱柱中，再用含一定量固定液的流动相流经柱子，使固定液吸附在惰性载体上，此法达稳定状态需较长时间，且固定液不易达到均匀分布。固定液涂渍量为每克载体 0.1~1.0g，当涂渍量每克载体＞0.3g 为重负载柱。液液色谱柱的柱容量比液固色谱柱大一个数量级，每克固定液为 10^{-3}~10^{-4}g（样品），而峰形无明显的扩展。

经过在惰性载体上机械涂渍固定液后制成的液液色谱柱，在使用过程由于大量流动相通过色谱柱，会溶解固定液而造成固定液的流失，并导致保留值减小，柱选择性下降。为了防止固定液的流失，可采取以下措施：

① 应尽量选择对固定液仅有较低溶解度的溶剂作为流动相。

② 流动相进入色谱柱前，应预先用固定液饱和，这种被固定液饱和的流动相再流经色谱柱时就不会再溶解固定液了。

③ 使流动相保持低流速经过固定相，并保持色谱柱温度恒定。

④ 进样时若溶解样品的溶剂对固定液有较大的溶解度，应避免过大的进样量。

当采取上述措施后，可延长液液色谱柱的使用寿命，但要完全避免固定液的流失仍然是困难的，当色谱柱使用一定时间后，仍会因固定液的流失而出现保留值减少、柱效下降的现象。现在化学键合固定相的使用日益广泛，已逐渐取代了液液色谱固定相。

（三）流动相

1. 高效液相色谱分析中对流动相的要求

在高效液相色谱分析中，除了固定相对样品的分离起主要作用外，流动相的恰当选择对改善分离效果也产生重要的辅助效应。从实用角度考虑，选用作为流动相的溶剂应当价廉，容易购得，使用安全，纯度要高。除此之外，还应满足高效液相色谱分析的下述要求：

① 用作流动相的溶剂应与固定相不互溶，并能保持色谱柱的稳定性；所用溶剂应有高纯度，以防所含微量杂质在柱中积累，引起柱性能的改变。

② 选用的溶剂性能应与所使用的检测器相匹配。如使用紫外吸收检测器，就不能选用在检测波长有紫外吸收的溶剂；若使用示差折光检测器，就不能使用梯度洗脱（因随溶剂组成的改变，流动相的折射率也在改变，就无法使基线稳定）。

③ 选用的溶剂应对样品有足够的溶解能力，以提高测定的灵敏度。

④ 选用的溶剂应具有低的黏度和适当低的沸点。使用低黏度溶剂，可减小溶质的传质阻力，利于提高柱效。另外从制备、纯化样品考虑，低沸点的溶剂易用蒸馏方法从柱后收集液中除去，利于样品的纯化。

⑤ 应尽量避免使用具有显著毒性的溶剂，以确保操作人员的安全。

当进行色谱分析时，样品中两个相邻组分（1，2）的分离度 R，可按下式计算：

$$R = \frac{\sqrt{n_2}}{4}\left(\frac{\alpha_{2/1}-1}{\alpha_{2/1}}\right)\left(\frac{k_2}{1+k_2}\right)$$

式中，n_2 为以第二组分计算的色谱柱的理论塔数；$\alpha_{2/1}$ 为两个相邻组分的调整保留值之比，称分离因子；k_2 为第二组分的容量因子。

由上式可知影响 R 数值大小的，主要有三个因素，即柱效、分离因子和容量因子。

2. 液相色谱选择流动相的一般方法

如果以影响分离度的因素来考虑作为流动相溶剂的选择原则，则如图 9-36 所示。此三角形图表明了在液相色谱分离中选择流动相的一般方法。

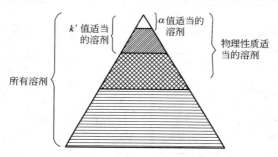

图 9-36   液相色谱法中选择流动相的一般方法

如将整个三角形代表所有的溶剂，首先应排除一些物理性质（沸点、黏度、紫外吸收等）不适于在液相色谱中使用的溶剂，如图 9-36 三角形底部划横线部分的面积，相当于一半以上的溶剂被排除在外。在剩下物理性质适用的溶剂中，还需选择洗脱强度适当的溶剂，即选择能使被分析样品中组分的容量因子 k' 值保持在最佳的 1～10 之间，对含多组分的样品，k' 值可扩展在 0.5～20 之间。这样又排除了图 9-36 中划交叉线部分的面积。在能提供洗脱强度适当、使样品组分 k' 值保持最佳的溶剂当中，还要进一步选择能将样品中不同组分分离开，且能使每两个相邻组分的分离因子 $\alpha_{1/2}$ 大于 1.05，以获得具有满意分离度的分析结果。这样只有位于三角形顶端的空白面积对应的溶剂，才能满足液相色谱法的要求。

当选择了能够提供适用 k' 和 α 值的溶剂，作为液相色谱的流动相后，还必须与能提供高理论塔板数的色谱柱相组合，才能使样品中不同组分的分离达到所期望的分离度。

由上述可知，表征溶剂物理和化学特性的重要参数，对液相色谱法中流动相的选择会起到十分重要的作用。因此了解相关的特性参数和掌握选择溶剂的一般原则，对进行高效液相色谱的实践特别重要。

高效液相色谱法中常用溶剂的性质，如表 9-12 所示。

表 9-12 高效液相色谱法常用溶剂的性质①

溶剂	bp/℃	M	d(20℃)	e(20℃)	η(25℃)/mPa·s	RI	λUV/nm	ε°	δ	δd	δo	δa	δh	P'	xe	xd	xn	选择性分组	水溶性②	μ(25℃)	γ/(10⁻³ N/m)	(P'+e)†
全氟烃②	50			1.88	0.40	1.267	210	0.25	6.0	6.0	0	1	0	<-2								0.25
正戊烷	36	72.1	0.629	1.84	0.22	1.355	195	0	7.1	7.1	0	0	0	0					0.010	0.00	18.4	0.5
正己烷	69	86.2	0.659	1.88	0.30	1.372	190	0.01	7.3	7.3	0	0	0	0.1					0.010	0.00		0.5
正庚烷	98	100.2	0.662	1.92	0.40	1.385	195	0.01	7.4	7.4	0	0	0	0.2					0.010	0.00		0.5
环己烷	81	84.2	0.779	2.02	0.90	1.423	200	0.04	8.2	8.2	0	0	0	-0.2					0.012	0.00		0.5
四氯化碳	77	153.8	1.590	2.24	0.90	1.457	265	0.18	8.6	8.6	0	0.5	0	1.6					0.008	0.00	26.8	2.3
三乙胺	89.5	101.1	0.728	2.4	0.36	1.401		0.54	7.5	7.5	3.5	0.5		1.9	0.56	0.12	0.32	I	0.62	0.87		2.4
异丙醚	68	102.06	0.724	3.9	0.38	1.365	220	0.28	7.0	6.9	0.5	0.5		2.4	0.48	0.14	0.38	I				3.2
间二甲苯	139	106.2	0.864	2.3	0.62	1.500	290	0.26	8.8	8.8	0.5				0.27	0.28	0.45	VII				
对二甲苯	138	106.2	0.864	2.3	0.60	1.493	290	0.26		8.8				2.5	0.23	0.32	0.45	VII		0.00		3.0
苯	80	78.1	0.879	2.30	0.60	1.498	280	0.32	9.2	9.2	0	0.5		2.7	0.25	0.28	0.47	VII	0.058	0.00	28.9	3.6
甲苯	110	92.1	0.866	2.40	0.55	1.494	285	0.29	8.9	8.9	2	0.5		2.4				VII	0.046	0.31		2.9
乙醚	35	74.1	0.713	4.30	0.24	1.350	218	0.38	7.4	6.7	2	2		2.8	0.53	0.13	0.34	I	1.30	1.15	17.1	4.0
二氯甲烷	40	84.9	1.336	8.9	0.41	1.421	233	0.42	9.6	6.4	5.5	0.5		3.1	0.29	0.18	0.53	V	0.17	1.14	28.1	5.6
1,2-二氯乙烷	83	96.9	1.250	10.4	0.78	1.442	228	0.44	9.7	8.2	4	0		3.5	0.30	0.21	0.49	V	0.16	1.86		6.3
异丙醇	82	60.1	0.786	20.3	1.9	1.384	205	0.82	10.2	7.2	2.5	4	4	3.9	0.55	0.19	0.27	II	互溶	1.66	21.8	
叔丁醇	82	74.04		12.5	3.60	1.385		0.70						4.1	0.56	0.20	0.24	II	混溶			
正丙醇	97	60.1	0.800	20.3	1.90	1.385	205	0.82						4.0	0.54	0.19	0.27	II	互溶	3.09	23	
正丁醇	118	74.1	0.810	17.5	2.60	1.397	210	0.70						3.90	0.59	0.19	0.25	II	20.1			8.3
四氢呋喃	66	72.1	0.880	7.6	0.46	1.405	212	0.57	9.1	7.6	3	3		4.0	0.38	0.20	0.42	III	互溶	1.75	27.6	
乙酸乙酯	77	88.1	0.901	6.0	0.43	1.370	256	0.58	8.6	7.0	3	2	0	4.4	0.34	0.23	0.43	VI	9.8	1.88	23.8	5.8
氯仿	61	119.4	1.500	4.8	0.53	1.443	245	0.40	9.1	8.1	3	0.5	0	4.1	0.25	0.41	0.33	VIII	0.072	1.15	27.2	5.6

496

溶剂	bp/℃	M	d (20℃)	e (20℃)	η(25℃)/mPa·s	RI	λUV/nm	ε°	δ	δd	δo	δa	δh	P′	xe	xd	xn	选择性分组	水溶性③	μ(25℃)	γ/(10⁻³N/m)+0.25e
甲乙酮	80	72.1	0.805	18.5	0.38	1.376	329	0.51			4	3	0	4.7	0.35	0.22	0.43	Ⅶ	23.4	2.76	9.1
二氧六环	101	88.1	1.033	2.2	1.20	1.420	215	0.56	9.8	7.8	4	5	0	4.8	0.36	0.24	0.40	Ⅵ	互溶		33
吡啶	115	79.05	0.983	12.4	0.88	1.507	305	0.71	10.4	9.0				5.3	0.41	0.22	0.36	Ⅲ	互溶		
硝基乙烷	114	75.07	1.045		0.64	1.390	380	0.60						5.2	0.28	0.29	0.43	Ⅶ	0.90	3.60	
丙酮	56	58.1	0.818	20.7	0.30	1.356	330	0.50	9.4	6.8	5			5.1	0.35	0.23	0.42	Ⅵ	互溶	2.69	23.3
乙醇	78	46.07	0.789	24.6	1.08	1.359	210	0.88				2.5	0	4.3	0.52	0.19	0.29	Ⅱ	互溶	1.66	22
乙酸	118	60.05	1.049	6.2	1.10	1.370	230	1.0	12.4	7				6.0	0.39	0.31	0.30	Ⅳ	互溶	1.68	27.8
乙腈	82	41.05	0.782	37.5	0.34	1.341	190	0.65	11.8	6.5	8	2.5	0	5.8	0.31	0.27	0.42	Ⅵ	互溶		19.1
二甲基甲酰胺	153	73.1	0.949	36.7	0.80	1.428	268		11.5	7.9				6.4	0.39	0.21	0.40	Ⅲ	互溶		
二甲亚砜	189	78.02		4.7	2.0	1.477	268	0.75	12.8	8.4	7.5	5	0	7.2	0.39	0.23	0.39	Ⅲ	互溶	2.87	
甲醇	65	32.04	0.796	32.7	0.54	1.326	205	0.95	12.9	6.2	5	7.5	7.5	5.1	0.48	0.22	0.31	Ⅱ	互溶		22.6
硝基甲烷	101	61.04	1.394		0.61	1.380	380	0.64	11.0	7.3	8	1	0	6.0	0.28	0.31	0.40	Ⅶ	2.1	3.56	
乙二醇	182	62.02		37.7	16.5	1.431		1.11	14.7	8.0	大	大	大	6.9	0.43	0.29	0.28	Ⅳ	互溶		
甲酰胺	210	45.01			3.3	1.447	210		17.9	8.3	大	大	大	9.6	0.36	0.33	0.30	Ⅳ	互溶		
水	100	18.0	1.000	78.5	0.89	1.333	180		21	6.3	大	大	大	10.2	0.37	0.37	0.25	Ⅷ		1.86	73

①符号 bp—沸点,℃;M—相对分子质量;d—相对密度(20℃);e—介电常数(20℃);η—动力黏度(25℃)/mPa·s;RI—折射率;λUV—UV吸收截止波长;ε°—在 Al₂O₃ 吸附剂上的溶剂强度参数;δ—溶解度参数;δd—色散溶解度参数(由沸点计算获得);δo—取向溶解度参数;δa—接受质子溶解度参数;P′—溶剂极性参数;δh—给予质子溶解度参数;xe—质子接受作用力;xd—质子给予作用力;xn—强偶极极作用力;μ—电偶极矩/C·m;γ—表面张力/(10⁻³N/m);P′+0.25e—离子对溶剂强度。

②不同化合物的平均值。

③系指 20℃时溶解在溶剂中的水的质量分数。

3. 表征溶剂特性的重要参数

表征溶剂特性的参数有沸点、分子量、相对密度、介电常数、偶极矩、水溶性等物理性质以及与所用检测器有关的折射率、紫外吸收截止波长。与高效液相色谱柱分离过程密切相关的最重要的溶剂特性参数是溶剂强度参数 $\varepsilon°$、溶解度参数 δ、极性参数 P'、黏度 η、表面引力 γ 和介电常数 e。

（1）溶剂强度参数 $\varepsilon°$　在液固色谱中常用由斯奈德（Snyder）提出的溶剂强度参数 $\varepsilon°$ 来表示溶剂的洗脱强度，定义为溶剂分子在单位吸附剂表面积 A 上的吸附自由能（E_a），表征溶剂分子对吸附剂的亲和程度。

对 Al_2O_3 吸附剂，$\varepsilon°_{(Al_2O_3)} = \dfrac{E_a}{A}$

并规定戊烷在 Al_2O_3 吸附剂上的 $\varepsilon°_{(Al_2O_3)} = 0$。

对硅胶吸附剂，$\varepsilon°_{(SiO_2)} = 0.77\varepsilon°_{(Al_2O_3)}$。

$\varepsilon°$ 数值愈大，表明溶剂与吸附剂的亲和能力愈强，则愈易从吸附剂上将被吸附的溶质洗脱下来，即对溶质的洗脱能力愈强，从而使溶质在固定相上的容量因子 k' 愈小。依据各种溶剂在 Al_2O_3 吸附剂上的 $\varepsilon°$ 数值的大小，可判别其洗脱能力的差别，从而得出溶剂的洗脱顺序。各种溶剂的 $\varepsilon°_{(Al_2O_3)}$ 的数值可参见表 9-12。

在液固吸附色谱法中，对复杂混合物的分离难以用纯溶剂洗脱来实现，此时需采用二元混合溶剂体系来提高分离的选择性。在二元混合溶剂中，其洗脱强度随其组成的改变而连续变化，从而可找到具有适用 $\varepsilon°$ 值的混合物。在确定了混合溶剂洗脱强度 $\varepsilon°$ 的前提下，还应选用黏度低的溶剂体系，以降低柱压并提高柱效。

某些二元混合溶剂的强度，可如图 9-37 所示，对于给定的 $\varepsilon°$ 数值，可由图提供几种不同的二元混合溶剂系统。此图最上端横线上的数字标明各种溶剂的溶剂强度参数 $\varepsilon°$，此线下面所有横线上标的数字，是与 $\varepsilon°$ 数值对应的强极性溶剂的体积分数。从第二条横线开始，左端标记的为二元混合溶剂中极性弱的组分，横线右端标记的为极性强的组分。如欲获得 $\varepsilon°=0.30$ 的二元混合溶剂，则可由下述混合溶剂提供，如 76%二氯甲烷/戊烷、2%乙腈/戊烷、0.4%甲醇/戊烷、50%二氯甲烷/异氯丙烷、2%乙腈/异氯丙烷、0.3%甲醇/异氯丙烷。图 9-38 对指导如何选择具有确定 $\varepsilon°$ 值的二元混合溶剂进行等强度溶剂洗脱来改善分离的选择性，具有重要的实用价值。

在二元混合溶剂中，当极性强的溶剂在混合物中的体积分数小于5%或大于50%时，会引起分离因子α值的较大变化，当样品中的组分与溶剂分子形成氢键时，更会引起α值的巨大变化。使用二元混合溶剂的不足之处，是由于非极性溶剂（如戊烷）和极性溶剂（如甲醇）有时不能以任意比例混合，而发生溶剂的分层现象。为此可加入分别能与这两种溶剂混溶的具有中等极性的第三种溶剂（如异丙醇、二氯甲烷、二氯乙烷、乙酸乙酯等），构成三元混合溶剂系统，而使混合溶剂强度发生改变，并可使用梯度洗脱操作。

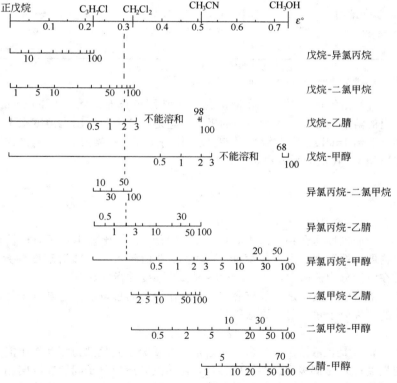

图 9-37　高效液相色谱法洗脱液混合物的溶剂强度

对以硅胶为固定相的液固色谱法，当欲分离不同类型的有机化合物时，所选用的作为流动相的溶剂，应具有适用溶剂强度参数。表 9-13 提供的溶剂强度参数可供参考。

表 9-13　在硅胶吸附剂上分离各种有机化合物适用的溶剂强度参数

有机化合物的类型	最佳的 $\varepsilon°$ 值		有机化合物的类型	最佳的 $\varepsilon°$ 值	
	无水溶剂	50%水饱和溶剂		无水溶剂	50%水饱和溶剂
芳烃	0.05~0.25	—0.2~0.25	酮类[1]	0.3	0.1
卤代烷烃或芳烃	0~0.3	—0.2~0.1	醛类[1]	0.2	0.1
硫醇类,二硫化物	0	—0.2	砜类[1]	0.3~0.4	0.2
硫化物	0.1	—0.1	醇类[1]	0.3	0.2
醚类	0.1	0	酚类[1]	0.3	0.2
硝基化合物[1]	0.02~0.3	0.1	胺类[2]	0.2~0.6	0~0.4
酯类[1]	0.2	0.1	酸类[1]	0.4	0.3
腈类[1]	0.2~0.3	0.1	酰胺类	0.4~0.6	0.3~0.5

① 指单官能团化合物,对多官能团化合物需较大的 $\varepsilon°$ 值。
② 叔胺需小的 $\varepsilon°$ 值,对伯胺和仲胺需较大的 $\varepsilon°$ 值。

(2) 溶解度参数 δ　在液液色谱中常用海德布瑞第 (Hildebrand) 提出的溶解度参数 δ 表示溶剂的极性,它是从分子间作用力角度来考虑的,表示 1mol 理想气体冷却转变成液体时所释放的凝聚能 E_C 与液体摩尔体积 V_m 比值的平方根

$$\delta = \sqrt{\frac{E_C}{V_m}}$$

式中,δ 单位为 $J^{\frac{1}{2}} \cdot m^{-\frac{3}{2}}$。

对非极性化合物,由于凝聚能 E_C 很低,δ 值比较小,而对极性化合物即极性溶剂,由于凝聚能 E_C 较高,δ 值较大。因此溶解度参数 δ 可在液液分配色谱中,作为衡量溶剂极性强度的指标。

溶解度参数 δ 是溶剂与溶质分子间作用力的总量度,它是分子间存在的 4 种分子间作用力的总和

$$\delta = \delta_d + \delta_o + \delta_a + \delta_h$$

式中,δ_d 是色散溶解度参数,是溶剂和溶质分子间色散力相互作用能力的量度;δ_o 是偶极取向溶解度参数,是溶剂和溶质分子间偶极取向相互作用能力的量度;δ_a 是接受质子溶解度参数,是溶剂作为质子接受体与溶质相互作用能力的量度;δ_h 是给予质子溶解度参数,是溶剂作为质子给予体与溶质相互作用能力的量度。

常用溶剂的溶解度参数可见表 9-12。

在正相液液色谱中,溶剂的 δ 值愈大,其洗脱强度愈大,会使溶质

在固定相的容量因子 k 值愈小；在反相液液色谱中，溶剂的 δ 值愈大其洗脱强度愈小，会使溶质在固定相的容量因子 k 愈大。

由上述可知，溶剂的洗脱强度是由溶解度参数 δ 决定的，而溶剂对色谱分离的选择性则由 δ 中的色散力相互作用 δ_d、偶极相互作用 δ_o、接受质子的相互作用 δ_a 和给予质子相互作用 δ_h 四个部分的数值所决定的。色谱分析中在确定了所选用溶剂的 δ 值，使溶质的容量因子 k 保持在最佳范围（$1 \leqslant k \leqslant 10$）之后，可通过选用 δ 值相近，但 δ_d、δ_o、δ_a 和 δ_h 不同的另一种溶剂来改善色谱分离的选择性。

（3）极性参数 P'　极性参数 P' 又可称作极性指数，它是由斯奈德（Snyder）使用罗胥那德（Rohrschneider）的溶解度数据推导出来的，它表示每种溶剂与乙醇（e）、对二氧六环（d）和硝基甲烷（n）三种极性物质相互作用的量度，并将 Rohrschneider 提供的极性分配系数 K_g'' 以对数形式表示，忽略了色散力的影响而导出的。

$$P' = \lg(K_g'')_e + \lg(K_g'')_d + \lg(K_g'')_n$$

式中，用乙醇、对二氧六环、硝基甲烷三种标准物质来表达每种溶剂的接受质子、给出质子和偶极相互作用的能力，它比较全面地反映了溶剂的性质。P' 既表示了每种溶剂的洗脱强度的大小，又能反映每种溶剂的选择性，为此 Snyder 规定了每种溶剂的选择性参数为

$$x_e = \lg(K_g'')_e / P'$$
$$x_d = \lg(K_g'')_d / P'$$
$$x_n = \lg(K_g'')_n / P'$$

上述参数中 x_e 反映了溶剂作为质子接受体的能力（与 δ_a 相当）；x_d 反映了溶剂作为质子给予体的能力（与 δ_h 相当）；x_n 反映了溶剂作为强偶极子之间相互作用的能力（与 δ_o 相当）。

常用溶剂的 P' 和 x_e、x_d、x_n 值见表 9-12。

在液液分配色谱中，样品组分在固定相和流动相中的溶解度是决定其容量因子 k 值的关键因素。极性参数 P' 可作为判定溶剂洗脱强度的依据。在正相液液色谱中，溶剂的 P' 值愈大，其洗脱强度也愈大，被洗脱溶质的 k 愈小；在反相液液色谱中，溶剂的 P' 值愈大，其洗脱强度愈小，被洗脱溶质的 k 愈大。因此通过改变洗脱溶剂的 P' 值，就可改变被分离样品组分的选择性。

对多元混合溶剂，P' 值可按下式计算：

$$P'_{mix} = \sum_{i=1}^{n} \varphi_i P'_i$$

式中，φ_i 和 P_i' 分别为每种纯溶剂的体积分数和极性参数。

极性参数 P'、溶解度参数 δ 和溶剂强度参数 $\varepsilon°$ 三者之间的关系如图 9-38 所示。图中表明三者之间有密切的相关性。

(4) 黏度 η 在高效液相色谱分析中，溶剂的黏度（系指动力黏度）是影响色谱分离的重要参数，当溶剂的黏度大时，会降低溶质在流动相中的扩散系数及在两相间的传质速度，并降低了柱子的渗透性，导致柱效的下降和分析时间的延长。通常溶剂的黏度应保持在 $0.4 \sim 0.5 \text{mPa·s}$ 以下。对黏

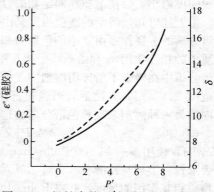

图 9-38 极性参数 P' 与溶剂强度参数 $\varepsilon°$（虚线）及溶解度参数 δ（实线）的关系

度为 $0.2 \sim 0.3 \text{mPa·s}$ 的溶剂，可与黏度大的溶剂混合，组成溶剂强度范围宽、黏度适用的混合溶剂，以供选择使用。对黏度小于 0.2mPa·s 的溶剂，由于沸点太低，在高压泵输液过程会在检测器中形成气泡而不宜单独使用。

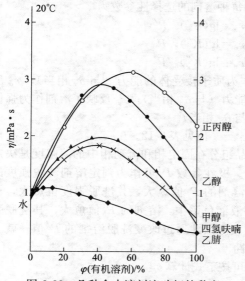

图 9-39 几种含水溶剂流动相的黏度

当两种黏度不同的溶剂混合时，其黏度变化不呈现线性。例如在反相液液色谱中水与乙腈、四氢呋喃、甲醇、乙醇、正丙醇混合时，在 20℃时，其黏度变化如图 9-39 所示。由图中可看到，当水中含 40%（体积分数）甲醇时，其黏度最大，达 1.84mPa·s；当水中含 62%（体积分数）正丙醇时，其黏度高达 3.2mPa·s，显然这两种高黏度二元溶剂混合溶液不适于作液相色谱的流动相。

通常二元溶剂混合溶液的黏度，可近似按下述关系式计算：

$$\eta_{mix} = (\eta_a)^{x_a} (\eta_b)^{x_b}$$

式中，η_a、η_b 分别为纯溶剂 A、B 的动力黏度；x_a、x_b 分别为纯溶剂 A、B 在混合物中的摩尔分数，它们可按下式计算：

$$x_a = \frac{\varphi_a (\rho_a / M_a)}{\varphi_a (\rho_a / M_a) + \varphi_b (\rho_b / M_b)} \quad x_b = 1 - x_a$$

式中，φ_a、φ_b 分别为纯溶剂 A、B 的体积分数；ρ_a、ρ_b 分别为 A、B 的密度；M_a、M_b 分别为 A、B 的分子量。

（5）表面张力 γ 和介电常数 e　溶剂的表面张力 γ 和介电常数 e 也是重要的溶剂特性参数，它们与被分析组分的保留值密切相关。

由图 9-40 可知，在甲醇-水、乙腈-水、四氢呋喃-水三种二元混合溶剂体系中，随强洗脱溶剂甲醇、乙腈、四氢呋喃含量的增加，表面张力 γ、介电常数 e 的数值会逐渐减小，其和二元混合溶剂极性参数 P' 的变化趋势相同，因此它们对被分析溶质保留值变化的影响，相似于极性参数 P' 对被分析溶质保留值变化的影响。

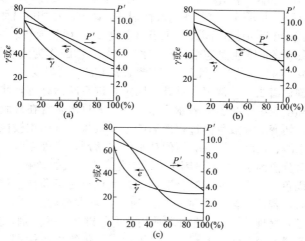

图 9-40　二元混合溶剂流动相的极性参数 P'、表面张力 γ、介电常数 e 随组成变化
关系（a）甲醇-水；（b）乙腈-水；（c）四氢呋喃-水
P'—极性参数；γ—表面张力（10^{-3}N/m）；e—介电常数

4. 液固色谱的流动相

在液固色谱法中，当某溶质在极性吸附剂硅胶色谱柱上进行分离时，变更不同洗脱强度的溶剂作流动相时，此溶质的容量因子 k 也会不

同，依据下式可知：

$$\lg \frac{k_1}{k_2} = \beta A_S (\varepsilon°_2 - \varepsilon°_1)$$

式中，k_1、k_2 分别为溶质被两种具有不同溶剂强度参数 $\varepsilon°_1$ 和 $\varepsilon°_2$ 溶剂洗脱时获得的容量因子；β 为吸附剂的活性；A_S 为溶质分子的表面积，二者皆为定值。

上式表明 k 值商的对数与两种溶剂 $\varepsilon°$ 数值之差成正比。因此可近似认为，$\varepsilon°$ 值变化 0.05，就可使溶质的 k 值变化 2~4。若采用的起始溶剂的洗脱强度太强（k 值太小），则可再选用另一种洗脱强度较弱的溶剂，以使溶质的 k 值达到最佳值（$1 \leqslant k \leqslant 10$）；反之，若初始溶剂的洗脱强度太弱（$k$ 值太大），就要选用另一个洗脱强度较强的溶剂来取代。通过试差法总可以找到洗脱强度适当的溶剂。

在液固色谱法中，若使用硅胶、氧化铝等极性固定相，应以弱极性的戊烷、己烷、庚烷作流动相的主体，再适当加入二氯甲烷、氯仿、乙醚、异丙醚、乙酸乙酯、甲基叔丁基醚等中等极性溶剂，或四氢呋喃、乙腈、异丙醇、甲醇、水等极性溶剂作为改性剂，以调节流动相的洗脱强度，实现样品中不同组分的良好分离。若使用苯乙烯-二乙烯基苯共聚物微球、石墨化炭黑微球等非极性固定相，应以水、甲醇、乙醇作为流动相的主体，可加入乙腈、四氢呋喃等改性剂，以调节流动相的洗脱强度。

在液固色谱法中，常用水对硅胶固定相进行减活处理，此时流动相中水的饱和度应小于 25%，若水含量过高，大量水附着在硅胶上会使液固色谱过程转变成液液色谱过程而影响分离效果。若选用极性强的有机溶剂，如甲醇、乙腈、异丙醇等代替水作减活剂，就可克服水的负面影响，并会对分离因子 α、容量因子 k 的变化产生更大的影响。

在液固色谱法中，使用混合溶剂的最大优点是可获得最佳的分离选择性。此时，若混合溶剂中强极性溶剂的含量占绝对优势或含量很低，其分离因子 α 呈现最大值。此外若使用具有氢键效应的溶剂，如正丙胺、三乙胺、乙醚、异丙醚、甲醇、二氯甲烷、氯仿等作改性剂，则可显著改善色谱分离的选择性。

使用混合溶剂的另一个优点是可使流动相保持低的黏度，并可保持高的柱效。如使用强极性乙二醇作改性剂，它的黏度高达 16.5 mPa·s，大大超过高效液相色谱允许使用的黏度范围，但实际使用时，仅需将 1%~2% 的乙二醇加到弱极性溶剂中，就可获得洗脱强度高的混合溶剂，其黏度却符合高效液相色谱分析的要求。

5. 液液色谱的流动相

在正相液液分配色谱中，使用的流动相相似于液固色谱法中使用极性吸附剂时应用的流动相。此时流动相主体为己烷、庚烷，可加入＜20％的极性改性剂，如1-氯丁烷、异丙醚、二氯甲烷、四氢呋喃、氯仿、乙酸乙酯、乙醇、甲醇、乙腈等，这样溶质的容量因子 k' 会随改性剂的加入而减小，表明混合溶剂的洗脱强度明显增强。

在反相液液分配色谱中，使用的流动相相似于液固色谱法中使用非极性吸附剂时应用的流动相。此时流动相的主体为水，加入＜10％的改性剂，如二甲基亚砜、乙二醇、乙腈、甲醇、丙酮、对二氧六环、乙醇、四氢呋喃、异丙醇等。溶质在混合溶剂流动相中的容量因子 k' 会随改性剂的加入而减小，表明混合溶剂的洗脱强度增强。

二、化学键合相色谱

化学键合相色谱法是由液液分配色谱法发展起来的。分配色谱法虽有较好的分离效果，但在分离过程，由于固定液的流失也使分配色谱法不适用于梯度洗脱操作。

为了解决固定液的流失问题，人们将各种不同的有机官能团通过化学反应共价键合到硅胶（载体）表面的游离羟基上，而生成化学键合固定相，并进而发展成键合相色谱法。

化学键合固定相对各种极性溶剂都有良好的化学稳定性和热稳定性。由它制备的色谱柱柱效高、使用寿命长、重现性好，几乎对各种类型的有机化合物都呈现良好的选择性，特别适用于具有宽范围 k' 值的样品的分离，并可用于梯度洗脱操作。

（一）键合固定相的分类

根据键合固定相与流动相对极性的强弱，可将键合相色谱法分为正相键合相色谱法（包括近年发展起来的亲水作用色谱）和反相键合相色谱法。

1. 正相键合固定相

在正相键合相色谱法中，键合固定相的极性大于流动相的极性，适用于分离油溶性或水溶性的极性和强极性化合物。

在正相键合相色谱法中使用的是极性键合固定相。它是将全多孔（或表面多孔）微粒硅胶载体，经酸活化处理制成表面含有大量硅羟基的载体后，再与含有氨基（—NH₂）、氰基（—CN）、醚基（—O—）的硅烷化试剂反应，生成表面具有氨基、氰基、醚基的极性固定相。

2. 反相键合固定相

在反相键合相色谱法中，键合固定相的极性小于流动相的极性，适于分离非极性、极性或离子型化合物，其应用范围比正相键合相色谱法更广泛。据统计在高效液相色谱法中，70%～80%的分析任务皆由反相键合相色谱法来完成。

在反相键合相色谱法中使用的是非极性键合固定相。它是将全多孔（或表面多孔）微粒硅胶载体，经酸活化处理后与含烷基链（C_4、C_8、C_{18}）或苯基的硅烷化试剂反应，生成表面具有烷基（或苯基）的非极性固定相。

最常使用的反相键合固定相为十八烷基-硅胶固定相，俗称 ODS。

反相键合相的分离机理认为溶质在固定相上的保留是疏溶剂作用的结果。根据疏溶剂理论，当溶质分子进入极性流动相后，即占据流动相中相应的空间，而排挤一部分溶剂分子；当溶质分子被流动相推动与固定相接触时，溶质分子的非极性部分（或非极性分子）会将非极性固定相上附着的溶剂膜排挤开，而直接与非极性固定相上的烷基官能团相结合（吸附）形成缔合配合物，构成单分子吸附层。这种疏溶剂的斥力作用是可逆的，当流动相极性减少时，这种疏溶剂斥力下降，会发生解缔，并将溶质分子释放而被洗脱下来。上述疏溶剂作用机制可如图9-41所示。

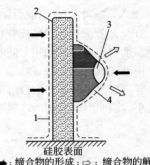

硅胶表面
➡：缔合物的形成；⇨：缔合物的解缔

图 9-41　反相色谱中固定相表面上溶质分子与烷基键合相之间的缔合作用
1—溶剂膜；2—非极性烷基键合相；
3—溶质分子的极性官能团部分；
4—溶质分子的非极性部分

在化学键合固定相中已键合上的官能团，将剩余的硅羟基屏蔽，形成所谓"刷子"的结构。如图9-42所示，为减少硅羟基的吸附作用，还需对硅羟基进行封尾处理。

常用的化学键合固定相的类型和应用范围见表9-14。

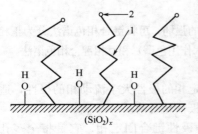

图 9-42　化学键合固定相的"刷子"结构
1—已键合官能团的链长；
2—已键合官能团的端基

表9-14 化学键合固定相的类型及应用范围

类型	键合官能团	性质	色谱分离方式	应用范围
烷基 C₈,C₁₈	—(CH₂)₇—CH₃ —(CH₂)₁₇—CH₃	非极性	反相,离子对	中等极性化合物,溶于水的高极性化合物,如:小肽,蛋白质,甾族化合物(类固醇),核苷酸,核碱,极性药物等
苯基 —C₆H₅	—(CH₂)₃—C₆H₅	非极性	反相,离子对	非极性至中等极性化合物,如:脂肪酸,甘油酯,多核芳烃,酯类(邻苯二甲酸酯),脂溶性维生素,甾族化合物(类固醇),PTH衍生生氨基酸
酚基 —C₆H₅OH	—(CH₂)₃—C₆H₅OH	弱极性	反相	中等极性化合物,保留特性相似于C₈固定相,但对多环芳烃,极性芳香族化合物,脂肪酸等具有不同的选择性
醚基 $—CH—CH_2—O$	$—(CH_2)_3—O—CH_2—CH \;\; CH_2$ O	弱极性	反相或正相	醚基具有不带电子基团,适于分离酚类,芳硝基化合物,其保留行为比C₁₈更强(k'增大)
二醇基 $—CH—CH_2$ OH OH	$—(CH_2)_3—O—CH_2—CH \;\; CH_2$ OH OH	弱极性	正相或反相	二醇基比未改性的硅胶具有更弱的极性,易用水润湿,适于分离有机酸及其低聚物,还可作为凝胶过滤色谱固定相
芳硝基 —C₆H₅—NO₂	—(CH₂)₃—C₆H₅—NO₂	弱极性	正相或反相	分离具有双键的化合物,如芳香族化合物,多芳烃
氰基 —CN	—(CH₂)₃—CN	极性	正相(反相)	正相相似于硅胶吸附剂,为氢键接受体,适于分析极性化合物,溶剂留值比硅胶性低;反相可提供与C₈,C₁₈,苯基柱不同的选择性
氨基 —NH₂	—(CH₂)₃—NH₂	极性	正相(反相,阴离子交换)	正相可分离极性化合物,如芳胺衍生物,脂类,留族化合物;氯仿(农药),双糖单糖,阴离子交换可分离水溶性糖和多糖等,有机羧酸和核苷酸
二甲氨基 —N(CH₃)₂	—(CH₂)₃—N(CH₃)₂	极性	正相,阴离子交换	正相相似于氨基柱的分离性能;阴离子交换可分离弱有机碱
二氨基 —NH(CH₂)₂NH₂	—(CH₂)₃—NH—(CH₂)₂—NH₂	极性	正相,阴离子交换	正相相似于氨基柱的分离性能;阴离子交换可分离有机弱碱

(二)键合相色谱流动相

1. 溶剂的选择性分组

在表 9-12 中列出了常见溶剂的极性参数 P' 和选择性参数 x_e、x_d 和 x_n。当将每种溶剂的三种 x_e、x_d 和 x_n 值组成一个三角形坐标时,就可发现选择性相似的溶剂分布在三角形平面中的一定区域内,从而构成选择性不同的溶剂分组。图 9-43 为溶剂选择性分组的三角形坐标图。表 9-15 列出了依据溶剂选择性分组的各种有机化合物的类型。

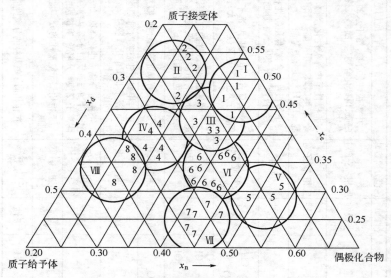

图 9-43　溶剂选择性分组的三角形坐标图

表 9-15　溶剂的选择性分组

组　　别	溶剂名称
Ⅰ	脂肪族醚、三级烷胺、四甲基胍、六甲基磷酰胺
Ⅱ	脂肪醇
Ⅲ	吡啶衍生物、四氢呋喃、酰胺(除甲酰胺外)、乙二醇醚、亚砜
Ⅳ	乙二醇、苯甲醇、甲酰胺、乙酸
Ⅴ	二氯甲烷、二氯乙烷
Ⅵₐ	磷酸三甲苯酯、脂肪族酮和酯、聚醚、二氧六环
Ⅵᵦ	腈、砜、碳酸丙烯酯
Ⅶ	硝基化合物、芳香醚、芳烃、卤代芳烃
Ⅷ	氟烷醇、间甲苯酚、氯仿、水

由溶剂选择性分组的三角形坐标图可知，常用溶剂可分为 8 个选择性不同的特征组，处于同一组中的溶剂具有相似的特性。因此对某一指定的分离，若某种溶剂不能给出良好的分离选择性，就可用另一种其他组的溶剂来替代，从而可明显地改善分离选择性。

为了便于选择溶剂，对甲醇、乙腈、四氢呋喃、乙醚、氯仿、二氯甲烷、水等常用溶剂，各处于第几选择性组，应有清晰的了解。

2. 在键合相色谱中选择流动相的一般原则

在键合相色谱分析中常使用二元混合溶剂作为流动相，此时流动相的极性参数 P' 可按下述实例进行计算。

二元混合溶剂的极性参数 P' 为

$$P'_{mix} = \varphi_a P'_a + \varphi_b P'_b$$

式中　P'_a, P'_b——溶剂 A 和溶剂 B 的极性参数；

φ_a, φ_b——溶剂 A 和溶剂 B 在混合溶剂中所占的体积分数。

如 40%甲醇-水溶液的极性参数为

$$P'_{mix} = 0.4 \times 5.1 + 0.6 \times 10.2 = 8.160$$

46%乙腈-水溶液的极性参数为

$$P'_{mix} = 0.46 \times 5.8 + 0.54 \times 10.2 = 8.176$$

33%四氢呋喃-水溶液的极性参数为

$$P'_{mix} = 0.33 \times 4.0 + 0.67 \times 10.2 = 8.154$$

流动相对溶质的洗脱强度越大，溶质的容量因子越小；反之，则流动相对溶质的洗脱强度越小，溶质的容量因子会越大。

在固定相的极性小于流动相极性的反相色谱中，流动相的极性（P'）与溶质的容量因子（k'）成正比关系。

在固定相的极性大于流动相极性的正相色谱中，流动相的极性（P'）与溶质的容量因子（k'）成反比关系。

在正相键合相色谱中，采用和正相液液色谱相似的流动相，即流动相的主体成分为己烷（或庚烷），为改善分离的选择性，常加入的优选溶剂为质子接受体乙醚或甲基叔丁基醚（第 I 组）；质子给予体氯仿（第 VIII 组）；偶极溶剂二氯甲烷（第 V 组）。

在反相键合相色谱中，采用和反相液液色谱相似的流动相，即流动相的主体成分为水。为改善分离的选择性，常加入的优选溶剂为质子接受体甲醇（第 II 组）、质子给予乙腈（第 VI_b 组）和偶极溶剂四氢呋喃（第 III 组）。

在正相和反相色谱中常用的优选溶剂在选择性三角形坐标中的位置如图 9-44 所示。

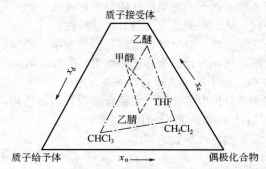

图 9-44　正相和反相色谱中选择性三角形优选的溶剂
－·－正相色谱；－－－－反相色谱

表 9-16 和表 9-17 分别列出在正相色谱和反相色谱中使用的某些混合溶剂的特性，表达了当向己烷（或庚烷）、水中加入强洗脱溶剂后，引起溶质容量因子 k 下降的倍数。

表 9-16　正相色谱使用的某些混合溶剂的特性

溶　剂	P'	于己烷中加入 20% 体积的强洗脱溶剂时，k 值下降的倍数	溶　剂	P'	于己烷中加入 20% 体积的强洗脱溶剂时，k 值下降的倍数
己烷(或庚烷)	0.1	—	氯仿①	4.1	2.2
1-氯丁烷	1.0	1.2	乙酸乙酯	4.4	2.0
乙醚①	2.8	1.6	乙醇	4.3	2.0
二氯甲烷①	3.1	1.7	乙腈	5.8	2.6
四氢呋喃	4.0	2.0	甲醇	5.1	2.3

① 优选溶剂。

表 9-17　反相色谱使用的某些混合溶剂的特性

溶　剂	P'	于水中加入 10% 体积的强洗脱溶剂时，k 值下降的倍数	溶　剂	P'	于水中加入 10% 体积的强洗脱溶剂时，k 值下降的倍数
水	10.2	—	丙酮	5.1	2.2
二甲亚砜	7.2	1.5	二氧六环	4.8	2.2
乙二醇	6.9	1.5	乙醇	4.3	2.3

溶　剂	P'	于水中加入 10%体积的强洗脱溶剂时，k 值下降的倍数	溶　剂	P'	于水中加入 10%体积的强洗脱溶剂时，k 值下降的倍数
乙腈①	5.8	2.0	四氢呋喃①	4.0	2.8
甲醇①	5.1	2.0	异丙醇	3.9	3.0

① 优选溶剂。

3. 改善色谱分离选择性的方法

（1）调节流动相的极性　在高效液相色谱分析中，为使溶质获得良好的分离，通常希望溶质的容量因子 k 保持在 $1\sim10$ 范围内，若溶质的 k 值大于 10，或小于 1 时，可通过调节流动相的极性，来获取适用的 k 值。由于正己烷和水皆为非选择性溶剂强度调节溶剂，如若改变流动相的极性，必须加入具有选择性溶剂强度调节功能的适用溶剂。

① 正相键合相色谱调节流动相极性的方法同样也适用于使用极性吸附剂的液固色谱和正相液液色谱，在此情况下，固定相的极性（P_s）大于流动相的极性（P_m）。若流动相的极性为 P_{m_1} 时，溶质 x 的 $k_x>$ 10，可增加流动相的极性，使 $P_{m_2}>P_{m_1}$，则可使溶质 x 的 k_x 值重新位于 $1\sim10$ 之间。若流动相的极性为 P_{m_1} 时，溶质 y 的 $k_y<1$，则可减少流动相的极性，使 $P_{m_3}<P_{m_1}$，这样也可使溶质 y 的 k_y 值重新位于 $1\sim$ 10 之间，如图9-45（a)所示。

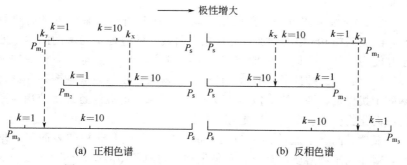

图 9-45　通过调节流动相的极性来改善分离的选择性

② 反相键合相色谱调节流动相极性的方法同样也适用于使用非极性吸附剂的液固色谱和反相液液色谱，此时固定相的极性（P_s）小于流

动相的极性（P_m）。若流动相的极性为 P_{m_1}，溶质 x 的 $k_x>10$，此时可降低流动相的极性至 P_{m_2}，使 $P_{m_2}<P_{m_1}$，就可调节溶质 x 的 k_x 值，使其重新位于 1～10 之间。若当流动相的极性为 P_{m_1} 时，溶质 y 的 $k_y<1$，就可增大流动相的极性至 P_{m_3}，使 $P_{m_3}>P_{m_1}$，也可调节溶质 y 的 k_y，使其重新位于 1～10 之间，如图 9-45（b）所示。此时应当注意，在反相色谱分析中，当流动相的极性减小时，会增强对溶质的洗脱强度，使溶质的 k 值减小；当流动相极性增大时，会减小对溶质的洗脱强度，使溶质的 k 值增大。

当溶剂或混合溶剂组成的流动相的极性参数 P' 发生变化时，溶质的 k 值也随之变化，经试验表明，当流动相的 P' 值改变 2 时，溶质的 k 值约变化 10 倍。

（2）向流动相中加入改性剂　向流动相中加入改性剂主要有两种方法。

① 离子抑制法　在反相色谱中常向含水流动相中加入酸、碱或缓冲溶液，以使流动相的 pH 值控制一定数值，抑制溶质的离子化，减少谱带拖尾、改善峰形，以提高分离的选择性。例如在分析有机弱酸时，常向甲醇-水流动相中加入 1% 的甲酸（或乙酸、三氯乙酸、H_3PO_4、H_2SO_4），就可抑制溶质的离子化，获得对称的色谱峰。对于弱碱性样品，向流动相中加入 1% 的三乙胺，也可达到相同的效果。

② 离子强度调节法　在反相色谱中，在分析易离解的碱性有机物时，随流动相 pH 值的增加，键合相表面残存的硅羟基与碱的阴离子的亲和能力增强，会引起峰形拖尾并干扰分离，此时若向流动相中加入 0.1%～1% 的乙酸盐或硫酸盐、硼酸盐，就可利用盐效应减弱残存硅羟基的干扰作用，抑制峰形拖尾并改善分离效果。但应注意经常使用磷酸盐或卤化物会引起硅烷化固定相的降解。

显然，向含水流动相中加入无机盐后，会使流动相的表面张力增大，对非离子型溶质，会引起 k' 值增加，对离子型溶质，会随盐效应的增加，引起 k' 值的减小。

4. 多元混合溶剂的多重选择性

前述溶剂选择性三角形不仅可表示各种溶剂的选择性分组，还可用来表达多元混合溶剂的多重选择性。

如将三种二元混合溶剂流动相组成溶剂选择性三角形△ABC 的三个顶点（见图 9-46），则

A 点，即①的组成为 40％甲醇（CH_3OH）-水溶液，其极性强度参数 $P'_{mix①}$＝8.160；

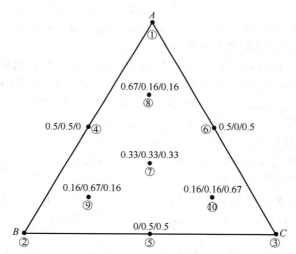

图 9-46　多元混合溶剂的多重选择性每点的体积分数与 A、B、C 三点相对应

B 点，即②的组成为 46％乙腈（CH_3CN）-水溶液，其极性强度参数 $P'_{mix②}$＝8.176；

C 点，即③的组成为 33％四氢呋喃（THF）-水溶液，其极性强度参数 $P'_{mix③}$＝8.154。

上述三个顶点的二元混合溶剂流动相可对某一确定的分离任务提供各不相同的分离选择性。

△ABC 的三个边 AB、BC、CA 上的任何一点，都可组成三元混合溶剂流动相。如在 AB 边的中间点④，其溶剂的体积分数 0.5/0.5/0 对应于 A、B、C 三个顶点的组成：即 φ_{CH_3OH}：φ_{CH_3CN}：φ_{THF}＝0.5：0.5：0。④点不含 THF，但仍含有 H_2O，在此点，

CH_3OH 的体积分数为　　40％×0.5＝20％

CH_3CN 的体积分数为　　46％×0.5＝23％

④ 点构成的三元混合溶剂的组成为

$$\varphi(CH_3OH) : \varphi(CH_3CN) : \varphi(H_2O) = 20\% : 23\% : 57\%$$

同理可知 BC 边中间点⑤的三元混合溶剂的组成为：

$$\varphi(CH_3CN) : \varphi(THF) : \varphi(H_2O) = 23\% : 16.5\% : 60.5\%$$

在 CA 边中间点⑥的三元混合溶剂的组成为

$$\varphi(THF) : \varphi(CH_3OH) : \varphi(H_2O) = 16.5\% : 20\% : 63.5\%$$

由上述可知，在△ABC 三个边上的任何一点，都可对一确定的分离任务提供多种不同的分离选择性。

如图 9-46 所示，在△ABC 以内的任何一点，都可组成四元混合溶剂流动相，三角形内⑦点的体积分数 0.33/0.33/0.33 对应于 A、B、C 三个顶点的组成：即 $\varphi(CH_3OH) : \varphi(CH_3CN) : \varphi(THF) = 0.33 : 0.33 : 0.33$，⑦点还含有 H_2O，在此点，

CH_3OH 的体积分数为　　40%×0.33＝13.2%

CH_3CN 的体积分数为　　46%×0.33＝15.2%

THF 的体积分数为　　　33%×0.33＝10.9%

⑦点构成四元混合溶剂的组成为　$\varphi(CH_3OH) : \varphi(CH_3CN) : \varphi(THF) : \varphi(H_2O) = 13.2\% : 15.2\% : 10.9\% : 60.7\%$

同理可知：

⑧点组成为　$\varphi(CH_3OH) : \varphi(CH_3CN) : \varphi(THF) : \varphi(H_2O) = 26.8\% : 7.4\% : 5.3\% : 60.5\%$

⑨点组成为　$\varphi(CH_3OH) : \varphi(CH_3CN) : \varphi(THF) : \varphi(H_2O) = 6.4\% : 30.8\% : 5.3\% : 57.5\%$

⑩点组成为　$\varphi(CH_3OH) : \varphi(CH_3CN) : \varphi(THF) : \varphi(H_2O) = 6.4\% : 7.4\% : 22.1\% : 64.1\%$

由此可知，在△ABC 内的任何一点，都可对一确定的分离任务提供无限多的分离选择性。

综上所述，在溶剂选择性三角形△ABC 上的任何一点，都对应一种具有确定组成的混合溶剂流动相，而每种流动相都可对一个确定的分离任务提供一个特定的分离选择性。因此，通过使用溶剂选择性三角形图示法，就可对某一确定的分离任务提供实现分离的多种途径，并可从中找到实现理想的完全分离时，所需的最优化的流动相组成。

5. 溶质保留值随溶剂极性变化的一般保留规律

前述使用极性吸附剂的液固色谱、正相液液分配色谱、正相键合相

色谱皆可称为正相色谱。使用非极性吸附剂的液固色谱、反相液液分配色谱、反相键合相色谱皆可称为反相色谱。

图 9-47 表达了作为极性函数的样品和溶剂，在正相色谱和反相色谱中，选择不同极性溶剂作流动相时，引起不同极性溶质（A＞B)的保留值变化的一般规律。

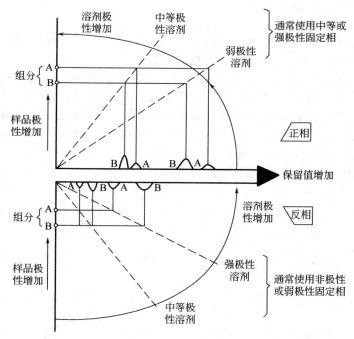

图 9-47　溶质保留值随它和溶剂极性变化的一般保留规律

在正相色谱（图 9-47 上半部）中，使用弱极性溶剂作流动相，则极性弱的 B 组分先流出，A 组分后流出。当更换中等极性溶剂作流动相时，二者流出顺序不变，但它们的保留值都进一步减小。

在反相色谱（图 9-47 下半部）中，使用中等极性溶剂作流动相，则极性强的 A 组分先流出，B 组分后流出；当更换强极性溶剂作流动相时，二者流出顺序不变，但它们的保留值会进一步增大。

（三）亲水作用色谱

在高效液相色谱分析中，反相色谱获得广泛的应用，但当用于强极性有机物分析时，仅有很弱的保留，且不能彼此分离。亲水作用色谱特别适用于分离强极性、带电荷的亲水化合物，如药物分子、生物活性物质（包括氨基酸、肽蛋白质、核碱、核苷、核苷酸、神经转移物）、糖类、低聚糖等，它已在药物分析、生化临床医学研究（特别在基因组学、蛋白质组学、糖代谢学）、食品分析、环境监测等领域获得广泛的应用。

1. 分离原理

亲水作用液相色谱（hydrophilic interaction liquid chromatography，HILIC）是一种多种模式的分配色谱技术。

亲水作用液相色谱使用正相液相色谱的极性固定相（如硅胶柱、酰胺柱、氨基柱、二醇柱等）和反相液相色谱的极性流动相（含70%～90%乙腈-水溶液），分抑含电荷的离子（交换）色谱的极性化合物，它是介于正相液相色谱（NPLC）、反相液相色谱（RPLC）和离子（交换）色谱（IEX）之间的一种液相色谱技术。

HILIC 在分配色谱图谱的位置如图 9-48 所示。

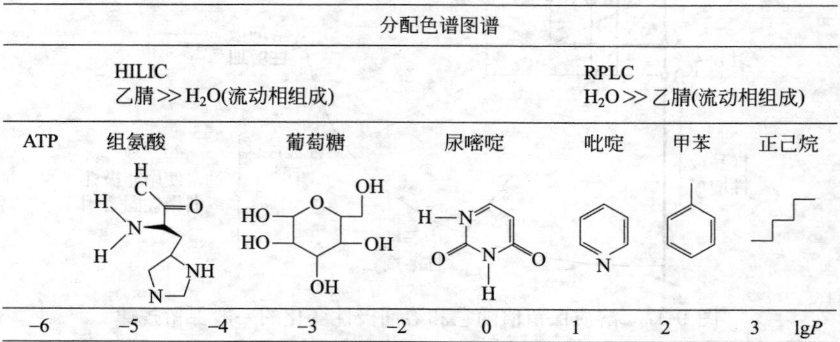

分配色谱图谱						
HILIC 乙腈 ≫ H_2O(流动相组成)				RPLC H_2O ≫ 乙腈(流动相组成)		
ATP	组氨酸	葡萄糖	尿嘧啶	吡啶	甲苯	正己烷

图 9-48　HILIC 技术在分配色谱图谱中的位置
lg$P$＝分析物在正丁醇/水体系分配系数的对数；ATP—腺嘌呤三磷酸苷

在亲水作用液相色谱的分离过程，极性的亲水固定相浸润了含 90% 乙腈和 10% 水的流动相，在亲水固定相表面形成一个富水层，分析物会在固定相表面的富水层和乙腈之间进行分配，并会在分配过程同时存在分析物和亲水固定相之间的静电相互作用，还会发生形成氢键的相互作用。胞嘧啶在 SiO_2 固定相，用含 90% 乙腈水溶液分离时，胞嘧啶在固定相表面富水层的分配，以及与固定相发生的静电相互作用和形成氢键的相互作用，如图 9-49 所示。

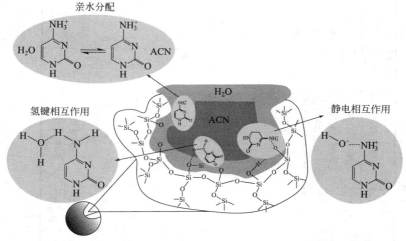

图 9-49　胞嘧啶在亲水作用色谱中与 SiO_2 固定相和乙腈水溶液
流动相产生的亲水分配、静电相互作用和氢键相互作用的示意图

2. 固定相

亲水色谱使用的固定相为带有负电荷的硅胶；硅胶上键合酰胺、天冬酰胺或二醇的中性固定相；硅胶上键合氨基、咪唑、三唑的正电荷固定相和硅胶上键合磺基三甲胺乙内酯或胆碱磷酸的离子型分子筛固定相。

HILIC 固定相的官能团和柱参数见表 9-18。

3. 流动相

流动相中使用的有机溶剂为乙腈、甲醇、乙醇、异丙醇、对二氧六环、丙酮、二甲基甲酰胺（DMF）等。

流动相中使用的缓冲溶液为甲酸-甲酸铵、乙酸-乙酸铵、磷酸盐缓冲溶液。

流动相中使用的改性剂为三氟乙酸（TFA）、三乙胺（TEA）和三羟甲基氨基甲烷（Tris）。

表 9-18 HILIC 固定相的官能团和柱参数

固定相电荷	官能团化学式	柱型号	柱尺寸/(mm×mm)	粒径/μm	孔径/nm	官能团-载体	比表面积/(m²/g)	生产厂商
负电荷	硅胶 $-O-Si-O^-$	Uptisphere Stratege	φ2×250	5	10	超纯球形硅胶	450	Interchim
		Pursuit XRisi	φ2×150	3	—	超纯球形硅胶	—	Varian
		Ascents Express	φ2.1×150	2.7	9	熔融核-表面多孔硅胶	—	Supelco
	酰胺 $R^1\ R^3\ Si\ R^2\ R^4$	TSKgel Amideqo	φ2×250	3	10	氨基甲酰胺-硅胶	300	Tosoh Bio-Sceinces
中性	天冬酰胺							
	二醇	Luna DIOL	φ2×150	3	20	二醇-硅胶	200	Tosoh Sceinces
		Pursuit xRsDiol	φ2×150	3	—	二醇-硅胶	—	Varian

固定相电荷	官能团化学式	柱型号	柱尺寸/mm×mm	粒径/μm	孔径/nm	官能团-载体	比表面积/(m²/g)	生产厂商
正电荷	氨基 —Si⌒⌒NH₂	Polaris NH₂	φ2×150	3	18	氨丙基-硅胶	—	Varian Interchim
	咪唑 —Si⌒⌒N⌒N	Silica Uptispherel	φ2×250	5	12	氨丙基-硅胶	340	Tosoh Bio-Sceinces
		TSK-gel NH₂-100	φ4.6×150	3	10	氨丙基-硅胶	450	Sigma, Aldrich
	三唑 —Si⌒⌒N—NH / N⌒N	Astecap HeraNH₂	φ2.1×150	5	30	聚酰胺-PVA 共聚物	—	Nacatai tesque
		Cosmosil HILIC	φ2×150	5	12	1,2,5-三唑-硅胶	300	
离子型分子筛	磺基三甲胺乙内酯 —Si⌒⌒⁺N⌒⌒SO₄⁻ 胆碱磷酸 —Si⌒⌒O—P(O)(O⁻)—O⌒⌒N⁺	ZIC-HILIC	φ4.6×150	5	20	磺基三甲胺乙内酯-硅胶	140	Merck-Se-quant

519

三、整体柱

在高效液相色谱分析中，如欲在较短的分析时间内获得高柱效，可通过增强色谱柱的渗透性以降低柱压力降，并促进溶质的传质扩散，这可通过使用具有高渗透性的整体色谱柱（monolithic column）来实现。

整体色谱柱不同于微粒填充柱，它是由一整块固体构成的柱子，其由具有相互连接骨架并提供流路通道的有机聚合物或硅胶凝胶整体组成。一个整体柱可具有小尺寸的骨架和大尺寸的流通孔，因而具有大的流通孔尺寸/骨架尺寸的比值，从而缩短了溶质在整体柱的扩散途径，并减小了柱的阻抗因子，因而大大增加了色谱柱的渗透率，这种特性是微粒填充柱不可能具有的。为了形象地理解整体色谱柱，可将它看做是由灌流色谱的一个具有流通孔和扩散孔的流通粒子扩展成为一个整体色谱柱，它们都具有相似的高渗透率。

整体色谱柱柱床可制成具有两种孔径分布的多孔网络型的圆柱棒、具有一定厚度的圆盘片或极薄的功能膜。薄膜可看做具有极端尺寸（它的纵轴极端短）的整体柱，可由许多层的薄膜叠加制成整体柱。图 9-50 为由多层薄膜制作的整体柱床、具有网络结构的整体柱床与微粒填充柱床在流动相通过时的孔隙结构示意图。

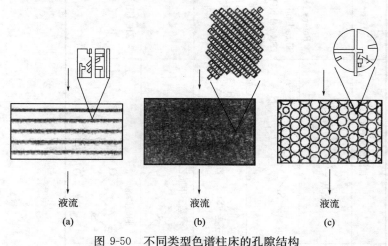

图 9-50　不同类型色谱柱床的孔隙结构
(a) 多层功能薄膜（或圆盘片）叠加整体柱床；
(b) 多孔网络结构圆柱整体柱床；(c) 微粒填充柱床

1. 硅胶凝胶整体柱

硅胶凝胶整体柱是用溶胶-凝胶法制备的。它使用四甲氧基硅烷［Si（OCH₃）₄，TMOS］或四乙氧基硅烷［Si（OC₂H₅）₄，TEOS］作原料，在醇、水存在下，加入强酸保持 pH = 2~3，使 TMOS（或 TEOS）发生水解反应和缩聚反应，使 SiO₂ 相分离析出，形成溶胶，再经过转化形成凝胶，待陈化和溶剂交换其整体流动性丧失后，将其干燥和热处理使其固化，再经表面改性（如烷基化等）制成。

最后用聚四氟乙烯（PTFE）或工程塑料聚醚醚酮（PEEK）包覆（或预浇铸柱管中）以供使用。此过程也可在熔融硅毛细管柱中直接制成毛细管整体柱，而用于微柱液相色谱分析。上述制备过程如图9-51所示。

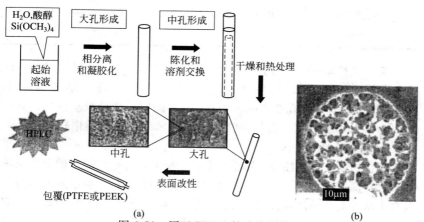

图 9-51　用于 HPLC 的硅胶整体柱
（a）整体柱的制备过程；（b）10μm 内径整体毛细管柱的截面图

与常规微粒填充柱比较，由硅胶凝胶制成的整体柱，具有连续多孔网状结构和流通孔尺寸/骨架尺寸的高比值，它具有相对大的流路通道，导致柱压力降减小至具有相似柱效的微粒填充柱的 1/10。当使用常规 HPLC 设备，在高线速下，柱效将增加 10 倍。

2010 年后第二代硅胶整体柱已经出现，它们不仅可以分离大分子，也解决了对小分子的分析问题。第一代硅胶整体柱（Chromolith）和第二代硅胶整体柱（Chromolith HR）的物理和化学性能比较，见表9-19。

表 9-19　第一代和第二代硅胶整体柱的性能比较

类型　　　　　性能	Chromolith（第一代）	Chromolith HR（第二代）
硅胶的类型	高纯	高纯
大孔尺寸	$1.8\sim2.0\mu m$	$1.1\sim1.2\mu m$
中孔尺寸	$11\sim12nm$	$14\sim16nm$
中孔体积	$1.0mL/g$	$1.0mL/g$
总孔体积	$3.5mL/g$	$2.9mL/g$
比表面积	$320m^2/g$	$250m^2/g$
表面改性	RP-C_{18}包覆	RP-C_{18}包覆
碳含量	18%	18%

第二代整体柱的结构更加均匀，对具有大孔 $1.0\mu m$、中孔 $14nm$ 的第二代硅胶整体柱，其柱效可达 185000 板/m，理论塔板高度约 $5.4\mu m$。而对具有大孔 $2.0\mu m$、中孔 $10nm$ 的第一代硅胶整体柱，其柱效仅为 10800 板/m（它们都装填在 $100mm\times4.6mm$ 的色谱柱中）。

2. 聚合物凝胶整体柱

聚合物凝胶整体柱通常用原位聚合法制备，可把配制好的有机物单体、致孔剂和引发剂、溶剂等混合物装入空的色谱柱，由引发剂分解形成自由基并引发单体聚合成单分散的核，再经连续的聚合成微球，引起凝聚形成聚集体，而在色谱柱中形成棒状的整体结构。

整体柱中聚集体具有微米尺寸的骨架，骨架具有大孔和微孔的双孔结构，构成骨架的是聚合物的微粒。这些大孔和小孔的总和就是整体柱的总孔度，一般可达 60%～70%，显然总孔度太大，整体柱就不可能具有足够的机械强度，这也是导致整体柱柱效低的原因。

构成聚合物整体柱的有机单体分为以下几类：

（1）丙烯酰胺类　Hjerten 等对此类整体柱进行了系统的研究，先后制成多种 组成的整体柱，如丙烯酰胺、哌嗪二丙烯酰胺和乙烯基磺酸；N,N'-亚甲基二丙烯 酰胺和丙烯酸；丙烯酰胺、N,N'-亚甲基二丙烯酰胺和 2-丙烯酰胺-2-甲基-1-丙磺酸；N,N'-亚甲基二丙烯酰胺和 N-烷基甲胺等。

此类整体柱都可制成常规液相色谱柱或毛细管液相色谱柱,有些已用于微柱液相色谱和毛细管电色谱。此类商品整体柱,其型号以 Uno 命名。

(2) 丙烯酸酯类　其组成可为:甲基丙烯酸丁酯、二甲基丙烯酸乙烯酯和 2-丙烯酰胺-2-甲基-1-丙磺酸;甲基丙烯酸甘油酯和二甲基丙烯酸乙烯酯等。

此类整体柱制备中,可通过调节三元致孔剂(水、1-丙醇和 1,4-丁二醇)的比例获得 250～1300nm 的流通孔,并具有在 pH = 2～12范围内的稳定性。

(3) 苯乙烯类　苯乙烯是制作高聚物微球的主体材料,它与二乙烯基苯、氯甲基苯乙烯等活性单体共聚可制成具有大孔网状结构、在极端 pH(1～14)下稳定的反相整体柱,可用甲醇、甲苯等溶剂做致孔剂以调节流通孔的尺寸。

聚合物整体柱可用于 HPLC 的高效分离,由于它具有大的流通孔尺寸/骨架尺寸的比值,骨架虽小仍有一定刚性,它可高效、快速地分离生物大分子,但用于有机小分子的分离却呈现低的分离效率。这是由于骨架中存在的微孔,使小分子产生慢的质量传递而降低了柱效。

第二代聚合物整体的重要改进是使其能对小分子有机物进行分析,为此多采用改变聚合物的生成条件,增加整体柱中孔和小孔的比例,如提高聚合温度,缩短聚合时间,使用金纳米粒子、碳纳米管进行超交联(hyper-crosslinke),增加比表面积,现在生产的第二代聚合物整体柱的柱效已达 80000～100000 板/m,比第一代整体柱的柱效提高了 2～3 倍。

3. 整体柱与微粒填充柱、开管柱的柱性能比较

在高效液相色谱分析中,为表征整体柱的特性,表 9-20 中对各种类型的整体柱与微粒填充柱、开管柱的柱效性能做了比较。

表 9-20　整体柱与微粒填充柱、开管柱的柱性能比较

柱类型	粒径 $d_p/\mu m$	理论塔板数 $n/($板$/m)$	柱压力降 $\Delta p/MPa$	柱长 L/cm	死时间 t_M/s
硅胶微粒柱	2.0	10 000	2.0①	5	50
硅胶微粒柱	5.0	14 000	3.3①	15	150
硅胶键合相微粒柱	6.0	14 000		23	300

柱类型	粒径 $d_p/\mu m$	理论塔板数 $n/$（板/m）	柱压力降 $\Delta p/MPa$	柱长 L/cm	死时间 t_M/s
聚丙烯酰胺型整体柱	—	19 000	5.6②	12.5	180
聚苯乙烯型整体柱	—	18 000		27	540
常规棒状硅胶整体柱（2.2μm流通孔，1.7μm骨架）	1.8	12 000	0.7①	8.3	80
毛细管硅胶整体柱（8μm流通孔，2.2μm骨架）	2.2	100 000	0.4③	130	1500
开管柱	—	200 000	2.0④	134	200
UHPLC⑥硅胶微粒柱	1.0	125 000	230⑤	20	120

①甲醇-水（80∶20）；②100%甲醇；③乙腈-水（80∶20）；④乙腈-水（40∶60）；⑤乙腈-水（10∶90）；⑥UHPLC为超高压液相色谱。

整体色谱柱的优点为：

（1）具有高的流通孔尺寸/骨架尺寸的比值和良好的渗透率，可实现高效、快速分析。

（2）易于制备，不必进行匀浆填充操作，柱末端不必使用过滤垫片。

（3）固定相的改性和功能化可在一次聚合或浇铸过程完成。

整体色谱柱的缺点表现为：

（1）聚合物整体柱与有机溶剂接触会产生溶胀现象，多次变更流动相会发生棒状整体柱从柱管内壁脱落。

（2）硅胶整体柱制备中最困难的是用 PTFE 或 PEEK 材料包覆硅胶棒，其与柱管材料的密合有一定的难度。

（3）整体柱制备的重复性较差，如对硅胶整体柱其柱压力降的变化可达 ±10%，理论塔板高度的变化可达±15%。

由此可见整体柱并不是最高级的柱子，但它给出了一个随柱填料粒径的减小，伴随产生高柱压力降使用限度时的解决方案；使用现代液相色谱仪器，用简单的压力驱动，就可实现优于微粒填充柱的高效、快速分离。它的制备方法不仅可用于制备常规 LC 柱、毛细管柱，还可应用到制备多通道芯片色谱。

第四节　基本理论

一、表征色谱柱性能的重要参数

在高效液相色谱分析中使用的色谱柱具有以下特征：

① 固定相使用全多孔的、粒径 $2\sim10\mu m$ 的填料。

② 色谱柱具有较小的内径（$2\sim5mm$）、短的柱长（$10\sim15cm$）和高入口压力（$10\sim100MPa$）。

③ 色谱柱具有高柱效〔理论塔板数达 $2\times(10^4\sim10^5)$ 块/m〕。

对这种具有高分离性能的色谱柱，色谱柱的填充情况常用色谱柱的总孔率、柱压力降和柱渗透率来表征。

1. 总孔率

总孔率指被固定相填充后的色谱柱在横截面上可供流动相通过的孔隙率，用 ε_T 表示

$$\varepsilon_T = \frac{F}{u\pi r^2} = \frac{Ft_M}{L\pi r^2} = \frac{Ft_M}{V}$$

式中　V——色谱柱的空体积，cm^3；

L——柱长，cm；

F——流动相的体积流速，cm^3/s；

u——流动相的线速度 $\left(u=\dfrac{L}{t_M}\right)$，cm/s；

r——柱内径（半径），cm；

t_M——柱的死时间。

ε_T 表达了色谱柱填料的多孔性能，当使用全多孔硅胶固定相时，ε_T 约为 0.85。使用非多孔的玻璃微珠固定相时，ε_T 约为 0.40，此值可认为是柱中颗粒之间的孔率，用 ε 表示。

2. 柱压力降

柱压力降用 Δp 表示。

$$\Delta p = \frac{\varphi\eta Lu}{d_p^2} = \frac{\eta Lu}{k_0 d_p^2}$$

式中，φ 是色谱柱的阻抗因子；η 是流动相的黏度；L 是色谱柱长；u 是流动相的线速度；d_p 是固定相颗粒直径；k_0 是色谱柱的比渗透系数。

k_0 与 φ 和 ε 有关：

$$k_0 = \frac{1}{\varphi} = \frac{\varepsilon^3}{180(1-\varepsilon)^2}$$

3. 柱渗透率

柱渗透率用 K_F 表示

$$K_F = k_0 d_p^2 = \frac{\eta L u}{\Delta p}$$

K_F 值大，表明柱阻力小，柱渗透性好，流动相易于通过色谱柱。

二、速率理论（范第姆特方程式）

在高效液相色谱分析中，溶质被液体流动相载带通过色谱柱时，引起色谱峰形扩展的因素和气相色谱过程完全相似，即存在涡流扩散、分子扩散和传质阻力三方面因素的影响。但液体流动相的密度和黏度都大大高于气体流动相，而其扩散系数（$10^{-5}\,cm^2/s$）远远小于气体流动相（$10^{-1}\,cm^2/s$），因此由分子扩散引起的峰形扩展较小，可以忽略。另外由于使用了全多孔固定相，不仅存在固定相和流动相的传质阻力，还存在滞留在固定相孔穴中的滞留流动相的传质阻力，因此在高效液相色谱中，上述诸因素提供对理论塔板高度的贡献可表示为

$$H = H_E + H_L + H_S + H_{MM} + H_{SM}$$

涡流　　分子　固定相　流动　　滞留
扩散　　扩散　　　　流动相　流动相

传质阻力

高效液相色谱的范第姆特方程中的各项表述如下：

1. 涡流扩散项 H_E

它相似于气相色谱中的表达式

$$H_E = A = 2\lambda d_p$$

式中，λ 为填充不均匀因子；d_p 为填充固定相的平均粒径。

2. 分子扩散项 H_L

它也相似于气相色谱中的表达式

$$H_L = \frac{B}{u} = \frac{2rD_M}{u}$$

式中，r 为柱中填料间的弯曲因子（$r \approx 0.6$）；D_M 为溶质在液体流动相中的扩散系数，$D_M \approx 10^{-5}\,cm^2/s$；$u$ 为液体流动相在填充柱中的平均线速，cm/s。

由于 D_M 数值很小，因此 H_L 项对总板高的贡献也很小，在大多数

情况下可假设 $H_L \approx 0$，此点也是在高效液相色谱分析中，注入样品呈现点进样，而存在无限直径效应的根本原因。

3. 固定相的传质阻力项 H_S

溶质分子从液体流动相转移进入固定相和从固定相移出重新进入液体流动相的过程，会引起色谱峰形的明显扩展（图9-52）。

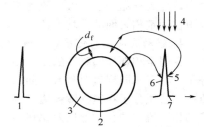

图 9-52　固定相的传质阻力引起的色谱峰形的扩展
1—进样后起始峰形；2—载体；3—固定液（液膜厚度为 d_f）；4—液体流动相；5—溶解在固定液表面的溶质分子到达峰的前沿；6—溶解在固定液内部的溶质分子到达峰的后尾；7—样品移出色谱柱时的峰形

在流动相中溶质分子的迁移速度依赖于它在液液色谱的液相固定液中的溶解和扩散，或依赖于它在液固色谱的固相吸附剂上的吸附和解吸。对液液色谱，溶解进入固定液层深处的溶质分子扩散离开固定液时，已落在另一些已随流动相向前运行的大部分溶质分子之后。对液固色谱，溶质分子被吸附在吸附剂的活性作用点上后，它再从表面解吸会有较大的阻力，当它最后解吸时必然会落在已随流动相向前运行的大部分溶质分子之后。在上述过程中流动相的流速总是大于溶质样品谱带的平均迁移速度。当载体上涂布的固定液液膜很薄（薄壳型）、载体无吸附效应或吸附剂固相表面具有均匀的物理吸附作用时，都可减少谱带扩展。

固定相的传质阻力对板高的贡献，对液液色谱可表示为

$$H_S = q\frac{k}{(1+k)^2} \times \frac{d_f^2}{D_1}u$$

式中　q——常数$\left(对均匀液膜, q=\dfrac{2}{3}; 对大孔固定相, q=\dfrac{1}{2}、对球形非多$

孔固定相, $q=\dfrac{1}{30}\Big)$；

k——容量因子；

d_f——固定液液膜厚度；

D_1——溶质在固定液中的扩散系数，cm^2/s；

u——液体流动相在柱中的平均线速，cm/s。

对液固色谱可表示为

$$H_S = 2t_a \left(\frac{k}{1+k}\right)^2 u = 2t_d \frac{k}{(1+k)^2} u$$

式中，t_a 为样品分子在液体流动相中的平均停留时间；t_d 为样品分子被吸附在固定相表面的平均停留时间；k、u 同前。

4. 移动流动相的传质阻力项 H_{MM}

在固定相颗粒间移动的流动相分子，处于不同层流时具有不同的流速，溶质分子在紧挨颗粒边缘的流动相层流中的移动速度要比在中心层流中的移动速度慢，而引起峰形扩展。与此同时，也会有些溶质分子从移动快的层流向移动慢的层流扩散（径向扩散），会使不同层流中的溶质分子的移动速度趋于一致而减少峰形扩展（图 9-53）。

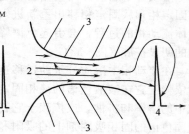

图 9-53　移动流动相的传质阻力引起的色谱峰形的扩展
1—进样后的起始峰形；2—移动流动相在固定相颗粒间构成的层流；3—固定相基体；4—样品移出色谱柱时的峰形

移动流动相的传质阻力对板高的贡献可表示为

$$H_{MM} = \Omega \frac{d_p^2}{D_M} u$$

式中，Ω 为色谱柱的填充因子，对短的、内径粗的柱子，Ω 数值较小；d_p 为固定相的平均粒径；D_M、u 同前。

5. 滞留流动相的传质阻力项 H_{SM}

柱中装填的无定形或球形全多孔固定相的颗粒内部的孔洞充满滞留流动相，溶质分子在滞留流动相中的扩散会产生传质阻力。对仅扩散到孔洞中滞留流动相表层的溶质分子，其仅需移动很短的距离，就能很快地返回到颗粒间流动相的主流路中。而扩散到孔洞中滞留流动相较深处的溶质分子，就会消耗更多的时间停留在孔洞中，当其返回到主流路中时必然伴随谱带的扩展（图 9-54）。

滞留流动相的传质阻力对板高的贡献可表示为

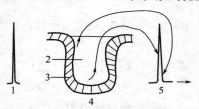

图 9-54　滞留流动相的传质阻力引起的色谱峰形的扩展
1—进样后的起始峰形；2—滞留流动相；3—固定液膜；4—固定相基体；5—样品移出色谱柱时的峰形

$$H_{\text{SM}} = \frac{(1-\varphi+k)^2}{30(1-\varphi)(1+k)^2} \times$$

$$\frac{d_{\text{p}}^2}{r_0 D_{\text{M}}} u$$

式中，φ 为孔洞中滞留流动相在总流动相中占有的百分数；r_0 为颗粒内部孔洞的弯曲因子；k、d_{p}、D_{M}、u 同前。

在高效液相色谱中（对液液色谱），范第姆特方程的完整表达式为

$$H = 2\lambda d_{\text{p}} + \frac{2rD_{\text{M}}}{u} + q\,\frac{k}{(1+k)^2} \times \frac{d_{\text{f}}^2}{D_1} u + \Omega\,\frac{d_{\text{p}}^2}{D_{\text{M}}} u$$

$$+ \frac{(1-\varphi+k)^2}{30(1-\varphi)(1+k)^2} \times \frac{d_{\text{p}}^2}{r_0 D_{\text{M}}} u$$

它的简化表达式为

$$H = A + \frac{B}{u} + Cu$$

将 H 对 u 作图，也可绘出和气相色谱相似的曲线，但与气相色谱的 H-u 曲线具有明显的不同点。

在高效液相色谱中，由于使用了全多孔微粒固定相，以及液体流动相的扩散系数很低，使其 H-u 曲线与气相色谱的 H-u 曲线显著不同，见图 9-55。主要表现为与曲线最低点对应的 $H_{\min}$ 和 u_{opt} 的数值都很小，说明分子扩散引起谱带展宽是可忽略的，而影响谱带展宽的主要因素是涡流扩散和传质阻力。由低的 $H_{\min}$ 值可看出 HPLC 色谱柱比 GC 的填充柱具有更高的柱效。由低的 u_{opt} 值可看出 H-u 曲线有平稳的斜率，表明在采用高的流动相流速时，柱效无明显的损失。这也为 HPLC 的快速分离奠定了基础。

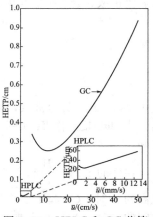

图 9-55　HPLC 和 GC 范第姆特曲线的比较

三、诺克斯方程式

在高效液相色谱中，用不同粒度的固定相装填色谱柱时，柱效差异很大。为了便于比较不同粒度固定相所填充的色谱柱的性能，诺克斯（J. H. Knox）提出了半经验方程，并应用了折合柱长（λ）、折合塔板

高度（h）、折合线速（v）、折合柱径（ξ）的新概念：

折合柱长 $\quad \lambda = \dfrac{L}{d_{\mathrm{p}}}$

折合塔板高度 $\quad h = \dfrac{H}{d_{\mathrm{p}}}$

折合线速 $\quad v = \dfrac{u d_{\mathrm{p}}}{D_{\mathrm{m}}}$

折合柱径 $\quad \xi = \dfrac{d_{\mathrm{c}}}{d_{\mathrm{p}}}$

式中，L 为柱长；d_{p} 为固定相粒度；H 为理论塔板高度；u 为流动相的线速；D_{m} 为溶质在流动相中的扩散系数；d_{c} 为柱内径。

上述四个概念十分重要，它们提供了可用统一的参数来比较由不同粒度固定相所填充的色谱柱的性能。诺克斯在上述四个概念的基础上，提出了和范第姆特相似的诺克斯方程式，指出色谱柱的折合塔板高度是由涡流扩散、分子扩散和传质阻力三方面因素提供的：

$$h = h_{\mathrm{f}} + h_{\mathrm{d}} + h_{\mathrm{m}}$$

涡流 分子 传质
扩散 扩散 阻力

$$h = A v^{1/3} + \dfrac{B}{v} + Cv$$

式中，A、B、C 为常数，取对数后，由 $\lg h\text{-}\lg v$ 作图（图 9-56）可知：

在低的 v 时，$\dfrac{B}{v}$ 起主要作用；在高的 v 时，Cv 起主要作用；在中间的 v 时，$A v^{1/3}$ 起主要作用。

由诺克斯方程式绘制 $h\text{-}v$ 曲线（图 9-57），可方便地比较出由不同粒度固定相填充的色谱柱性能的差异，并由此判断柱性能的优劣。

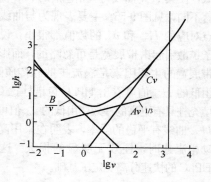

图 9-56　$\lg h\text{-}\lg v$ 曲线

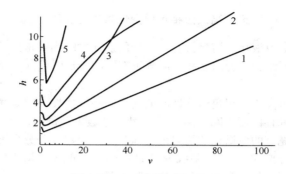

图 9-57　$h\text{-}v$ 曲线（$B=1.5$）

1—$A=1$，$C=0.01$；2—$A=1$，$C=0.03$；3—$A=1$，$C=0.1$；
4—$A=2$，$C=0.03$；5—$A=4$，$C=0.03$

四、HPLC 的柱外效应

柱外效应（extra-column effect）系指由色谱柱以外的因素，引起的色谱峰形扩展的效应。柱外因素常指从进样口到检测池之间，除色谱柱以外的所有死空间，如进样器（I）、连接管（C）、检测器（D）等的死体积，都会导致色谱峰形加宽、柱效下降，总的柱外效应（OC）引起峰形扩展所提供的方差应为各个独立影响因素提供的方差之和：

$$\sigma^2_{(OC)} = \sigma^2_{(I)} + \sigma^2_{(C)} + \sigma^2_{(D)}$$

柱外效应通常是由进样器到柱子和柱子到检测器之间的连接管路引起的，当使用连接管内径愈小时，HPLC 仪器引起谱带扩展的方差愈小。

柱外效应存在的直观标志，可由 k' 值小的组分（如 $k'<3$）的峰形拖尾或峰宽增加而呈现出来。也可通过绘制 $H\text{-}u$ 曲线看出，k' 值小的组分的 $H\text{-}u$ 曲线形状与 k' 值大的组分明显不同。此外非保留峰的理论塔板高度大于保留峰时也是存在柱外效应的一个标志。通常柱外效应对 k' 值较大的组分影响并不明显，但当使用微填充柱或毛细管柱或柱效越高时，柱外效应的影响也越显著。

对常规 HPLC 仪器（40MPa），其柱外效应引起峰形扩展的方差为 $50\sim1000\mu L^2$；对快速 HPLC 仪器（60MPa），其柱外效应引起峰形扩展的方差为 $10\sim50\mu L^2$；对超高效（或超高压）HPLC 仪器（110~150MPa），其柱外效应引起峰形扩展的方差仅为 $1\sim10\mu L^2$。

五、高效液相色谱操作条件的优化

在进行高效液相色谱分析时，一个色谱分离的优劣是由色谱柱的柱容量、被分析组分的分离度和完成分析需要的分析时间这三个重要特性来评价的。

在色谱分离中一根色谱柱性能的优劣，是由柱长（L）、填充固定相粒径（d_p）和柱的压力降（Δp）三个性能参数来评价的。

通常填充好的色谱柱的柱容量是确定的，相邻组分分离度也是确定的（如完全分离 $R=1.5$，基线分离 $R=1.0$）。分离度 R 不仅可由色谱图获得的数据进行计算，也和下述参数有关：

$$R=\frac{\sqrt{n}}{4}\times\frac{r_{2/1}-1}{r_{2/1}}\times\frac{k}{1+k}$$

式中，n 为理论塔板数；$r_{2/1}$ 为两相邻组分的相对保留值；k 为容量因子。

因此在色谱分析中，在柱容量恒定、保证完全分离的条件下，如何缩短分析时间，就成为优化色谱分析的重要指标。任何一个组分的保留时间可按下述各式进行计算：

$$t_R=t_M+t_R'=t_M(1+k)=\frac{L}{u}(1+k)=\frac{nH}{u}(1+k) \tag{9-1}$$

$$t_R=16R^2\left(\frac{r_{2/1}}{r_{2/1}-1}\right)^2\times\frac{(1+k)^3}{k^2}\times\frac{H}{u} \tag{9-2}$$

$$t_R=\frac{\eta L^2}{K_0 d_p^2 \Delta p}(1+k) \tag{9-3}$$

式（9-1）为保留时间定义式；式（9-2）表明保留时间为多种保留参数和动力学参数的函数；式（9-3）表明保留时间是三个柱性能参数的函数。

在 20 世纪 80 年代末实现 HPLC 操作条件的优化，就是要在保证高柱效（$n=5000$）的前提下，在最短的分析时间内（$t_R=30\text{min}$）实现多组分完全分离（$R=1.5$）时，确定所必需的最佳的柱性能参数。即柱长 $L=10\sim20\text{cm}$；$d_p=5\sim10\mu m$；$\Delta p=5\sim10\text{MPa}$ 时，可获得最佳的分析结果。

在 20 世纪 90 年代，高效液相色谱开始使用更小粒度的 $d_p=3.5\mu m$ 的固定相，2000 年报道了使用粒度 $d_p=2.5\mu m$ 的固定相。由于高压输液泵提供压力的限制，实现了仅用色谱柱长为 $3\sim5\text{cm}$ 的快速分析。最近十几年，亚 $2\mu m$ 固定相的研发和应用，使得超高效液相色谱得以迅速发展。

六、超高效液相色谱

1. 超高效液相色谱的理论基础

在高效液相色谱的速率理论中，范第姆特方程式的简化表达式：

$$H = A + \frac{B}{u} + Cu$$

如果仅考虑固定相的粒度 d_p 对 H 的影响，其简化方程式可表达为：

$$H = ad_p + \frac{b}{u} + Cd_p^2 u$$

对由粒度 d_p 分别为 $10\mu m$、$5\mu m$、$3.5\mu m$、$2.5\mu m$ 和 $1.7\mu m$ 固定相填充的色谱柱，对同一实验溶质测定的范第姆特方程式的 $H\text{-}u$ 曲线如图 9-58 所示。

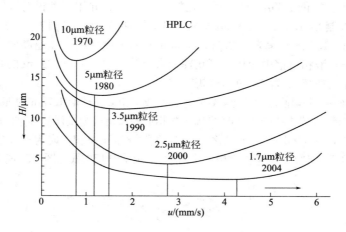

图 9-58 对应不同粒度 d_p 的 $H\text{-}u$ 曲线

这些曲线表达了 HPLC 技术从 20 世纪 70 年代至 2004 年所取得的快速进展。随色谱柱中装填固定相粒度 d_p 的减小，色谱柱的 H 越小，色谱柱的柱效也越高。因此，色谱柱中装填固定相的粒度是对色谱柱性能产生影响的最重要因素。

具有不同粒度固定相的色谱柱，都对应各自最佳的流动相的线速度，在图 9-58 中，不同粒度的范第姆特曲线对应的最佳线速度为

$d_p/\mu m$	10	5	3.5	2.5	1.7
$u/(mm/s)$	0.79	1.20	1.47	2.78	4.32

由上述数据表明，随色谱柱中固定相粒度的减小，最佳线速度向高流速方向移动，并且有更宽的优化线速度范围。因此，降低色谱柱中固定相的粒度，不仅可以增加柱效，同时还可增加分离速度。

但是，应当看到在使用小颗粒的固定相时，会使 Δp 大大增加，使用更高的流速会受到固定相的机械强度和色谱仪系统耐压性能的限制。然而，只要使用很小粒度的固定相，只有当达到最佳线速度时，它具有的高柱效和快速分离的特点才能显现出来。

因此要实现超高效液相色谱分析，必须制备出装填 $d_p < 2\mu m$ 固定相的色谱柱。

2. 超高效液相色谱固定相

随着表面多孔粒子的快速发展，其微型化也在迅速实现。市场上2009年已提供 $1.7\mu m$ 的表面多孔粒子（SPP），并用于肽的分离。2013年又研制出 $1.3\mu m$ 和 $1.6\mu m$ 的 SPP，这些亚-$2\mu m$ 的粒子（$1.3\mu m$、$1.6\mu m$、$1.7\mu m$）填充在 $2.1mm \times 50mm$ 的色谱柱中，在超高效（或称超高压）液相色谱中操作，可获理论塔板数起过 400000 板/m 的特高柱效，并已在超高效液相色谱分析中应用。

Waters 公司使用"杂化颗粒技术"制成了全多孔球形 $1.7\mu m$ 的 UPLC 反相固定相，它保持与传统 HPLC 固定相相似的保留行为及样品容量，耐压超过 140MPa（20000psi），还优化了填料的孔径和孔体积，成为商品牌号为 ACQUITY UPLC™ 新型固定相，其立体结构和杂化反应式如图9-59所示。

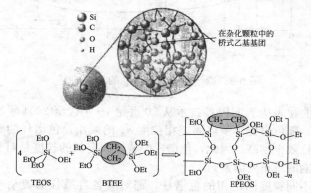

图 9-59 ACQUITY UPLC™基本的立体结构和杂化反应式

3. 超高效液相色谱仪器

要实现超高效液相色谱分析,UPLC 仪器除必须装备 $d_p < 2\mu m$ 固定相的色谱柱外,还需提供高压溶剂输送单元、低死体积的色谱系统、高速检测器、低扩散、低交叉污染的自动进样器以及高速数据采集、控制系统。

Waters 公司的 ACQUITY UPLC 系统很好地实现了上述要求,与传统的 HPLC 比较,UPLC 的分析速度是 HPLC 的 $5 \sim 9$ 倍,检测灵敏度是 3 倍(分离度保持相同时),分离度是 1.7 倍,UPLC 系统已在生化分析领域获得越来越多的应用。

由于使用了优化的总体设计,ACQUITY UPLC 系统实现了样品的高效、快速分析,图 9-60 为对同一样品,使用 HPLC 和 UPLC 进行分析获得的谱图,由谱图比较可明显看到 UPLC 在解决组成复杂样品分析的优越性,它具有的高效、快速和高灵敏,可大大提高分析工作效率。

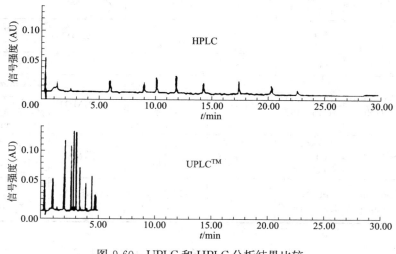

图 9-60　UPLC 和 HPLC 分析结果比较

UPLC 除具有上述优点外,还可通过电喷雾离子化接口与质谱仪连接,实现 LC-MS 联用或 LC-MS/MS 联用,并能解决复杂的生物样品的分析问题。

由前述对 UPLC 的简介中可以看到,正是当许多色谱工作者触及传统 HPLC 的分离极限时,UPLC 却冲破 HPLC 的壁垒,使液相色谱的分离能力获得进一步的延伸和扩展。UPLC 比 HPLC 提供了更高的柱效、分离度、灵敏度和更快的分析速度，从而为每次分析提供更多的信息，并大大提高色谱分析实验室的工作效率和分析质量。

随着 UPLC 技术的快速发展，现已有多家厂商生产此类仪器，可参见表 9-21。

表 9-21　UPLC 仪器性能比较

厂商名称	仪器型号	柱固定相特性	色谱系统压力	配备的检测器	柱尺寸
Waters	ACQUITY UPLC™	ACQUITY UPLC($1.7\mu m$)	140MPa (20000psi)	UVD, PDA, ELSD	$\phi 2.1mm$ $\times 100mm$
Thermo-Fisher Scientific	UltiMate® 3000	Hypersil Gold ($1.9\mu m$)	125MPa (18130psi)	PDA	$\phi 2.1mm$ $\times 100mm$
	Vanquish	Hypersil Gold ($1.7\mu m$)	150 MPa	PDA, MSD	$\phi 2.1mm$ $\times 100mm$
Agilent	1290 infinity Ⅱ		80MPa, 120MPa	PDA, MSD	
JASCO	X-LC™	C_{18}($1.8\mu m$)	105MPa (15000psi)	UVD, PDA, FLD	$\phi 2.1mm$ $\times 50mm$
	LC-4000				
CVC Micro Tech	NAno XPLC Micro HPLC	C_{18}($1.7\mu m$)	140MPa (20000psi)	UVD, MSD	$\phi 0.05mm$ $\times 100cm$ $\phi 0.025mm$ $\times 100cm$
Shimadzu	Nexera-i UHPLC LC-30A	C_{18}($1.9\mu m$)	130MPa (19000psi)	UVD, MSD	$\phi 2.1mm$ $\times 100mm$
Perkin -Elmer	PE Altus FX-15 UHPLC	C_{18}($1.8\mu m$)	120MPa (18000psi)	UVD, PDA, RID	

第五节　高效液相色谱法的实验技术

当进行高效液相色谱分析时，为获得理想的分离效果，保持较低的柱压力降，准确控制流动相的流量，防止微米数量级的机械杂质阻塞流路是实验操作中的关键，为此分析工作者应掌握以下实验技术：溶剂的纯化技术；色谱柱的填充技术；色谱柱的再生技术；梯度洗脱技术；对柱前、后的衍生化技术；样品的预处理技术，请参阅有关专著。

一、溶剂的纯化技术

在高效液相色谱分析中，正相色谱以己烷作为流动相主体，二氯甲烷、氯仿、乙醚作为改性剂；反相色谱以水作为流动相主体，以甲醇、乙腈、四氢呋喃作为改性剂。通常使用分析纯、优级纯试剂，可以满足高效液相色谱分析的要求，但为了防止微粒杂质堵塞流路或柱入口垫片，流动相都需用 G_4 微孔玻璃漏斗过滤，或（最好）用 $0.45\mu m$ 的微孔滤膜过滤后再使用。

正相色谱中使用的己烷、二氯甲烷、氯仿、乙醚中经常含微量的水分，其会改变液固色谱柱的分离性能，使用前应用球形分子筛柱脱去微量水分。

反相色谱中使用的甲醇、乙腈、四氢呋喃不必脱除微量水，但此时作为流动相主体的水，应使用高纯水或二次蒸馏水。甲醇、乙腈、四氢呋喃使用前最好经硅胶柱净化，除去具有紫外吸收的杂质，特别是乙腈纯度低时会对 UVD 产生严重干扰。四氢呋喃中含抗氧剂，且长期放置会产生易爆的过氧化物，使用前应用 100g/L KI 溶液检验有无过氧化物（若有会生成黄色 I_2），最好使用新蒸馏出的四氢呋喃。

此外卤代烃中的杂质，如氯仿中可能会生成光气，二氯甲烷中含有氯化氢，都会对分离产生不良影响。

用作流动相的各种溶剂经纯化处理后，在储液罐中还必须经过超声或真空脱气，才能使用。

二、色谱柱的装填

填充色谱柱的方法，根据固定相微粒的大小有干法和湿法两种。微粒大于 $20\mu m$ 的可用干法填充，要边填充边敲打和振动，要填得均匀扎实。直径 $10\mu m$ 以下的柱，不能用干法填充，必须采用湿法。

湿法装柱又称等密度匀浆装填法。此法常用对二氧六环和四氯化碳，或四氯乙烯和四溴乙烷等溶剂，按待用固定相的密度不同，采用不同的溶剂比例，配成密度与固定相相似的混合液为匀浆剂。如对硅胶固定相，可使用由四溴乙烷（20 份）、对二氧六环（15 份）、四氯化碳（15 份），或由四溴甲烷（60.6%）与四氯乙烯（39.4%）组成的匀浆剂。对氧化铝固定相，可使用由四溴乙烷（9 份）、对二氧六环（1 份）组成的匀浆剂。然后用匀浆剂把固定相调成均匀的、无明显结块的半透

明匀浆，脱气后装入匀浆罐中。开
动高压泵，打开放空阀，待顶替液
从放空阀出口流出时，即关闭阀
门，调节高压泵，使压力达到
30～50MPa 打开三通阀，顶替液
便迅速将匀浆顶入色谱柱中，匀浆
剂、顶替液通过柱下端的筛板，流
入废液缸。如图 9-61。当压力下降
到10～20MPa 时，说明匀浆液已
被顶替液置换，柱子已装填完毕。
但不能马上关掉高压泵，需要逐渐

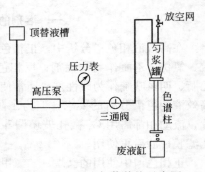

图 9-61　湿法匀浆装柱示意图

降低压力，匀速降至常压后停泵，卸下柱子，装在进样器上即可。

　　所用匀浆剂及顶替液应根据固定相的性质选定，并进行脱水处理。
一般情况，硅胶、正相键合固定相用己烷作顶替液，反相键合相、离子
交换树脂用甲醇、丙酮作顶替液。

　　干法装柱与气相色谱法相似：在柱子的一端接上一个小漏斗，另一
端装上筛板，保持垂直，分多次将固定相倒入漏斗装入柱中，并轻敲管
柱直至填满为止；除去漏斗，再轻顿柱子数分钟，至确认已装满，然后
装好筛板，接上高压泵，在高于使用的柱压下，用载液冲洗半小时，以
逐去空气。

　　在匀浆装填法中常用作匀浆剂的一些溶剂的密度和黏度如表 9-22
所示。

　　色谱柱填充后，应做出柱性能评价，评价的方法是测定色谱柱的理
论塔板数 n、色谱峰的不对称因子 A_s 和柱压力降 Δp，并用有代表性的
样品绘出相应的分离谱图。

表 9-22　作为匀浆剂的一些溶剂的性质

溶剂名称	密度 /(g/mL)	黏度 (20℃) /mPa·s	溶剂名称	密度 /(g/mL)	黏度 (20℃) /mPa·s
异辛烷	0.7	0.5	环己烷	0.8	1.0
正庚烷	0.7	0.4	乙醇	0.8	1.2
甲醇	0.8	0.6	正丙醇	0.8	2.3

溶剂名称	密度/(g/mL)	黏度(20℃)/mPa·s	溶剂名称	密度/(g/mL)	黏度(20℃)/mPa·s
正丁醇	0.8	3.0	氯仿	1.5	0.6
四氢呋喃	0.9	0.5	四氯化碳①	1.6	1.0
吡啶	1.0	0.9	四氯乙烯①	1.6	0.9
水	1.0	1.0	碘甲烷	2.3	0.5
乙二醇	1.11	1.7	二溴甲烷	2.5	1.0
二氯甲烷	1.3	0.4	1,1,2,2-四溴乙烷	3.0	
溴乙烷	1.5	0.4	二碘甲烷	3.3	2.9
三氯乙烯	1.5	0.6			

① 卤代烷均有毒,它们的毒性特别大。

1. 理论塔板数

$$n = 5.54 \left(\frac{t_R}{W_{h/2}} \right)^2$$

此式适用于对称的色谱峰,当实验条件达最佳化时,柱效 n 可达最大值 n_{max}

$$n_{max} = 4000 \frac{L}{d_p}$$

式中,L 为柱长,cm;d_p 为粒径,μm。

对用 5μm 固定相填充的 25cm 的色谱柱,其 n_{max} 可达 20000。当分析实际样品时,n 比 n_{max} 要小,在使用过程,柱的 n 值也会减小,当进样达 1000 次后,柱效会下降 50%,此时应对色谱柱进行再生处理。

在理想最佳分离条件下,不同粒度固定相装填不同长度的色谱柱,其最高柱效如表 9-23 所示。

表 9-23 不同粒度与长度色谱柱最高柱效

粒径/μm	不同柱长(cm)的 n_{max}					
	3	5	8	15	25	30
3	4000	6700	10700	20000	33300	40000
5	2400	4000	6400	12000	20000	24000
10	1200	2000	3200	6000	10000	12000

2. 不对称因子

对拖尾峰或前沿峰可用不对称因子 A_s 表达其不对称的程度，可按图 9-62 表达的方法，按下式计算色谱峰的 A_s：

$$A_s = \frac{a}{b}$$

新色谱柱色谱峰的 A_s 值为 0.9～1.1 之间，当其 A_s 为 1 时表明色谱柱填充良好，色谱峰对称。当 A_s 值远大于 1.0 或远小于 1.0 时，表明柱填充情况较差、色谱系统的柱外效应严重，或因操作不当引起色谱柱头塌陷（见图 9-63），或样品与固定相发生不可逆的化学反应等。若改变实验操作条件仍不能减小 A_s 值，应重新装填色谱柱。

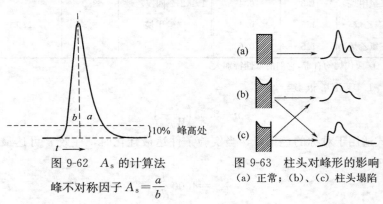

图 9-62 A_s 的计算法

峰不对称因子 $A_s = \dfrac{a}{b}$

图 9-63 柱头对峰形的影响
(a) 正常；(b)、(c) 柱头塌陷

3. 柱压力降

一根 10～25cm 的色谱柱，填充 5～10μm 的固定相，使用黏度 η 为 0.5～1.5mPa·s 的流动相，色谱柱的压力下降 Δp 为 6～15MPa。若柱压力降 Δp 偏低且柱效很差，表明柱未填充好，不宜使用；若柱压力降 Δp 偏高，表明柱头多孔不锈钢烧结片或孔径 0.45μm 的纤维素滤膜被堵塞，应及时更换，以降低柱压力降。

三、色谱柱的保护与再生技术

高效液相色谱柱填充了高效全多孔球形微粒固定相，并用高压匀浆法填充，其售价较贵，若使用不当，会出现柱理论塔板数下降、色谱峰形变坏、柱压力降增大、保留时间改变等不良现象，从而大大缩短色谱柱的使用寿命。

为了延长色谱柱的使用寿命，前面已经指出，应在分析柱前连接一个小体积的保护柱。保护柱内径 2~3mm，长不超过 3cm，与填充分析柱同样的固定相。保护柱使用得当，对分离无明显影响。

在色谱柱使用过程中，应避免突然变化的高压冲击，这往往由于进样阀缓慢转动，泵突然启动引起。

对硅胶基体的键合固定相，流动相的 pH 值应保持在 2.5~7.0 之间。具有极端值的流动相会溶解硅胶，而使键合相流失。

使用水溶性流动相时，为防止微生物繁殖引起柱阻塞，应加入 0.01% 的叠氮化钠，以抑制微生物的繁殖。对不洁净的样品，要使用 0.45μm 滤膜过滤或经固相萃取器净化后再进样。

进行正式分析前，应先用 10 倍柱体积的流动相冲洗色谱柱，以保持色谱柱处于平衡状态。当使用乙醇、异丙醇、乙酸等黏度大的流动相时，色谱柱的平衡时间要延长，甚至要加倍。

对反相 C_{18} 键合相柱，除去柱中含有的缓冲溶液盐类或水溶性物质时，不应使用纯水冲洗。因为 C_{18} 键合相像一条长链将硅胶黏结，当有有机溶剂存在时，其表面被流动相润湿，C_{18} 长链完全展开，像海水中的海藻一样。当纯水或缓冲溶液通过时，C_{18} 键合相与其不浸润，键合相表面会塌陷，从而将溶剂、样品分子或无机盐分子包合。此时仅用纯水无法将包合物洗脱出，应使用含 5% 有机溶剂的水溶液冲洗，才可清除无机盐或水溶性物质。

硅胶、氧化铝或正相键合相柱，应保存在流动相中。氰基柱不能保存在纯有机溶剂（如甲醇或乙腈）中，应保留在欲使用的流动相中；氨基柱最好保存在乙腈中，而非流动相，并且应注意不可使用丙酮作流动相。C_{18} 反相柱应保存在纯甲醇溶剂中，对填充高交联度苯乙烯-二乙烯基苯共聚微球的非极性固定相也可用此法保存。

对使用时间较长、柱效逐渐下降的色谱柱，可用下述方法进行快速再生，以除去微量不洁杂质在柱头的聚积。

正相柱：用下述极性强且能互溶的有机溶剂来洗涤色谱柱，每种溶剂每次用 30mL 清洗，按庚烷、氯仿、乙酸乙酯、丙酮（氨基柱不用）、甲醇、5% 甲醇水溶液次序冲洗（洗脱剂的极性依次递增），最后再用纯甲醇通过柱将水分带出，拆下柱置于气相色谱仪柱箱中升温至 75℃，以除去水分。另应注意不能使用乙醇，它会使柱丧失柱效。

反相柱：用极性溶剂每种 30mL，按以下顺序清洗：5% 甲醇水溶液、0.5mol/L H_3PO_4（或 0.1mol/L EDTA 钠盐）、5% 甲醇水溶液、甲醇、甲醇-氯仿（1∶1）混合液、甲醇、5%甲醇水溶液。最后保存在甲醇溶剂中。

当色谱柱的性能变得很差时，可采用下述两种方法，作最后的补救。

一种方法是修补柱头并同时更换不锈钢烧结片。当取下烧结片发现柱头塌陷或填料被杂质污染时，可挖掉 0.5mm 左右的固定相，再重新填充同样的干燥固定相，用少量流动相润湿，再填充干燥的固定相与柱口平齐（必要时用光滑的不锈钢棒压紧），如此重复 3～5 次。再换上新的不锈钢烧结过滤片，拧紧结头，与高压泵连接，用流动相冲洗 20min，若柱压力降恢复正常，可连接检测器，测柱效。若柱效恢复就可继续使用。若柱压力降恢复正常，但柱效仍偏低，表明柱头未填充紧密，仍有空隙，此时应重复上述操作，直至柱压力降恢复正常、柱效也恢复正常才可继续使用。

另一种方法是倒冲色谱柱。此法适用于已修补过柱头，柱寿命已达中后期的色谱柱。柱逆向使用后柱效会损失较大（约 30%），倒冲柱可检查柱头不锈钢烧结片是否堵塞。若已堵塞在倒冲柱时，可观察到柱压力降减小，待柱压力降恢复正常，再将色谱柱按原方向安装使用。

上述最后的补救方法不一定有实效，但从积累实践工作经验、节约分析成本考虑，还是值得一试的。

四、梯度洗脱技术

在高效液相色谱分析中梯度洗脱的功能相似于气相色谱分析中的程序升温，它对改善色谱分离的效果，可发挥重要作用。梯度洗脱可提高分离度、缩短分析时间。对组成复杂的混合物，特别是不同组分的容量因子（k'）范围宽、保留值相差较大的混合物，使用梯度洗脱是最适宜的。

1. 影响梯度洗脱的各种因素

（1）梯度洗脱时间（t_G）对分离的影响　图 9-64 表示含有 7 个组分的样品，由相同起始时间进行梯度洗脱，并且强洗脱溶剂 B 在流动相中的浓度变化范围（10%～60%）也完全相同，仅梯度洗脱时间 t_G 不同，分别为 5min、10min、20min、40min，可以看到随梯度洗脱时间 t_G 的延长，组分间的分离度 R 增加，总分析时间延长，由此可确定当满足一定分离度（如 R＝1.0）的前提下，梯度洗脱时间不宜太长。

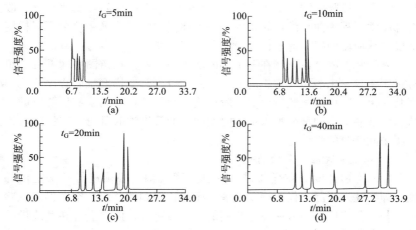

图 9-64　梯度洗脱时间（t_G）对分离的影响

（2）梯度陡度（T）对保留值的影响　梯度陡度 T 定义为：

$$T = \frac{\Delta\varphi}{t_G}$$

式中，T 为在单位时间流动相中强洗脱溶剂组分 B 的浓度变化速率，%/min；$\Delta\varphi$ 为梯度洗脱中强洗脱溶剂组分 B 体积分数（%）的变化量。

梯度陡度 T 增加可缩短梯度洗脱时间，但也降低了各组分间的分离度；反之，若 T 减小，可改善各组分间的分离度，却延长了总的分析时间。因此在梯度洗脱中梯度陡度的选择既不能太大，也不能太小，其数值适中才能获得满意的分离效果。

（3）强洗脱溶剂组分 B 浓度变化范围的影响　进行梯度洗脱时，选择强洗脱溶剂 B 的浓度变化范围（即最初和最终的 φ_B 数值）应依据下述原则：

① 样品流出的谱峰不要太靠近色谱图的开始处（即 $k' \approx 0$），最好第一个谱峰的保留时间为死时间 t_M 的 2 倍。

② 在梯度洗脱结束前，所有组分都从色谱柱中洗脱出来。

③ 在色谱图的开始和结束，无浪费的保留时间。

（4）梯度洗脱程序曲线形状的影响　在梯度洗脱中，当确定了 t_G、溶剂浓度的变化范围和 T 后，所确定的梯度洗脱条件代表了对样品中所有组分实现分离的最佳条件。如果样品中有两组最关键的色谱峰对，使用一个梯度陡度洗脱仍不能达到完全分离（$R=1.5$），则此时可以改变梯度洗脱程序曲线的形状，即在一个梯度洗脱中，采用两个不同梯度陡度，从而使两组关键色谱峰对的分离度均获得进一步的提高。

基于相似的考虑，如在一个梯度洗脱中，聚集在谱图中间部分的组分过于密集，未能实现理想的分离，此时也可改变梯度洗脱程序曲线的形状，由一阶梯度洗脱改变成二阶梯度洗脱，即在有两个梯度陡度的一阶梯度洗脱的中间部分加入适当时间间隔的等度洗脱部分，这样就可使谱图中间部分的组分色谱峰获得理想的分离。

2. 梯度洗脱应注意的问题

（1）空白梯度　在样品进行梯度分离之前，必须进行一次空白梯度，即不注入样品，仅按梯度洗脱程序运行得到的基线。空白梯度试验是在与样品梯度洗脱程序完全相同的条件下进行，此时会存在基线漂移并出现杂质峰。

此外，流动相中强洗脱溶剂 B，也应使用高纯 HPLC 级，以减小杂质含量。通常在反相色谱中使用的甲醇、四氢呋喃、乙腈改性剂中，乙腈因来源和精制工艺的原因，往往含杂质较多。

（2）色谱柱中流动相的平衡　当每次梯度洗脱分析结束时，流动相的组成已和梯度洗脱开始时大不相同，为了进行下一次的梯度洗脱，必须用起始的流动相对色谱柱彻底平衡后，再重新开始 梯度洗脱程序。

如对 $\phi 0.46\text{cm}\times 25\text{cm}$ 的色谱柱，用 $5\%\sim 100\%$ 的乙腈-水溶液进行梯度洗脱，洗脱结束后至少需要 $15\sim 20$ 倍柱死体积的起始流动相充分洗脱后才可达到柱平衡，此柱的死体积 $V_\text{m}=2.5\text{mL}$，此时最少需要$2.5\times 15\text{mL}=37.5\text{mL}$，$5\%$乙腈-水溶液流过柱子，才可开始下一次梯度分析。实践表明，用起始流动相使色谱柱平衡周期足够长，才能获得重现性好的谱图。

对色谱柱进行平衡再生的时间通常约等于梯度时间 t_G，这意味着会加倍延长每个样品的分析时间。由于色谱平衡主要受再生溶剂体积的影响，因此可用增加再生溶剂流速的方法来缩短柱平衡时间。也有文献提出使用反向梯度来缩短柱再生时间。

柱平衡时间不足时，将呈现色谱图中早期洗脱峰的保留时间发生改变，而后期洗脱谱峰一般不受影响。也应防止用于柱再生溶剂流过柱的体积过大，而造成色谱柱吸附再生溶剂中的杂质，引起柱分离性能的改变。当进行反相色谱梯度洗脱时，最好从 5% 或超过 5% 的有机相（B）

开始，可缩短柱平衡时间；若从纯水开始梯度洗脱，则色谱柱就需较长的平衡时间。

（3）线性梯度洗脱的滞后现象　当确定了线性梯度洗脱程序后，从 $t=0$ 开始梯度洗脱实验操作，但由于实现梯度洗脱的仪器设备结构或电子控制系统的多种原因，使实际观测到的梯度洗脱是向后平移了一段时间，称为梯度系统的滞后时间，用 t_D 表示。

线性梯度洗脱的滞后现象如图 9-65（a）所示。若使用相同的线性梯度洗脱程序，对同一个样品，在不同的高效液相色谱仪上进行梯度洗脱，由于仪器结构和电路控制的差异，其表现出的梯度洗脱系统的滞后时间 t_D 各不相同。即使用同一台仪器，对同一个样品进行分析，若使用不同设置的梯度洗脱程序（如 t_D、$\Delta\varphi$、T 不相同），由于水和有机溶剂互混后引起的体积微小变化，也会使滞后时间 t_D 发生变化。在低压梯度情况下，当溶剂混合比例阀至色谱柱入口之间的滞留体积 V_D 为 $2\sim6mL$ 时，若流动相的流速 $F=2mL/min$，则滞后时间 $t_D=V_D/F$，为 $1\sim3min$。对高压梯度仪器，通常 V_D 为 $1\sim3mL$，此时 t_D 值会更小些。当使用 t_D 值不同的设备时，通常会导致组分峰的保留时间发生变化，但各组分峰的相对位置却不会发生明显的变化。

另由图 9-65（b）可看到，在梯度洗脱开始与结束处的轮廓应为直线，但实际上却变成了圆滑的虚线。这是由于水和有机溶剂的混合不是在无限小的空间内完成的，而是在具有一定体积的梯度混合器内实现的，并与脉动阻尼器和连接管路的体积相关，这些体积增大，梯度洗脱开始与结束处的轮廓会更圆些，这就使梯度洗脱的线性变差。因此，梯度洗脱轮廓线的线性程度和开始与结束两端的弯曲程度，可作为评价 HPLC 系统梯度洗脱线性优劣的判别标准。

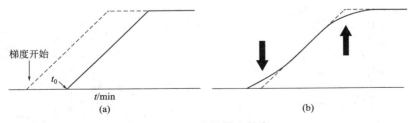

图 9-65　线性梯度轮廓
（a）由仪器 t_D 引起的梯度滞后；（b）由系统内扩散使梯度弯曲

3. 梯度洗脱的方法

(1) 二元溶剂梯度洗脱　二元溶剂的梯度洗脱经常使用一个弱极性溶剂 A 和一个强极性溶剂 B 进行组合构成流动相。当以梯度洗脱时间 (t) 作横坐标，以流动相中强极性溶剂 B 的体积百分含量 (φ_B) 作纵坐标时，可绘制出梯度洗脱曲线。若在单位时间内，强极性溶剂 B 在流动相中的体积百分含量，以恒定速率增加，则流动相的极性呈"线性梯度"输出；若不以恒定速率增加，则流动相的极性呈"非线性梯度"输出，即以"指数形式"呈现凸形或凹形输出 (图 9-66)。

当梯度洗脱方式确定后，对应于不同梯度洗脱形状，获得的色谱分离图如图 9-67 所示。图 9-67 (b) 所示为呈线性梯度洗脱，谱图中每个组分谱带宽度相等，各谱带间具有相同的分离度。图 9-67 (a) 所示为呈"指数形式"的凸形洗脱，在分离开始时，B 溶剂的体积百分含量迅速增加，使各组分谱带以较低的平均容量因子 $\bar{k}'$ 值洗脱，并且最终谱带的 k' 值也较低，使开始被洗脱组分的色谱峰形尖锐，分离度较小；而在分离的后期，B 溶剂的体积百分含量增长减慢，使后被洗脱组分色谱峰形加宽，分离度增大。图 9-67 (c) 所示为呈"指数形式"的凹形洗脱，其谱图变化与图 9-67 (a) 恰好相反，即开始被洗脱的色谱峰形较宽，分离度较好，而后被洗脱的色谱峰形较尖锐，分离度减小。由上述可知，当以"线性梯度"输出时可获较理想的分离效果。

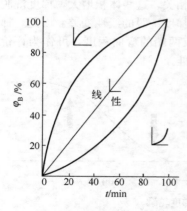

图 9-66　梯度洗脱形状

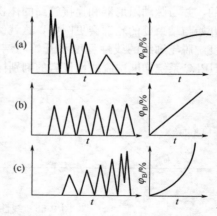

图 9-67　梯度曲线的形状及对分离的影响
(a) 凸形；(b) 线形；(c) 凹形

（2）三元溶剂梯度洗脱　三元溶剂的梯度洗脱，常以一种溶剂 A
（如水）作为流动相的主体，另选两种改性剂 B 和 C（如甲醇和乙腈）
来改变流动相的组成，并调节流动相的极性和洗脱强度。

三元溶剂梯度洗脱形状可用一个三棱镜体形式的图形表示，如图
9-68所示。此三棱镜体的前面为△ABC，后面为△A'B'C'，底面为长方
形 BCC'B'，两个侧面分别为长方形 ABB'A' 和 ACC'A'。

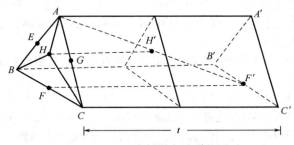

图 9-68　三元溶剂梯度洗脱的图示

若以△ABC 的 3 个顶点，A 表示流动相主体的水，B、C 分别表示
加入的改性剂甲醇（MeOH）和乙腈（ACN），则 A、B、C 三点的组
成和极性参数分别为

A：H_2O 100%；$P'=10.2$

B：MeOH 100%；$P'=5.1$

C：ACN 100%；$P'=5.8$

显然图中 AA'、BB'、CC' 3 条直线都具有各自的极性参数，且每
条线上的各点 P' 值相同，这三条线的长度相等，且可作为梯度洗脱的
时间坐标（t）。

在△ABC 的 3 个边 AB、BC、CA，除 3 个顶点外，这些边上的每
一点都代表一种二元混合溶剂。下面以 3 个边的中间点 E、F、G 为例，
来确定它们的组成和极性参数。

E：H_2O 50%，MeOH 50%；$P'=10.2\times50\%+5.1\times50\%=5.10+2.55=7.65$

F：MeOH 50%，ACN 50%；$P'=5.1\times50\%+5.8\times50\%=2.55+2.90=5.45$

G：ACN 50%，H_2O 50%；$P'=5.8\times50\%+10.2\times50\%=2.90+5.10=8.00$

在$\triangle ABC$平面内，除3个顶点外，面上的任何一点都代表一种三元混合溶剂。以H点，即此平面的中心点为例，来确定它的组成和极性参数。

H：H_2O 33.3%，MeOH 33.3%，ACN 33.3%；

$$P'=10.2\times 33.3\%+5.1\times 33.3\%+5.8\times 33.3\%$$
$$=3.40+1.70+1.90=7.03$$

显然在三棱镜体内（6个端点和3条边除外）的任何一点也和$\triangle ABC$面上的任何点（3个顶点除外）一样，也代表一种三元混合溶剂。下面以三棱镜体长度50%处中间截面上的H'点为例，来确定它的组成和极性参数。

由图9-68中可看出H'和H在同一条直线上，其组成和极性参数与H相同，即

H'：H_2O 33.3%，MeOH 33.3%，ACN 33.3%；$P'=7.03$

如果以两阶线性梯度进行三元溶剂梯度洗脱，即从图中A点起始，经过H'点，最后达F'点，则与此3点对应的流动相组成和极性参数如下：

梯度	A	H'	F'
		H_2O 33.3%	MeOH 50%
组成	H_2O 100%	MeOH 33.3%	ACN 50%
		ACN 33.3%	
极性参数	10.2	7.03	5.45（与F点相同）

随洗脱时间的进行，混合溶剂组成变化如下：

时间	0	一阶 $\dfrac{t}{2}$	二阶 t
H_2O	100%	33.3%	0
MeOH	0	33.3%	50%
ACN	0	33.3%	50%

（3）四元溶剂梯度洗脱　四元溶剂梯度洗脱图示，可用一个正四面体形式的图示表示，如图9-69所示。它的4个面分别为$\triangle ABC$、$\triangle ACD$、$\triangle ADB$和$\triangle BCD$。

仍以反相键合相色谱为例，以水作为流动相的主体，另选3种改性剂，如甲醇、乙腈和四氢呋喃，来改变流动相的组成，以调节流动相的极性和洗脱强度。

若以正四面体的顶点A表示流动相的主体水，其他三个顶点B、C、D分别表示加入的改性剂甲醇（MeOH）、乙腈（ACN）和四氢呋喃（THF），则A、B、C、D 4个顶点的组成和极性参数分别如下。

A 点：H_2O　100%；$P'_A = 10.2$

B 点：MeOH　100%；$P'_B = 5.1$

C 点：ACN　100%；$P'_C = 5.8$

D 点：THF　100%；$P'_D = 4.0$

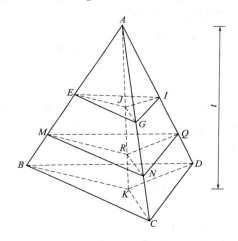

图 9-69　四元溶剂梯度洗脱的图示

除 4 个顶点外，在正四面体 6 个棱边 AB、AC、AD、BC、CD 和 DB 上的每一点都代表一种二元混合溶剂，在 4 个三角形 $\triangle ABC$、$\triangle ACD$、$\triangle ADB$ 和 $\triangle BCD$ 面上的每一点（除去 4 个顶点）都代表一种三元混合溶剂。以 $\triangle BCD$ 面上的中心点 K 为例，来确定它的组成和极性参数。

K 点：MeOH 33.3%，ACN 33.3%，THF 33.3%

$P'_K = 5.1 \times 33.3\% + 5.8 \times 33.3\% + 4.0 \times 33.3\%$

$= 1.70 + 1.93 + 1.33 = 4.96$

在正四面体 3 个棱边 AB、AC 和 AD 的中间点（50%）作一截面 $\triangle EGI$，其高度相当于由顶点 A 至底面 $\triangle BCD$ 的中心点 K 所作垂直线 AK 的 50%，此垂直线 AK 的长度可作为梯度洗脱的时间坐标。$\triangle EGI$ 的 3 个顶点 E、G 和 I 的组成和极性参数分别如下。

E 点：H_2O 50%，MeOH 50%

$P'_E = 10.2 \times 50\% + 5.1 \times 50\% = 5.1 + 2.55 = 7.65$

G 点：H_2O 50%，ACN 50%

$$P'_G=10.2\times50\%+5.8\times50\%=5.1+2.9=8.0$$

I 点：$H_2O\,50\%$，THF 50%

$$P'_I=10.2\times50\%+4.0\times50\%=5.1+2.0=7.1$$

由 $\triangle EGI$ 各顶点的参数可计算出其中心点 J 点（位于 AK 垂线上）四元混合溶剂的组成和极性参数如下。

J 点：$H_2O\,50\%$，MeOH $50\%\times33.3\%=16.7\%$

ACN $50\%\times33.3\%=16.7\%$，THF $50\%\times33.3\%=16.7\%$

$$P'_J=10.2\times50\%+5.1\times16.7\%+5.8\times16.7\%+4.0\times16.7\%$$
$$=5.10+0.85+0.97+0.67=7.59$$

在正四面体垂线的 80% 高度处，再作一截面 $\triangle MNQ$，此三角形 3 个顶点 M、N 和 Q 的组成和极性参数分别如下所示。

M 点：$H_2O\,20\%$，MeOH 80%

$$P'_M=10.2\times20\%+5.1\times80\%=2.04+4.08=6.12$$

N 点：$H_2O\,20\%$，ACN 80%

$$P'_N=10.2\times20\%+5.8\times80\%=2.04+4.64=6.68$$

Q 点：$H_2O\,20\%$，THF 80%

$$P'_Q=10.2\times20\%+4.0\times80\%=2.04+3.20=5.24$$

由 $\triangle MNQ$ 各顶点的参数可计算出其中心点 R 点（位于 AK 垂线上）四元混合溶剂的组成和极性参数如下。

R 点：$H_2O\,20\%$，MeOH $80\%\times33.3\%=26.6\%$

ACN $80\%\times33.3\%=26.6\%$，THF $80\%\times33.3\%=26.6\%$

$$P'_R=10.2\times20\%+5.1\times26.6\%+5.8\times26.6\%+4.0\times26.6\%$$
$$=2.04+1.36+1.55+1.07=6.02$$

如果以线性梯度进行四元梯度洗脱，即从图 9-69 中的 A 点开始计时，经过 J 点、R 点，最后到达 K 点，总洗脱时间为 t，则与此四点对应的四元混合溶剂的组成和极性参数如下所示。

图中的点	A	J	R	K
梯度组成	H_2O: 100%	H_2O: 50%	H_2O: 20%	H_2O: 0
		MeOH: 16.7%	MeOH: 26.6%	MeOH: 33.3%
		ACN: 16.7%	ACN: 26.6%	ACN: 33.3%
		THF: 16.7%	THF: 26.6%	THF: 33.3%
极性参数	10.2	7.59	6.02	4.96
洗脱时间	0 $\rightarrow$	$50\%t$ $\rightarrow$	$80\%t$ $\rightarrow$	t

在此四元溶剂梯度洗脱中，随洗脱时间的增加，四元混合溶剂流动相的极性参数逐渐减小，其洗脱强度逐渐增强。

由以上对二元、三元、四元梯度洗脱图示方法的简介可以看到梯度洗脱实验技术比较复杂。前面叙述涉及的相关计算及图示表达，都可以通过编制相应的计算机软件，由计算机控制的梯度洗脱单元来完成。

第六节　测定实例

一、增塑剂——邻苯二甲酸酯的分析

1. 方法原理

邻苯二甲酸酯为中等极性的有机化合物，在非极性十八烷基硅胶键合固定相上，以极性的水-甲醇混合溶剂作流动相可实现完全分离，如图 9-70 所示。

2. 色谱分析条件

（1）色谱柱　$\phi4.6mm \times 25cm$，ODS 固定相（$d_p = 10\mu m$）。

（2）流动相　40%～90%甲醇-水溶液，梯度洗脱，5%/min。

（3）检测器　UVD，254nm。

3. 分析结果

分析结果用归一化法进行定量分析。

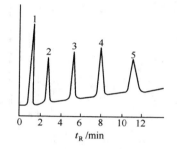

图 9-70　邻苯二甲酸酯的 HPLC 谱图
1—邻苯二甲酸二甲酯（DMP）；2—邻苯二甲酸二乙酯（DEP）；3—邻苯二甲酸二丁酯（DBP）；4—邻苯二甲酸二辛酯（DOP）；5—邻苯二甲酸二癸酯（DDP）

二、稠环芳烃的分析

1. 方法原理

稠环芳烃含共轭 π 键，易极化，在非极性十八烷基硅胶键合固定相上，以极性水-甲醇混合溶剂作流动相，可实现完全分离，如图 9-71 所示。

2. 色谱分析条件

（1）色谱柱　$\phi4.6\ mm \times 25cm$，ZorbaxODS（$d_p = 5\mu m$）。

（2）流动相　甲醇：水的体积比为 80：20，1mL/min。

(3) 检测器 UVD, 254nm。

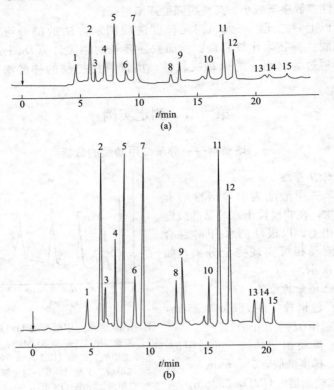

图 9-71 在反相键合相柱多环芳烃的分离

(a) 内径 4.6mm 柱分离谱图；(b) 内径 2.1mm 柱分离谱图

1—萘；2—苊；3—芴；4—菲；5—蒽；6—荧蒽；7—芘；8—苯并［a］蒽；9—䓛；
10—苯并［b］荧蒽；11—苯并［k］荧蒽；12—苯并［a］芘；13—苯并
［a,h］蒽；14—苯并［g,h,i］芘；15—茚并［1,2,3-cd］芘

3. 分析结果

分析结果用归一化法进行定量分析。

三、水溶性维生素的分析

1. 方法原理

水溶性维生素皆为强极性有机化合物，可用 C_{18} 反相键合相色谱柱
实现完全分离。

用反相离子对色谱分离水溶性维生素如图 9-72 所示。

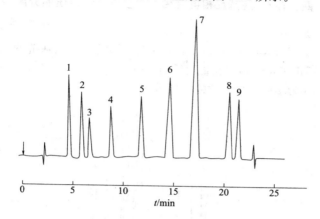

图 9-72　反相离子对色谱分离水溶性维生素
1—维生素 C；2—维生素 B$_1$；3—维生素 B$_6$；4—烟酸；5—维生素 K$_3$（亚硫酸氢钠甲基萘醌）；6—烟酰胺；7—对羟基苯甲酸；8—维生素 B$_{12}$；9—维生素 B$_2$

2. 色谱分析条件

（1）色谱柱　Biophase ODS（5μm，ϕ4.6mm × 250mm）。

（2）流动相　（A）1%乙酸＋0.5%三乙胺溶液（pH＝4.5）；

　　　　　　（B）A＋甲醇（50：50）。

梯度洗脱程序在 0～10min 内，流动相 B 由 0 增至 80%，再维持 15min。流量为 1mL/min。

（3）检测器　UVD（275nm）。

3. 分析结果

样品溶于流动相 A 后进样，维生素 K$_3$ 样品中应加入 Na$_2$SO$_3$，以避免 2-甲基萘醌的生成；维生素 B$_{12}$ 和烟酸在一起时不稳定，应在测定时现用现配。

离子对试剂三乙胺的浓度对维生素 B$_1$、维生素 B$_6$、烟酸和维生素 K$_3$ 的分离影响很大，应选用最佳浓度。

水溶性维生素也可在反相键合相柱（C$_8$）或氨基键合相柱（μ-Bondapak-NH$_2$）实现分离。

四、在 C₄ 烷基反相键合相上，多肽和蛋白质的分离

1. 方法原理

YMC-Pack Protein-RP 是在硅胶上键合短的 C₄ 烷基链的反相固定相，特别适用于长链多肽和蛋白质的分析。

图 9-73 为多肽和蛋白质的分离谱图。

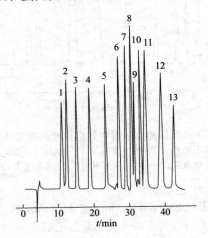

图 9-73　在 C₄ 烷基反相固定相上，多肽和蛋白质的分离
1—甲硫氨酸-脑啡肽；2—亮氨酸-脑啡肽；3—催产素；4—血管舒缓激肽；
5—血管紧张素Ⅰ；6—核糖核酸酶 A；7—α-交配因子；8—胰岛素（牛）；
9—细胞色素 c；10—溶菌酶；11—牛血清白蛋白；
12—β-乳球蛋白；13—卵清蛋白

2. 色谱分析条件

（1）色谱柱：$\phi4.6\text{mm} \times 25\text{cm}$，YMC-Pack Protein-RP（5μm，30nm），室温。

（2）流动相：A：H_2O/三氟乙酸（100/0.1）。
　　　　　　　B：乙腈/0.1％三氟乙酸溶液。

梯度洗脱：60min，线性梯度 B 由 10％→90％，流速 1.0mL/min。

（3）检测器：UVD（220nm）。

3. 分析结果

用归一化法进行定量分析。

五、水解蛋白质中氨基酸的分析

1. 方法原理

氨基酸为含有氨基和羧基的双官能团化合物，它在全多孔阳离子交换树脂上进行离子交换分离，柱后用茚三酮衍生化后进行检测，用缓冲溶液作流动相进行洗脱分离。如图 9-74 所示。

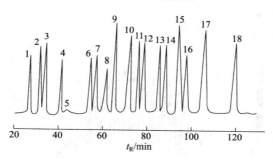

图 9-74　水解蛋白中氨基酸 HPLC 谱图

1—天冬氨酸（ASP）；2—苏氨酸（Thr）；3—丝氨酸（Ser）；4—谷氨酸（Glu）；
5—脯氨酸（Pro）；6—甘氨酸（Gly）；7—丙氨酸（Ala）；8—胱氨酸（Cys）；
9—缬氨酸（Val）；10—蛋氨酸（Met）；11—异亮氨酸（Ile）；12—亮氨酸
（Leu）；13—酪氨酸（Tyr）；14—苯丙氨酸（Phe）；15—赖氨酸（Lys）；
16—氨；17—组氨酸（His）；18—精氨酸（Arg）

2. 色谱分析条件

（1）色谱柱　Aminex A5 树脂（$10 \sim 15 \mu m$），Li 型，$\phi 9 mm \times 30 cm$，$\Delta p = 3.0 MPa$。

（2）流动相　柠檬酸锂缓冲溶液（pH$=3.0 \sim 4.0$），1mL/min。

（3）检测器　可变波长 UVD，570nm。

3. 分析结果

分析结果用归一化法进行定量分析。

六、两性表面活性剂壬基酚聚氧乙烯醚的组成分析

1. 方法原理

以全多孔硅胶为固定相，以正己烷为流动相主体，以 2-丙醇、乙醇、水作改性剂，进行线性梯度洗脱，以 UVD 作检测器，测定含不同 EO（环氧乙烷）数的壬基酚聚氧乙烯醚的组成。

2. 色谱分析条件

(1) 色谱柱　$\phi 4.6 \text{mm} \times 20 \text{cm}$，Si-100，$d_p = 5 \mu\text{m}$，柱温 30℃。

(2) 流动相　A 为正己烷-2-丙醇（体积比为 40：60）；B 为 80％乙醇水溶液。在 0～45min 内，流动相中 B 组分含量从 10％增至 95％并保持至 50min。

(3) 检测器　UVD（280nm）。

3. 分析结果

分析结果如图 9-75 所示。

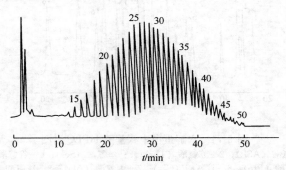

图 9-75　两性表面活性剂壬基酚聚氧乙烯醚的分析

15，20，25，30，35，40，45，50 为其分子中所含 EO 数

七、吡啶衍生物的 HILIC 分析

1. 方法原理

吡啶的衍生物皆为强极性的有机小分子化合物，可用 HILIC 方法分析，并实现完全分离。

2. 色谱分析条件

色谱柱：Atlantic HILIC 硅胶柱，$\phi 94.6 \times 150 \text{mm}$，$3 \mu\text{m}$。

流动相：A 1g/L 磷酸溶液；B 乙腈。

梯度程序：0～7min；B 从 95％→60％；

　　　　　　8～13min；B 60％。

检测器：UVD（210nm）

3. 分析结果

分析结果用归一化法进行定量分析。谱图见图 9-76。

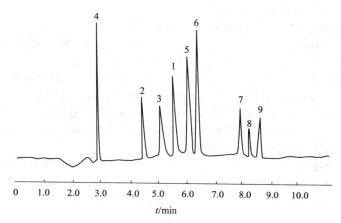

图 9-76　吡啶衍生物的 HILIC 分离谱图

1—2-吡啶羧酸（pK_1 1.01，pK_2 5.29）；2—3-吡啶羧酸（pK_1 2.07，pK_2 4.75）；
3—4-吡啶羧酸（pK_1 1.84，pK_2 4.84）；4—2-吡啶酰胺（pK 1.80）；
5—3-吡啶酰胺（pK 3.33）；6—4-吡啶酰胺（pK 3.61）；7—2，6-吡
啶二甲醇（pK 4.79）；8—6-甲基-乙-吡啶甲醇（pK 5.73）；
9—2-吡啶乙醇（pK 5.17）

学 习 要 求

一、通过本章学习了解高效液相色谱法的方法特点、应用范围。

二、了解高效液相色谱仪的基本组成部件及与气相色谱仪组成的异同点。

三、了解常用高效液相色谱检测器的工作原理和适宜的操作条件。

四、了解高效液相色谱柱填充固定相的类型及工作原理。

五、了解高效液相色谱法中选择流动相的基本原则和方法。

六、了解高效液相色谱法中表征色谱柱性能时常用的重要参数，对范第姆特方程和诺克斯方程的作用应有初步的理解。了解超高效液相色谱建立的必要条件。

七、了解梯度洗脱的影响因素以及多元梯度洗脱图示表达的方法。

八、通过测定实例增强感性认识，了解高效液相色谱法在有机工业分析中的重要作用。

复 习 题

1. 简述高效液相色谱分析法与茨维特经典色谱分离方法的异同点。

2. 简述高效液相色谱仪的主要组件是什么。

3. 高效液相色谱使用的流动相为什么要脱气？

4. 高压输液泵有几种类型？哪种在高效液相色谱分析中获得最广泛的应用？

5. 在高效液相色谱分析中，使用梯度洗脱的目的是什么？

6. 何谓无限直径效应？为什么在高效液相色谱分析中存在无限直径效应？

7. 高效液相色谱柱的柱接头和气相色谱柱的柱接头有何不同？

8. 用于高效液相色谱的检测器有哪几种？应用最广泛的是哪几种检测器？

9. 可变波长紫外吸收检测器和二极管阵列检测器在测量光路上有何不同？

10. 为什么在痕量分析中使用荧光检测器？

11. 简述国产硅胶 YWG、YQG、YDG、YBK 型号的各自特点。哪种型号的硅胶在 HPLC 分析中应用得最多？

12. 表征溶剂特性的重要参数有几种？你认为哪几种参数在 HPLC 分析中最重要？

13. 何谓正相液液色谱？它和液固色谱有无相似之处？

14. 何谓反相液液色谱？它和使用苯乙烯-二乙烯基苯高交联共聚微球作固定相进行的 HPLC 分析有无相似之处？

15. 何谓亲水作用色谱？

16. 何谓整体柱？

17. 正相色谱和反相色谱分析中，使用流动相的主体成分各是什么？哪些有机化合物可作为改性剂？改性的目的是什么？

18. 在 HPLC 分析中，为获得较好的分析结果，常通过调节流动相的强度，使被分析物质的容量因子 k 保持在 $1\sim10$ 之间。当进行正相色谱分析时使用溶剂 A 作流动相，被分析组分 m 的 k 值为 15，若欲使此组分的 k 值降至 10 以下，应加入改性剂来增加溶剂的极性，还是降低溶剂 A 的极性？

19. 当进行反相色谱分析时，若溶质 m 在 B 溶剂中的容量因子 k 值小于 1，为增大 k 值，加入改性剂应使 B 溶剂的极性增大，还是使它的极性减小？

20. 为什么在 HPLC 分析中要考虑色谱柱的总孔率和柱渗透率？

21. 为什么说保留时间是考核 HPLC 操作条件优化的重要参数？

22. HPLC 分析中使用的色谱柱，其柱性能参数应保持在何范围才能获得最优化的分析结果？

23. 简述超高效液相色谱方法实现的必要条件。有何优点？它和一般高效液相色谱在仪器构成上有何不同？

24. 如何根据样品组分的物理性质（相对分子质量、水中溶解度、能否电离、熔点、沸点等）来选择适当的高效液相色谱方法，以实现不同种类有机化合物的分离？

第十章 核磁共振波谱法

第一节 核磁共振波谱法概述

将磁性原子核置于外磁场中，受到外磁场作用发生能级裂分，当用频率为兆赫数量级、波长为 0.6～10m 的电磁波照射分子时，磁性原子核会发生磁能级的共振跃迁，产生吸收信号，这种原子核在外磁场中对射频辐射的吸收称为核磁共振波谱（nuclear magnetic resonance spectroscopy，NMR）。

1946 年 F. Bloch 和 E. M. Purcell 两位物理学家带领的两个研究小组同时独立发现核磁共振现象，F. Bloch 和 E. M. Purcell 对核磁共振的理论解释不同。F. Bloch 使用的是核磁感应理论，而 E. M. Purcell 使用量子光学中能量吸收的理论。这两种理论各有优点，都在广泛使用。1948年核磁弛豫理论的建立、1950 年化学位移和耦合裂分现象的发现，为 NMR 的化学应用奠定了理论基础。

核磁共振用于化学结构分析、能够提供化学位移 δ、裂分峰、耦合常数 J 和各种核的信号强度比等结构信息。通过分析这些信息，可以了解特定的原子（如 ^1H、^{13}C、^{19}F 等）的化学环境、邻接基团的种类、分子的空间构型及原子个数等，还可以研究确定分子骨架，目前 NMR 在化学、材料科学、医学和生物学等领域的应用越来越广泛。

20 世纪 70 年代，随着超导磁体和脉冲傅里叶变换法的普及，NMR 的发展极其迅速，研制出了高分辨液体核磁共振谱仪，同时也研制出了固体核磁共振谱仪用于固体样品的测试及 NMR 成像技术。NMR 的新方法、新技术不断涌现，如二维核磁共振技术、差谱技术、极化转移技术等，使 NMR 应用范围日趋扩大。样品用量减少、灵敏度大大提高使其扩展到生物领域，交叉技术的发展使固体魔角旋转技术在材料科学中发挥着巨大作用，NMR 成像技术使 NMR 在医学领域得到很多应用。

目前，NMR 已成为研究物质结构分析中十分重要的手段。NMR 分析不破坏样品，不仅可以提供多种结构信息用于定性分析，也可以做定量分析，由于受灵敏度的限制，还不能用于痕量分析。

一、基本原理

(一) 原子核的磁性质

原子核是带正电的粒子，实验证明大多数原子核在做自旋运动，因而具有一定的自旋角动量，用 P 表示，角动量是一个矢量，其方向服从右手螺旋定则。

核由自旋产生的角动量不是任意数值，而是由自旋量子数决定的。根据量子力学理论，原子核的总角动量 P 的值为

$$P = \sqrt{I(I+1)}\,\frac{h}{2\pi} = \hbar\,\sqrt{I(I+1)}$$

式中，h 为普朗克常量；$\hbar$ 为角动量的单位，$\hbar = h/(2\pi)$。

自旋不为零的原子核都有磁矩，用 μ 表示

$$\mu = \gamma P$$

式中，γ 为旋磁比，它是核磁矩与自旋角动量之比，$\gamma = \mu/P$。

由于原子核是带电的粒子，自旋时将产生磁矩 μ，角动量和磁矩都是矢量，其方向是平行的。自旋角动量的大小取决于核的自旋量子数。

按自旋量子数 I 的不同，可以将核分成几类。

(1) 自旋量子数 $I=0$ 的核，其核的质子数、中子数都是偶数，没有核磁矩，$\mu=0$，如 ^{12}C、^{16}O、^{32}S 等。这类核没有自旋现象，不能用 NMR 测出。

(2) 自旋量子数 I 不等于 0 的核有核磁矩，$\mu \neq 0$，可以发生核磁共振。这类核又可分为两种情况：一种情况是 $I=1/2$，这类核可以看成是电荷均匀分布的旋转球体，如 ^{1}H、^{13}C、^{15}N、^{19}F、^{29}Si、^{31}P 等，这些核是 NMR 测试的主要对象；另一种情况是 $I \geqslant 1$，可以把它们看成是绕主轴旋转的椭圆球体。它们的电荷分布不均匀，有电四极矩存在，这类原子核特有的弛豫机制使谱线加宽、NMR 信号复杂。如 ^{2}H、^{27}Al、^{17}O 等。核的自旋量子数、原子序数、质量数之间的关系如表 10-1 所示。

表 10-1　核的自旋与核磁共振

质量数	原子序数	自旋量子数	自旋形状	NMR 信号	原子核
偶	偶	0	非自旋球体	无	^{12}C、^{16}O、^{28}Si、^{32}S
奇	奇或偶	1/2	自旋球体	有	^{1}H、^{13}C、^{15}N、^{19}F、^{29}Si、^{31}P
奇	奇或偶	$3/2,5/2,\cdots$	自旋椭球体	有	^{11}B、^{17}O、^{35}Cl、^{79}Br、^{127}I

质量数	原子序数	自旋量子数	自旋形状	NMR信号	原子核
偶	奇	$1,2,3,\cdots$	自旋椭球体	有	^{2}H、^{10}B、^{14}C

（二）自旋核在磁场中的行为

自旋量子数为 $1/2$ 的核，如 ^{1}H、^{13}C、^{15}N、^{19}F、^{29}Si、^{31}P 等是 NMR 测试的主要对象。无外加磁场：磁性核的核磁矩随机取向，磁量子能级等同，无能级分裂。若将原子核置于外加磁场中，核的自旋发生取向，磁性核发生能级分裂，为核磁共振能级跃迁奠定基础。

在外加磁场中，自旋量子数为 I 的核，自旋取向共有 $2I+1$ 个。每个自旋取向用磁量子数 m 表示，则 $m=I$, $I-1$, $I-2$, 0, $\cdots$, $-I$。以 $I=1/2$ 的氢核为例，则其共有 $2I+1=2$ 个自旋取向，即 $m=+1/2$, $-1/2$。$m=+1/2$ 的取向与外磁场方向相同，能量较低，$m=-1/2$ 的取向与外磁场方向相反，能量较高，即氢核在外磁场发生能级裂分。见示意图 10-1 和图 10-2。

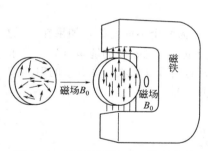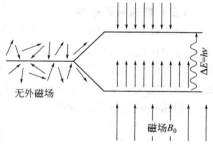

图 10-1 无外加磁场时，样品中的磁性核任意取向，放入磁场中，核的磁角动量取向统一，与磁场方向平行或反平行

图 10-2 无外加磁场时，磁性核的能量相等，放入磁场中，有与磁场平行（低能量）和反平行（高能量）两种，出现能量差 $\Delta E = h\nu$

根据电磁理论，核磁矩与磁场的相互作用能为 E，即

$$E = -\mu_z B_0 = \gamma P_z B_0 = -\gamma \hbar m B_0$$

当 $m=-1/2$ 时，$E(-1/2) = \gamma \hbar B_0/2$

当 $m=+1/2$ 时，$E(+1/2) = -\gamma \hbar B_0/2$

由量子力学的选律可知，只有 $\Delta m = \pm 1$ 的跃迁才是允许的，所以相邻两能级间的能量差为：

$$\Delta E = E(-1/2) - E(+1/2) = \gamma \hbar B_0$$

当核一定，γ 为常数，上式表明相邻两能级间的能量差 ΔE 与 B_0 的强度有关，ΔE 随外加磁场 B_0 的增大而增大。氢核的磁矩 μ 在磁场 B_0 中的方向与相应的能级图见图 10-3。

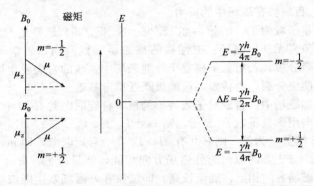

图 10-3　氢核的磁矩 μ 在磁场 B_0 中的方向与相应的能级图

(三) 核磁共振条件

由于在磁场中具有核磁矩的 ^{1}H 裂分为两个不同能级，如果在 B_0 的垂直方向用电磁波照射，提供一定的能量，当电磁波的能量 ($h\nu$) 等于两个能级的能级差 ΔE，则处于低能级的核可以吸收频率为 ν 的射频波跃迁到高能级，从而产生核磁共振吸收信号。

相邻核磁能级的能级差为：

$$\Delta E = \frac{\gamma h}{2\pi} B_0$$

电磁波的能量：

$$\Delta E' = h\nu$$

发生核磁共振时，

$$\Delta E' = \Delta E$$

即发生核磁共振条件为：

$$\nu = \frac{\gamma}{2\pi} B_0$$

静磁场中，磁性核存在不同能级。用一特定频率的电磁波（能量等于 ΔE）照射样品，核会吸收电磁波进行能级间的跃迁，此即核磁共振。

同一种核，γ 为一常数；磁场 B_0 强度增大，共振频率 ν 也增大。在相同的磁场强度下，不同的核 γ 不同，共振频率也不同。如 $B_0=2.3\times$ 10^4G（1G$=10^{-5}$T，下同）时，^{1}H 共振频率为 100MHz，^{13}C 为 25MHz，^{31}P为 40.5MHz。所以，在观察一种核的核磁共振时，不会同时观察到另一种核的核磁共振。

磁场固定时，不同频率的电磁波可使不同的核（γ 不同）产生共振；同样的核（γ 一定），改变磁场时，吸收频率不同。

磁性核的共振频率与外加磁场成比例：$\nu\propto B_0$（图 10-4）。

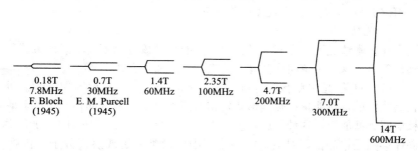

图 10-4　磁场与电磁波频率的比例关系——不同场强磁场中质子的能级能量差

（四）弛豫过程

1. NMR 信号的灵敏度

^{1}H 核有两种能级状态，热平衡时各能级上核的数目服从 Boltzmann 分布：

$$N_\beta/N_\alpha=\exp[-\Delta E/(kT)]$$
$$\Delta E=h\nu=\gamma hB_0/(2\pi)$$
$$N_\beta/N_\alpha=\exp[-\gamma hB_0/(2\pi kT)]$$

式中，N_β 为高能级的原子核数；N_α 为低能级的原子核数；k 为 Boltzmann 常数，1.38×10^{-23}J/K。

若^{1}H 核，$B_0=4.39$T，20℃时，则：

$$N_\beta/N_\alpha=\exp[-(2.68\times10^8\times6.63\times10^{-34}\times4.39)/$$
$$(2\times\pi\times1.38\times10^{-23}\times293)]=0.999967$$

对于 10^6 个高能级的核，低能级核的数目：

$$N_\alpha=10^6/0.999967=1000033$$

若外加磁场强度为 14092G，温度为 27℃，则低能级与高能级^{1}H 核数目之比为 $e^{\Delta E/(kT)}=e^{rBh/(2\pi kT)}=10000099$，也就是说，每 100 万个核中，低能级的氢核仅比高能级核多 10 个。

由于低能级和高能级之间能量差很小，低能级核的数目仅占总数的一半多一点。对每个核来说，由低能级向高能级或由高能级向低能级的跃迁概率是一样的，但低能级核的数目较多，因此总的来说产生净的吸收现象，产生 NMR 信号。低能级核的数目与磁场强度呈线性关系，NMR 信号的强弱随磁场强度成比例增加，即磁场强度越强，仪器越灵敏。

由于两种核的总数相差不大，若高能级的核没有其它途径回到低能级，也就是说，没有过剩的低能级核可以跃迁，就不会有净的吸收，NMR 信号将消失，这个现象叫作饱和。

2. 弛豫

在正常情况下，在测试过程中，高能级的核可以不同辐射的方式回到低能级，这个现象叫作弛豫。弛豫有以下两种方式。

（1）自旋-晶格弛豫（spin-lattice relaxation）　又称纵向弛豫。处在高能级的核将能量以热能形式转移给周围分子骨架（晶格）中的其它核而回到低能级，这种释放能量的方式称为纵向弛豫。周围的粒子，对固体样品是指晶格，对液体样品指周围的同类分子或溶剂分子。自旋-晶格弛豫反映体系与环境的能量交换。这个弛豫过程需要一定的时间，其半衰期用 T_1 表示，T_1 越小表示弛豫过程的效率越高。

（2）自旋-自旋弛豫（spin-spin relaxation）　又称横向弛豫。自旋核之间进行内部的能量交换，高能级的核将能量转移给低能级的核，使它变成高能级而自身返回低能级。在此弛豫过程前后，不改变高、低能级上核的数目，但任一选定核在高能级上的停留时间（寿命）改变。自旋-自旋弛豫的常数定义为自旋-自旋弛豫时间 T_2。

对每一种核来说，它在某一较高能级平均的停留时间只取决于 T_1 及 T_2 中之较小者。根据测不准原理，谱线宽度与弛豫时间成反比（由 T_1 或 T_2 中之较小者决定）。固体样品 T_2 很小，所以谱线很宽。因此，在化合物结构分析的 NMR 测试中，一般将固体样品配成溶液。另外，如果溶液中有顺磁性物质，如铁、氧气等物质，会使 T_1 缩短，谱线加宽，所以样品中不能含铁磁性和其它顺磁性物质。

二、核磁共振仪简介

目前大多数核磁共振仪采用扫场法，即固定射频场频率，改变外磁场强度，使不同的核依次满足共振条件而画出谱线。

射频场的频率越高，得到核磁共振谱图分辨率越高，灵敏度高，还可简化图谱。射频场频率与外磁场对应关系见表 10-2。

表 10-2　射频场频率与外磁场对应关系

H_0/G	9400	14092	21100	23490	70500	140000
ν/MHz	40	60	90	100	300	600

　　核磁共振仪按照施加射频的方式可分为连续波核磁共振仪和脉冲傅里叶变换核磁共振仪；按产生磁场的设备可分为电磁铁核磁共振仪、永久磁铁核磁共振仪和超导磁铁核磁共振仪。

（一）连续波核磁共振仪

　　连续波核磁共振仪测试时间长，灵敏度低，无法完成 ^{13}C 核磁共振和二维核磁共振的工作，现已不生产。连续波核磁共振仪主要由磁铁、射频振荡器、探头、射频接收器、扫描发生器及记录器等构成，其结构示意图见图 10-5。

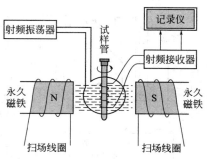

图 10-5　连续波核磁共振仪示意图

　　（1）永久磁铁　提供外磁场，要求稳定性好、均匀，不均匀性小于六千万分之一。通过改变扫场线圈电流来改变磁场大小。

　　（2）射频振荡器　线圈垂直于外磁场，发射一定频率的电磁辐射信号。

　　（3）射频接收器（检测器）　当质子的进动频率与辐射频率相匹配时，发生能级跃迁，吸收能量，在感应线圈中产生毫伏级信号。

　　（4）探头　探头由外径 5mm 的玻璃样品管座、发射线圈、接收线圈、预放大器和变温元件等组成。样品管座处于线圈的中心，测量过程中旋转，磁场作用均匀。发射线圈和接收线圈相互垂直。

（二）脉冲傅里叶变换核磁共振仪

　　脉冲傅里叶变换核磁共振仪（PFT-NMR，图 10-6）不是通过扫描频率或磁场的方法找到共振条件，而是采用在恒定磁场中在整个频率范围内施加具有一定能量的脉冲，使各种不同的核同时被激发。高能态的核通过各种弛豫过程经一段时间后，又重新返回低能态，此时在接收机中可以得到一个随时间逐步衰减的信号，称 FID（自由感应衰减）信号，它是这种核的所有不同化学环境的 FID 信号的叠加，这种信号是时间的函数，而平常的 NMR 中的信号是频率函数，所以要用计算机对 FID 信号进行傅里叶变换获得频域的波谱图。图 10-7 为脉冲傅里叶变换核磁共振仪的工作框图。

图 10-6　脉冲傅里叶变换核磁共振仪

　　脉冲射频通过一个线圈照射到样品上，随

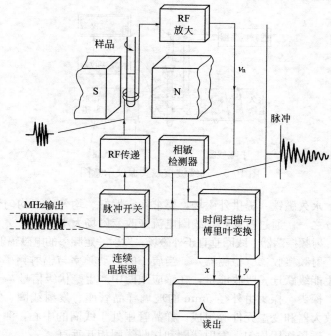

图 10-7　脉冲傅里叶变换核磁共振仪工作框图

之该线圈作为接收线圈收集 FID 信号，数秒内完成（一般¹H NMR 测量累加 10～20 次，需时 1min 左右；¹³C NMR 测量需时数分钟）。通过增加重复累积测量次数使样品测量信号平均化，降低噪声，可提高 S/N 比，因此 PFT-NMR 与连续波仪器相比灵敏度高，样品用量少，测定时间短，分辨率高。

第二节　化学位移

一、化学位移的产生

理想化的、裸露的氢核满足核磁共振条件：

$$\nu = \gamma B_0 / (2\pi)$$

此公式只适用于裸露的质子，而未考虑核外电子云的影响。

实际上在各种化合物中不同种类的氢原子都不是裸核，它们都被不断运动着的电子云所包围，由于核的自旋，核外电子云产生环形电流，在外磁场的作用下，环形电流会感生出一个对抗外磁场的次级磁场，如图 10-8 所示，这种对抗外磁场的作用称为屏蔽效应。由于核外电子云的屏蔽作用，使氢核实际受到的外磁场作用减小，为此引入屏蔽常数 σ，氢核实际所受的磁场为：

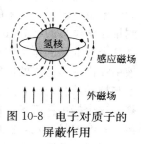

图 10-8　电子对质子的
屏蔽作用

$$B_0 - B_e = (1 - \sigma) B_0$$

$$\nu = [\gamma (1 - \sigma) B_0] / (2\pi)$$

式中，σ 为屏蔽常数，用以表示屏蔽效应的大小。它的具体数值取决于氢核周围的电子密度，而电子密度又取决于相邻基团（原子或原子团）的亲电能力或供电能力；B_e 为环形电流对抗外磁场的感应磁场。氢核的能级跃迁，因屏蔽作用强弱不同而需要不同的能量。

在外加磁场作用下有效应时，氢核两个能级间的能量差（即跃迁能）为

$$\Delta E = 2\mu B_0 (1 - \sigma)$$

而核跃迁能（ΔE）＝照射用电磁辐射能（$\Delta E'$），即

$$2\mu B_0 (1 - \sigma) = h\nu$$

$$B_0 = h\nu / [2\mu (1 - \sigma)]$$

因为 μ、h 均为常数，若 ν 再固定，共振峰位 B_0 大小将仅仅取决于 σ 值的大小。各种类型氢核因所处化学环境不同，σ 也将不同，故虽在同一频率电磁辐射照射下，引起共振时需要的外加磁场强度是不同的，结果共振峰将分别出现在 NMR 谱的不同强度磁场区域。屏蔽效应越强，即 σ 值越大，则共振峰越将在高磁场处出现；而屏蔽效应越弱，则越将出现在低磁场处。

质子或其它种类的磁性核由于在分子中所处的化学环境不同而在不同的磁场强度下显示共振峰的现象称为化学位移。根据化学位移可以进行氢核结构类型的鉴定。

二、化学位移的表示

在恒定外加磁场作用下，不同的氢核由于化学环境不同，共振吸收的频率也不同，但频率的差异范围不大，约为百万分之十，因此要精确测量化学位移的绝对值很难。通常采用测定化学位移相对值的办法，选择某个标准物的化学位移作标准来测量，这个标准物常直接加入样品溶液中作内标。理想的内标物应该具有以下特点：①有高度的化学惰性，不与样品缔合；②它是磁各向同性的或者接近磁各向同性；③信号为单峰，这个峰出在高场，使一般有机物的峰出在其左边；④容易溶于有机溶剂；⑤容易挥发，使样品可以回收。

对于 ^{1}H NMR 而言，最适宜的标准物为四甲基硅烷 Si（CH$_3$）$_4$（简称 TMS）。它是化学惰性的，其 12 个质子呈球形分布，因此是磁各向同性的。它的沸点为 27℃，容易挥发，并与许多有机物互溶。吸收峰为单峰，与一般有机物比较，它的质子的信号在高场，容易辨认。因此，在 NMR 测定中，以 TMS 的质子化学位移 $\delta = 0.00$ 来测量其它质子信号。

由于所用仪器有不同兆赫数，用磁场强度或频率表示化学位移值，则不同兆赫数的仪器测的数值是不同的。为了使不同兆赫数的仪器测的化学位移有一个共同的标准，使用标准物质的化学位移为原点，其它质子与它的距离（频率差）即化学位移值用 δ 来表示，则化合物的化学位移值与仪器无关，δ 是一个无量纲的参数。

位移的表示方法：共振频率与外部磁场成正比，通常用样品和标样共振频率之差与所用仪器频率的比值 δ 来表示。由于该数值很小，故通常乘以 10^6。化学位移示例见图 10-9。

$$\delta = \frac{\nu_{\text{试样}} - \nu_{\text{TMS}}}{\nu_0} \times 10^6 = \frac{\Delta\nu}{\nu_0} \times 10^6$$

$$\delta = \frac{H_{\text{试样}} - H_{\text{TMS}}}{H_0} \times 10^6$$

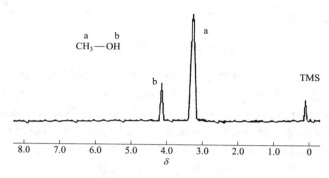

图 10-9 甲醇核磁共振谱图

与裸露的氢核相比,TMS 的化学位移最大,但规定 $\delta_{\text{TMS}} = 0$,其它种类氢核的位移为负值,负号不加。

化学位移值 δ 小,则核外电子云密度大,屏蔽强,共振需要的磁场强度大,在图右侧的高场出现;

化学位移值 δ 大,则核外电子云密度小,屏蔽弱,共振需要的磁场强度小,在图左侧的低场出现。

三、氘代溶剂

NMR 一般是将样品溶解在有机溶剂中进行测定的,所用的溶剂本身最好不含质子,以免溶剂中质子干扰测定。试样浓度 5%~10%,需要纯样品 15~30mg;傅里叶变换核磁共振波谱仪需要纯样品 1mg,标样浓度(四甲基硅烷,TMS)1%。常用氘代溶剂或不含质子的溶剂,如 CCl_4、$CDCl_3$、D_2O、CF_3COOH、CD_3COCD_3 等溶剂。由于这些氘代溶剂会存在少量未被氘代的分子而在某一位置出现残存的质子峰,所以在解谱时要注意识别。如 $CDCl_3$ 在 δ 7.27 处出现的吸收是残存的质子峰,此外,溶剂中有时会有微量的 H_2O,会有一个 H_2O 质子峰出现,而且这个峰的位置会因溶剂的不同而变化。解谱时要注意。一些溶剂残存质子的 δ 见表 10-3。

表 10-3　一些溶剂残存质子的 δ

NMR 类型	δ				
	$CDCl_3$	D_2O	C_6D_6	CD_3CN	CD_3COCD_3
^1H	7.27	1.8	7.20	1.95	2.05
^{13}C	77		128.7	118.2	30.2

注：内标为 TMS，$\delta=0$。

四、影响化学位移的因素

化学位移是由于核外电子云的抗磁性屏蔽效应引起的，因此凡是能改变核外电子云密度的因素，均可影响化学位移。若使核外电子云密度升高，则化学位移减小，移向高场，反之，化学位移变大，移向低场。常见的影响因素有诱导效应、共轭效应、磁的各向异性效应以及溶剂和氢键效应。每种磁核的"化学位移"就是该磁核在分子中化学环境的反映，化学位移的大小与核的磁屏蔽影响直接关联。

1. 诱导效应

与质子相连的碳原子上如果连接电负性强的基团，则由于其吸电子诱导效应，使核周围电子云偏离质子，屏蔽作用减弱，信号峰在低场出现。所连接基团的电负性越强，诱导效应越强，化学位移越大。诱导效应与化学位移的关系非常重要，往往是预测化学位移的重要因素。如碘代乙烷，与 H 相连的 C 的电负性不同，化学位移也不同（图 10-10）。

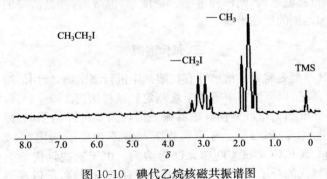

图 10-10　碘代乙烷核磁共振谱图

由于诱导效应的存在，下列基团或化合物中甲基氢的化学位移也不尽相同：

　　—OCH₃　　$\delta=3.24\sim4.02$　　　　—NCH₃　　$\delta=2.12\sim3.10$

$—CCH_3$ $\qquad \delta=0.77\sim1.8$ $\qquad CH_3CH_2CH_2Br \qquad \delta=1.04$

$CH_3Br \qquad \delta=2.68$ $\qquad\qquad CH_3（CH_2）_5Br \qquad \delta=0.99$

$CH_3CH_2Br \quad \delta=1.65$

2. 共轭效应

极性基团通过 π-π 或 p-π 共轭作用，使碳上的质子周围电子云密度发生变化，因而使其化学位移发生变化，使化学位移移向高场或低场。一些存在共轭效应的化合物氢核化学位移如下：

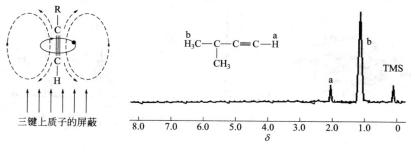

3. 磁各向异性效应

磁各向异性效应就是当化合物的电子云分布不是球形对称时，就对邻近氢核附加了一个各向异性效应，从而对外磁场起着增强或减弱的作用，使在某些位置上的核受到屏蔽效应，δ 移向高场，而另一些位置上的核受到去屏蔽效应，故 δ 移向低场。磁各向异性效应是通过空间传递的，在氢谱中这种效应很重要。

（1）三键的磁各向异性效应　碳碳三键呈直线型，电子以圆柱形环绕三键运行。若磁场 B_0 沿分子的轴向，则电子流产生的感应磁场是各向异性的，如图 10-11 所示，炔氢位于屏蔽区，故化学位移移向高场。

图 10-11　三键的磁各向异性效应

（2）双键的磁各向异性效应　当外磁场的方向与双键所处的平面互相垂直时，电子环流所产生的感应磁场也是各向异性的，如图 10-12 所示，双键平面的上下处于屏蔽区（＋），在双键平面上是去屏蔽区（－），烯氢和醛氢都位于去屏蔽区，故化学位移移向低场。

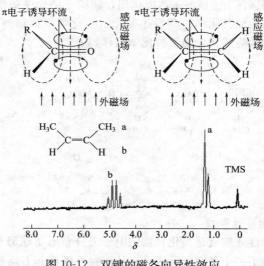

图 10-12　双键的磁各向异性效应

（3）苯环的磁各向异性效应　苯环的电子云对称地分布于苯环平面的上、下方。当外磁场方向垂直于苯环平面时，在苯环平面上、下方形成一个类似面包圈的电子环流，此电子环流产生的感应磁场使苯环的环内和环平面的上、下方处于屏蔽区（＋），其它方向是去屏蔽区（－）。苯环上的六个氢都处于去屏蔽区，故化学位移移向低场（图 10-13）。

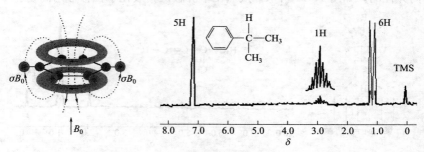

图 10-13　苯环的磁各向异性效应

下面的化合物环上质子的化学位移值的变化体现了苯环上各个方向的屏蔽效应不同导致的化学位移不同。

a 3.18，b 2.7，c 1.3，d 0.9，e 0.3

4. 氢键的影响

当分子形成氢键时，氢键中质子的信号明显地移向低磁场，即化学位移值变大。一般认为这是由于形成氢键时，质子周围的电子云密度降低所致。

分子中含易形成氢键的基团，其上的氢质子的化学位移范围往往很大，比如：

| ROH | 0.5~5 | RCOH | 8~10 |
| ArOH | 3.5~7.7 | RCOOH | 10.5~12 |

5. 溶剂效应

同一化合物在不同溶剂中的化学位移是不相同的，溶质质子受到各种溶剂的影响而引起化学位移的变化称为溶剂效应。

五、各类质子的化学位移

1. 饱和烷基质子：0~2（烷烃）

(1) CH_3：约 0.9（饱和），在高场出峰，峰强，易于辨认。当甲基与不同基团相连时，化学位移如下：

$CH_3—C$ $CH_3—\bigcirc$ $CH_3—N$ $CH_3—C=O \atop H$ $CH_3—O$

$\delta^1H(CH_3)$ 0.8~1.2   2.1~2.6   2.2~3.2   2.0~2.7   3.2~4.0

(2) CH_2：$X—CH_2—Y$。

$H_3C—CH_2—CH_3$ $H_3C—CH_2—OR$ $H_3C—CH_2—C=O \atop H$

$\delta^1H(CH_2)$ 1.17   3.40   2.47

(3) CH：一般比 CH_2 的 δ 值大 0.3。

2. 烯烃类质子

=CH δ 4.5~8.0。

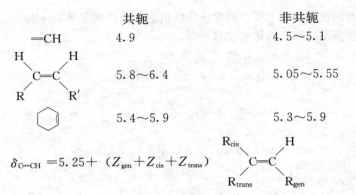

	共轭	非共轭
=CH	4.9	4.5～5.1
	5.8～6.4	5.05～5.55
	5.4～5.9	5.3～5.9

$$\delta_{C=CH} = 5.25 + (Z_{gen} + Z_{cis} + Z_{trans})$$

3. 炔氢

δ 1.8～3.0。

4. 芳环氢

δ 6.5～8.0。

5. 芳杂环氢

δ 6.0～9.5。

6. 活泼氢

δ 值变化大，易受温度、添加重水、改变溶剂及酸度的影响。

R—OH δ 0.5～5.5

Ar—OH δ 4～8

形成分子内氢键 $\delta > 10$（10.5～16）

脂肪胺 NH_2 δ 0.5～5.5

羧酸 COOH δ 10～13

醛基 COH δ 8～10

第三节　自旋耦合及自旋裂分

分子中的氢由于所处的化学环境不同，其核磁共振谱在相应的 δ 值处出现不同的峰，各峰的面积与氢原子数成正比。在低分辨的 NMR 中，一个分子中同一种氢只出一个峰，但在高分辨的仪器上，每类氢核不总表现为单峰，有时裂分为多重峰。例如，乙醇的低分辨 NMR 图谱如图 10-14 所示，高分辨 NMR 图谱如图 10-15 所示，乙醇同一种氢可产生许多重峰，各种质子的峰面积之比仍然为 1:2:3。裂分峰是由于分子内部邻近氢核自旋的相互干扰引起的，这种邻近氢核自旋之间的相互干扰作用称为自旋耦合，由自旋耦合引起的谱线增多现象称为自旋裂分。

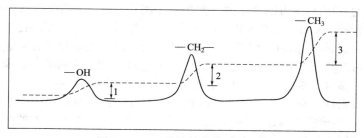

图 10-14　乙醇的低分辨 NMR 图

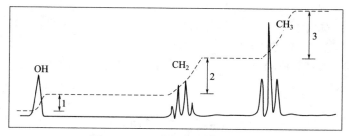

图 10-15　乙醇的高分辨 NMR 图

氢核在磁场中有两种自旋取向，$m=1/2$ 和 $m=-1/2$，分别以 α、β 两种取向。对于乙醇分子中的亚甲基上的两个质子，每个质子的核都可以有 α、β 两种取向，所以两个氢核就可能产生四种自旋组合：αα、αβ、βα、ββ，而 αβ、βα 是等同的，实际为三种自旋组合，其概率比为 1:2:1。这三种自旋组合方式构成了三种不同的局部小磁场，在 —CH_2—CH_3 中亚甲基上的氢核影响着甲基，使甲基的共振峰分裂为三重峰，甲基裂分小峰面积比等于亚甲基核自旋组合概率比，为 1:2:1。

两种自旋核之间引起能级分裂的相互干扰叫作自旋耦合。它是通过化学键传递的。一般只考虑相隔两个或三个键的两个核之间的耦合，相隔四个或四个以上单键的耦合基本为零，有远程耦合的情况除外。

自旋耦合和自旋裂分进一步反映了磁核之间相互作用的细节，可提供相互作用的磁核数目、类型及相对位置等信息，为有机化合物结构分析提供更丰富的证据。

一、耦合常数与分子结构的关系

在核磁共振实验中，由于核自旋彼此相互作用引起自旋裂分，谱线分裂的裂矩 J 称为耦合常数，其单位为赫兹（Hz）。耦合常数一般用 $^nJ_{A-B}$ 表示，A 和 B 为彼此相互耦合的核，n 为 A 与 B 之间相隔化学键的数目。例如，$^3J_{H-H}$ 表示相隔三个化学键的两个质子之间的耦合常数。其大小可反映邻近氢核自旋之间的相互干扰程度。原子核间的自旋耦合是通过成键电子传递的，所以耦合常数的大小与外加磁场无关。

根据耦合质子之间相隔键的数目，可将耦合分为：同碳质子耦合（$J_{同}$）、邻碳质子耦合（$J_{邻}$）、远程耦合（三个键以上的质子间的耦合）。不同类型氢的耦合常数如下。

(1) 同碳 H　$^2J_{HH}$　　　10～15Hz
　　例：CH_4　　　　　$J=12.4$Hz
　　邻碳 H　$^3J_{HH}$　　　6～8Hz
　　例：CH_3CH_2OH　　　$J=7$Hz
(2) 烯烃邻位耦合　$J_反$（12～18Hz）$>J_顺$（6～12Hz）。
例：

$J_{ab}=17$Hz

$J_{ab}=10$Hz

$J_{ab}=0$～3Hz

（与双面夹角、取代基电负性等有关）

(3) 芳环氢　$J_o=6$～9.4Hz，$J_m=1.2$～3.2Hz，$J_p=0.2$～1.5Hz。
(4) 差向异构　环烷烃：$J_{aa}=8$（苏式）～13（赤式）Hz，$J_{ea}=2$（苏式）～6（赤式）Hz，$J_{ee}=2$（苏式）～5（赤式）Hz。
(5) 远距离耦合　相隔四个键以上的键产生的耦合：$H—C≡C—CH_3$，$^4J=0.5$～2.5Hz，$^4J=0.5$～2.0Hz。

耦合常数（J）是推导结构的又一重要参数，在氢谱中，化学位移提供不同化学环境的氢，积分高度代表峰面积，其简比为各组氢数目之简比，裂分峰的数目和 J 值可判断相互耦合的氢核数目及基团的连接方式，如确定烯烃、芳烃的取代情况，尤其是可以阐明立体化学中的结构问题。

二、核的等价性

在解析氢谱时常会遇见这样的问题：一个化合物的结构似乎并不复杂，但是它的氢谱显得很复杂，为什么结构并不复杂而氢谱这样复杂呢？原因是核的化学等价和磁等价性有关，只有磁不等价的质子间耦合才产生裂分；磁等价的质子间耦合，谱图上不产生裂分。

1. 化学等价

化学等价是立体化学中的一个重要概念。如果分子中两个相同原子（或者两个相同基团）处于相同的化学环境时，它们是化学等价的，用核磁共振方法测定时它们具有相同的化学位移数值。如柠檬酸的结构如下：

$$\text{HOOC}-\text{H}_2\text{C}-\underset{\underset{\text{COOH}}{|}}{\overset{\overset{\text{OH}}{|}}{\text{C}}}-\text{CH}_2-\text{COOH}$$

从平面结构式来看，连接亚甲基的两个羧基似乎是等价的。实际上，在酶解反应中，这两个羧基不是化学等价的。

如 δ-维生素 E 结构式中最右端的两个甲基也是化学不等价的。

$$\text{HO}\cdots\overset{\text{CH}_3}{\underset{\text{CH}_3}{}}-\text{CH}_2-\text{CH}_2-\text{CH}_2-\overset{\text{CH}_3}{\underset{|}{\text{CH}}}-\text{CH}_2-\text{CH}_2-\text{CH}_2-\overset{\text{CH}_3}{\underset{|}{\text{CH}}}-\text{CH}_2-\text{CH}_2-\text{CH}_2-\overset{\text{CH}_3}{\underset{|}{\text{CH}}}-\text{CH}_3$$

在氢谱中，如果两个氢原子具有相同的化学位移数值，在氢谱中它们之间的耦合裂分就不会反映出来；反之，如果它们具有不同的化学位移数值，在氢谱中它们之间的耦合裂分就会反映出来，而且由于它们仅相距两根化学键，耦合常数为 ^2J，产生的耦合裂分很显著，因而会使其氢谱产生复杂的谱图。

总之，无论是连接在同一个碳原子上的两个氢原子，还是连接在同一个碳原子上的两个相同基团，它们的化学位移数值是否相等是不能简单地判定的。

为判断连接在同一个碳原子上的两个相同的基团（包括两个氢原子）的化学位移数值是否相等，必须用对称面法则分析。用对称面法则判断它们是化学等价时，它们才会具有相同的化学位移数值，在氢谱中它们之间的耦合裂分才不会反映出来；反之，如果不符合对称面法则的要求，它们就会具有不同的化学位移数值，在氢谱中则可能产生复杂的谱图。

有相同化学位移值的核是化学等价的。在分子中，如果通过对称操作或快速运动机制，一些核可以互换而分子不变，则这些核是化学等价的核。在非手性条件下，化学等价的核具有严格相同的化学位移。

化学不等价的两个基团在化学反应中表现出不同的反应速率，在光谱、波谱测量中有不同的结果。

如下列 3 个化合物的质子可以通过对称轴旋转而互换。如果将化合物中质子的标识去掉，则分不清是否进行了对称操作。在化合物 1,2-二氯环丙烷中 H_b 与 H_a 是化学等价，H_c 与 H_d 是化学等价的。

化学等价有等位质子和对映异位质子两种情况。可以通过对称轴旋转而互换的质子叫作等位质子，等位质子在任何环境（手性或非手性的）中都是化学等价的。

没有对称轴，但是有其它对称因素的质子叫作对映异位的质子。在非手性溶剂中，对映异位的质子具有相同的化学性质，是化学位移等价的；但是在光学活性溶剂或酶产生的手性环境中，对映异位的质子在化学上是不等同的，在 NMR 谱图上也不等同。

如下面化合物 A 的两个质子有一对称面，当用另外一个基团分别取代 H_a 和 H_b 后，产生的两个新化合物 A′ 和 A″ 为不能重叠的对映异构体，这个化合物的两个质子为对映异位质子。在化合物环丙烯 B 中，两个烯氢有对称轴，为等位质子。甲基环丙烯 C 中两个烯氢有对称面，为对映异位。

分子中不能通过对称操作进行互换的质子叫作非对映异位的质子。

非对映异位的质子在任何环境中都是化学不等价的，即一般情况下它们有不同的化学位移，虽然它们有可能偶尔有相同的化学位移，这只是巧合而已。例如，下列化合物中的亚甲基上质子是非对映异位的。

非对映异位不仅仅对原子而言，对基团也适用，如下面两个化合物中异丙基上两个甲基为非对映异位。

2. 磁等价

磁等价又叫作磁全同。分子中化学等价的核若它们对其它任何一个原子核（自旋量子数为 1/2 的所有核）都有相同的耦合作用，则这些化学位移等价的核称为磁等价。

例如，化合物 CH_2F_2 中两个 H 是磁等价的，而在 $H_aH_bC\!=\!CF_aF_b$ 中两个 H 虽然化学位移相同，但对 F 的耦合情况不同，即 H_b 与 F_a 的耦合不同于 H_b 与 F_a 的耦合，故为磁不等价。

磁等价的核之间也有耦合，但不产生裂分。磁不等价的两组核之间的耦合才有自旋分裂。

化学等价的核不一定是磁等价的，而磁等价的核一定是化学等价的。在同一碳上的质子，不一定都是磁等价。

3. 快速运动机制

在分析核的等价性时，分子的内部运动（即快速运动机制）必须考虑。如果分子的内部运动相对于 NMR 时间标度是快的，则分子中本来不是等价的核将表现为等价；如果这个过程是慢的，则不等价性就会表现出来。

例如，在 CH_3CH_2X 分子中，它有很多种构象，构象其中之一用 Newman 投影式表示如下：

由以上投影式看到 H_1、H_2、H_3 应是磁不等价，H_4、H_5 也应是磁不等价。可是在温室下，分子绕 C—C 键高速旋转，各个质子都处于一个平均环境中，因此 CH_3 中三个质子为磁等价，CH_2 中两个质子为磁等价。

环己烷在室温下由于环的快速反转，使得低温时同碳上构象为非对映异位的平伏键和直立键的质子变成了对映异位质子，即化学位移等价。

常见的活泼氢 OH、NH、SH 有活泼氢的快速相互交换作用及氢键形成，δ 值很不固定，耦合情况也较复杂。一般交换速度 OH＞NH＞SH。巯基 SH 质子交换速度慢，像碳上质子一样，与邻近碳上质子有耦合作用。NH 质子交换速度较慢，与其它质子有无耦合与氨基碱性有关。如 N-甲基苯胺的甲基为单峰，而 N-甲基-2,5-二氯苯胺的甲基为双峰。当分子内有几个不同羟基时，由于活泼氢的快速交换，图谱上可能只有一个峰。例如，羟基酸中的羧基质子和羟基质子，只产生一个单峰，即化学位移一样。在羧酸质子和羟基质子快速交换后，产生的单峰是一个综合平均的信号。当分子中有多个活泼氢，快速交换后，在图谱上产生的平均信号的化学位移可由下式计算：

$$\delta_{观察} = \sum N_i \delta_i$$

式中，N_i 为第 i 种活泼氢的摩尔分数；δ_i 为第 i 种活泼氢的 δ 值。

当羟基形成缔合与自由羟基可以不发生交换或交换变慢，两者就不等同。例如，化合物形成分子内氢键的羟基和自由羟基的化学位移就不一样。

胺形成盐以后，对其 NH 及邻近的 CH 的化学位移都有影响，而且铵离子的 NH 交换速度大大降低，NH 之间及 NH 与邻近的 CH 之间都表现出耦合关系。

4. 质子的磁不等价性

除了没有对称因数、化学位移不相等的质子肯定磁不等价外，下面再举例说明一些常见质子中哪些质子为磁不等价。

(1) 双键的同碳质子是磁不等价。前面讲到 $H_a H_b C \!=\! CF_a F_b$ 的两个氢虽为化学等价，但磁不等价，因为它们对两个 F 的耦合不相同。$J_{H_a F_a} \neq J_{H_b F_a}$，$J_{H_a F_b} \neq J_{H_b F_b}$。

(2) 单键带有双键性质时，有可能得到磁不等价性质子。如 R—CO—NH_2 中，由于 N 上孤对电子与羰基共轭，使 C—N 键带有一定双键性质，所以 NH_2 的两个 H 为磁不等价。

(3) 单键不能自由旋转和环不能自由反转时有磁不等价质子产生。

这又有几种情况。

构象固定的环上的 CH_2 为磁不等价。化合物 1-甲基 3，5-二苯基吡唑啉的五元环上的亚甲基 CH_2 两个质子为磁不等价。

环己烷在低温时同碳上的平伏键和直立键的质子不等价。如化合物 d-11 环己烷（$C_6D_{11}H$）在室温到 $-57℃$ 是一个单峰，在 $-57℃$ 以下出现两个峰。原因是在较高温度下，d-11 环己烷可较快翻转，使 $C_6D_{11}H$ 中的质子在 H_a 和 H_e 之间高速互变，$C_6D_{11}H$ 中的质子出一个单峰。在低温下，$C_6D_{11}H$ 中的质子在 H_a 和 H_e 两处的化学位移不同，H_a 在较高场，H_e 在较低场，出现两个峰。

单键不能自由旋转造成质子不等价的还有很多例子。在下面化合物 A 中，在室温和较低温度下，亚甲基上两个质子为 AB 系统。在 B 中取代基影响两个苯环间的自由旋转，也使亚甲基上两个质子不等价。在 C 中取代基影响两个苯环间的自由旋转，使异丙基上两个甲基化学位移不同，出现双峰，升温到 $110℃$，双峰融合为一。

A   B   C

（4）与不对称碳原子相连的 CH_2 的两质子为磁不等价，如 $R—CH_2—CR'R''R'''$ 中的 CH_2。这里的不对称碳原子只要是三个取代基不同就行，并非需要是手性碳原子。例如，$CH_2Br—CHBr—CH_2Br$ 中间的 CHBr 上的碳原子非手性碳，但在考察质子的磁不等价性时就算不对称碳原子，因为它上面有三个不同的取代基 $BrCH_2$、Br 和 H，所以与它相连的 CH_2 上的两个质子磁不等价。

（5）硫原子引起的非对映异位。硫化合物，如亚磺酸酯、亚砜等化合物，由于硫原子具有四面体结构（未共用电子对为其中一个顶角），会使其中 CH_2 的两个氢不等价。例如，下面化合物 CH_2 的两个氢不等价。

（6）取代苯环上的对称质子为磁不等价。如甲苯中，虽然 $\delta_A = \delta_{A'}$，但 $J_{AB} \neq J_{A'B}$，$J_{AB'} \neq J_{A'B'}$，所以 A 与 A′磁不等价，B 与 B′磁不等价。

三、自旋体系的分类与表示

分子中相互作用的许多核构成一个自旋体系。自旋体系内的核不与自旋体系以外的任何核相互作用，也就是说自旋体系是孤立的。在一个自旋体系中核之间有耦合，但并不要求某一个核与自旋体系中其它所有的核都发生耦合。例如，在化合物 $CH_3CH_2—CO—CH(CH_3)_2$ 中，CH_3CH_2 的 5 个质子为一自旋体系，$CH(CH_3)_2$ 的 7 个质子为另一自旋体系。

自选体系的表示法如下。

（1）一个自选体系中化学等价的核构成一个核组，用一个大写英文字母表示，若这些核虽然化学位移一样，但磁不等价，则在字母右上角加一撇、两撇等来区分。

（2）化学不等价的核用不同的大写字母表示，当它们的化学位移值相差大，即 $\Delta\nu/J \geqslant 6$ 时（其中 $\Delta\nu$ 为用 Hz 作单位的两核化学位移之差），则用相差较远的字母表示。一组核可用 A、B、C 等，另一组核可用 K、L、M 等，再一组核可用 X、Y、Z 等字母中的一个表示，而构成 AX，AMX 等系统。当它们的 $\Delta\nu/J < 6$ 时，用相近的字母表示，如 AB，ABC 等系统。

（3）每一种磁全同的核的个数写在大写字母右下角。

（4）写自旋体系时，$I = 1/2$ 的非氢核 ^{13}C、^{15}N、^{19}F 和 ^{31}P 等也应写入，它们对氢也有耦合。例如

CH_3CH_2OH $^{13}CH_2F_2$
A_3M_2X A_2M_2X

AA′BB′   ABCC′DD′EE′FF′X(ABCDEFX皆为H)

由于自旋耦合的作用，乙醇中的甲基上的氢受亚甲基氢的耦合分裂成三重峰，这三个小峰面积之比为 1：2：1。亚甲基上氢则受甲基三个氢的耦合分裂成四重峰，强度比为 1：3：3：1。羟基质子在常温下一般溶剂中不考虑与其它质子的耦合，仍为单峰。

<h2 style="text-align:center">第四节　核磁共振谱图类型</h2>

核磁共振谱图分为一级谱和高级谱，一级谱又叫低级谱，容易解析。

<h3 style="text-align:center">一、一级谱的两个必要条件与规律</h3>

（一）一级谱的必要条件

（1）两组相互耦合的氢核的化学位移差与其耦合常数 J 的比值必须大于 6，即 $\Delta\nu/J \geqslant 6$。这表明一级谱为吸收峰位置相距较远，而裂分峰间距又较小的几组磁全同核所构成的自旋体系。

（2）相互耦合的两组氢核中，每组中的各氢核必须是磁全同核。

（二）一级谱的特征

（1）自旋裂分峰的数目为 $2nI+1$，I 为核的自旋量子数，n 为相邻基团上发生耦合的磁全同核的数目。对于氢核，则裂分峰的数目为 $n+1$，称 $n+1$ 规律。

（2）当某基团上的氢有 n 个相邻氢时，它将裂分为 $n+1$ 个峰。若这些相邻氢核处于不同的化学环境中，如一种环境为 n' 个，另一种为 n 个，则将裂分为 $(n+1)(n'+1)$ 个峰。

（3）自旋裂分峰的强度之比基本上为 $(a+b)^n$ 二项式各项系数之比。例如：

当 $n=1$　　　1：1
当 $n=2$　　　1：2：1
当 $n=3$　　　1：3：3：1

（4）一组多重峰的中心即为化学位移，各重峰间的距离即为耦合常数。

（5）磁全同核之间没有自旋裂分现象，其吸收峰为单一峰，如：$CH_3—CH_3$，$Cl—CH_2—CH_2—Cl$，$CH_3—O—$ 等。

例如，在乙醛 CH_3CHO 的 ^1H NMR 谱中，有两组质子，即 CH_3 和醛基质子，它们互相耦合。甲基受醛基质子的耦合分裂成两重峰，强度比为 1：1。醛基质子受甲基的耦合，裂分成四重峰，强度比为 1：3：3：1。但是醛基质子四个峰的总面积和甲基两个峰的总面积之比等于质子数之比，即为 1：3。

在两组互相耦合的峰中，还有一个"倾斜现象"，即两个强度应该相等的裂分峰表现出内侧高，外侧低，使两个耦合质子的各自两个峰顶点连接构成一个"人"字形，见图 10-16。此现象有助于辨别两组峰是否耦合，若构成一个"V"字形，耦合关系就是找错了。

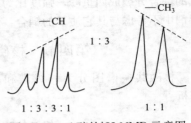

图 10-16　乙醇的 ^{1}H NMR 示意图

二、高级谱

当 $\Delta\nu/J \leqslant 6$ 时，为高级谱或复杂谱，它不满足一级谱的两个条件，也不遵守 $n+1$ 规律，裂分峰的间距不相同，一般来说，峰的间距不能代表耦合常数。由于高级谱谱图过于复杂，难以解析，需要使用强磁场仪器或一些新技术使谱图简化。

第五节　^{1}H NMR 实验技术

解析复杂化合物的结构时，常要借助于一些特殊的实验技术来简化图谱，确定峰的归属。

一、重氢交换法确认活泼氢

当化合物分子中含有—OH、—COOH、—NH、—SH 这些含活泼氢的基团时，活泼氢的 δ 值和峰型随测试条件的变化（如温度、浓度、溶剂等）而有较大的变动。在低温下活泼氢与邻近质子有耦合，在常温下一般不考虑活泼氢—OH、—COOH 及部分—NH 与其质子的耦合。要进一步确认活泼氢，可以在样品溶液中加入重水（D_2O）振动，原有活泼氢的峰消失，而在 δ 4.7～4.8 出现 DOH 的质子吸收峰。

二、位移试剂的应用

加入能与有机物络合的试剂，可使共振信号相距增大，以增加图谱的可读性。常用 Eu、Pr 的 β-二酮的络合物，特别是铕（Eu）的络合物。

如三（2,2,6,6-四甲基-3,5-庚二酮）铕就是一种常用的位移试剂，可与
—OH、—NH、—O—、—C=O 等络合。

$$H_2C \begin{matrix} \overset{R}{\underset{|}{C}}=O^{3-} \\ | \\ \overset{|}{C}=O \\ | \\ R \end{matrix} \quad Eu^{3+} \text{ 或 } Pr^{3+}$$

位移试剂对带孤对电子的化合物都有明显的增大位移、拉开图谱的
作用，一般来说，其对一些官能团的位移影响的大小顺序如
下：—NH＞—OH＞C=O＞—O—＞—COOR＞—CN。

位移试剂的影响见表 10-4。

表 10-4　位移试剂的影响（样品与位移试剂等物质的量）

基团类型	位移变化	基团类型	位移变化
$R\underline{N}H_2$	约 150	$RCH\underline{C}HO$	19
$RO\underline{H}$	约 100	$RCH_2O\underline{C}H_2R$	10
$RC\underline{H}_2NH_2$	30～40	$RC\underline{H}_2CO_2Me$	7
$RC\underline{H}_2OH$	20～25	$RCH_2CO_2\underline{M}e$	6.5
$RC\underline{H}_2COR'$	10～17	$RC\underline{H}_2CN$	3～7
$RC\underline{H}_2CHO$	11		

例如，苄醇的芳氢在未加位移试剂前是一个尖峰，在加了位移试剂
以后，三种芳环氢的化学位移拉开了距离，其分裂情况可以用一级近似
处理。羟基位移特别大，未加扫描。苄醇芳氢的图谱见图 10-17。

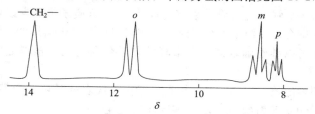

图 10-17　位移试剂对苄醇的芳氢的影响
样品：HO—CH₂—Ph，含 Eu（DPM）₃ 0.39mol

三、高磁场强度仪器的应用

一个化合物各组氢的 δ 和 J 是不随仪器变化的，但是各种仪器因兆周数不同，1 个化学位移单位所含的赫数也不同。兆周数高的，每一个化学位移单位内含的赫数大，按赫做单位的距离就大。60 兆周数仪器每个化学位移单位为 60 Hz，100 兆周的仪器则每个化学位移单位为 100 Hz。这样，用高磁场强度的仪器作图便把谱图拉开了，便于解析。

例如，丙烯腈在不同仪器上做出的图谱大不一样，由 60 兆周仪器上的 ABC 系统到 220 兆周上的 AMX 系统，谱图在高磁场仪器上变简化了，更易解析。三种仪器上丙烯腈的 NMR 谱图见图 10-18。

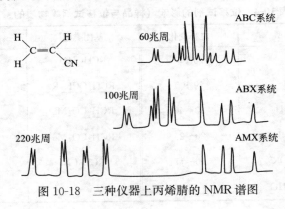

图 10-18　三种仪器上丙烯腈的 NMR 谱图

四、核磁双共振技术

核磁双共振（双照射法）采用两个射频场，辐射状扫频（ν_1）的同时，用另一更强固定射频照射（ν_2），使欲观测质子饱和，以消除对相邻质子的耦合。对照采用双照射技术前后图谱，确定谱线的归属。用双照射技术可以准确确定某组多重峰的化学位移，确定核群之间的耦合关系。

双照射的符号用 $A_m\{X_n\}$ 表示。其中 A 代表被射频 ν_1 观察的核，X 代表被射频 ν_2 照射的核，m、n 表示核的数目。

按照 ν_2 照射强度的不同，产生的效果不同，双照射可以分为几类，见表 10-5。

表 10-5　双照射的分类

照射强度	名称	一般现象
$> nJ_{AX}$	自旋去耦	A 核多重峰叠合为一
约 J_{AX}	旋转性自旋去耦	A 核谱线部分简化
$W_{1/2} \ll J_{AX}$	挠痒法	A 的某些相关峰发生分裂
$< W_{1/2}$	核 Overhauser 效应	A 的峰面积发生变化

注：$W_{1/2}$ 为半峰宽。

（一）自旋去耦法

自选去耦的原理是：化学位移不同的 H_A、H_B 核有耦合时，因为 H_B 有两种自旋取向，对 H_A 有不同的影响，使 H_A 发生分裂。在扫场法测定中，若用 ν_1 射频扫描，同时用第二个射频 ν_2 照射 H_B 使之达到自旋饱和，H_B 核高速往返在两种自旋状态之间，此时 H_B 对 H_A 不再有两种不同的影响，使 H_A 的双峰变成了单峰。当然若 H_A 与分子内别的质子还有耦合，则不是变成单峰，而是一组简化了的多重峰（图 10-19）。

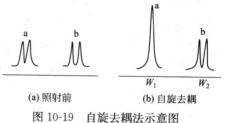

(a) 照射前　　(b) 自旋去耦

图 10-19　自旋去耦法示意图

比如化合物 $Ph—CH_2—CH_3$ 的正常谱图（$—CH_2—CH_3$ 部分）如图 10-20 所示，图 10-21 为用 W_2 干扰 $—CH_2—$ 得到的谱图。

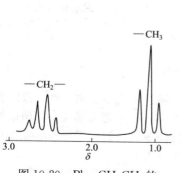

图 10-20　$Ph—CH_2CH_3$ 的 CH_2CH_3 NMR 图部分

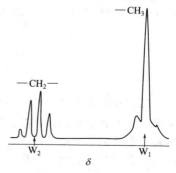

图 10-21　$Ph—CH_2CH_3$ 的 CH_2CH_3 自旋去耦图

（二）NOE 效应

分子内有两个邻近的质子时（两核之间不一定有耦合），若用一个强度小于 $W_{1/2}$ 的射频照射其中的一个质子使其饱和，另一个质子的吸收峰面积就会增加，这一现象叫作核 Overhauser 效应（nuclear Overhauser effect，NOE）。利用 NOE 可以识别谱峰归属，研究分子的立体化学问题。

$$\begin{array}{ccc} 1.42 \ H_3C & & H_A \quad 6\sim7 \\ & C = C & \\ 1.97 \ H_3C & & COOH \end{array}$$

对 1.42 照射，H_A 信号增大 17%；对 1.97 照射，H_A 信号基本不变。

图 10-22 为化合物 Ⅱ 正常图谱中的 H_a、H_b、H_c 部分，图 10-23 为照射—OCH_3 的 NOE，H_a 的强度在照射后比照射前增强了 23%。

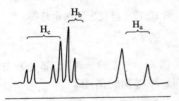
图 10-22　化合物 Ⅱ 的一般 NMR 图

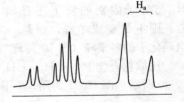
图 10-23　照射化合物 Ⅱ 的
　　　　　—OCH_3 的 NOE

五、普通样品制备

固体样品须在合适的溶剂中配成溶液，浓度尽量浓一些，以减少测量时间，但不宜过于黏稠。液态样品应具有较好的流动性，常用惰性溶剂稀释。合适的溶剂应黏度小，对试样溶解性能好，不与样品发生化学反应或缔合，且其谱峰不与样品峰发生重叠。

CCl_4 无 ^1H 信号峰，而且价格便宜，是作 ^1H NMR 时常用的溶剂。作精细测量时常用的是氘代溶剂，如 CD_2Cl_2，D_2O 等。

样品溶液中不应含固体微粒、灰尘或顺磁性杂质，否则，会导致谱线变宽，甚至失去应有的精细结构。为此，样品应在测试前预过滤，除去杂质。必要时，应通氮气逐出溶解在试样中的顺磁性的氧气。

第六节 ^{1}H NMR 谱图解析

一、^{1}H NMR 谱图解析一般步骤

核磁共振谱能提供的参数主要有化学位移、质子的裂分数、耦合常数以及各组峰的积分高度等，从这些参数可以得到以下几方面的信息：

（1）核磁共振波谱信号的数目反映了分子中氢核的种类，但要注意，不同氢核化学位移接近时，信号峰会产生重叠现象。

（2）各种氢核的吸收峰强度比及信号面积比表示了各种氢核数目的多少。

（3）各种氢核在图中的位置即化学位移值表示该质子是何种基团。

（4）各种氢核由于周围电子云的改变，δ 值有所改变，根据 δ 值的大小，可分析氢核的环境。例如当氢核附近有吸电子基团，δ 值增大，使信号出现在低场。

（5）氢核由于磁性核之间的耦合产生裂分，根据被裂分的数目，可判断邻近氢核的数目。

核磁共振谱像红外光谱一样，有时仅根据本身的图谱，即可鉴定或确认某化合物。对比较简单的一级图谱，可用化学位移值鉴别质子的类型。对复杂的未知物，可以配合红外光谱、紫外光谱、质谱、元素分析等数据，推定其结构。

在进行有机化合物结构的 NMR 波谱解析时，下列程序可供参考：

（1）检查谱图是否规则：四甲基硅烷的信号应在零点，基线平直，峰形尖锐对称（有些基团，如—CH_2CN 峰形较宽），积分曲线在没有信号的地方也应平直。

（2）识别杂质峰、溶剂峰、旋转边带、^{13}C 卫星峰等非待测样品的信号。在使用氘代溶剂时，常会有未氘代氢的信号，一些常用氘代溶剂的残留质子峰的 δ 值见表 10-3，需要小心确认。确认旋转边带，可用改变样品管旋转速度的方法，是旋转边带的位置也改变。

由于样品可能含有水分，因此在核磁共振氢谱中存在相应的水峰。在不同的溶剂中，水峰的位置不同。常用氘代溶剂中水峰的位置如表

10-6 所示。

表 10-6　常用氘代试剂中的水峰位置

氘代试剂	CDCl$_3$	D$_2$O	CD$_3$SOCD$_3$（氘代 DMSO）	CD$_3$OD	CD$_3$COCD$_3$
水峰位置	约 1.6	4.79①	约 3.3	4.79	2.80

①　如果使用重水作溶剂，样品中的水和重水中未氘代的氢一起出峰。

（3）由积分曲线算出各组信号的相对面积，再参考分子式中氢原子数目，来决定各组峰代表的质子数目。也可用可靠的甲基信号或孤立的次甲基信号为标准计算各组峰代表的质子数。

（4）从各组峰的化学位移、耦合常数及峰形，根据它们与化学结构的关系，推出可能的结构单元。可先解析一些特征的强峰、单峰，如 CH$_3$O、CH$_3$N、　CH$_3$—C≡C 等，识别低场的信号，醛基、羧基、烯醇、磺酸基质子的化学位移均在 9～16 之间，再考虑其它耦合峰，推导基团的相互关系。

（5）识别谱图中的一级裂分谱，读出 J 值，验证 J 值是否合理。

（6）解析高级谱图，必要时可用位移试剂、双共振技术等使谱图简化，用于解析复杂的谱峰。

（7）结合元素分析、红外光谱、紫外光谱、质谱、^{13}C 核磁共振谱和化学分析的数据推导化合物的结构。

（8）仔细核对各组信号的化学位移和耦合常数与推定的结构是否相符，必要时，找出类似化合物的共振谱进行比较，进而确定化合物的结构式。

（9）已知物可以再与标准谱图对照来确定。可用萨特勒（Sadtler）图谱集手工查找，也可在一些网站上查找，如 http://www.aist.go.jp/RIODB/SDBS/menu-html。

二、^{1}H NMR 谱图解析实例

例 1　某未知物分子式为 C$_5$H$_{12}$O，其核磁共振氢谱图如图 10-24 所示，求其化学结构。

解：从分子式 C$_5$H$_{12}$O 求得化合物的不饱和度为零，故此未知物为饱和脂肪族化合物。未知物的核磁共振谱图中有 3 个单峰，其积峰高度比如图所示，其中 δ 4.1 处的宽峰，经重水交换后消失，说明分子中存在羟基。δ 0.9 处的单峰相当于 9 个质子，可看成是连在同一个碳上的 3 个甲基。δ 3.2 处的单峰相当于 2 个质子，对应于一个亚甲基，从其化学位移值可知该亚甲基是与电负性强的基团相连，即分子中存在

—CH$_2$OH结构单元。因此未知物的结构为:

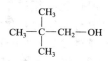

δ(A)　　　0.9
δ(B)　　　2.05
δ(C)　　　3.280
A：B：C峰面积之比为9：1：2

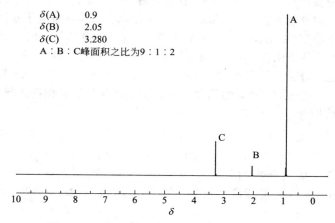

图 10-24　分子式为 C$_5$H$_{12}$O 化合物的^{1}H NMR

例2　某化合物分子式为 C$_6$H$_{10}$O$_3$，其核磁共振谱图如图 10-25 所示，各组峰的积分高度比为 2：2：3：3（从低场到高场），试确定该化合物的结构。

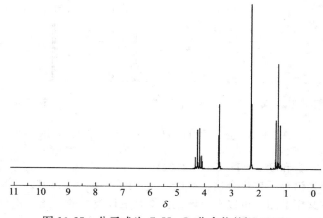

图 10-25　分子式为 C$_6$H$_{10}$O$_3$ 化合物的^{1}H NMR

解：从化合物分子式 $C_6H_{10}O_3$ 求得未知物的不饱和度为 2，说明分子中含有 C=O 或 C=C。但核磁共振谱中化学位移 5 以上没有吸收峰，表明不存在烯氢。谱图中有 4 组峰，化学位移及峰的裂分数目为 $\delta 4.1$（四重峰），$\delta 3.5$（单峰），$\delta 2.2$（单峰），$\delta 1.2$（三重峰），各组峰的积分高度比为 2：2：3：3，这也是各组峰代表的质子数。从化学位移和峰的裂分数可见 $\delta 4.1$ 和 $\delta 1.2$ 是互相耦合的，与强拉电子基团相连，表明分子中存在乙酯基（—COOCH$_2$CH$_3$），$\delta 3.5$ 为 CH$_2$，$\delta 2.2$ 为 CH$_3$，均不与其它质子耦合，$\delta 2.2$ 应与拉电子的羰基相连，即 CH$_3$—C=O。综上所述，分子中具有下列结构单元： CH$_3$—C=O ，—COOCH$_2$CH$_3$，—CH$_2$—，这些结构单元的元素组成总和正好与分子式相符，所以该化合物的结构为

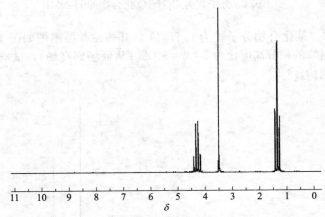

例 3　某化合物的分子式为 $C_5H_7NO_2$，红外光谱中 2230cm^{-1}、1720 cm^{-1} 有特征吸收峰，核磁共振谱图如图 10-26，求化合物的结构式。

图 10-26　分子式为 $C_5H_7NO_2$ 化合物的 ^{1}H NMR

解：不饱和度 $u=1+5+1/2\times(1-7)=3$

红外光谱分析该化合物含有羰基（C=O）和—CN 基。

核磁共振谱图中可以看出该化合物有三种类型的氢核，积分面积比为：3：2：2，将各类质子 δ 值、面积及裂分情况见表 10-7。

表 10-7　各类质子 δ 值、面积及裂分情况

δ	裂分峰	面积比	质子数	可能基团	相邻基团
1.3	三重峰	15	3	CH_3	CH_2
3.45	单峰	10	2	CH_2	$C=O$，$-C\equiv N$
4.25	四重峰	10	2	CH_2	O,CH_3

δ 为 4.25 说明该基团与氧相连，使 δ 值移至低场；$\delta=3.45$ 的 CH_2 为单峰，说明该基团与其它质子没有耦合，邻接羰基，因此该化合物的结构式为：

$$N\equiv C-CH_2-\overset{\displaystyle O}{\overset{\|}{C}}-OCH_2CH_3$$

第七节　核磁共振碳谱

^{13}C 核磁共振现象早在 1957 年开始研究，但由于 ^{13}C 天然丰度很低（1.1%），且 ^{13}C 的磁旋比约为质子的 1/4，^{13}C 的相对灵敏度较低，直至发展了脉冲傅里叶变换-NMR 技术，有关 ^{13}C 的研究才开始增多，采用双照射技术的质子去耦，才使 ^{13}C 核磁共振谱成为常规的测结构方法。

^{13}C 核：$\gamma=0.67\times108$ rad/(T·s)

^{13}C 核磁共振谱的特点：

(1) 信号弱，灵敏度低。^{13}C 同位素丰度为 1.1%，^1H 为 99.9%，γ (^{13}C)$\approx 1/4\gamma$ (^1H)，而灵敏度 $\propto$ 丰度 $\times \gamma^3$，所以 ^{13}C NMR 灵敏度为 ^1H NMR 的 1/6000。

(2) 化学位移范围大，对分子内电子状态的细微变化反应灵敏。峰的分辨率高，便于解析。^{13}C 谱化学位移：δ 0～300，^1H 谱化学位移：δ 0～15。

(3) 能得到如下的分子骨架结构的信息，而不是外围质子的信息：

$$\diagdown C=O \qquad -C\equiv N \qquad \diagup C \diagdown$$

^{13}C NMR 主要是依据化学位移来进行结构分析，自旋耦合所起的作用不大。常规的 ^{13}C NMR 谱都是质子去耦谱，其特点是所得各种核的共振峰表现为简单的单峰，^{13}C 谱比氢谱更容易归属。

^{13}C 化学位移大小直接反映被研究核周围的基团、电子分布情况，即核所受屏蔽作用的大小，δ_C 对核所处的化学环境是很敏感的。有机

化合物一般^{13}C NMR δ 的范围见表 10-8。

表 10-8　有机化合物一般^{13}C NMR δ 的范围

烷烃	60
烯烃	110～150(sp^2 杂化)
炔烃	60～90(sp 杂化)
芳环	128.5+/−35(季碳峰底,δ 较大)
酮(指羰基)	200～220
醛	175～205
酯	155～180
酸	165～185
酰胺	160～180
腈	约 100

　　^{13}C NMR 谱的测定方法：^{13}C 谱的峰强度与碳数不成正比，有机化合物分子中 C—C 、 C—H 都是直接键合的，由于^{13}C 的天然丰度低，可以不考虑，而 C—H 之间耦合很大，除了可与邻近的 H 耦合，还可以与远距离 H 耦合，因此耦合裂分太多，可使谱峰交叉重叠，难以解析，为避免^{13}C—H 之间耦合裂分的干扰，需采用双共振技术去掉 H 对^{13}C 的耦合。

　　双共振技术：由于自旋耦合而引起谱线增多的现象常常使谱图变得十分复杂而不易解析，而核间的耦合是有一定条件的，即相互耦合的核在某一自旋态的时间必须大于耦合常数的倒数。利用双共振技术可以破坏耦合条件，达到去耦合的目的。这种技术是两种照射同时进行，故称为双照射。又因两种共振同时发生，也称为双共振。双共振技术根据照射强度的大小，分为自旋去耦、NOE 效应、自旋微扰、核间双共振等。

　　(1) 宽带去耦法：把所测化合物的全部质子的耦合都去掉。

　　宽带去耦法的原理：使用两个射频振荡线圈，第一个射频振荡线圈产生低强度的射频，通过扫描使 A 组质子产生共振吸收，第二个射频振荡线圈产生高强度的射频，用其照射 B 组质子，使 B 组质子产生共振吸收并达到饱和，此时 B 组质子在两个能级上的粒子数相等，但两个能级上的原子核并不是静止的，而是在两个能级之间快速跃迁，辐照质子的共振区域，去其耦合作用，磁等价^{13}C核只出单峰，信号强度大。该法的目的是减少自旋耦合，减少重峰数，并找出耦合关系。

（2）偏共振耦合法（不完全去耦）：弱辐照^{1}H核，保留直接的自旋-自旋耦合作用，可以直接确定C原子上H的个数。

（3）门去耦法，非NOE方式：质子去耦法中信号强度的增大随各C原子的杂化轨道状态及分子环境不同而异，信号强度不具有定量性。

只在观测^{13}C核的期间辐照^{1}H核，既无自旋耦合，又无NOE效应，可以定量。

（4）门去耦法，NOE方式：只在观测^{13}C核的期间不辐照^{1}H核，既有自旋耦合，又有强度增大，信噪比大。

（5）选择质子去耦法：对特定官能团的质子进行辐照，对相应^{13}C核进行归属。

双共振技术见图10-27。

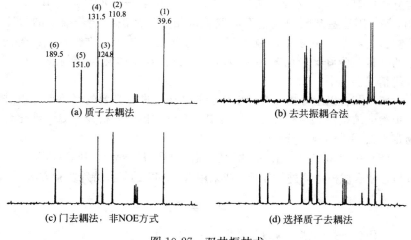

图 10-27　双共振技术

氢谱和碳谱可互相补充：氢谱不能测定不含氢的官能团，如羰基、氰基等；对于含碳较多的有机物，如甾体化合物、萜类化合物等，常因烷氢的化学环境类似，而无法区别，是氢谱的弱点。碳谱弥补了氢谱的不足，碳谱不但可给出各种含碳官能团的信息，且光谱简单易辨认，对于含碳较多的有机物，有很高的分辨率。当有机物的分子量小于500时，几乎可分辨每一个碳核，能给出丰富的碳骨架信息。然而普通碳谱的峰高常不与碳数成比例是其缺点，而氢谱峰面积的积分高度与氢数成比例，因此二者可互为补充。

解析¹³C NMR谱图的一般步骤如下。

（1）由分子式计算出不饱和度。

（2）分析¹³C核磁共振的质子宽带去耦谱，识别杂质峰，排除其干扰。

（3）由各峰的化学位移值分析sp^3、sp^2、sp杂化的碳各有几种，此判断应与不饱和度相符。若苯环或烯碳低场位移较大，说明该碳与电负性大的氧或氮原子相连。由C=O的化学位移值判断为醛、酮类羰基还是酸、酯、酰类羰基。

（4）由偏共振谱分析与每种化学环境不同的碳之间相连的氢原子的数目，识别伯碳、仲碳、叔碳、季碳，结合化学位移值，推导出可能的基团及与其相连的可能基团。若与碳直接相连的氢原子数目之和与分子中氢数目相吻合，则化合物不含—OH、—COOH、—NH₂、—NH等，因这些基团的氢是不与碳直接相连的活泼氢。若推断的氢原子数目之和小于分子中的氢原子，则可能上述基团存在。在sp^2杂化碳的共振吸收峰区，由苯环碳吸收峰的数目和季碳数目，判断苯环的取代情况。

（5）综合以上分析，推导出可能的结构，进行必要的经验计算以进一步验证结构。如果有必要，进行偏共振谱的耦合分析及含氟、磷化合物宽带去耦谱的耦合分析。

（6）化合物结构复杂时，需其它谱（MS、¹H NMR、IR、UV）配合解析，或合成模拟物进行分析，或采用¹³C NMR的某些特殊实验方法。

学 习 要 求

1. 什么是核磁共振？实现核磁共振的条件是什么？

2. 何为化学位移？影响化学位移的因素有哪些？如何影响？

3. 什么是自旋裂分和自旋耦合？它能给出哪些结构信息？

4. 会一级谱的谱图解析。

复 习 题

一、简答题

1. 下列分子会具有什么样的核磁共振氢谱，请画出正确的示意图。

$$\begin{array}{ccc} H_3C & & CH_3 \\ & \diagdown & \diagup \\ & CH-O-CH & \\ & \diagup & \diagdown \\ H_3C & & CH_3 \end{array}$$

2. 如何通过 ^1H NMR 谱区别下列每对化合物，指明其最特征的差别。

（1）甲醚和甲醇　　　　　（2）乙酸丁酯和甲酸丁酯

（3）丁醚和丁醇　　　　　（4）甲酸丁酯和正戊醛

3. 什么是化学位移？它是如何产生的？影响化学位移的因素有哪些？为什么乙烯质子的化学位移比乙炔质子大？

4. 判断下列化合物 ^1H 化学位移的大小顺序，并说明理由：CH_3Cl，CH_3I，CH_3Br，CH_3F。

二、选择题

1. 化合物 $C_3H_5Cl_3$，^1H NMR 谱图上有两个单峰的结构式是（　　）。

A. $CH_3-CH_2-CCl_3$　　　　　B. $CH_3-CCl_2-CH_2Cl$

C. $CH_2Cl-CH_2-CHCl_2$　　　D. $CH_2Cl-CHCl-CH_2Cl$

2. 磁共振波谱中，如果一组 ^1H 受到核外电子云的屏蔽效应较小，则它的共振吸收将出现在下列的（　　）位置。

A. 扫场下的高场和扫频下的高频，较小的化学位移值（δ）

B. 扫场下的高场和扫频下的低频，较小的化学位移值（δ）

C. 扫场下的低场和扫频下的高频，较大的化学位移值（δ）

D. 扫场下的低场和扫频下的低频，较大的化学位移值（δ）

3. $(CH_3)_2CHCH_2CH(CH_3)_2$，在 ^1H NMR 谱图上，有几组峰？从高场到低场各组峰的面积比为多少？（　　）

A. 五组峰，$6:1:2:1:6$　　　B. 三组峰，$2:6:2$

C. 三组峰，$6:1:1$　　　　　D. 四组峰，$6:6:2:2$

4. 化合物中，用字母标出的 4 种质子，它们的化学位移（δ）从大到小的顺序如何？（　　）。

$$CH_3-CH_2-\underset{a}{}\underset{b}{}\overset{O}{\underset{c}{\bigcirc}}\overset{\parallel}{-C}-\underset{d}{H}$$

A. a b c d　　　　B. b a d c　　　　C. c d a b　　　　D. d c b a

5. 共振波谱法中，乙烯、乙炔、苯分子中质子化学位移值顺序是（　　）。

A. 苯＞乙烯＞乙炔　　　　　B. 乙炔＞乙烯＞苯

C. 乙烯＞苯＞乙炔　　　　　D. 三者相等

6. 各向异性效应是通过下列（　　）因素起作用的。

A. 空间感应磁场　　　　　　B. 成键电子的传递

C. 自旋耦合 D. 氢键

7. 化合物中质子的化学位移最小者是（   ）。

A. CH_4 B. CH_3F C. CH_3Cl D. CH_3Br

8. 某化合物在 ^1H NMR 谱上的 $\delta < 3$ 范围内出现两个单峰，积分高比为 2：3，该化合物可能是（   ）

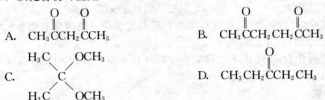

A. $CH_3CCH_2CCH_3$ B. $CH_3CCH_2CH_2CCH_3$

C. $H_3C\underset{H_3C}{\overset{OCH_3}{\underset{\big|}{\overset{\big|}{C}}}}OCH_3$ D. $CH_3CH_2CCH_2CH_3$

三、谱图解析

1. 某化合物分子为 $C_4H_{10}O$，根据其 ^1H NMR 谱图推测其结构。

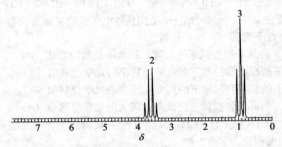

2. 根据 ^1H NMR 图谱推测 $C_3H_6O_2$ 的结构，c、b、a 峰面积比为 $1：2：3$。

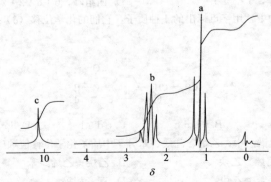

3. 某未知物，沸点 218℃，分子式为 $C_8H_{14}O_4$，其 IR 图谱显示有 $\nu_{C=O}$ 吸收。^1H NMR 谱图如下，试推测化合物的结构。

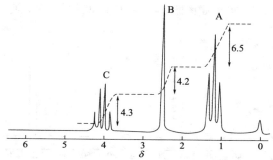

4. 某分子式为 $C_8H_{14}O_4$ 的化合物的^1H NMR 谱如图所示, 峰面积之比为 2∶2∶3 (从低场到高场)。试推导其结构。

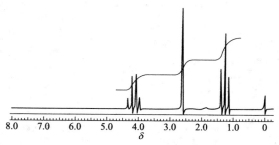

5. 一种重要的工业化学品, 通过色谱分离出的杂质经元素分析表明其经验式为 $C_5H_8O_4$, 质谱分析表明其分子量为 132。红外光谱表明该物质中有一个 —C—O—C—吸收, 并且无双键、羰基和羟基, 其^1H NMR 谱如图所示。试说明下列三种结构哪种是正确的。

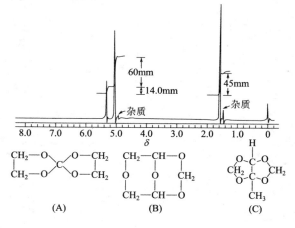

6. 根据如下 ^{13}C NMR 谱图推测化合物 C_9H_{12} 的结构，并说明依据。

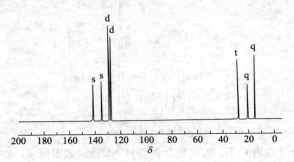

第十一章　质谱法

第一节　质谱法概述

质谱分析法是分子在离子源接受能量（如电子流轰击气态样品分子），把样品分子电离成离子，受到轰击的分子，除形成分子离子外，还有多余能量可导致化学键断裂，形成许多碎片，然后利用不同离子在电场或磁场中运动行为的不同，把离子按质荷比（m/z）分开而得到质谱图，通过样品的质谱图和相关断裂规律，可以得到样品的分子量及分子结构信息。图 11-1 为苯乙酮的质谱图。在图中横坐标表示质荷比（m/z），纵坐标表示峰的相对强度或相对丰度。纵坐标中最强的离子峰（也称基峰）的峰高作为 100%，而以对它的百分比来表示其它离子峰的强度。

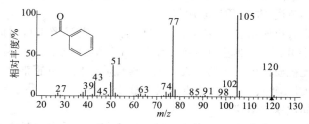

图 11-1　苯乙酮的 EI 源质谱图

一、质谱的发展史

从 J. J. Thomson 制成第一台质谱仪，至今已有百余年，早期的质谱仪主要是用来进行同位素测定和无机元素分析，20 世纪 40 年代以后开始用于有机物分析，60 年代出现了气相色谱-质谱联用仪，使质谱仪的应用领域大大扩展，开始成为有机物分析的重要仪器。计算机的发展又使质谱分析法发生了极大变化，使其技术更加成熟，使用更加方便。80 年代以后，一些新的质谱技术的出现，如快原子轰击电离源、基质辅助激光解吸电离源、电喷雾电离源、大气压化学电离源以及随之而来的比较成熟的液相色谱-质谱联用仪、傅里叶变换质谱仪、电感耦合等离子体质谱仪等新的电离技术和新的质谱仪，使质谱分析技术又取得了长足进展。目前，质谱分析法，尤其是色谱质谱联用技术已广泛应用于化学、化工、材料、环境、地质、能源、药物、刑侦、生命科学、运动医学等各个领域。

二、质谱仪的分类

质谱仪种类非常多，工作原理和应用范围也有很大的不同。从应用角度，质谱仪可以分为有机质谱仪、无机质谱仪、同位素质谱仪和气体分析质谱仪。

（1）有机质谱仪　由于应用特点不同又分为：

①气相色谱-质谱联用仪（GC-MS）　在这类仪器中，由于质谱仪工作原理不同，又有气相色谱-四极杆质谱仪、气相色谱-飞行时间质谱仪、气相色谱-离子阱质谱仪等。

②液相色谱-质谱联用仪（LC-MS）　同样，有液相色谱-四极杆质谱仪、液相色谱-离子阱质谱仪、液相色谱-飞行时间质谱仪，以及各种各样的液相色谱-质谱-质谱联用仪。

③其它有机质谱仪　主要有：基质辅助激光解吸飞行时间质谱仪（MALDI-TOFMS）、傅里叶变换质谱仪（FT-MS）等。

（2）无机质谱仪　包括：火花源双聚焦质谱仪、电感耦合等离子体质谱仪（ICP-MS）、二次离子质谱仪（SIMS）。

（3）同位素质谱仪。

（4）气体分析质谱仪　主要有呼气质谱仪、氦质谱检漏仪等。

在以上各类质谱仪中，数量最多、用途最广的是有机质谱仪。因此，本章主要介绍的是有机质谱分析方法。

除上述分类外，还可以根据质谱仪所用的质量分析器，把质谱仪分为双聚焦质谱仪、四极杆质谱仪、飞行时间质谱仪、离子阱质谱仪、傅里叶变换质谱仪等。

三、质谱分析法的特点

（1）质谱法能提供有机样品的精确分子量、元素组成及结构信息。

（2）样品用量少，灵敏度高，分析速度快。

第二节　质谱仪

一、质谱仪结构

质谱分析法主要是通过对样品离子质荷比的分析而实现对样品进行定性和定量的一种方法。因此，质谱仪都必须有电离装置把样品电离为离子，由质量分析装置把不同质荷比的离子分开，经检测器检测之后可以得到样品的质谱图，由于有机样品、无机样品和同位素样品等具有不同的形态、性质和不同的分析要求，所以，所用的电离装置、质量分析装置和检测装置有所不同。但是，不管是哪种类型的质谱仪，其基本组成是相同的，都包括离子源、质量分析器、检测器和真空系统，见图11-2。

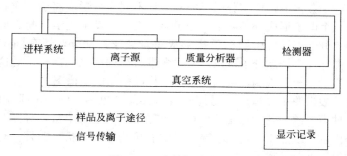

图 11-2　质谱仪组成示意

（一）离子源（ion source）

离子源的作用是将欲分析样品电离，得到带有样品信息的离子。质谱仪的离子源种类很多，现将主要的离子源介绍如下。

1. 电子轰击源（electron impact ionization，EI）

EI是应用最为广泛的离子源，它主要用于挥发性样品的电离。图11-3是EI的原理图，由GC或直接进样杆进入的样品，以气体形式进入离子源，由灯丝发出的电子与样品分子发生碰撞使样品分子电离。一般情况下，灯丝与接收极之间的电压为70V，所有的标准质谱图都是在70eV下做出的。在70eV电子碰撞作用下，有机物分子可能被打掉一个电子形成分子离子，也可能会发生化学键的断裂形成碎片离子。由分子离子可以确定化合物分子量，由碎片离子可以得到化合物的结构。对于一些不稳定的化合物，在70eV的电子轰击下很难得到分子离子。

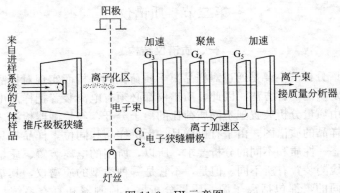

图 11-3　EI 示意图

在电子轰击下，样品分子可能有四种不同途径形成离子：样品分子被打掉一个电子形成分子离子；分子离子进一步发生化学键断裂形成碎片离子；分子离子发生结构重排形成重排离子；此外，还有同位素离子。这样，一个样品分子可以产生很多带有结构信息的离子，对这些离子进行质量分析和检测，可以得到具有样品信息的质谱图。

电子轰击源主要适用于易挥发有机样品的电离，GC-MS 联用仪中都有这种离子源。其优点是工作稳定可靠，结构信息丰富，有标准质谱图可以检索。缺点是只适用于易气化的有机物样品分析，并且，对有些化合物得不到分子离子。

2. 化学电离源（chemical ionization，CI）

有些化合物稳定性差，用 EI 方式不易得到分子离子峰，因而也就得不到此化合物的分子量。为了得到分子量，可以采用 CI 电离方式。CI 和 EI 在结构上没有多大差别，主体部件是共用的。其主要差别是 CI 工作过程中要引进一种反应气体。反应气体可以是甲烷、异丁烷、氨等。反应气的量比样品气要大得多。灯丝发出的电子首先将反应气电离，然后反应气离子与样品分子进行离子-分子反应，并使样品气电离。现以甲烷作为反应气，说明化学电离的过程。在电子轰击下，甲烷首先被电离：

$$CH_4 + e^- \longrightarrow CH_4^+ + CH_3^+ + CH_2^+ + CH^+ + C^+ + H^+$$

甲烷离子与分子进行反应，生成加合离子：

$$CH_4^+ + CH_4 \longrightarrow CH_5^+ + CH_3^+$$

$$CH_3^+ + CH_4 \longrightarrow C_2H_5^+ + H_2$$

加合离子与样品分子反应：

$$CH_5^+ + XH \longrightarrow XH_2^+ + CH_4$$
$$C_2H_5^+ + XH \longrightarrow X^+ + C_2H_6$$

生成的 XH_2^+ 和 X^+ 比样品分子 XH 多一个 H 或少一个 H，可表示为 $[M\pm 1]^+$，称为准分子离子。事实上，以甲烷作为反应气，除 $[M+1]^+$ 之外，还可能出现 $[M+17]^+$、$[M+29]^+$ 等离子，同时还出现大量的碎片离子。化学电离源是一种软电离方式，有些用 EI 方式得不到分子离子的样品，改用 CI 后可以得到准分子离子，因而可以求得分子量。CI 一般都有正 CI 和 负 CI 两种电离模式。根据样品结构进行选择。对于含有很强的吸电子基团的化合物，如含卤素化合物，负离子模式的灵敏度远高于正离子模式的灵敏度。由于 CI 得到的质谱不是标准质谱，所以不能进行库检索。

EI 和 CI 主要用于气相色谱-质谱联用仪，适用于易气化的有机物样品分析。

3. 快原子轰击源（fast atomic bombardment，FAB）

FAB 是继 CI 后的另一种软离子源，它的出现，使质谱可以测定不易挥发、极性强、分子量大的样品，是质谱发展史上一个里程碑。其工作原理如图 11-4 所示：氩气在电离室依靠放电产生氩离子，高能氩离子经电荷交换得到高能氩原子流，原子氩打在样品上使其电离后进入真空，并在电场作用下进入分析器［样品置于涂有底物（如甘油）的铜靶上］。电离过程中不必加热气化，因此适合于分析大分子量、难气化、热稳定性差的样品，如肽类、低聚糖、天然抗生素、有机金属络合物等。FAB 得到的质谱不仅有较强的准分子离子峰，而且有较丰富的结构信息。但是，它与 EI 得到的质谱图很不相同。其一是它的分子量信息不是分子离子峰 M 的，而往往是 $[M+H]^+$ 或 $[M+Na]^+$ 等准分子离子峰的；其二是碎片峰比 EI 要少。FAB 主要用于磁式双聚焦质谱仪。

4. 电喷雾源（electron spray ionization，ESI）

ESI 是近年来出现的一种新的电离方式，它主要应用于液相色谱-质谱联用仪。它既作为液相色谱和质谱仪之间的接口装置，同时又是电离装置。它的主要部件是一个多层套管组成的电喷雾喷嘴，最内层是液相色谱流出物，外层是喷射气，喷射气常采用大流量的氮气，其作用是使喷出的液体容易分散成微滴。另外，在喷嘴的斜前方还有一个补助气喷

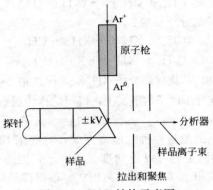

图 11-4 FAB 结构示意图

嘴，补助气的作用是使微滴的溶剂快速蒸发。在微滴蒸发过程中表面电荷密度逐渐增大，当增大到某个临界值时，离子就可以从表面蒸发出来。离子产生后，借助于喷嘴与锥孔之间的电压，穿过取样孔进入分析器（见图 11-5）。

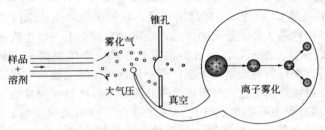

图 11-5 电喷雾电离原理示意图

加到喷嘴上的电压可以是正，也可以是负。通过调节极性，可以得到正或负离子的质谱。其中值得一提的是电喷雾喷嘴的角度，如果喷嘴正对取样孔，则取样孔易堵塞。因此，有的电喷雾喷嘴设计成喷射方向与取样孔不在一条线上，而错开一定角度。这样溶剂雾滴不会直接喷到取样孔上，使取样孔比较干净，不易堵塞。产生的离子靠电场的作用引入取样孔，进入分析器。

ESI 是一种软电离方式，即便是分子量大、稳定性差的化合物，也不会在电离过程中发生分解，它适合于分析极性强的大分子有机化合物，如蛋白质、肽、多糖等。ESI 的最大特点是容易形成多电荷离子。

这样，一个分子量为 10000 的分子若带有 10 个电荷，则其质荷比只有 1000，进入了一般质谱仪可以分析的范围之内。根据这一特点，目前采用 ESI，可以测量分子量在 300000 以上的蛋白质。

5. 大气压化学电离源（atmospheric pressure chemical ionization，APCI）

APCI 的结构与 ESI 大致相同，不同之处在于 APCI 喷嘴的下游放置一个针状放电电极，通过放电电极的高压放电，使空气中某些中性分子电离，产生 H_3O^+、N_2^+、O_2^+ 和 O^+ 等离子，溶剂分子也会被电离，这些离子与分析物分子进行离子-分子反应，使分析物分子离子化，这些反应过程包括由质子转移和电荷交换产生正离子，质子脱离和电子捕获产生负离子等。图 11-6 是大气压化学电离源的示意图。

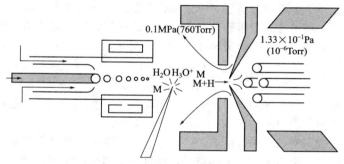

图 11-6　大气压化学电离源示意图

大气压化学电离源主要用于液相色谱-质谱联用仪，用来分析中等极性的化合物。有些分析物由于结构和极性方面的原因，用 ESI 不能产生足够强的离子，可以采用 APCI 方式增加离子产率，可以认为 APCI 是 ESI 的补充。APCI 主要产生的是单电荷离子，所以分析的化合物分子量一般小于 1000。用这种电离源得到的质谱很少有碎片离子，主要是准分子离子。

6. 激光解吸源（laser description，LD）

激光解吸源是利用一定波长的脉冲式激光照射样品使样品电离的一种电离方式。被分析的样品置于涂有基质的样品靶上，激光照射到样品靶上，基质分子吸收激光能量，与样品分子一起蒸发到气相并使样品分子电离。激光电离源需要有合适的基质才能得到较好的离子产率。因此，这种电离源通常称为基质辅助激光解吸电离源（matrix assisted laser description ionization，MALDI）。MALDI 特别适合于飞行时间

（TOF）质谱仪，组成 MALDI-TOF。MALDI 属于软电离技术，它比较适合于分析生物大分子，如肽、蛋白质、核酸等，得到的质谱主要是分子离子、准分子离子，碎片离子和多电荷离子较少。MALDI 常用的基质有 2，5 二羟基苯甲酸、芥子酸、烟酸、α-氰基-4-羟基肉桂酸等。

（二）质量分析器

质量分析器的作用是将离子源产生的离子按 m/z 顺序分开并排列成谱。用于有机质谱仪的质量分析器有磁式双聚焦分析器、四极杆分析器、离子阱分析器、飞行时间分析器、回旋共振分析器等。

1. **磁式双聚焦分析器**（double focusing analyzer）

双聚焦分析器是在单聚焦分析器的基础上发展起来的。因此，首先简单介绍一下单聚焦分析器。单聚焦分析器的主体是处在磁场中的扁形真空腔体。离子进入分析器后，由于磁场的作用，其运动轨道发生偏转改作圆周运动。其运动轨道半径 R 可由下式表示：

$$R = \frac{1.44 \times 10^{-2}}{B} \times \sqrt{\frac{m}{z} \cdot V}$$

式中，m 为离子质量，amu；z 为离子电荷量，以电子的电荷量为单位；V 为离子加速电压，V；B 为磁感应强度，T。

由上式可知，在一定的 B、V 条件下，不同 m/z 的离子其运动半径不同，这样，由离子源产生的离子，经过分析器后可实现质量分离，如果检测器位置不变（即 R 不变）、连续改变 V 或 B 可以使不同 m/z 的离子顺序进入检测器，实现质量扫描，得到样品的质谱。图 11-7 是单聚焦分析器原理图，这种单聚焦分析器可以是 180°（如图 11-7），也可以是 90°或其它角度的，其形状像一把扇子，因此又称为磁扇形分析器。单聚焦分析结构简单，操作方便，但其分辨率很低，不能满足有机物分析要求，目前只用于同位素质谱仪和气体质谱仪。单聚集质谱仪分辨率低的主要原因在于它不能克服离子初始能量分散对分辨率造成的影响。在离子源产生的离子当中，质量相同的离子应该聚在一起，但由于离子初始能量不同，经过磁场后其偏转半径也不同，而是以能量大小顺序分开，即磁场也具有能量色散作用。这样就使得相邻两种质量的离子很难分离，从而降低了分辨率。

为了消除离子能量分散对分辨率的影响，通常在扇形磁场前加一扇形电场，扇形电场是一个能量分析器，不起质量分离作用。质量相同而能量不同的离子经过静电电场后会彼此分开。即静电场有能量色散作用。如果设法使静电场的能量色散作用和磁场的能量色散作用大小相等方向相反，就可以消除能量分散对分辨率的影响。只要是质量相同的离子，经过电场和磁场后可以会聚在一起。另外质量的离子会聚在另一点。改变离子加速电压可以实现质量扫描。这种由电场和磁场共同实现质量分离的分析器，同时具有方向聚焦和能量聚焦作用，称作双聚焦质量分析器（见图11-8）。双聚焦分析器的优点是分辨率高，缺点是扫描速度慢，操作、调整比较困难，而且仪器造价也比较昂贵。

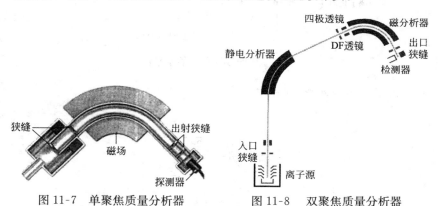

图 11-7　单聚焦质量分析器　　　　图 11-8　双聚焦质量分析器

2. 四极杆分析器（quadrupole analyzer）

四级杆分析器也称四极质量分析器，它由四根截面呈双曲面的平行电极组成，围绕离子束呈对称排列，离子束穿过对准四根杆之间的准直小孔，如图11-9所示的结构示意，相对的一对电极是等电位的，两对电极之间的电位是相反的。加在四极上的直流电压 U 和射频 $V_0\cos\omega t$（其中 V_0 为射频电压振幅，ω 为射频振荡频率，t 为时间），在极间形成一个四极复合射频场，离子进入后，受到电场力的作用，可使离子围绕其传播中心轴振动，只有具有一定质荷比的离子才会通过稳定的振荡而进入离子收集器。改变 U、V_0，并使 U/V_0 比值恒定，便可以实现质量扫描。

四级杆分析器的主要优点是结构简单、体积小、质量轻、价格便宜、清洗方便、操作容易；只使用电场，便可实现快速扫描。四级杆分析器是目前应用最广泛的质量分析器，性能不断提高，质量测定范围已达到3000u，质量准确度可达到 0.1u（900u 时），其缺点是分辨率不够高。

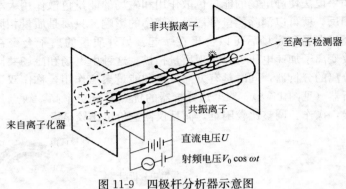

图 11-9　四极杆分析器示意图

3. 离子阱分析器（ion trap analyzer）

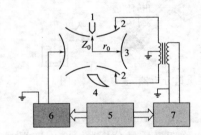

图 11-10　离子阱分析器示意图

1—灯丝；2—端帽；3—环形电流；4—电子倍增器；5—计算机；
6—放大器和射频发生器（基本射频电压）；7—放大器和射频发生器（附加射频电压）

　　离子阱分析器与四极杆分析器类似，离子阱的主体是一个环电极和上下两端盖电极，环电极和上下两端盖电极都是绕 Z 轴旋转的双曲面（见图 11-10），并满足 $r_0^2 = 2Z_0^2$（r_0 为环形电极的最小半径，Z_0 为两个端盖电极间的最短距离）。直流电压 U 和射频电压 V_{rf} 加在环电极和端盖电极之间，两端盖电极都处于低电位。离子在离子阱内的运动遵守所谓马蒂厄微分方程。在稳定区内的离子，轨道振幅保持一定大小，可以长时间留在阱内，不稳定区的离子振幅很快增长，撞击到电极而消失。对于一定质量的离子，在一定的 U 和 V_{rf} 下，可以处在稳定区。改变 U 或 V_{rf} 的值，离子可能处于非稳定区。如果在引出电极上加负电压，可以将离子从阱内引出，由电子倍增器检测。因此，离子阱的质量扫描方式与四极杆类似，是在恒定的 U/V_{rf} 下，扫描 V_{rf} 获取质谱。

离子阱的特点是结构小巧、质量轻、灵敏度高，而且还可以实现多级串联质谱功能。

4. 飞行时间分析器（time of flight analyzer）

飞行时间分析器的主要部分是一个离子漂移管。图 11-11 是这种分析器的原理图。离子在加速电压 V 作用下得到动能，则有：

$$1/2\ mv^2 = eV \quad \text{或} \quad v = (2eV/m)^{1/2}$$

式中，m 为离子的质量，e 为离子的电荷量，V 为离子的加速电压。

离子以速度 v 进入自由空间（漂移区），假定离子在漂移区飞行的时间为 T，漂移区长度为 L，则：$T = L\ [m/(2eV)]^{1/2}$。

由上式可以看出，离子在漂移管中飞行的时间与离子质量的平方根成正比。即，对于能量相同的离子，离子的质量越大，达到接收器所用的时间越长，质量越小，所用时间越短，根据这一原理，可以把不同质量的离子分开。适当增加漂移管的长度可以增加分辨率。

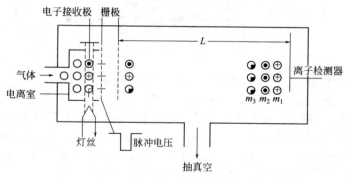

图 11-11　飞行时间质量分析器的原理图

飞行时间质量分析器的特点是质量范围宽、扫描速度快、既不需电场也不需磁场。但是，长时间以来一直存在分辨率低这一缺点，造成分辨率低的主要原因在于离子进入漂移管前的时间分散、空间分散和能量分散。这样，即使是质量相同的离子，由于产生时间的先后、产生空间的前后和初始动能的大小不同，到达检测器的时间就不相同，因而降低了分辨率。目前，通过采取激光脉冲电离方式、离子延迟引出技术和离子反射技术，可以在很大程度上克服上述三个原因造成的分辨率下降。现在，飞行时间质谱仪的分辨率可达 20000 以上，最高可检质量超过

300000Da，并且具有很高的灵敏度。目前，这种分析器已广泛应用于气相色谱-质谱联用仪、液相色谱-质谱联用仪和基质辅助激光解吸飞行时间质谱仪中。图 11-12 是高分辨飞行时间质谱原理图。

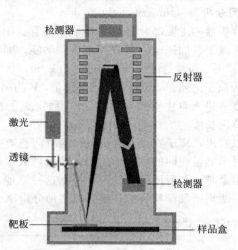

图 11-12　高分辨飞行时间质谱原理图

5. 傅里叶变换离子回旋共振分析器（Fourier transform ion cyclotron resonance analyzer，FTICR）

离子回旋共振分析器是在回旋共振分析器的基础上发展起来的，离子回旋共振的基本原理如下：假定质荷比 m/z 的离子进入磁感应强度为 B 的磁场中，由于受磁场力的作用，离子作圆周运动，如果没有能量的损失和增加，圆周运动的离心力和磁场力相平衡，即：

$$mv^2/R = Bzv$$

由上式变形得到：$v/R = Bz/m$ 或 $\omega_c = Bz/m$

式中，ω_c 为离子运动的回旋速率（单位为弧度/秒）。由此式可以看出，离子的回旋频率与离子的质荷比成线性关系，当磁场强度固定后，只需精确测得离子的共振速率，就能准确得到离子的质量。测定离子共振频率的办法是外加一个射频辐射，如果外加射频频率等于离子共振频率，离子就会吸收外加辐射能量而改变圆周运动的轨道，沿着阿基米德螺线加速，离子收集器放在适当的位置就能收到共振离子。改变辐射频率，就可以接收到不同的离子。但普通的回旋共振分析器扫描速度很慢，灵敏度低，分辨率也很差。傅里叶变换离子回旋共振分析器采用的是线性调频脉冲来激发离子，即在很短的时间内进行快速频率扫描，使很宽范围的质荷比的离子几乎同时受到激发。因而扫描速度和灵敏度比普通回旋共振分析器高得多。

傅里叶变换质谱仪（FT-MS）的特点如下：

（1）分辨率极高，商品仪器的分辨可超过 1×10^6，而且在高分辨率下不影响灵敏度，而双聚焦分析器为提高分辨率必须降低灵敏度。同时，FT-MS 的测量精度非常好，能达到百万分之几，这对于得到离子的元素组成是非常重要的。

（2）分析灵敏度高，由于离子是同时激发同时检测，因此比普通回旋共振质谱仪高 4 个量级，而且在高灵敏度下可以得到高分辨率。

（3）具有多级质谱功能。

（4）可以和任何离子源相联，扩宽了仪器功能。

（5）扫描速度快，性能稳定可靠，质量范围宽。

FT-MS 由于需要很高的超导磁场，因而需要液氦，仪器售价和运行费用都比较高。

（三）检测器

质谱仪的检测器主要使用电子倍增器，也有的使用光电倍增管。

电子倍增器原理如下：由四极杆出来的离子打到高能打拿极产生电子，电子经电子倍增器产生电信号，记录不同离子的信号即得质谱。信号增益与倍增器电压有关，提高倍增器电压可以提高灵敏度，但同时会降低倍增器的寿命，因此，应该在保证仪器灵敏度的情况下采用尽量低的倍增器电压。由倍增器出来的电信号被送入计算机储存，这些信号经计算机处理后可以得到色谱图、质谱图及其它各种信息。

（四）真空系统

为了保证离子源中灯丝的正常工作，保证离子在离子源和分析器中正常运行，消减不必要的离子碰撞、散射效应、复合反应和离子-分子反应，减小本底与记忆效应，因此，质谱仪的离子源和分析器都必须处在优于 1mPa 的真空中才能工作。也就是说，质谱仪都必须有真空系统。一般真空系统由机械真空泵和扩散泵或涡轮分子泵组成。机械真空泵能达到的极限真空度为 100mPa，不能满足要求，必须依靠高真空泵。扩散泵是常用的高真空泵，其性能稳定可靠，缺点是启动慢，从停机状态到仪器能正常工作所需时间长；涡轮分子泵则相反，仪器启动快，但使用寿命不如扩散泵。由于涡轮分子泵使用方便，没有油的扩散污染问题，因此，近年来生产的质谱仪大多使用涡轮分子泵。涡轮分子泵直接与离子源或分析器相连，抽出的气体再由机械真空泵排到体系之外。

（五）质谱联用技术

质谱仪是一种很好的定性手段，但不适于复杂混合物的分析。色谱仪是一种很好的分离仪器，但定性能力较差，二者结合起来，则能发挥各自专长，使分离和鉴定同时进行。因此，早在20世纪60年代就开始了气相色谱-质谱联用技术的研究，并出现了早期的气相色谱-质谱联用仪。在70年代末，这种联用仪器已经达到很高的水平。同时开始研究液相色谱-质谱联用技术。在80年代后期，大气压电离技术的出现，使液相色谱-质谱联用技术达到了成熟阶段。目前，在有机质谱仪中，除激光解吸电离-飞行时间质谱仪和傅里叶变换质谱仪之外，所有质谱仪都是和气相色谱或液相色谱组成联用仪器。这样，使质谱联用技术无论在定性分析还是在定量分析方面都十分方便。同时，为了增加未知物分析的结构信息，为了增加分析的选择性，提高检测灵敏度，采用色谱-串联质谱法（质谱-质谱联用），也是目前质谱仪发展的一个方向。

1. 气相色谱-质谱联用仪（gas chromatography-mass spectrometer, GC-MS）

GC-MS主要由三部分组成：色谱部分、质谱部分和数据处理系统。色谱部分和一般的色谱仪基本相同，包括有柱箱、气化室和载气系统，也带有分流/不分流进样系统、程序升温系统、压力、流量自动控制系统等，一般不再有色谱检测器，而是利用质谱仪作为色谱的检测器。在色谱部分，混合样品在合适的色谱条件下被分离成单个组分，然后进入质谱仪进行鉴定。

色谱仪是在常压下工作，而质谱仪需要高真空，因此，如果色谱仪使用填充柱，必须经过一种接口装置——分子分离器，将色谱载气去除，使样品气进入质谱仪。如果色谱仪使用毛细管柱，则可以将毛细管直接插入质谱仪离子源，因为毛细管载气流量比填充柱小得多，不会破坏质谱仪真空。

GC-MS的质谱仪部分可以是磁式质谱仪、四极杆质谱仪，也可以是飞行时间质谱仪和离子阱质谱仪。目前使用最多的是四极杆质谱仪，离子源主要是EI和CI。

GC-MS的另外一个组成部分是计算机系统。由于计算机技术的提高，GC-MS的主要操作都由计算机控制进行，这些操作包括利用标准样品（一般用 FC-43）校准质谱仪，设置色谱和质谱的工作条件，数据的收集和处理以及库检索等。这样，一个混合物样品进入色谱仪后，在合适的色谱条件下，被分离成单一组分并逐一进入质谱仪，经离子源电离得到具有样品信息的离子，再经分析器、检测器即得每个化合物的质谱。这些信息都由计算机储存，根据需要，可以得到混合物的色谱图、单一组分的质谱图和质谱的检索结果等。根据色谱图还可以进行定量分析。因此，GC-MS 是有机物定性、定量分析的有力工具。

作为 GC-MS 联用仪的附件，还可以有直接进样杆和 FAB 源等，但是 FAB 源只能用于磁式双聚焦质谱仪。直接进样杆主要是分析高沸点的纯样品，不经过 GC 进样，而是直接送到离子源，加热汽化后，由 EI 电离。另外，GC-MS 的数据系统可以有几套数据库，主要有 NIST 库、Willey 库、农药库、毒品库等。

2. 液相色谱-质谱联用仪（liquid chromatography mass spectrometer, LC-MS）

LC-MS 联用仪主要由高效液相色谱、接口装置（同时也是电离源）、质谱仪组成。高效液相色谱与一般的液相色谱相同，其作用是将混合物样品分离后进入质谱仪。

LC-MS 联用的关键是 LC 和 MS 之间的接口装置。接口装置的主要作用是去除溶剂并使样品离子化。早期曾经使用过的接口装置有传送带接口、热喷雾接口、粒子束接口等十余种，这些接口装置都存在一定的缺点，因而都没有得到广泛推广。20 世纪 80 年代，大气压电离源用作 LC 和 MS 联用的接口装置和电离装置之后，使得 LC-MS 联用技术提高了一大步。目前，几乎所有的 LC-MS 联用仪都使用大气压电离源作为接口装置和离子源。大气压电离源（atmosphere pressure ionization, API）包括电喷雾电离源（electrospray ionization, ESI）和大气压化学电离源（atmospheric pressure chemical ionization, APCI）两种，二者之中电喷雾源应用最为广泛。

LC-MS 联用仪的质量分析器种类很多，最常用的是四极杆分析器（简写为 Q），其次是离子阱分析器（Trap）和飞行时间分析器（TOF）。因为 LC-MS 主要提供分子量信息，为了增加结构信息，LC-MS 大多采用具有串联质谱功能的质量分析器，串联方式很多，如 Q-Q-Q、Q-TOF 等。

3. 串联质谱

串联质谱可以分为两类：空间串联和时间串联。空间串联是两个以上的质量分析器联合使用，两个分析器间有一个碰撞活化室，目的是将前级质谱仪选定的离子打碎，由后一级质谱仪分析。而时间串联质谱仪只有一个分析器，前一时刻选定离子，在分析器内打碎后，后一时刻再进行分析。下面介绍各种串联方式和操作方式。

(1) 串联质谱的主要串联方式　质谱-质谱的串联方式很多，既有空间串联型，又有时间串联型。空间串联型又分磁扇型串联、四极杆串联、混合串联等。如果用 B 表示扇形磁场，E 表示扇形电场，Q 表示四极杆分析器，TOF 表示飞行时间分析器，那么串联质谱主要方式有：

① 空间串联　磁扇型串联方式有 BEB、EBE、BEBE 等；四极杆串联方式有 Q-Q-Q；混合型串联方式有 BE-Q、Q-TOF、EBE-TOF 等。

② 时间串联　离子阱质谱仪、回旋共振质谱仪。

无论是哪种方式的串联，都必须有碰撞活化室，从第一级 MS 分离出来的特定离子，经过碰撞活化后，再经过第二级 MS 进行质量分析，以便取得更多的信息。

(2) 碰撞活化分解　利用软电离技术（如电喷雾和快原子轰击）作为离子源时，所得到的质谱主要是准分子离子峰，碎片离子很少，因而也就没有结构信息。为了得到更多的信息，最好的办法是把准分子离子"打碎"之后测定其碎片离子。在串联质谱中采用碰撞活化分解（collision activated dissociation，CAD）技术把离子"打碎"。碰撞活化分解也称为碰撞诱导分解（collision induced dissociation，CID），碰撞活化分解在碰撞室内进行，带有一定能量的离子进入碰撞室后，与室内惰性气体的分子或原子发生碰撞，离子发生碎裂。为了使离子碰撞碎裂，必须使离子具有一定动能，对于磁式质谱仪，离子加速电压可以超过1000V，而对于四极杆、离子阱等质谱仪，加速电压不超过 100V，前者称为高能 CAD，后者称为低能 CID。二者得到的子离子谱是有差别的。

(3) 三重四极杆质谱具有多种 MS/MS 功能：产物离子扫描、前体离子扫描、恒定中性丢失扫描、选择反应监测。

① 产物离子（子离子）扫描　产物离子扫描方式由 MS^1 选定-质量，CAD 碎裂之后，由 MS^2 扫描得子离子谱（图 11-13）。此方式可以提供结构信息，但是有效周期短。

② 前体（母离子）扫描　在这种工作方式，由 MS^2 选定一个子离子，MS^1 扫描，检测器得到的是能产生选定子离子的那些离子，即母离子谱（图 11-14）。此方式适于寻找产生特定碎片离子的化合物。

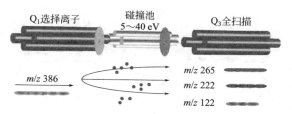

图 11-13　产物离子扫描示意图

图 11-14　母离子扫描示意图

③中性丢失扫描　中性丢失谱扫描方式是 MS¹ 和 MS² 同时扫描。只是二者始终保持一定固定的质量差（即中性丢失质量），只有满足相差固定质量的离子才得到检测（图 11-15）。此方式可以筛查能丢失特殊中性质量的化合物，但是有效周期短。

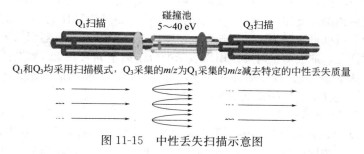

图 11-15　中性丢失扫描示意图

④选择反应监测或多反应监测　多离子反应监测方式，由 MS¹ 选择一个或几个特定离子（图中只选一个），经碰撞碎裂之后，由其子离子中选出一特定离子，只有同时满足 MS¹ 和 MS² 选定的一对离子时，才有信号产生（图 11-16）。用这种扫描方式的好处是增加了选择性，即便是两个质量相同的离子同时通过了 MS¹，但仍可以依靠其子离子的不同将其分开。用于目标化合物监测，灵敏度高。

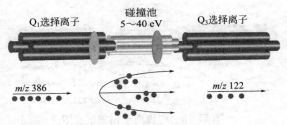

图 11-16　多反应监测示意图

二、质谱仪性能指标

衡量一台质谱仪性能好坏的指标包括灵敏度、分辨率、质量范围、质量稳定性等。质谱仪的种类很多，其性能指标的表示方法也不完全相同，现将主要的指标及测试方法说明如下。

（一）灵敏度

1. GC-MS 灵敏度

GC-MS 灵敏度表示一定的样品（如八氟萘或六氯苯），在一定的分辨率下，产生一定信噪比的分子离子峰所需的样品量。具体测量方法如下：通过 GC 进标准测试样品（八氟萘）1pg，质谱采用全扫描方式从 m/z 200 扫到 m/z 300，扫描完成后，用八氟萘的分子离子 m/z 272 做质量色谱图并测定 m/z 272 离子的信噪比，如果信噪比为 20，则该仪器的灵敏度可表示为 1pg 八氟萘（信噪比 20∶1）。有的仪器用六氯苯作测试样品，那么测量时要改用六氯苯的分子离子 m/z 288。如果仪器灵敏度达不到 1pg。则要加大进样量，直到有合适大小的信噪比为止。用此时的进样量及信噪比规定灵敏度指标。

2. LC-MS 的灵敏度

LC-MS 的灵敏度测定常采用利血平作为测试样品，测试方法如下：配置一定浓度的利血平（如 10pg/μL），通过 LC 进一定量样品，以水和甲醇各 50％为流动相（加入 1％醋酸），全扫描，做利血平质子化分子离子峰 m/z 609 的质量色谱图。用进样量和信噪比规定灵敏度指标。

（二）分辨率

质谱仪的分辨率表示质谱仪把相邻两个质量分开的能力，常用 R 表示。其定义是，如果某质谱仪在质量 M 处刚刚能分开 M 和 $M+\Delta M$ 两个质量的离子，则该质谱仪的分辨率为：

$$R = \frac{M}{\Delta M}$$

例如某仪器能刚刚分开质量为 27.9949 和 28.0061 的两个离子峰。则该仪器的分辨率为：

$$R = \frac{M}{\Delta M} = \frac{27.9949}{28.0061 - 27.9949} \approx 2500$$

这里有两点需说明：所谓两峰刚刚分开，一般是指两峰间的"峰谷"是峰高的 10%（每个峰提供 5%）。另外，在实际测量时，很难找到刚刚分开的两个峰，这时可采用下面方法进行分辨率的测量：如果两个质谱峰 M_1 和 M_2 的中心距离为 a，峰高 5% 处的峰宽为 b，则该仪器的分辨率为：

$$R = \frac{M_1 + M_2}{2(M_2 - M_1)} \times \frac{a}{b}$$

还有一种定义分辨率的方式：如果质量为 M 的质谱峰其峰高 50% 处的峰宽（半峰宽）为 ΔM。则分辨率为：$R = \dfrac{M}{\Delta M}$。

后一种表示方法测量时比较方便。目前，FT-MS 和 TOF-MS 采用这种分辨率表示方式。对于磁式质谱仪，质量分离是不均匀的，在低质量端离子分散大，高质量端离子分散小，或者说 M 小时 ΔM 小，M 大时 ΔM 也大，因此，仪器的分辨率数值基本不随 M 变化。在四极杆质谱仪中，质量排列是均匀的，若在 $M = 100$ 处，$\Delta M = 1$，则 $R = 100$，在 $M = 1000$ 时，也是 $\Delta M = 1$，则 $R = 1000$，分辨率随质量变化。为了对不同 M 处的分辨率都有一个共同的表示法，四极质谱仪的分辨率一般表示为 M 的倍数，如 $R = 1.7M$ 或 $R = 2M$ 等。如果是 $R = 2M$，表示在 $M = 100$ 时，$R = 200$；$M = 1000$ 时，$R = 2000$。

（三）质量范围

质量范围是质谱仪所能测定的离子质荷比的范围。对于多数离子源，电离得到的离子为单电荷离子，这样，质量范围实际上就是可以测定的分子量范围；对于电喷雾源，由于形成的离子带有多电荷，尽管质量范围只有几千，但可以测定的分子量可达 10 万以上。质量范围的大小取决于质量分析器。四极杆分析器的质量范围上限一般在 1000 左右，也有的可达 3000，而飞行时间质量分析器可达几十万。由于质量分离的原理不同，不同的分析器有不同的质量范围，彼此间比较没任何意义。同类型分析器则在一定程度上反映质谱仪的性能。当然，了解一台仪器的质量范围，主要为了知道它能分析的样品分子量范围。不能简单认为质量范围宽仪器就好。对于 GC-MS 来说，分析的对象是挥发性有机物，其分子量一般不超过 500，最常见的是 300 以下。因此，对于 GC-MS 的质谱仪来说，质量范围达到 800 应该就足够了，再高也不一定就肯定好。如果是 LC-MS 用质谱仪，因为分析的很多是生物大分子，质量范围宽一点会好一些。

（四）质量稳定性和质量精度

质量稳定性主要是指仪器在工作时质量稳定的情况，通常用一定时间内质量漂移的质量单位来表示。例如某仪器的质量稳定性为：0.1amu/12h，意思是该仪器在 12h 之内，质量漂移不超过 0.1amu。

质量精度是指质量测定的精确程度。常用相对误差表示，例如，某化合物的质量为 152.0473amu，用某质谱仪多次测定该化合物，测得的质量与该化合物理论质量之差在 0.003amu 之内，则该仪器的质量精度为百万分之二十。质量精度是高分辨质谱仪的一项重要指标，对低分辨质谱仪没有太大意义。

第三节　EI 质谱中的各种离子及断裂机理

化合物在 EI 离子源中形成的离子类型是多种多样的，主要可归纳为以下几类：分子离子、同位素离子、碎片离子等，识别和了解这些离子的形成规律，对解析质谱十分重要。

一、分子离子

在电子轰击下，有机物分子失去一个电子所形成的离子叫分子离子。

$$M + e^- \longrightarrow M^+ + 2e^-$$

式中，M^+ 是分子离子。由于分子离子是化合物失去一个电子形成的，因此，分子离子是自由基离子。通常把带有未成对电子的离子称为奇电子离子（OE），并标以"$\overset{\cdot}{+}$"，把外层电子完全成对的离子称为偶电子离子（EE），并标以"$+$"，分子离子一定是奇电子离子。关于离子的电荷位置，一般认为有下列几种情况：如果分子中含有杂原子，则分子易失去杂原子的未成键电子而带电荷，电荷位置可表示在杂原子上，如 $CH_3CH_2O^+H$。如果分子中没有杂原子而有双键，则双键电子较易失去，则正电荷位于双键的一个碳原子上。如果分子中既没有杂原子又没有双键，其正电荷位置一般在分支碳原子上。如果电荷位置不确定，或不需要确定电荷的位置；可在分子式的右上角标"⌐⁺"，例如 $CH_3COOC_2H_5^{⌐+}$。

在质谱中，分子离子峰的强度和化合物的结构有关。环状化合物比较稳定，不易碎裂，因而分子离子较强。支链较易碎裂，分子离子峰就弱，有些稳定性差的化合物经常看不到分子离子峰。一般规律是，化合物分子稳定性差，键长，分子离子峰弱，有些酸、醇及支键烃的分子离子峰较弱甚至不出现，相反，芳香化合物往往都有较强的分子离子峰。分子离子峰强弱的大致顺序是：芳环＞共轭烯＞烯＞酮＞不分支烃＞醚＞酯＞胺＞酸＞醇＞高分支烃。

分子离子是化合物分子失去一个电子形成的，因此，分子离子的质量就是化合物的分子量，所以分子离子在化合物质谱的解释中具有特别重要的意义。

二、碎片离子

碎片离子是分子离子碎裂产生的。当然，碎片离子还可以进一步碎裂形成更小的离子。碎片离子形成的机理有下面几种情况：

（一）游离基引发的断裂（α 断裂和 β 断裂）

游离基对分子断裂的引发是由于电子的强烈成对倾向造成的。由游离基提供一个奇电子与邻接原子形成一个新键，与此同时，这个原子的另一个键（α 键）断裂。这种断裂通常称为 α 断裂。α 断裂主要有下面几种情况：

1. 含饱和杂原子

$$R'-\overset{R_2}{\underset{}{C}}\overset{+\cdot}{Y}-R'' \longrightarrow R'\cdot + R_2C\overset{+}{=}\overset{}{Y}-R''$$

上式中⌒是单箭头，表示单电子转移，Y 为杂原子。现以乙醇的断裂为例进一步说明。

$$CH_3\overset{\frown}{}CH_2\overset{\frown}{}\overset{+}{OH} \longrightarrow CH_3\cdot + CH_2\overset{+}{=}\overset{}{OH}$$
$$m/z\ 31$$

因为 α 断裂比较容易发生，因此，在乙醇质谱中，m/z 31 的峰比较强。

2. 含不饱和杂原子

$$R'\overset{\frown}{}\overset{+\cdot}{C}\overset{}{=}\overset{}{Y} \longrightarrow R'\cdot + RC\equiv\overset{+}{Y}$$
$$\underset{R}{}$$

以丙酮为例，说明断裂产生机理：

$$CH_3 \overset{\overset{\ddot{O}}{\parallel}}{C} CH_3 \longrightarrow CH_3 \cdot + \overset{\overset{+}{O}}{C} CH_3$$
$$m/z\ 43$$

3. 烯烃（烯丙断裂）

$$R \diagup \xrightarrow{-e^-} R \diagdown^{+\cdot}$$

$$\longrightarrow R \cdot + \diagup^+ \longleftrightarrow {}^+\diagup$$

$$R \overset{\frown}{-CH_2} \overset{\frown}{CH_2} \overset{+\cdot}{CH_2} \xrightarrow{\alpha} R \cdot + CH_2 = CH - \overset{+}{CH_2}$$
$$m/z\ 41$$

烯丙断裂生成稳定的烯丙离子（$m/z\ 41$）。

4. 烷基苯（苄基断裂）

断裂后生成很强的苄基离子（$m/z\ 91$），$m/z\ 91$ 离子是烷基苯类化合物的特征离子。

以上几种断裂都是由游离基引发的。游离基电子与转移的电子形成新键，同时伴随着相近键的断裂，形成相应的离子。断裂发生的位置都是电荷定位原子相邻的第一个碳原子和第二个碳原子之间的键，这个键称为 α 键，因此，这类自由基引发的断裂统称 α 断裂。

（二）正电荷引发的断裂（诱导断裂）

诱导断裂是由正电荷诱导、吸引一对电子而发生的断裂，其结果是正电荷的转移。诱导断裂常用 i 来表示。双箭头表示双电子转移。

$$R \overset{\frown}{\diagup} Y - R' \xrightarrow{i} R^+ + \cdot Y - R'$$

一般情况下，电负性强的元素诱导力也强。在有些情况下，诱导断裂和 α 断裂同时存在，由于 i 断裂需要电荷转移，因此，i 断裂不如 α 断裂容易进行。表现在质谱中，相应 α 断裂的离子峰强，i 断裂产生的离子峰较弱。例如乙醚的断裂：

$$C_2H_5 \overset{\frown}{\diagup} \overset{+}{\ddot{O}} - C_2H_5 \xrightarrow{i} C_2H_5^+ + \cdot OC_2H_5$$

$$CH_3 \overset{\frown}{-CH_2} \overset{\frown}{\diagup} \overset{+\cdot}{\ddot{O}} - C_2H_5 \xrightarrow{\alpha} CH_3 \cdot + CH_2 = \overset{+}{\ddot{O}}C_2H_5$$

i 断裂和 α 断裂同时存在，α 断裂的概率大于 i 断裂。但由于 α 断裂生成的 m/z 59 还有进一步的断裂，因此，在乙醚的质谱中，m/z 59 并不比 m/z 29 强。

（三）σ 断裂

如果化合物分子中具有 σ 键，如烃类化合物，则会发生 σ 键断裂。σ 键断裂需要的能量大，当化合物中没有 π 电子和 n 电子时，σ 键的断裂才可能成为主要的断裂方式。断裂后形成的产物越稳定，这样的断裂就越容易进行，阳碳离子的稳定性顺序为叔碳＞仲碳＞伯碳，因此，碳氢化合物最容易在分支处发生键的断裂。并且，失去最大烷基的断裂最容易进行。例如：

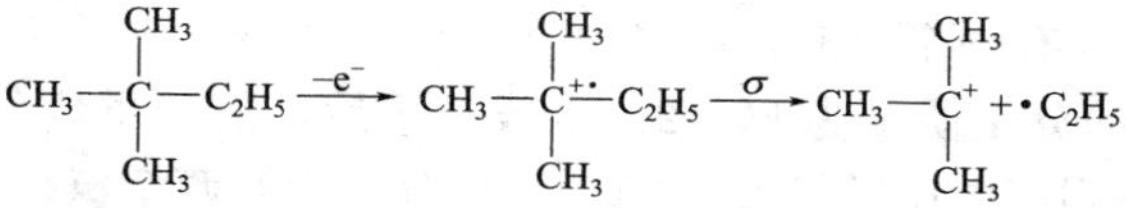

（四）环烯的断裂——逆狄尔斯-阿德尔反应

利用有机合成中的狄尔斯-阿德尔反应，可以由丁二烯和乙烯制备环己烯：

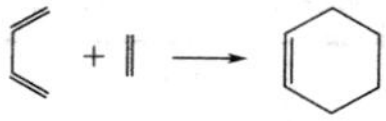

在质谱的分子离子断裂反应中，环己烯可以生成丁二烯和乙烯，正好与上面反应相反，所以称为逆狄尔斯-阿德尔（Retro-Diels-Alder）反应，简称 RDA。

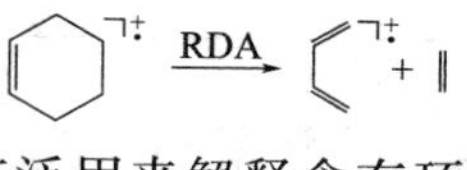

现在，RDA 反应已广泛用来解释含有环己烯结构的各类化合物。例如，萜烯化合物的断裂：

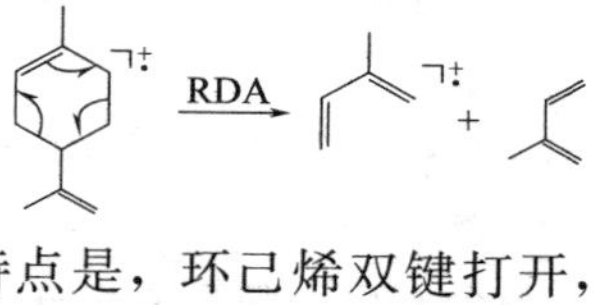

这类断裂反应的特点是，环己烯双键打开，同时引发两个 α 键断开，形成两个新的双键，电荷处在带双键的碎片上。

三、同位素离子

大多数元素都是由具有一定自然丰度的同位素组成。表 11-1 是有机物中各元素的自然丰度。这些元素形成化合物后，其同位素就以一定的丰度出现在化合物中。因此，化合物的质谱中就会有不同同位素形成的离子峰，通常把由重同位素形成的离子峰叫同位素峰。例如，在天然碳中有两种同位素，^{12}C 和 ^{13}C。二者丰度之比为 100：1.1，如果由 ^{12}C 组成的化合物质量为 M，那么，由 ^{13}C 组成的同一化合物的质量则为 M+1。同样一个化合物生成的分子离子会有质量为 M 和 M+1 的两种离子。如果化合物中含有一个碳，则 M+1 离子的强度为 M 离子强度的1.1％；如果含有二个碳，则 M+1 离子强度为 M 离子强度的 2.2％。这样，根据 M 与 M+1 离子强度之比，可以估计出碳原子的个数。氯有两个同位素 ^{35}Cl 和 ^{37}Cl，两者丰度比为 100：32.5，或近似为 3：1。当化合物分子中含有一个氯时，如果由 ^{35}Cl 形成的分子质量为 M，那么，由 ^{37}Cl 形成的分子质量为 M+2。生成离子后，离子质量分别为 M 和M+2，离子强度之比近似为 3：1。如果分子中有两个氯，其组成方式可以有 $R^{35}Cl^{35}Cl$、$R^{35}Cl^{37}Cl$、$R^{37}Cl^{37}Cl$，分子离子的质量有 M、M+2、M+4，离子强度之比为 9：6：1。

表 11-1　有机物中各元素的同位素丰度

元素	C		H		N		O		
同位素	^{12}C	^{13}C	^{1}H	^{2}H	^{14}N	^{15}N	^{16}O	^{17}O	^{18}O
丰度	100	1.08	100	0.016	100	0.38	100	0.04	0.20

元素	P	S			F	Cl		Br	
同位素	^{31}P	^{32}S	^{33}S	^{34}S	^{19}F	^{35}Cl	^{37}Cl	^{79}Br	^{81}Br
丰度	100	100	0.78	4.4	100	100	32.5	100	98

同位素离子的强度之比，可以用二项式展开式各项之比来表示：$(a+b)^n$

式中，a 为某元素轻同位素的丰度；b 为某元素重同位素的丰度；n 为同位素个数。

例如，某化合物分子中含有两个氯，其分子离子的三种同位素离子强度之比，由上式计算得：$(a+b)^n = (3+1)^2 = 9+6+1$。即三种同位素离子强度之比为 9：6：1。这样，如果知道了同位素的元素个数，可以推测各同位素离子强度之比。同样，如果知道了各同位素离子强度之比，可以估计出元素的个数。

四、重排离子

有些离子不是由简单断裂产生的，而是发生了原子或基团的重排，这样产生的离子称为重排离子。当化合物分子中含有 C=X （X 为 O、N、S、C）基团，而且与这个基团相连的链上有 γ 氢原子（γH），这种化合物的分子离子碎裂时，此 γH 可以转移到 X 原子上去，同时 β 键断裂。例如：

$$\begin{array}{ccc} \overset{+\cdot}{O}\cdots H & & \\ \| & CH_2 & \\ C & CH_2 & \longrightarrow \\ | & | & \\ H & CH_2 & \end{array} \quad \begin{array}{c} \overset{+}{OH} \\ \| \\ C \\ | \\ H \end{array} CH_2 \quad + \quad \begin{array}{c} CH_2 \\ \| \\ CH_2 \end{array}$$

这种断裂方式是 Mclafferty 在 1956 年首先发现的，因此称为 Mclafferty 重排，简称麦氏重排。对于含有像羰基这样的不饱和官能团的化合物，γH 是通过六元环过渡态转移的。凡是具有 γH 的醛、酮、酯、酸及烷基苯、长链烯等，都可以发生麦氏重排。例如：

$$\begin{array}{ccc} \overset{+\cdot}{O}\cdots H & & \\ \| & CH_2 & \\ C & CH_2 & \longrightarrow \\ | & | & \\ H_3C & O & \end{array} \quad \begin{array}{c} \overset{+}{OH} \\ \| \\ C \\ | \\ H_3C \end{array} O \quad + \quad \begin{array}{c} CH_2 \\ \| \\ CH_2 \end{array}$$

麦氏重排的特点如下：同时有两个以上的键断裂并丢失一个中性小分子，生成的重排离子的质量数为偶数。

除麦氏重排外，重排的种类还很多，经过四元环、五元环都可以发生重排。重排既可以是自由基引发的，也可以是电荷引发的。

自由基引发的重排：

$$\begin{array}{c} H\cdots\overset{+\cdot}{N}H-C_2H_5 \\ | \qquad\quad \\ CH_2\!-\!CH_2 \end{array} \xrightarrow{\ i\ } \overset{+\cdot}{N}H_2-C_2H_5 + C_2H_4$$

电荷引发的重排：

$$CH_3-CH_2-\overset{+\cdot}{O}-CH_2-CH_3 \xrightarrow[-\cdot CH_3]{\alpha} CH_2=\overset{+}{O}-CH_2 \longrightarrow CH_2=\overset{+}{O} + C_2H_4$$

第四节　质谱解析

一张化合物的质谱包含着有关化合物的丰富信息，大多数情况下，仅依靠质谱就可以确定化合物的分子量、分子式和分子结构。而且，质谱分析的样品用量极微，因此，质谱法是进行有机物鉴定的有力工具。当然，对于复杂的有机化合物的定性，还要借助于红外光谱、紫外光谱、核磁共振等分析方法。

质谱的解析是一种非常困难的事情。自从有了计算机联机检索之后，特别是数据库越来越大的今天，尽管靠人工解析 EI 质谱已经越来越少，但是，为了加深对化合物分子断裂规律的了解，作为计算机检索结果的检验和补充手段，质谱图的人工解析还有它的作用，特别是对于谱库中不存在的化合物质谱的解析。另外，在 MS/MS 分析中，对子离子谱的解析，目前还没有现成的数据库，主要靠人工解析。因此，学习一些质谱解析方面的知识，在目前仍然是有必要的。

一、EI 质谱的解析

（一）分子量的确定

分子离子的质荷比就是化合物的分子量。因此，在解析质谱时首先要确定分子离子峰，通常判断分子离子峰的方法如下：

（1）分子离子峰一定是质谱中质量数最大的峰，它应处在质谱的最右端。

（2）分子离子峰应具有合理的质量丢失。也即在比分子离子小 $4\sim14$ 及 $20\sim25$ 个质量单位处，不应有离子峰出现。否则，所判断的质量数最大的峰就不是分子离子峰。因为一个有机化合物分子不可能失去 $4\sim14$ 个氢而不断链。如果断链，失去的最小碎片应为 CH_3，它的质量是 15 个质量单位。同样，也不可能失去 $20\sim25$ 个质量单位。

（3）分子离子应为奇电子离子，它的质量数应符合氮规则。所谓氮规则是指在有机化合物分子中含有奇数个氮时，其分子量应为奇数。含有偶数个（包括 0 个）氮时，其分子量应为偶数。这是因为组成有机化合物的元素中，具有奇数价的原子具有奇数质量，具有偶数价的原子具有偶数质量，因此，形成分子之后，分子量一定是偶数。而氮则例外，氮有奇数价而具有偶数质量，因此，分子中含有奇数个氮，其分子量是奇数，含有偶数个氮，其分子量一定是偶数。

如果某离子峰完全符合上述三项判断原则，那么这个离子峰可能是分子离子峰；如果三项原则中有一项不符合，这个离子峰就肯定不是分子离子峰。应该特别注意的是，有些化合物容易出现 M−1 峰或 M+1 峰，另外，在分子离子很弱时，容易和噪声峰相混，所以，在判断分子离子峰时要综合考虑样品来源、性质等其他因素。

如果判断没有分子离子峰或分子离子峰不能确定，则需要采取软电离方式，如化学电离源、场解吸源及电喷雾电离源等。要根据样品特点选用合适的离子源。软电离方式得到的往往是准分子离子，然后由准分子离子推断出真正的分子量。

（二）分子式的确定

利用一般的 EI 质谱很难确定分子式。在早期，曾经有人利用分子离子峰的同位素峰来确定分子组成式。有机化合物分子都是由 C、H、O、N 等元素组成的，这些元素大多具有同位素，由于同位素的贡献，质谱中除了有质量为 M 的分子离子峰外，还有质量为 M+1、M+2 的同位素峰。由于不同分子的元素组成不同，不同化合物的同位素丰度也不同，贝农（Beynon）将各种化合物（包括 C、H、O、N 的各种组合）的 M、M+1、M+2 的强度值编成质量与丰度表，如果知道了化合物的分子量和 M、M+1、M+2 的强度比，即可查表确定分子式。例如，某化合物分子量 $M=150$（丰度 100%），M+1 的丰度为 9.9%，M+2 的丰度为 0.88%，求化合物的分子式。根据 Beynon 表可知，M=150 化合物有 29 个，其中与所给数据相符的为 $C_9H_{10}O_2$。这种确定分子式的方法要求同位素峰的测定十分准确。而且只适用于分子量较小，分子离子峰较强的化合物，如果是这样的质谱图，利用计算机进行库检索得到的结果一般都比较好，不需再计算同位素峰和查表。因此，这种查表的方法已经不再使用。

利用高分辨质谱仪可以提供分子组成式。因为碳、氢、氧、氮的原子量分别为 12.000000、1.007825、15.994914、14.003074，如果能精确测定化合物的分子量，可以由计算机轻而易举地计算出所含不同元素的个数。目前傅里叶变换质谱仪、双聚焦质谱仪、飞行时间质谱仪等都能给出化合物的元素组成。

（三）分子结构的确定

从前面的叙述可以知道，化合物分子电离生成的离子质量与强度，与该化合物分子的本身结构有密切关系。也就是说，化合物的质谱带有很强的结构信息，通过对化合物质谱的解析，可以得到化合物的结构。

1. 谱图解析的一般流程

一张化合物的质谱图包含有很多的信息，根据使用者的要求，可以用来确定分子量、验证某种结构、确认某元素的存在，也可以用来对完全未知的化合物进行结构鉴定。对于不同的情况解析方法和侧重点不同。质谱图一般的解析步骤如下：

(1) 由质谱的高质量端确定分子离子峰，求出分子量，初步判断化合物类型及是否含有 Cl、Br、S 等元素。

(2) 根据分子离子峰的高分辨数据，给出化合物的组成式。

(3) 由组成式计算化合物的不饱和度，即确定化合物中环和双键的数目。计算方法为：

$$不饱和度 \quad U = 四价原子数 - \frac{一价原子数}{2} + \frac{三价原子数}{2} + 1$$

例如，苯的不饱和度

$$U = 6 - \frac{6}{2} + \frac{0}{2} + 1 = 4$$

不饱和度表示有机化合物的不饱和程度，计算不饱和度有助于判断化合物的结构。

(4) 研究高质量端离子峰。质谱高质量端离子峰是由分子离子失去碎片形成的。从分子离子失去的碎片，可以确定化合物中含有哪些取代基。常见的离子失去碎片的情况有：

M—15 (CH_3)	M—16 (O, NH_2)	M—17 (OH, NH_3)
M—18 (H_2O)	M—19 (F)	M—26 (C_2H_2)
M—27 (HCN, C_2H_3)	M—28 (CO, C_2H_4)	M—29 (CHO, C_2H_5)
M—30 (NO)	M—31 (CH_2OH, OCH_3)	M—32 (S, CH_3OH)
M—35 (Cl)	M—42 (CH_2CO, CH_2N_2)	
M—43 (CH_3CO, C_3H_7)	M—44 (CO_2, CS_2)	
M—45 (OC_2H_5, COOH)	M—46 (NO_2, C_2H_5OH)	
M—79 (Br)	M—127 (I) …	

(5) 研究低质量端离子峰，寻找不同化合物断裂后生成的特征离子和特征离子系列。例如，正构烷烃的特征离子系列为 m/z 15、29、43、57、71 等，烷基苯的特征离子系列为 m/z 91、77、65、39 等。根据特

征离子系列可以推测化合物类型。

（6）通过上述各方面的研究，提出化合物的结构单元。再根据化合物的分子量、分子式、样品来源、物理化学性质等，提出一种或几种最可能的结构。必要时，可根据红外光谱和核磁共振数据得出最后结果。

（7）验证所得结果。验证的方法有：将所得结构式按质谱断裂规律分解，看所得离子和所给未知物谱图是否一致；查该化合物的标准质谱图，看是否与未知谱图相同；寻找标样，做标样的质谱图，与未知物谱图比较等各种方法。

2. 谱图分析举例

例 1　试判断质谱图 11-17、图 11-18 分别是 2-戊酮还是 3-戊酮的质谱图。写出谱图中主要离子的形成过程。

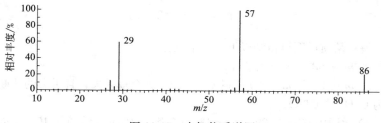

图 11-17　未知物质谱图

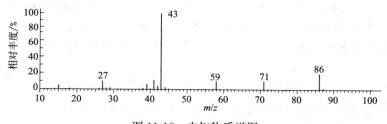

图 11-18　未知物质谱图

解：由图 11-17 可知，m/z 57 和 m/z 29 很强，且丰度近似。m/z 86 分子离子峰的质量比附近最大的碎片离子 m/z 57 大 29u，该质量差属合理丢失，且与碎片结构 C_2H_5 相符合。据此可判断图 11-17 是 3-戊酮的质谱，m/z 57 由 α 断裂产生，m/z 29 由 i 断裂产生。图 11-18 是 2-戊酮的质谱，图中的基峰为 m/z 43，其它离子的丰度都很低，这是 2-戊酮进行 α 断裂和 i 断裂所产生的两种离子质量相同的结果。

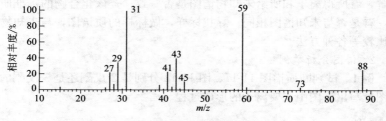

例 2 未知物质谱图见图 11-19，红外光谱显示该未知物在 1150～1070cm^{-1}有强吸收，试确定其结构。

图 11-19 未知物质谱图

解：从质谱图可得知以下结构信息：

① m/z 88 为分子离子峰；

② m/z 88 与 m/z 59 质量差为 29u，为合理丢失，且丢失的片断可能为 C_2H_5 或 CHO；

③ 谱图中有 m/z 29、m/z 43 离子峰，说明可能存在乙基、正丙基或异丙基；

④ 基峰 m/z 31 为醇或醚的特征离子峰，表明化合物可能是醇或醚。

由于 IR 谱在 1740～1720cm^{-1}和 3640～3620cm^{-1}无吸收，可否定化合物为醛和醇。因为醚的 m/z 31 峰可通过以下重排反应产生

据此反应及其他质谱信息，推测未知物可能的结构为

质谱中主要离子的产生过程：

例 3 由元素分析测得某化合物的组成式为 $C_8H_8O_2$，其质谱图见图 11-20，确定化合物结构式。

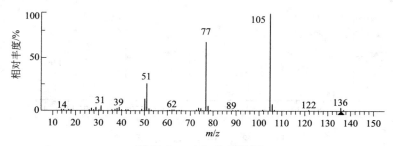

图 11-20　未知物质谱图

该化合物分子量 $M=136$。该化合物的不饱和度

$$U=8-8/2+0/2+1=5$$

由于不饱和度为 5，而且质谱中存在 m/z 77、39、51 等峰，可以推断该化合物中含有苯环。

高质量端质谱峰 m/z 105 是 m/z 136 失去质量为 31 的碎片（—CH_2OH 或—OCH_3）产生的，m/z 77（苯基）是 m/z 105 失去质量为 28 的碎片（—CO 或—C_2H_4）产生的。因为质谱中没有 m/z 91 离子，所以 m/z 77 对应的是 105 失去 CO，而不是 105 失去 C_2H_4。

由此，推断化合物的结构为：

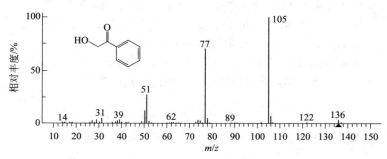

两种化合物各自的标准谱图见图 11-21 和图 11-22。

图 11-21　1-苯基-2-羟基乙酮标准质谱图

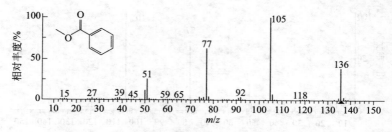

图 11-22　苯甲酸甲酯标准质谱图

例 4　某未知物质谱图如图 11-23，试确定其结构。

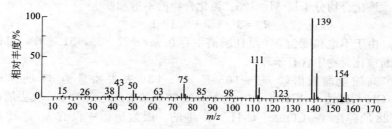

图 11-23　未知物质谱图

由质谱图可以确定该化合物的分子量 $M = 154$。m/z 156 是 m/z 154 的同位素峰。

由 m/z 154 和 m/z 156 之比约为 3：1，可以推测化合物中含有一个 Cl 原子。

m/z 154 失去 15 个质量单位（CH_3）得 m/z 139 离子。

m/z 139 失去 28 个质量单位（CO，C_2H_4）得 m/z 111 离子。

m/z 77、m/z 76、m/z 51 是苯环的特征离子。

m/z 43 可能是—C_3H_7 或—$COCH_3$ 生成的离子。

由以上分析可知，该化合物存在的结构单元可能有：

Cl，⬡ ，＞C＝O，C_2H_4，—OCH_3，— C_3H_3

根据质谱图及化学上的合理性，提出未知物的可能结构为：

CH_3CO—⬡—Cl　　n-C_3H_7—⬡—Cl　　i-C_3H_7—⬡—Cl

(a)　　　　　　　(b)　　　　　　　(c)

上述三种结构中，如果是（b），则质谱中必然有很强的 m/z 125 离子，这与所给谱图不符；如果是（c），根据一般规律，该化合物也应该有 m/z 125 离子，尽管离子强度较低，所以，是这种结构的可能性较小；如果是（a），其断裂情况与谱图完全一致。

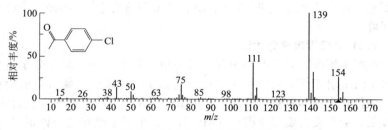

如果只依靠质谱图的解释，可能给出（a）和（c）两种结构式。然后用下面的方法进一步判断：

① 查（a）、（c）的标准质谱图（图 11-24、图 11-25）。看哪个与未知谱图相同。

② 利用标样做质谱图，看哪个谱图与未知物谱图相同。

③ 利用 MS-MS 联用技术，确定离子间的相互关系，进一步分析谱图，最后确定未知物结构。

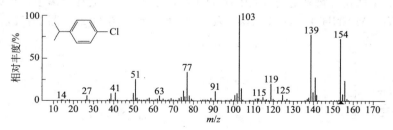

图 11-24　1-(4-氯苯基)-乙酮

图 11-25　1-氯-4-异丙基苯

二、软电离源质谱的解析

（一）化学电离源质谱

化学电离可以用于 GC-MS 联用方式，也可以用于直接进样方式，对同样化合物二者得到的 CI 质谱是相同的。化学电离源得到的质谱，既与样品化合物类型有关，又与所使用的反应气体有关。以甲烷作为反应气，对于正离子 CI 质谱，既可以有 $(M+H)^+$，又可以有 $(M-H)^-$，还可以有 $(M+C_2H_5)^+$、$(M+C_3H_5)^+$；异丁烷作反应气可以生成 $(M+H)^+$，又可以生成 $(M+C_4H_9)^+$。用氨作反应气可以生成 $(M+H)^+$，也可以生成 $(M+NH_4)^+$。如果化合物中含电负性强的元素，通过电子捕获可以生成负离子。或捕获电子之后又产生分解形成负离子，常见的有 M^-、$(M-H)^-$ 及其分解离子。CI 源也会形成一些碎片离子，碎片离子又会进一步进行离子-分子反应。但 CI 谱和 EI 谱会有较大差别，不能进行库检索。解析 CI 谱主要是为了得到分子量信息。解析 CI 谱时，要综合分析 CI 谱、EI 谱和所用的反应气，推断出准分子离子峰。

（二）电喷雾电离源质谱

电喷雾源既可以分析小分子，又可以分析大分子。对于分子量在 1000 以下的小分子，通常是生成单电荷离子，少量化合物有双电荷离子。碱性化合物如胺易生成质子化的分子 $(M+H)^+$；而酸性化合物，如磺酸，能生成去质子化离子 $(M-H)^-$。由于电喷雾是一种很"软"的电离技术，通常碎片很少或没有碎片。谱图中只有准分子离子，同时，某些化合物易受到溶液中存在的离子的影响，形成加合离子，常见的有 $(M+NH_4)^+$、$(M+Na)^+$ 及 $(M+K)^+$ 等（图 11-26，图 11-27）。

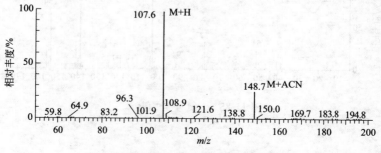

图 11-26 合成产物电喷雾正模式质谱图

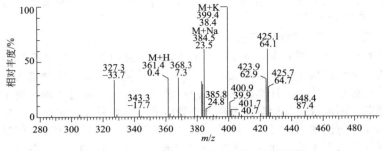

图 11-27　合成产物电喷雾正模式质谱图

第五节　质谱分析方法

质谱仪种类很多，不同类型的质谱仪的主要差别在于离子源。离子源的不同决定了对被测样品的不同要求，同时所得到的信息也不同。质谱仪的分辨率也非常重要，高分辨质谱仪可以给出化合物的组成式，这对于未知物定性是至关重要的。因此，在进行质谱分析前，要根据样品状况和分析要求选择合适的质谱仪。目前，大部分有机质谱仪与色谱联用，联用仪主要有两大类：气相色谱-质谱联用仪和液相色谱-质谱联用仪，下面介绍这两类联用仪器的分析方法的建立。

一、气相色谱-质谱联用仪分析方法建立

（一）GC-MS 分析条件的选择

在 GC-MS 分析中，色谱的分离和质谱数据的采集是同时进行的。为了使每个组分都得到分离和鉴定，必须设置合适的色谱和质谱分析条件。

色谱条件包括色谱柱类型（填充柱或毛细管柱）、固定液种类、气化温度、载气流量、分流比、升温程序等。设置的原则是：一般情况下均使用毛细管柱，极性样品使用极性毛细管柱，非极性样品采用非极性毛细管柱，未知样品可先用中等极性的毛细管柱，试用后再调整。当然，如果有文献可以参考，就采用文献所用条件。质谱条件包括电离电压、电子电流、扫描速度、质量范围，这些都要根据样品情况进行设定。为了保护灯丝和倍增器，在设定质谱条件时，还要设置溶剂去除时间，使溶剂峰通过离子源之后再打开灯丝和倍增器。在所有的条件确定

之后，将样品用微量注射器注入进样口，同时启动色谱和质谱，进行GC-MS分析。

（二）GC-MS 数据的采集

有机混合物样品用微量注射器由色谱仪进样口注入，经色谱柱分离后进入质谱仪离子源被电离成离子。离子经质量分析器、检测器之后即成为质谱信号并输入计算机。样品由色谱柱不断地流入离子源，离子由离子源不断地进入分析器并不断地得到质谱信息，只要设定好分析器扫描的质量范围和扫描时间，计算机就可以采集到一个个的质谱。如果没有样品进入离子源，计算机采集到的质谱各离子强度均为 0。当有样品进入离子源时，计算机就采集到具有一定离子强度的质谱。并且计算机可以自动将每个质谱的所有离子强度相加，显示出总离子强度，总离子强度随时间变化的曲线就是总离子色谱图，总离子色谱图的形状和普通的色谱图是相一致的，它可以认为是用质谱作为检测器得到的色谱图。

质谱仪扫描方式有两种：全扫描和选择离子扫描。全扫描是对指定质量范围内的离子全部扫描并记录，得到的是正常的质谱图，这种质谱图可以提供未知物的分子量和结构信息，可以进行库检索。质谱仪还有另外一种扫描方式叫选择离子监测（selection monitoring，SIM）。这种扫描方式是只对选定的离子进行检测，而其它离子不被记录。它的最大优点一是对离子进行选择性检测，只记录特征的、感兴趣的离子，不相关的离子、干扰离子统统被排除，二是选定离子的检测灵敏度大大提高。在全扫描情况下，假定一秒钟扫描 2~500 个质量单位，那么，扫过每个质量所花的时间大约是 1/500s，也就是说，在每次扫描中，有1/500s 的时间是在接收某一质量的离子。在选择离子扫描的情况下，假定只检测 5 个质量的离子，同样也用一秒，那么，扫过一个质量所花的时间大约是 1/5s。也就是说，在每次扫描中，有 1/5s 的时间是在接收某一质量的离子。因此，采用选择离子扫描方式比全扫描方式灵敏度可提高大约 100 倍。由于选择离子扫描只能检测有限的几个离子，不能得到完整的质谱图，因此不能用来进行未知物定性分析。但是如果选定的离子有很好的特征性，也可以用来表示某种化合物的存在。选择离子扫描方式最主要的用途是定量分析，由于它的选择性好，可以把由全扫描方式得到的非常复杂的总离子色谱图变得十分简单，消除其它组分造成的干扰。

（三）GC-MS 得到的信息

计算机可以把采集到的每个质谱的所有离子相加得到总离子强度，

总离子强度随时间变化的曲线就是总离子色谱图（图 11-28）。总离子色谱图的横坐标是出峰时间，纵坐标是峰高。图中每个峰表示样品的一个组分，由每个峰可以得到相应化合物的质谱图；峰面积和该组分含量成正比，可用于定量。由 GC-MS 得到的总离子色谱图与一般色谱仪得到的色谱图基本上是一样的，只要所用色谱柱相同；样品出峰顺序就相同。其差别在于，总离子色谱图所用的检测器是质谱仪；而一般色谱图所用的检测器是氢焰、热导等。两种色谱图中各成分的校正因子不同。

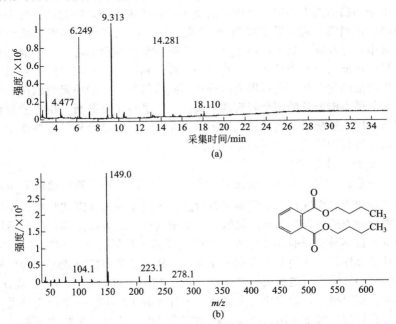

图 11-28　GC-MS 总离子色谱图(a)及质谱图(b)

1. **质谱图**

由总离子色谱图可以得到任何一个组分的质谱图。一般情况下，为了提高信噪比。通常由色谱峰峰顶处得到相应质谱图。但如果两个色谱峰有相互干扰，应尽量选择不发生干扰的位置得到质谱，或通过扣本底消除其他组分的影响。

2. **库检索**

得到质谱图后可以通过计算机检索对未知化合物进行定性。检索结果可以给出几个可能的化合物，并以匹配度大小顺序排列出这些化合物的名称、分子式、分子量和结构式等。使用者可以根据检索结果和其它的信息，对未知物进行定性分析。目前的 GC-MS 联用仪有几种数据库，应用最为广泛的有 NIST 库和 Wiley 库，前者目前有标准化合物谱图 13 万张，后者有近 30 万张。此外还有毒品库、农药库等专用谱库。

3. 质量色谱图（或提取离子色谱图）

总离子色谱图是将每个质谱的所有离子加合得到的。同样，由质谱中任何一个质量的离子也可以得到色谱图，即质量色谱图。质量色谱图是由全扫描质谱中提取一种质量的离子得到的色谱图，因此，又称为提取离子色谱图。假定做质量为 m 的离子的质量色谱图，如果某化合物质谱中不存在这种离子，那么该化合物就不会出现色谱峰。一个混合物样品中可能只有几个甚至一个化合物出峰。利用这一特点可以识别具有某种特征的化合物，也可以通过选择不同质量的离子做质量色谱图，使正常色谱不能分开的两个峰实现分离，以便进行定量分析。由于质量色谱图采用一种质量的离子做色谱图，因此，进行定量分析时也要使用同一离子得到的质量色谱图测定校正因子。

4. 选择离子监测

一般扫描方式是连续改变 V_{rf} 使不同质荷比的离子顺序通过分析器到达检测器，而选择离子监测则是对选定的离子进行跳跃式扫描，采用这种扫描方式可以提高检测灵敏度。由于这种方式灵敏度高，因此适用于量少且不易得到的样品分析。利用选择离子扫描方式不仅灵敏度高，而且选择性好，在很多干扰离子存在时，利用正常扫描方式得到的信号可能很小，噪声可能很大，但用选择离子扫描方式，只选择特征离子，噪声会变得很小，信噪比大大提高。在对复杂体系中某一微量成分进行定量分析时，常常采用选择离子扫描方式。由于选择离子扫描不能得到样品的全谱。因此，这种谱图不能进行库检索，利用选择离子扫描方式进行 GC-MS 联用分析时，得到的色谱图在形式上类似质量色谱图。但实际上二者有很大差别。质量色谱图是全扫描得到的，因此可以得到任何一个质量的质量色谱图；选择离子扫描是选择了一定 m/z 的离子。扫描时选定哪个质量，就只能有那个质量的色谱图。如果二者选择同一质量，那么，用 SIM 灵敏度要高得多。

（四）GC-MS 定性分析

目前色质联用仪的数据库中，一般贮存有近 30 万个化合物的标准质谱图。因此，GC-MS 最主要的定性方式是库检索。由总离子色谱图可以得到任一组分的质谱图，由质谱图可以利用计算机在数据库中检索。检索结果可以给出几种最可能的化合物，包括化合物名称、分子式、分子量、基峰及可靠程度。

利用计算机进行库检索是一种快速、方便的定性方法。但是在利用计算机检索时应注意以下几个问题：

① 数据库中所存质谱图有限，如果未知物是数据库中没有的化合物，检索结果也给出几个相近的化合物。显然，这种结果是错误的。

② 由于质谱法本身的局限性，一些结构相近的化合物其质谱图也相似，这种情况也可能造成检索结果的不可靠。

③ 由于色谱峰分离不好以及本底和噪声影响，使得到的质谱图质量不高，这样所得到的检索结果也会很差。

因此，在利用数据库检索之前，应首先得到一张很好的质谱图，并利用质量色谱图等技术判断质谱中有没有杂质峰；得到检索结果之后，还应根据未知物的物理、化学性质以及色谱保留时间、红外光谱、核磁共振等综合考虑，才能给出定性结果。

(五) GC-MS 定量分析

GC-MS 定量分析方法类似于色谱法定量分析。由 GC-MS 得到的总离子色谱图或质量色谱图，其色谱峰面积与相应组分的含量成正比，若对某一组分进行定量测定，可以采用色谱分析法中的归一化法、外标法、内标法等不同方法进行。这时，GC-MS 法可以理解为将质谱仪作为色谱仪的检测器，其余均与色谱法相同。与色谱法定量不同的是，GC-MS 法除可以利用总离子色谱图进行定量之外，还可以利用质量色谱图进行定量。这样可以最大限度地去除其它组分干扰。值得注意的是，质量色谱图由于是用一个质量的离子做出的，它的峰面积与总离子色谱图有较大差别，在进行定量分析过程中，峰面积和校正因子等都要使用质量色谱图的。

为了提高检测灵敏度和减少其它组分的干扰，在 GC-MS 定量分析中质谱仪经常采用选择离子扫描方式。对于待测组分，可以选择一个或几个特征离子，而相邻组分不存在这些离子。这样得到的色谱图，待测组分就不存在干扰，同时有很高的灵敏度。用选择离子得到的色谱图进行定量分析，具体分析方法与质量色谱图类似。但其灵敏度比利用质量色谱图会高一些，这是 GC-MS 定量分析中常采用的方法。

二、液相色谱-质谱联用仪分析方法建立

（一）LC-MS 分析条件的选择

LC 分析条件的选择要考虑两个因素：使分析样品得到最佳分离条件并得到最佳电离条件。如果二者发生矛盾，则要寻求折中条件。LC 可选择的条件主要有流动相的组成和流速。在 LC 和 MS 联用的情况下，由于要考虑喷雾雾化和电离，因此，有些溶剂不适合作流动相。不适合的溶剂和缓冲液包括无机酸、不挥发的盐（如磷酸盐）和表面活性剂。不挥发性的盐会在离子源内析出结晶，而表面活性剂会抑制其它化合物电离。在 LC-MS 分析中常用的溶剂和缓冲液有水、甲醇、甲酸、乙酸、氢氧化铵和乙酸铵等。对于选定的溶剂体系，通过调整溶剂比例和流量以实现好的分离。值得注意的是对于 LC 分离的最佳流量，往往超过电喷雾允许的最佳流量，此时需要采取柱后分流，以达到好的雾化效果。

质谱条件的选择主要是为了改善雾化和电离状况，提高灵敏度。调节雾化气流量和干燥气流量可以达到最佳雾化条件，改变喷嘴电压和透镜电压等可以得到最佳灵敏度。对于多级质谱仪，还要调节碰撞气流量和碰撞电压及多级质谱的扫描条件。

在进行 LC-MS 分析时，样品可以利用旋转六通阀通过 LC 进样，也可以利用注射泵直接进样，样品在电喷雾源或大气压化学电离源中被电离，经质谱扫描，由计算机可以采集到总离子色谱和质谱。

（二）LC-MS 定性和定量分析

LC-MS 分析得到的质谱过于简单，结构信息少，进行定性分析比较困难，主要依靠标准样品定性，对于多数样品，保留时间相同，子离子谱也相同，即可定性，少数同分异构体例外。

用 LC-MS 进行定量分析，其基本方法与普通液相色谱法相同。即通过色谱峰面积和校正因子（或标样）进行定量。但由于色谱分离方面的问题，一个色谱峰可能包含几种不同的组分，给定量分析造成误差。因此，对于 LC-MS 定量分析，不采用总离子色谱图，而是采用与待测组分相对应的特征离子得到的质量色谱图或多离子监测色谱图，此时，不相关的组分将不出峰，这样可以减少组分间的互相干扰，LC-MS 所分析的经常是体系十分复杂的样品，比如血液、尿样等。样品中有大量的保留时间相同、分子量也相同的干扰组分存在，为了消除其干扰，LC-MS 定量的最好办法是采用串联质谱的多反应监测（MRM）技术。

即，对质量为 m_1 的待测组分做子离子谱，从子离子谱中选择一个特征离子 m_2。正式分析样品时，第一级质谱选定 m_1，经碰撞活化后，第二级质谱选定 m_2。只有同时具有 m_1 和 m_2 特征质量的离子才被记录。这样得到的色谱图就进行了三次选择：LC 选择了组分的保留时间，第一级 MS 选择了 m_1，第二级 MS 选择了 m_2，这样得到的色谱峰可以认为不再有任何干扰。然后，根据色谱峰面积，采用外标法或内标法进行定量分析。此方法适用于待测组分含量低，体系组分复杂且干扰严重的样品分析，比如人体药物代谢研究，血样、尿样中违禁药品检验等。

第六节　质谱技术的应用

由于质谱分析具有灵敏度高、样品用量少、分析速度快、分离和鉴定同时进行等优点，近年来发展很快，广泛应用于化学、化工、环境、能源、医药、运动医学、刑侦科学、生命科学、材料科学等领域。

质谱仪种类繁多，不同仪器应用特点也不同，一般来说，在 300℃ 左右能气化的样品，可以优先考虑用 GC-MS 进行分析，因为 GC-MS 使用 EI 源，得到的质谱信息多，可以进行库检索。毛细管柱的分离效果也好。如果样品在 300℃ 左右不能气化，则需要用 LC-MS 分析，此时主要得到分子量信息，如果是串联质谱，还可以得到一些结构信息。如果是生物大分子，主要利用 LC-MS 和 MALDI-TOF 分析，主要得到分子量信息。对于蛋白质样品，还可以测定氨基酸序列。质谱仪的分辨率是一项重要技术指标，高分辨质谱仪可以提供化合物组成式，这对于结构测定是非常重要的，双聚焦质谱仪、傅里叶变换质谱仪、带反射器的飞行时间质谱仪等都具有高分辨功能。

质谱分析法对样品有一定的要求。进行 GC-MS 分析的样品应是有机溶液，而水溶液中的有机物一般不能测定，须进行萃取分离变为有机溶液，或采用顶空进样技术。有些化合物极性太强，在加热过程中易分解，例如有机酸类化合物，此时可以进行酯化处理，将酸变为酯再进行 GC-MS 分析，由分析结果可以推测酸的结构。如果样品不能气化也不能酯化，那就只能进行 LC-MS 分析了。进行 LC-MS 分析的样品最好是水溶液或甲醇溶液，LC 流动相中不应含不挥发盐。对于极性样品，一般采用 ESI 源，对于非极性样品，采用 APCI 源。

学　习　要　求

1. 熟练掌握质谱仪器的组成及各部分作用。

2. 熟练掌握离子源的电离机理及适合样品特点。

3. 掌握质量分析器的类型及特点。

4. 熟练掌握 EI 源质谱图的断裂规律及分子离子峰的识别。

5. 能熟练解析 EI 源质谱图。

复 习 题

一、简答题

1. 某个脂肪醇的质谱图出现的质核比分别为 43、56、73、101、115，试判断质核比为 115 的峰是否为分子离子峰？已知化合物中有 8 个碳原子，写出该化合物的分子式。

2. 计算氯仿分子离子同位素峰簇中 M、M+2、M+4、M+6 的相对强度。

3. 计算对氯溴苯的分子离子同位素峰簇中 M、M+2、M+4 的相对强度。

4. 根据分子离子的断裂解规律，写出 2,2-二甲基戊烷断裂过程，会得到什么离子？

5. 写出 2,2-二甲基戊醛分子麦氏重排后的离子结构，如 2-乙基戊醛麦氏重排后的 m/z 是多少？如何区别这两个分子？

6. 某个酮的分子式为 $C_6H_{12}O$，质谱图中可观察到麦氏重排后质核比为 58，试写出该化合物的结构。

7. 电喷雾电离源在正电离方式下常见的准分子离子以常见何种加合离子形式出现（至少写三种）？它们与分子量的关系如何？负电离方式下，准分子离子峰以何种形式出现？与分子量的关系如何？在使用电喷雾电离源时，应注意的事项是什么？

8. 说明化合物 $C_6H_5C(\text{=O})\ CH_2\ CH_2\ CH_2\ CH_3$ 在质谱中出现的主要峰（m/z 77、105、120、162）的开裂途径。

9. 化合物 ⬡—⬡ 质谱图中基峰为 m/z 104，试解释该碎片离子峰的由来。

10. 某有机化合物可能是 3,3-二甲基-2-丁醇或者是它的异构体 2-甲基-3-戊醇，在它的质谱中出现两个强峰 m/z 87（30%）、m/z 45（80%）和一个弱峰 m/z 102，根据这些数据判断该化合物究竟应该是哪一种结构？

二、选择题

1. 在溴己烷的质谱图中，观察到两个强度相等的离子峰，最大可能的是：
（ ）

(a) m/z 为 15 和 29　　　　(b) m/z 为 93 和 15

(c) m/z 为 29 和 95　　　　(d) m/z 为 95 和 93

2. 下属化学式的离子都是在质谱图的最高质量处出现，判断哪个是分子离子：（　　）

(a) $C_{10}H_{15}O$　　　(b) $C_{10}H_{13}$　　　(c) $C_8H_{14}O$　　　(d) $C_8H_{14}N$

3. 一种酯类（$M=116$），质谱图上在 m/z 57（100%），m/z 29（27%）及 m/z 43（27%）处均有离子峰，初步推测其可能结构如下，试问该化合物结构为（　　）

(a) $(CH_3)_2CHCOOC_2H_5$　　　(b) $CH_3CH_2COOCH_2CH_2CH_3$

(c) $CH_3(CH_2)_3COOCH_3$　　　(d) $CH_3COO(CH_2)_3CH_3$

三、谱图解析

1. 某化合物分子式为 $C_{11}H_{14}O$，其质谱图如下，请推其结构，并写出过程。

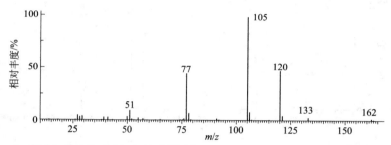

2. 某未知化合物 $C_6H_{12}O$ 的质谱图如下图，试推断其结构，写出推断过程。

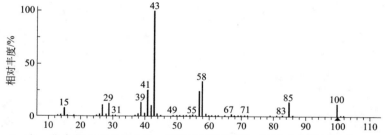

3. 有一化合物分子量为 116，其质谱图见下图，试推出它的结构式。

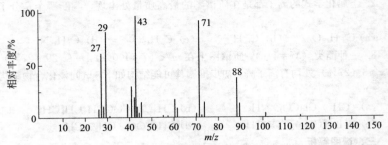

4. 有一化合物分子量为102，其质谱图见下图，试推出它的结构式。

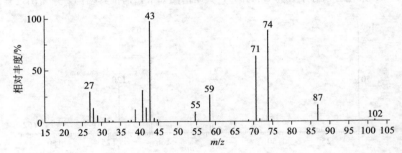

参 考 文 献

[1] 刘珍主编. 黄沛成，于世林，周心如编著. 化验员读本，仪器分析. 第 4 版. 北京：化学工业出版社，2004.

[2] 黄一石主编. 仪器分析. 北京：化学工业出版社，2002.

[3] 黄一石主编. 仪器分析技术. 北京：化学工业出版社，2000.

[4] 穆化荣编. 分析仪器维护. 北京：化学工业出版社，2000.

[5] 郑国经，计子华，余兴编著. 原子发射光谱分析技术及应用. 北京：化学工业出版社，2009.

[6] 周西林，李启华. 胡德声主编. 实用等离子体发射光谱技术. 北京：国防工业出版社，2012.

[7] 汪正主编. 原子光谱分析：基础及应用. 上海：上海科技出版社，2015.

[8] 辛仁轩编著. 等离子体发射光谱分析. 北京：化学工业出版社，2011.

[9] 刘明钟，汤志勇，刘霁欣等编著. 原子荧光光谱分析. 北京：化学工业出版社，2008.

[10] 张锦茂主编. 原子荧光光谱分析技术. 北京：中国质检出版社，中国标准出版社，2011.

[11] 胡谷平，曾春莲，黄滨主编. 现代化学研究技术与实践. 北京：化学工业出版社，2011.

[12] 于世林，李寅蔚主编. 波谱分析法，第 2 版. 重庆：重庆大学出版社，1994.

[13] 于世林著. 图解气相色谱技术与应用. 北京：科学出版社，2010.

[14] 于世林著. 图解高效液相色谱技术与应用. 北京：科学出版社，2009.

[15] 中国分析测试学会. 分析测试仪器评议（2007）. 北京：科学出版社，2009.

[16] 中国分析测试学会. 分析测试仪器评议（2009）. 北京：中国标准出版社，2010.

[17] 中国分析测试学会. 分析测试仪器评议（2011）. 北京：中国质检出版社，中国标准出版社，2012.

[18] 中国分析测试学会. 分析测试仪器评议（2013）. 北京：中国质检出版社，中国标准出版社，2014.

[19] 张华主编. 现代有机波谱分析. 北京：化学工业出版社，2005.

[20] 董慧茹主编. 仪器分析. 北京：化学工业出版社，2016.

[21] 常建华，董绮功编著. 波谱原理及解析. 北京：科学出版社，2015.